MOFs 及其衍生材料在能源与环境领域的应用

王 磊 著

科学出版社

北 京

内容简介

金属有机框架材料因具有超高的比表面积、可控的孔结构以及具有氧化还原活性的金属离子,而成为一种理想的电极材料前驱体和催化材料前驱体,在能源与环境领域展现出诱人的应用前景。本书系统地介绍了MOFs材料及其衍生物的历史、基本概念、合成方法,以及它们在能源气体存储与分离、光催化水分解和CO_2还原、电催化、超级电容器、电池、大气污染控制、水处理和海水资源提取等领域的应用,并归纳总结了相应的材料设计和组装策略。

本书可供化学、材料、储能和环境等领域的本科生和研究生及科技工作者阅读和参考。

图书在版编目(CIP)数据

MOFs及其衍生材料在能源与环境领域的应用 / 王磊著. —北京:科学出版社,2024.3
 ISBN 978-7-03-076805-6

Ⅰ. ①M… Ⅱ. ①王… Ⅲ. ①金属材料–有机材料–骨架材料–应用–能源–工程 ②金属材料–有机材料–骨架材料–应用–环境工程 Ⅳ. ①TK01 ②X5

中国国家版本馆CIP数据核字(2023)第205713号

责任编辑:张淑晓 孙静惠 / 责任校对:杜子昂
责任印制:徐晓晨 / 封面设计:东方人华

科学出版社 出版
北京东黄城根北街16号
邮政编码:100717
http://www.sciencep.com
北京建宏印刷有限公司印刷
科学出版社发行 各地新华书店经销
*

2024年3月第 一 版 开本:787×1092 1/16
2024年9月第二次印刷 印张:30 3/4
字数:720 000

定价:228.00元
(如有印装质量问题,我社负责调换)

序

  金属有机框架（metal-organic frameworks, MOFs）材料是一类由金属离子或离子簇与含 N、O、S、P 等给电子有机配体，通过配位键自组装而形成的具有周期性网络结构的晶态孔材料，已经渗透并扩展为众多学科（如结构化学、合成化学、催化化学、分析化学、能源化学等）的交汇点，成为最富有生命力的前沿学科。MOFs 的历史可以追溯到 1893 年 Werner 提出的配位聚合物（coordination polymer）的概念，尤其是 1977 年 A. F. Wells 将拓扑的概念引入配合物骨架，极大地方便了复杂配位聚合物的结构分析和理解，为 20 世纪末聚合物和金属有机框架材料的爆发式发展奠定了坚实的基础。1995 年，Yaghi 科研团队在 Nature 杂志上正式提出了"金属有机框架"这一概念，由于 Yaghi 团队陆续报道了系列具有优异性能和超高比表面积的 MOFs 材料以及其形象化的描述，最终 MOFs 这个定义逐渐被学术界认可和接受。在国内，一些研究团队，如陈小明院士课题组、洪茂椿院士团队、卜显和院士团队、游效曾院士课题组等在 MOFs 的发展过程中也做出了引领性的工作，中西方的充分交流，也助力了该领域更好地发展。

  随着社会的进步和科技的发展，能源与环境问题日益严峻，如何解决能源与环境和人的问题，是人类社会能否继续高质量发展的关键。发展以太阳能、风能、地热能、潮汐能和核能为代表的清洁能源已成为全社会的共识，然而上述能源体系存在时间、空间分布不均匀的问题，发展高性能的能源存储与转化体系以及关键材料是解决上述问题的关键。MOFs 独特的有序有机无机杂化结构、超高的比表面积、丰富的孔结构以及可设计的组成，在氢气吸附、二氧化碳吸附、电催化、光催化以及电化学储能等能源与环境领域具有优异的应用表现。尤其是 MOFs 衍生材料可以继承其母体的结构优势，制备原位碳掺杂的复合材料、单原子材料、多级孔材料以及多壳层材料等，可以提升材料利用效率，显著增强器件的能源存储或转化性能。王磊教授在 MOFs 及其衍生物材料的合成及其应用领域深耕近 20 年，在相关材料的定向设计与组装、催化机理研究、储能过程控制以及器件组装方面均做出了突出贡献，在本领域具有重要的影响力。同时在青岛组织了多次关于新能源技术的相关国际会议，组织创办了相关的国际性期刊，促进了广泛的学术交流，为我国相关领域的发展做出了重要贡献。

  该书根据王磊教授团队的相关工作，以及国际期刊上报道的 MOFs 及其衍生物材料在能源存储和环境领域的杰出工作，撰写而成。该书系统介绍了 MOFs 及其衍生材料在气体存储、光催化、电催化、超级电容器、电池、大气污染控制、水处理以及海水资源提取等领域的应用。希望该书不仅可以起到良好的科普作用，助力本领域的年轻工作者和广大研究生对 MOFs 及其衍生材料的理解，同时该书介绍的一些 MOFs 合成及处理策略以及材料结构与性能之间的构效关系可以给相关从业人员以启迪，推动我国能源与环境领域技术的快速发展，取得更加丰硕的成果。

冯守华

2024 年 3 月于长春

前　言

随着全球经济的迅速发展与工业化水平的提高，人们物质生活水平得到了极大提高，但与此同时，传统化石燃料的大量使用，带来了严峻的能源危机与环境污染的问题。为应对日益增长的能源需求和迫切需要解决的环境问题，2016年4月22日，175个国家签订了《巴黎协定》，旨在减少温室气体排放；我国更是大力发展绿色可持续的清洁能源。近年来，我国光伏、风力发电产业迎来爆发式发展，但是由于上述能源时间-空间分布不均匀的问题，出现了大规模的弃光、弃风现象，导致大量的资源浪费。只有大力发展安全、高效的能源存储、转换、运输和利用技术，构建清洁、低碳、稳定的能源系统，才能实现绿色能源替代。

金属有机框架（MOFs）是一类由金属离子（或金属簇）和有机配体通过配位键键合，而形成的具有周期性网络结构的晶态多孔聚合物。MOFs具有超高的孔隙率和比表面积、可设计/调控的骨架组成、近乎单原子分散的金属中心以及易修饰和功能化的孔结构等，因此在环境和能源领域具有良好的应用前景。尤其是MOFs衍生材料可以有效地发挥母体的结构优势，制备具有优异性能的能源存储材料、催化材料和吸附材料，广泛应用于电化学储能、光电催化和吸附分离等领域。

本书归纳和总结了近年来MOFs及其衍生物在能源与环境领域的一系列研究成果，希望本书的出版能够对相关材料的制备与合成及其在能源环境领域的应用起到一定的科普作用，助力相关学科的发展。本书共9章：第1章介绍了MOFs材料的发展历史、结构特点、设计策略和合成方法等，并以常见的几类MOFs为例，阐述了其合成的影响因素；第2章介绍了MOFs在氢气、甲烷等能源气体的存储以及能源气体分离中的应用；第3章介绍了MOFs及其衍生物在光催化水分解以及二氧化碳还原领域的应用；第4章介绍了MOFs及其衍生物作为电催化剂的优势及发展历史，并对电催化析氢反应（HER）、电催化析氧反应（OER）、氧还原反应（ORR）、二氧化碳还原反应（CO_2RR）、氮还原反应（NRR）以及其他电催化反应进行了展开描述；第5章介绍了MOFs及其衍生物在超级电容器领域的应用，并将已报道的材料分为MOFs及其复合材料、MOFs衍生碳材料和MOFs衍生过渡金属基纳米材料三类进行描述，介绍了每类材料的特征；第6章介绍了MOFs材料在电池中的应用，详细介绍了其在金属离子电池、金属-空气电池、锂-硫电池、固态电解质和锂负极保护中的应用；第7章介绍了MOFs材料在大气污染控制中的应用，重点介绍了在含硫气体脱除、含氮气体脱除、挥发性有机气体脱除以及CO、汞脱除中的应用；第8章介绍了MOFs材料及其衍生物在水处理中的应用，详细介绍了适用于水处理的MOFs、其毒性与缓解以及挑战和前景；第9章介绍了MOFs及其衍生物在海水资源提取中的应用，重点介绍了海水提铀和海水提锂方向。

本书由青岛科技大学生态化工国家重点实验室培育基地王磊教授撰写。本书相关资料由青岛科技大学肖振宇、刘康、徐继香、张亚萍、李洪东、杜云梅、李彩霞、刘晓斌、吕清良、杨姝、潘静文和李楠等收集和整理，在此表示衷心的感谢。同时感谢科学出版社编辑对本书出版的支持。

由于作者知识量和时间限制，书中可能存在纰漏和不妥之处，恳请读者批评指正。

目 录

第1章 金属有机框架材料 ··· 1
  1.1 MOFs材料发展历史 ·· 1
  1.2 MOFs的结构特点 ·· 6
  1.3 MOFs的设计与合成 ·· 7
    1.3.1 结构设计的影响因素 ·· 7
    1.3.2 常见的金属节点 ·· 15
  1.4 MOFs的合成方法 ·· 23
    1.4.1 水热/溶剂热法 ··· 23
    1.4.2 扩散法 ··· 23
    1.4.3 微波辅助法 ··· 23
    1.4.4 超声法 ··· 24
    1.4.5 机械搅拌法 ··· 24
    1.4.6 电化学合成法 ··· 25
  1.5 几种常见MOFs的合成方法及影响因素 ··· 25
    1.5.1 MOF-5 ··· 25
    1.5.2 MOF-177 ··· 27
    1.5.3 MOF-74 ··· 29
    1.5.4 HKUST-1 ··· 31
    1.5.5 UiO-66 ··· 32
    1.5.6 MOF-808 ··· 34
    1.5.7 MIL-53 ··· 35
    1.5.8 MIL-88 ··· 37
    1.5.9 MIL-100 ··· 39
    1.5.10 MIL-101 ··· 40
    1.5.11 ZIFs系列(ZIF-8和ZIF-67) ··· 42
  1.6 MOFs在不同领域的应用 ··· 48
    1.6.1 MOFs在传感器中的应用 ·· 48
    1.6.2 MOFs在催化中的应用 ·· 51
    1.6.3 MOFs在压电/铁电中的应用 ·· 53
    1.6.4 MOFs在药物传输和靶向治疗领域的应用 ···································· 55
  参考文献 ·· 58

第2章 MOFs材料在能源气体存储与分离中的应用 ·································· 73
  2.1 引言 ··· 73

2.2　MOFs 材料在能源气体存储中的应用 ··· 75
　　2.2.1　储氢 ··· 75
　　2.2.2　储甲烷 ·· 82
2.3　MOFs 材料在能源气体分离中的应用 ··· 87
　　2.3.1　MOFs 材料对轻烃气体的分离机理 ·· 87
　　2.3.2　C_{2s} 碳氢化合物/甲烷的吸附分离 ·· 88
　　2.3.3　乙炔/乙烯的吸附分离 ·· 91
　　2.3.4　烯烃/烷烃的吸附分离 ·· 92
2.4　COFs 和 HOFs 材料在能源气体存储与分离中的应用概述 ··············· 96
参考文献 ··· 98

第 3 章　MOFs 及其衍生物在光催化水分解和 CO_2 还原方面的应用 ············ 104
3.1　MOFs 及其衍生物在光催化水分解方面的应用 ································ 104
　　3.1.1　光催化水分解的基本原理 ·· 104
　　3.1.2　MOFs 材料光催化水分解的基本原理 ·· 106
　　3.1.3　MOFs 材料的改性策略 ·· 106
3.2　MOFs 及其衍生物在光催化 CO_2 还原方面的应用 ························· 122
　　3.2.1　引言 ·· 122
　　3.2.2　光催化 CO_2 还原机理 ·· 123
　　3.2.3　MOFs 材料应用于光催化 CO_2 还原 ·· 124
　　3.2.4　MOFs 衍生物应用于光催化 CO_2 还原 ···································· 136
　　3.2.5　小结 ·· 142
参考文献 ··· 142

第 4 章　MOFs 及其衍生物在电催化方面的应用 ··· 151
4.1　电催化技术的介绍 ·· 151
　　4.1.1　电解水技术的发展历程 ·· 151
　　4.1.2　电解水基本原理 ·· 151
　　4.1.3　氧还原反应机理 ·· 154
　　4.1.4　二氧化碳还原反应机理 ·· 155
　　4.1.5　氮还原反应机理 ·· 157
　　4.1.6　催化剂的设计原则 ·· 158
　　4.1.7　评估电催化活性的评价指标 ·· 159
4.2　MOFs 及其衍生物作电催化剂的简介 ··· 162
　　4.2.1　原始 MOFs 材料作电催化剂的发展 ·· 162
　　4.2.2　MOFs 衍生物作电催化剂的优势 ·· 163
4.3　MOFs 衍生物在 HER 方面的研究进展 ··· 164
　　4.3.1　MOFs 衍生的磷化物用于 HER ·· 164
　　4.3.2　MOFs 衍生的碳(氮)化物用于 HER ·· 165
　　4.3.3　MOFs 衍生的贵金属/过渡金属材料用于 HER ·························· 167

4.4 MOFs 衍生物在 OER 方面的应用 168
 4.4.1 MOFs 衍生的氧(氢氧)化用于 OER 168
 4.4.2 MOFs 衍生的磷化物用于 OER 171
4.5 MOFs 衍生物在 ORR 方面的应用 172
4.6 MOFs 及其衍生物在多功能催化剂方面的应用 175
 4.6.1 MOFs 及其衍生物用于 HER/OER 175
 4.6.2 MOFs 及其衍生物用于 OER/ORR 176
 4.6.3 MOFs 及其衍生物用于 ORR/OER/ORR 178
4.7 MOFs 及其衍生物在二氧化碳还原方面的应用 178
 4.7.1 MOFs 材料用于 CO_2RR 179
 4.7.2 MOFs 衍生碳材料用于 CO_2RR 197
 4.7.3 MOFs 衍生单原子材料用于 CO_2RR 200
 4.7.4 MOFs 衍生金属/金属化合物用于 CO_2RR 213
4.8 MOFs 及其衍生物在氮还原方面的应用 222
 4.8.1 MOFs 材料用于 NRR 223
 4.8.2 MOFs 复合材料用于 NRR 225
 4.8.3 MOFs 衍生碳材料用于 NRR 227
 4.8.4 MOFs 衍生单原子材料用于 NRR 制氨 228
 4.8.5 MOFs 衍生金属/金属化合物用于 NRR 231
4.9 MOFs 及其衍生物用于其他电催化反应 236
 4.9.1 MOFs 及其衍生物用于硝酸还原制氨 236
 4.9.2 MOFs 用于电合成尿素 240
 4.9.3 MOFs 衍生物用于氢氧化反应 241
 4.9.4 MOFs 衍生物用于有机物氧化反应 243
4.10 总结 248
参考文献 250

第 5 章 MOFs 材料在超级电容器领域的应用 262
5.1 引言 262
5.2 MOFs 及其复合材料用于超级电容器电极 264
5.3 MOFs 衍生碳材料用于超级电容器电极 268
5.4 MOFs 衍生过渡金属基纳米材料用于超级电容器电极 273
 5.4.1 过渡金属(氢)氧化物 273
 5.4.2 过渡金属硫化物 277
 5.4.3 过渡金属磷化物 280
 5.4.4 过渡金属氧酸盐化合物 283
 5.4.5 过渡金属氮化物和硼化物 286
参考文献 288

第 6 章　MOFs 材料在电池中的应用 …… 292
6.1　金属离子电池 …… 292
6.1.1　锂离子电池 …… 292
6.1.2　钠离子电池 …… 303
6.1.3　其他离子电池 …… 309
6.2　金属-空气电池 …… 320
6.2.1　锂-氧气电池 …… 320
6.2.2　锌-空气电池 …… 331
6.2.3　MOFs 衍生材料在钠/镁/铝-空气电池中的应用 …… 345
6.3　锂-硫电池 …… 349
6.3.1　锂-硫电池简介 …… 349
6.3.2　锂-硫电池组成 …… 350
6.3.3　锂-硫电池小结 …… 357
6.4　固态电解质 …… 357
6.4.1　原始 MOFs 基固态电解质 …… 358
6.4.2　MOFs 基聚合物固态电解质 …… 361
6.4.3　离子液体@MOFs 基固态电解质 …… 363
6.4.4　固态电解质小结 …… 365
6.5　锂负极保护 …… 365
6.5.1　集流体涂层改性 …… 366
6.5.2　构建三维锂负极 …… 367
6.5.3　锂负极保护小结 …… 370
参考文献 …… 370

第 7 章　MOFs 材料在大气污染控制中的应用 …… 383
7.1　引言 …… 383
7.2　MOFs 材料用于含硫气体的脱除 …… 384
7.2.1　H_2S …… 385
7.2.2　SO_2 …… 388
7.3　MOFs 材料用于含氮气体的脱除 …… 390
7.3.1　NO_x …… 391
7.3.2　NH_3 …… 398
7.4　MOFs 材料用于挥发性有机物气体的脱除 …… 399
7.4.1　VOCs 的吸附 …… 399
7.4.2　VOCs 的催化燃烧 …… 401
7.5　MOFs 材料用于其他污染气体的脱除 …… 403
7.5.1　CO …… 403
7.5.2　Hg^0 …… 406
7.6　展望 …… 408

参考文献 ………………………………………………………………………… 409

第 8 章　MOFs 及其衍生物在水处理中的应用 ………………………………… 416
8.1 引言 …………………………………………………………………………… 416
8.2 适用于水处理的 MOFs 材料 ……………………………………………… 419
8.3 MOFs 及其衍生材料在水处理中的应用 ………………………………… 420
　　8.3.1 吸附技术 …………………………………………………………… 420
　　8.3.2 高级氧化技术 ……………………………………………………… 425
　　8.3.3 膜处理技术 ………………………………………………………… 431
8.4 MOFs 及其衍生材料在水处理应用中的毒性与缓解 …………………… 437
8.5 MOFs 材料应用于水处理的挑战和前景 ………………………………… 438
参考文献 ………………………………………………………………………… 439

第 9 章　MOFs 及其衍生物在海水资源提取中的应用 ………………………… 445
9.1 引言 …………………………………………………………………………… 445
9.2 MOFs 在海水提铀中的应用 ……………………………………………… 446
　　9.2.1 ZIFs 系列 …………………………………………………………… 447
　　9.2.2 MILs 系列 ………………………………………………………… 453
　　9.2.3 UiOs 系列 ………………………………………………………… 457
9.3 MOFs 在海水提锂中的应用 ……………………………………………… 465
　　9.3.1 多晶 MOFs 膜 ……………………………………………………… 466
　　9.3.2 MOFs 混合基质膜 ………………………………………………… 468
　　9.3.3 MOFs 通道膜 ……………………………………………………… 469
9.4 展望 …………………………………………………………………………… 471
参考文献 ………………………………………………………………………… 472

第1章 金属有机框架材料

1.1 MOFs材料发展历史

金属有机框架(metal-organic frameworks, MOFs)材料是配位聚合物的一种，其历史可以追溯到1893年。当时，Werner首次提出了配位化学的概念，并以金属阳离子受体为中心，以含N、O、S、P等原子的给电子配体作为连接，通过酸碱加合反应形成特定的盐，并将其命名为配位聚合物材料[1]。早期的配位化学就以这些聚合物材料为研究对象，它们独特的配位框架引起了众多物理学家、化学家的关注[2]。然而，聚合物材料分子量大、有机配体种类多样、配位结构的空间构象复杂，导致理解和描述其结构困难，限制了配位聚合物的发展。此后，为了简化其空间网络结构，研究人员引入拓扑学理论，将一系列特定几何构象的多金属簇抽象成节点(node)，并将连接的配体抽象成特定的拓扑连接(linker)，用于描述配位聚合物的空间网络结构，从而调控和指导配位聚合物的合成。1989年，R. Robson利用拓扑学理论，以一些简单矿物为原型，成功合成了与金刚石拥有相同拓扑结构的亚铜氰基配位聚合物，开创了拓扑指导合成的先例[3]。拓扑学理论的引入将复杂的聚合物结构简化成特定的空间几何网络，极大地方便了人们对复杂配位聚合物的结构分析和理解，为20世纪末聚合物和金属有机框架材料的爆发式发展奠定了坚实的基础。

1995年，Yaghi科研团队通过溶剂热法合成了一种以钴离子为金属节点，均苯三酸为配体的具有高热稳定性的多孔材料，并基于其在空间交替连接的金属中心与有机配体构筑的三维框架网络结构，在Nature杂志上正式提出"金属有机框架"这一概念[4]。此后，经过系统性的研究，Yaghi团队陆续报道了系列具有优异性能和超高比表面积的MOFs材料，将MOFs的研究推上了高潮。例如，1999年，Yaghi等报道了锌离子和对苯二甲酸自组装形成的三维有序微孔材料MOF-5。MOF-5不仅具有丰富的孔结构和良好的热稳定性(真空下能稳定到400℃结构不破坏)，还可以调节有机配体的长度，实现孔尺寸在0.38～2.88 nm范围内逐渐变化，从而实现不同的性能。MOF-5的结构如图1-1所示，4个共同顶点ZnO_4四面体和6个羧基碳原子形成一个八面体的$Zn_4O(CO_2)_6$二级构筑单元(secondary building units, SBUs)[5]，再将8个SBUs置于立方体的八个顶点并以对苯二甲酸连接，形成立方体结构的晶胞单元，晶胞单元再通过对苯二甲酸相互连接，形成空间无限堆积的立方体结构。值得注意的是，相比于之前报道的大多数配位聚合物，MOF-5具有稳定的开放框架结构，在去除孔道中的N,N-二甲基甲酰胺分子后，仍然可以保持框架稳定，而不发生坍塌[5]。这赋予了MOF-5高达3800 m^2/g的比表面积

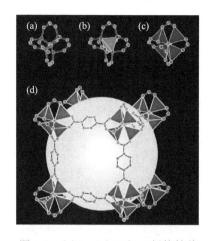

图 1-1　(a)$Zn_4O(CO_2)_6$ 二级构筑单元的模型(Zn：蓝色；O：绿色；C：灰色)；(b)$Zn_4(O)$四面体(绿色)；(c)ZnO_4四面体(蓝色)；(d)MOF-5 中的一个晶胞(空腔用黄球表示)[5]

和优异的气体吸附性能，对氮气、氢气等表现出良好的吸附效果。

MOF-5 的优异性能很大程度归因于其八面体的 $Zn_4O(CO_2)_6$ SBUs 提供的良好稳定性，这一概念的提出为 MOFs 的精准设计和可控合成奠定了坚实的理论基础[6]。2002 年，Yaghi 课题组继续以$[Zn_4O]^{6+}$金属簇为中心，修饰有机二羧酸配体上的官能团并将其作为有机配体，成功合成出一系列孔道功能化的且具有相同网络拓扑结构的网状金属有机框架(isoreticular metal-organic framework，IRMOF)多孔材料。其中，用于修饰的官能基团有—Br、—NH_2、—OC_3H_7、—OC_5H_{11}、—C_2H_4、—C_4H_4 等，可以选择性增强特定气氛的吸附，且 IRMOF 的孔径跨度从 3.8Å 到 28.8 Å(图 1-2)，涵盖了微孔材料和介孔材料的尺度范围[7]。

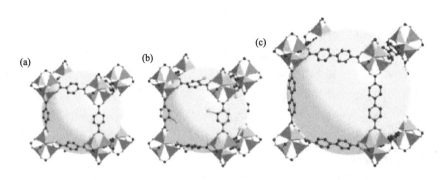

图 1-2　IRMOF-1(a)、IRMOF-2(b)和 IRMOF-10(c)的模型[7]

2005 年，Yaghi 等利用金属锌离子和 2,5-二羟基对苯二甲酸制备得到 MOF-74。该晶体结构由一维链状的 SBUs 占据正六边形孔道，再由 2,5-二羟基对苯二甲酸桥连相邻的 SBUs 构筑而成，因此 MOF-74 内部存在 1.1 nm 左右的二维六方孔道。随后金属又被扩展到 Mg、Mn、Fe、Co 和 Ni，形成了一系列 M-MOF-74。其中，Mg-MOF-74 展现出对 CO_2 超高的吸附量，超其他当时已报道的所有 MOFs 材料[8]。同样，MOF-74 也可以按照 IRMOF-5 系列材料构筑的方法，通过延长配体的长度，构筑 IRMOF-74，从而得到一系列尺寸不同的六方孔道，最大孔直径可以达到 9 nm 以上，可以装载大分子蛋白质。

MOFs 材料内部还可以构筑多样的孔结构，从而实现选择性的吸附或催化反应。最早是由 Williams 等于 1999 年在《科学》杂志上首次报道了 HKUST 系列材料。该系列材料以两个相邻的 Cu 通过四个羧酸构筑的轮桨状 $Cu_2(CO_2)_4$ 为单元，通过均苯三酸类似物桥连相邻的三个簇，彼此连接构筑而成(图 1-3)。以 HKUST-1 为例，框架内同时存在三种类型的孔洞(尺寸分别为 0.5 nm、1.0 nm、1.6 nm),不同的孔洞通过共用面的有序堆积形成三维网状结构,比表面积可达 1850 m^2/g[9]。

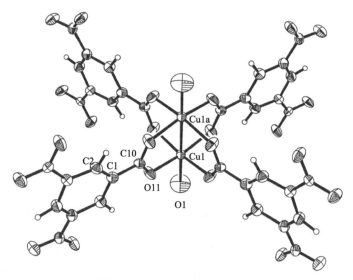

图 1-3　HKUST-1 结构示意图[9]

除了二价金属外,三价金属也可以参与形成 MOFs 框架,而且由于高价金属具有更强的配位键,因此该类材料的稳定性明显优于二价金属构筑的网络。例如,MILs(materials of Institute Lavoisier,拉瓦锡研究所制备的材料)系列材料是由法国凡尔赛大学的 Férey 课题组于 2002 年设计合成。MILs 系列材料创造性地以三价过渡金属离子(如 Fe^{3+}、Al^{3+} 及 Cr^{3+})为金属源,与羧基配体(对苯二甲酸、均苯三酸)配位而成。相比之前 MOFs 材料合成常用的二价过渡金属,不仅提高了稳定性,还可以提供更多的不饱和金属位点,在催化和吸附方面有更大的应用前景。例如,MIL-101(图 1-4)由三价过渡金属离子与对苯二甲酸配位而成,其孔洞尺寸为 30~34 Å,Langmuir 比表面积达到了 5900 m^2/g。

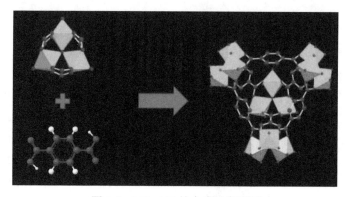

图 1-4　MIL-101 的合成示意图[10]

比较特别的 MILs 材料是该课题组于 2002 年在 JACS 上报道合成的 MIL-53(Cr),其晶体由八面体的金属节点 CrO$_4$(OH)$_2$ 和对苯二甲酸配体在空间中相互桥连形成,并具有独特的菱形孔状结构[10, 11]。在外界因素(客体分子吸附、温度、压力变化等)刺激下，该材料的结构会在大孔和窄孔两种形态之间转变(图 1-5)。这一特性被称为"呼吸现象"，引起了科学界的广泛关注[12]。

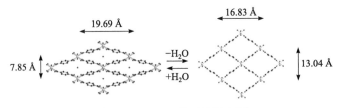

图 1-5　MIL-53 的两种形态[12]

为了进一步增加 MOFs 框架的稳定性，科学家们尝试将四价金属引入 MOFs 的框架中，其中最出名的 UiOs(University of Oslo)系列材料，最早在 2008 年由挪威奥斯陆大学的 Karl Petter Lillerud 教授团队首次合成。该材料是由 12 配位的无机金属节点 $Zr_6O_4(OH)_4$ 与芳香二羧酸有机配体组成。四价 Zr 金属中心的引入，不仅打破了 MOFs 中金属中心 4 配位和 6 配位的局限，形成了 12 配位模式，增加了暴露的金属位点，还构筑了无机 $Zr_6O_4(OH)_4$ 金属节点(图 1-6)，显著增强了材料的稳定性，使其成为稳定性最好的 MOFs 系列材料之一。其中以 BDC 为配体和正八面体的 $Zr_6O_4(OH)_4$ 为金属节点构筑的 UiO-66，其内部虽然包含了超大的八面体中心孔洞(11 Å)和八个四面体角笼(6 Å)，但热稳定性可以超过 500℃，并可以在多种有机溶剂，甚至一定的酸碱环境中均可保持框架结构稳定[13, 14]。

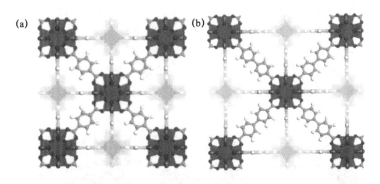

图 1-6　UiO-66(a)和 UiO-67(b)材料结构示意图[13]

除了含氧的羧酸配体，含氮的有机配体同样也可以用于构筑 MOFs 框架网络。2006 年，Yaghi 课题组创造性地利用咪唑环上的 N 与 Zn(Ⅱ)或者 Co(Ⅱ)以四配位的形式自组装形成了系列三维框架结构。这类框架与沸石类材料的拓扑结构类似，其中，过渡金属 Zn 或者 Co 代替了沸石结构中呈四面体型配位的原子(如 Si)，咪唑配体代替了桥连的 O 原子，因此被命名为类沸石咪唑酯框架(ZIFs)材料。如图 1-7 所示，系统地展示了部分 ZIFs 的结构[15]，其独特而丰富的笼状结构引起了研究者的广泛兴趣。同时，ZIFs 独特的 N 配位组装方式，赋予了 ZIFs 材料较高的热稳定性和化学稳定性，因此成为相关研究领域的明星材料。例如，由 2-甲基咪唑和锌离子制备的 ZIF-8，其孔径和笼径分别可达 0.34 nm 和 11.6 nm，具有较高的比表面积(1810 m²/g)及很好的热稳定性(稳定到 550℃结构不破坏)，且价格低廉，目前已经开始商业化生产[16]。

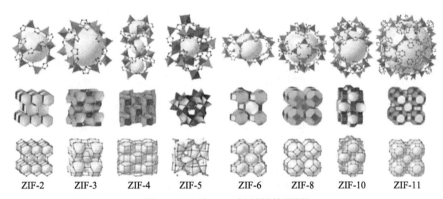

图 1-7　几种 ZIFs 材料结构图[15]

总体来讲，MOFs 材料的发展可以概括为以下三个阶段(图 1-8)。第一阶段：配位聚合物时代。MOFs 材料的孔道结构需要客体分子支撑，一旦客体分子被移除，MOFs 结构将坍塌。第二阶段：具有稳定二级构筑单元和高价金属中心时代。MOFs 材料在热稳定性和化学稳定性上有了很大的提升，这类 MOFs 主要以有机羧酸或含氮杂环化合物为配体，MOFs 中的客体分子被移除后会形成孔隙结构，而且框架完整性依然保持。第三阶段：也被称为"柔性多孔材料"时代。在具有框架稳定性的同时，还兼具一定的伸缩形变能力，当受到外界刺激时，框架和孔隙结构会发生改变，但当刺激消失时，它们又能恢复。因此，第三代 MOFs 材料也被形象地称为"会呼吸的多孔材料"[17]。

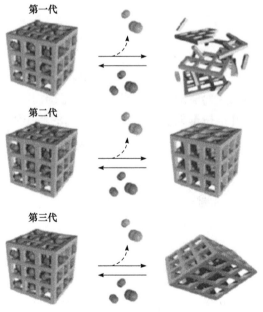

图 1-8　MOFs 材料发展的三个阶段[17]

1.2 MOFs 的结构特点

目前，MOFs 材料种类繁多，按空间结构可以分为一维链状、二维层状和三维框架三种结构（图 1-9）。其中，一维结构包括：直线(linear)链、螺旋(helix)链、双绳链(double stranded chain)等；二维结构包括：正方形(square)格子、砖墙形(brick)和蜂窝形(honeycomb)等结构；三维结构包括：金刚石型(diamond)拓扑、CaB_6 拓扑、USF 拓扑和类八面体结构，以及其他更为复杂少见的三维结构。

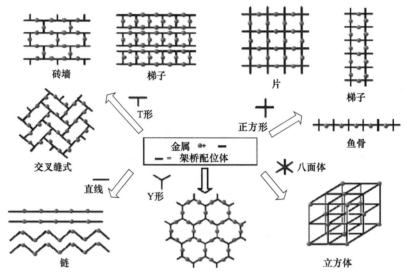

图 1-9　MOFs 材料的常见结构

MOFs 框架的构筑，是金属离子中心和配体分子自组装，由简单到复杂、由无序到有序，由多组分自发形成热力学稳定超分子物种的过程。MOFs 单晶的培养过程，配位键在很多情况下是自组装的主要驱动力，但是分子间的弱作用力也是不可忽视的，它可以有效地降低体系能量，并维持框架稳定。这些分子间的弱作用力包括氢键、芳环间的 π-π 堆积作用、范德华力、静电作用、偶极作用、疏水作用和电荷转移等，通过这些分子间弱相互作用使一些低维度的化合物组装成高维度的化合物，或是增强高维度化合物结构的稳定性。

独特的有机-无机连接模式赋予了 MOFs 材料独特的结构特征，主要包括以下四个方面。

1）超高的比表面积

基于 MOFs 金属中心/金属簇与有机配体交替连接而构筑的有序框架结构，会使材料暴露出非常高的比表面积。MOFs 材料的比表面积一般在 1000 m^2/g 以上，这是传统的分子筛和活性炭所不能比的。Farha 和 Hupp 等[18]设计制备的 NU-110 的比表面积达到了惊人的 7140 m^2/g，是当时报道的比表面积最大的材料。他们还通过计算表明这类材料的理论比表面积有望超过 14600 m^2/g。通常情况下，材料的比表面积越大，反应的接触面积越大,所以 MOFs 材料是一种优异的吸附、催化材料。

2)孔道结构的多样性及可调性

MOFs 材料的孔道是由金属节点和有机配体通过特定的连接方式划分出的空间区域。改变中心金属与簇的种类和几何构型,以及有机配体采用不同的连接方式,可以得到不同的孔道结构,以满足多样的应用需求。其中,调控孔道尺寸最直接的方法是改变 MOFs 中配体的长度或侧链功能化。例如,Yaghi 等开发的 IRMOF 系列,通过延长对苯二甲酸的纵向长度、使用 2,6-萘二甲酸、4,4′-联苯二甲酸和三苯基二羧酸等,使得 IRMOF-5 材料的孔径由 12.2 Å 增大到 24.5 Å[8]。

3)富含不饱和金属位点

在 MOFs 的合成过程中,中心金属除了与有机配体进行配位外,还可以与溶剂分子配位以满足金属离子的配位要求,但溶剂分子的配位并不稳定,可以通过加热、真空处理等方式除去配位的溶剂分子,暴露出不饱和的金属中心。此外,还可以通过金属离子交换的策略来制造缺陷,形成不饱和金属位点。MOFs 中的不饱和金属位点可用作气体吸附位点或者作为 Lewis 酸活性位点参与催化反应。

4)易于改性及功能化

MOFs 材料可以通过改变中心离子和有机配体的种类、修饰有机配体或配位作用等方式来实现改性和功能化。在合成过程中可以直接添加多种金属离子或者通过金属离子交换来构筑多金属 MOFs,含多种配体的 MOFs 也可以通过添加不同的配体或采用配体交换法制得。

1.3 MOFs 的设计与合成

MOFs 材料的设计与定向合成一直是该领域科研工作者重点关注的问题,为此以配位化学、材料化学为基础逐渐发展了一门新的交叉学科——晶体工程。在 MOFs 的晶体生长过程中,金属离子、有机配体、金属离子与有机配体摩尔比、溶剂、pH、温度等都会对 MOFs 的形貌及结构产生影响,因此深入探究各种因素对 MOFs 合成的影响,并揭示其内部的构效关系,有利于科研工作者设计和定向构筑具有特定结构和功能的 MOFs 材料。

1.3.1 结构设计的影响因素

1. 金属离子

金属离子或者金属离子簇作为 MOFs 材料空间架构的连接点,它们的配位环境直接决定了 MOFs 材料的结构。随着近年来无机化学的快速发展及对 MOFs 材料要求的进一步提高,应用于 MOFs 材料合成的金属离子不再局限于过渡金属,稀土金属、碱金属和类金属元素也逐渐被使用。常用的过渡金属离子有:Fe^{2+}、Fe^{3+}、Cu^{2+}、Cu^+、Zn^{2+}、Co^{2+}、Mn^{2+}、Cd^{2+}、Zr^{4+}、Ag^+、Ni^{2+}等,稀土金属离子有:La^+、Nd^+、Pr^{2+}、Sm^{3+}、Ho^{3+}、Y^{3+}等,主族金属离子有:Li^+、In^{3+}、Ca^{2+}、Sr^{2+}、Mg^{2+}、Pb^{2+}等。金属离子主要从两方面影响 MOFs 材料的形貌及结构。一方面,不同的金属离子具有不同的配位数,形成不同的配位构型，配位构型会影响配合物的维数和网络结构，从而具有不同的结构和性质。金属离子的配位构型多种多样，一般有线型、T 型、Y 型、四面体、平面四方、四方锥、三角双锥、八面体、五角双锥、三棱柱、三角反棱柱等。例如，Ag 离子的配位数一般为 2，得到的配位构型为线型；而 Zn 离子的配位数可以为 4、5、6，对应的配位构型为四面体、四方锥、八面体。另一方面，不同金属的离子半径不同，导致金属离子的空间坐标出现改变，从而形成不同的空间结构。例如，J. Sieler 研究小组发现，当以 4,4'-联哌唑为有机配体，分别与 Zn(Ⅱ)、Cu(Ⅱ)、Cd(Ⅱ)、Co(Ⅱ) 等金属离子构筑 MOFs 材料时，可以合成具有不同配位构型的框架。此外，还有报道发现，不同金属离子同时作为无机连接点有利于 MOFs 材料结构和性质的多样化，如常见的 3d-4f 杂金属离子 MOFs 材料，还有 AgCo、AgFe、AgFeCo 等金属离子组合的异金属离子 MOFs 材料[19]。

金属节点是 MOFs 的配位中心，金属配位数的数量和构型能够显著改变生成的晶体结构。如图 1-10 所示，中心金属不同的配位数(2~7)可以使配合物形成各种几何形状，如线形、T 形、四面体、三角双锥和八面体等[20, 21]。

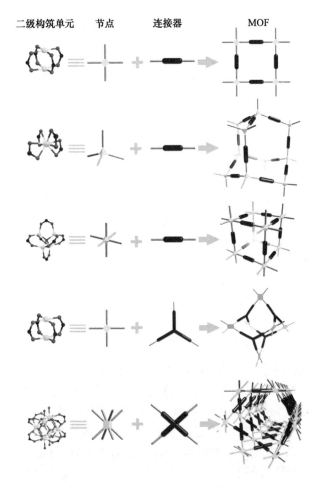

图 1-10 不同金属节点对 MOFs 材料构型的影响[20]

如图 1-11(a)所示，使用 Co(Ⅱ)和 Zn(Ⅱ)金属节点和桥连的三嗪配体，可以得到两种框架不同的 MOFs 材料。钴基 MOFs 的 BET 比表面积为 1014 m^2/g，可用作缩合反应的非均相催化剂，且具有优异的循环性能；锌基 MOFs 的 BET 比表面积为 1147 m^2/g，可用作高选择性发光传感器[22]。使用配位数为 7~10 的镧系元素，则更容易合成多面体配位聚合物。如图 1-11(b)所示，使用三元配体[TMTB(三苯甲酸)]和八连接的金属节点(Zr、Hf、Ce 和 Th 等)，生成了一系列等结构的介孔 MOFs。不同的金属节点，MOFs 的比表面积会有不同，Zr-NU-1200、Hf-NU-1200、Ce-NU-1200 和 Th-NU-1200 分别具有 2380 m^2/g、1750 m^2/g、1900 m^2/g 和 1300 m^2/g 的 BET 比表面积，这主要与不同金属中心的稳定性能不同有关。受到金属电负性和氧化态的影响，Zr-NU-1200 框架对醇氧化表现出的催化活性最高[23]。

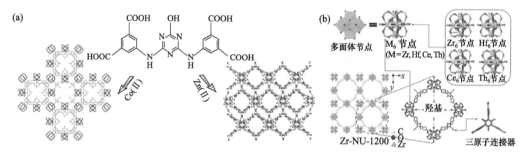

图 1-11 (a)由 Co(Ⅱ)和 Zn(Ⅱ)簇桥接有机配体获得的结构[22]；
(b)M-NU-1200(M = Zr, Hf, Ce, Th)的结构[23]

使用混合金属作为节点，不仅可以改善 MOFs 的性能，还可以合成新颖结构的 MOFs。在合成 MOF-5[$Zn_4O(BDC)_3$]的过程中，加入一定量的 Co，取代部分 Zn，可以获得 CoZn-MOF-5，其具有比 MOF-5 更高的 H_2、CO_2 和 CH_4 吸附能力。这是因为，Co 的掺入提供了气体分子的吸附位点，从而更容易吸附各种气体分子[24]。研究人员以化学计量的氯化铁(Ⅲ)和氯化钴(Ⅱ)与 2-氨基对苯二甲酸反应，成功制备双金属 CoFe-MOF，并将产物在硝基芳烃的催化还原、硼氢化钠的催化脱氢和电催化水氧化反应中进行了研究。由于 Co 和 Fe 金属之间的协同作用，多孔 CoFe-MOF 表现出显著提升的活性、选择性和稳定性[25]。

2. 有机配体

MOFs 材料的另一个重要组成部分就是有机配体，配体在金属离子之间起到桥梁的作用，因此使用不同的配体，MOFs 材料的结构和性质也就不同。根据配位原子的不同，有机配体可以分为 O 配位型和 N 配位型。其中 O 配位的有机配体包括有机羧酸配体、有机磺酸配体和有机磷酸配体；N 配位的有机配体以含氮杂环配合物为主，如吡啶、咪唑、哌嗪、吡唑、三氮唑、四氮唑等的衍生物。这些配体中，有机羧酸配体与金属离子配位能力强，配位方式多变，因而成为应用最为广泛的有机配体。同时，由于稀土金属元素和碱土金属元素更亲氧，因此稀土和碱土 MOFs 的主配体通常是含氧羧酸配体。配体尺寸的大小能够直接影响 MOFs 材料的孔径大小，通常纵向延长有机配体能够显著增加 MOFs 材料的孔尺寸；而纵向侧链的长度则起反作用，一般侧链长度越长孔径越小。值得注意的是，一味延长配体的纵向长度，不仅导致合成难度直线上升，还容易形成框架穿插结构，导致孔道尺寸的锐减，因此选择合适的有机配体长度是可控合成的关键。另外，有机配体所含官能团也能对 MOFs 材料的结构和性质产生影响。例如，将含有卤族元素的有机配体应用于 MOFs 材料的合成，可以增加材料的气体吸附性能。

图 1-12 给出了一些常见的羧酸配体，包含双齿到多齿芳族羧酸，以及含氮的羧酸配体[26]。MOF-5 和 HKUST-1 是广泛研究的羧酸盐 MOFs。MOF-5 是使用对苯二甲酸作为配体合成的，比表面积为 3995 m^2/g，而 HKUST-1 是使用均苯三酸配体合成的，比表面积为 1027 m^2/g（图 1-13）[27]。它们已被用作存储材料、催化剂、支撑材料等多种应用[28]。

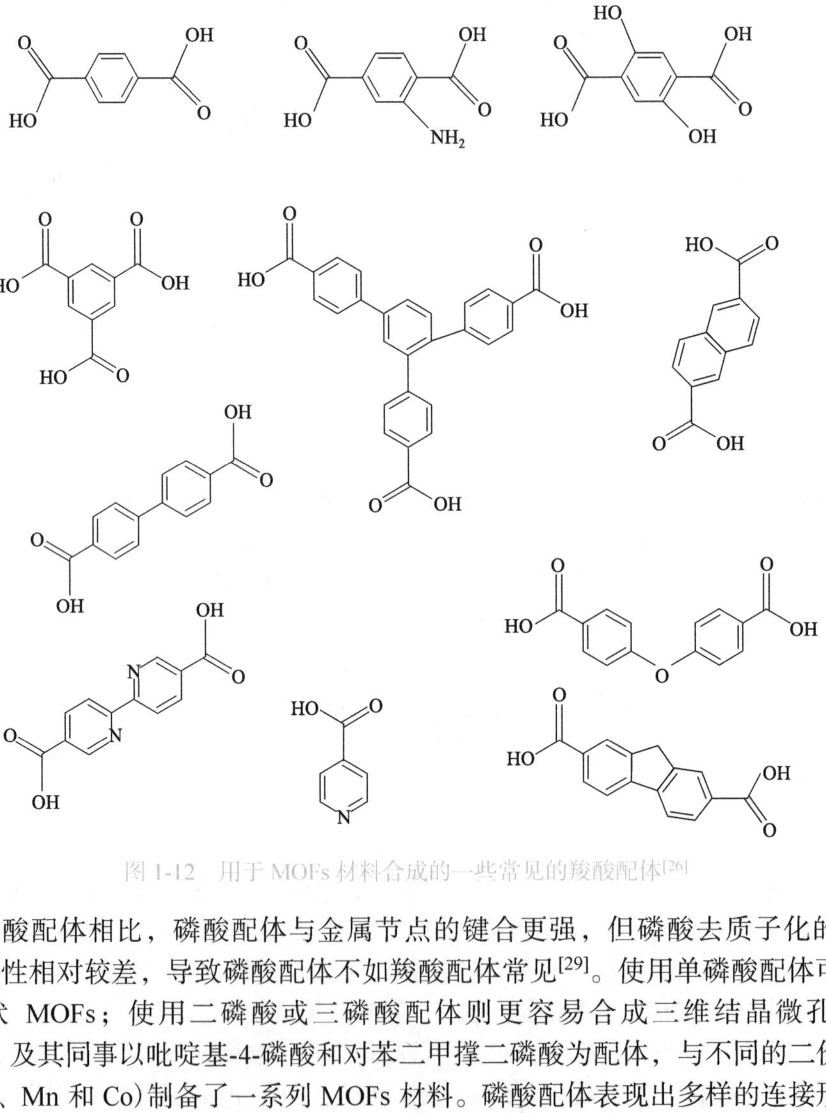

图 1-12　用于 MOFs 材料合成的一些常见的羧酸配体[26]

与羧酸配体相比，磷酸配体与金属节点的键合更强，但磷酸去质子化的结构复杂，溶解性相对较差，导致磷酸配体不如羧酸配体常见[29]。使用单磷酸配体可形成简单的层状 MOFs；使用二磷酸或三磷酸配体则更容易合成三维结晶微孔结构。Clearfield 及其同事以吡啶基-4-磷酸和对苯二甲撑二磷酸为配体，与不同的二价金属盐（Cu、Zn、Mn 和 Co）制备了一系列 MOFs 材料。磷酸配体表现出多样的连接形态，与铜（Ⅱ）盐生成了一种三维开放框架；与锰（Ⅱ）盐和锌（Ⅱ）盐则可合成二维层状结构和双核化合物[30]。使用四面体磷酸配体[1, 3, 5, 7-四金刚烷（H_8L）]与铜离子进行组装，可

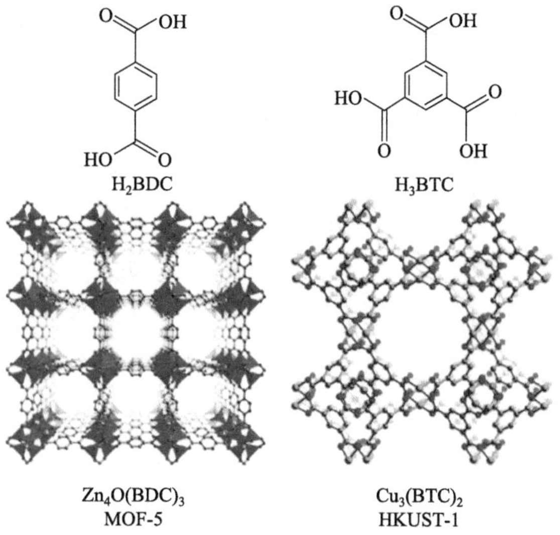

H₂BDC 和 H₃BTC 结构式

Zn₄O(BDC)₃
MOF-5

Cu₃(BTC)₂
HKUST-1

图 1-13 MOF-5 和 HKUST-1 的结构[27]

以合成具有互穿的金刚石相关拓扑结构的微孔磷酸铜，比表面积为 198 m^2/g，平均孔径为 5.0 Å[31]。

磺酸配体溶解度小，反应性低，极易形成堆积的结构和低维拓扑结构[32]。但是科学家们利用具有长间隔的有机磺酸(即烷基或芳族磺酸，图 1-14)，仍然成功合成了永久性多孔 MOFs，并用于化学识别和分离处理[33]。此外，使用混合配体(有机磺酸和氮供体)与 Cu(Ⅱ)反应，可以合成具有立方拓扑结构的磺酸基 MOFs，由于其具有很强的 CO_2 亲和力，可作为一种用于固定 CO_2 的活性和可逆的多相催化剂[34]。

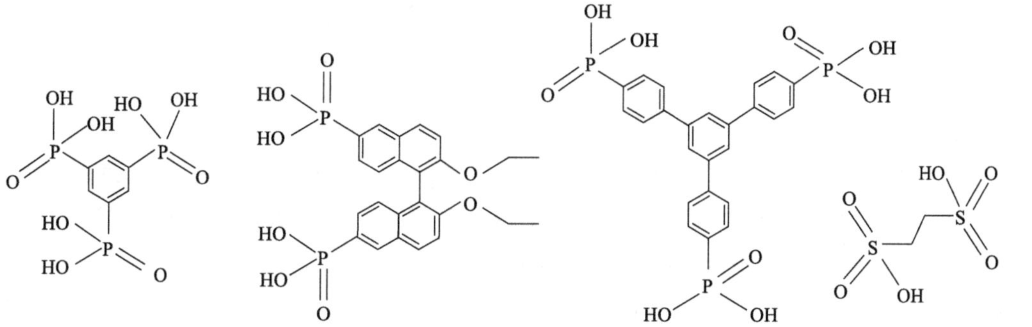

图 1-14 用于 MOFs 合成的各种磷酸和磺酸配体[26]

唑啉类配体虽然具有桥接长度短和复杂的配体去质子化等问题，但是由于在桥接金属离子方面的高定向配位能力，各种唑啉类配体基 MOFs 也被广泛研究[35]。五元氮杂环的唑类是用于医药、农业和各种工业的非常重要的化学品。一些唑类结构如图 1-15 所示，如吡唑和咪唑类的配位，1, 2, 4-三唑及其衍生物是十分常用的配体[36]；另一个重要的含氮配体是 4, 4′-联吡啶和其类似物。这些配体可以产生许多网状结构，如图 1-16 所示，包括 1D 线或锯齿状链、2D 方形网格或交织的蜂窝及 3D 菱形框架[37]。例如，[Cu(4, 4′-bpy)(BF₄)₂(H₂O)₂](4, 4′-bpy)包含由 4, 4′-联吡啶基团作为直链构成的八面体

Cu(Ⅱ)位点，而锯齿形链状[Cu(4,4′-bpy)(MeCN)$_2$](BF$_4$)包含平面四边形 Cu(Ⅰ)位点。[Ag(4,4′-bpy)$_2$](CF$_3$SO$_3$)是 3D 菱形框架，而[Cd(4,4′-bpy)$_2$(NO$_3$)$_2$]·2C$_6$H$_4$Br$_2$ 具有融合方形网格的 2D 基序[38]。此外，胺、酰胺和氰化物也可用作氮供体配体[39]。

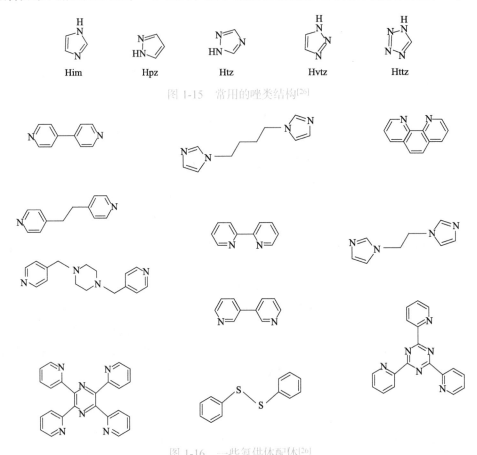

图 1-15 常用的唑类结构[26]

图 1-16 一些氮供体配体[26]

胺基作为电子受体，羰基作为电子供体，它们之间很容易形成氢键来构建并稳定 MOFs。而且它们与客体分子易发生相互作用，这为 MOFs 的传感器应用提供可能性。Biswas 及其同事使用氯化镉(Ⅱ)和苯甲酰胺通过溶剂热法在 N,N-二甲基甲酰胺/甲醇溶液中制备了具有酰胺官能团的 Cd(Ⅱ)基 MOFs [Cd$_5$Cl$_6$(L)(HL)$_2$]·7H$_2$O，可以作为检测三硝基苯酚的高选择性传感工具[40]。

除了配体类型的影响外，改变配体的结构和性质(形状、功能性、柔韧性、对称性、长度和取代基)已成为设计具有特殊功能的新型 MOFs 的有效方法。为保证目标的 MOFs 材料具有良好的化学稳定性和热稳定性，通常要求配体必须具有足够的刚性以形成永久中空结构的框架，并且组成的配位键也必须稳定。相关研究表明，MOFs 的热稳定性取决于金属-配体键的强度和金属-配体连接的数量，高价金属节点形成的 MOFs 通常热稳定性较好。大多数 MOFs 在 400℃以上不稳定，但是，Li$_2$(2,6-naphthalene-dicarboxylate)由于萘环的密排，在高达 610℃时具有良好的热稳定性[41]，如图 1-17 所示。

配体的大小和长度决定了 MOFs 孔结构和孔尺寸。在选择配体时，应考虑位置异构效应、端基效应和环效应。短配体有助于形成窄通道和小窗口，从而支持小分子的分离。甲酸锰（Ⅱ）框架（甲酸作为短配体）的一维之字形通道笼的开放孔结构足以从气体混合物中分离出 H_2 分子[42]。通过延长配体的长度，可以构建具有不断增大孔尺寸的 MOFs。通过使用硝酸锌和一系列芳香族二羧酸配体，制备了 MOF-5 及其衍生物，改变配体尺寸的大小，可以有效调控 MOFs 的孔体积和空腔面积（图 1-18）[43, 44]。对于构型一定的 MOFs，配体越长，产物的孔径就越大，在 IR-MOF-74-XI 中发现了目前最大的孔径，为 98 Å[8]。

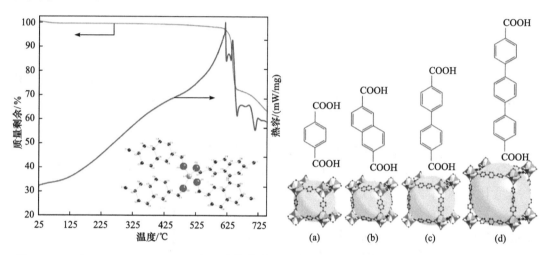

图 1-17 Li_2(2,6-naphthalene-dicarboxylate)的热重分析[41]

图 1-18 不同配体合成的系列类 MOF-5 材料[43]

类似混金属节点的策略，混合两个或多个配体是设计新型功能性 MOFs 的一种有效方法[45]。例如，使用对苯二甲酸和 2-氨基苯-1,4-二羧酸（ABDC）制备 $Zn_4O(BDC)_x(ABDC)_{3-x}$ 的过程中，随着 ABDC 的加入，配合物的 BET 比表面积从 1250 m^2/g 下降到 800 m^2/g，热稳定性随着取代度的增加而降低，但是氨基数量的增加提高了碳酸亚丙酯合成的催化活性[46]。选择刚性或柔性混合配体还可以制备具有自穿透、互穿和螺旋的新型 MOFs。Liu 等以 2,4′-联苯二甲酸及各种双咪唑为配体，通过水热法制备了五种新型 MOFs。五种新的 MOFs 框架分别为 3D 网络、3D 菱形网络、2D 波状网络、双节(3,4)连接网络和 2D 层结构[47]。

将不同的官能团连接到配体上是制备新功能 MOFs 的另一种方法。以三乙二胺为柱配体，乙酸为调节剂，分别使用对苯二甲酸（H_2BDC）和氨基对苯二甲酸（$BDC-NH_2$），可以制备[$Cu_2(BDC)_2(dabco)$]·2DMF·$2H_2O$ 纳米棒和[$Cu_2(BDCNH_2)_2(dabco)$]·2DMF·$2H_2O$ 纳米管。当 BDC 配体被 $BDC-NH_2$ 取代时，MOFs 的框架结构没有明显变化，但是形貌从纳米棒变为纳米管[48]。为对比官能团对 MOFs 性能的影响，Buragohain 等使用八种具有不同官能团的对苯二甲酸衍生物，合成了一类具有相同框架的 MOFs，并比较了它们的吸附性能。对苯二甲酸铝[$Al_3OCl(DEF)_2(BDC-X)_3$]随着官能团的变化，比表面积从 1328 m^2/g 增加到 2398 m^2/g，具有最高 BET 比表面积的是 $MIL101-CH_3$。配合物的

BET 比表面积顺序：—CH$_3$ > —NH$_2$ > —OCH$_3$ > —(OCH$_3$)$_2$ > —NO$_2$ ≈ —(CH$_3$)$_2$ > —C$_6$H$_4$ > —F$_2$；对 CO$_2$ 吸附量顺序：—CH$_3$ > —NH$_2$ > —OCH$_3$ > —NO$_2$ > —(OCH$_3$)$_2$ > —(CH$_3$)$_2$ > —F$_2$ > —C$_6$H$_4$。BET 比表面积取决于官能团的大小，而对 CO$_2$ 吸附能力取决于官能团的大小和官能团与 CO$_2$ 的相互作用[49]。图 1-19 为常用的对苯二甲酸衍生物。

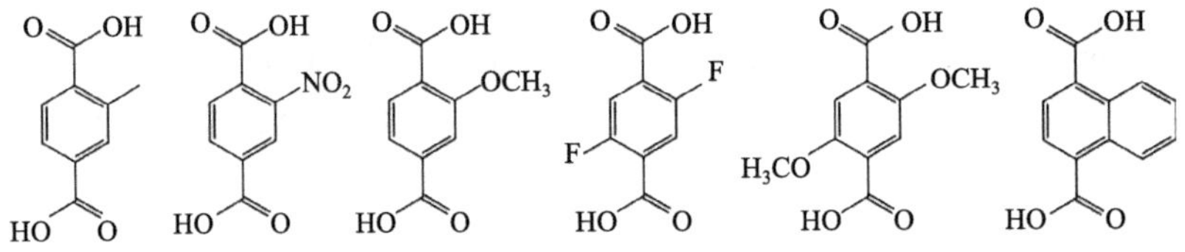

图 1-19　常见的对苯二甲酸衍生物[26]

配体的功能化也可以显著提高 MOFs 的水稳定性。随着配体中烷基链的增长，IRMOF-3 由亲水性变为疏水性[50]。含氟 MOFs 具有高度疏水性，全氟内表面适合吸附油分，因此表现出显著的水稳定性和对从油中选择性吸附 C$_6$~C$_8$ 烃类的高亲和力[51]。

3. 金属离子与有机配体摩尔比

金属离子与有机配体摩尔比对 MOFs 材料的结构与性能有很大影响。一般金属离子与有机配体摩尔比在(1∶10)~(10∶1)之间。当金属离子与有机配体摩尔比超过配位的化学计量比时，配体就能充分地以多齿型配位的方式形成配位键，而金属也存在不饱和位，这样对于框架结构在催化领域的性能研究较为重要；相反，当金属离子与有机配体摩尔比小于配位的化学计量比时，有机配体就有可能部分或者全部以单齿型配位的形式形成配位键。这样金属离子与配体结合形成的 MOFs 材料的结构稳定性较差，且金属不饱和位点数也会减少。例如，Nolte 等通过调整金属离子 Fe^{3+}、对苯二甲酸及溶剂 N,N-二甲基甲酰胺(DMF)之间的比例，不仅可以实现 Fe-MIL-88B 到 Fe-MIL-101 晶型的转变，还可以实现 Fe-MIL-88B 形貌的调控[52]。

4. 溶剂

不同的溶剂能够为晶体生长提供不同的培养环境，特别是溶液的极性、溶解性等，对 MOFs 的合成有很大影响。溶剂的极性越强，具有复杂高维的框架结构的 MOFs 就越难形成；反之，溶剂的极性越弱，也就越容易形成复杂高维的框架结构。

5. pH

反应体系的 pH 不同，有机配体的去质子化程度就不同，导致配位构型也不同，从而构筑的配位聚合物的框架结构也会不同。选择合适的 pH，一方面可以合理地对配体进行去质子化，另一方面也可以避免反应过快而生成沉淀。

6. 温度

温度也是 MOFs 合成过程中不可忽视的一个影响因素，如高温水热条件和室温条件所得到的羧基配位能力不同，高温水热条件下羧基是以多齿型配位的，较容易形成多维的 MOFs 结构；而室温条件下羧基是以单齿型配位的，极容易形成一维的 MOFs 结构。

1.3.2 常见的金属节点

1. 四连接节点

$M_2(-COO)_4$(M = Cu, Zn)的方形桨轮是最常见的四连接节点。它们可以与各种各样的配体连接起来,从而产生各种各样的功能性框架物。在此介绍该类开创性 MOFs(图 1-20)。

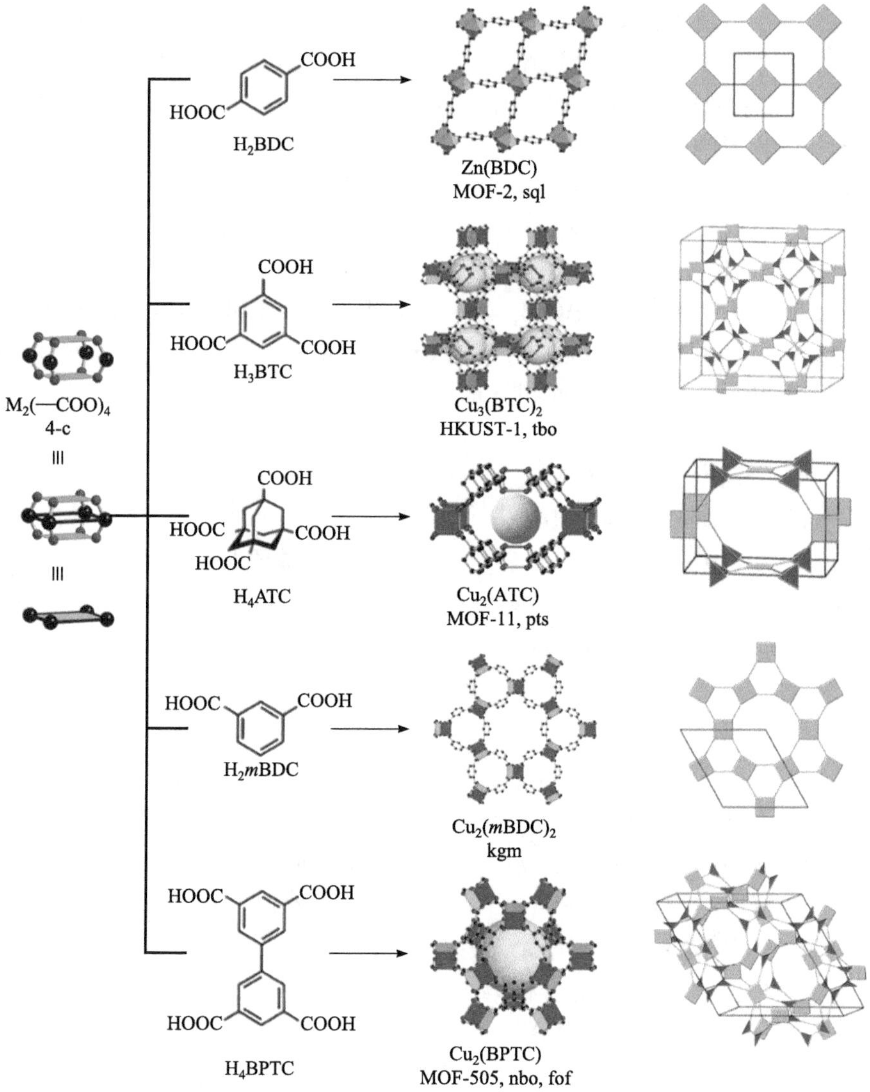

图 1-20 基于方形桨轮 SBUs $M_2(-COO)_4$ 和不同配体的 MOFs[53]
黑色代表 C;红色代表 O;蓝色多面体代表 Cu、Zn;黄色球体代表框架中的空置空间

MOF-2 即 Zn(BDC),在 1998 年首次合成,由 $Zn_2(-COO)_4$ 桨轮 SBUs 构成[54]。当与线形双基团 BDC 连接时,会生成 2D 4-c sql 方格网状结构,并通过层与层之间的强氢键相互作用形成三维结构,同时获得额外的稳定性。在 77 K 下进行 N_2 气体吸附测量

显示其具有微孔性，Langmuir 比表面积为 270 m^2/g，微孔体积为 0.10 cm^3/g。这一发现代表了 MOFs 领域向以刚性和定向簇作为构建单元构筑结构稳定、永久多孔框架物的方向发展。

HKUST-1（或 MOF-199）是由 Cu$_2$(—COO)$_4$ 与三元 H$_3$BTC（均苯三酸）连接而成的一种著名的材料[55]。HKUST-1 是第一个包含铜桨轮 SBUs 的 3D MOFs，且合成方法简单、杂质少、产率高，活化后的 BET 比表面积约为 1800 m^2/g。HKUST-1 为 (3, 4)-c tbo 的立方拓扑结构，有许多衍生物，其中包括使用不同的金属阳离子和通过使用更长的配体合成等网状衍生物。在很长一段时间，结构式为 Cu$_3$(BBC)$_2${H$_3$BBC = 1, 3, 5-三[4′-羧基(1, 1′-联苯)-4-基]苯} 的 MOF-399，因具有较低的晶体密度 (0.126 g/cm^3) 而闻名，直到发现了具有更低密度的 NU-1301[56, 57]。

Cu$_2$(ATC) (MOF-11, H$_4$ATC = 金刚烷-1, 3, 5, 7-四羧酸) 由 Cu$_2$(—COO)$_4$ 和四元四面体形 ATC 构成，具有 4-c pts 拓扑结构[58]。MOF-11 中 SBUs 轴向水分子的消失，标志着在 MOFs 中出现了开放金属位点 (open metal site, OMS)。目前使用 H$_4$MTPC（4, 4′, 4″, 4‴-甲烷四基四苯甲酸）和 H$_4$MTBC（4, 4′, 4″, 4‴-甲烷四基四联苯-4-羧酸）分别合成了具有相同网络结构的 Cu$_2$(MTPC) 和双重互穿的 Cu$_2$(MTBC) 的网状框架物。这两种 MOFs 通过苯冷冻干燥活化后，BET 比表面积与真空下的常规活化程序相比分别提高了 300%和 30%。

与 HKUST-1 相比，Cu$_2$(—COO)$_4$ 和三角形拓展配体 BTB 的组合产生了具有 (3, 4)-c pto 拓扑结构的 Cu$_3$(BTB)$_2$ (MOF-14)[59]。在 (3, 4)-c tbo 网络中，三角形和正方形是共面的，但在 pto 网络中相对于彼此倾斜，这是相邻亚苯基环上氢原子之间空间位阻的直接结果，从而导致空间网络的不同。MOF-14 中的大孔径实现了双重互穿，Langmuir 比表面积为 1502 m^2/g，孔体积为 0.53 cm^3/g (N$_2$, 77 K)。

2. 六连接节点

1) Zn$_4$O(—COO)$_6$：八面体

MOF-5 由六连接的 Zn$_4$O(—COO)$_6$ SBUs 和桥连的对苯二甲酸配体连接而成，具有原始立方的 6-c pcu 拓扑结构[60]。其氮气吸附测试 (77 K) 显示，Langmuir 比表面积约为 2900 m^2/g，孔体积为 1.04 cm^3/g，这些值远远超过了所有已知的常规多孔材料，如沸石、硅酸盐或多孔碳。将空间网络化学的概念应用于 MOF-5 生产了一系列用于各种应用的 IRMOF（等网状 MOFs）[61]。

在一定的配体长度下，pcu 拓扑框架的相互渗透可能不利于获得高比表面积材料[59]。为此，通过使用 Zn$_4$O(—COO)$_6$ SBUs 和不同长度的混合配体如 H$_2$BDC、1, 4-H$_2$NDC 和 H$_2$BPDC（4, 4′-联苯二甲酸）作为连接，在 2012 年得到了系列具有新颖结构的 MOFs[62]，如具有非互穿框架的 Zn$_4$O(NDC)$_{3/2}$(BDC)$_{3/2}$ (UMCM-8) 和 Zn$_4$O(NDC)$_{3/2}$(BPDC)$_{3/2}$ (UMCM-9)，其 BET 比表面积分别为 4030 m^2/g 和 4970 m^2/g（图 1-21），而 MOF-5 的 BET 比表面积仅为 3530 m^2/g[63]。

MOF-177 [Zn$_4$O(BTB)$_2$] 具有高度多孔结构，其网络中由六连接的 Zn$_4$O(—COO)$_6$ SBUs 八面体和三角形组成，具有 (3, 6)-c qom 拓扑结构（图 1-21）[64]。qom 拓扑结构由于是非对偶的，在本质上消除了网络互穿的可能，因此原则上优于其他 3, 6 连接的

rtl(金红石)和 pyr(黄铁矿)网络。MOF-177 的 Langmuir 比表面积为 4500 m^2/g, 孔体积为 1.59 cm^3/g(N_2, 77 K)。2010 年,科研人员使用细长三角形配体合成了等网状结构 $Zn_4O(BTE)_2$(MOF-180) 和 $Zn_4O(BBC)_2$(MOF-200),也是 qom 拓扑结构[65]。除了等网状扩展外,使用混合配体(线形 H_2BPDC 和三角形 H_3BTE)能够合成具有 toz 拓扑结构的 MOF-210,具有高达 6240 m^2/g 的 BET 比表面积。

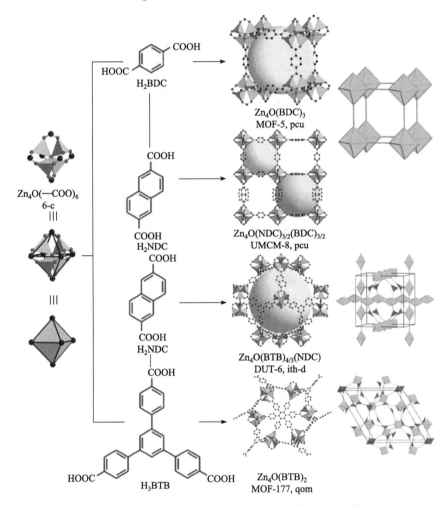

图 1-21　由 6-c Zn_4O(—COO)$_6$ SBUs 构成的 MOFs[62]

2) M_3O(—COO)$_6$:三棱柱

三棱柱是另一大类 6-c 网络中常见的簇单元。它是单个 μ_3-O(作为极点)与三个 M^{2+}/M^{3+} 结合形成一个 M_3O 三角形,其每个金属八面体的四个赤道位置被羧酸氧封端,且每个羧酸连接相邻的两个金属,连接羧酸基团上的碳即形成三棱柱。水分子或电荷平衡氢氧化物通常占据剩余的极点。2002 年,报道了第一个基于 V_3O(—COO)$_6$ 三棱柱 SBUs 的 3D 框架 V_3O(mBDC)$_3$(MIL-59, 图 1-22)[66]。使用键角为 120°的 mBDC,构筑出具有 6-c pcu 拓扑网络的 MIL-59 是不寻常的,这主要是因为这个夹角可以被三棱柱所对的角度所补偿。

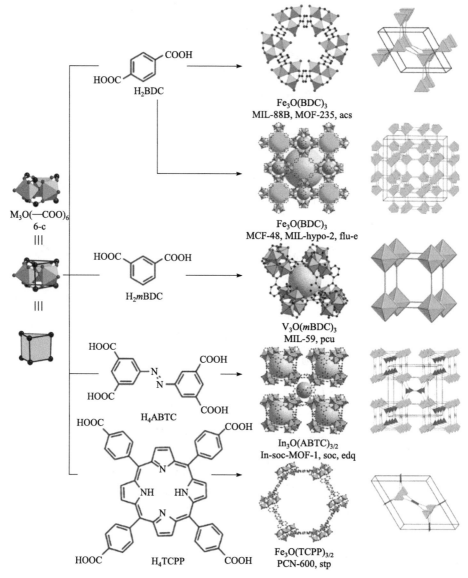

图 1-22 由 6-c 三枝柱 $M_3O(—COO)_6$ SBUs 形成的 MOFs[66]

黑色代表 C；红色代表 O；蓝色多面体代表金属；黄色、紫色和绿色的球体代表框架中的空白空间

MIL-88 系列和 MOF-235 最初由 $M_3O(—COO)_6$ (M = Cr, Fe) SBUs 与线形二羧酸盐连接合成[67, 68]。特别是，其中三种 MOFs MIL-88、MIL-100 和 MIL-101 在其性质和潜在应用方面具有特殊性[69, 70]。MIL-100 和 MIL-101 具有 mtn 沸石拓扑框架。MIL-88 框架可以看作是一个平台，通过使用不同的连接配体生成对应的系列化合物，如 H_2EDC(MIL-88A)、H_2BDC(MIL-88B)、H_2NDC(MIL-88C) 和 H_2BPDC(MIL-88D)[71]。上述 4 种 MOFs 都具有相同的网络结构，当暴露于不同的客体分子时，会发生晶胞尺寸的变化，称为呼吸效应[72]。在 MIL-88 系列中，这些可逆呼吸现象的振幅高达原始晶胞体积的 270%，而不会损失结晶度。

3. 八连接节点

连接 8-c 立方构筑单元[如 $Zr_6O_4(OH)_4(—COO)_8$]的默认拓扑结构是 8-c bcu。然而，线形平面二羧酸盐与锆盐在酰胺溶剂中的反应通常会导致形成 12-c fcu 网。具体的构筑单元，依赖于有机部分的特定几何构型，如使用 Me_2-H_2BPDC(2, 2'-二甲基-[1, 1'-联苯]-4, 4'-二羧酸)，更容易构筑 8-c 而不是 12-c 网。由于 2, 2'位置的甲基基团，配体具有扭曲的构象(图 1-23[73])，末端羧酸酯基相互垂直，能够形成 bcu 拓扑结构的 PCN-700[$Zr_6O_4(OH)_8(Me_2$-BPDC$)_4$]。如果配体采用完全平坦的构象，如在 H_2BPDC 中，则结果是 12-c fcu 网络，如 UiO-67[74]中所观察到的。PCN-700 相较于 UiO-67 明显具有更多 OMS，因此可以在 OMS 上锚定特殊的配体实现功能化应用。另一种获得 8-c 网络的策略称为"横向设计"，基于锯齿形配体 BDDC[H_2BDDC = buta-1, 3-diene-1, 4-dicarboxy acid(丁-1, 3-二烯-1, 4 二羧酸)]，通过混合 trans-BDDC 和 cis-BDDC 配体，构筑了具有八连接节点的 Zr-fcu-muc。而直接将 BDDC 与 Zr 反应，则会得到与 UiO-66 等网框架的 $Zr_6O_4(OH)_4(BDDC)_6$，呈现 12-c fcu 拓扑结构[75]。

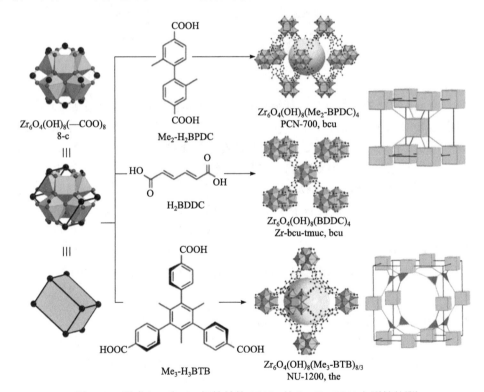

图 1-23　形成 bcu 和 the 拓扑结构 MOFs 的 8-c Zr_6-SBU 方形棱柱[74]

4. 十二连接节点：立方八面体

在第一个 Zr-MOF(UiO-66)被发现之前，具有十二连接簇的 MOFs 是罕见的。由于它们的稳定性和巨大的实际应用潜力而被广泛研究，Zr-MOF 的数量也呈指数级增长[74]。如今，每年报道的晶体结构接近 100 种，如图 1-24 所示。在 $Zr_6O_4(OH)_4(BDC)_6$(UiO-66)中，$Zr_6O_4(OH)_4(—COO)_{12}$ SBUs 具有立方八面体几何形状，有 12 个配位的羧酸基团，并与 BDC 相连（图 1-25）。该框架显示出小的四面体和更大的八面体空腔，Langmuir 比表面积为 1187 m²/g，网络结构是 12-c fcu。SBUs 的高配位性及羧酸锆的强键能解释了高热稳定性和化学稳定性。延长配体长度，可以得到具有等网状结构的 UiO-67（H₂BPDC）和 UiO-68（H₂TPDC），比表面积分别为 3000 m²/g 和 4170 m²/g。

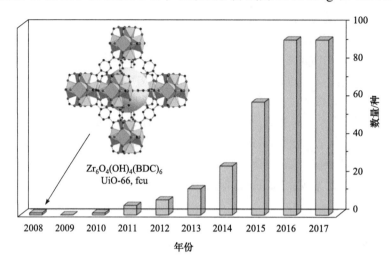

图 1-24　剑桥结构数据库（CSD）2008～2017 年羧酸锆框架结构统计数据[74]

一种具有 fcu 拓扑的网状框架因能够从相对干燥的空气中收集水而受到广泛关注[76]。$Zr_6O_4(OH)_4(EDC)_6$（MOF-801，H_2EDC = 富马酸）于 2012 年首次合成[77, 78]，其 BET 比表面积为 990 m²/g，在 25～65℃且大于 0.6 kPa 的蒸气压条件下，吸水性大于 0.25 L/kg。这使其成为日光驱动集水的理想候选者，产量为 2.8 $L_{water}/(kg_{MOFs}·d)$。2013 年，报道了基于 12-c 立方八面体 $RE_6(OH)_8(—COO)_{12}$（RE = Tb，Y）SBUs 的相关系列 MOFs[79]。除了双官能羧酸盐和四嗪接头外，氟化联苯二羧酸盐，如 F_2-BPDC（F_2-H_2BPDC = 3，3'-二氟联苯-4，4'-二羧酸），与 Tb 盐反应生成 $Tb_6(OH)_8(F_2\text{-}BPDC)_6$（Tb-DFB-PDC-MOF）。Tb-DFB-PDC-MOF 的 BET 比表面积为 1854 m²/g，孔体积为 0.72 cm³/g。与 Zr-MOF 相比，由于不同的稀土金属可用于制造等结构的 MOFs，因此预计框架具有更强的可设计性。

5. 十六连接节点

MOFs 中的高配位数非常稀缺，已知的（3，16）-c 网络 skl 是通过称为"分子改造"的过程发现的，也称为"连接器安装"[80]。首先构筑了具有（3，12）拓扑结构的 MOF-520，由于其 SBUs 为 $Al_8(OH)_8(—COO)_{16}$，其中四个未拓展的甲酸连接点，可以被尺寸和形状完美契合的双位连接的两个 BPDC 取代，从 SBUs 中去除了四个甲酸阴离子后，就得到 16 连接的簇单元。MOF-520-BPDC 的分子式为 $Al_8(OH)_8(BTB)_4(BPDC)_2$（图 1-26）[81]。孔体积和 BET 比表面积分别从 MOF-520 的 1.28 cm³/g 减少到 0.91 cm³/g 和 3630 m²/g 减少到 2548 m²/g。值得注意的是，这种修饰的框架在高压下表现出更高的稳定性，并且框架的不稳定性来自有机配体而不是配位键。

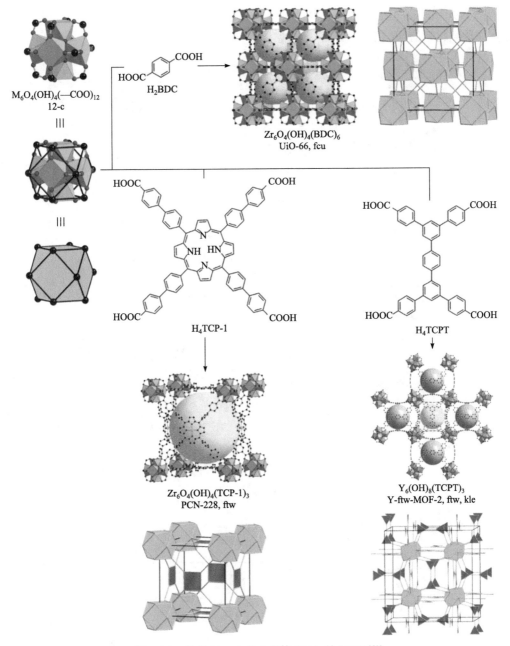

图 1-25 基于 12-c 立方八面体 SBUs 的 MOFs[53]

6. 十八连接节点

具有 18-c SBUs 的 MOFs 发现于 2014 年，当稀土硝酸盐与 H₃BTB 反应，在 2-氟苯甲酸调制剂的存在下，生成了 RE$_9$(OH)$_{11}$(BTB)$_6$(RE = Y, Tb, Er, Eu)[82]。该 gea-MOF-1 由阴离子构筑单元 RE$_9$(OH)$_{11}$(—COO)$_{18}$ 组成，其中 18 连接簇形成一个 eto 多面体（图 1-27）。这种多面体可以看作是带有三个附加金属阳离子和六个羧酸盐的规则 12-c 立方八面体(cuo)。gea-MOF-1 具有三种空腔，直径分别为 22.4 Å、14.6 Å 和 5.6 Å。它显示出 1490 m^2/g 的 BET 比表面积和 0.58 cm^3/g 的孔体积。Y-gea-MOF-1 还可用作二氧化碳和环氧化物偶联的催化剂。

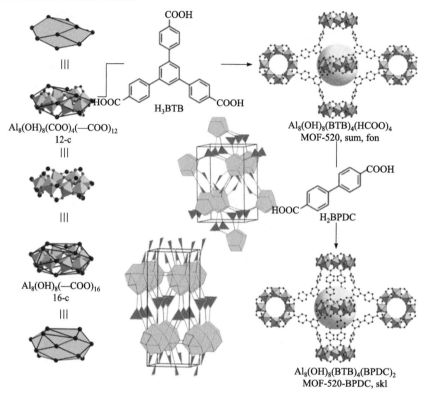

图 1-26　MOF-502 和 MOF-520-BPDC 的合成示意图[81]

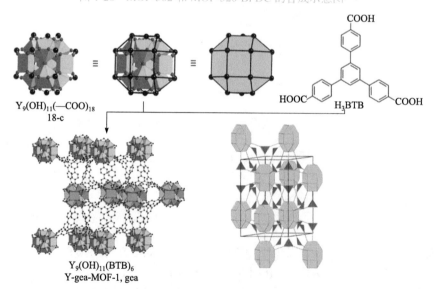

图 1-27　由阴离子 $Y_9(OH)_{11}(—COO)_{18}$ SBUs 组成的 gea 拓扑 MOFs[82]
其中 18 POE 形成 eto 多面体，黑色代表 C；红色代表 O；蓝色多面体代表 Y。为了清楚起见，省略了氢原子

1.4 MOFs 的合成方法

经过近三十年的高速蓬勃发展，MOFs 材料合成方法已经从单一的水热/溶剂热法扩展到扩散法、微波辅助法、超声法及机械搅拌法等多种方法。

1.4.1 水热/溶剂热法

水热/溶剂热法是 MOFs 材料制备的传统方法，高温高压的反应条件能够提高金属盐在溶剂中的溶解度和反应速率，从而合成结晶良好、产率较高的 MOFs 材料。根据溶剂的不同可分为水热法和溶剂热法，如果溶剂为水，则该反应称为水热法；如果溶剂为DMF、二甲基亚砜(DMSO)、丙酮、乙腈、醇等有机溶剂，则该反应称为溶剂热法。水热/溶剂热法是制备 MOFs 材料最优选的合成技术之一。在常规加热下，封闭高压釜会产生自生压力，从而达到远超沸点的特定温度，使各组分更好地溶解于溶剂，并发生自组装反应从而获得目标产物。该方法的另外一个好处是能够较好地控制合成条件，从而调控 MOFs 材料的生长过程。该方法的问题是反应过程中间体较多，很难得到具体的反应机理。此外，反应时间、反应温度、搅拌速度和金属/配体摩尔比也决定了获得 MOFs 材料的结构与形貌。例如，McKinstry 及其同事通过溶剂热法在 DMF 中使用对苯二甲酸和硝酸锌为原材料，探索了不同合成条件对 MOF-5 晶相及结构的影响[83]。

水热/溶剂热法也有一定的局限性。使用非极性溶剂会导致无机前驱体的溶解度不足，并且使用的水会形成氢键，从而阻碍离子间的直接相互作用。离子热法是一种替代方法，低挥发性离子液体不仅可以用作溶剂显著增加溶解性，而且可以作为结构导向剂形成特定框架结构。例如，Xu 及其同事采用离子热法以 1-乙基-3-甲基咪唑溴化物离子液体为溶剂，使用 $Zn(NO_3)_2 \cdot 6H_2O$ 和均苯三酸制备均苯三酸锌$[Zn_4(BTC)_2 \cdot (\mu_4\text{-}O)(H_2O)_2]$[84]。

1.4.2 扩散法

扩散法是在不同的溶剂中分别溶解金属盐和有机配体，通过两种溶液液面接触实现扩散反应。这种方法的条件比较温和，反应温度低，同时可获得高质量的晶体。而且相比于水热/溶剂热法，扩散法的反应过程更易观测，有利于研究反应机理。缺点是反应周期较长，而且要求反应物具有较好的溶解性。例如，Yao 等开发了一种有效且简便的反扩散法，并在整个尼龙基材上制备了 ZIF-8 薄膜，其中不同的合成溶液通过多孔尼龙膜分离，并通过溶液反扩散在膜表面发生结晶。所得薄膜的性质会根据不同应用的合成条件(如溶液浓度和合成温度)而变化[85]。

1.4.3 微波辅助法

微波辅助法是一种可以使化学反应速率快速提高的方法，首次使用是在 2005 年。在微波作用下，溶剂在很短的时间内就可以快速升温，大大节省反应时间，有时甚至只需几十秒就可以完成，而且得到的晶体与溶剂热法合成的晶体具有相同的形状和性质。

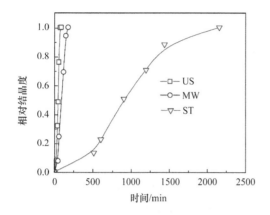

图 1-28　CPO-27-Co 采用不同合成方法得到的结晶曲线[88]

例如，传统水热/溶剂热法合成 MIL-101 的反应时间为 96 h，而微波辅助法合成只需 4 h[86]。需要特别注意的是，根据所制备材料的不同，微波辅助法对晶体的成核和生长速率的影响有所不同。然而，微波辅助法虽然可以通过控制反应条件来获得具有更高比表面积的晶体，但是如果没有达到最佳的反应时间，反而会对晶体造成破坏。Choi 及其同事通过改变功率水平、辐照时间、温度、溶剂浓度和底物组成来研究不同条件对 MOF-5 的结构和表面性质的影响，并与溶剂热法进行比较。通过微波加热，在 30 min 内获得了均匀的立方 MOF-5，平均尺寸为 20~25 μm，比表面积为 3008 m^2/g；而在 105℃下通过常规溶剂热法合成 24 h 制备的 MOF-5，平均尺寸为 400~500 μm，比表面积为 3200 m^2/g[87]。Jhung 及其同事通过溶剂热法(ST)、超声法(US)和微波辅助法(MW)合成了 CPO-27-Co，并比较了各产物的效果。不同方法对晶体形态的影响如图 1-28 所示，得到的晶体尺寸遵循 ST > MW > US 的顺序，而结晶速率的变化遵循 US > MW ≫ ST 的顺序。US 和 MW 最终形成均匀的成核并在短时间内形成小晶体[88]。

1.4.4　超声法

超声法是一种在超声(20 kHz~15 MHz)辅助下，快速合成 MOFs 晶体的方法，但仍处于探索阶段。依赖于液体中气泡形成、生长和坍塌的声空化，可以在局部产生高温(5000℃)和高压(500 atm, 1 atm = 1.01325×10^5 Pa)，以及快速的加热和冷却过程，从而导致 MOFs 的快速均匀成核，显著缩短合成所需的时间。例如，超声可以将 MOF-5 的反应时间从 24 h 缩短为 75 min[89]。在环境温度、大气压条件下，将乙酸铜和均苯三酸的 DMF/EtOH/H_2O 溶液超声处理 5~60 min，即可获得高产率的微孔 HKUST-1，同时，超声时间对 HKUST-1 的比表面积和储氢容量有一定的影响[90]。虽然超声法作为一种相对新的技术可以用来缩短反应时间和降低反应温度，但它并不具有普遍性。

1.4.5　机械搅拌法

机械搅拌法比较适合在所需材料的量较大时使用，是一种无溶剂方法。利用固体之间的机械搅拌产生热量释放出金属盐(如乙酸盐)中的水，并溶解低熔点的有机配体从而进行配位反应。当金属盐和有机配体在机械球磨系统中研磨时，会提高离子的扩散速度并产生新的接触面，从而促进分子内键断裂并形成新键。机械法首次出现于 2006 年，将乙酸铜和异烟酸在球磨机中研磨数分钟，得到分子式为 $Cu(INA)_{2x} \cdot H_2O_y \cdot AcOH$ 的 MOFs，其中水和乙酸均在反应过程中产生，可加热去除[91]。虽然该方法操作简单、耗时少、无溶剂、副产物无害、产量大，但是合成出的材料品质不高，常含较多的杂质。

Klimakow 及其同事以乙酸铜和均苯三酸为原料,通过机械化学方法研磨 25 min 制备了 HKUST-1。结果表明,剩余的乙酸分子阻塞了孔隙并形成了中孔,在活化去除气态副产物后,获得了高比表面积(1713 m²/g)的 HKUST-1(图 1-29)[92]。

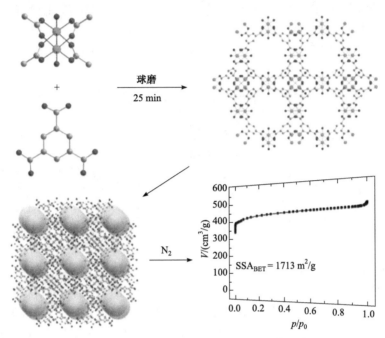

图 1-29　HKUST-1 的合成方案和氢吸附等温线[92]

1.4.6　电化学合成法

电化学合成法是一种绿色合成技术,可以在温和条件下快速制备 MOFs 材料。该方法不仅可以通过阳极溶解过程,以金属为原料,持续地提供金属离子;同时还可以通过电位、电流、反应时间、溶剂等条件的变化调控产物的结构和形态[93]。2005 年,Mueller 等首次报道了利用电化学合成法制备 HKUST-1。通过阳极氧化得到金属离子(Cu^{2+}),与去质子化的有机配体(BTC)在有机电解液中配位结合,最终得到 HKUST-1 材料[88]。总体来讲,电化学合成法不需要金属盐,可以连续不断地生产 MOFs 材料,这是工业生产中的一大优势。对于某些需要快速重复且需求量大的情况,电化学合成法显得十分重要。

综上所述,如何能在短时间内合成出大量的具有高结晶度、高纯度的 MOFs 材料仍然是一个有待深入研究和解决的问题。

1.5　几种常见 MOFs 的合成方法及影响因素

1.5.1　MOF-5

1999 年 Yaghi 课题组[94]在 *Nature* 杂志上首次报道了一种以 Zn 为金属中心,对苯二甲酸(H_2BDC)为有机配体的 MOFs 材料,其分子式为 $Zn_4O(BDC)_3 \cdot (DMF)_8(C_6H_5Cl)$,

称这种材料为 MOF-5。MOF-5 的扫描电子显微镜(SEM)图如图 1-30 所示，8 个 $Zn_4O(CO_2)_6$ 二级构筑单元分别置于立方体的 8 个顶点并以对苯二甲酸连接，形成立方体结构的晶胞单元，晶胞单元再通过对苯二甲酸相互连接，形成空间无限堆积的立方体结构。BET 测试 MOF-5 的比表面积是 3362 m^2/g，孔体积是 1.19 cm^3/g，孔径是 0.78 nm，因此其具有良好的气体吸附应用前景。相关研究表明，MOF-5 材料的结晶性、尺寸和形貌对其吸附和光电催化的应用具有重要影响，下面重点介绍不同合成方法对 MOF-5 结构及应用性能的影响。

图 1-30 两种方法合成的 MOF-5 的 SEM 图[95]
(a)水作为脱质子剂合成的 MOF-5；(b)TEA 作为脱质子剂合成的 MOF-5

1)不同脱质子剂对合成的影响

MOF-5 的生成过程必然伴随着 H_2BDC 脱质子生成 BDC^{2-}的过程，因此不同的脱质子剂对其合成有重要影响。以常规 MOF-5 合成过程为例，将 1.35 g $Zn(NO_3)_2·6H_2O$ 和 0.25 g H_2BDC 溶于 150 mL DMF 中，再将 1 mL H_2O 注入溶液中搅拌 10 min，100℃下加热 7 h，得到无色晶体。当更换 TEA 为脱质子剂，即用 3 mL TEA 代替 1 mL H_2O 时，反应 7 h 后形成乳状沉淀。

从 SEM 图可看出，以 H_2O 为脱质子剂得到直径为几十微米的立方晶体，而使用 TEA 为脱质子剂则得到一致的纳米晶体[95]。在合成过程中，将 TEA 加入到 $Zn(NO_3)_2$ 和 H_2BDC 的混合溶液中，立即形成大量白色絮团沉淀。这可能说明 TEA 比 H_2O 具有更强的去质子能力[96]，有利于晶体的快速成核，生成大量的小晶体。当以 H_2O 作为脱质子剂时，H_2BDC 的脱质子速度降低，从而促进 MOF-5 的结晶，形成规则的立方形貌和较大的结晶尺寸。

2)滴加顺序的影响

将 1.35 g $Zn(NO_3)_2·6H_2O$ 和 0.25 g H_2BDC 分别溶于 100 mL DMF 和 50 mL DMF 中。将 1 mL TEA 加入 H_2BDC 中，加热到 100℃，并在 200 r/min 的转速下搅拌，再以 0.24 mL/min 的速度注入 $Zn(NO_3)_2$ 溶液，滴注 7 h 后冷却至室温，得到 ZH 白色粉末。反过来，当将 H_2BDC 溶液滴入 $Zn(NO_3)_2$ 溶液中，则得到了 HZ 粉末。通过 SEM 图对比发现 ZH 的形貌更加均匀，且尺寸更小，而 HZ 的尺寸变大，且有部分杂质生成(图 1-31)。

3)转速的影响

同样地，将 1.35 g $Zn(NO_3)_2·6H_2O$ 和 0.25 g H_2BDC 溶于 150 mL DMF，再注入 1 mL TEA。在搅拌速度为 200 r/min 的情况下，升温至 100℃并加热 7 h，得到乳状 M-

200r 沉淀。其他条件不变,在 800 r/min 转速下反应,则获得 M-800r 样品。虽然,M-200r 和 M-800r 样品的 X 射线衍射(XRD)与未搅拌样品的 XRD 谱图相同,但是通过 SEM 图(图 1-32)可以看出两个样品均未显示出均匀的立方形态,且两组样品的晶粒尺寸均在 5 μm 以下,M-800r 的尺寸更小。

图 1-31　两种滴加顺序合成的 MOF-5 的 SEM 图[96]
(a) ZH; (b) HZ

图 1-32　不同搅拌速度合成的 MOF-5 的 SEM 图[96]
(a) M-200r; (b) M-800r

添加 TEA 的 H_2BDC 滴入 $Zn(NO_3)_2$ 的 $d_{0.5}$ 为 4.32 μm,H_2BDC 滴入 $Zn(NO_3)_2$ 的 $d_{0.5}$ 为 9.32 μm,远小于溶剂热法(以水为脱质子剂)合成的 MOF-5。通过对加水法和添加 TEA 法制备的样品的 SEM 图进行对比,发现 TEA 是降低 MOF-5 粒径的关键剂。当滴速增加时,保持了较窄的粒径分布,表明滴速策略能有效地将 MOF-5 颗粒的粒径分布控制在较窄的范围内。通过将一种反应物滴入另一种反应物中,可以有效控制 MOF-5 的过饱和。该方法合成的 MOF-5 样品比直接混合法(TEA 作为脱质子剂)合成的样品具有更规则的形貌和更大的比表面积。这些结果表明,该滴注方法为高质量制备 MOF-5 提供了一种潜在的途径。

MOF-5 材料的不同形貌和尺寸导致其性能不同。文献表明,纳米化的 MOF-5(Nano-MOF-5)制备的衍生碳材料(C-Nano-MOF-5),比块体 MOF-5 制备的碳材料,能够提供更多的孔结构和更大的比表面积,从而利于电荷积累,增加离子传输速度,具有优异的双电层电容性能[97]。

1.5.2　MOF-177

2004 年,Hee K. Chae 课题组[98]在 Nature 杂志上首次报道以 Zn_4O 为离子中心,以 1,3,5-苯三安息香酸(H_3BTB)为有机配体合成的 MOF-177。如图 1-33 所示,MOF-177

材料的晶胞结构类似于六面体，但其每一个面并不是平面，而是一个复杂的曲面。MOF-177 材料的晶胞存在一个由金属中心与有机配体框架结构支撑的巨大空腔，可以轻易地吸附 C_{60} 分子。MOF-177 具有良好的稳定性，分解温度高达 350℃，Langmuir 比表面积达到 4500 m^2/g，平均孔径 1.02 nm，能允许小于其孔径的分子进入空腔内部，是一种优异的吸附材料。MOF-177 的 CO_2 吸附量为 33.5 mmol/g，远大于当时报道的其他多孔材料。

MOF-177 最早报道的合成方法为：将 H_3BTB(5 mg)和 $Zn(NO_3)_2·6H_2O$(20 mg)置于外径 10 mm、内径 8 mm、长度 150 mm 的 Pyrex 管中。将该密封管以 2.0℃/min 的速率加热至 100℃，在 100℃保持 23 h，并以 0.2℃/min 的速率冷却至室温，得到 MOF-177 的块状晶体[5 mg，产率 32%，（基于 H_3BTB）]。SEM 结果如图 1-34 所示，MOF-177 呈六面体形，表面粗糙，棱角不分明，尺寸在 20 μm 左右。随后，Dipendu Saha 课题组[99]在上述合成方法上进行了修改，将 H_3BTB(70 mg)和 $Zn(NO_3)_2·6H_2O$(320 mg)溶解于 20 mL N,N-二甲基甲酰胺中，然后置于 20 mL 的反应瓶中并密封，在 67℃的烘箱中反应 7 天，得到尺寸在毫米级的 MOF-177 晶体材料。

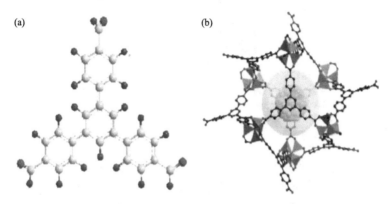

图 1-33　(a) H_3BTB 的分子结构；(b) MOF-177 材料的晶胞结构[98]

图 1-34　MOF-177 的 SEM 图

Da-Won Jung 等[100]报道了一种声波促进的 MOF-177 的合成方法。将 $Zn(NO_3)_2·6H_2O$(39.5 mg, 0.629 mmol)，H_3BTB(188 mg, 0.0901 mmol)溶解于 150 mL 的 1-甲基-2-吡咯烷酮(NMP)中，并将上述溶液置于 50 mL 喇叭型 Pyrex 反应器中，置于超声发生器 VCX500(SONICS，USA)上。在功率为 60%的条件下，反应约 40 min 内可得到所需的产物，产物粒径在 5～20 μm 范围内。声化学法大幅度缩短了合成时间，减小了 MOF-177 颗粒的尺寸，且晶体结晶性与溶剂热法相当。该方法不仅具有与传统方法制备样品一样的 BET 比表面积，CO_2 吸附能力要优于已报道方法制备的 MOF-177。

1.5.3 MOF-74

MOF-74 是由金属离子 M（M = Zn^{2+}、Mg^{2+}、Mn^{2+}、Fe^{2+}、Co^{2+} 和 Ni^{2+} 等）和 2,5-二羟基对苯二甲酸合成的金属有机框架。金属中心与羧酸和 OH^- 构筑了如图 1-35(a)所示的 $[M(\mu\text{-COO})(\mu\text{-OH})]_n$ 一维链状结构，相邻的一维链状再由 2,5-二羟基对苯二甲酸彼此桥连构筑了如图 1-35(c)所示的三维蜂巢状结构，微孔孔径较大，为 1.1～1.2 nm[101-103]。合成的 MOF-74 材料，其孔道内部有与金属位点配位的溶剂分子，通过在真空干燥箱的热活化过程，能够脱除溶剂分子。脱溶剂后，金属中心离子由原来配位饱和的六配位的八面体构型，变为配位不饱和的五配位的四方锥构型，但材料保持原有框架结构不变，在材料的孔道内留下不饱和的金属位点[104]。

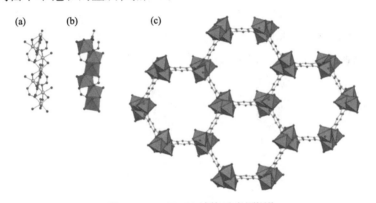

图 1-35 MOF-74 结构示意图[105]

(a)一维的 $[M(\mu\text{-COO})(\mu\text{-OH})]_n$ 链；(b)Zn 显示为多面体（红色 O、蓝色 Zn、黑色 C）；(c)一维的 $[M(\mu\text{-COO})(\mu\text{-OH})]_n$ 链通过 2,5-二羟基对苯二甲酸桥连形成的晶体框架视图

MOF-74 常见的合成方法有以下三种。

1) 溶剂热法

2005 年，Rosi 等[105]将 $Zn(NO_3)_2 \cdot 6H_2O$ 和 $dobdc^{4-}$ 的固体混合物溶于 N,N-二甲基甲酰胺、2-丙醇和水中，并在 Pyrex 试管中以 105℃加热 20 h 后冷却到室温得到 Zn-MOF-74 黄色针状晶体，首次制备了 MOF-74 化合物。

为了减少合成时间并优化反应条件，2016 年 Maserati 等[106]将胶体金属氧化物纳米晶体作为制备 MOF-74 或 M_2(dobpdc)材料的前驱体，如图 1-36 所示。相比于使用金属盐化合物或金属卤化物作为原料，胶体金属氧化物纳米晶体不仅能够减少反应过程中副产物的产生，还能够提高产量和增大颗粒尺寸。与此同时，由于其溶解速率远高于商业化的金属氧化物，大大加速了金属溶解形成 MOFs 过程，促使反应时间可以从几天缩短到几小时甚至是几分钟，极大地提高了反应速率。

2) 机械研磨法

机械研磨法是一种高效且环保的合成方法，不仅能大大缩短反应时间，还能降低反应成本，实现大剂量制备。2020 年，Wang 等[107]将 179 mg 氧化锌(2.2 mmol)、220 mg

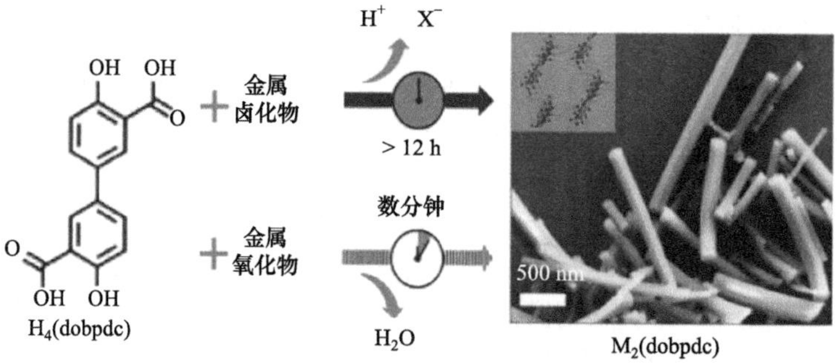

图 1-36　金属氧化物纳米晶体制备的 M_2(dobpdc)[106]

DHTA(1.1 mmol)和 300 μL DMF 加入到 25 mL 不锈钢研磨罐中,同时加入一个 7 g 不锈钢球。在密封条件下,使用 Retsch MM400 振动筛型混合研磨机,在 30 Hz 的速度下研磨 90 min。产物用 5 mL DMF 洗涤以去除微量的起始物质,反应产率大于 90%。合成的 MOF-74 不仅具有高的结晶度和孔隙率,还具有大的比表面积。利用该方法还合成了 M_2(m-dobdc)和 M_2(dobpdc),如图 1-37 所示。与传统的溶剂热法相比,机械化学法首次绕过使用 DMF,且制备的衍生物具有高的孔隙率和结晶度。

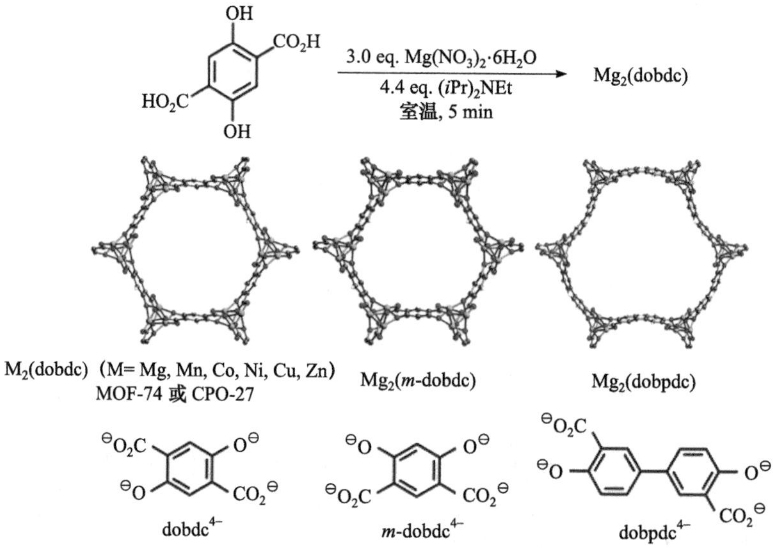

图 1-37　采用机械化学法合成不同配体的 IRMOF-74[107]

3) 微波辅助法

2019 年,Chen 等[108]采用微波辅助法,将 1.5 g Ni$(NO_3)_2 \cdot 6H_2O$ 和 0.5 g H_4dhtp 溶于 50 mL DMF、50 mL CH_3CH_2OH 和 50 mL H_2O 的混合溶液中,超声混合成均相溶液。然后将上述溶液转入回流冷凝的微波反应器(CEM-MARS-5,600 W),在搅拌下以 140℃ 加热 60 min,快速合成了 Ni-MOF-74。另外,还将此方法制备的 Ni-MOF-74 与溶剂热法、冷凝回流法制备的 Ni-MOF-74 进行表征与 CO_2 吸附比较。结果表明,采用该方法合成的吸附剂不仅具有良好的 CO_2 吸附能力,还具有优异的可循环性和耐水性。这表明微波辅助法是一种快速、可靠的合成高质量 Ni-MOF-74 的方法,且还具有节能、产物重复性好、产率高及晶体尺寸较均匀等显著优点[109]。

1.5.4　HKUST-1

HKUST-1 是由 Williams 课题组[9]于 1999 年在 *Science* 杂志上首次报道，由 Cu 中心与均苯三酸(H_3BTC)配体构筑的一种具有多种孔道结构的 MOFs，其结构式为 $[Cu_3(BTC)_2(H_2O)_3]$。HKUST-1 中，两个相邻的 Cu 被四个羧酸基团连接，形成轮桨状 $Cu_2(CO_2)_4$ 单元，相邻的 $Cu_2(CO_2)_4$ 单元再由 BTC 相互连接，形成笼状结构的三维网络（图 1-38）。HKUST-1 具有合成方法简单、成本低、结构性能优异、大小可调控等特点，在气体吸附、催化、电池和超级电容器等领域被广泛研究[110]。

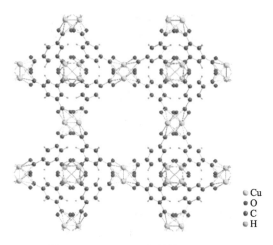

图 1-38　HKUST-1 的结构示意图[111]

HKUST-1 最早的合成方法为：1.8 mmol/L 三水合硝酸铜与 1.0 mmol/L 均苯三甲酸(H_3BTC)溶解于 12 mL 水/乙醇(50∶50，体积比)的混合溶液，在反应釜中加热至 180℃并保持 12 h，得到 HKUST-1(产率约为 60%)及副产物 Cu_2O。为抑制副产物 Cu_2O 的产生，Chiericatti 等[111]对上述合成方法进行改进。首先分别配制 $Cu(NO_3)_2$ 和 H_3BTC 的溶液，再混合搅拌 60 min，然后将结晶反应温度降低至 120℃，时间增加到 16 h。没有生成副产物 Cu_2O，但得到的 HKUST-1 的尺寸并不均匀，平均粒径在 8 μm。Schlesinger 等[112]在 2010 年比较了溶剂热法、微波辅助法、常压回流法、超声法和机械化学法等方法对 Cu-BTC 合成的影响，并发现在微波反应条件下，HKUST-1 的产率达到 96%。Wu 等[113]在 2013 年采用静置法制备了尺寸相对均匀的 HKUST-1。具体方法如下：将 1.82 g $Cu(NO_3)_2$ 和 0.875 g H_3BTC 分别溶于 50 mL 无水甲醇，再将 $Cu(NO_3)_2$ 溶液加入 H_3BTC 溶液中，在室温条件下静置 2 h，得到大量 HKUST-1 晶体。如图 1-39 所示，得到的 HKUST-1 尺寸相对均匀，平均粒径约 1.5 μm。Kang 等[114]在 2021 年通过在 DMF

图 1-39　Wu 等报道的 HKUST-1 的 SEM 图[113]

图 1-40　Kang 等报道的 HKUST-1 的 SEM 图[114]

中加入 $Cu(NO_3)_2 \cdot 2.5H_2O$ 和 1,3,5-苯三羧酸,并加入表面活性剂聚乙烯吡咯烷酮(PVP)控制晶体尺寸,90℃油浴反应 16 h 合成出粒径分别控制在 1 μm 和 2 μm 的单分散 HKUST-1,如图 1-40 所示。相关研究表明,可以通过改变反应温度、反应时间,加入调节剂等多种方式,调控 HKUST-1 的粒径和形貌,并且可以直接改变反应产物的比表面积和孔体积。反应物比例不同也会影响产物的生成,在一定范围内增大反应物的初始浓度并延长反应时间有利于得到大颗粒晶体。

1.5.5　UiO-66

挪威奥斯陆大学的 Cavka 课题组[115]在 2008 年首次报道了一种以 Zr 为金属中心,对苯二甲酸(H_2BDC)为有机配体的金属有机框架材料,将其命名为 UiO-66。根据单晶衍射分析,UiO-66 的配位数为 12,结构单元是由 $[Zr_6O_4(OH)_4]$ 金属团簇与 12 个 H_2BDC 配位连接而成,分子式为 $[Zr_6O_4(OH)_4(CO_2)_{12}]$。UiO-66 的结构如图 1-41 所示,孔道结构由 1.1 nm 左右的正八面体笼与 0.8 nm 左右的正四面体笼通过 0.6 nm 的三角形窗口相连而成。UiO-66 具有很强的耐酸性和一定的耐碱性,且在水、DMF、苯或丙酮等溶液中可以保持结构稳定。

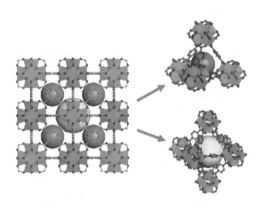

图 1-41　UiO-66 结构的示意图[115]

通过延长纵向有机配体的长度,他们还合成了具有相同网络结构的 UiO-67 与 UiO-68,显著增加了孔尺寸,如图 1-42 所示。这三种 Zr-MOF(UiO-66、UiO-67 和 UiO-68)的分解温度完全相同,为 540℃。相关表征表明,UiO 系列材料薄弱的地方是苯环和末端羧酸基团之间的键,而不是羧酸基团与无机簇之间的连接,因此改变不同配体不影响框架的稳定性。UiO-66 的结构具有羟基化与脱羟基化两种形式。室温下 UiO-66 结构中带有丰富的—OH,在 200~330℃热处理时会经历脱羟基过程,Zr-O 金属团簇上的—OH 以 H_2O 的形式离开,Zr 从八配位形式转变为七配位形成脱羟基化 UiO-66,因此在吸附和选择性催化领域具有良好的应用。

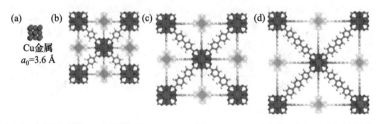

图 1-42　(a)按比例绘制的一个铜单元;UiO-66(b)、UiO-67(c)和 UiO-68(d)的结构示意图[115]　红色、蓝色、灰色和白色分别代表锆、氧、碳和氢原子

UiO-66 最初的合成方法是：室温下，将 0.053 g ZrCl$_4$ 和 0.034 g 对苯二甲酸 (H$_2$BDC)溶于 24.9 g DMF，将得到的混合物进行密封，放置在 120℃预热的烘箱中 24 h，在静态条件下进行结晶，得到粉末状的固体产物。SEM 测试发现，该方法制备的 UiO-66 呈现出花簇状形貌，由一个个 200 nm 左右的纳米立方体粘连而成。

随后科研工作者尝试使用单羧酸配体，如甲酸、乙酸、苯甲酸等，调控 H$_2$BDC 的脱质子速度，来调控 UiO-66 的生长过程。Behrens 课题组[116]首次系统地考察了在合成体系中添加苯甲酸和乙酸对 UiO-66 及其他几种 UiO 系列 MOFs(UiO-66-NH$_2$、UiO-67、UiO-67-NH$_2$ 及 UiO-68-NH$_2$)的晶体尺寸和形貌的影响。结果显示，随着苯甲酸加入量的增加（相对于 ZrCl$_4$ 的 10～30 倍化学计量），UiO-66 的晶体形貌从 80 nm 左右的小晶粒团聚共生态，逐渐转变为 200 nm 左右的单分散正八面体晶体。其原因主要是苯甲酸不仅可以抑制 H$_2$BPDC 的水解，同时可以和 Zr 形成配位的中间产物，以稳定 [Zr$_6$O$_4$(OH)$_4$]簇，从而实现了 UiO-66 稳定且缓慢的结晶，因此能得到单分散正八面体晶体（图 1-43）。

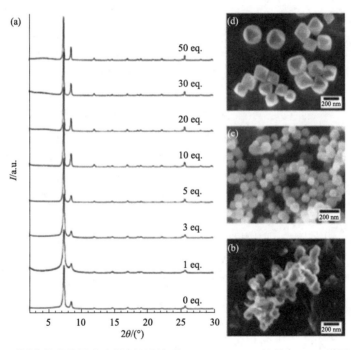

图 1-43　(a)以不同数量的苯甲酸为调制剂制备的 Zr-BDC MOFs 的粉末 XRD 谱图；在 0eq.(b)、10eq.(c) 和 30eq.(d) 苯甲酸存在下合成的 Zr-BDC MOFs 的 SEM 图[116]

随后，2014 年 Ren 等[117]以甲酸为调节剂，通过增加甲酸的用量（100 倍化学计量）成功得到晶体尺寸为 1～3 μm 的正八面体形貌 UiO-66。其合成方法：将 35.6 g 的 H$_2$BDC 和 51.3 g 的 ZrCl$_4$ 溶解在 2000 mL 的 DMF 溶剂中，添加不同量的甲酸并搅拌均匀，然后将混合溶液加热到 120℃并在静态条件下保持该温度 24 h。Lillerud 等[118]以苯甲酸为调节剂，采用溶剂蒸发法成功地在锥形瓶壁上得到了 UiO-66 单晶，最大的单晶尺寸约为 10 μm。具体方法为：303 mg ZrCl$_4$、92 μL 35% HCl、4.70 mg 苯甲酸和 24 mg

H₂BDC 溶于 10 mL 热的 DMF，将混合溶液转移到 25 mL 烧瓶中，并在烧瓶上放置一个松散的盖子，以便挥发性副产物的蒸发，110℃下静加热 48 h。在倾斜壁生成尺寸约 10 μm 的单晶，大部分的产物在烧瓶底部形成一层相互生长的晶体膜。

1.5.6 MOF-808

MOF-808 在 2014 年由 Furukawa 课题组[119]首次合成。该材料是以六锆金属簇为二级构筑单元(SBUs)，以均苯三甲酸为有机配体，形成八面体晶体，分子式为$[Zr_6O_4(OH)_4(BTC)_2(HCOO)_6]$。其结构中包含由六个锆离子组成的 $Zr_6O_4[(OH)_4(CO_2)_6]$ SBUs，该 SBUs 与 6 个均苯三甲酸相连，每个均苯三甲酸与 3 个 SBUs 配位。将 SBUs 抽象成六连接节点，将均苯三甲酸抽象成三连接节点，可以形成 spn 拓扑结构。结构内包含两种孔径的笼，第一种为 4.8 Å 的四面体笼，在这个笼中 $Zr_6O_4[(OH)_4(CO_2)_6]$ SBUs 为顶点，四面体表面为均苯三甲酸配体；另一种为内部孔径为 18.4 Å 的大金刚笼，由 8 个四面体笼通过共享顶点连接而成(图 1-44)。

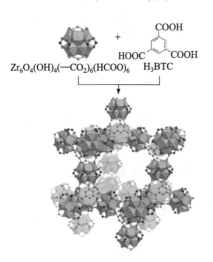

图 1-44　MOF-808 结构示意图[119]

最早报道的 MOF-808 的合成方法为：将 H₃BTC (0.11 g, 0.50 mmol) 和 $ZrOCl_2·8H_2O$ (0.16 g, 0.50 mmol) 溶解于 DMF/甲酸(20 mL/20 mL)混合溶液中，并置于 60 mL 螺纹盖玻璃罐中，100℃加热 7 天，得到大量八面体无色晶体。合成的 MOF-808 每天用 10 mL DMF 冲洗 3 次，连续 3 天，然后在 10 mL 无水丙酮中浸泡 3 天，在此期间，每天更换丙酮 3 次，以移除孔道内残余的有机配体和酸。

随后科学家发现，在 MOF-808 的合成过程中，增加反应温度到 135℃可以将反应时间缩短至 48 h，且不同溶剂对晶体尺寸有较大影响。当使用不同的酰胺类溶剂，甲酰胺、N,N-二甲基甲酰胺(DMF)、N,N-二甲基乙酰胺(DMAc)、二乙基乙酰胺(DEE)合成 MOF-808 时，产物颗粒的尺寸随着溶剂尺寸的增大逐渐增大。MOF-808(甲酰胺)、MOF-808(DMF)、MOF-808(DMAc)和 MOF-808(DEE) 4 种晶体的尺寸分别为 90 nm、110 nm、130 nm 和 150nm，如图 1-45 所示。因此，模板溶剂尺度越小，得到的 MOF-808 晶体直径越小，晶体的比表面积越大，N_2 吸附能力越强。具体合成方法为：将 0.55 g H₃BTC 和 0.8 g $ZrOCl_2·8H_2O$ 加入到甲酰胺/甲酸(100 mL/100 mL)混合溶液中，然后转移到 500 mL 水热反应釜中，在 135℃下加热 48 h，得到目标产物。将甲酰胺依次用等体积的 DMF、DMAc 和 DEE 替代，合成 MOF-808，样品分别记为 MOF-808(DMF)、MOF-808(DMAc)和 MOF-808(DEE)。

Li 等[120]使用微波辅助法进行反应，在 30 min 内成功合成了 MOF-808，极大地缩短了传统所需的反应时间(2~7 天)。其合成方法为：在输出功率为 400 W 的条件下，反应时间为 5 min、10 min、15 min、30 min，将 H₃BTC (0.210 g) 和 $ZrCl_4$ (0.699 g) 溶于 DMF/甲酸(45 mL/ 45 mL)混合溶液，并置于 200 mL 沸腾烧瓶中，然后移到微波炉中进行反应，所得 MOF-808 的透射电子显微镜(TEM)图如图 1-46 所示。这些纳米晶体为规则的八面体微晶体，尺寸范围为 150～200 nm，比传统水热条件下获得的纳米晶体要小得多。此外，这些 MOF-808 纳米颗粒具有高度的单分散性且分布均匀。而 MOF-808 纳米颗粒的尺寸与辐照时间(5～30 min)没有明显关系。

图 1-45　不同溶剂模板制备 MOF-808 的 SEM 图[119]
(a) MOF-808(甲酰胺)；(b) MOF-808(DMF)；(c) MOF-808(DMAc)；(d) MOF-808(DEE)

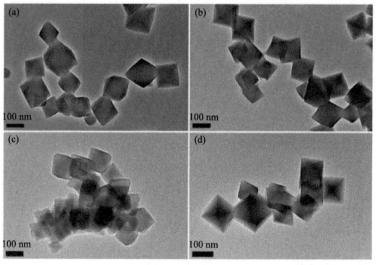

图 1-46　微波辅助法合成的 MOF-808 纳米颗粒在不同反应时间 5 min(a)、10 min(b)、15 min(c)、30 min(d) 下的 TEM 图[120]

1.5.7　MIL-53

MIL-53 是一种由 Cr 金属中心与对苯二甲酸构筑的三维网络结构，最早报道于 2002

年的 *Chem. Commun.*[121]。根据 X 射线粉末衍射数据，MIL-53 中每个 Cr 由两个反式的 OH 基团和四个来自羧酸的 O 原子形成六配位的八面体结构，相邻的八面体 Cr 通过共享 μ_2(OH) 桥接基团连接成如图 1-47 所示的一维链状结构，相邻的链再由对苯二甲酸桥连形成菱形孔道结构。

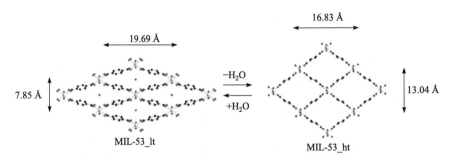

图 1-47　MIL-53_lt 和 MIL-53_ht 的可逆水合脱水示意图[121]

热分析（O_2 气氛，升温速率 2 K/min）表明，在 298～873 K 之间，MIL-53_as 有两次明显失重。第一次失重（约 28%）是由于孔道内游离的溶剂分子的损失，得到 MIL-53_ht。在 723 K 下发生第二次失重（约 50%），对应于框架中对苯二甲酸配体的热分解反应，最终残存固体经鉴定为结晶度较差的氧化铬（Cr_2O_3）。在室温下，MIL-53_ht 立即重新吸收大气中的水，水分子位于孔隙的中心，通过氢键与无机网络的氧原子或羟基发生强烈的相互作用，最终形成 MIL-53_lt。MIL-53_lt 和 MIL-53_ht 之间的转换是完全可逆的，具有优异的呼吸效应。吸附测试表明，MIL-53_ht 晶体具有超过 1500 m^2/g 的 Langmuir 比表面积。

采用相似的方法可以合成 MIL-53(Al)，其固体在空气中加热（330℃，3 天）可以除去未反应的 BDC 和封闭的 BDC 分子，从而生成 MIL-53_ht(Al) 或 Al(OH)[O_2C—C_6H_4—CO_2][122]。MIL-53_ht(Al) 同样存在呼吸效应，冷却至室温后，会吸附 1 eq. 水分子得到 MIL-53_lt(Al)（Al(OH)[O_2C—C_6H_4—CO_2]·H_2O）。MIL-53(Al) 相对 MIL-53(Cr) 等有一个显著特征，即很好的热稳定性。MIL-53_ht(Al) 可以在 500℃ 下仍保持稳定，最终在 700℃ 时生成一种非晶态的 Al_2O_3。对于这类固体而言，如此高的分解温度是非常不寻常的，它们通常仅在低于 400℃ 时才稳定。例如，MIL-53(Cr)、MIL-53(V) 仅在 350℃ 时才稳定。此外，在 MIL-53_lt(Al) 上进行的氮吸附实验（在 200℃ 下脱气过夜）发现在解吸时没有滞后，说明 MIL-53_lt(Al) 为微孔固体，并测得其 BET 比表面积为 1140 m^2/g，Langmuir 比表面积为 1590 m^2/g。

MIL-53 的具体合成方法如下：Férey 课题组发现，将摩尔比为 1∶1∶1∶280 的 $Cr(NO_3)_3 \cdot xH_2O$、1,4-BDC、HF、H_2O 混合物，在聚四氟乙烯衬里的高压釜中 220℃ 下保持 3 天，可以得到浅紫色的晶态固体产物。在整个合成过程中，pH 保持酸性（<1）。浅紫色固体产品用去离子水洗涤，过滤回收，室温干燥得到产物（标记为 MIL-53_as）。2019 年，Li 等通过改变 HF 的量，调控 MIL-53 的结晶过程，将 72 h 的合成时间有效缩短到 8 h[123]。当 HF 与 1,4-BDC 的摩尔比为 1∶1 时，得到的产物呈现正八面体结构，直径为 1 μm 左右，增加 HF 的含量及延长反应时间都可导致层状结构的生成。

除了传统的溶剂热法外，研究人员发现 MIL-53 还可以采用微波辅助法快速合成[124]。微波辅助法是使反应混合物在微波辐射室[功率 200 W 和压力 6 bar（1 bar = 10^5 Pa）]内进行反应，此条件下 MIL-53 的产率为 65%。如此获得的 MOFs 的比表面积为 1357 m^2/g。很明显微波辅助法大大缩短了反应时间，并且得到的产物粒度分布更均匀。在此实验中采用乙醇和水作为 MIL-53 的合成溶剂，是一种更便宜、更环保的合成方式，且产物结晶度并没有显著降低。

1.5.8 MIL-88

Serre 等首次合成 MIL-88 并在《德国应用化学》上介绍了其表征和结构测定[125]。MIL-88 的结构如图 1-48 所示，铁原子都位于一个八面体环境中，该八面体由来自双齿二羧酸盐的四个氧原子、一个μ_3-O 原子和一个来自末端甲醇基团的氧原子组成。八面体通过μ_3-O 原子相连形成三聚体构筑单元(Fe_3-SBU)，Fe_3-SBU 与富马酸二价阴离子连接最终形成具有蜂巢状孔结构的 3D 开放框架。

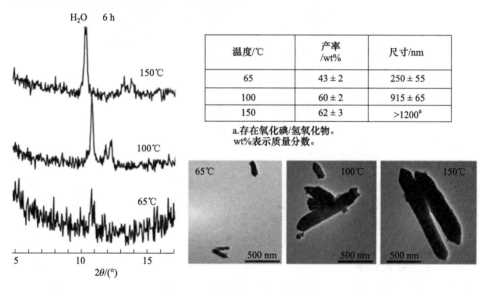

图 1-48　65℃、100℃和150℃下合成 MIL-88 样品的 XRD 谱图和 SEM 图[125]

具体合成方法如下：首先根据 Dziobkowski 等[126]的方法制备三聚体乙酸铁(Ⅲ) SBUs，随后乙酸铁(Ⅲ) SBUs、富马酸(HO_2C—C_2H_2—CO_2H)或反式-己二烯二酸(HO_2C—C_4H_4—CO_2H)、氢氧化钠、去离子水和甲醇按 1∶3∶1.5∶50∶1000 比例混合得到橙色凝胶。再将上述橙色凝胶转移至聚四氟乙烯衬里的反应釜中，在(100 ± 8)℃条件下反应 3 天并冷却至室温，过滤得浅橙色固体。

随后 Chalati 等[127]对合成过程进行了优化，并探索了不同合成方式及同种方式不同成分对产物的影响。具体过程如下：将 $FeCl_3 \cdot 6H_2O$(1 mmol)和富马酸(1 mmol)在 5 mL 溶剂(DMF、无水乙醇、甲醇或蒸馏水)中溶解，并对比加入或不加 0.4 mL 2 mol/L 氢氧化钠的情况，将溶液放入一个聚四氟乙烯衬里的不锈钢反应釜中，在 100℃下进行反应(2 h、6 h 或 24 h)，最后在 10000 r/min 下离心收集获得的沉淀物。实验结果显示：

①MIL-88A 可以在水或 DMF 中制备，但不能在纯醇中制备，这可能是由于醇中富马酸酯的形成减慢了反应动力学。②使用水或甲醇制备的样品的颗粒尺寸要比使用 DMF 制备的更大，这与富马酸在 DMF 中的溶解度比在醇和水中的溶解度更高，以及 DMF[偶极矩 $\mu = 3.86$ deb(1 deb $= 3.33564 \times 10^{-30}$ C·m)]与其他溶剂相比(水、甲醇和乙醇的 μ 分别为 1.85 deb、1.71 deb 和 1.68 deb)有更高的偶极矩有关。溶剂的较高偶极矩通常会改变连接剂的溶解度和溶剂-纳米颗粒界面，从而改变表面张力，进而强烈影响粒径。③在水或甲醇作溶剂的情况下采用较长的反应时间(24 h)时，会形成氧化铁/氢氧化物副产物。④随着温度从 65℃增加到 100℃和 150℃，样品的尺寸逐渐变大，结晶度也逐渐升高(图 1-49)。

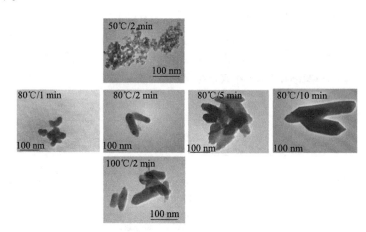

图 1-49　微波辅助法合成样品在不同温度下的形貌对比图(竖)和相同温度、不同时间下的对比图(横)[127]

使用微波辅助法可以极大缩短 MIL-88 的合成时间，10 min 之内就能合成目标样品。具体合成过程如下：1∶1(摩尔比)的氯化铁、富马酸水溶液，在微波条件下反应不同时间(1 min、2 min、5 min 或 10 min)，或不同温度(50℃、80℃或 100℃)，都可以得到 MIL-88 样品，且产率均不低于 40%。如图 1-49 所示，粒径与温度成正比增加，因此，提高温度会导致形成细长的纳米晶体；增加反应时间会导致颗粒尺寸因聚结而增大。在 80℃反应 1 min 后，形成了约 40 nm 的结晶度极差的纳米颗粒。然后，随着反应时间的延长，粒径会增加，从而形成结晶良好的细长纳米晶体。

此外，Surblé 等通过延长二羧酸基团的长度，制备具有 MILs 相同网络结构的样品，有效扩大了产物的孔径[128]。合成方法如图 1-50 所示，Fe_3-SBU 与富马酸、2,6-萘二甲酸(2,6-NDC)在低于 100℃条件下就能合成目标网络。另外，铬(Ⅲ)单体与有机配体[对苯二甲酸、4,4′-联苯二甲酸(4,4′-BPDC)]，在 220℃水热条件下也可合成目标网络。多晶 X 射线衍射(PXRD)表明，这些固体表现出与 MIL-88 富马酸盐结构相同的对称性(六角形)和空间群。这些固体被标记为 MIL-88B(1,4-BDC)、MIL-88C(2,6-NDC)和 MIL-88D(4,4′-BPDC)，而之前报道的 MIL-88 标记为 MIL-88A，结构如图 1-51 所示。MIL-88D 在 77 K 时表现出高达 5.15wt%的 H_2 吸附量，在 298 K 时为 0.69wt%。

第1章 金属有机框架材料 39

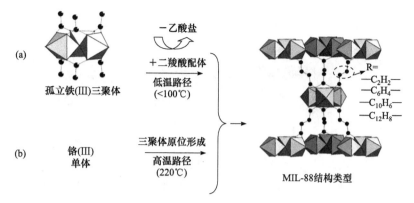

图 1-50 基于三聚体二级构筑单元的开放框架金属羧酸盐的合成方案示意图[128]
(a)用于羧酸铁(Ⅲ)的低温路线：MIL-88A[R＝—C_2H_2—(富马酸)]，MIL-88 C[R＝—$C_{10}H_6$—(2,6-萘)]；(b)用于羧酸铬(Ⅲ)的高温路线：MIL-88B[R＝—C_6H_4—(苯)]和MIL-88 D[R＝—$C_{12}H_8$—(4,4'-联苯)]

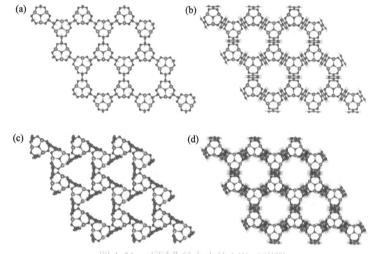

图 1-51 不同孔径大小的 MIL-88[128]
(a) MIL-88A；(b) MIL-88B；(c) MIL-88C；(d) MIL-88D

1.5.9 MIL-100

MIL-100 的合成最早于 2004 年发表在《德国应用化学》[125]，是一种体积接近 380000 Å^3 的巨型立方晶胞的新晶体 MOFs。它具有微孔(孔尺寸 $\Phi \approx 6.5$ Å)和介孔(Φ＝25～30 Å)两种层次的孔，比表面积高达 3100 m^2/g。其结构如图 1-52 所示，由三个 Fe、一个—OH 和六个羧酸构成上面描述的 Fe$_3$-SBU，四个 Fe$_3$-SBU 分别占据顶点与四个 1, 3, 5-BTC 组成了四面体笼状结构单元[图 1-52(b)]。图 1-52(c)为 MIL-100 晶胞的球棒视图，由四面体杂化单元组成。3D 组织示意图[图 1-52(d)]中中型(绿色)和大型(红色)笼由 ST 的顶点共享(顶点代表每个 ST 的中心)分隔。底部为两个不同笼子的视图和尺寸(绿色由 20 个四面体构成；红色由 28 个四面体构成)。值得注意的是，MIL-100 可以由一系列三价八面体阳离子(Cr^{3+}[129]、Fe^{3+}[130]、Al^{3+}[131]、V^{3+}[132]、Sc^{3+}[133])得到，具有相当高的热稳定性(＞300℃)和显著的化学稳定性。

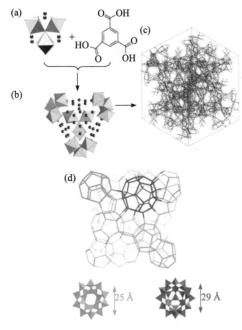

图 1-52　MIL-100 的合成结构示意图[(a)～(c)]及 3D 组织示意图(d)[129]

具体合成方法如下：将金属铬(52 mg，1 mmol)分散在 5 mol/L 氢氟酸(0.4 mL，2 mmol)的水溶液中。加入 H_3BTC(150 mg，0.67 mmol)和 H_2O(4.8 mL)后，在水热釜中以 20.0℃/h 的速率升至 220℃加热 96 h，然后以 10.0℃/h 的速率冷却至室温。得到的绿色粉末用去离子水和丙酮洗涤，然后在空气中干燥。反应收率大约为 45%(以铬为基准)。

以 MIL-100(Fe)为例，Horcajada 等在 MIL-100(Cr)的基础上采用类似的方法合成了 MIL-100(Fe)[130]，其与羧酸铬 MIL-100(Cr)同构，相应的 Langmuir 比表面积估计为 2800 m^2/g。这个值与等结构固体 MIL-100(Cr)的值基本一致(S = 3100 m^2/g)。后来 Seo 等提出了一种改进的水热合成法[134]，在不使用 HF 的条件下，通过使用不同的 Fe 前驱体和增加反应物浓度，大剂量合成了 MIL-100(Fe)。Fang 等提出了另一种制备 MIL-100(Fe)的水热合成方法，采用 0.05 mol/L 碳酸钠水溶液代替水，提高反应溶液的矿化程度，合成高结晶度、高纯度的 MIL-100(Fe)，为 Fe-MOFs 的合成提供了一条低成本、环保的途径[135]。

另外，MIL-100(Fe)还可以采用微波辅助法合成。Dhakshinamoorthy 等[136]采用三种 Hf/Fe^{3+}比，用微波辅助法制备了三种平均晶粒尺寸不同(60～70 nm，120～130 nm，> 400 nm)的 MIL-100(Fe)样品。三种 MIL-100(Fe)催化剂对叔丁基过氧化氢(TBHP)氧化二苯基甲烷和氧气氧化噻吩的反应速率相近。然而，三种 MIL-100(Fe)样品对 TBHP 氧化大体积三苯甲烷的活性很大程度上取决于样品的平均晶粒尺寸：平均粒径越小，三苯甲烷氧化的初始反应速率越大。这些结果表明，MOFs 催化存在扩散限制，这取决于底物的大小，并间接证明了这些反应发生在多孔晶体催化剂内部。

1.5.10　MIL-101

MIL-101 最早由 Férey 课题组合成，相关论文发表在 2005 年的《科学》杂志上[137]。其晶胞体积约为 70 万 $Å^3$，其中约 90%孔隙由挥发性溶剂填充。MIL-101 的内比表面积约为 6000 m^2/g。MIL-101 与 MIL-100 的结构十分类似，都是由四面体笼状结构拼接而成的三维网络(图 1-53)。不同的是，由于 BDC 取代了 BTC，四面体笼的尺寸明显增加，从 MIL-100 的 9.7 Å 增加到 12.6 Å，从而导致图 1-52 中所示的绿色和红色大笼的尺寸分别增加到 29 Å 和 34 Å，因此 MIL-101 相比于 MIL-100 具有更大的孔尺寸和比表面积。MIL-101 的稳定性良好，在空气中放置几个月也不会改变其结构，热稳定性接近 300℃。

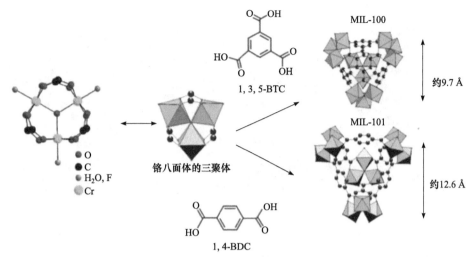

图 1-53 MIL-100 和 MIL-101 四面体笼的对比图[137]

MIL-101 的具体合成方法如下：将 $Cr(NO_3)_3 \cdot 9H_2O$ (400 mg, 1×10^{-3} mol)、1×10^{-3} mol 氢氟酸、H_2BDC (164 mg, 1×10^{-3} mol) 的溶液加入 4.8 mL H_2O 中，将混合物放入水热反应釜中，在 220℃ 条件下反应 8 h。自然冷却后，得到淡绿色目标产物与对苯二甲酸重结晶的针状无色晶体的混合物。为了去除大部分羧酸，可使用大孔玻璃过滤器过滤混合物，水和 MIL-101 粉末通过过滤器，而游离酸留在玻璃过滤器内。然后，用小孔纸过滤器和布氏漏斗从溶液中除去游离对苯二甲酸，分离出 MIL-101 粉末。

Rallapalli 等[138]进一步改进了典型的水热法，将 4.0 g $Cr(NO_3)_3 \cdot 9H_2O$、1.66 g 对苯二甲酸、50 mL 去离子水和 0.58 mL 乙酸的混合物装入容量为 75 mL 的聚四氟乙烯衬里的不锈钢高压釜中。这里用乙酸代替氢氟酸，其余的合成步骤与 MIL-101（氢氟酸）相同。SEM 和 TEM 图显示乙酸介导的 MIL-101(Cr) 样品拥有和氢氟酸制备样品相同的八面体形貌，尺寸约为 200 nm（图 1-54）。

图 1-54 MIL-101（乙酸）的 SEM 图 (a) 和 TEM 图 (b)、(c)[138]

Zhao 等[139]曾采用微波辅助法快速合成了尺寸较小的 MIL-101。图 1-55 显示了微波辅助法在 220℃ 不同晶化时间下制备的 MIL-101 样品的 SEM 图。可见，这些 MIL-101 晶体在纳米尺度上尺寸较小且比较均匀。当辐照温度为 220℃，辐照 50～60 min 时，MIL-101 晶体结构开始形成，之后许多晶体开始溶解或破碎成细小的晶粒。因此，MIL-101 (60 min) 的 SEM 图显示出清晰的八面体形貌，平均晶粒尺寸在 80～120 nm 之间，而 MIL-101 (90 min) 的 SEM 图显示出不完美的八面体形状，晶粒尺寸在 50～150 nm 之间。根据 SEM 图可以确定 60 min 为最佳辐照时间。

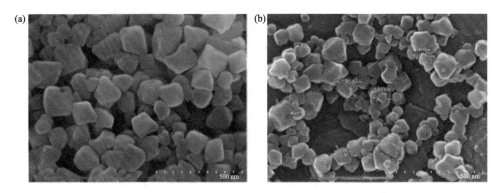

图 1-55　微波辅助法不同时间合成的 MIL-101[139]
(a) MIL-101(60 min)；(b) MIL-101(90 min)

Khan 等研究了浓度、pH 和合成方法（CE 和 MW 加热）对 MIL-101 晶粒尺寸的影响[140]。结果表明，MIL-101 的粒径随反应物稀释度的增加而减小，这与沸石合成有很大不同。MIL-101 尺寸随水量的增加而减小的原因可能是，与沸石晶体生长相比，MOFs 的成核相对容易，因为成核是一个简单的过程，只需络合或配体交换就可以完成。不同 pH 条件下，随着 pH 的增加，产物的粒径也逐渐减小，这可能是因为在高 pH 条件下铬三聚体和苯二甲酸根很容易形成，快速析出导致粒径减小。在选定的条件下，可以方便地、可重复地生产出尺寸在 50 nm 左右的 MIL-101。

1.5.11　ZIFs 系列(ZIF-8 和 ZIF-67)

ZIFs 实际上是一类特殊的 MOFs 材料[141]，由四面体构型的金属与桥连的咪唑类配体构筑的三维网状结构，在结构上类似沸石，使用锌或钴来代替沸石中的硅，用咪唑配体代替沸石中的氧桥，因此被称为类沸石咪唑框架材料。ZIFs 及其衍生物由于具有高孔隙率[142]、可控的晶体结构和可调的化学成分等优点引起了广泛关注，并在各种储能设备中具有广阔的应用前景，如图 1-56 所示。

我国陈小明院士在本领域做出了引领性的工作，如以氢氧化锌和二甲基咪唑为原材料，首次制备了 Zn^{2+} 与二甲基咪唑阴离子(2-Mim)交替连接构筑的三维网络框架，并将其命名为 MAF-4[142]。具体结构如图 1-57 所示，每个金属 Zn 中心由四个来自 2-Mim 的 N 原子配位，每个 2-Mim 则连接两个 Zn 中心，最终形成类似于钠长石(SOD)型结构，分子式为$[Zn(2-Mim)_2]_n$。同期 Yaghi 科研团队报告了相同的骨架结构，并将其命名为 ZIF-8。MAF-4 和 ZIF-8 虽为同一物质，但后面陆续报道的科研论文，因引用出处的不同存在两种命名交替出现的情况。ZIF-8 具备优异的生物相容性[143]，且其结构在生理条件下具有良好的稳定性，而在酸性条件下解体，对于与恶性肿瘤等多种疾病相关的弱酸性环境具有响应性，是控制药物运输与释放的理想载体，因而在生物医学上也有很大的应用潜力。事实上，ZIF-8 不但能高效负载阿霉素、5-氟尿嘧啶等小分子化疗药物，而且可以充当抗体、核酸等生物大分子的保护层。ZIF-67 的组成与 ZIF-8 类似，不同的是其 Zn 金属中心由 Co 金属所替代，合成方法类似于 ZIF-8 的合成过程，产物形貌和尺寸也大致相似，因此下面只选择 ZIF-8 的合成进行具体介绍。

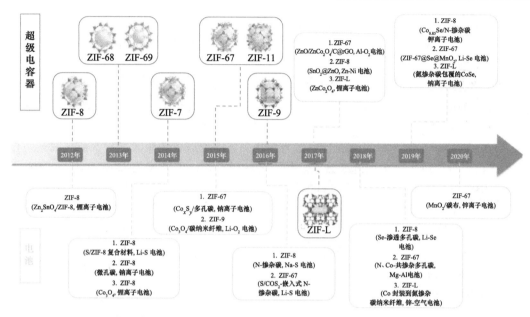

图 1-56 ZIFs 及其衍生物在储能领域的应用进展[142]

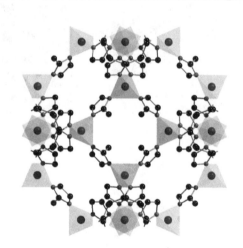

图 1-57 ZIF-8 结构图[142]

ZIF-8 具体合成方法如下：将 $Zn(NO_3)_2 \cdot 6H_2O$（237 mg，8 mmol）和二甲基咪唑（2-HMim，529 mg，64.4 mmol）分别溶解在 15 mL 甲醇（MeOH）溶液中，然后将上述两组溶液混合并在常温下搅拌 8 h，得到大量的白色沉淀，再通过 3000 r/min 离心，得到 ZIF-8 粉末。研究者发现，水体系中 2-HMim:Zn 的质量比对产物有很大影响。当 2-HMim:Zn 的比值低于 8:1 时，产物中会生成氢氧化锌和碱性硝酸锌的杂质；而 2-HMim:Zn 的比值高于 4:1 时，更利于生成纯相的 $[Zn(2\text{-Mim})_2]_n$ 聚合物。通过加入有机聚合物材料，可以实现 ZIF-8 在纳米级的调控，制备出具有特定形貌和精确尺寸的 MOFs 材料[144]。例如，将 0.5 mg 聚（二烯丙基二甲基氯化铵）（平均 M_W 400000～500000），加入 10 mL 硝酸锌六水合物（50.00 mg）的甲醇溶液，再与 2-甲基咪唑（91.53 mg）的甲醇溶液混合，室温静置 24 h，可以合成六边形 ZIF-8。如图 1-58 所示，由于高分子聚合物的引入，显著降低了 ZIF-8 颗粒的尺寸，仅为 50 nm 左右，且 ZIF-8 的形貌由原来的正十二面体型变为六边形的片状结构。

ZIF-8 还可以在不同有机溶剂条件下合成，如乙醇、DMF 等。随后科学家们改进合成方法，尝试在水溶液中合成 ZIF-8 材料，以减少毒性有机试剂甲醇的使用。具体制备过程为[145]：1.17 g $Zn(NO_3)_2 \cdot 6H_2O$ 溶于 8 g 去离子(DI)水中，再将 22.70 g 2-甲基咪唑溶于 80 g 去离子水中，将溶液混合后，溶液几乎立即变成乳白色。搅拌 5 min 后，离心收集产物，然后用去离子水洗涤数次。基于锌的量，晶体的产率为 80%。如图 1-59 所示，水溶液中合成的 ZIF-8 具有良好的结晶性，且与拟合曲线完全吻合；TEM 显示其具有清晰的棱角，且尺寸为 70～100 nm。水中合成的 ZIF-8 具有非常好的稳定性，将 ZIF-8 纳米晶体在沸水中稳定至少 5 天，与合成后的样品相比，晶体形态甚至样品颜色几乎没有变化；浸泡在沸腾甲醇的情况下，反应 7 天，晶体结构和晶体形态也保持得非常好。优异的溶剂热稳定性和纳米级的尺寸，显著增强了 ZIF-8 纳米晶体在催化、吸附和气体分离中的应用潜力。

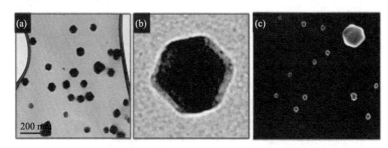

图 1-58　(a)、(b)ZIF-8 的 TEM 图和放大的 TEM 图；(c)ZIF-8 的 SEM 图[143]

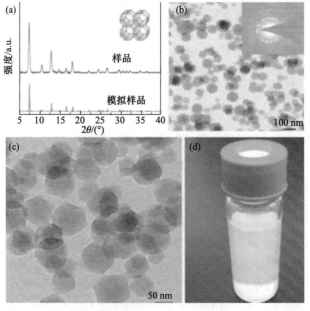

图 1-59　水溶剂下合成 ZIF-8 的 XRD 谱图(a)，TEM 图(b)、(c)，水溶液中分散图(d)[145]

Yang 等[146]则详细探索了溶剂与十六烷基三甲基溴化铵(CTAB)对 ZIF-8 纳米晶体形貌的影响，并探索了不同形貌 ZIF-8 对气体吸附性能的影响。研究发现，CTAB 与 2-Mim 配体存在竞争配位的关系，且在不同晶面竞争作用不同，因此 CTAB 的浓度对 ZIF-8 的最终形貌有重要影响。从图 1-60 中可以看出，随着 CTAB 浓度的增加，ZIF-8 的形貌从菱形十二面体—纳米立方体—八角形板—互穿孪晶—纳米棒的五种转变，且通过 XRD 谱图可以看出虽然形貌不同，但 CTAB 的量并不影响 ZIF-8 的相纯度。

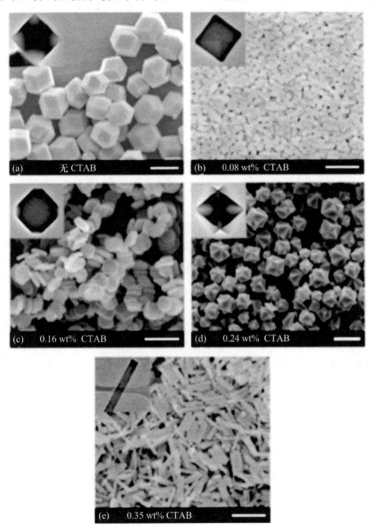

图 1-60　具有不同形态的 ZIF-8 晶体的 SEM 图[(a)～(e)][146]
(a) 菱形十二面体；(b) 纳米立方体；(c) 八角形板；(d) 互穿孪晶；(e) 纳米棒，所有 SEM 图中的比例尺均为 2 μm

他们研究发现，ZIF-8 形貌受到 CTAB 和 H_2O 浓度的双重调控，并根据研究结果绘制了如图 1-61 所示的基于 CTAB 浓度和合成溶液中 H_2O/H_{mim} 摩尔比的二维图。图中反应均在 120℃下进行 24 h，且各区域样品的形貌纯度均高于 95%。当没有 CTAB，H_2O/H_{mim} 摩尔比低于 100 时，得到具有菱形十二面体形状的均匀 ZIF-8 晶体；高于 100 时，则没有对应的固体沉淀生成。当 CTAB 浓度为 0.025wt%和 H_2O/H_{mim} 摩尔比为 0～200，以及 CTAB

浓度为 0.025wt%～0.40wt% 和 H_2O/H_{mim} 摩尔比为 0～40 时，得到不规则形状的 ZIF-8。当 CTAB 浓度为 0.075wt%～0.16wt% 和 H_2O/H_{mim} 摩尔比为 40～200 时，得到具有八角形板结构的 ZIF-8；当 CTAB 浓度为 0.10wt%～0.40wt% 和 H_2O/H_{mim} 摩尔比为 60～200 时，得到互穿的孪晶结构；当 CTAB 浓度为 0.20wt%～0.40wt% 和 H_2O/H_{mim} 摩尔比为 40～80 时，有少量的纳米棒。值得注意的是，该实验数据使用的金属盐为乙酸锌，替换为其他锌源（如硝酸锌和氯化锌），得不到类似的实验结果。此外，衍生自具有纳米棒形态的各向异性 ZIF-8 的混合基质膜表现出比其他形态更高的 C_3H_6/C_3H_8 分离性能。

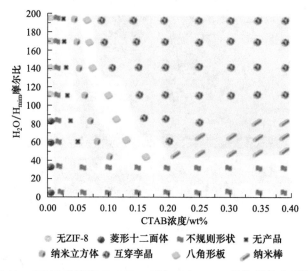

图 1-61　CTAB 浓度和 H_2O/H_{mim} 摩尔比与 ZIF-8 晶体形貌关系图[146]
合成条件：在 120℃固定 24 h，乙酸锌用作锌源

此外，Coronasa 等还报道了 ZIF-8 的无溶剂合成方法[147]，即通过机械研磨的方法制备 ZIF-8 材料。将 ZnO 纳米颗粒与二甲基咪唑混合后，通过机械化学研磨法制备了 ZnO 和 ZIF-8 的混合材料。通过图 1-62 的 FESEM 和 TEM 图，可以看出原始 ZnO 纳米颗粒形成片状聚集体，研磨后 ZnO 形态发生显著变化，在其边缘形成了 20～300 nm 的非晶态附聚物。由于研磨过程是典型的固体-固体反应，以表面反应为主，因此当使用大的 ZnO 颗粒时，观察到从 ZnO 晶体生长约 20 nm 厚的 ZIF-8 层[图 1-62(h)]。值得注意的是，在 ZnO 转化为 ZIF-8 过程中，有机配体的引入和三维框架的形成会导致高达 5.9 倍的体积膨胀。假设体积膨胀过程是各向同性的体积变化，ZnO 的厚度也会增加 1.8 倍，因此可以推断 ZnO 转化反应可以发生的界面厚度约为 10 nm。缩小前驱体 ZnO 的尺寸，则可以得到更高的转化产率。总之，实验结果表明机械化学研磨法可以成功地将 ZnO 无溶剂/无添加剂转化为 ZIF-8，这提供了一种 ZIF-8 的绿色化合成方案，同时也为 ZIF-8 与相关纳米复合材料的构筑提供了新的思路。

Coronasa 等[147]还发现，通过增加反应体系的压力，在无溶剂的条件下同样可以合成 ZIF-8。具体制备过程如下：将 0.203 g ZnO(2.5 mmol；Sigma-Aldrich，≥99%)放置于含有 0.410 g 2-H_{mim}(5 mmol；Acros Organics，99%)的小瓶(8 mL)中，并通过手动摇动混合约 2 min。然后将混合物置于如图 1-63 所示的装置中，预先加热至反应温度(室温、

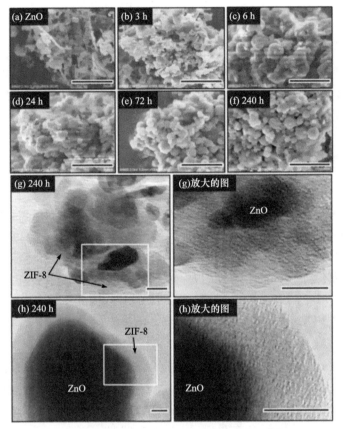

图 1-62 使用纳米级 ZnO[(a)～(g)]和大 ZnO(h)颗粒制备的产品的 FESEM 图[(a)～(f), 比例尺为 500 nm]和 TEM 图[(g) 和 (h), 比例尺为 20 nm][147]

图 1-63 压力机横截面图[147]
1.加热圆筒；2.钢套(模具)或内径为 1.27 cm, 长度为 10.0 cm 的圆筒；3.推杆(基座)；4.推杆(活塞)

70℃、90℃、110℃、130℃和 145℃)，通过两个推杆施加不同的压力(60 MPa、150 MPa、240 MPa、300 MPa、450 MPa 和 600 MPa)，并反应不同时间(1 min、2 min、5 min、

10 min、20 min、60 min 和 240 min)。研究结果表明，在 300 MPa、室温下反应 10 min，可以得到 40.2%的反应产率。相关表征表明，从第 1 分钟开始，反应发生并形成产物，同时 NH_4NO_3 的加入可以提高 ZIF-8 的产率。

后两种方法具有避免使用溶剂的优点，同时这些合成仅需几分钟，而不是像溶剂热的情况需要数小时甚至数天，这在 ZIF-8 的大规模合成中具有良好的应用前景。

1.6 MOFs 在不同领域的应用

1.6.1 MOFs 在传感器中的应用

MOFs 材料是由过渡金属阳离子与含氧或含氮的多齿状有机配体的配位自组装而成的具有纳米孔的网络状的晶体材料，是一种理想的高灵敏传感器材料。通过合理设计 MOFs 的金属离子或多齿状配体，可以调节 MOFs 的孔径，传感识别位点的数量和取向，以及分析物与 MOFs 受体之间不同的相互作用力，从而提高传感器的选择性和灵敏度[148-156]。此外，通过精准调节分析物与 MOFs 受体之间的相互作用力和匹配结构，可以增加 MOFs 对分析物的可逆性和响应时间，从而实现传感器的再生和实时监测[148-156]。

1. 光学传感器

MOFs 及其衍生材料可以通过简单的设计引入光学探针，来构建光学传感器。此外，MOFs 及其衍生材料具有纳米酶活性，可以催化各种底物成为光学物质，因此可以通过与不同的光学物质结合，构建各种光学传感器。根据光学反应机制的不同，MOFs 基光学传感器通常分为三种：比色传感器、荧光传感器、化学发光传感器。

1)比色传感器

2013 年，Li 等以 2-氨基对苯二甲酸和 $FeCl_3$ 为原料，在乙酸介质中合成 Fe-MIL-88-NH_2 MOFs，并首次发现 MOFs 可以作为过氧化物酶，催化氧化 3, 3′, 5, 5′-四甲基联苯胺 (TMB)产生蓝色物质[157]。随后，他们用 MOFs 和葡萄糖氧化酶的复合材料构建灵敏的葡萄糖检测比色传感器(图 1-64)[157]。

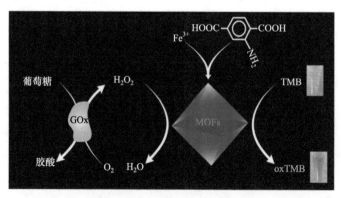

图 1-64　以 TMB 和过氧化氢为反应物的 Fe-MIL-88-NH_2 MOFs 过氧化物酶活性示意图及其在葡萄糖传感中的应用[157]

构建用于金属离子检测的传感器对于工业过程、医疗诊断和环境监测是必要的。2015 年，Gao 等合成了一种耐热镁金属有机框架(Mg-MOF)，发现材料中含有非配位氮原子的纳米孔，适用于容纳 Eu^{3+}[158]。基于 Eu^{3+} 和 Mg-MOF 之间的能级匹配和能量传递，他们构建了一个灵敏的传感器来检测 Eu^{3+}。Khalil 等使用 UiO-66 MOFs 来容纳二乙基二硫代氨基甲酸酯(DDTC)生色团，并且获得的 DDTC/UiO-60 用于构建一种基于数字图像的 Cu^{2+} 检测的比色传感器[159]。

2) 荧光传感器

在光学传感器中，荧光传感器因高灵敏度、相对较好的选择性和快速性而受到大多数科学家的关注。2006 年，Wong 等[160]以黏酸、$TbCl_3$ 和三乙胺为原料制备了镧系黏酸盐 MOFs，发现 MOFs 对 CO_3^{2-} 阴离子具有识别能力，CO_3^{2-} 的加入使 MOFs 的荧光增强。基于此原理，他们构建了一个检测 CO_3^{2-} 阴离子的荧光传感器(图 1-65)。

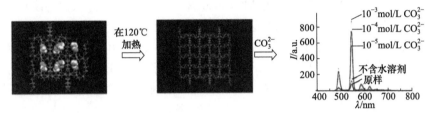

图 1-65　镧系黏酸盐 MOFs 的制备和 CO_3^{2-} 的荧光传感示意图[160]

2009 年，Lan 等[161]合成了一种高度明亮的 MOFs，即[Zn_2(4,4′-双苯基二羧酸酯)$_2$-(1,2-联吡啶乙烯)]，并基于荧光氧化还原猝灭机制，对 2,4-二硝基甲苯(DNT)和 2,3-二甲基-2,3-二硝基丁烷(DMNB)进行快速、可逆、灵敏的传感。

Liu 等[157]利用 Fe-MIL-88 MOFs 和过氧化氢构建了一个用于生物硫醇检测的"开启"荧光传感平台。他们发现，含有过氧化氢的 Fe-MIL-88 表现出微弱的荧光，但生物硫醇的加入明显增强了荧光。为了解释这种荧光传感机制，通过各种分析技术证明了生物硫醇通过氢键和静电力与 Fe-MIL-88 结合，然后生物硫醇将 Fe-MIL-88 中的 Fe^{3+} 还原为 Fe^{2+}，通过 Fenton 反应催化过氧化氢的分解。Fenton 反应产生的羟基自由基进一步将对苯二甲酸配体氧化为高荧光产物，导致荧光增强。

3) 化学发光传感器

除了比色传感器和荧光传感器外，基于 MOFs 及其衍生材料的化学发光传感器也被许多研究者[153-167]研究过。2015 年，Zhu 等[163]首次发现，Cu-BTC(HKUST-1)的表面存在自由基生成和电子转移过程，可以催化 luminol-过氧化氢体系的化学发光反应。然而，多巴胺的加入抑制了系统的化学发光，因此他们构建了一个用于检测多巴胺的化学发光传感器。

Yang 等[165]研究发现，与 Cu-MOF 类似，Co-MOF 材料也可以催化 luminol-过氧化氢体系的化学发光反应，因为氧相关自由基和 Co-MOF 材料之间形成了过氧化物类似复合物。根据化学发光系统，他们建立了一个检测 L-半胱氨酸的传感器。

2. 电化学传感器

电化学技术以快速、简单、成本低、灵敏度高、选择性高等特点，成为最有前途的传感方法之一。MOFs 及其衍生材料具有较高的比表面积、较强的导电性、良好的稳定性、优异的催化活性和快速的响应时间,因此适用于构建优异的电化学传感器。基于 MOFs 及其衍生材料的电流传感器可分为电流分析传感器、阻抗传感器、电化学发光传感器、场效应晶体管传感器和质量敏感度传感器。

1)电流分析传感器

Wu 等[168]设计制备了导电耐水的 Cu-MOF,即$\{[Cu_2(HL)_2(\mu_2\text{-}OH)_2(H_2O)_5] \cdot H_2O\}_n$($H_2L$ = 2, 5-二羧酸-3, 4-乙烯二氧噻吩),并直接利用 MOFs 构建了用来同时检测抗坏血酸和 L-色氨酸的电化学传感器。Wang 的小组[169]制备了含有碳球和 Al-MIL-53-$(OH)_2$ MOFs 的复合材料,并进一步利用 C/Al-MIL-53-$(OH)_2$ 和全氟磺酸型聚合物对玻璃碳电极进行修饰,用于构建多巴胺传感器。由于 MOFs 纳米复合材料具有良好的导电性和较大的比表面积,对多巴胺具有明显增强的电流信号。

2)阻抗传感器、电化学发光传感器

2015 年,Deep 等[170]合成了 Cd 基 MOFs[$Cd(BDC\text{-}NH_2)(H_2O)_2]_n$,并将该 Cd 基 MOFs 膜与抗硫磷离子抗体偶联,来构建一个基于电化学阻抗谱(EIS)变化的硫磷离子传感器。

2015 年,Xu 等[171]报道了第一个活性 Ru/Zn 基 MOFs,用于电化学发光(ECL)的例子。由于反应体系的快速电子转移,这种 MOFs 具有较高的 ECL 和高稳定性。他们详细研究了 ECL 的作用机制,并使用这些材料构建了血清样本中可卡因的 ECL 传感器。

3)场效应晶体管传感器

场效应晶体管(FET)传感器由源极和漏极组成。两个电极分别与半导体层保持接触,电荷密度由半导体和栅电极之间使用的电场控制。在过去的几年中,许多基于 MOFs 及其衍生材料的场效应晶体管传感器已经在实际应用中发展起来。Iskierko 等[172]开发了一种含有 MOF-5 的聚噻吩(MIP)薄膜,并使用该材料构建了一个场效应晶体管传感器,制备的 MIP 膜对重组人中性粒细胞明胶酶相关的脂质钙蛋白具有良好的识别能力和高灵敏度(图 1-66)。

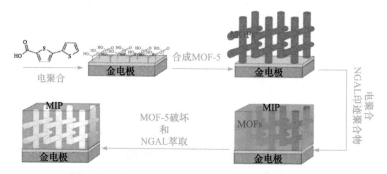

图 1-66　在 MOF-5 存在的情况下制备 MIP 膜[172]

Jang 等[173]将 HKUST-1 MOFs 引入半导体层,并将该材料与聚(3-己基噻吩-2, 5-二基)(P3HT)结合,构建了一个用于检测水的 FET 湿度的传感器。由于 HKUST-1 具有良好的气体捕获能力和孔隙率,HKUST-1/P3HT 复合材料具有较高的灵敏度。此外,该传感器的响应速度快、可回收利用。

4) 质量敏感度传感器

质量是任何被分析物中最基本的性质之一，近年来研究人员对这类传感器的开发集中了大量精力。基于 MOFs 及其衍生材料的质量灵敏度传感器可分为两种类型：石英晶体微天平(QCM)传感器和压电传感器。2011 年，Si 等[174]采用一种简单的方法合成胺修饰的微孔 MOFs(CAU-1)，发现该材料能强烈吸附甲醇。随后，他们构建了一个用于甲醇的 QCM 传感器。Hou 等[175]合成了一种新型的多孔 MOFs$\{[Cu_4(OH)_2(tci)_2(bpy)_2]\cdot 11H_2O\}$，构建了一种用于甲醇、乙醇、丙酮和乙腈的灵敏的选择性 QCM 传感器。

Tchalala 等[176]使用氟化 MOFs 选择性去除和检测 SO_2，发现 KAUST-7(NbOFFIVE-1-Ni) 和 KAUST-8(AlFFIVE-1-Ni)MOFs 对 SO_2 具有高亲和力。随后，他们利用 QCM 实现了 SO_2 的传感。Zeinali 的小组[177]使用 MIL-101(Cr) MOFs 构建了一个基于 QCM 的吡啶检测传感器。

1.6.2 MOFs 在催化中的应用

由于以下原因，MOFs 已被广泛用作非均相催化剂。①MOFs 的刚性框架具有良好的化学和热稳定性，因此可以实现极端条件下的催化过程。②MOFs 具有超高的孔隙率和比表面积，有利于提供丰富的催化活性中心。③均匀的孔和通道有利于实现催化的选择性。④MOFs 的有机成分利用修饰和功能化，可以调节催化反应性和选择性，实现多种化学品的合成。MOFs 的这些特性有助于生产高附加值产品(如精细化学品、精细分子等)，通过多组分的协同作用，这些产品可以在更温和的条件下生成，并显著提高产量和选择性。

1. 环氧化反应

环氧化反应是使用多种试剂将碳-碳双键转化为环氧乙烷(环氧化物)的化学反应。MOFs 主要以两种方式用于环氧化反应：①框架中的金属离子或金属氧化物簇在反应中起到路易斯酸的作用；②一些金属(钼、锰)通过有机配体连接到 MOFs 的主框架上，充当路易斯酸。这种路易斯酸与来自氧化剂的氧气(来自空气、H_2O_2 或叔丁基过氧化氢的氧气)结合，并将其转移到烯烃的不饱和位点。

Jintana Othong 等报道了基于 1,4-苯二乙酸 (1,4-H$_2$phda)、1,2-双(4-吡啶基)乙烷(4,4-bpa) 和 1,3-双(4-吡啶基)丙烷(4,4-bpp)配体的三种新型 MOFs，用作非均相催化剂。这三种催化剂可以实现反式二苯乙烯和苯乙烯在 70℃ 的环氧化反应，乙腈溶液中 20 h，可以得到相应环氧化物的良好收率[178]。Amanda W. Stubbs 等报道了锰功能化锌簇的 MOF-5(图 1-67)，可以用于烯烃的环氧化。值得注意的是，被锰离子取代的 MOF-5 中的金属氧化物簇与氧化剂相互作用产生 Mn(Ⅳ)-oxo

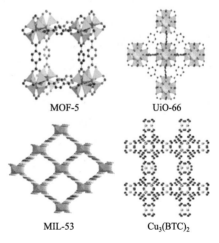

图 1-67 在精细化学品合成中用作催化剂的不同金属有机框架示意图[179]

中间体，该中间体催化氧转移，可以实现从环状烯烃形成环氧化物达到 99%的选择性[179]。MnFe-MOF-74 等双金属有机框架也可以实现 H_2O_2 作为氧化剂条件下，烯烃的环氧化反应，以 95.0%的选择性达到 100%的苯乙烯转化率[180]。

Tabatabeeian 等报道，合成改性的(Cr)-MIL-101-NH_2 可以实现查耳酮或双查耳酮的环氧化。MOFs 还可以用吡啶基二亚氨基镍络合物进行后合成修饰，用作在温和条件下用于环氧化的多相化学选择性催化剂。该催化剂可连续使用四个循环而不降低其活性[181]。在锆基 MOFs 中引入功能性部分（如多氧钼钴），也有助于实现过氧化氢作为氧化剂或大气氧作为氧化剂和 t-BuOOH 作为引发剂的烯烃环氧化反应[182]。在用水杨醛钼络合物对 UiO-66（图 1-67）和带有氨基的 UiO-67 进行后合成改性后，可以实现以 t-BuOOH 作为氧化剂的烯烃环氧化反应，实验结果表明反应物和产物的扩散特性很大程度上受有效孔径和氨基数量的影响[178]。也有报道使用手性 MOFs 对烯烃进行对映选择性环氧化反应，选择性高达 100%[183]。

2. 磺化氧化

磺化氧化是将含有机硫的杂环氧化成亚砜或砜。在这些情况下，通常使用 TBHP（叔丁基过氧化氢）或 H_2O_2 作为氧化剂。MOFs 的金属簇作为路易斯酸催化中心，部分具有活性中心的有机配体也可以催化磺化反应[184]。Lu 等报道了一种新的基于钴和聚氧钒酸盐-间苯二酚的 MOFs 的合成，并用作磺化氧化催化剂。在 TBHP 存在下，形成过氧钒酸络合物，进一步将氧转移到含硫芳族底物上，然后氧化成亚砜和砜[185]。Subhadip Goswami 等制备了两种含 Zr 的 MOFs，有机配体分别为苯并噻二唑和苯并硒二唑，用于选择性氧化 2-氯乙基硫醚。在这两种 MOFs 中，苯并噻二唑和苯并硒二唑配体可以促进单线态氧的形成，从而有助于硫化物氧化[186]。

3. 1, 3-环加成反应

1, 3-环加成是最常见的化学反应，通过使用 1, 3-偶极子（叠氮化物）和炔烃作为试剂来合成五元环。铜（Ⅰ）催化的叠氮化物-炔烃环加成反应是最常见的 1, 3-环加成反应之一，用于制备常用于精细化学品合成的三唑衍生物。铜基 MOFs 可以直接用作此类反应的催化剂。例如，Bingbing Lu 等报道了一种基于轮状间苯二酚的铜（Ⅰ）MOFs，结合 Keggin 型多金属氧酸盐（POM）阴离子，可以催化几种类型的炔烃和叠氮化物，均产生了 99%的三唑产物。这种 MOFs 可连续循环使用五次[187]。另一种基于有机配体为 2, 4, 6-三(4-吡啶基)-1, 3, 5-三嗪（PTZ）和 2, 6-萘二磺酸钠（NSA）的新型高效、可重复使用的 Cu-MOF，可以通过有机叠氮化物与末端炔烃的反应选择性合成 1, 2, 3-三唑。该催化剂以低催化剂负载量产生优异的产物收率。此外，这种催化剂可以有效地回收和重复使用多达五次，而不会造成反应活性的明显损失[188]。

4. 酯交换反应

酯交换是酯的一个有机部分与醇的另一个有机部分交换的过程。这些反应通常需要添加酸或碱催化剂来实现。金属离子或金属簇或有机配体或 PSM 在 MOFs 中引入的催化中心，均可以在酯交换反应中充当酸或碱催化中心。例如，Anirban Karmakar 等报道了三种新的混合配体锌 MOFs 的合成，其中联吡啶作为辅助配体，2-乙酰氨基对苯二甲酸、2-丙氨基对苯二甲酸或 2-苯甲氨基对苯二甲酸作为主配体。这三个 MOFs 的催化活性中心均为充当路易斯酸位点金属簇,同时样品循环稳定性良好[189]。Liu 等在酯交换反应中也将 UiO-66 的锆簇中心用作路易斯酸催化中心。此外,由于锆金属簇和氨基在催化过程中的协同作用,具有氨基官能团的 UiO-66(图 1-67)显示出增强的催化活性[190]。有时 MOFs 被一些有助于催化的基团功能化,例如,Schumacher 等制备了三种不同的咪唑修饰的联苯二甲酸配体,并将它们作为混合配体掺入(占总配体的 6%~7%)UiO-67 框架中。在活化时,发现 MOFs 中配体的 N-杂环苯可提高乙酸乙烯酯与苯甲醇的酯交换反应,收率良好,并且发现该催化剂可重复使用五个连续循环[191]。

1.6.3 MOFs 在压电/铁电中的应用

MOFs 将有机化合物(发色团、手性化合物和可定制性化合物)和无机化合物(具有电子 d 轨道和 f 轨道性质)的性质结合在一个单分子尺度的复合材料中。这些复合材料不仅在合成上具有很大的灵活性,而且具有明确的金属中心和氧化态,为周围配体提供了可调的电子行为。MOFs 的这些特性在电子器件和分子磁性等领域引起了极大的关注。

MOFs 作为压电/铁电材料的历史可以追溯到 1655 年,法国的 Elie Senet 成功分离罗谢尔盐(RS)。然而,在接下来 200 年时间里,在相关方向一直没有取得突破性进展。1880 年 Pierre Curie 和 Jacques Cuire 第一次在一些天然材料中发现了压电现象[192]。他们将热电现象和天然材料(如电气石、石英、黄玉、蔗糖和罗谢尔盐)的晶体结构联系起来,从而证明压电效应。经过 40 年的研究,Valasek[193]于 1921 年证明了罗谢尔盐中的电极化(铁电性),这被认为是 MOFs 在铁电领域最早的系统性探索。后来,在 1960 年底,Okada 和 Sugie 报道了第一个反铁电体 MOFs[Cu(HCOO)$_2$·H$_2$O][194]。介电常数随温度变化的研究结果表明,该化合物在 235 K 左右表现出一阶跃迁的行为,在 227 K 的迟滞回线中观察到新的相,证实 227 K 以下形成铁电相。

罗谢尔盐(RS),属于酒石酸盐家族,即四水合酒石酸钾钠,化学式为 [KNa(C$_4$H$_4$O$_6$)]·4H$_2$O,是第一种典型的铁电体 MOFs[193, 194]。RS 在 255 K 和 297 K 处有两个居里点,顺电相则存在于 255 K 以下及 297 K 以上,中间区域的单斜 $P2_1$ 相则对应于铁电相。Pepinsky 等[195]针对晶体中的这些变化提出了相变机制:有序-无序机制,后来 Solans 等[196]证明了 RS 中的铁电性是由沿 α 轴形成的两条非等效有机链引起的。介电常数 ε 与温度(T)关系的研究表明,RS 在 273 K 的自发极化强度(P_s)为 0.25 μC/cm^2。当氘取代 RS 中的氢时,[KNa(C$_4$H$_4$O$_6$)]·4D$_2$O 的居里温度转变为 251 K 和 308 K,氘化后 RS 的饱和极化强度值为 0.35 μC/cm^2。非氘化 RS 和氘化 RS 的 P_s 小的变化,证明了材料随温度变化的有序-无序型相变机制。研究其他酒石酸盐[(NH$_4$)Na(C$_4$H$_4$O$_6$)]$_4$·H$_2$O[197]和 [MLi(C$_4$H$_4$O$_6$)]·H$_2$O(M = NH$_4^+$, Tl$^+$)[198]的铁电性质,发现[(NH$_4$)Na(C$_4$H$_4$O$_6$)]$_4$·H$_2$O 显示介电异常,在超过 110 K 时结晶成一个正交晶系的顺电相,并且在 110 K 以下结晶为 $P2_1$,单斜铁电相。[MLi(C$_4$H$_4$O$_6$)]·H$_2$O(M = NH$_4^+$, Tl$^+$)化合物居里温度为 104 K(M = NH$_4^+$的介电常数为 140)和 11 K(M = Tl$^+$的介电常数为 5000),呈现出由顺电相 $P2_12_12$ 向铁电相 $P2_1$ 的二次有序相变。[LiTl(C$_4$H$_4$O$_6$)]·H$_2$O 高达 5000 的介电常数,被证明对铁电行为具有不同寻常的作用,并且归因于畴壁运动[199]的贡献。

甲酸基化合物赋予 MOFs 多种特性，从磁性、孔隙率到铁电性。在混合物 [Cu(HCOO)$_2$(H$_2$O)$_2$]·2H$_2$O[200]、[Mn$_3$(HCOO)$_6$]·C$_2$H$_5$OH[201]、(NH$_4$)[M(HCOO)$_2$] (M = Zn, Mg)[202]、[(CH$_3$)$_2$NH$_2$][M(HCOO)$_3$] (M = Mn, Fe, Co, Ni, Zn)[203, 204] 及 [C(NH$_2$)$_3$][M(HCOO)$_3$] (M = Cu, Cr)[205, 206]中，[(CH$_3$)$_2$NH$_2$][M(HCOO)$_3$] (M = Mn, Fe, Co, Ni, Zn) 混合物是由 Cheetham 等研究的第一个使用传统的 ABX$_3$ 钙钛矿结构形成的无铅杂化框架，具有较好的铁电性能。由于 160 K 和 185 K 之间的强氢键序列，它们表现出铁电性。

在各种氨基酸基 MOFs，如[Ag(NH$_3$CH$_2$COO)(NO$_3$)][207, 208]、(NH$_3$CH$_2$COO)$_2$·MnCl$_2$·2H$_2$O[209]、[Ca(CH$_3$NH$_2$CH$_2$COO)$_3$X$_2$] (X = Cl, Br)[210, 211]、[Ln$_2$Cu$_3${NH(CH$_2$COO)$_2$}$_6$]·9H$_2$O (Ln = La, Gd, Ho, Nd, Sm, Er)[212, 213] 及[Cu$_2^I$Cu^{II}(CDTA)(4, 4′-bpy)$_2$]·6H$_2$O[214]化合物中，(NH$_3$CH$_2$COO)$_2$·MnCl$_2$·2H$_2$O 表现出自发极化现象，在室温条件下自发极化强度 P_s 为 1.3 μC/cm^2。它在 328 K 表现高度极化，并经历脱水过程，超过这个温度失去极化。它在 328 K 以上进行分解时不显示任何居里温度(T_c)。[Ca(CH$_3$NH$_2$CH$_2$COO)$_3$Cl$_2$]表现出一种特殊的自发极化，与典型铁电相比为 0.27 μC/cm^2，这一结果最初被认为是有序-无序型相变，但后来被证明是位移型相变。Rother 等[215]确定的[Ca{(CH$_3$)$_3$NCH$_2$COO}(H$_2$O)$_2$Cl$_2$]化合物的相变序列表现出一些有趣的行为。对称性破坏过程涉及一系列相变，从顺电性结构开始，经过许多其他顺电性亚群到铁电性 $P2_1ca$，呈现出一种复杂的相变方式，导致其介电常数从 164 K 到 46 K 出现不规律拐点。46 K 时的 P_s 为 2.5 μC/cm^2。Kobayashi 等报道的[Ln$_2$Cu$_3${NH(CH$_2$COO)$_2$}$_6$]·9H$_2$O (Ln = La, Gd, Ho, Nd, Sm, Er) 化合物具有相同的结构，属于三角空间群 $P3c1$，结构的变化是由于客体水分子在通道中占据了不同的位置。它们在 400 K 等高温下表现出高至 1300 和 350 的介电常数(分别对应 Ln = Sm 和 La)和反铁电行为。这些化合物适合 MOFs 的高温应用。

Zhao 及其同事报道了[Cu$_2^I$Cu^{II}(CDTA)(4, 4′-bpy)$_2$]·6H$_2$O，其客体水分子在纳米通道中局限形成一维水线，在 175～277 K 之间表现出较好的介电跃迁[216]。这种化合物存在铁电冰(固态)到一维水(液态)的相转变。然而晶体结构分析表明，它转化为中心对称的 $Fddd$ 空间群，违反了铁电对称的要求，这可能是由于不能准确地确定氢原子的正确位置。由丙酸构筑的 MOFs，Ca$_2$Ba(CH$_3$CH$_2$COO)$_6$[217]及 Ca$_2$Pb(CH$_3$CH$_2$COO)$_6$[218]表现出明显的铁电行为，由于有序和无序的变化涉及末端—CH$_3$，丙酸在铁电体的相变过程中起着重要作用。

Holden 及其同事报道了具有通式的第一个铁电体硫酸盐基 MOFs [C(NH$_2$)$_3$][M(H$_2$O)$_6$](XO$_4$)$_2$ (M = Al, V, Cr, Ga；X = S, Se)[219, 220]，其类似于(NH$_3$CH$_2$COO)$_2$·MnCl$_2$·2H$_2$O 这类化合物，不显示居里温度，可能是因为居里温度存在于它们的分解温度之后。[C(NH$_2$)$_3$][Al(H$_2$O)$_6$](SO$_4$)$_2$是一种典型的铁电化合物，在 100℃时表现出比正常值高 6 倍的介电常数，P_s 为 0.35 μC/cm^2。

除了上述讨论的铁电 MOFs 之外，对压电/铁电 MOFs 的研究已经产生了具有多种化学式的新型杂化 MOFs[221-260]。在所有这些 MOFs 中，[Zn$_2$(phtz)(nic)$_2$(OH)]·0.5H$_2$O (Hphtz = 5-苯, Hnic = 烟酸)、[Zn(phtz)(nic)]、[Cd(tib)(p-BDC-OH)]·H$_2$O (tib = 1, 3, 5-三(1-咪唑基)苯, p-H$_2$BDC-R = 2-R-1, 4-苯二甲酸)、[InC$_{16}$H$_{11}$N$_2$O$_8$]·1.5H$_2$O 和 Mn$_5$(NH$_2$bdc)$_5$(bimb)$_5$ 具有显著的铁电性质，P_s 分别为 6.26 μC/cm^2、5.27 μC/cm^2、

11.65 μC/cm², 3.81 μC/cm² 和 2.556 μC/cm²。

1.6.4 MOFs 在药物传输和靶向治疗领域的应用

无毒纳米载体在体内有效递送药物是一个重要的研究领域。大多数已知的载体，如脂质体、纳米颗粒、纳米乳液或胶束[261-265]，当载体载药量很差时[载药量低于 5%(药物/载体)]，它会迅速释放出吸附在纳米载体外表面或包裹在晶体内部的载药。MOFs 独特的孔结构，可以选择性地吸附有机分子，可以用作药物载体和生物传感器[266,267]。此外由于 MOFs 易修饰和可功能化的特点，负载药物后的 MOFs 还可以作为光动力治疗的药物，实现癌症的靶向治疗。

1. MOFs 作为药物载体

Horcajada 等认为能够有效地捕获高负荷的药物，同时又能控制药物的释放和基质的降解，这是 MOFs 作为高效纳米载体的必然要求。除此之外，载体的表面必须易于设计以控制 MOFs 在体内的靶向作用，并且 MOFs 材料可以通过成像技术进行检测。如果纳米载体可以同时作为诊断剂和药物载体来帮助评估药物分布和治疗效率，这将是一个重要的优势[268]。

Horcajada 等将这些要求应用于一系列由 Fe(Ⅲ)衍生的多孔纳米 MOFs，如 MIL-89[269-271]、MIL-88A[269-272]、MIL-88B[269-272]、MIL-53[273]、MIL-100[274]、MIL-101[275]和 MIL-101-NH$_2$，其由以氧为中心的铁三聚体簇与不同的有机配体组装而成。MIL-88、MIL-89 和 MIL-53 是微孔柔性固体，而 MIL-100、MIL-101-NH$_2$ 是中孔刚性框架[263]。实验结果表明，这些具有不同配体的 Fe-MOFs 可以作为递送抗肿瘤药物的优质纳米载体，如多柔比星(表 1-1)。这些多孔 MOFs 在用作生物相容性无毒药物纳米载体时，除了具有高载药量外，还表现出良好的诊断和治疗效果。

表 1-1 部分铁(Ⅲ)羧酸 MOFs[263]的孔径、粒径、载药量和包封效率[276]

性质	MIL-89	MIL-88A	MIL-100	MIL-101-NH$_2$
孔径/Å	11	6	25	29
粒径/nm	50~100	150	200	120
载药量/wt%	14	2.6	16.1	49.6
包封效率/%	81	12	46.2	68.1

根据添加药物的时间，药物装载到 MOFs 中主要依靠两种技术[277]。第一种，在 MOFs 的合成过程中直接添加药物；第二种，MOFs 合成后通过浸渍和吸附的方法加入药物分子[278]。在第一种情况下，药物在合成过程中被封装或掺杂在框架及空腔内，药物分子通过分子间相互作用或空间的尺寸效应被困在框架中。第二种方法是 MOFs 的后合成修饰，分两步进行：首先，合成和活化 MOFs 材料(主体)；其次，MOFs 通过从溶液中吸附药物实现装载，药物分子与框架相互作用较弱，可以浸泡到溶液中实现缓慢脱附。

抗癌药物面临的最重要问题之一是药物的选择性作用。抗癌药物不仅对致癌细胞起作用，而且对正常细胞也有毒性。例如，嘧啶衍生物 5-氟尿嘧啶(5-FU)的作用方式是阻止核苷代谢，并且这种药物的副作用是掺入体内 RNA 和 DNA 中，从而导致人的癌症细胞和正常细胞损害。此外，5-氟尿嘧啶还具有口服不稳定、在胃肠道中被快速吸收降解、与血浆接触时间短及耐药性的缺点[277, 279-281]。另一个例子是众所周知的抗淋巴瘤药物阿霉素，由于非特异性的生物分布，具有在体内寿命短和急性心脏毒性的缺点[282]。

MOFs 的抗癌活性使其成为优良的药物载体，因为它们不仅可以提高生物利用度，还可以显著减小这些药物的副作用。除此之外，使用 MOFs 作为抗癌药物的载体可以防止生物系统中的过早分解并延长药物作用时间，而不会产生大量的初始释放(突发释放)[277]。为了控制药物载体的释放，必须控制 pH，因为恶性肿瘤细胞的 pH 低于正常值。值得注意的是，通过使用基于 MOFs 的递送系统，封装在 Fe-MIL-53-NH$_2$-FA-5-FAM 中的 5-氟尿嘧啶在 pH 低于 7.4 时释放速度快 32 倍[278]。对于 MIL-MOF 的药物载体，它们实现了延长释放，这将减少药物的给药频率[283]。

MOFs 作为药物载体具有额外的优点：①不需要材料是多孔的，MOFs 降解后可以直接实现药物的释放；②可以直接合成载有药物的 MOFs，因为药物是基质本身的组成部分；③金属离子和配体都可以选择为生物活性材料以实现协同治疗作用；④使用多孔 bioMOFs 可以负载一种药物作为基质的组成成分，另一种药物被吸附在多孔中[284]。在 bioMOFs 中，人体内存在的内源性金属，如铁、锌、镁、钙或钾很重要，因为它们可以高剂量安全给药。

最具生物性的配体之一是氨基酸，它包含两个主要的官能团，即氨基和羧基。它们的主要成分是肽和蛋白质，氨基酸通过酰胺键连接在一起形成肽和蛋白质。氨基酸也是金属离子极好的螯合剂[285]。天然氨基酸(胱氨酸，图 1-68)作为有机配体和 ZnCl$_2$ 反应，可以制备生物有机物介孔[Zn(Cys)$_2$]材料，该 MOFs 对亚甲蓝(MB)和索拉非尼(SOR)具有良好的吸附释放能力，可以作为相关药物的载体[286]。MB 在光动力疗法中用于治疗结直肠癌和利什曼病，SOR 用于肝细胞癌治疗，[Zn(Cys)$_2$] 在酸性或还原环境下，能够迅速分解释放药物，达到靶向治疗的目的。

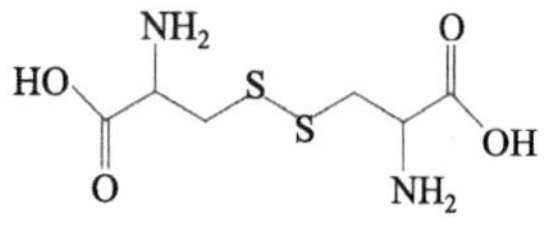

图 1-68　胱氨酸的结构[286]

2. 光动力治疗中的 MOFs

纳米级 MOFs 作为新型光敏剂(PS)最近在肿瘤的光动力治疗(PDT)中得到应用[287]。PDT 是一种临床上批准的治疗癌症的方法[288, 289]，依赖于光敏剂的肿瘤定位，然后光激活光敏剂将组织氧激发成细胞毒性活性氧(ROS)，氧化许多细胞成分如核酸、蛋白质和磷脂，实现癌症治疗。激发的 PS 可以将电子直接转移到细胞的 DNA 上，导致细胞死亡[287]。PDT 引起细胞死亡的作用机制[287, 290]，通过坏死、凋亡和自噬相关的细胞死亡发生。

与抗癌常规疗法相比，PDT 具有以下几个优点：①PDT 具有高度选择性，对正常细胞毒性低，并且在局部光照激活时全身副作用小。②肿瘤细胞不能获得对 ROS 细胞毒性的抗性。③PDT 可以很容易地与其他癌症治疗方案(如化学疗法)结合使用。这一优势将降低长期发病率。④PDT 对患者的生活质量几乎没有影响，并且对长期给药没有副作用[287]。

另外,有一些因素限制了 PDT 的应用:①PDT 不适用于深部肿瘤,因为用于 PS 激活的光的穿透深度有限。②由于 PDT 的照射面积小,对于转移性肿瘤的治疗存在困难。③PDT 后患者在代谢 PS 之前不得暴露在光线下,因为 PS 会在血液中扩散。④PS 不溶于水且容易聚集,因为大多数 PS 是具有高度共轭的有机化合物[291]。⑤肿瘤细胞中 PS 的浓度通常不足[287]。

MOFs 可以用作 PS 或作为 PS 的载体,因为它们具有独特的结晶多孔结构。PS 也可以封装到 MOFs 中或连接到纳米 MOFs 框架上,从而小分子的聚集最少。当 PS 被光激活时,会将 $^3O_2$ 从组织中激发为 $^1O_2$(图 1-69)。MOFs 中丰富的孔结构可以促进 ROS 的扩散。纳米 MOFs 不仅可以调整负载材料的物理化学性质,还可以促进 PS 的溶解并增加其细胞吸收[292]。由于 MOFs 的多孔结构和易于修饰的性质,被认为是可以与其他治疗方法结合使用的优秀纳米平台。此外,MOFs 具有生物可降解性、生物相容性和对正常组织的长期毒性低的优点。基于 MOFs 这些独有的特征,采用细胞内反应、自聚集、响应、深度 PDT、靶向和组合治疗等各种策略构建基于 PDT 的 MOFs 纳米颗粒[287]。

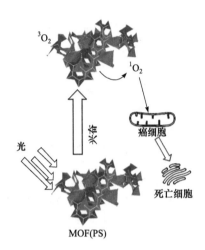

图 1-69　MOFs 的光动力治疗示意图[292]

Lu 等首次将 MOFs 应用于头部和切口癌的 PDT[293]。他们制备了 DBP-UiO 的 Hf-卟啉纳米 MOFs[其中 DBP 是 5,15-二(对苯甲酸根)卟啉,图 1-70]。在 DBP-UiO MOFs 中,卟啉作为 Hf 的连接配体被掺入。该 MOFs 具有 1.6 nm 三角形通道及尺寸分别为 2.0 nm 和 2.8 nm 的四面体-八面体面的开放框架[293]。结果表明,纳米 DBP-UiO 可作为一种优异的 PDT 光敏剂,可以实现 $^1O_2$ 的有效生成及良好的细胞毒性。PDT 功效表明,在一半的研究小鼠样本中,肿瘤体积减少了 98%。同时,在用 DBP-UiO 治疗的小鼠中,肿瘤被完全根除。从用游离有机配体 H_2DBP 处理的小鼠组获得的结果表明,单独的游离配体没有治疗效果[293]。

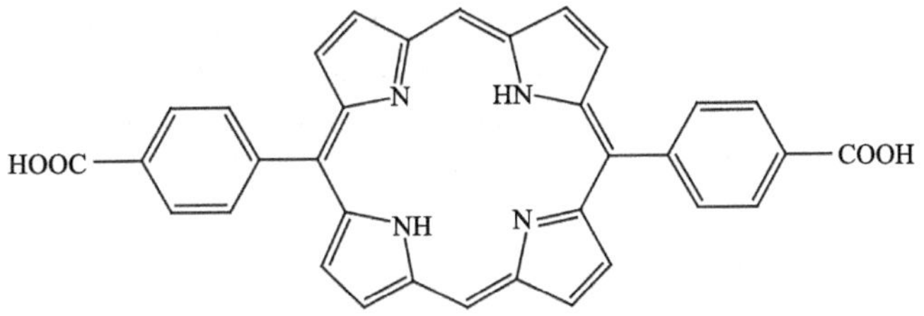

图 1-70　5,15-二(对苯甲酸)卟啉(H_2DBP)[293]

虽然基于 MOFs 的 PDT 具有很大的优势,但其临床应用仍面临许多挑战,因为这类化合物的大规模合成仍然是一个问题。生产简单的基于 MOFs 的 PDT 并获得临床批准是一个巨大的挑战。同时需要努力增强基于 MOFs 的 PDT 在致癌细胞中的沉积,以减少不必要的全身毒性。在短期内，这些化合物中的大多数没有显示出明显的细胞毒性，但是纳米 MOFs 的代谢过程尚不清楚。金属离子积累和有机配体代谢的途径对哺乳动物长期安全性的影响仍缺乏令人信服的证据；配体未明确识别且其毒性也未深入研究[287]。

受限于篇幅，上面仅对 MOFs 的应用进行了简短介绍，目前 MOFs 在众多领域都有优异的应用表现，后面的 8 章中，将对 MOFs 及其衍生材料在能源气体存储与分离中的应用、光催化水分解和 CO_2 还原方面的应用、电催化方面的应用、超级电容器领域的应用、电池中的应用、大气污染控制中的应用、水处理中的应用及海水资源提取中的应用等能源与环境领域的应用进行展开介绍。

参 考 文 献

[1] Werner A. Beitrag zur konstitution anorganischer verbindungen. Z Anorg Chem, 1893, 3: 267-330.

[2] 金斗满, 朱文祥. 配位化学研究方法. 北京：科学出版社, 1996.

[3] Hoskins B F, Robson R. Infinite polymeric frameworks consisting of three dimensionally linked rod-like segments. J Am Chem Soc, 1989, 111(15): 5962-5964.

[4] Yaghi O M, Li G, Li H. Selective binding and removal of guests in a microporous metal-organic framework. Nature, 1995, 378: 703-706.

[5] Li H L, Eddaoudi M M, O'Keeffe M, et al. Design and synthesis of an exceptionally stable and highly porous metal-organic framework. Nature, 1999, 402: 276-279.

[6] Tranchemontagne D J, Mendoza-Cortés J L, Keeffe M O, et al. Secondary building units, nets and bonding in the chemistry of metal-organic frameworks. Chem Soc Rev, 2009, 38(5): 1257-1283.

[7] Cui Y, Chen B, Qian G. Luminescent properties and applications of metal-organic frameworks. Struct Bond, 2013, 157: 27-88.

[8] Deng H, Grunder S, Cordova K E, et al. Large-pore apertures in a series of metal-organic frameworks. Science, 2012, 336(6084): 1018-1023.

[9] Chui S Y, Lo M F, Charmant J, et al. A chemically functionalizable nanoporous material [$Cu_3(TMA)_2(H_2O)_3$]$_n$. Science, 1999, 283(5405): 1148-1150.

[10] Férey G, Serre C, Mellot-Draznieks C, et al. A hybrid solid with giant pores prepared by a combination of targeted chemistry, simulation, and powder diffraction. Angew Chem Int Ed, 2004, 116(46): 6456-6461.

[11] Liu B, Li Y, Oh S, et al. Fabrication of a hierarchically structured HKUST-1 by a mixed-ligand approach. RSC Adv, 2016, 6: 61006-61012.

[12] Mota J, Martins D, Lopes D, et al. Structural transitions in the MIL-53(Al) Metal-organic framework upon cryogenic hydrogen adsorption. J Phys Chem C, 2017, 121(43): 24252-24263.

[13] Chavan S M, Shearer G C, Svelle S, et al. Synthesis and characterization of amine-functionalized mixed-ligand metal-organic frameworks of UiO-66 topology. Inorg Chem, 2014, 53(18): 9509-9515.

[14] 黄志远. 金属有机框架物的设计合成及其在催化中的应用. 武汉：武汉大学, 2019.

[15] Park K S, Ni Z, Côté A P, et al. Exceptional chemical and thermal stability of zeolitic imidazolate frameworks. Proc Natl Acad Sci USA, 2006, 103(27): 10186-10191.

[16] Sun D, Ma S, Ke Y, et al. An interweaving MOF with high hydrogen uptake. J Am Chem Soc, 2006, 128(12): 3896-3897.

[17] Kitagawa S, Kitaura R, Noro S I. Functional porous coordination polymers. Angew Chem Int Ed, 2004, 43: 2334.

[18] Farha O K, Eryazici I, Jeong N C, et al. Metal-organic framework materials with ultrahigh surface areas: is

the sky the limit? J Am Chem Soc, 2012, 134(36): 15016-15021.
[19] 熊顺顺. 金属有机框架材料的合成, 结构和性质的研究. 合肥: 中国科学技术大学, 2013.
[20] Lu W, Wei Z, Gu Z Y, et al. Tuning the structure and function of metal-organic frameworks via linker design. Chem Soc Rev, 2014, 43(16): 5561.
[21] Xiao Z, Wang Y, Zhang S. Stepwise synthesis of diverse isomer MOFs via metal-ion metathesis in a controlled single-crystal-to-single-crystal transformation. Cryst Growth Des, 2017, 17: 4084-4089.
[22] He H, Zhu Q Q, Sun F, et al. Two 3D metal-organic frameworks based on Co^{II} and Zn^{II} clusters for knoevenagel condensation reaction and highly selective luminescence sensing. Cryst Growth Des, 2018, 18(9): 5573-5581.
[23] Wang X, Zhang X, Li P, et al. Vanadium catalyst on isostructural transition metal, lanthanide, and actinide based metal-organic frameworks for alcohol oxidation. J Am Chem Soc, 2019, 141(20): 8306-8314.
[24] Botas J A, Calleja G, Sánchez-Sánchez M, et al. Cobalt doping of the MOF-5 framework and its effect on gas-adsorption properties. Langmuir, 2010, 26(8): 5300-5303.
[25] Iqbal B, Saleem M, Arshad S N, et al. One-pot synthesis of heterobimetallic metal-organic frameworks (MOF) for multifunctional catalysis. Chem Eur J, 2019, 25: 10490-10498.
[26] Ozer D. Fabrication and functionalization strategies of MOFs and their derived materials "MOF architecture." //Inamuddin, Boddula R, Ahamed M I, et al. Applications of Metal-Organic Frameworks and Their Derived Materials. Hoboken: John Wiley & Sons, Ltd, 2020: 63-100.
[27] Mason J A, Veenstra M, Long J R. Evaluating metal-organic frameworks for natural gas storage. Chem Sci, 2014, 5(1): 32-51.
[28] Yan Y, Blake A J, Lewis W. Modifying cage structures in metal-organic polyhedral frameworks for H_2 storage. Chem Eur J, 2011, 17: 11162-11170.
[29] Gagnon K J, Perry H P, Clearfield A. Conventional and unconventional metal-organic frameworks based on phosphonate ligands: MOFs and UMOFs. Chem Rev, 2011, 112(2): 1034-1054.
[30] Konar S, Zoń J, Prosvirin A V, et al. Synthesis and characterization of four metal-organophosphonates with one-, two-, and three-dimensional structures. Inorg Chem, 2007, 46(13): 5229-5236.
[31] Taylor J M, Mahmoudkhani A H, Shimizu G K. A tetrahedral organophosphonate as a linker for a microporous copper framework. Angew Chem Int Ed, 2007, 46(5): 795-798.
[32] Thuéry P, Atoini Y, Harrowfield J. The sulfonate group as a ligand: a fine balance between hydrogen bonding and metal ion coordination in uranyl ion complexes. Dalton Trans, 2019, 48(24): 8756-8772.
[33] Horike S, Matsuda R, Tanaka D, et al. Immobilization of sodium ions on the pore surface of a porous coordination polymer. J Am Chem Soc, 2006, 128(13): 4222-4223.
[34] Zhang G, Wei G, Liu Z, et al. A robust sulfonate-based metal-organic framework with permanent porosity for efficient CO_2 capture and conversion. Chem Mater, 2016, 28(17): 6276-6281.
[35] Zhang J P, Zhang Y B, Lin J B, et al. Metal azolate frameworks: from crystal engineering to functional materials. Chem Rev, 2011, 112(2): 1001-1033.
[36] Yi L, Yang X, Lu T, et al. Self-assembly of right-handed helical infinite chain, one-and two-dimensional coordination polymers tuned via anions cryst. Growth Des, 2005, 5(3): 1215-1219.
[37] Lv X Q, Jiang J J, Chen C L, et al. 3D coordination polymers with nitrilotriacetic and 4, 4′-bipyridyl mixed ligands: structural variation based on dinuclear or tetranuclear subunits assisted by Na—O and/or O—H···O interactions. Inorg Chem, 2005, 44(13): 4515-4521.
[38] Hagrman P J, Hagrman D, Zubieta J. Organic-inorganic hybrid materials: from "simple" coordination polymers to organodiamine-templated molybdenum oxides. Angew Chem Int Ed, 1999, 38(18): 2638-2684.

[39] Shen K, Zhang M, Zheng H. Critical factors influencing the structures and properties of metal-organic frameworks. CrystEngComm, 2015, 17(5): 981-991.

[40] Buragohain A, Yousufuddin M, Sarma M, et al. 3D luminescent amide-functionalized cadmium tetrazolate framework for selective detection of 2, 4, 6-trinitrophenol. Cryst Growth Des, 2016, 16(2): 842-851.

[41] Banerjee D, Kim S J, Parise J B. Lithium based metal-organic framework with exceptional stability. Cryst Growth Des, 2009, 9(5): 2500-2503.

[42] Dybtsev D N, Chun H, Yoon S H, et al. Microporous manganese formate: a simple metal-organic porous material with high framework stability and highly selective gas sorption properties. J Am Chem Soc, 2004, 126(1): 32-33.

[43] Chae H K, Siberio-Perez D Y, Kim J, et al. A route to high surface area, porosity and inclusion of large molecules in crystals. Nature, 2004, 427: 523-527.

[44] Feng D, Wang K, Su J, et al. A highly stable zeotype mesoporous zirconium metal-organic framework with ultralarge pores. Angew Chem Int Ed, 2015, 54: 149-154.

[45] Du M, Li C P, Liu C S, et al. Design and construction of coordination polymers with mixed-ligand synthetic strategy. Coord Chem Rev, 2013, 257(7/8): 1282-1305.

[46] Kleist W, Jutz F, Maciejewski M, et al. Mixed-linker metal-organic frameworks as catalysts for the synthesis of propylene carbonate from propylene oxide and CO_2. Eur J Inorg Chem, 2009, 24: 3552-3561.

[47] Liu Y, Qi Y, Su Y H, et al. Five novel cobalt coordination polymers: effect of metal-ligand ratio and structure characteristics of flexible bis(imidazole) ligands. CrystEngComm, 2010, 12(10): 3283-3290.

[48] Alavi M A, Morsali A. Synthesis and characterization of different nanostructured copper(Ⅱ) metal-organic frameworks by a ligand functionalization and modulation method. CrystEngComm, 2014, 16(11): 2246-2250.

[49] Buragohain A, Van Der Voort P, Biswas S. Facile synthesis and gas adsorption behavior of new functionalized Al-MIL-101-X (X = —CH_3, —NO_2, —OCH_3, —C_6H_4, —F_2, —$(CH_3)_2$, —$(OCH_3)_2$) materials. Microporous Mesoporous Mater, 2015, 215: 91-97.

[50] Nguyen J G, Cohen S M. Moisture-resistant and superhydrophobic metal-organic frameworks obtained via postsynthetic modification. J Am Chem Soc, 2010, 132(13): 4560-4561.

[51] Yang C, Kaipa U, Mather Q Z, et al. Fluorous metal-organic frameworks with superior adsorption and hydrophobic prop erties toward oil spill cleanup and hydrocarbon storage. J Am Chem Soc, 2011, 133(45): 18094-18097.

[52] Ma M, Bétard A, Weber I, et al. Iron-based metal-organic frameworks MIL-88B and NH_2-MIL-88B: high quality microwave synthesis and solvent-induced lattice "breathing" Cryst Growth Des, 2013, 13(6): 2286-2291.

[53] Schoedel A, Rajeh S. Why design matters: from decorated metal-oxide clusters to functional metal-organic frameworks. Top Curr Chem, 2020, 378: 1.

[54] Li H, Eddaoudi M, Groy T L, et al. Establishing microporosity in open metal-organic frameworks: gas sorption isotherms for Zn(BDC) (BDC = 1, 4-benzenedicarboxylate). J Am Chem Soc, 1998, 120(33): 8571-8572.

[55] Cui J, Gao N, Yin X, et al. Microfluidic synthesis of uniform single-crystalline MOF microcubes with a hierarchical porous structure. Nanoscale, 2018, 10: 9192-9198.

[56] Li P, Vermeulen N A, Malliakas C D, et al. Bottom-up construction of a superstructure in a porous uranium-organic crystal. Science, 2017, 356(6338): 624-627.

[57] Furukawa H, Go Y B, Ko N, et al. Isoreticular expansion of metal-organic frameworks with triangular and square building units and the lowest calculated density for porous crystals. Inorg Chem, 2011, 50(18):

9147-9152.

[58] Chen B, Eddaoudi M, Reineke T M, et al. $Cu_2(ATC) \cdot 6H_2O$: design of open metal sites in porous metal-organic crystals (ATC: 1, 3, 5, 7-adamantane tetracarboxylate). J Am Chem Soc, 2000, 1220(46): 11559-11560.

[59] Chen B, Eddaoudi M, Hyde S T, et al. Interwoven metal-organic framework on a periodic minimal surface with extra-large pores. Science, 2001, 291(5506): 1021-1023.

[60] Koyama H, Saito Y. The crystal structure of zinc oxyacetate, $Zn_4O(CH_3COO)_6$. Bull Chem Soc Jpn, 1954, 27: 112-114.

[61] Eddaoudi M, Kim J, Rosi N, et al. Systematic design of pore size and functionality in isoreticular MOFs and their application in methane storage. Science, 2002, 295(5554): 469-472.

[62] Koh K, Van Oosterhout J D, Roy S, et al. Exceptional surface area from coordination copolymers derived from two linear linkers of difering lengths. Chem Sci, 2012, 3(8): 2429-2432.

[63] Wong-Foy A G, Matzger A J, Yaghi O M. Exceptional H_2 saturation uptake in microporous metal-organic frameworks. J Am Chem Soc, 2006, 128(11): 3494-3495.

[64] Qasem N A A, Mansour R, Habib M, An efficient CO_2 adsorptive storage using MOF-5 and MOF-177. Appl Energy, 2018, 210(15): 317-326.

[65] Furukawa H, Ko N, Go Y B, et al. Ultrahigh porosity in metal-organic frameworks. Science, 2010, 329(5990): 424-428.

[66] Barthelet K, Riou D, Férey G. $[V^{III}(H_2O)]_3O(O_2CC_6H_4CO_2)_3 \cdot (Cl, 9H_2O)$ (MIL-59): a rare example of vanadocarboxylate with a magnetically frustrated three-dimensional hybrid framework. Chem Commun, 2002, 14: 1492-1493.

[67] Mellot-Draznieks C, Serre C, Surblé S, et al. Very large swelling in sybrid srameworks: a combined computational and powder difraction study. J Am Chem Soc, 2005, 127(46): 16273-16278.

[68] Sudik A C, Côté A P, Yaghi O M. Metal-organic frameworks based on trigonal prismatic building blocks and the new "acs" topology. Inorg Chem, 2005, 44(9): 2998-3000.

[69] Serre C, Millange F, Surblé S, et al. A route to the synthesis of trivalent transition-metal porous carboxylates with trimeric secondary building units. Angew Chem Int Ed, 2004, 43(46): 6285-6289.

[70] Celeste A, Paolone A, Ltie J, et al. The mesoporous metal-organic framework MIL-101 at high-pressure. J Am Chem Soc, 2020, 142: 15012-15019.

[71] Surblé S, Serre C, Mellot-Draznieks C, et al. A new isoreticular class of metal-organic-frameworks with the MIL-88 topology. Chem Commun, 2006, 3: 284-286.

[72] Serre C, Mellot-Draznieks C, Surblé S, et al. Role of solvent-host interactions that lead to very large swelling of hybrid frameworks. Science, 2007, 315(5820): 1828-1831.

[73] Yuan S, Lu W, Chen Y P, et al. Sequential linker installation: precise placement of functional groups in multivariate metal-organic frameworks. J Am Chem Soc, 2015, 137(9): 3177-3180.

[74] Wang R, Wang Z, Xu Y. Porous zirconium metal-organic framework constructed from 2D→3D interpenetration based on a 3,6-connected kgd net. Inorg Chem, 2014, 53: 7086-7088.

[75] Bara D, Wilson C, Mortel M, et al. Kinetic control of interpenetration in Fe-biphenyl-4,4′-dicarboxylate metal-organic frameworks by coordination and oxidation modulation. J Am Chem Soc, 2019, 141(20): 8346-8357.

[76] Kim H, Yang S, Rao S R, et al. Water harvesting from air with metal-organic frameworks powered by natural sunlight. Science, 2017, 356(6336): 430-434.

[77] Furukawa H, Gándara F, Zhang Y B, et al. Water adsorption in porous metal-organic frameworks and related materials. J Am Chem Soc, 2014, 136(11): 4369-4381.

[78] Wißmann G, Schaate A, Lilienthal S, et al. Modulated synthesis of Zr-fumarate MOF. Microporous Mesoporous Mater, 2012, 152: 64-70.

[79] Xue D X, Cairns A J, Belmabkhout Y, et al. Tunable rare-earth fcu-MOFs: a platform for systematic enhancement of CO_2 adsorption energetics and uptake. J Am Chem Soc, 2013, 135(20): 7660-7667.

[80] Kapustin E A, Lee S, Alshammari A S, et al. Molecular retrofitting adapts a metal-organic framework to extreme pressure. ACS Cent Sci, 2017, 3(6): 662-667.

[81] Gándara F, Furukawa H, Lee S, et al. High methane storage capacity in aluminum metal-organic frameworks. J Am Chem Soc, 2014, 136(14): 5271-5274.

[82] Guillerm V, Weseliński Łukasz J, Belmabkhout Y, et al. Discovery and introduction of a (3, 18)-connected net as an ideal blueprint for the design of metal-organic frameworks. Nat Chem, 2014, 6: 673-680.

[83] McKinstry C, Cussen E J, Fletcher A J, et al. Effect of synthesis conditions on formation pathways of metal organic framework (MOF-5) crystals. Cryst Growth Des, 2013, 13(12): 5481-5486.

[84] Xu L, Choi E Y, Kwon Y U. Ionothermal synthesis of a 3D Zn-BTC metal-organic framework with distorted tetranuclear [$Zn_4(M_4-O)$] subunits. Inorg Chem Commun, 2008, 11(10): 1190-1193.

[85] Yao J, Dong D, Li D, et al. Contra-diffusion synthesis of ZIF-8 films on a polymer substrate. Chem Commun, 2011, 47(9): 2559-2561.

[86] Jhung S H, Lee J H, Yoon J W, et al. Microwave synthesis of chromium terephthalate MIL-101 and its benzene sorption ability. Adv Mater, 2007, 19(1): 121-124.

[87] Choi J S, Son W J, Kim J, et al. Metal-organic framework MOF-5 prepared by microwave heating: factors to be considered. Microporous Mesoporous Mater, 2008, 116: 727-731.

[88] Mueller U, Schubert M, Teich F, et al. Metal-organic frameworks-prospective industrial applications. J Mater Chem, 2005, 16(7): 626-636.

[89] Son W J, Kim J, Kim J, et al. Sonochemical synthesis of MOF-5. Chem Commun, 2008, 47: 6336-6338.

[90] Li Z Q, Qiu L G, Xu T, et al. Ultrasonic synthesis of the microporous metalorganic framework $Cu_3(BTC)_2$ at ambient temperature and pressure: an efficient and environmentally friendly method. Mater Lett, 2009, 63(1): 78-80.

[91] Braga D, Curzi M, Johansson A, et al. Simple and quantitative mechanochemical preparation of a porous crystalline material based on a 1D coordination network for uptake of small molecules. Angew Chem Int Ed, 2005, 118(1): 148-152.

[92] Klimakow M, Klobes P, Thünemann A F, et al. Mechanochemical synthesis of metal-organic frameworks: a fast and facile approach toward quantitative yields and high specific surface areas. Chem Mater, 2010, 22(18): 5216-5221.

[93] Zhang X, Li Y, Goethem C V, et al. Electrochemically assisted interfacial growth of MOF membranes. Matter, 2019, 1(5): 1285-1292.

[94] Li H, Eddaoudi M, O'Keeffe M, et al. Design and synthesis of an exceptionally stableand highly porous metal-organic framework. Nature, 1999, 402: 276-279.

[95] Huang L, Wang H, Chen J, et al. Synthesis, morphology control, and properties of porous metal-organic coordination polymers. Microporous Mesoporous Mater, 2003, 58(2): 105-144.

[96] Kaskel S, F Schüth M. Metal-organic open frameworks (MOFs). Microporous Mesoporous Mater, 2004, 73(1/2): 1.

[97] 王惠婷. 不同形态 MOF-5 为前驱体合成多孔碳材料及其超级电容器特性. 合成材料老化与应用, 2017, 46: 72-75.

[98] Chae H K, Siberio-Pérez D Y, Kim J, et al. A route to high surface area, porosity and inclusion of large molecules in crystals. Nature, 2004, 427: 523-527.

[99] Saha D, Wei Z, Deng S. Equilibrium, kinetics and enthalpy of hydrogen adsorption in MOF-177. Int J Hydrogen Energ, 2008, 33(24): 7479-7488.

[100] Jung D W, Yang D A, Kim J, et al. Facile synthesis of MOF-177 by a sonochemical method using 1-methyl-2-pyrrolidinone as a solvent. Dalton Trans, 2010, 39(11): 2883.

[101] Wang N, Mundstock A, Liu Y, et al. Amine-modified Mg-MOF-74/CPO-27-mgmembrane with enhanced H_2/CO_2 separation. Chem Eng Sci, 2015, 124: 27-36.

[102] Caglayan B S, Aksoylu A E. CO_2 adsorption on chemically modified activated carbon. J Hazard Mater, 2013, 252-253: 19-28.

[103] Barth B, Mendt M. Adsorption of nitric oxide in metal-organic frameworks: low temperature IR and EPR spectroscopic evaluation of the role of open metal sites. Microporous Mesoporous Mater, 2015, 216: 97-110.

[104] Ranjbar M, Taher M A, Sam A. Mg-MOF-74 nanostructures: facile synthesis and characterization with aid of 2, 6-pyridinedicarboxylic acid ammonium. J Mater Sci: Mater Electron, 2016, 27:1449-1456.

[105] Rosi N L, Kim J, Eddaoudi M. Rod packings and metal-organic frameworks constructed fromrod-shaped secondary building units. J Am Chem Soc, 2005, 127(5): 1504-1518.

[106] Maserati L, Meckler S M, Li C, et al. Minute-MOFs: ultrafast synthesis of M_2(dobpdc) metal-organic frameworks from divalent metal oxide colloidal nanocrystals. Chem Mater, 2016, 28(5): 1581-1588.

[107] Wang Z, Li Z, Ng M, et al. Rapid mechanochemical synthesis of metal-organic frameworks using exogenous organic base. Dalton Trans, 2020, 49(45): 16238-16244.

[108] Chen C, Feng X, Zhu Q, et al. Microwave-assisted rapid synthesis of well-shaped MOF-74(Ni) for CO_2 efficient capture. Inorg Chem, 2019, 58(4): 2717-2728.

[109] Thomas-Hillman I, Laybourn A, Dodds C, et al. Realising the environmental benefits of metal-organic frameworks: recent advances in microwave synthesis. J Mater Chem A, 2018, 6(25): 11564.

[110] Da Silva G G, Silva C S, Ribeiro R T, et al. Sonoelectrochemical synthesis of metal-organic frameworks. Synthetic Met, 2016, 220: 369-373.

[111] Chiericatti C, Basilico J, Basilico M, et al. Novel application of HKUST-1 metal-organic framework asantifungal: biological tests and physicochemical characterizations. Microporous Mesoporous Mater, 2012, 162: 60-63.

[112] Schlesinger M, Schulze S, Hietschold M, et al. Evaluation of synthetic methods for microporous metal-organic frameworks exemplified by the competitive formation of $[Cu_2(BTC)_3(H_2O)_3]$ and $[Cu_2(BTC)(OH)(H_2O)]$. Microporous Mesoporous Mater, 2010, 132(1/2): 121-127.

[113] Wu R, Qian X, Yu F, et al. MOF-templated formation of porous CuO hollow octahedra for lithium-ion battery anode materials. J Mater Chem A, 2013, 1(37): 11126-11129.

[114] Kang M S, Heo I, Cho K, et al. Coarsening-induced hierarchically interconnected porous carbon polyhedrons for stretchable ionogel-based supercapacitors. Energy Stor Mater, 2021, 45: 380-388.

[115] Cavka J H, Jakobsen S, Olsbye U, et al. A new zirconium inorganic building brick forming metal organic frameworks with exceptional stability. J Am Chem Soc, 2008, 130(42): 13850-13851.

[116] Schaate A, Roy P, Godt A, et al. Modulated synthesis of Zr-based metal-organic frameworks: from nano to single crystals. Chem Eur J, 2011, 17(24): 6643-6651.

[117] Ren J, Langmi H W, North B C, et al. Modulated synthesis of zirconium-metal organic framework (Zr-MOF) for hydrogen storage applications. Int J Hydrog Energy, 2014, 39: 890-895.

[118] Shearer G C, Chavan S, Bordiga S, et al. Defect engineering: tuning the porosity and composition of the metal-organic framework UiO-66 via modulated synthesis. Chem Mater, 2016, 28(11): 3749-3761.

[119] Furukawa H, Gandara F, Zhan Y B, et al. Water adsorption in porous metal-organic frameworks and

related materials. J Am Chem Soc, 2014, 136(11): 4369-4381.

[120] Li Z Q, Yang J, Sui K W, et al. Facile synthesis of metal-organic framework MOF-808 for arsenic removal. Mater Lett, 2015, 160: 412-414.

[121] Millange F, Serre C, Férey G. Synthesis, structure determination and properties of MIL-53as and MIL-53ht: the first Cr^{III} hybrid inorganic-organic microporous solids: $Cr^{III}(OH) \cdot \{O_2C—C_6H_4—CO_2\} \cdot \{HO_2C—C_6H_4—CO_2H\}_x$. Chem Commun, 2002, (8): 822-823.

[122] Loiseau T, Serre C, Huguenard C, et al. A rationale for the large breathing of the porous aluminum terephthalate(MIL-53) upon hydration. Chem Eur J, 2004, 10: 1373-1382.

[123] Li X, Zhang J, Shen W, et al. Rapid synthesis of metal-organic frameworks MIL-53(Cr). Mater Lett, 2019, 255: 126519.

[124] Taddei M, Steitz D A, Van Bokhoven J A, et al. Continuous-flow microwave synthesis of metal-organic frameworks: a highly efficient method for large-scale production. Chem Eur J, 2016, 22: 3245-3249.

[125] Serre C, Millange F, Surblé S, et al. A route to the synthesis of trivalent transition-metal porous carboxylates with trimeric secondary building units. Angew Chem, 2004, 116(46): 6445-6449.

[126] Dziobkowski C T, Wrobleski J T, Brown D B. Magnetic and spectroscopic properties of $Fe^{II}Fe_2^{III}(CH_3CO_2)_6L_3$, L = water or pyridine. Direct observation of the thermal barrier to electron transfer in a mixed-valance complex. Inorg Chem, 1982, 21: 671.

[127] Chalati T, Horcajada P, Gref R. Optimisation of the synthesis of MOF nanoparticles made of flexible porous iron fumarate MIL-88A. J Mater Chem, 2011, 21(7): 2220-2227.

[128] Surblé O S, Serre C, Mellot-Draznieks C, et al. A new isoreticular class of metal-organic-frameworks with the MIL-88 topology. Chem Comm, 2006, 3: 284-286.

[129] Férey G, Serre C, Mellot-Draznieks C, et al. A hybrid solid with giant pores prepared by a combination of targeted chemistry, simulation, and powder diffraction. Angew Chem Int Ed, 2004, 43(46): 6296-6301.

[130] Horcajada P, Surblé S, Serre C, et al. Synthesis and catalytic properties of MIL-100(Fe), an iron(III) carboxylate with large pores. Chem Comm, 2007, 27: 2820-2822.

[131] Volkringer C, Popov D, Loiseau T, et al. Synthesis single-crystal X-ray microdiffraction, and NMR characterizations of the giant pore metal-organic framework aluminum trimesate MIL-100. Chem Mater, 2009, 21(24): 5695-5697.

[132] Lieb A, Leclerc H, Devic T, et al. MIL-100(V): a mesoporous vanadium metal organic framework with accessible metal sites. Microporous Mesoporous Mater, 2012, 157: 18-23.

[133] Mowa J P S, Miller S R, Slawin A M Z, et al. Synthesis characterisation and adsorption properties of microporous scandium carboxylates with rigid and flexible frameworks. Microporous Mesoporous Mater, 2011, 142: 322-333.

[134] Seo Y K, Yoon J W, Lee J S, et al. Large scale fluorine-free synthesis of hierarchically porous iron(III) trimesate MIL-100(Fe) with a zeolite MTN topology. Chem Eng J, 2015, 281: 360-367.

[135] Fang Y, Wen J, Zeng G, et al. Effect of mineralizing agents on the adsorption performance of metal-organic framework MIL-100(Fe) towards chromium(VI). Chem Eng J, 2018, 337: 532-540.

[136] Dhakshinamoorthy A, Alvaro M, Hwang Y K, et al. Intracrystalline diffusion in metal organic framework during heterogeneous catalysis: influence of particle size on the activity of MIL-100(Fe) for oxidation reactions. Dalton Trans, 2011, 40(40): 10719.

[137] Férey G, Mellot-Draznieks C, Serre C A, et al. A chromium terephthalate-based solid with unusually large pore volumes and surface area. Science, 2005, 309(5743): 2040-2044.

[138] Rallapalli P B S, Raj M C, Senthilkumar S, et al. HF-free synthesis of MIL-101(Cr) and its hydrogen

adsorption studies. Environ Prog Sustain Energy, 2016, 35: 461-468.

[139] Zhao Z, Li X, Li Z. Adsorption equilibrium and kinetics of *p*-xylene on chromium-based metal organic framework MIL-101. Chem Eng J, 2011, 173: 150-157.

[140] Khan N A, Kang I J, Seok H Y, et al. Facile synthesis of nano-sized metal organic frameworks, chromium-benzenedicarboxylate, MIL-101. Chem Eng J, 2011, 166: 1152-1157.

[141] Jesus G, Alexander M, Francois F, et al. New insights into the breathing phenomenon in ZIF-4. J Mater Chem A, 2019, 24: 14552.

[142] Huang X C, Lin Y Y, Zhang J P, et al. Ligand-directed strategy for zeolite-type metal-organic frameworks: zinc(Ⅱ) imidazolates with unusual zeolitic topologies. Angew Chem Int Ed, 2006, 45(10): 1557-1559.

[143] Pan Y, Liu Y, Zeng G, et al. Rapid synthesis of zeolitic imidazolate framework-8 (ZIF-8) nanocrystals in an aqueous system. Chem Comm, 2011, 47(7): 2071-2073.

[144] Nune S K, Thallapally P K, Dohnalkova A, et al. Synthesis and properties of nano zeolitic imidazolate frameworks. Chem Comm, 2010, 46(27): 4878-4880.

[145] Tanaka S, Kida K, Nagaoka T, et al. Mechanochemical dry conversion of zinc oxide to zeolitic imidazolate framework. Chem Comm, 2013, 49(1): 1-3.

[146] Yang F, Mu H, Wang C, et al. Morphological map of ZIF-8 crystals with five distinctive shapes: feature of filler in mixed-matrix membranes on C_3H_6/C_3H_8 separation. Chem Mater, 2018, 30(10): 3467-3473.

[147] Pérez-Miana M, Reséndiz-Ordónez J U, Coronas J. Solventless synthesis of ZIF-L and ZIF-8 with hydraulic press and high temperature. Mircroporous Mesoporous Mater, 2021, 328: 111487.

[148] Kreno L E, Leong K, Farha O K, et al. Metal-organic framework materials as chemical sensors. Chem Rev, 2012, 112(2): 1105-1125.

[149] Lei J P, Qian R C, Ling P H, et al. Design and sensing applications of metal-organic framework composites. Trends Anal Chem, 2014, 58: 71-78.

[150] Hu Z C, Deibert B J, Li J. Luminescent metal-organic frameworks for chemical sensing and explosive detection. Chem Soc Rev, 2014, 43(16): 5815-5840.

[151] Kumar P, Deep A, Kim K H. Metal organic frameworks for sensing applications. Trends Anal Chem, 2015, 73: 39-53.

[152] Yi F Y, Chen D X, Wu M K, et al. Chemical sensors based on metal-organic frameworks. ChemPlusChem, 2016, 81(8): 675-690.

[153] Lustig W P, Mukherjee S, Rudd N D, et al. Metal-organic frameworks: functional luminescent and photonic materials for sensing applications. Chem Soc Rev, 2017, 46(11): 3242-3285.

[154] Liu L T, Zhou Y L, Liu S, et al. The applications of metal-organic frameworks in electrochemical sensors. ChemElectroChem, 2018, 5(1): 6-19.

[155] Koo W T, Jang J S, Kim I D. Metal-organic frameworks for chemiresistive sensors. Chem, 2019, 5(8): 1938-1963.

[156] Rowsell J L C, Yaghi O M. Metal-organic frameworks: a new class of porous materials. Microporous Mesoporous Mater, 2004, 73: 3-14.

[157] Liu Y L, Zhao X J, Yang X X, et al. A nanosized metal-organic framework of Fe-MIL-88-NH_2 as a novel peroxidase mimic used for colorimetric detection of glucose. Analyst, 2013, 138(16): 4526-4531.

[158] Gao Y F, Zhang X Q, Sun W, et al. A robust microporous metal-organic framework as a highly selective and sensitive, instantaneous and colorimetric sensor for Eu^{3+} ions. Dalton Trans, 2015, 44(4): 1845-1849.

[159] Khalil M M H, Shahat A, Radwan A, et al. Colorimetric deter-mination of Cu(Ⅱ) ions in biological

samples using metal-organic frame-work as scaffold. Sens Actuators B Chem, 2016, 233: 272-280.

[160] Wong K L, Law G L, Yang Y Y, et al. A highly porous luminescent terbium-organic framework for reversible anion sensing. Adv Mater, 2006, 18(8): 1051-1054.

[161] Lan A J, Li K H, Wu H H, et al. A luminescent microporous metal-organic framework for the fast and reversible detection of high explosives. Angew Chem Int Ed, 2009, 48(13): 2334-2338.

[162] Sun Z J, Jiang J Z, Li Y F. A sensitive and selective sensor for biothiols based on the turn-on fluorescence of the Fe-MIL-88 metal-organic frameworks-hydrogen peroxide system. Analyst, 2015, 140(24): 8201.

[163] Zhu Q, Chen Y L, Wang W F, et al. A sensitive biosensor for dopamine determination based on the unique catalytic chemiluminescence of metal-organic framework HKUST-1. Sens Actuators B Chem, 2015, 210: 500-507.

[164] Luo F Q, Lin Y L, Zheng L Y, et al. Encapsulation of hemin in metal-organic frameworks for catalyzing the chemiluminescence reaction of the H_2O_2-luminol system and detecting glucose in the neutral condition. ACS Appl Mater Inter, 2015, 7(21): 11322-11329.

[165] Yang N, Song H J, Wan X Y, et al. A metal (Co)-organic framework-based chemiluminescence system for selective detection of L-cysteine. Analyst, 2015, 140(8): 2656-266.

[166] Zhu Q, Dong D, Zheng X J, et al. Chemiluminescence determination of ascorbic acid using graphene oxide@copper-based metal-organic frameworks as a catalyst. RSC Adv, 2016, 6(30): 25047-25055.

[167] Zhou J R, Long Z, Tian Y F, et al. A chemilumi-nescence metalloimmunoassay for sensitive detection of alpha-fetoprotein in human serum using Fe-MIL-88B-NH_2 as a label. Appl Spectrosc Rev, 2016, 51(7-9): 517-526.

[168] Wu X Q, Ma J G, Li H, et al. Metal-organic framework biosensor with high stability and selectivity in a bio-mimic environment. Chem Commun, 2015, 51(44): 9161-9164.

[169] Wang Y, Ge H L, Ye G Q, et al. Carbon functionalized metal organic framework/nafion composites as novel electrode materials for ultrasensitive determination of dopamine. J Mater Chem B, 2015, 3(18): 3747-3753.

[170] Deep A, Bhardwaj S K, Paul A K, et al. Surface assem-bly of nano-metal organic framework on amine functionalized indium tin oxide substrate for impedimetric sensing of parathion. Biosens Bioelectron, 2015, 65: 226-231.

[171] Xu Y, Yin X B, He X W, et al. Electrochemistry and electroche-miluminescence from a redox-active metal-organic framework. Biosens Bioelectron, 2015, 68: 197-203.

[172] Iskierko Z, Sharma P S, Prochowicz D, et al. Molecularly imprinted polymer (MIP) film with improved surface area developed by using metal-organic framework (MOF) for sensitive lipocalin (NGAL) determination. ACS Appl Mater Inter, 2016, 8(31): 19860-19865.

[173] Jang Y J, Jung Y E, Kim G W, et al. Metal-organic frameworks in a blended polythiophene hybrid film with surface-mediated vertical phase separation for the fabrication of a humidity sensor. RSC Adv, 2019, 9(1): 529-535.

[174] Si X L, Jiao C L, Li F, et al. High and selective CO_2 uptake, H_2 storage and methanol sensing on the amine-decorated 12-connected MOF CAU-1. Energy Environ Sci, 2011, 4(11): 4522-4527.

[175] Hou C Y, Bai Y L, Bao X L, et al. A metal-organic framework constructed using a flexible tripodal ligand and tetranuclear copper cluster for sensing small molecules. Dalton Trans, 2015, 44(17): 7770-7773.

[176] Tchalala M R, Bhatt P M, Chappanda K N, et al. Fluorinated MOF platform for selective removal and sensing of SO_2 from flue gas and air. Nat Commun, 2019, 10: 1328.

[177] Haghighi E, Zeinali S. Nanoporous MIL-101(Cr) as a sensing layer coated on a quartz crystal microbalance (QCM) nanosensor to detect volatile organic compounds (VOCs). RSC Adv, 2019, 9(42):

24460-24470.

[178] Othong J, Boonmak J, Ha J, et al. Thermally induced single-crystal-to-single-crystal transformation and heterogeneous catalysts for epoxidation reaction of Co(II) based metal-organic. Cryst Growth Des, 2017, 17(4): 1824-1835.

[179] Stubbs A W, Braglia L, Borfecchia E, et al. Selective catalytic olefin epoxidation with Mn^{II}-exchanged MOF-5. ACS Catal, 2018, 8(1): 596-601.

[180] Yuan K, Song T, Wang D, et al. Bimetal-organic frameworks for functionality optimization: MnFe-MOF-74 as a stable and efficient catalyst for the epoxidation of alkenes with H_2O_2. Nanoscale, 2018, 10(4): 1591-1597.

[181] Tabatabaeian K, Zanjanchi M A, Mahmoodi N O, et al. Diimino nickel complex anchored into the MOF cavity as catalyst for epoxidation of chalcones and bischalcones. J Clust Sci, 2017, 28: 949-962.

[182] Song X, Hu D, Yang X, et al. Polyoxomolybdic cobalt encapsulated within Zr-based metal-organic frameworks as efficient heterogeneous catalysts for olefins epoxidation. ACS Sustain Chem Eng, 2019, 7(3): 3624-3631.

[183] Kaposi M, Cokoja M, Hutterer C H, et al. Immobilisation of a molecular epoxidation catalyst on UiO-66 and -67: the effect of pore size on catalyst activity and recycling. Dalton Trans, 2015, 44(1): 1-7.

[184] Berijani K, Morsali A, Hupp J T. An effective strategy for creating asym metric MOFs for chirality induction: a chiral Zr-based MOF for enantiose lective epoxidation. Catal Sci Technol, 2019, 9(13): 3388-3397.

[185] Lu B B, Yang J, Liu Y Y, et al. A polyoxovanadate-resorcin arene based porous metal-organic framework as an efficient multifunctional catalyst for the cycloaddition of CO_2 with epoxide oxidation of sulfides. Inorg Chem, 2017, 56(19): 11710-11720.

[186] Goswami S, Miller C E, Logsdon J L, et al. Atomistic approach toward selective photocatalytic oxidation of a mustard-gas simulant: a case study with heavy-chalcogen-containing PCN-57 analogues. ACS Appl Mater Inter, 2017, 9(23): 19535-19540.

[187] Lu B B, Yang J, Che G B, et al. Highly stable copper(I)-based metal-organic framework assembled with resorcin-arene and polyoxometalate for efficient heterogeneous catalysis of azide-alkyne "click" reaction. ACS Appl Mater Inter, 2018, 10(3): 2628-2636.

[188] Li P, Regati S, Huang H, et al. A metal-organic framework as a highly efficient and reusable catalyst for the solvent-free 1, 3-dipolar cycloaddition of organic azides to alkynes. Inorg Chem Front, 2015, 2(1): 42-46.

[189] Karmakar A, Guedes da Silva M F C, Pombeiro A J L. Zinc metal-organic frameworks: efficient catalysts for the diastereoselective Henry reaction and transesterification. Dalton Trans, 2014, 43(21): 7795-7810.

[190] Liu X, Qi W, Wang Y, et al. Exploration of intrinsic lipase-like activity of zirconium-based metal-organic frameworks. Eur J Inorg Chem, 2018, 41: 4579-4585.

[191] Schumacher W T, Mathews M J, Larson S A, et al. Organocatalysis by site-isolated *n*-heterocyclic carbenes doped into the UiO-67 framework. Polyhedron, 2016, 114: 422-427.

[192] Curie P, Curie J. Développment par pression; de l'électricité polaire dans les cristaux émièdres à faces inclinées. C R Acad Sci, 1880, 91: 294-295.

[193] Valasek J. Piezo-electric and allied phenomena in rochelle salt. Phys Rev, 1921, 17: 475-481.

[194] Okada K, Sugie H. Experimental study of antiferroelectric copper formatetetrahydrate and its deuterium substitute. J Phys Soc Jpn, 1968, 25: 1128-1132.

[195] Frazer B C, McKeown M, Pepinsky R. Neutron diffraction dtudies of rochelle-salt single crystals. Phys Rev, 1954, 94: 1435.

[196] Solans X, Gonzalez-Silgo C, Ruiz-Perez. A structural study on the rochelle salt. J Solid State Chem, 1997, 131: 350-157.

[197] Jona F, Pepinsky R. Dielectric properties of some double tartrates. Phys Rev, 1953, 92: 1577.

[198] Matthias B T, Hulm J K. New ferroelectric tartrates. Phys Rev, 1951, 82: 108.

[199] Fousek J, Cross L E, Seely K. Some properties of the ferroelectric lithium thallium tartrate. Ferroelectrics, 1970, 1: 63-70.

[200] Okada K. Antiferroelectric phase transition in copper-formatetetrahydrate. Phys Rev Lett, 1965, 15: 252.

[201] Cui H, Wang Z M, Takahashi K, et al. Ferroelectric porous molecular crystal, [Mn$_3$(HCOO)$_6$](C$_2$H$_5$OH), exhibiting ferrimagnetic transition. J Am Chem Soc, 2006, 128(47): 15074-15075.

[202] Xu G C, Ma X M, Zhang L, et al. Disorder-order ferroelectric transition in the metal formate framework of [NH$_4$][Zn(HCOO)$_3$]. J Am Chem Soc, 2010, 132(28): 9588-9590.

[203] Jain P, Dalal N S, Toby B H, et al. Order-disorder antiferroelectric phase transition in a hybrid inorganic-organic framework with the perovskite architecture. J Am Chem Soc, 2008, 130(32): 10450-10451.

[204] Jain P, Ramachandran V, Clark R J, et al. Multiferroic behavior associated with an order-disorder hydrogen bonding transition in metal-organic frameworks(MOFs) with the perovskite ABX$_3$ architecture. J Am Chem Soc, 2009, 131(38): 13625-13627.

[205] Stroppa A, Jain P, Barone P, et al. Electric control of magnetization and interplay between orbital ordering and ferroelectricity in a multiferroic metal-organic framework. Angew Chem Int Ed, 2011, 50(26): 5847-5850.

[206] Stroppa A, Barone P, Jain P, et al. Hybrid improper ferroelectricity in a multiferroic and magnetoelectric metal organic framework. Adv Mater, 2013, 25(16): 2284-2290.

[207] Pepinsky R, Okaya Y, Eastman D P, et al. Ferroelectricity in glycine silver nitrate. Phys Rev, 1957, 107: 1538.

[208] Choudhury R R, Panicker L, Chitra R, et al. Structural phase transition in ferroelectric glycine silver nitrate. Solid State Commun, 2008, 145: 407-412.

[209] Pepinsky R, Vedam K, Oakaya Y. New room-temperature ferroelectric. Phys Rev, 1958, 110: 1309.

[210] Makita Y. Ferroelectricity in (CH$_3$NHCH$_2$COOH)$_3$·CaCl$_2$. J Phys Soc Jpn, 1965, 20: 2073-2080.

[211] Haga H, Onodera A, Yamashita H, et al. New phase transition in ferroelectric (CH$_3$NHCH$_2$COOH)$_3$·CaCl$_2$ at low temperatures. J Phys Soc Jpn, 1993, 62: 1857-1859.

[212] Cui H B, Zhou B, Long L S, et al. A porous coordination-polymer crystal containing one-dimensional water chains exhibits guest-induced lattice distortion and a dielectric anomaly. Angew Chem Int Ed, 2008, 47(18): 3376-3380.

[213] Zhou B, Kobayashi A, Cui H B, et al. Anomalous dielectric behavior and thermal motion of water molecules confined in channels of porous coordination polymer crystals. J Am Chem Soc, 2011, 133(15): 5736-5739.

[214] Zhao H X, Kong X J, Li H, et al. Transition from one-dimensional water to ferroelectric ice within a supramolecular architecture. Proc Natl Acad Sci USA, 2011, 108: 3481-3486.

[215] Rother H J, Albers J, Klöpperpieper A. Phase transitions critical dielectric phenomena and hysteresis effects in betaine calcium chloride dehydrate. Ferroelectrics, 1984, 54: 107-110.

[216] Lwauchi K, Sahara M, Yano S. Phase transition of Ca$_2$Sr(CH$_3$CH$_2$COO)$_{6(1-x)}$(HCF$_2$CF$_2$COO)$_{6x}$ and Ca$_2$Sr(CH$_3$CH$_2$COO)$_{6(1-x)}$(HCF$_2$COO)$_{6x}$ crystals. Ferroelectrics, 1989, 96: 209-213.

[217] Seki S, Momotani M, Nakatsu K, et al. Polymorphic phase transition of barium-dicalcium propionate BaCa$_2$(C$_2$H$_5$CO$_2$)$_6$. Bull Chem Soc Jpn, 1955, 28: 411-416.

[218] Itoh K, Niwata A, Abe W, et al. Structural study of ferroelectric phase transition in Ca$_2$Pb(C$_2$H$_5$CO$_2$)$_6$

crystals. J Phys Soc Jpn, 1992, 61: 3593-3600.

[219] Holden A N, Merz W J, Remeika J P, et al. Properties of guanidine aluminum sulfate hexahydrate and some of its isomorphs. Phys Rev, 1956, 101: 962.

[220] Shiozaki Y, Nakamura E, Mitsui T. Ferroelectrics and Related Substances. Berlin: Springer-Verlag, 2006.

[221] Zhang W, Ye H Y, Cai H L, et al. Discovery of new ferroelectrics: [H_2dbco]$_2$ · [Cl_3][$CuCl_3$(H_2O)$_2$]H_2O (dbco = 1, 4-diaza-bicyclo[2.2.2]octane). J Am Chem Soc, 2010, 132: 7300-7302.

[222] Bauer M R, Pugmire D L, Paulsen B L, et al. Aminoguanidinium hexafluorozirconate: a new ferroelectric. J Appl Crystallogr, 2001, 34: 47-54.

[223] Onoda-Yamamura N, Ikeda R, Yamamura O, et al. Methylammonium aluminum chloride hydrate: its chemical composition and phase transitions. Solid State Commun, 1997, 101: 647-651.

[224] Gesi K. Dielectric study on the phase transitions in ferroelectric (CH_3NH_3)$_2AlBr_5$ · $6H_2O$. J Phys Soc Jpn, 1999, 68: 3095-3099.

[225] Wang Y, Che Y X, Zheng J M. A 3D ferroelectric Co(Ⅱ) polymer showing (3, 5)-connected HMS topology with 2-fold interpenetration. Inorg Chem Commun, 2012, 21: 69-71.

[226] Asha K S, Makkitaya M, Sirohi A, et al. A series of S-block (Ca, Sr and Ba) metal-organic frameworks: synthesis and structure-property correlation. CrystEngComm, 2016, 18(6): 1046-1053.

[227] Ptak M, Mączka M, Gągor A, et al. Experimental and theoretical studies of structural phase transition in a novel polar perovskite-like [$C_2H_5NH_3$][$Na_{0.5}Fe_{0.5}$(HCOO)$_3$] formate. Dalton Trans, 2016, 45(6): 2574-2583.

[228] Gao J X, Xiong J B, Xu Q, et al. Supramolecular interactions induced chirality transmission, second harmonic generation responses, and photoluminescent property of a pair of enantiomers from situ [2+3] cycloaddition synthesis. Cryst Growth Des, 2016, 16(3): 1559-1564.

[229] Srivastava A K, Divya P, Praveenkumar B, et al. Potentially ferroelectric {$Cu^{II}L_2$}$_n$ based two-dimensional framework exhibiting high polarization and guest-assisted dielectric anomaly. Chem Mater, 2015, 27(15): 5222-5229.

[230] Liu D S, Sui Y, Chen W T, et al. Two new nonlinear optical and ferroelectric Zn(Ⅱ) compounds based on nicotinic acid and tetrazole derivative ligands. Cryst Growth Des, 2015, 15(8): 4020-4025.

[231] Yang J, Zhou L, Cheng J, et al. Charge transfer induced multifunctional transitions with sensitive pressure manipulation in a metal-organic framework. Inorg Chem, 2015, 54(13): 6433-6438.

[232] Li Q, Wu T, Lai J C, et al. Diversity of coordination modes, structures and properties of chiral metal-organic coordination complexes of the drug voriconazole. Eur J Inorg Chem, 2015, 31: 5281-5290.

[233] Yu L, Hua X N, Jiang X J, et al. Histidine-controlled homochiral and ferroelectric metal-organic frameworks. Cryst Growth Des, 2015, 15(2): 687-694.

[234] Wen H R, Qi T T, Liu S J, et al. Syntheses and structures of chiral tri- and tetranuclear Cd(Ⅱ) clusters with luminescent and ferroelectric properties. Polyhedron, 2015, 85: 894-899.

[235] Zhou W W, Wei B, Wang F W, et al. An acentric 3-D metal-organic framework with three fold interpenetrated diamondoid network: second-harmonic-generation response, potential ferroelectric property and photoluminescence. RSC Adv, 2015, 5(122): 100956-100959.

[236] Hua J A, Zhao Y, Zhao D, et al. Functional group effects on structure and topology of cadmium(Ⅱ) frameworks with mixed organic ligands. RSC Adv, 2015, 5(54): 43268-43278.

[237] Pan L, Liu G, Li H, et al. A resistance-switchable and ferroelectric metal-organic framework. J Am Chem Soc, 2014, 136(50): 17477-17483.

[238] Srivastava A K, Praveenkumar B, Mahawar I K, et al. Anion driven [$Cu^{II}L_2$]$_n$ frameworks: crystal structures, guest-encapsulation, dielectric, and possible ferroelectric properties. Chem Mater, 2014,

26(12): 3811-3817.

[239] Tan Y H, Yu Y M, Xiong J B, et al. Synthesis, structure and ferroelectric-dielectric properties of an acentric 2D framework with imidazole-containing tripodal ligands. Polyhedron, 2014, 70: 47-51.

[240] Qi J L, Ni S L, Zheng Y Q, et al. Syntheses, structural characterizations and ferroelectric properties of new Ce(III) coordination polymers via isomeric tartaric acid ligands. Solid State Sci, 2014, 28: 61-66.

[241] Qi J L, Ni S L, Xu W, et al. Three Cu(II)(R)-2-chloromandelato complexes generated from dipyridyl-type ligands with different spacer lengths: syntheses, crystal structures, and ferroelectric properties. J Coord Chem, 2014, 67: 2287-2300.

[242] Sanchez-Andujar M, Gomez-Aguirre L C, PatoDoldan B, et al. First-order structural transition in the multiferroic perovskite-like formate [$(CH_3)_2H_2$][Mn(HCOO)$_3$]. CrystEngComm, 2014, 16(17): 3558-3566.

[243] Chen L Z, Huang D D, Ge J Z, et al. A novel Ag(I) coordination polymers based on 2-(pyridin-4-yl)-1H-imidazole-4,5-dicarboxylic acid: syntheses, structures, ferroelectric, dielectric and optical properties. Inorg Chim Acta, 2013, 406: 95-99.

[244] Wang X F, Liu G X, Zhou H. Syntheses, structures and physical properties of two zinc(II) coordination polymers with 1,3,5-tris (imidazol-1-ylmethyl)-2, 4, 6-trimethylbenzene and 1,3,5-benzenetricarboxylate. Inorg Chim Acta, 2013, 406: 223-229.

[245] Xu W, Lin J L. A Mn(II) coordination polymer with sulfate and Trans-1,2-bis (4-pyridyl) ethylene bridges: synthesis, structure, magnetic and ferroelectric properties. Z Naturforsch B, 2013, 68: 877-884.

[246] Dong X Y, Li B, Ma B B, et al. Ferroelectric switchable behavior through fast reversible de/adsorption of water spirals in a chiral 3D metal-organic-framework. J Am Chem Soc, 2013, 135(28): 10214-10217.

[247] Tan Y Z, Zhou M, Huang J, et al. *In situ* synthesis and ferroelectric, SHG response, and luminescent properties of a novel 3D acentric zinc coordination polymer. Inorg Chem, 2013, 52(4): 1679-1681.

[248] Guo P C, Chu Z, Ren X M, et al. Comparative study of structures, thermal stabilities and dielectric-roperties for a ferroelectric MOF [Sr(μ-BDC)(DMF)]$_∞$ with its solvent-free framework. Dalton Trans, 2013, 42(18): 6603-6610.

[249] Zhou H, Liu G X, Wang X F, et al. Three cobalt(II) coordination polymers based on V-shaped aromatic polycarboxylates and rigid bis(imidazole) ligand: syntheses, crystal structures, physical properties and theoretical studies. CrystEngComm, 2013, 15(7): 1377-1388.

[250] Liu T, Luo D, Xu D, et al. An open-framework rutile-type magnesium isonicotinate and its structural analogue with an anatase topology. Dalton Trans, 2013, 42(2): 368-371.

[251] Feng D, Che Y, Zheng J. An acentric lanthanide-formate complex: synthesis, structure, ferroelectric and magnetic properties. J Rare Earth, 2012, 30: 798-801.

[252] Wang J, Tao J Q, Xu X J, et al. Synthesis, crystal structure, and properties of a cadmium(II) complex with the flexible ligand (1′H-[2, 2′]biimidazoly-1-yl)-acetic acid. Z Anorg Allg Chem, 2012, 9: 1261-1264.

[253] Hu J S, Yao X Q, Zhang M D, et al. Syntheses, structures, and characteristics of four new metal-organic frameworks based on flexible tetrapyridines and aromatic polycarboxylate acids. Cryst Growth Des, 2012, 7: 3426-3435.

[254] Hou C, Liu Q, Lu Y, et al. Metal-organic frameworks with N-(4-pyridylmethyl) iminodiacetate ligand: synthesis, structure and sorption properties. Microporous Mesoporous Mater, 2012, 152: 96-103.

[255] Li L, Ma J, Song C, et al. A 3D polar nanotubular coordination polymer with dynamic structural transformation and ferroelectric and nonlinear-optical properties. Inorg Chem, 2012, 51(4): 2438-2442.

[256] Guo S Q, Tian D, Zheng X, et al. A rare 4-connected neb topological metal-organic framework with

ferromagnetic characteristics. CrystEngComm, 2012, 14(9): 3177-3182.

[257] Su Z, Lv G C, Fan J, et al. Homochiral ferroelectric three-dimensional cadmium(II) frameworks from racemic camphoric acid and 3, 5-di(imidazol-1-yl)benzoic acid. Inorg Chem Commun, 2012, 15: 317-320.

[258] Liu G X, Xu H, Zhou H, et al. Temperature-induced assembly of MOF polymorphs: syntheses, structures and physical properties. CrystEngComm, 2012, 14(5): 1856-1864.

[259] Di Sante D, Stroppa A, Jain P, et al. Tuning the ferroelectric polarization in a multiferroic metal-organic framework. J Am Chem Soc, 2013, 135(48): 18126-18130.

[260] Wen L, Zhou L, Zhang B, et al. Multifunctional amino decorated metal-organic frameworks: nonlinear-optic, ferroelectric, fluorescence sensing and photocatalytic properties. J Mater Chem, 2012, 22(42): 22603-22609.

[261] Peer D, Karp J M, Hong S, et al. Nanocarriers as an emerging platform for cancer therapy. Nat Nanotechnol, 2020, 31: 61-91.

[262] Couvreur P, Gref R, Andrieux K, et al. Nanotechnology for drug delivery: applications to cancer and autoimmune diseases. Prog Solid State Ch, 2006, 34: 231-235.

[263] Gref R, Minamitake Y, Peracchia M T, et al. Biodegradable long-circulating polymeric nanospheres. Science, 1994, 263(5153): 1600-1603.

[264] Gabizon A. Stealth liposomes and tumor targeting: one step further in the quest for the magic bullet. Clin Cancer Res, 2001, 7: 223-225.

[265] Sheikh Hasan A, Socha M, Lamprecht A, et al. Effect of the microencapsulation of nanoparticles on the reduction of burst release. Int J Pharm, 2007, 344: 53-61.

[266] Keskin S, Kızılel S. Biomedical applications of metal organic frame works. Ind Eng Chem Res, 2011, 50: 1799-1812.

[267] McKinlay A C, Morris R E, Horcajada P, et al. BioMOFs: metal-organic frameworks for biological and medical applications. Angew Chem Int Ed, 2010, 49(36): 6260-6266.

[268] Horcajada P, Chalati T, Serre C, et al. Porous metal-organic-frameworks nanoscale carriers as a potential platform for drug delivery and imaging. Nat Mater, 2010, 9: 172-178.

[269] Férey G, Serre C. Large breathing effects in three-dimensional porous hybrid matter: facts, analyses, rules and consequences. Chem Soc Rev, 2009, 38: 1380-1399.

[270] Serre C, Surble S, Mellot C, et al. Evidence of flexibility in the nanoporous iron(III) carboxylate MIL-89. Dalton Trans, 2008, 40: 5462-5464.

[271] Serre C, Millange F, Surblé S, et al. A route to the synthesis of trivalent transition-metal porous carboxylates with trimeric secondary building units. Angew Chem Int Ed, 2004, 43(46): 6285.

[272] Kim D, Lee G, Oh S, et al. Unbalanced MOF-on-MOF growth for the production of a lopsided core-shell of MIL-88B@MIL-88A with mismatched cell parameters. Chem Commun, 2019, 55: 43-46.

[273] Whitfield T R, Wang X, Liu L, et al. Metal-organic frameworks based on iron oxide octahedral chains connected by benzenedicarboxylate dianions. Solid State Sci, 2005, 7: 1096-1103.

[274] Gorban I, Soldatov M, Butova V, et al. L-leucine loading and release in MIL-100 nanoparticles. Int J Mol Sci, 2020, 21: 9758.

[275] Bauer S, Serre C, Devic T, et al. High-throughput assisted rationalization or the formation of metal-organic framework in the iron(III) aminoterephthalate solvothermal system. Inorg Chem, 2008, 47(17): 7568-7576.

[276] Siegel R L, Miller K D, Jemal A. Cancer statistics. CA Cancer J Clin, 2018, 7: 68.

[277] Simagina A A, Polynski M V, Vinogradov A V, et al. Towards rational design of metal-organic

framework-based drug delivery systems. Russ Chem Rev, 2018, 87: 831.
[278] Huxford R C, Della Rocca J, Lin W. Metal-organic frameworks as potential drug carriers. Curr Opin Chem Biol, 2010, 14: 262-268.
[279] Zhang N, Yin Y, Xu S J, et al. 5-Fluorouracil: mechanisms of resistance and reversal strategies. Molecules, 2008, 13: 1551-1569.
[280] Arias J L, Ruiz M A, LoApez-Viota M, et al. Poly(alkylcyanoacrylate) colloidal particles as vehicles for antitumor drug delivery: a comparative study. Colloids Surf B: Biointerfaces, 2008, 62: 64-70.
[281] Arias J L, LoApez-Viota M, Delgado A A V, et al. Iron/ethylcellulose(core/shell) nanoplatform loaded with 5-fluorouracil for cancer targeting. Colloids Surf B: Biointerfaces, 2010, 77: 111-116.
[282] Takemura G, Fujiwara H. Doxorubicin-induced cardiomyopathy from the cardiotoxic mechanisms to management. Prog Cardiovasc Dis, 2007, 49: 330-352.
[283] Gao X, Zhai M, Guan W, et al. Controllable synthesis of a smart multifunctional nanoscale metal-organic framework for magnetic resonance/optical imaging and targeted drug delivery. ACS Appl Mater Inter, 2017, 9(4): 3455-3462.
[284] Rojas S, Devic T, Horcajada P. Metal organic frameworks based on bioactive components. J Mater Chem B, 2017, 5(14): 2560-2573.
[285] Imaz I, Rubio-Martınez M, An J, et al. Metal-biomolecule frameworks (MBioFs). Chem Commun, 2011, 47(26): 7287-7302.
[286] Bieniek A, Wiśniewski M, Roszek K, et al. New strategy of controlled, stepwise release from novel MBioF and its potential application for drug delivery systems. Adsorption, 2019, 25: 383-391.
[287] Guan Q, Li Y, Li W, et al. Photodynamic therapy based on nanoscale metal-organic frameworks: from material design to cancer nanotherapeutics. Chem Asian J, 2018, 13: 3122-3149.
[288] Rubin A I, Chen E H, Ratner D. Basal-cell carcinoma. N Engl J Med, 2005, 353: 2262-2269.
[289] Agostinis P, Berg K, Cengel K A, et al. Photodynamic therapy of cancer: an update. CA Cancer J Clin, 2011, 61: 250-281.
[290] Zhang P, Hu C, Ran W, et al. Recent progress in light-triggered nanotheranostics for cancer reatment. Theranostics, 2016, 6: 948.
[291] Rajora M A, Lou J W H, Zheng G. Advancing porphyrin's biomedical utility via supramolecular chemistry. Chem Soc Rev, 2017, 46(21): 6433-6469.
[292] Hynek J, Ondrusova S, Buzek D, et al. Post synthetic modification of a zirconium metal-organic framework at the inorganic secondary building unit with diphenylphosphinic acid for increased photosensitizing properties and stability. Chem Commun, 2017, 53(61): 8557-8560.
[293] Lu K, Aung T, Guo N, et al. Nanoscale metal-organic frameworks for therapeutic, imaging, and sensing applications. Adv Mater, 2018, 30(37): 1707634.

第2章 MOFs 材料在能源气体存储与分离中的应用

2.1 引 言

能源气体广泛用于工业和日常生活中。开发并探索高效节能多孔材料气体捕获和分离材料具有非常重要的基础研究和工业意义,也是发展能源化学与材料的重要研究方向之一。金属有机框架(MOFs)材料是一类新型多孔材料,具有独特的孔隙结构,如较大的孔隙率,可调节的孔隙结构和便于对有机配体进行功能化,不仅可以在 MOFs 吸附剂中高密度地存储清洁燃料气体,同时也可以明显地促进主-客体相互作用,并且高效筛分不同大小的分子。本章对近年来的研究进行了总结,具体包括以 MOFs 为吸附剂的气体存储和分离领域的研究进展,以及 MOFs 基膜在气体分离领域的研究进展,读者通过阅读可以加深对该领域的发展现状和所面临挑战的理解。

现代文明的发展离不开能量。石油与煤炭、天然气是全球最重要的三大能源。全球 2018~2022 年来能源消费的平均占比为:石油 34%、煤炭 30%、天然气 24%、水电 6%及核电 6%。例如,天然气(主要成分是甲烷)约占美国 2017 年总能量产出量的 29%。全球对化石燃料的强劲需求也带来重大的环境问题,特别是由碳排放引起的气候变化。相较于液态石油和固体煤,气体燃料具有更低的碳排放量和更高的质量能量密度,因此更加环保。氢(H_2)和甲烷(CH_4)的质量燃烧热分别为 123 MJ/kg 和 55.7 MJ/kg,而汽油为 47.2 MJ/kg[1]。由于能源气体常具有极低的沸点、低密度、高临界压力和高扩散系数的特点,因此在运输、存储和转换过程中往往需要苛刻的条件并消耗大量的能源,这是现今能源气体利用所面临的主要挑战。当前气体燃料的存储技术需要在低温(液态氢:-253℃下液化)或高压下的压缩(常温下几百大气压),对设备要求较高。为了实现廉价、安全、便捷的存储和运输,另一种重要的方法是在温和的条件下采用多孔材料进行物理吸附存储。

除了作为能量来源外,一些气体(如烯烃气体和芳香烃蒸气)也是化学工业中的重要原料。例如,烯烃(主要是乙烯、丙烯和丁二烯)是许多化工生产过程的重要原材料,全球产量超过 2 亿 t,相当于平均每人消耗 30 kg。这类重要的工业化学品的生产往往是高耗能的,例如,乙烯生产的能源消耗量大致为每吨 26 GJ。在直接使用成品气体之前必须进行分离和纯化过程,通常是通过不断重复"蒸馏-压缩"混合物这个循环过程来实现的。这些必须需要热量驱动的分离过程所消耗的能量比利用膜和吸附分离技术所消耗的要多 10 倍。当前分离和纯化过程所使用的能源超过化学工业能源总量的 40%。先进技术的应用和发展(如基于多孔材料的吸附分离技术)则可节省大量的能源。这些环保、节能分离技术的主要特征是利用多孔吸附剂或多孔介质(如膜)作为吸附材料。

许多常见的物质,如木炭、沸石和陶瓷,长期以来一直被用作吸附剂的多孔介质。为了更好地处理气体,开发存储容量大、分离效率高的高孔隙率多孔材料迫在眉睫。在这种大背景下,许多新颖的多孔吸附剂在过去二十年中如雨后春笋般被开发出来,如金属有机框架(MOFs)、共价有机框架(COFs)和氢键有机框架(HOFs)等。在这些不同类型的多孔材料中 MOFs 较为独特,是一类通过有机配体与金属离子配位自组装形成的有机-无机杂化材料。适中的键连强度(90~350 kJ/mol,HOFs 和 COFs 分别为 1~170 kJ/mol 和 300~600 kJ/mol)和 MOFs 的组分多样性,使其具有高结晶度、高孔隙率和可功能化等特点。因此,MOFs 成为开发新型多功能材料最重要的载体,如气体存储和分离、光学、电磁学、化学传感、催化、生物医学等。

由于 MOFs 材料具有超高的孔隙率,且比表面积从 100 m^2/g 到 10000 m^2/g 不等,可调节孔径为 3~100 Å,甚至部分 MOFs 材料具有高热稳定性(高达 500℃)和化学稳定性,MOFs 成为公认的气体存储和分离材料[2]。具有稳定孔结构的 MOFs 吸附材料是在 20 世纪 90 年代末首次合成的[3]。由于 MOFs 的出现,多孔材料的比表面积纪录被不断刷新,也正是由于这种多孔性,MOFs 吸附剂在天然气处理方面展现了广阔的应用前景。利用 MOFs 材料存储甲烷气体燃料的研究可以追溯到 1997 年,并于 2003 年开始被用于氢存储相关研究[4]。科研工作者致力于不断增加 MOFs 材料的气体存储容量,包括增强主客体亲和力和优化孔结构。相较于传统多孔材料,如沸石和多孔碳,MOFs 材料的研究和发展在近 20 年取得了显著进展。1997 年,首例 MOFs 材料 $[Co_2(bpy)_3(NO_3)_4]$ 被用于甲烷存储;2002 年 IRMOF-6 展现出更为优越的甲烷吸附能力;2003 年,首例 MOFs 材料 MOF-5 被应用于氢气存储;2010 年,MOF-210 展现了创纪录的氢气吸附能力,77 K 和 80 bar 条件下质量吸附量达到 17.6wt%;2013 年,HKUST-1 在 298 K 和 65 bar 条件下甲烷体积吸附量达到新的纪录(267 cm^3/cm^3);2014 年,UTSA-76 在 5~65 bar 压力下的甲烷体积吸附量高达 197 cm^3/cm^3;2015 年,Al-soc-MOF-1 将甲烷在 298 K 和 65 bar 下的体积吸附量提升到 579 cm^3/g,等等。用于气体存储的同时,MOFs 材料由于孔径分布均匀,功能位点多样及可调节的孔径,成为最有前途的气体分离候选材料。一些有关选择性气体吸附的研究通过论证不同气体的单组分吸附等温线,对 MOFs 潜在的气体分离能力进行了展望。在结构设计方面,一方面发展拓扑学原理和框架互穿使得 MOFs 的孔隙结构被控制在非常精确的水平;另一方面功能位点特别是开放金属中心的亲和性调节和实施后合成改性策略,提供了对不同气体分子选择性识别的方法。在技术应用方面,2006 年气相色谱的应用、2006~2007 年分离气体混合物的固定床穿透实验,并通过晶体学技术确定气体吸附位点,极大地促进了 MOFs 在实际分离气体混合物方面的发展[5]。此后,科学工作者努力不懈地致力于 MOFs 气体分离领域,带来了大量的相关研究,其中特别值得注意的是在工业上意义重大的烃类气体混合物分离。

到目前为止,许多 MOFs 材料已被应用于气体存储和分离。这个活跃的研究领域成为能源、化学和材料方面最重要的研究方向之一。本章聚焦目前以 MOFs 为研究对象的气体吸附分离研究,通过系统阐述为读者提供便利,并对近期的研究进展进行解读以解决具有挑战性的存储和分离问题。

2.2 MOFs材料在能源气体存储中的应用

2.2.1 储氢

MOFs 材料被认为是现今最能满足要求的理想储氢材料。MOFs 材料是由金属或金属簇与有机配体组成的多孔晶状材料，因为超高的比表面积被看作一种非常有发展潜力的材料，其具备纳米级孔道结构和多样的官能团。但与金属氢化物材料相比，由于其与氢气之间较弱的相互作用力和较低的体积密度及质量，至今没有 MOFs 物理吸附材料可以达到美国能源部设立的室温储氢目标。理论计算表明，MOFs 材料吸附氢气最优的等量吸附焓为 20 kJ/mol，现今该研究领域的发展目标是合成具有更大比表面积的材料和增强吸附剂与氢气之间的相互作用力。MOFs 材料的结构可调节性来源于不同的分子构筑单元(包括无机和有机结构单元)的选取，用于储氢的 MOFs 材料也因此开始被广泛研究。MOFs 具有超高的孔隙率(可达 90%自由体积)，高的比表面积(实际值 7140 m^2/g，理论值高达 14600 m^2/g)，可调节的孔内表面积和孔径等特点。MOFs 的这些特点将其与其他多孔材料(如碳纳米管和沸石等)区别开来，具有更广泛的应用范畴，如气体存储、光学、电学、药物传递和生物医学成像等。

1. MOFs材料在储氢应用中的发展

2003 年，O. M. Yaghi 等制备了 MOF-5[$Zn_4O(BDC)_3$]材料[6]，比表面积为 3534 m^2/g，并报道了其储氢性能。MOFs 与碳纳米管具有类似的储氢原理，但 MOFs 的结构便于调节，其表面性能也易于通过配体离子类型的控制来进行调控。在这之后，有研究表明在 77 K 下 MOF-5 的最大超额储氢量为 1.3wt%～5.2wt%。MOFs 材料的合成和处理条件对其性能起到决定作用，研究表明密闭条件下制备的 MOF-5 和暴露在空气中所制备的 MOF-5 的储氢量有 2wt%差别。该课题组的这一研究结果引起了众多研究者的关注。Wong-Foy 等[7]合成了 MOF-177，其比表面积为 4746 m^2/g，在 77 K、7 MPa 条件下，容量法氢气吸附量和重量法氢气吸附量分别为 32 g/L 和 7.0wt%，该框架结构由[OZn_4]$^{6+}$四面体团簇和 BTB 有机配体自组装连接形成。从该结果可以明显看出，MOFs 材料与其他多孔材料相比具有更高的可逆储氢量。

2009 年，Xiang 等[8]制备了 MOFs 材料 UMCM-1，在 77 K、2 MPa 条件下，模拟的过量重量法氢气吸附量为 5.37wt%，与实际吸附量(5.43wt%)基本相同，绝对氢气吸附量达到 6.49wt%。增加压力后，在 77 K、10 MPa 条件下，UMCM-1 的绝对氢气吸附量为 9.5wt%。另外，具有与 UMCM-1 相同拓扑结构的 UMCM-2 也保持了很高的过量氢气吸附量，在 4.6 MPa 压力下可达 6.9wt%。这两种材料的比表面积高并且框架密度较低，因此众多研究团队开始研究其在气体存储方面的应用。Frost 等[9]利用巨正则蒙特卡罗(GCMC)的 Lennard-Jones 经验力场进行了模拟研究，发现在 0.01 MPa 低压下，吸附焓对 MOFs 氢气吸附量的影响比较大，而在高压下，自由体积和比表面积则影响更大。

作为比较，Lan 等[10]利用"模拟+合成"的策略设计了新颖的多孔芳香框架(PAFs)材料，PAF-301、PAF-302、PAF-303、PAF-304 具有金刚石 dia 拓扑结构。模拟结果表明，PAF-304 在 77 K、10 MPa 条件下具有 22.38wt%的绝对氢气吸附量。在室温和 10 MPa 条件下，重量法氢气吸附量为 6.53wt%，PAF-304 是目前报道的具有最高储氢能力的材料之一。目前报道的具有最高过量储氢量的 MOFs 材料为 NU-100[11]，在 77 K、5.6 MPa 条件下，氢气吸附量可达 99.5 mg/g(约 9wt%)；在 77 K、7 MPa 条件下，吸附总量为 164 mg/g。而 MOF-210 具有已报道的最高绝对氢气吸附量，在 77 K、8 MPa 条件下可达 176 mg/g。在 MOFs 材料对氢气吸附的研究进程中，这些纪录的出现表明储氢材料研究已取得了巨大进步。

吉林大学朱广山研究组制备了 JUC-48[12]，该材料以金属 Cd 为节点，在 77 K、4 MPa 条件下氢气吸附量为 2.8wt%。通过调节金属和配体，以金属 Cu 为节点的 JUC-62 在相同条件下氢气吸附量提升到 4.71wt%。南开大学程鹏等将 Co、Zn 与稀土元素 Sm 混合后得到了两例多孔材料[13]，其中储氢性能较好的是将 Sm-Zn 混合后制备的材料，在 77 K 条件下氢气吸附量达 1.19wt%。北京化工大学仲崇云研究组利用 GCMC 方法探索了 IRMOFs 的氢气吸附量[14]，研究结果表明，氢气分子在低压下首先吸附于 Zn-O 团簇附近，伴随压力的不断提高，氢气分子开始在有机配体附近聚集，这时有机配体的空间位阻对氢气吸附量起到重要影响。此外，他们还探索了包含开放金属中心位点的 MOF-505 材料的氢气存储性能，在 77 K、0.1 MPa 条件下，重量法氢气吸附量达 2.47wt%。

2. MOFs 材料储氢性能的影响因素

在最近的几十年间我们见证了功能化 MOFs 材料的问世，该类材料可以通过不同的金属离子或金属簇与有机配体通过配位键结合进行自组装。由于材料内的大孔道，功能化 MOFs 能够容纳多种客体，如离子、纳米颗粒、气体分子、色素和生物化学药品等。通常情况下，MOFs 具有结构规则、密度低和可控制性强等特点。该类新颖的无机-有机杂化材料在药物传递、非线性光学和气体存储与分离等方面有广泛应用。近年来，有关 MOFs 的合成、表征和性能研究呈快速增长的趋势，该类材料由金属节点构成的二级构筑单元(SBUs)和有机配体组成，通过强配位键形成具备稳定孔道结构的晶体框架。金属节点构成的 SBUs 和有机配体的多变性带来了合成和研究上的无限可能。利用不同合成和预合成的方法来调节 MOFs 结构并修饰孔表面的性能，以增加比表面积和框架与气体间的相互作用力，从而能够改善氢气储存能力。在 77 K 的低温下氢气吸附是物理行为，主要作用力为范德华力。大量研究采用室温和 77 K 条件作为 MOFs 储氢性能的标准条件。研究结果证明 MOFs 的储氢能力与孔隙率、孔径、比表面积、吸附焓及不饱和配位金属位点有关。氢气存储量与比表面积和孔体积大小在 77 K 和高压条件下是呈比例的，所以可以利用比表面积和孔体积的变化来提高 MOFs 的储氢性能。利用吸附焓来具象化吸附剂与气体之间的相互作用力是评价 MOFs 储氢性能的重要手段。一般情况下吸附焓会在5~9 kJ/mol 范围内变化，温度的升高会使氢气和材料的作用力减小，而若想在室温条件下存储氢气，吸附焓则需要 15 kJ/mol。Yaghi 和 Rowsell 等在 2005 年系统地探讨了 MOFs 储氢性能提升的七种方法[15]，即拥有合适孔径的高孔隙率、引入金属离子、配体功能化、开放金属位点、注入形核、结构互穿和溢流掺杂剂等。该研究为MOFs储氢打开了新局面，此后众多关于储氢性能提升的策略被开发和报道出来。

1) 拥有合适孔径的高孔隙率

孔隙率(空隙体积与材料总体积比值)高和比表面积大是 MOFs 材料最重要的两个特性，研究表明孔隙率或比表面积与其重量法氢气吸附量呈线性关系。为了使多孔MOFs 材料气体吸附量达到最大值，首先应该不断增加材料的孔径或比表面积，而研究初期主要集中在调节一系列框架的有机配体来改变孔径以提高 MOFs 材料的储氢性能。配体组成基元(如苯环)的边缘部分和表面会暴露在气体中并与其结合。所以理论上将有机配体扩大会致使 MOFs 材料具有高孔隙率。研究者已经证实氢气与多孔材料表面的相互作用力比较低，但若吸附材料的孔径足够小，特别是达到 2.89 Å 左右，则与氢气的作用力将会增强。Yang 等将 $Cu_3(BTC)_2$ 材料的氢气吸附量与有效孔体积、BET比表面积、Langmuir 比表面积的关系建立起来[16]。结果表明，氢气吸附量在低压条件下受孔径影响比较大。Wong-Foy 等研究了 MOF-74、HKUST-1、IRMOFs 和 MOF-177等系列具有代表性的 MOFs 材料[7]，从 MOF-74 的 2.6 MPa 下吸附量 2.3wt%到 MOF-177 的 7 MPa 下吸附量 7.5wt%，饱和氢气吸附量有着相当大的差异，研究表明比表面积与氢气在 MOFs 中的存储量有很大关系。MOFs 材料 SNU-6 包含混合配体，Langmuir 比面积(2910 m^2/g)较高并具有高永久孔隙率，在 77 K 和 7 MPa 条件下超额吸附量可达 4.87wt%，绝对吸附量达到 10wt%，氢气吸附焓较高(7.74 kJ/mol)。因为测出的孔体积较大(约 77.4%)，所以总氢气吸附量和超额吸附量相差较大。氢气吸附剂的孔径如果与氢气分子动力学直径(2.89 Å)相当，此时气体分子将具有最大总范德华力，并使气体分子与框架之间具有最强的相互作用力。在 77 K 和 0.1 MPa 低压条件下，孔径为 6.8 Å 的 MIL-53(Al)的氢气吸附量达到 1.66wt%，孔径为 9.6 Å 的 IRMOF-3 的氢气吸附量为 1.42wt%，孔径为 11.2 Å 的 MOF-5 的氢气吸附量为 1.32wt%，而孔径为 11.6 Å 的 ZIF-8 的氢气吸附量仅为 1.27wt%。这组数据证明了在低压条件下，孔径接近氢气分子动力学直径的 MOFs 材料有利于对气体的吸附。

虽然已经做过一系列尝试性研究，但获得高孔隙率 MOFs 材料仍然会遇到一系列问题：①增加有机配体长度会使框架结构稳定性变差；②晶体框架的较大孔隙空间会诱导框架间发生互穿，使形成高孔隙率变得更为困难。Lin 等合成了包含轮桨式构筑单元 $[Cu_2(O_2CR)_4]$ 的三种 NbO 拓扑结构 MOFs 材料，并发现孔径与氢气最大吸附量成正比，而与吸附密度成反比，对比氢气吸附密度随孔隙大小发生变化表示存在最佳孔径。Han 等在 2007 年使用多尺度对氢气的吸附进行模拟[17]，提出了提高 MOFs 材料储氢能力的两种策略：首先可以通过使用可替换的轻金属元素来优化金属氧簇节点结构；其次是通过有机配体的优化来提升氢气吸附能力。为了得到高孔隙率的 MOFs 材料，典型的金属氧簇结构如 $Zn_4O(CO_2)_6$ 会对孔道的形成起积极作用，该类材料均具有高孔体积和 BET 比表面积。可以合成一些具有超高比表面积(实验或预测 BET 比表面积超过 6000 m^2/g)的 MOFs 材料，如 NU-100、NU-108、NU-109、NU-110、MOF-180、MOF-210、MOF-399 等，并且一般具有较大的孔结构，但缺点是样品活化过程中发生框架坍塌导致性能变差。

研究人员对高压条件下 MOFs 材料的氢气吸附做了进一步研究。孔径为 10.8 Å 的 MOF-177 和孔径为 11.6 Å 的 IRMOF-20 展现了一定的氢气吸附量，在 77 K 和 8 MPa 条件下容量法吸附量分别为 32 g/L 和 34 g/L（基于 MOFs 吸附剂密度），在 77 K 和 7 MPa 条件下重量法吸附量分别为 6.7wt%和 7.5wt%。由 Cu(Ⅱ)离子和长度可调的四甲酸有机配体自组装可形成一种 NbO 拓扑结构的 MOFs 材料，其具有通过有机配体长度的调整使孔径可调的稳定框架拓扑结构，并表现出较高的重量法和容量法吸附量。另一种 MOFs 材料 NOTT-102 在 77 K 和 7.7 MPa 条件下的容量法吸附量达到 55.9 g/L，重量法吸附量为 11.1wt%。MOFs 材料 $Be_{12}(OH)_{12}$ 具备高比表面积（4030 m^2/g）及合适的晶体密度（0.412 g/cm^3），在 77 K 和 10 MPa 条件下，容量法和重量法吸附量分别达到 44 g/L 和 9.2wt%。通过以上在 77 K 和高压条件下的氢气吸附量可以得出结论，具有高孔隙率的 MOFs 材料表现出更高的重量法和容量法吸附量。

2）在 MOFs 材料孔道内引入金属离子

虽然 MOFs 材料在低温下具有更高的氢气存储能力，科学家们依然对 MOFs 材料在室温或接近室温条件下的储氢效果进行了大量研究。因为氢气与 MOFs 之间的相互作用力较弱（一般为 4~12 kJ/mol），室温条件下的氢气储存量往往低于 1wt%。因此，大量的研究重点转为如何提高氢气和框架之间的主客体相互作用力（目标为 15~20 kJ/mol），以便在接近室温或室温条件下用 MOFs 材料来储存和释放氢气。通过引入不饱和开放金属中心、金属纳米颗粒，客体金属离子和控制孔径的大小来提高 MOFs 材料的氢气存储能力。

人们将客体金属离子定义为：客体离子代替 MOFs 自身包含的金属离子，或离子通过交换初始存在于 MOFs 中的阳离子而进入框架和/或中和有机配体/主体框架的负电荷。引入客体离子可以产生不饱和配位的金属位点，调节电场或改变材料的孔体积和比表面积，所以客体离子有可能影响到 MOFs 的氢气存储能力。Botas 等[18]用钴离子代替 MOF-5 中的少量锌离子，两份钴离子交换后的样品名称分别为 Co8-MOF-5 与 Co21-MOF-5。可交换的锌离子含量少于总金属离子含量的四分之一。就 Co21-MOF-5 而言，在 77 K、1 MPa 条件下的氢气吸附量最高，其吸附量高出 MOF-5 达 7.4%。氢气吸附量增加的原因为两个材料唯一的不同点，即钴离子的交换程度。由于钴离子的插入没有提供可以使氢气分子接近的金属位点，因此低压条件（<0.1MPa）下氢气吸附量在 Co-MOF-5 和 MOF-5 之间的差别非常微小，但是在高压条件下，Co-MOF-5 的氢气吸附量远超 MOF-5。通过这一现象表明钴离子插入框架内在一定程度上使 MOF-5 的结晶度和刚度减小。Li 等探索了 Li-MOF-5 材料的氢气吸附性能，结果表明该材料于 200 K 下氢气吸附量达 2.9wt%，升高温度至 300 K，氢气的重量法吸附量是 2.0wt%。该值与室温 298 K、10 MPa 条件下的 MOF-5[19]相比提高了 0.4wt%。通过不同金属离子（主要是轻金属离子锂离子、钠离子和钾离子）的交换，可以利用前合成修饰，以电荷引起的偶极间相互作用来提高氢气存储能力。所以轻金属（锂、钠和钾）对于 MOFs 材料氢气储存的影响也被广泛研究，MOF-5 交换锂离子、钠离子和钾离子后，与主体 MOFs 材料相比，交换金属离子后的 MOFs 材料氢气吸附量获得大幅度提高。在 77 K 和 0.1 MPa 条件下，同样的金属交换量，氢气吸附量以钾离子>钠离子>锂离子的顺序降低，与交换金属离子大小的降低顺序相一致。

Mulfort 等[20]制备了 Zn-MOF 材料 DO-MOF，该材料含有乙醇基团。其 BET 孔体积为 0.35 cm^3/g，比表面积达 810 m^2/g。随后将乙醇基团转换为其他锂或镁的醇盐，将掺入的金属离子固定在距金属节点或羧基较远的位置。当掺入微量 Li$^+$（Li$^+$：Zn^{2+} = 0.2：1，摩尔比）时，该材料的 BET 孔体积和比表面积少量增大；但当负载量达到 Li$^+$：Zn^{2+} = 2.62：1 时，孔体积和比表面积大幅降低，甚至造成材料结构的坍塌，产生这一现象的原因是 Zn^{2+} 被 Li$^+$ 交换的程度。在 77 K、0.1 MPa 条件下，主体 DO-MOF 氢气吸附量达到 1.23wt%。与此同时，Li$^+$ 负载量低的 MOFs 材料的氢气吸附量是 1.32wt%，经过计算，该情况下每个 Li$^+$ 可以吸附两个氢气分子。随着 Li$^+$ 的负载量变高，该材料的氢气吸附量变低（0.77wt%），这是由于部分框架发生了坍塌。Himsl 等[21]合成了与 MIL-53(Al) 结构相似的 MOFs 材料[Al(OH)(BDC-OH)]，结构中包含羟基基团，可以用来制备锂醇盐改性的材料。主体 MOFs 与改性 MOFs 材料相比，比表面积变化较小，氢气吸附量分别为 0.5wt%和 1.7wt%。从另一个方面看，吸附焓也体现了锂交换对氢气吸附量的影响，主体 MIL-53(Al) 吸附焓的范围为 4.4～5.8 kJ/mol，而锂交换后的材料吸附焓的范围为 6.4～11.6 kJ/mol。将 Li$^+$ 插入在羟基修饰后的材料表现出几乎超出 3 倍的氢气吸附量，在 77 K 和 0.1 MPa 条件下，MIL-53-OH(Al) 由插入前的 0.50wt%提升到 1.7wt%。在相对低的压力下，吸附焓也提高了近一倍。掺入 K$^+$ 的 MOFs 材料 SNU-200 与主体材料相比，也表现出较好的氢气吸附量（77 K 和 0.1 MPa 条件下，掺入前吸附量为 1.06wt%，掺入后吸附量为 1.19wt%）和吸附焓（掺入前 7.7 kJ/mol，掺入后 9.92 kJ/mol）。通过巨正则蒙特卡罗和量子力学进行模拟，对 Li$^+$ 掺入的 MOFs 体系（MOF-C-16）进行了预测，其表现出最优的容量法氢气吸附量，在 10 MPa 压力下可达 20.7 g/L（243 K）、18.8 g/L（273 K）、17.3 g/L（300 K），说明 Li$^+$ 掺入 MOFs 可提高容量法吸附量。因为掺入了金属离子，MOFs 孔体积和比表面积明显降低，该类 MOFs 在高压条件下只具有中等程度的重量法和容量法吸附量。

Han 和 Goddard 等[22]推测了 Li$^+$ 掺入后 MOFs 材料的氢气吸附量，通过理论计算得出 Li$^+$ 倾向于吸附在多取代芳香烃周围，氢气的有效吸附焓达 16.8 kJ/mol，与没有掺杂的材料相比提高近 3 倍。Li$^+$ 掺入的 MOFs 材料可明显提升氢气吸附量。在 10 MPa、243 K 条件下 Li-MOF-C30 的氢气吸附量可达 5.99wt%。利用 GCMC 和密度泛函理论（DFT）原理，Mavrandonakis 等[23]算得在低温下 Li$^+$ 掺入的影响较大，Li-IRMOF-14 的氢气存储能力比无掺杂 IRMOF-14 提高了 7.5 倍。另外他们提出对 IRMOF-14 的有机配体采取化学修饰[24]，通过计算表明—SO$_3$Li 官能团含有 4 个作用位点，可提高被吸附物与主体吸附框架的相互作用，氢气分子在所设计的有机配体上吸附量可达到 14 个，而无修饰的有机配体至多只能捕获 8 个氢气分子。理论模拟表明若采用 O—Li 官能团修饰 IRMOF-8 的有机配体，可提升氢气吸附量。在室温、10 MPa 条件下 O—Li 官能团掺入后的氢气吸附量是 4.5wt%，在 77 K 下则可提升至 10wt%。对于其他吸附质，也有科研人员进行了研究。Wu 等[25]利用 GCMC 和 DFT 原理计算探究了在有机配体中引入 Li$^+$ 掺入 Cu-BTC 对甲醇捕获的影响。与掺入前相比，掺入 Li$^+$ 后的样品表现出很高的甲醇捕获能力，在压力量程内展现出稳定的吸附行为，这是由于 Li$^+$ 附近提供了吸附位点，该位点被理论计算证明为吸附的优先位点。在不同压力下 Li^+ 掺入表现出不同的影响。低压下甲醇和框架的静电相互作用起到主导作用，而 Li^+ 的掺入提升了框架主体材料的静电位。虽然高压下控制吸附的主要力为色散作用，但 Li^+ 的掺入同样有助于吸附质的均匀分散。

Volkova 等[26]研究了锂离子掺入对氢气存储能力的影响，通过两种策略来对有机配体进行调节。策略一是利用 O—Li 基团代替氢原子，锂离子以醇盐进入有机配体；策略二是将锂离子固定于配体的附近。通过多尺度模拟的方法得出结论：利用锂离子将多种有机配体功能化是实现汽车等交通工具储氢的有效方法。精确的 MP2 原理计算表明锂离子的存在对于氢吸附焓的提升具有积极作用。GCMC 模拟表明在室温、10 MPa 下，氢气吸附量为 5.5wt%，相比于无修饰的 MOFs 吸附剂(3.1wt%)明显提高。

3) 配体的功能化

另外，也可以利用有机基团和芳香烃来增强氢气分子和有机配体间的作用力，如 —NH_2、—OH、—F、—CF_3、—COOH 等，都能提升氢气吸附量与吸附焓。通过非弹性中子散射实验可以观察到在 MOFs（IRMOFs）中添加芳香烃配体是显著提升氢气吸附量的方法。NOTT-110(77 K、2 MPa 条件下，吸附量 6.59wt%；77 K、5.5 MPa 条件下，吸附量 46.8 g/L)与 NOTT-102(77 K、2 MPa 条件下，吸附量 6.07wt%；77 K、6 MPa 条件下，吸附量 42.3 g/L)相比，重量法和容量法氢气吸附量均有大幅提升，证明有机配体和基团对氢气吸附量的影响。氟原子的高电负性对氢气吸附量也有比较大的影响。例如，在 FMOF-1 中，配体上含有体积较大的三氟甲基基团(—CF_3)，在 77 K 和 6.4 MPa 条件下，容量法吸附量可达 41 g/L。提高框架密度和吸附焓产生的效果几乎同时发生，MOFs 功能化后展现出很好的氢气存储能力。目前，有关 MOF-5 的氢气捕获[27]已利用密度泛函理论进行研究。其中卤素对 MOFs 功能化的影响也被详细研究。MOFs 材料中苯环上单个或四个氢原子分别被氟、氯和溴原子取代。结果证明只有通过四个氯和溴原子对 MOFs 功能化才可提升氢气吸附焓。与用溴原子功能化的 MOFs 比较，含有四个氯原子的 MOFs 对氢气存储更为有利，这是由于氯不易聚集并拥有更高的氢气吸附焓。

4) 开放金属位点

另外一个提升氢气吸附量的策略是除去与金属配位的溶剂分子，以暴露开放(不饱和的)金属位点。金属位点与氢气分子间的电荷引起偶极矩相互作用能够大幅增加氢气吸附焓，所以可利用在 MOFs 材料中暴露不饱和金属位点来提高和氢气的结合能力。诸多实验为 MOFs 金属位点的强氢气相互作用提供证据。在 HKUST-1 材料中，不饱和金属位点对氢气有效储存起到积极的作用，在 77 K、0.1 MPa 条件下，重量法吸附量是 2.18wt%；在 77 K、1 MPa 条件下重量法吸附量是 3.6wt%[28]。NOTT-100 在 77 K、0.1 MPa 条件下，重量法吸附量是 2.59wt%；在 77 K、2 MPa 条件下，容量法吸附量是 37.3 g/L[29]。另外一种有不饱和金属位点的 MOFs 材料 SNU-5，在 77 K、0.1 MPa 条件下，重量法吸附量是 2.87wt%；在 77 K、5 MPa 条件下，重量法吸附量是 6.76wt%，相对于无不饱和金属位点同构 MOFs 材料 SNU-4(在 77 K、0.1 MPa 条件下，重量法吸附量是 2.07wt%；在 77 K、5 MPa 条件下，重量法吸附量是 4.49wt%)表现出很好的氢气存储能力，特别体现了不饱和金属位点对氢气存储的影响。

5）注入形核

为了让 MOFs 具备合适的孔径从而获得优异的储氢能力，Yaghi 等试图将另外一种吸附材料的表面嵌入到 MOFs 材料的大孔中。通过实验将 C_{60} 这种大分子嵌入到 MOF-177 孔道中，并证明了浸泡在此种材料中可赋予主体吸附质更多有效吸附位点，该结果为最终提高氢气吸附量提供了一种有效手段。Goddard 等通过 GCMC 模拟证明了嵌入 C_{60} 对 MOF-177 主体材料氢气存储性能的影响，并与嵌入前的材料作了详细比对，在 77 K、300 K 条件下，与 MOF-177 相比，嵌入后材料的存储量在低压条件下显著提升，但在高压条件下储氢能力降低。但我们更希望看到 C_{60} 能固定于 MOF-177 孔道中心处以减小材料的死体积，没有预想到的是 C_{60} 分子与另一个 C_{60} 及 MOF-177 相互作用会对材料中已存在的吸附位点有所阻碍（虽然 C_{60} 已包含额外的吸附位点）。在 300 K 温度下，C_{60} 的嵌入提升了 MOF-177 的储氢量，然而仍低于能源部所设立的目标(6wt%)。这说明浸泡法只能在一定程度上提高实际储氢量，并不能从根本上解决这个问题。

6）结构互穿

大孔 MOFs 往往不利于低压氢气储存。这是因为位于孔道中心处的氢气不能与孔表面内壁作用，所以若 MOFs 内的小孔径与氢气分子直径相当，则有利于低压范围内吸附量的提高。如此看来，互穿结构，即同样结构的主体框架（两个或多于两个）互相交织、渗透，以便在每个构筑单元中形成小孔和丰富的吸附位点，则会引起储氢量的提升。构筑互穿结构是调节 MOFs 孔径的有效方法，大体可分为两种类型：交织和互相穿透（图 2-1）。交织是在无重叠原子的前提下，将两个框架的间隔最小化。

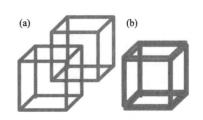

图 2-1　MOFs 互穿结构
(a)互相穿透；(b)交织

具有互穿结构的 PCN-6（在 77 K、0.1 MPa 条件下，氢气吸附量是 1.90wt%)是一种典型性的 MOFs 材料，其重量法吸附量大于不包含互穿结构的 PCN-6（在 77 K、0.1 MPa 条件下，氢气吸附量是 1.35wt%)[30]，在 77 K，760 torr(1 torr = 1.33322 × 10^2 Pa)条件下，原始 PCN-6（氢气吸附量是 9.19 g/L，密度是 0.528 g/cm^3）相比于无互穿结构的 PCN-6（氢气吸附量是 3.94 g/L，密度是 0.292 g/cm^3）容量法吸附量提高了 133%。在低压条件下，互穿对容量法氢气吸附量有非常显著的影响，具体体现在互穿结构的 MOF-5（77 K，23.3 g/L）和无互穿结构的材料（77 K，7.9 g/L）中[31]，但在高压条件(10 MPa)下，互穿结构的 MOF-5 反而低于无互穿结构的 MOF-5 材料（77 K，10.0wt%，66 g/L），这体现了较大的 Langmuir 比表面积的影响（互穿结构 MOF-5: 1130 m^2/g；无互穿结构 MOF-5: 4400 m^2/g）。

Sun 等[32]合成了包含互穿结构的 MOFs 材料，证明在 77 K、0.1 MPa 条件下，H_2 吸附量可达 1.9wt%。Yaghi 和 Rowsell 等[33]利用多种 MOFs 材料进行储氢能力测试，结果表明互穿结构 MOFs 材料的 H_2 吸附量在小于 0.1 MPa 压力下相对较高。Jung 等[34]对互穿结构 MOFs 材料（IRMOF-9、IRMOF-11 和 IRMOF-13）的 H_2 存储进行了理论研究，结果表明互穿结构导致了孔体积减小，在改善低压条件储氢能力上起到了积极作用，互穿结构 MOFs 材料拥有更高的 H_2 吸附量。但因为孔体积的减小，在高压条件下，无互穿结构的 MOFs 材料 H_2 吸附量更高。常温下的模拟结果说明，用重量法计算 H_2 在有互穿结构的 MOFs 中的吸附量大约为无互穿结构的一半，用容量法计算两者的吸附量相近。在 77 K、0.1 MPa 条件下，双重互穿的 SNU-77 孔径是 8.0 Å，H_2 吸附量是 1.8wt%，大于非双重互穿的 MOF-177（1.24wt%），却小于比表面积较小（1121 m^2/g）、双重互穿且孔径较小（5.0 Å）的 SNU-1（1.9wt%）[35]。因此可得出结论，互穿结构有利于 77 K 和低压条件下 MOFs 中的 H_2 存储，但对常温条件下几乎没有影响。

7）氢溢流掺杂剂

游离 H_2 分子在金属催化剂表面被解离为 H 原子，而该 H 原子朝不具备催化能力的载体表面进行扩散，这种被称作"氢溢流"的现象能够在室温下显著提高 MOFs 材料的 H_2 存储能力。Yang 等首次发现通过氢溢流改善配位多孔聚合物的 H_2 存储能力，将 IRMOF-8 和 MOF-5 材料与 Pt/AC 催化剂混合制得 MOF-Pt/AC，该材料的 H_2 存储能力比纯的 IRMOF-8 与 MOF-5 分别提升了 3.1 倍和 3.3 倍[36]。而后该研究组将 MOFs、蔗糖与含 5wt% Pt 的 Pt/AC 催化剂研磨，并通过焙烧制备碳桥获得 Pt/AC-碳桥-MOF 材料，其 H_2 存储能力与纯的 IRMOF-8 和 MOF-5 相比均提升了 8 倍[37]。但氢溢流也存在一些争议，因为不能探测到确切的 Pd—H、C—H 键，以及 MOFs 吸附溢流氢的具体位置，还需进一步的重复数据和具体实验来证明溢流效应。

当前很多科学家投身于新颖材料的制备及其在气体存储方面的应用研究，利用长度可控的有机链和结构多样的金属氧簇，研究者可为了某种应用在原子尺度上调节 MOFs 的孔径和孔体积。MOFs 材料在高压低温条件下具有优越的氢气存储能力（5 MPa 条件下具有大于 8wt%的氢气吸附量）；理论预测的 MOFs 最高氢气吸附量接近 20wt%。相比于其他材料，这些显著优势促进了 MOFs 在实验和理论研究中的蓬勃发展。

2.2.2　储甲烷

天然气是一种储量丰富的自然资源，主要成分为甲烷（CH_4）。CH_4 燃烧的高辛烷值（RON）和二氧化碳排放少等特性使得天然气成为非常受人关注的车辆燃料，这也激发了关于存储 CH_4 有效方法的相关研究。由于 MOFs 材料对 CH_4 是较为温和的物理吸附作用，在室温和适当高压下可以实现对 CH_4 高效存储，并且具有非常大的实际操作空间。为了引导天然气吸附（adsorbed natural gas, ANG）的相关研究，美国能源部于 2012 年设定了总 CH_4 存储目标为 700 cm^3（标准状态下）/g 或室温下重量法吸附量 0.5 g/g 和容量法吸附量 350 cm^3（标准状态下）/cm^3。值得注意的是，该数值考虑了 25%的吸附剂填料损失。如果不考虑填料损失，则容量法吸附量目标值应校准为 263 cm^3（标准状态下）/cm^3，常规吸附材料仍然很难达到。

1. 高重量法 CH_4 吸附量

在 Yaghi 教授等于 2002 年完成用于 CH_4 存储的 MOFs 材料的研究后，该领域近年来已经取得了长足的进步[38]。研究人员通过分析大量实验数据，发现 MOFs 材料在高压下的重量法 CH_4 吸附量基本上与其孔体积或比表面积成正比。这个结论很直接并且容易理解，即更大的孔隙表明 MOFs 中有更多的空间以容纳更多的 CH_4 分子。随后的研究集中提出了几个关于刚性 MOFs 的 CH_4 吸附量和其孔体积的经验关系，这为设计利于 CH_4 存储的 MOFs 材料提供了重要的理论基础。

2013 年，He 等研究了一系列具有类似结构和拓扑的四羧酸铜框架结构(NOTT-100、NOTT-101、NOTT-102、NOTT-103 和 NOTT-109)的重量法 CH_4 吸附量[39]，这几种材料的超额重量法 CH_4 吸附量随着孔隙率的提升逐渐增加。通过深度分析可以给出一个经验公式来预测某一特定 MOFs 材料的 CH_4 吸附量：$C_{excess} = -126.69 \times V_p^2 + 381.62 \times V_p - 12.57$，其中 C_{excess} 为 CH_4 在 300 K 和 35 bar 下的超额重量法吸附量，cm^3(标准状态)/g；V_p 为 MOFs 的孔体积，cm^3/g。通过对之前所报道 MOFs 材料中 V_p 小于 1.5 cm^3/g 的超额重量法 CH_4 吸附量实验结果和预测结果进行对比，这个经验方程都能够很好吻合，这为筛选用于存储 CH_4 的 MOFs 材料提供了一种方便的方法。

2013 年，Peng 等[40]用相同的测试方法对六种具有多种结构类型的 MOFs 材料(HKUST-1、NiMOF-74、PCN-14、UTSA-20、NU-111 和 NU-125)的 CH_4 存储性能进行了研究。研究结果表明，重量法 CH_4 吸附量(298 K 和 65 bar 条件下)、孔体积均与 BET 比表面积呈线性相关。在这一系列材料中，NU-111 的 BET 比表面积为 4930 m^2/g，重量法 CH_4 吸附量最高，达到 0.36 g/g。他们同时还测试了一种假想的 MOFs 材料，当其比表面积为 7500 m^2/g，孔体积为 3.2 cm^3/g 时，根据线性相关性该材料可达到重量法存储 CH_4 的规定阈值。

2016 年，Li 等研究了在相比常温略低的温度(270 K)下 CH_4 的重量法吸附量[41]。研究发现，稍微降低吸附温度到 270 K 就可以大幅提高 65 bar 下的重量法吸附量。另外，他们给出了在 270 K 时预测 CH_4 吸附量的经验方程，$C_{total} = -70.463 \times V_p^2 + 460.543 \times V_p - 2.709$。其中，$C_{total}$ 为在 270 K 和 65 bar 时的重量法 CH_4 吸附量；V_p 为孔体积，cm^3/g。

这些经验方程的建立是非常有用的，因为根据这些方程就可以利用一种特定 MOFs 材料的孔体积和比表面积作为线索，进而推断其重量法 CH_4 吸附量。显然，具有更高孔体积和比表面积的 MOFs 材料更有可能拥有高重量法 CH_4 吸附能力。因此改善 CH_4 在 MOFs 材料中的重量法吸附量的常规策略是设计合成高孔隙率的 MOFs 材料。2015 年，Alezi 等报道了新型铝基 MOFs(Al-soc-MOF-1)[42]，该材料具有极高的孔体积(2.3 cm^3/g) 和 BET 比表面积(5585 m^2/g)[图 2-2(a)]，因此 CH_4 总吸附量最高可达 580 cm^3(标准状态)/g(0.42 g/g)，达到了美国能源部要求重量法吸附目标量的 83%[图 2-2(b)]。

2. 高容量法 CH_4 吸附量

由于车载 CH_4 燃料储罐存放空间受限，高容量法 CH_4 吸附量比高重量法 CH_4 吸附量显得更为重要。MOFs 的多孔特性带来了材料的高重量法 CH_4 吸附量，然而该类材料往往具有中等或低容量法 CH_4 吸附量，这是由其丰富的孔结构及 MOFs-CH_4 相互作用弱所导致的。

研究表明，理想的高容量法 CH_4 吸附量的 MOFs 材料应具有平衡的孔隙率和框架密度及高密度的适宜笼状结构来识别 CH_4 分子。因此，为了提高容量法 CH_4 吸附总量

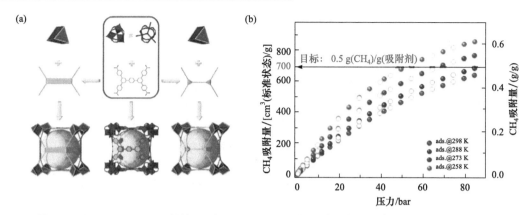

图 2-2　(a) Al-soc-MOF-1 结构；(b) Al-soc-MOF-1 在不同温度下的单组分 CH₄ 吸附曲线[42]

和工作吸附量(指在 5～65 bar 之间的吸附量)的目标值，许多方法被开发出来，如优化孔隙空间、整合 MOFs 的功能位点等。

HKUST-1 是最佳孔径对高容量法 CH_4 吸附量影响的一个典型例子。该 MOFs 包含 3 种孔径分别约为 4 Å、10 Å 和 11 Å 的笼，这种结构非常适合于 CH_4 存储。2013 年，Peng 等发现 HKUST-1 在 298 K 和 65 bar 下具有非常高的容量法 CH_4 吸附量[267 cm³(标准状态)/cm³][40]。该值满足在忽略填料损失的情况下美国能源部所设定的容量法吸附目标值，并且仍然是迄今报道的最高水平。Wu 等发现 CH_4 的吸附主要发生在小八面体笼孔结构的窗口处和开放 Cu(Ⅱ) 金属中心周围[43]。此外，Hulvey 等通过原位中子粉末衍射数据证明，与开放性金属中心(OMSs)相比，较小的八面体笼更适合作为 CH_4 的主要吸附位点[44]。这些结果表明，适当的孔隙空间对 MOFs 高容量法吸附量的开发更具有利作用。

MAF-38 是 Lin 等于 2016 年合成的一种不包含 OMSs 的 MOFs 材料，该材料更明显地揭示了 MOFs 材料中适宜孔隙尺寸和形状对 CH_4 存储的贡献[45]。MAF-38 包含两种内部自由直径分别约为 6.2 Å 和 8.6 Å 的纳米笼。这些合适的孔道结构使得该 MOFs 材料具有特殊的高容量法总 CH_4 吸收量[263 cm³(标准状态)/cm³]，另外在 298 K 和 65 bar 下 MAF-38 的工作吸附量为 187 cm³(标准状态)/cm³，这在 MOFs 材料中是非常高的吸附量。理论模拟证实了 MAF-38 中合适的孔隙大小/形状和有机亲和位点对 MOFs-CH_4 和 CH_4-CH_4 之间具有协同增强作用，导致 CH_4 分子在孔道内的密集堆积。

有一些 MOFs 材料由于较大的有机配体导致直径过大，无法限制 CH_4 分子的通过，因此另一种建立具有合适孔道结构 MOFs 材料的思路是收缩已知的大孔径 MOFs 的有机配体的大小。2016 年，Jiang 等将 MOF-205 中苯-1,3,5-三苯甲酸酯(BTB)配体在外围的苯环替换为较短的双键配体，并构建了一系列具有丙烯酸酯配体和不同官能团的新型 MOFs 材料(MOF-905、MOF-905-Me₂、MOF-905-Naph 和 MOF-905-NO₂)[46]。MOF-905 系列材料由于具有拓扑结构相同但更加小的笼状结构，CH_4 的总容量法吸附量比 MOF-205 增加了 11%～21%。其中最高的是 MOF-905，容量法工作吸附量(5 bar 条件下脱附)为 203 cm³(标准状态)/cm³(298 K 和 80 bar 下)，甚至略高于 HKUST-1 的[200 cm³(标准状态)/cm³]。

除了开发具有合适孔径的 MOFs 外，将不同官能团或位点引入到 MOFs 中也是提高其容量法 CH_4 吸附量的一种方法。2014 年，Li 等报道了一种新颖的含有嘧啶基团的 MOFs 材料 UTSA-76，该材料相比于同构的 NOTT-101 具有完全相同结构官能团，并且孔体积相当[47]。然而，在 298 K 和 65 bar 条件下，总容量法 CH_4 吸附量从 NOTT-101 的 237 cm^3(标准状态)/cm^3 大幅增加到 UTSA-76 的 257 cm^3(标准状态)/cm^3。此外，UTSA-76 实现了在 5～65 bar 之间创纪录的高容量法工作吸附量，约 200 cm^3(标准状态)/cm^3。理论计算和中子散射测量表明，在 UTSA-76 中的中心"动态"嘧啶基团可能会带来更高的工作吸附量，因为这些嘧啶基团被认为可以通过调整它们的方向来优化高压下 CH_4 的堆积方式。2015 年，Li 等进一步深入研究并构建了一系列包含路易斯碱性位点的 NOTT-101 同构材料，同样也表现出 298 K 和 65 bar 条件下更高的容量法总吸附量和工作吸附量[48]。

2017 年，Yan 等报道了通过调节在 MOFs 中的分子动力学也可以调整其容量法 CH_4 吸附量。在这项工作中，三个具有不同功能化配体的 (3, 24)-连接拓扑结构的 MOFs 材料(MFM-112a、MFM-115a 和 MFM-132a)被成功合成[49]。在 298 K 和 80 bar 时，MFM-112a 和 MFM-115a 均表现出较高的总容量法 CH_4 吸附量，分别为 236 cm^3(标准状态)/cm^3 和 256 cm^3(标准状态)/cm^3。另外值得关注的一点是，在 298 K 和 5～80 bar 条件下 MFM-115a 还展现了非常高的工作吸附量[208 cm^3(标准状态)/cm^3]。基于固态 ^2H NMR 谱图，这三种 MOFs 包含的分子转子分别在快、中、慢物理条件下表现出运动状态。根据原位中子粉末衍射数据，MFM-115a 的主要结合点位于由[$(Cu_2)_3$(isophthalate)$_3$]结构中的窗口位置和苯环包围形成的空穴内。这些实验证据表明最佳的分子动力学和合适的孔径/尺寸共同决定了 MFM-115a 的高容量法 CH_4 吸附量。

为了实现 MOFs 材料中的高 CH_4 工作吸附量，在等温线上 65 bar 吸附压力下最大限度地吸附 CH_4 并在脱附压力 5.0 bar 或 5.8 bar 时吸附最小化是非常有必要的，该想法于 2015 年由 Mason 等使用柔性 MOFs 材料进行了验证[50]。研究者注意到柔性 MOFs 材料通常会表现出"开门"行为，即当气体压力达到临界值时会使无孔结构转变为有孔结构。根据这一特点，柔性 MOFs 材料往往具有"S 型"或"阶梯型"CH_4 吸附等温线。因此，科研人员提出如果一个具有响应性的 MOFs 材料可以被设计成在 35～65 bar 压力下孔变大并存储大量 CH_4，而当压力降低到近 5.8 bar 时孔道坍缩至挤出被吸附的 CH_4 分子，则有可能达到非常高的容量法 CH_4 工作吸附量。实验人员选择了柔性 MOFs 材料 Co(bdp)(bdp^{2-} = 1, 4-苯二吡唑)进行研究。原位 X 射线衍射实验证实了其可逆结构相转变，并且在 298 K 和 16 bar 条件下观察到 Co(bdp)的吸附等温线具有明显的阶梯状，在 5.8 bar 下具有非常低的 CH_4 吸附量(0.2 mmol/g)。因此，Co(bdp)在 298 K 和 35 bar 条件下的工作吸附量达到 155 cm^3(标准状态)/cm^3，在 65 bar 条件下达到 197 cm^3(标准状态)/cm^3，均为 MOFs 在该条件下的最高吸附量。2016 年，同一研究组通过配体功能化进一步系统地控制了 CH_4 诱导孔道发生膨胀的压力，为优化相变 MOFs 以提供更好的 CH_4 存储性能提供了一种策略[51]。

2018 年，Yang 等报道了另一种新型柔性 MOFs 材料，NiL_2[L = 4-(4-吡啶基)-联苯-4-羧酸]。NiL_2 能够在特定的 CH_4 压力下实现无孔(关闭状态)和有孔(开放状态)之间的切换[52]。该材料在 298 K 和 65 bar 条件下，总容量法 CH_4 吸附量为 189 cm^3(标准状态)/cm^3，CH_4 工作吸附量为 149 cm^3(标准状态)/cm^3(5～65 bar)。这些例子为开发针对性提高 CH_4 吸附量的 MOFs 材料开辟了另一条途径。

3. 高重量法和容量法 CH_4 吸附量

具有较大纳米级孔道结构的高孔隙率 MOFs 有利于提高重量法 CH_4 吸附量；然而，它们的大孔径不断增大会导致 CH_4 与主体框架相互作用相对较弱并导致吸附量受限。另外，通过 CH_4 与主体框架较强的相互作用将 CH_4 分子密集地堆积起来，获得较小纳米级孔道和适度孔隙率，从而达到较高的容量法吸附量；然而，它们相对较低的孔体积将限制重量法 CH_4 吸附量。这种看似矛盾的现象表明 CH_4 在 MOFs 中重量法和容量法吸附量之间存在着内在的取舍和最优的选择。在实际情况下，大多数 MOFs 具有最高的重量法吸附量却一般表现出相对低的容量法吸附量，反之亦然。虽然研究同时具有高重量法吸附量和高容量法吸附量的理想 MOFs 材料是非常具有挑战的，但在过去的几年里仍然有研究组取得了一些进展。

HKUST-1 在 298 K 和 65 bar 下展现出非常高的 CH_4 容量法吸附量[267 cm^3(标准状态)/cm^3]，但由于孔隙空间有限，重量法吸附量相对较低。为了突破这一瓶颈，2016 年 Spanopoulos 等通过框架化学构建策略制备了类 HKUST-1 的 tbo 拓扑结构 MOFs 材料 Cu-tbo-MOF-5[53]。该材料的重量法和体积法比表面积分别增至 3971 m^2/g 和 2363 m^2/cm^3，比原始的 HKUST-1 分别高出 115%和 47%。正如预期的那样，Cu-tbo-MOF-5 表现出在 298 K 和 85 bar 下的高 CH_4 重量法吸附量和容量法吸附量，分别为 372 cm^3(标准状态)/g 和 221 cm^3(标准状态)/cm^3。在 5～80 bar 之间重量法和容量法的工作吸附量也分别高达 294 cm^3(标准状态)/g(0.217 g/g)和 175 cm^3(标准状态)/cm^3，表明合理地增加比表面积对 CH_4 吸附有利。

2017 年，Moreau 等构建了一系列同构八羧酸 MOFs 材料(MFM-180～MFM-185)用于存储 CH_4，其所用有机配体长度为 19～30 Å[54]。该系列材料中有机配体的延伸可以选择性地使孔道结构沿一个维度进行扩展，BET 比表面积也从 2610 m^2/g 增加到 4730 m^2/g。CH_4 吸附实验表明，随着有机配体长度的增加，并没有损失低压区吸附量，在高压区重量法和容量法吸附量都有所增加。在这种趋势下，活化后 MFM-185a 材料的 CH_4 工作吸附量可达到 0.24 g/g 和 163 cm^3(标准状态)/cm^3(298 K, 5～65 bar)。重量法和容量法 CH_4 吸附量同时较高主要归因于 MFM-185a 在保持固定直径的前提下选择性延伸管状笼结构，这不仅有助于孔体积扩大，还保证了 CH_4 分子在框架内的有效堆积。Zhang 等在 2017 年报道了类似的研究结果[55]，通过精细调节孔道结构对 PCN-14 同构 MOFs 材料存储 CH_4 能力进行了研究。所合成的 NJU-Bai 43 实现了在 298 K 和 5～65 bar 条件下高容量法和重量法工作吸附量[198 cm^3(标准状态)/cm^3 和 0.221 g/g]。

同时实现有机配体的延长及在 MOFs 中引入功能位点也被发现是有效增加 CH_4 吸附量的策略之一。2018 年，Wen 等合成了一个新的 MOFs 材料 UTSA-110a，其有机配体与 UTSA-76 相比有所延长，并含有较高密度功能化氮位点[图 2-3(a)][56]。因此，UTSA-110a 具有较大的比表面积(3241 m^2/g)和较高的功能化氮位点含量(3.94 mmol/cm^3)(UTSA-76 分别对应为 2820 m^2/g 和 2.64 mmol/cm^3)。孔隙率的增加可以改善重量法总吸附量，而高密度的功能化氮位点可能会增加 CH_4-框架相互作用从而影响最优容量法吸附量。正如预期的那样，UTSA-110a 展示了在 298 K 和 65 bar 条件下高 CH_4 重量法吸附量 [402 cm^3(标准状态)/g]和容量法吸附量[241 cm^3(标准状态)/cm^3]。由于 5.8 bar 条件下 CH_4 的吸附量相对较低，UTSA-110a 也能够同时具有高重量法和高容量法的工作吸附量，分别为 317 cm^3(标准状态)/g 和 190 cm^3(标准状态)/cm^3，显著优于 HKUST-1 及 UTSA-76[图 2-3(b)]。理论计算表明，优化的孔隙率和良好的结合位点的协同效应是影响 UTSA-110a 出色 CH_4 存储性能的主要原因。

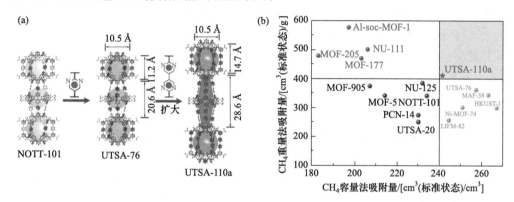

图 2-3 (a)NOTT-101、UTSA-76 和 UTSA-110a 的晶体结构；(b)UTSA-110a 在 298 K 和 65 bar 条件下的重量法和容量法 CH_4 吸附量及和其他典型 MOFs 材料的对比[56]

2.3 MOFs材料在能源气体分离中的应用

2.3.1 MOFs 材料对轻烃气体的分离机理

气体小分子在 MOFs 孔道内部通常是物理吸附，与框架上的原子通过色散力和排斥力相互作用。通过调节框架与气体分子的相互作用力可以提高气体捕获能力，一般方法包括向框架中引入不饱和开放金属中心；将多种特殊官能团(包括金属离子)引入有机配体；框架的多重互穿形成多孔结构等。随着多孔 MOFs 材料的不断涌现，以及用合适结构匹配特定应用这一策略的成熟，为设计在气体分离方面具有实际应用价值的 MOFs 材料提供了可能，而有效地对轻烃气体进行分离逐渐成为科学家关注的焦点。

通常 MOFs 材料对轻烃气体的分离机理包括平衡分离、位阻分离、动力学分离、"开门"效应或其组合。①对于平衡分离，吸附剂的孔大小足够所有气体小分子通过，分离性能由多种气体与吸附剂内表面不同的相对亲和力决定。其相互作用力的强弱与孔道内壁的特征和被吸附分子气体的性质有关，一般以吸附焓的形式表现出来。②基于位阻机理进行分离利用的是分子筛分效应。由于气体分子的大小不同，一些气体可以通过孔道窗口，而另一些气体则会被阻隔在外。③动力学分离是利用气体分子的不同扩散特性进行分离。流动性较强的气体分子会快速填充孔道，扩散特性的不同可以通过固定床穿透实验进行测试。④"开门"效应是通过气体吸附作用使得非微孔密实相向开放式多孔相发生结构转变，特定的临界压力控制着不同气体分子的吸附和脱附。这些气体分离机理已经在许多专著和综述论文中进行详细阐述，本节主要从 MOFs 材料对不同轻烃气体分离的发展现状进行综述。

2.3.2 C₂s 碳氢化合物/甲烷的吸附分离

C_2s 碳氢化合物包括乙炔、乙烯和乙烷。其中乙炔一般由天然气裂解制得，为了制备高纯乙炔（杂质不超过 0.5%）进行有机合成反应，乙炔/甲烷分离是非常有必要的。另外，甲烷氧化偶联反应可以制得 C_2H_x(x = 2, 4, 6)，但甲烷通常不能完全转化，所以必须对混合物进行分离。由于 C_2s 碳氢化合物和甲烷在物理性质上差别较大，因此可以利用这两类气体分子大小上的差别和与 MOFs 的作用力不同进行分离。

开放金属中心对乙炔分子具有较强的作用力，例如，在 MOF-505 和 $Cu_3(btc)_2$[H_3btc 为 benzene-1, 3, 5-tricarboxylic acid（苯-1, 3, 5-三羧酸）]中包含不饱和铜金属中心。Hu 等[57]通过向 bptc 配体中引入 C≡C 键合成了一种新型的微孔 MOFs 材料 Cu_2(ebtc)[H_4bptc 为 3, 3′, 5, 5′-biphenyltetracarboxylate（3, 3′, 5, 5′-二苯基四羧酸），H_4ebtc 为 acetylenebenzene-3, 3′, 5, 5′-tetracarboxylate（1, 1′-炔基苯-3, 3′, 5, 5′-四羧酸）]。该 MOFs 材料的结构与 MOF-505 类似，均属于 Nbo 拓扑结构并具有较高的比表面积和开放铜金属中心。在 293 K 条件下乙炔吸附量达到 252 cm^3/g，是同等条件下甲烷吸附量的十倍。乙炔分子在该材料中的吸附强度显著高于 Cu_3(btc)₂ 和 MOF-505，这种现象可以归因于 C≡C 与乙炔分子的弱相互作用。

微孔 MOFs 的孔大小对轻烃分子的分离有重要影响，若孔径与轻烃分子的动力学直径接近，则会在微孔中产生强的限制效应。例如，Chen 等[58]通过将羟基官能团引入到孔表面，合成了一种二维微孔 MOFs 材料 Cu(bdc-OH)[H_2bdc 为 1, 4-benzenedicarboxylic acid（1, 4-苯二羧酸）]。该材料具有直径为 3.0 Å 的一维孔道，在 296 K 下 C_2H_2/CH_4 选择性为 6.7。通过框架互穿也能得到一些孔径为 3.1～4.8 Å 的 MOFs 材料，这个范围的孔径往往可以从 CH_4 中分离 C_2H_2、C_2H_4 和 C_2H_6。例如，UTSA-38a[59]具有二重互穿结构，其 C_2H_2/CH_4、C_2H_4/CH_4 和 C_2H_6/CH_4 的亨利定律选择性分别为 5.6、6.4 和 10.1。[Zn_2(pba)₂(bdc)]{UTSA-36a; Hpba 为 4-(4-pyridyl) benzoic acid[4-(4-吡啶基)苯甲酸]}同样具有二重互穿结构[60]，在 273～296 K 下，其 C_2s/CH_4 亨利定律选择性范围为 11～25。Zn_2(bba)₂(CuPyen)[M′MOF-20; H_2bba 为 biphenyl-4, 4′-dicarboxylate（二苯基-4, 4′-二羧酸）]具有三重互穿结构[61]，孔径大小为 3.9 Å，C_2H_2/CH_4 选择性为 34.9。Zn_5(bta)₆(tda)₂[Hbta 为 1, 2, 3-benzenetriazolate（1, 2, 3-苯三唑），H_2tda 为 thiophene-2, 5-dicarboxylate（噻吩-2, 5-二羧酸）]具有四重互穿结构[62]（图 2-4），在 295 K 下等摩尔 C_2H_2/CH_4 混合物的理想吸附溶液理论（ideal adsorbed solution theory，IAST）选择性为 15.5，但其在 1 bar 条件下的乙炔吸附量仅为 1.96 mmol/g。然而，这些材料都由于比表面积较低（＜700 m^2/g）而使乙炔吸附量受到限制。

Kitagawa 研究组[63]对二维柔性材料[Zn(5NO_2-ip)(bpy)][CID-5; ip 为 isophthalate（间苯二甲酸酯），bpy 为 4, 4′-bipyridine（4, 4′-联吡啶）]、[Zn(5MeO-ip)(bpy)](CID-6) 及其混合物[Zn(5NO_2-ip)$_{1-x}$(5MeO-ip)$_x$(bpy)]（x = 0.1, 0.2, 0.4)](CID-5/6) 的 C_2H_6/CH_4 选择性分离性能进行了研究。由于取代基的大小和吸推电子能力的差异，CID-5 与 CID-6 表现

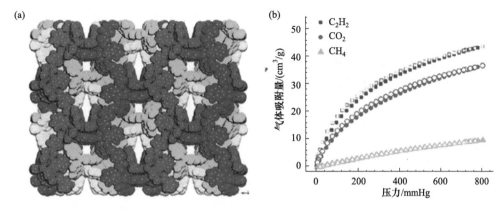

图 2-4　$Zn_5(bta)_6(tda)_2$ 的四重互穿结构(a)和 295K 条件下的气体吸附等温线(b)[62]
1 mmHg = 1.33322 × 10² Pa

出不同的柔性结构，其中 CID-5 的整体结构柔性大于 CID-6 的，混合物 CID-5/6 的孔隙率和柔性取决于框架中配体的相对比例。CID-5/6(x = 0.1)的晶体结构与纯相 CID-5 类似，CID-5/6(x = 0.2, 0.4)的晶体结构与 CID-6 更吻合，其中 CID-5/6(x = 0.1)的结构随 C_2H_6 的吸附呈现"开门"效应。研究表明，不同的框架柔性对双组分 CH_4-C_2H_6 气体混合物展现不同的动力学气体穿透曲线，纯相 CID-5 或 CID-6 并没有气体分离能力，而 CID-5/6(x = 0.1)展现了 C_2H_6/CH_4 选择性分离能力(图 2-5)。因此，通过精细调控配体比例来调节框架柔性可以优化气体分离效率。

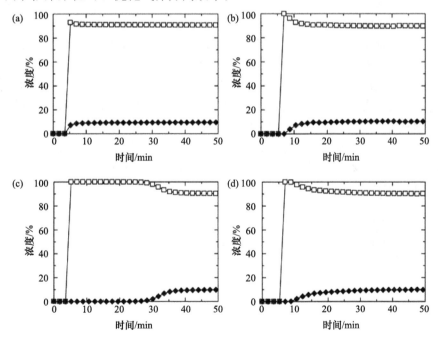

图 2-5　CID-5(a)、CID-6(b)、CID-5/6(x = 0.1)(c)和 CID-5/6(x = 0.4)(d)材料的 CH_4/C_2H_6 混合物(体积比 90∶10)吸附床穿透曲线[63]

在 C_1 和 C_{2s} 碳氢化合物的分离研究中，MMOF-74(M = Fe，Mg，Co)由于高比表面

积和高密度不饱和金属中心成为一类"明星"材料。Long 研究组[64]报道了 FeMOF-74 在分离 CH_4、C_2H_6、C_2H_4 和 C_2H_2 混合物方面非凡的应用前景,通过分离几乎能得到各个组分的纯相气体。除 FeMOF-74 之外,MgMOF-74 和 CoMOF-74 在常温常压下也能从等摩尔 $CH_4/C_2H_2/C_2H_4/C_2H_6$ 混合物中分离 CH_4[65]。Plonka 研究组[66]报道了两种具有一维孔道的微孔钙 MOFs 材料及其对 CH_4、C_2H_6、C_2H_4 和 C_2H_2 的吸附。这两种材料均具有较高的 C_2s/CH_4 选择性,最高 C_2H_6/CH_4 分离比可达 74,吸附床模拟数据进一步证明了该材料的分离能力。

不饱和开放金属中心和特殊有机官能团(如路易斯碱位等)的同时引入会大幅度提升 C_2s/CH_4 分离效果。吉林大学施展研究组[67]利用六羧酸配体 H_6TDPAH 与轮桨型铜次级结构基元合成出具有 rht 拓扑结构的 MOFs 材料[Cu_3(TDPAH)(H_2O)$_3$]·13H_2O·8DMA{Cu-TDPAH; H_6TDPAH 为 2, 5, 8-tris(3, 5-dicarboxylphenylamino)-s-heptazine[2, 5, 8-三(3, 5-二羧基苯胺)-均草怕津]}。该材料同时具有 rht 拓扑结构中密度最高的路易斯碱位(5.4 nm^{-3})和高密度不饱和金属中心,对 C_2s 具有优越的吸附性能,在 273 K 条件下,C_2H_2 吸附量为 202 cm^3/g,具有较高的 C_2H_6 吸附焓(33 kJ/mol)。该材料对 CH_4 具有很强的分离能力。通过对气体的分离能力进行计算,该材料具有较高的 C_2H_2/CH_4 选择性(81),这个选择性显著高于之前保持最高选择性的 MOFs 材料 UTSA-50(68),证明了该策略的合理性。同时,它也表现出了很好的水汽稳定性和热稳定性,在天然气纯化领域具有很好的应用前景[图 2-6(a)]。同年,该研究组[68]通过理论计算与实验相结合的研究手段对 MOFs 材料 Cu_3(TDPAT)(H_2O)$_3$·10H_2O·5DMA{Cu-TDPAT; H_6TDPAT 为 2,4, 6-tris(3, 5-dicarboxylphenyl amino)-1, 3, 5-triazine[2, 4, 6-三(3, 5-二羧基苯胺)-1, 3, 5-三嗪]} 的 C_2s 吸附性能及对 CH_4 的分离性能进行了详细研究。理论计算说明不饱和金属中心及路易斯碱位对 C_2s 分子具有很强的作用力,这是首次在分子层面对 C_2s 分子和路易斯碱位的相互作用进行研究。因为不饱和金属中心和路易斯碱位对气体分子的协同作用,Cu-TDPAT 表现出很强的 C_2s 碳氢化合物吸附能力。值得注意的是,该材料还具有 MOFs 材料中最高的 C_2H_4 吸附焓(49.5 kJ/mol)。另外,Cu-TDPAT 展现了优异的 C_2s/CH_4 分离能力,在 298 K 条件下 C_2H_2/CH_4 选择性最高(分离比为 127)。吸附床穿透实验表明 Cu-TDPAT 在气体流动状态下也可以从混合气中吸附分离 C_2s,具有较好的应用前景[图 2-6(b)]。

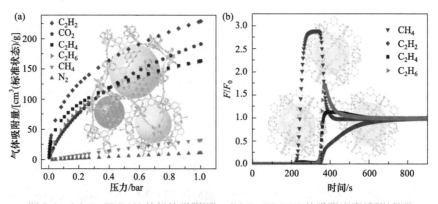

图 2-6 (a)Cu-TDPAH 的气体吸附[67];(b)Cu-TDPAT 的吸附床穿透测试[68]

2.3.3 乙炔/乙烯的吸附分离

乙炔和乙烷是聚合物生产的重要化学原料，而原料的纯度往往是决定产品质量的先决条件。乙炔是乙烷裂解制乙烯的主要副产品，也是在轻油裂解装置上生产乙烯的杂质之一（浓度约为 1%）。另外，在乙烯聚合反应中乙炔的含量需要严格限制，因为超过 40 ppm 的乙炔就会使催化剂中毒失活。因此，从乙烯中除去乙炔是至关重要的。由于分子大小、分子特性和挥发性相近，乙炔/乙烯分离是非常具有挑战性的。传统的乙炔分离方法要用到液体吸附剂 N, N-二甲基甲酰胺，但吸附过程非常耗能。因此，固体吸附剂的使用可能会成为一种更节能的方法。事实上，MOFs 材料的乙炔/乙烯分离已经被广泛研究，但有应用前景的相对较少。

Xiang 等[69]首次报道了具有 C_2H_2/C_2H_4 分离效果的 MOFs 材料 $Zn_3(BDC)_3$[Cu(SalPycy)]（M'MOF-2）和 $Zn_3(CDC)_3$[Cu(SalPycy)][M'MOF-3；H_2CDC 为 1, 4-cyclohexanedicarboxylate（1，4-环己烷二羧酸酯）]。M'MOF-2 和 M'MOF-3 是同构的三维框架，其中 $Zn_3(COO)_6$ 二级构筑单元通过 CDC^{2-} 或 BDC^{2-} 阴离子相连接形成 $Zn_3(CDC)_3$ 或 $Zn_3(BDC)_3$ 二维层，通过手性金属配体 Cu(SalPycy)柱撑得到三维结构。195 K 下 M'MOF-2 可同时吸附 C_2H_2 和 C_2H_4，Henry 选择性很低（1.6）。然而，M'MOF-3 由于具有更小的孔结构，C_2H_2/C_2H_4 选择性更高（25.5）。C_2H_2 的分子大小为 3.32 Å × 3.34 Å × 5.70 Å，C_2H_4 的分子大小为 3.28 Å × 4.18 Å × 4.84 Å，相比较而言 C_2H_2 更容易进入 M'MOF-3 的微孔结构，而 C_2H_4 则因动力学非常缓慢被阻隔在外。另外，295 K 下 M'MOF-3 的 C_2H_2/C_2H_4 选择性为 5.3，其具有一定的实际应用价值。

Schröder 研究组[70]报道了一例羟基功能化的多孔 MOFs 材料 NOTT-300，该材料同时展现了高 C_2H_2/C_2H_4 选择性和吸附能力。NOTT-300 结构中的孔道由共顶八面体 $[AlO_4(OH)_2]$ 桥连四羧酸配体 L^{4-} 构成[H_4L 为 biphenyl-3, 3′, 5, 5′-tetracarboxylic acid（二苯基-3, 3′, 5, 5′-四羧酸）]。在 293 K，1 bar 条件下，NOTT-300 可以分别吸附 6.34 mmol/g 的 C_2H_2 和 4.28 mmol/g 的 C_2H_4，吸附量差值为 2.06 mmol/g。基于 293 K，1 bar 条件下纯组分吸附曲线计算等摩尔混合物 C_2H_2/C_2H_4 的 IAST 选择性为 2.30。通过对 NOTT-300 中两种分子间的吸附竞争进行密度泛函理论（DFT）计算和非弹性中子散射（INS）研究，结果表明超分子共同作用（如 π⋯HO 氢键、π⋯π 堆积、C⋯H 超分子相互作用和乙炔分子间的偶极相互作用）导致乙炔的键合能（30～32 kJ/mol）强于乙烯（16～28 kJ/mol）。这种作用主要产生于孔腔的中心位置，通过静电偶极相互作用固定乙炔分子（图 2-7）。吸附床穿透实验进一步证实了 NOTT-300 的 C_2H_2/C_2H_4 选择性，出口气体 C_2H_4 纯度达 99.5%。不饱和金属中心和这两类气体中的 π 电子发生 π 配合作用（一般吸附焓可达 40～60 kJ/mol），相比而言该材料中的弱超分子相互作用使其更容易被重复使用。

Cui 等[71]报道了一系列包含 SiF_6^{2-} 阴离子的 MOFs 材料 SIFSIX，该系列材料展现了卓越的 C_2H_2/C_2H_4 分离能力。SIFSIX 系列材料的孔壁由 SiF_6^{2-} 构成，孔大小可以通过改变有机配体的长度进行调节。IAST 计算表明 SIFSIX-2-Cu-i[2 为 4, 4′-dipyridylacetylene（4, 4′-二吡啶基乙炔），i 为 interpenetrated（互穿）]展现了创纪录的 C_2H_2/C_2H_4 分离比（39.7～

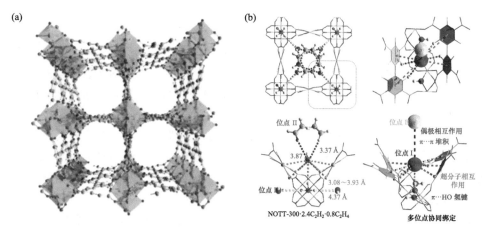

图 2-7　(a) NOTT-300 的 3D 结构；(b) 基于非弹性中子散射光谱进行 DFT 计算所得结构图[70]

44.8）。在 298 K，0.025 bar 条件下，SIFSIX-2-Cu-i 表现出极高的 C_2H_2 吸附量（2.1 mmol/g），使得其成为适合进行 C_2H_2/C_2H_4（1∶99，体积比）分离的材料。SIFSIX-1-Cu[1 为 4,4′-bipridine（4,4′-联吡啶）]在 C_2H_2/C_2H_4（50∶50，体积比）混合物分离方面性能最好，298 K，1 bar 条件下 C_2H_2/C_2H_4 分离比达到 7.1～10.6，C_2H_2 吸附量为 8.5 mmol/g。DFT 计算和中子衍射实验表明 SIFSIX-1-Cu 晶体结构中的每个单胞包含四个 C_2H_2 分子，通过 C—H⋯F 氢键主客体相互作用固定在结构中。在 SIFSIX-2-Cu-i 中，每个 C_2H_2 分子均被两个 F 原子限制在孔道中（图 2-8）。通过吸附床穿透实验模拟实际工业上的气体混合物并进行分离，进一步证明了 SIFSIX 系列材料对 C_2H_2 分子具有良好的识别作用。

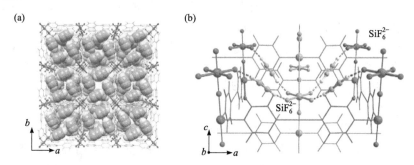

图 2-8　200 K 条件下 SIFSIX-1-Cu·C_2D_2 (a) 和 SIFSIX-2-Cu-i·C_2D_2 (b) 的中子衍射晶体结构[71]

2.3.4　烯烃/烷烃的吸附分离

在石化工业中，大规模的烯烃/烷烃分离属于能源密集型分离。由于烯烃和烷烃分子大小相似、相对挥发度相近，其分离手段最为困难和昂贵（如乙烯和乙烷沸点相差 15 K，相对挥发度约为 1.2；丙烯和丙烷沸点相差 5.3 K，相对挥发度约为 1.14）。工业上分离乙烯/乙烷的条件为 −25℃和 23 bar，分离丙烯/丙烷的条件为 −30℃和 30 bar，均通过耗能较高的分馏手段进行分离[33]。

MOFs 材料中最有效的烯烃/烷烃分离手段是热力学平衡分离，这类分离中不饱和金属中心具有重要作用。首例进行 C_2H_4/C_2H_6 分离并包含不饱和金属中心的 MOFs 材料为 $Cu_3(btc)_2$。该材料的结构由 Cu(Ⅱ)的二聚物自组装而成，其中每个铜原子与 btc 配体的四个氧原子配位。通过对材料进行活化，铜金属中心失去配位水，形成不饱和金属铜位点。通过吸附曲线可以看出 $Cu_3(btc)_2$ 优先吸附 C_2H_4，这种现象可以归因于 C_2H_4 分子中碳碳双键与不饱和金属中心的作用。Bhatia 等[72]通过量子力学计算对这类材料中框架与 C_2H_4/C_2H_6 的相互作用做了详细研究，结果表明 C_2H_4 与氧原子形成更强的氢键作用，并在一定程度上与铜原子发生静电相互作用。巨正则蒙特卡罗（GCMC）计算表明低压区吸附焓为 22～30 kJ/mol，与实际吸附焓约差 3 kJ/mol，在 298 K 下等摩尔 C_2H_4/C_2H_6 理论选择性仅约为 2。与 C_2H_4/C_2H_6 分离类似，$Cu_3(btc)_2$ 也能对 C_3H_6/C_3H_8 进行分离（C_3H_6 吸附焓-41.8 kJ/mol vs. C_3H_8 吸附焓-28.5 kJ/mol）。Rodrigues 等从实验和理论两方面论证了 C_2H_4/C_2H_6 分离的可行性[73]。GCMC 和 DFT 计算说明丙烯的吸附作用更强，这是因为丙烯分子的 π 键轨道与铜原子空的 s 轨道相互作用，而丙烷则优先吸附于框架的八面体空腔中，通过紫外可见吸收光谱发生红移也可以证明丙烯分子与不饱和金属铜位点进行配位。研究人员利用双组分吸附床进一步证明 $Cu_3(btc)_2$ 的分离能力，结果表明 313 K 下 C_2H_4/C_2H_6 分离比为 3.3，升温至 353 K 其分离比为 5.5[74]。由于烯烃/烷烃分离效果显著，多种不同形貌（包括球状、块状和片状等）的 $Cu_3(btc)_2$ 材料被合成出来，这些材料广泛用于变压吸附（PSA）、真空变压吸附（VSA）或模拟移动床吸附的研究中。

MMOF-74 系列，也称 M_2(dobdc)[dobdc 为 2, 5-dioxido-1, 4-benzene-dicarboxylate (2, 5-二羟基-1, 4-苯-二羧酸)]或 CPO-27-M，是另一类典型的具有高密度不饱和金属中心（7.13～7.58 $mmol/cm^3$）的 MOFs 材料[75]。Bao 等[76]报道了应用于 C_2H_4/C_2H_6 和 C_3H_6/C_3H_8 分离的首例该类型材料 MgMOF-74。在给定温度下，该材料对 C_2H_4/C_2H_6 或 C_3H_6/C_3H_8 的饱和吸附量大体相等，但对烯烃的吸附焓远大于对应的烷烃。C_2H_4/C_2H_6 和 C_3H_6/C_3H_8 的吸附选择性分别约为 15 和 19。GCMC 模拟表明所有小分子均吸附于 Mg^{2+}开放位点周围，每个金属位点附近被一个气体分子占据。随后，Snurr 课题组系统地研究了一系列 MMOF-74（M = Co、Mn 和 Mg）同构材料的 C_3H_6/C_3H_8 选择性。与 MnMOF-74（约 24）和 MgMOF-74（约 4.5）相比，CoMOF-74（约 46）显示出更高的选择性，这是由于 C_3H_6 与开放 Co 金属中心键和作用更强，吸附床穿透实验同样证明了 CoMOF-74 的优越分离性能[77]。与其他 MMOF-74 同构物相比，FeMOF-74 中 Fe 中心具有更软的（软硬酸碱理论）金属特性，因而具有更强的 C_2H_4/C_2H_6 和 C_3H_6/C_3H_8 分离能力。Long 研究组[64]证明 FeMOF-74 在 318 K 条件下具有极好的 C_2H_4/C_2H_6 和 C_3H_6/C_3H_8 分离性能，等摩尔 C_2H_4/C_2H_6 选择性可达 13～18，大幅高于 NaX 型分子筛（9～14）或同构材料 MgMOF-74（4～7）。另外，在 1 bar 条件下每个 Fe^{2+} 中心都吸附一个气体分子，这几种气体都接近预期的化学计量吸附量（图 2-9）。吸附床穿透实验证明这种材料在 318 K，1 bar 条件下可以分离等摩尔 C_2H_4/C_2H_6 混合物，最后分别得到 99%和 99.5%的纯相气体；对于 C_3H_6/C_3H_8 分离，可以得到纯度超过 99%的 C_3H_6 和 100%的 C_3H_8。另外，吸附床模拟表明 FeMOF-74 的 C_2H_4/C_2H_6 分离能力几乎二倍于 NaX 型分子筛和 MgMOF-74，而与其他材料[NaX、ITQ-12、$Cu_3(btc)_2$ 和 MIL-100(Fe)]相比，318 K 条

件下从 C_3H_6/C_3H_8 分离出的 C_3H_8 的量至少提高 20%。中子衍射实验说明 Fe^{2+} 不饱和金属中心附近是首选吸附位点，不饱和轻烃乙炔、乙烯和丙烯通过预期的侧面吸附模式与金属位点作用，Fe—C 键长为 2.42~2.60 Å，而乙烷和丙烷与金属位点作用力较弱，Fe—C 键长约为 3 Å。在之后的研究中，该研究组对不同不饱和金属中心的烯烃/烷烃分离效果进行了比较，结果表明 MMOF-74 系列材料的 C_3H_6/C_3H_8 选择性均高于 C_2H_4/C_2H_6 选择性，其中 FeMOF-74 的 C_2H_4/C_2H_6 分离比最高，而 MnMOF-74 的 C_3H_6/C_3H_8 分离性质最强，Mg 和 Zn 金属同构材料与气体分子作用力最弱，分离性质最差[78]。

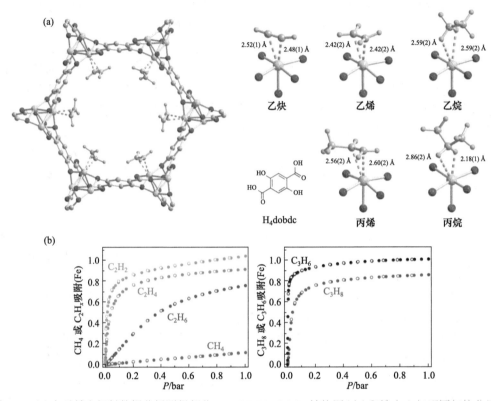

图 2-9 (a) 中子粉末衍射数据分析测得部分 FeMOF-74·$2C_2D_4$ 结构图（左）和铁中心与不同气体分子的第一球形配位结构（右）；(b) 318 K 条件下 FeMOF-74 的气体吸附曲线[64]

研究表明，某些过渡金属如 Cu（Ⅰ）和 Ag（Ⅰ）离子会与烯烃分子的 C=C 键形成 π 配合物，进而达到烯烃和烷烃分离的目的。Bao 研究组[79]将 Ag（Ⅰ）离子引入富含磺酸基的 MOFs 材料(Cr)-MIL-101-SO_3H 中，显著提高了其室温 C_2H_4/C_2H_6 和 C_3H_6/C_3H_8 选择性。在 303 K，100 kPa 条件下，(Cr)-MIL-101-SO_3Ag 的等摩尔 C_2H_4/C_2H_6 分离比为 16，高于大多数已报道的沸石和 MOFs 材料。Ma 研究组[80]也于同期报道了 (Cr)-MIL-101-SO_3Ag 材料的高 C_2H_4/C_2H_6 选择性，在 318 K，100 kPa 条件下可达 9.7。另外，向微孔 MOFs 材料内部负载过渡金属离子也是提高烯烃/烷烃选择性的有效手段。Chang 等[81]通过将 CuCl 纳米颗粒分散到 MIL-101 孔道中形成复合材料，这种材料能显著提高 C_2H_4/C_2H_6 分离效率。负载 40wt% CuCl 的 MIL-101 材料与原始 MIL-101

相比，C_2H_4/C_2H_6 分离选择性从 1.6 提高到 14.0。这可能是 Cu^+ 的引入导致与乙烯中 C=C 双键的 π 配合作用。

就大多数 MOFs 材料而言，烯烃更容易和框架中的金属离子进行作用，这使得获得烯烃纯相气体必须经过气体脱附阶段。Liao 等[82]报道了多孔 MOFs 材料 Zn(batz){MAF-49; H_2batz 为 bis(5-amino-1H-1, 2, 4-triazol-3-yl)methane[双(5-氨基-1H-1, 2, 4-三唑-3-基)甲烷]}的卓越 C_2H_6/C_2H_4 分离能力。MAF-49 具有 1D 锯齿状超微孔结构 (3.3 Å × 3.0 Å)，这种大小的孔道正与乙烯和乙烷分子的动力学直径相匹配。孔壁上富含来自三唑配体的负电性氮原子，这些位点均可作为氢键受体提高气体分子作用力。单晶结构和 GCMC 模拟表明 C_2H_6/C_2H_4 的高选择性是因为孔道中适当分布着多种负电性和正电性的官能团，这些官能团的存在使得乙烷分子可以形成许多氢键，但对乙烯分子的相互作用较弱。在 313 K, 1 bar 条件下对 MAF-49 进行吸附床穿透实验，起始气体为典型的裂解气混合物(乙烯与乙烷体积比 15∶1)，通过一定体积的 MAF-49 样品管后可以直接产出 56 倍于样品管体积的乙烯气体，纯度达 99.95%，可直接用于聚合物生产，这一结果大幅超过其他乙烷选择性吸附材料，如 MAF-3、MAF-4 和 IRMOF-8(图 2-10)。

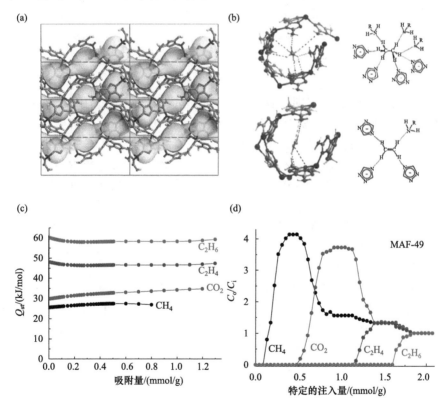

图 2-10 (a) MAF-49 的晶体结构；(b) 计算模拟 MAF-49 中乙烷和乙烯的最佳吸附位点；(c) MAF-49 的吸附焓；(d) MAF-49 的四组分等摩尔气体混合物($CH_4/CO_2/C_2H_4/C_2H_6$)吸附床穿透曲线[82]

MOFs 材料具有可调节孔维度、独特的孔形状和功能化的孔表面，在轻烃分离方面具有非常大的应用潜力。自从十几年前 MOFs 材料应用于轻烃气体分离领域，如何提高分离效率成为这一领域的研究重点。为了这一目标，化学工作者对轻烃气体的分离机理进行研究，如今成熟的分离机理包括平衡分离、位阻分离、动力学分离和"开门"效应等。通过不断地对机理进行完善，众多具有优异分离性能的 MOFs 材料被合成出来，如 FeMOF-74、SIFSIX-1-Cu、Cu-TDPAT 等，这些材料在重要的轻烃分离，如 C_2s 碳氢化合物/甲烷、乙炔/乙烯和烯烃/烷烃的吸附分离等方面具有潜在的应用价值。

MOFs 材料的应用受到众多因素影响，也存在许多挑战：①在石化工业的实际应用中气体分离条件往往较为苛刻，这使得 MOFs 材料需具备水、热和一定程度的酸碱稳定性。②MOFs 材料虽然在气体分离过程中可重复使用，但是制造成本也需要仔细考量。③由于较多的金属盐和接近无限的有机配体可供选择，距今为止超过 20000 种 MOFs 材料已经被报道。为了更加合理和系统地合成 MOFs 材料，需要利用先进的分子模拟方法从大数据库中对材料的结构进行预测，从而使实验工作更便捷和高效。④具有多孔特性的 MOFs 材料和黏合剂可以制备不同形态的复合材料，这样可以在吸附床穿透实验时使样品具有足够的机械强度并在气体通过样品管时减小压降。可以预见，随着新颖多孔 MOFs 材料的不断涌现，一些有轻烃分离应用前景的 MOFs 材料一定会在不远的将来投入到实际工业应用中。

2.4 COFs 和 HOFs 材料在能源气体存储与分离中的应用概述

多孔固体材料对分子的识别具有非常重要的意义及广泛的应用价值，在过去的几十年中已经被广泛研究。除金属有机框架(MOFs)材料外，共价有机框架(COFs)和氢键有机框架(HOFs)材料先后被开发用于相关应用。

与 MOFs 材料不同，COFs 材料完全由有机构筑基元构成，框架中主要为元素周期表中的轻元素(H、B、C、N 和 O)。另外，MOFs 是由金属和配体之间的配位键连接而成，COFs 则由共价键连接形成。HOFs 是一种新兴的高孔隙率多孔固体，是一类仅由有机构筑基元通过分子间氢键自组装构筑形成的有序框架材料。由于 COFs 由轻元素构成，该材料的高孔隙率和低密度特点使得其在气体存储上具有一定的优势。在过去的十年中，为了提高其气体吸附量进行了大量的研究。氢是一种有广泛应用前景的清洁能源，而 COFs 材料是最有前途的 H_2 存储材料之一。理论研究证明三维 COFs 材料与其结构相似的二维材料相比，显示出更高的比表面积和自由体积，并通过计算模拟研究被预测为更好的吸附材料[83]。对于 COF-102，是四(4-硼酸基苯基)甲烷(TBPM)自缩合制备的三维材料(图 2-11)，在 35 bar 和 77 K 下 H_2 最大吸附量为 77 mg/g，这一结果可与最佳 MOFs 和其他多孔结构的材料相媲美，几乎达到了现行 H_2 燃料电池的实施要求[84, 85]。

为了预测 H_2 分子与不同 COFs 之间的相互作用，科学研究者使用蒙特卡罗和 DFT 策略在不同理论层面对其进行模拟[86, 87]。研究得到的结论为，对于一般的测试温度和压力，影响吸附效率的最大因素是有效比表面积和孔隙大小，然而 H_2-COFs 的具体相互作用及各自的吸附能和吸附熵对吸附的影响程度相对小一些[88]。相关文献中，理论 H_2 吸附量最高为 386 mg/g(100 bar, 77 K)[89]和 58.1 mg/g(1 bar, 298 K)[90]。后者实际上达到了室温下 60 mg/g(6wt%)气体吸附量的既定目标，突出了该类材料的巨大应用潜力。

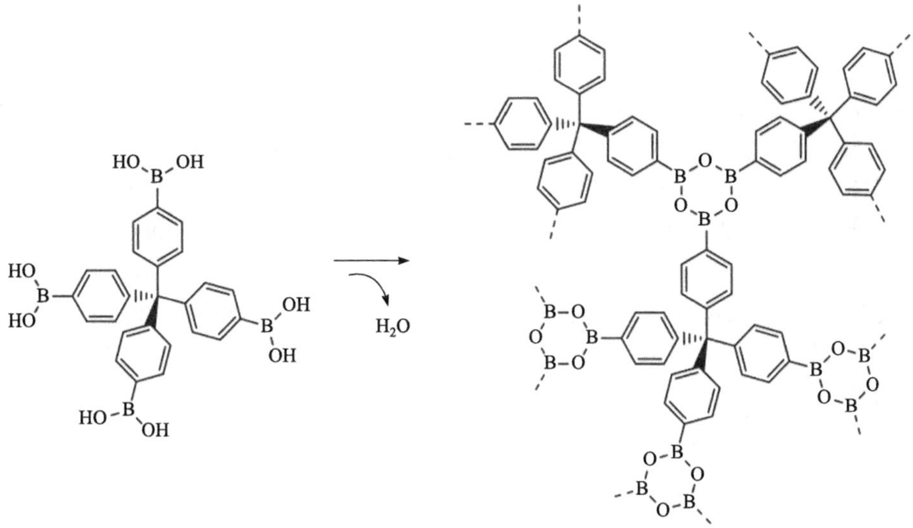

图 2-11 COF-102 的合成[84]

孔道中游离金属离子对气体吸附量的提升不容忽视,研究者对金属离子(如锂离子[91]、钠离子、钾离子[92]和过渡金属离子[93])浸渍 COFs 的吸附过程进行了模拟。观察到氢气分子与金属离子之间的相互作用对气体在 COFs 孔隙内截留较为有利,导致吸附量增大。在相似的温度和压力下,金属离子浸渍 COFs 的氢气吸附量比报道的无金属 COFs 的高出一倍。金属锂离子掺杂的 COF-105(由 TBPM 和 HHTP 有机单元制备的 3D 结构)[94]和一个含 C_6 和 B_2C_4 环并掺杂钪和钛金属离子的 COFs 材料[93],氢气吸附量分别为 68.4 mg/g 和 70.1 mg/g。同样,对芳香结构上含有多种取代基如羟基、氯、甲基或者氨基等的 COF-320 的吸附进行了若干模型研究[95]。含氨基的材料与气体分子具有更强的相互作用,与非功能化的材料相比,气体分子的吸收率提高了 35%。由此可以得出结论,引入取代基是提高 COFs 对氢气或其他气体吸附性能的一种有效方法。

HOFs 材料兼备了 MOFs 和 COFs 两类新型多孔晶体材料的优点。该类材料不仅具有比表面积高、结构可设计和孔道可调控的特点,而且拥有合成条件温和、易于再生等优点。HOFs 材料具有较大的开放孔隙空间,并且由轻元素构成,因此利用该材料对能源气体(如 H_2 和 CH_4)进行清洁存储是非常有发展潜力的。以一个研究早期存储甲烷的 HOFs 材料 SOF-1 为例,该材料在 10 bar 和 195 K 条件下甲烷吸附量为 106 cm^3/g[96]。利用高孔隙率的 HOFs 材料可以实现高存储性能。例如,BET 比表面积为 2796 m^2/g 的 TTBI 材料在 1 bar 和 77 K 下展示出 243 cm^3/g(2.2wt%)的氢气吸附能力[97]。而该材料的扩展型变体材料 T2-γ 具有 HOFs 材料中最高的 BET 比表面积,115 K 温度下 CH_4 饱和吸附量为 47.4 mol /kg[98]。

多孔材料吸附分离技术是高能耗化工分离过程中的重要节能技术之一。2011 年,科学家研究了 HOF-1 材料用于 C_2H_2/C_2H_4 的高效分离[99]。在 273 K 和 1 bar 条件下,HOF-1a 展现出高 C_2H_2 吸附量(63.2 cm^3/g),而 C_2H_4 吸附量(8.3 cm^3/g)较低,C_2H_2/C_2H_4 亨利定律分离选择性达到 19.3。金属复合物 HOFs[Cu_2(ade)$_4$(H_2O)$_2$(SiF_6)$_2$](HOF-21)孔隙大小为 3.6 Å,具有很好的 C_2H_2/C_2H_4 分离能力,其 C_2H_2 吸附量为 1.98 mmol/g,

C_2H_2/C_2H_4 选择性为 7.1[100]。对于大部分 HOFs 材料,由于其表面缺乏强结合位点,不利于吸附具有高偶极矩或四极矩的气体分子,这可能导致气体不能被很好地分离。一种具有 pcu 拓扑结构的 HOFs 材料 HOF-76a 的比表面积为 1121 m^2/g,因具有选择性吸附 C_2H_6 的能力已被开发用于重要的乙烯纯化过程[101]。在 1 bar、296 K 条件下,HOF-76a 的 C_2H_6 吸附量为 2.95 mmol/g,C_2H_4 吸附量为 1.67 mmol/g,10∶90 体积比 C_2H_6/C_2H_4 混合气的分离选择性为 2.0。另一个极化性更小的 HOFs 材料 ZJU-HOF-1 也实现了类似的分离效果[102]。由四氰基双咔唑构成的 HOFs 材料 HOF-FJU-1,其结构可以在柔性-刚性之间转换,对 C_2H_6/C_2H_4 的分离效果非常好[103]。这个稳定 HOFs 材料的孔隙尺寸为 3.4~3.8 Å,在 C_2H_4(3.28 Å)和 C_2H_6(3.81 Å)的动力学直径附近,使得 C_2H_4 吸附占主导,并且由于对吸附温度和压力进行控制能够影响结构的"开门"效应,从而阻断 C_2H_6 吸附。该材料表现出 C_2H_4/C_2H_6 高效分离性能,C_2H_4 纯度高达 99.1%,在诸多报道该类气体分离性能材料中其性能非常突出。对另一种重要的能源气体混合物 C_3H_6/C_3H_8 的分离,含游离羧基的 HOF-16 表现良好,研究显示常温常压下,C_3H_6/C_3H_8 的吸附量差异达到 76%,选择性为 5.4[104]。另外,具有 dia 拓扑结构的 HOF-30 也已应用于丙烯的纯化[105]。

参 考 文 献

[1] Suh M P, Park H J, Prasad T K, et al. Hydrogen storage in metal-organic frameworks. Chem Rev, 2012, 112(2): 782-835.

[2] Farha O K, Eryazici I, Jeong N C, et al. Metal-organic framework materials with ultrahigh surface areas: is the sky the limit? J Am Chem Soc, 2012, 134(36): 15016-15021.

[3] Kondo M, Yoshitomi T, Matsuzaka H, et al. Three-dimensional framework with channeling cavities for small molecules: $\{[M_2(4, 4'\text{-bpy})_3(NO_3)_4] \cdot xH_2O\}_n$ (M = Co, Ni, Zn). Angew Chem Int Ed, 1997, 109(16): 1725-1727.

[4] Rosi N L, Eckert J, Eddaoudi M, et al. Hydrogen storage in microporous metal-organic frameworks. Science, 2003, 300(5622): 1127-1129.

[5] Chen B, Liang C, Yang J, et al. A microporous metal-organic framework for gas-chromatographic separation of alkanes. Angew Chem Int Ed, 2006, 118(9): 1390-1393.

[6] Li H, Li L, Lin R B, et al. Porous metal-organic frameworks for gas storage and separation: Status and challenges. EneryChem, 2019: 100006.

[7] Danish A I. Exceptional H_2 saturation uptake in microporous metal-organic frameworks. J Am Chem Soc, 2006, 128(11): 3494-3495.

[8] Xiang Z, Lan J, Cao D, et al. Hydrogen storage in mesoporous coordination frameworks: experiment and molecular simulation. J Phys Chem C, 2009, 113(34): 15106-15109.

[9] Frost H, Düren T, Snurr R Q. Effects of surface area, free volume, and heat of adsorption on hydrogen uptake in metal-organic frameworks. J Phys Chem B, 2006, 110(19): 9565-9570.

[10] Lan J, Cao D, Wang W, et al. High-capacity hydrogen storage in porous aromatic frameworks with diamond-like structure. J Phys Chem Lett, 2010, 1(6): 978-981.

[11] Farha O K, Yazaydın A Ö, Eryazici I, et al. De novo synthesis of a metal-organic framework material featuring ultrahigh surface area and gas storage capacities. Nat Chem, 2010, 2(11): 944-948.

[12] Fang Q R, Zhu G S, Jin Z, et al. Mesoporous metal-organic framework with rare etb topology for

hydrogen storage and dye assembly. Angew Chem Int Ed, 2007, 119(35): 6758-6762.

[13] Xia J, Zhao B, Wang H S, et al. Two- and three-dimensional lanthanide complexes: synthesis, crystal structures, and properties. Inorg Chem, 2007, 46(9): 3450.

[14] Yang Q, Zhong C. Molecular simulation of adsorption and diffusion of hydrogen in metal-organic frameworks. J Phys Chem B, 2005, 109(24): 11862-11864.

[15] Chen B L, Ockwig N W, Millward A R, et al. High H_2, adsorption in a microporous metal-organic framework with open metal sites. Angew Chem Int Ed, 2005, 117(30): 4745-4749.

[16] Yang H, Orefuwa S, Goudy A. Study of mechanochemical synthesis in the formation of the metal-organic framework $Cu_3(BTC)_2$ for hydrogen storage. Microporous Mesoporous Mater, 2011, 143(1): 37-45.

[17] Han S S, Deng W Q. Improved designs of metal-organic frameworks for hydrogen storage. Angew Chem Int Ed, 2007, 119(33): 6289-6292.

[18] Botas J A, Calleja G, Sánchezsánchez M, et al. Cobalt doping of the MOF-5 framework and its effect on gas-adsorption properties. Langmuir, 2010, 26(8): 5300-5303.

[19] Wang X, Xie L, Huang K W, et al. A rationally designed amino-borane complex in a metal organic framework: a novel reusable hydrogen storage and size-selective reduction material. Chem Commun, 2015, 51(36): 7610-7613.

[20] Mulfort K L, Hupp J T. Alkali metal cation effects on hydrogen uptake and binding in metal-organic frameworks. Inorg Chem, 2008, 47(18): 7936-7938.

[21] Himsl D, Wallacher D, Hartmann M. Improving the hydrogen-adsorption properties of a hydroxy-modified MIL-53(Al) structural analogue by lithium doping. Angew Chem Int Ed, 2009, 48(25): 4639-4642.

[22] Han S S, Rd W A G. Lithium-doped metal-organic frameworks for reversible H_2 storage at ambient temperature. J Am Chem Soc, 2007, 129(27): 8422-8423.

[23] Mavrandonakis A, Tylianakis E, Stubos A K, et al. Why Li doping in MOFs enhances H_2 storage capacity? A multi-scale theoretical study. J Phys Chem C, 2008, 112(18): 7290-7294.

[24] Mavrandonakis A, Klontzas E, Tylianakis E, et al. Enhancement of hydrogen adsorption in metal-organic frameworks by the incorporation of the sulfonate group and Li cations a multiscale computational study. J Am Chem Soc, 2009, 131(37): 13410-13414.

[25] Wu Y, Liu D F, Chen H Y, et al. Enhancement effect of lithium-doping functionalization on methanol adsorption in copper-based metal-organic framework. Chem Eng Sci, 2014, 123: 1-10.

[26] Volkova E I, Vakhrushev A V, Suyetin M. Improved design of metal-organic frameworks for efficient hydrogen storage at ambient temperature: a multiscale theoretical investigation. Int J Hydrogen Energ, 2014, 39(16): 8347-8350.

[27] Lotfi R, Saboohi Y. Effect of metal doping, boron substitution and functional groups on hydrogen adsorption of MOF-5: a DFT-D study. Comput Theor Chem, 2014, 1044: 36-43.

[28] Xiao B, Paul S W, Zhao X, et al. High-capacity hydrogen and nitric oxide adsorption and storage in a metal-organic framework. J Am Chem Soc, 2007, 129(5): 1203-1209.

[29] Yan Y, Yang S, Blake A J, et al. Studies on metal-organic frameworks of Cu(II) with isophthalate linkers for hydrogen storage. Accounts Chem Res, 2014, 47(2): 296-307.

[30] Ma S, Sun D, Ambrogio M, et al. Framework-catenation isomerism in metal-organic frameworks and its impact on hydrogen uptake. J Am Chem Soc, 2007, 129(7): 1858-1859.

[31] Kim H, Das S, Kim M G, et al. Synthesis of phase-pure interpenetrated MOF-5 and its gas sorption properties. Inorg Chem, 2011, 50(8): 3691-3696.

[32] Sun D, Ma S, Ke Y, et al. An interweaving MOF with high hydrogen uptake. J Am Chem Soc, 2006,

128(12): 3896-3897.
- [33] Rowsell J L, Yaghi O M. Effects of functionalization, catenation, and variation of the metal oxide and organic linking units on the low-pressure hydrogen adsorption properties of metal-organic frameworks. J Am Chem Soc, 2006, 128(4): 1304-1315.
- [34] Jung D H, Kim D, Lee T B, et al. Grand canonical monte carlo simulation study on the catenation effect on hydrogen adsorption onto the interpenetrating metal-organic frameworks. J Phys Chem B, 2006, 110(46): 22987-22990.
- [35] Lee E Y, Jang S Y, Suh M P. Multifunctionality and crystal dynamics of a highly stable, porous metal-organic framework [$Zn_4O(NTB)_2$]. J Am Chem Soc, 2005, 127(17): 6374-6381.
- [36] Li Y, Yang R T. Hydrogen storage in metal-organic frameworks by bridged hydrogen spillover. J Am Chem Soc, 2006, 128(25): 8136-8137.
- [37] Li Y, Yang R T. Significantly enhanced hydrogen storage in metal-organic frameworks via spillover. J Am Chem Soc, 2006, 128(3): 726-727.
- [38] Eddaoudi M, Kim J, Rosi N, et al. Systematic design of pore size and functionality in isoreticular MOFs and their application in methane storage. Science, 2002, 295(5554): 469-472.
- [39] He Y, Zhou W, Yildirim T, et al. A series of metalorganic frameworks with high methane uptake and an empirical equation for predicting methane storage capacity. Energy Environ Sci, 2013, 6(9): 2735-2744.
- [40] Peng Y, Krungleviciute V, Eryazici I, et al. Methane storage in metal-organic frameworks: current records, surprise findings, and challenges. J Am Chem Soc, 2013, 135(32): 11887-11894.
- [41] Li B, Wen H M, Zhou W, et al. Porous metal-organic frameworks: promising materials for methane storage. Chem, 2016, 1(4): 557-580.
- [42] Alezi D, Belmabkhout Y, Suyetin M, et al. MOF crystal chemistry paving the way to gas storage needs: aluminum-based soc-MOF for CH_4, O_2, and CO_2 storage. J Am Chem Soc, 2015, 137(41): 13308-13318.
- [43] Wu H, Simmons J M, Liu Y, et al. Metal-organic frameworks with exceptionally high methane uptake: where and how is methane stored? Chem Eur J, 2010, 16(17): 5205-5214.
- [44] Hulvey Z, Vlaisavljevich B, Mason J A, et al. Critical factors driving the high volumetric uptake of methane in $Cu_3(btc)_2$. J Am Chem Soc, 2015, 137(33): 10816-10825.
- [45] Lin J M, He C T, Liu Y, et al. A metal-organic framework with a pore size/shape suitable for strong binding and close packing of methane. Angew Chem Int Ed, 2016, 55(15): 4674-4678.
- [46] Jiang J, Furukawa H, Zhang Y B, et al. High methane storage working capacity in metalorganic frameworks with acrylate links. J Am Chem Soc, 2016, 138(32): 10244-10251.
- [47] Li B, Wen H M, Wang H, et al. A porous metal-organic framework with dynamic pyrimidine groups exhibiting record high methane storage working capacity. J Am Chem Soc, 2014, 136(17): 6207-6210.
- [48] Li B, Wen H M, Wang H, et al. Porous metal-organic frameworks with Lewis basic nitrogen sites for high-capacity methane storage. Energy Environ Sci, 2015, 8(8): 2504-2511.
- [49] Yan Y, Kolokolov D I, Da Silva I, et al. Porous metal-organic polyhedral frameworks with optimal molecular dynamics and pore geometry for methane storage. J Am Chem Soc, 2017, 139(38): 13349-13360.
- [50] Mason J A, Oktawiec J, Taylor M K, et al. Methane storage in flexible metalorganic frameworks with intrinsic thermal management. Nature, 2015, 527(7578): 357-361.
- [51] Taylor M K, Runčevski T, Oktawiec J, et al. Tuning the adsorption-induced phase change in the flexible metal-organic framework Co(bdp). J Am Chem Soc, 2016, 138(45): 15019-15026.
- [52] Yang Q Y, Lama P, Sen S, et al. Reversible switching between highly porous and nonporous phases of an

interpenetrated diamondoid coordination network that exhibits gate-opening at methane storage pressures. Angew Chem Int Ed, 2018, 57(20): 5684-5689.

[53] Spanopoulos I, Tsangarakis C, Klontzas E, et al. Reticular synthesis of HKUST-like tbo-MOFs with enhanced CH_4 storage. J Am Chem Soc, 2016, 138(5): 1568-1574.

[54] Moreau F, Kolokolov D I, Stepanov A G, et al. Tailoring porosity and rotational dynamics in a series of octacarboxylate metal-organic frameworks. Proc Natl Acad Sci U S A, 2017, 114(12): 3056-3061.

[55] Zhang M, Zhou W, Pham T, et al. Fine tuning of MOF-505 analogues to reduce low-pressure methane uptake and enhance methane working capacity. Angew Chem Int Ed, 2017, 56(38): 11426-11430.

[56] Wen H M, Li B, Li L, et al. A metal-organic framework with optimized porosity and functional sites for high gravimetric and volumetric methane storage working capacities. Adv Mater, 2018, 30(16): 1704792.

[57] Hu Y X, Xiang S C, Zhang W W, et al. A new MOF-505 analog exhibiting high acetylene storage. Chem Commun, 2009, 48: 7551-7553.

[58] Chen Z X, Xiang S C, Arman H D, et al. A microporous metal-organic framework with immobilized—OH functional groups within the pore surfaces for selective gas sorption. Eur J Inorg Chem, 2010(24): 3745-3749.

[59] Das M C, Xu H, Wang Z, et al. A Zn_4O-containing doubly interpenetrated porous metal-organic framework for photocatalytic decomposition of methyl orange. Chem Commun, 2011, 47(42): 11715-11717.

[60] Das M C, Xu H, Xiang S C, et al. A new approach to construct a doubly interpenetrated microporous metal-organic framework of primitive cubic net for highly selective sorption of small hydrocarbon molecules. Chem Eur J, 2011, 17(28): 7817-7822.

[61] Zhang Z J, Xiang S C, Hong K L, et al. Triple framework interpenetration and immobilization of open metal sites within a microporous mixed metal-organic framework for highly selective gas adsorption. Inorg Chem, 2012, 51(9): 4947-4953.

[62] Zhang Z, Xiang S, Chen Y, et al. A robust highly interpenetrated metal-organic framework constructed from pentanuclear clusters for selective sorption of gas molecules. Inorg Chem, 2010, 49(18): 8444-8448.

[63] Horike S, Inubushi Y, Hori T, et al. A solid solution approach to 2D coordination polymers for CH_4/CO_2 and CH_4/C_2H_6 gas separation: equilibrium and kinetic studies. Chem Sci, 2012, 3: 116-120.

[64] Bloch E D, Queen W L, Krishna R, et al. Hydrocarbon separations in a metal-organic framework with open iron(Ⅱ) coordination sites. Science, 2012, 335(6076): 1606-1610.

[65] He Y, Krishna R, Chen B. Metal-organic frameworks with potential for energy-efficient adsorptive separation of light hydrocarbons. Energy Environ Sci, 2012, 5(10): 9107-9120.

[66] Plonka A M, Chen X Y, Wang H, et al. Light hydrocarbon adsorption mechanisms in two calcium-based microporous metal-organic frameworks. Chem Mater, 2016, 28(6): 1636-1646.

[67] Liu K, Li B, Li Y, et al. An N-rich metal-organic framework with an rht topology: high CO_2 and C_2 hydrocarbons uptake and selective capture from CH_4. Chem Commun, 2014, 50: 5031-5033.

[68] Liu K, Ma D, Li B, et al. High storage capacity and separation selectivity for C_2 hydrocarbons over methane in the metal-organic framework Cu-TDPAT. J Mater Chem A, 2014, 2: 15823-15828.

[69] Xiang S, Zhang Z, Zhao C, et al. Rationally tuned micropores within enantiopure metal-organic frameworks for highly selective separation of acetylene and ethylene. Nat Commun, 2011, 2: 204.

[70] Yang S H, Ramirez-Cuesta A J, Newby R, et al. Supramolecular binding and separation of hydrocarbons within a functionalized porous metal-organic framework. Nat Chem, 2015, 7(2): 121-129.

[71] Cui X L, Chen K J, Xing H B, et al. Pore chemistry and size control in hybrid porous materials for acetylene capture from ethylene. Science, 2016, 353(6295): 141-144.

[72] Nicholson T M, Bhatia S K. Electrostatically mediated specific adsorption of small molecules in metallo-organic frameworks. J Phys Chem B, 2006, 110(49): 24834-24836.

[73] Lamia N, Jorge M, Granato M A, et al. Adsorption of propane, propylene and isobutane on a metal-organic framework: molecular simulation and experiment. Chem Eng Sci, 2009, 64(14): 3246-3259.

[74] Yoon J W, Jang I T, Lee K Y, et al. Adsorptive separation of propylene and propane on a porous metal-organic framework, copper trimesate. Bull Korean Chem Soc, 2010, 31(1): 220-223.

[75] Wu X F, Bao Z B, Yuan B, et al. Microwave synthesis and characterization of MOF-74 (M = Ni, Mg) for gas separation. Microporous Mesoporous Mater, 2013, 180: 114-122.

[76] Bao Z, Alnemrat S, Yu L, et al. Adsorption of ethane, ethylene, propane, and propylene on a magnesium-based metal-organic framework. Langmuir, 2011, 27(22): 13554-13562.

[77] Bae Y S, Lee C Y, Kim K C, et al. High propene/propane selectivity in isostructural metal-organic frameworks with high densities of open metal sites. Angew Chem Int Ed, 2012, 51(8): 1857-1860.

[78] Geier S J, Mason J A, Bloch E D, et al. Selective adsorption of ethylene over ethane and propylene over propane in the metal-organic frameworks $M_2(dobdc)$ (M = Mg, Mn, Fe, Co, Ni, Zn). Chem Sci, 2013, 4(5): 2054-2061.

[79] Chang G G, Huang M H, Su Y, et al. Immobilization of Ag(Ⅰ) into a metal-organic framework with—SO_3H sites for highly selective olefin-paraffin separation at room temperature. Chem Commun, 2015, 51(14): 2859-2862.

[80] Zhang Y M, Li B Y, Krishna R, et al. Highly selective adsorption of ethylene over ethane in a MOF featuring the combination of open metal site and π-complexation. Chem Commun, 2015, 51(13): 2714-2717.

[81] Chang G G, Bao Z B, Ren Q L, et al. Fabrication of cuprous nanoparticles in MIL-101: an efficient adsorbent for the separation of olefin-paraffin mixtures. RSC Adv, 2014, 4(39): 20230-20233.

[82] Liao P Q, Zhang W X, Zhang J P, et al. Efficient purification of ethene by an ethane-trapping metal-organic framework. Nat Commun, 2015, 6: 8697.

[83] Han S S, Furukawa H, Yaghi O M, et al. Covalent organic frameworks as exceptional hydrogen storage materials. J Am Chem Soc, 2008, 130(35): 11580-11581.

[84] Furukawa H, Yaghi O M. Storage of hydrogen, methane, and carbon dioxide in highly porous covalent organic frameworks for clean energy applications. J Am Chem Soc, 2009, 131(25): 8875-8883.

[85] Li Y, Yang R T. Hydrogen storage in metal-organic and covalent-organic frameworks by spillover. AIChE J, 2008, 54(1): 269-279.

[86] Tylianakis E, Klontzas E, Froudakis G E. Multi-scale theoretical investigation of hydrogen storage in covalent organic frameworks. Nanoscale, 2011, 3(3): 856-869.

[87] Ghosh S, Singh J K. Hydrogen adsorption in pyridine bridged porphyrin-covalent organic framework. Int J Hydrogen Energy, 2019, 44(3): 1782-1796.

[88] Assfour B, Seifert G. Adsorption of hydrogen in covalent organic frameworks: comparison of simulations and experiments. Microporous Mesoporous Mater, 2010, 133(1-3): 59-65.

[89] Klontzas E, Tylianakis E, Froudakis G E. Designing 3D COFs with enhanced hydrogen storage capacity. Nano Lett, 2010, 10(2): 452-454.

[90] Li X D, Guo J H, Zhang H, et al. Design of 3D 1, 3, 5, 7-tetraphenyladamantane-based covalent organic frameworks as hydrogen storage materials. RSC Adv, 2014, 4(47): 24526-24532.

[91] Ke Z, Cheng Y, Yang S, et al. Modification of COF-108 via impregnation/functionalization and Li-doping

for hydrogen storage at ambient temperature. Int J Hydrogen Energy, 2017, 42(16): 11461-11468.

[92] Mendoza-Cortés J L, Han S S, Goddard W A. High H_2 uptake in Li-, Na-, K-metalated covalent organic frameworks and metal organic frameworks at 298 K. J Phys Chem A, 2012, 116(6): 1621-1631.

[93] Zhao L, Xu B Z, Jia J, et al. A newly designed Sc-decorated covalent organic framework: a potential candidate for room-temperature hydrogen storage. Comput Mater Sci, 2017, 137: 107-112.

[94] Cao D, Lan J, Wang W, et al. Lithium-doped 3D covalent organic frameworks: high-capacity hydrogen storage materials. Angew Chem Int Ed, 2009, 121(26): 4730-4733.

[95] Xia L, Wang F, Liu Q. Effects of substituents on the H_2 storage properties of COF-320. Mater Lett, 2016, 162: 9-12.

[96] Yang W, Greenaway A, Lin X, et al. Exceptional thermal stability in a supramolecular organic framework: porosity and gas storage. J Am Chem Soc, 2010, 132(41): 14457-14469.

[97] Mastalerz M, Oppel I M. Rational construction of an extrinsic porous molecular crystal with an extraordinary high specific surface area. Angew Chem Int Ed, 2012, 51(21): 5252-5255.

[98] Pulido A, Chen L, Kaczorowski T, et al. Functional materials discovery using energy structure function maps. Nature, 2017, 543(7647): 657-664.

[99] He Y, Xiang S, Chen B. A microporous hydrogen-bonded organic framework for highly selective C_2H_2/C_2H_4 separation at ambient temperature. J Am Chem Soc, 2011, 133(37): 14570-14573.

[100] Bao Z, Xie D, Chang G, et al. Fine tuning and specific binding sites with a porous hydrogen-bonded metal complex framework for gas selective separations. J Am Chem Soc, 2018, 140(13): 4596-4603.

[101] Zhang X, Li L, Wang J X, et al. Selective ethane/ethylene separation in a robust microporous hydrogen-bonded organic framework. J Am Chem Soc, 2020, 142(1): 633-640.

[102] Zhang X, Wang J X, Li L, et al. A rod-packing hydrogen-bonded organic framework with suitable pore confinement for benchmark ethane/ethylene separation. Angew Chem Int Ed, 2021, 60(18): 10304-10310.

[103] Yang Y, Li L, Lin R B, et al. Ethylene/ethane separation in a stable hydrogen-bonded organic framework through a gating mechanism. Nat Chem, 2021, 13: 933-939.

[104] Gao J, Cai Y, Qian X, et al. A microporous hydrogen-bonded organic framework for the efficient capture and purification of propylene. Angew Chem Int Ed, 2021, 60(37): 20400-20406.

[105] Yu B, Geng S, Wang H, et al. A solid transformation into carboxyl dimers based on a robust hydrogen-bonded organic framework for propyne/propylene separation. Angew Chem Int Ed, 2021, 60(49): 25942-25948.

第3章 MOFs 及其衍生物在光催化水分解和 CO_2 还原方面的应用

金属有机框架(MOFs)化合物作为一类新型多孔材料受到人们的高度关注。MOFs 通常由金属离子或金属簇与有机配体组装而成,具有良好的晶体结构、可调节的拓扑结构、大比表面积和高度有序的孔隙。MOFs 的二级构筑单元是金属氧簇,表现出类半导体行为,其有机配体也可作为活性位点。MOFs 材料的性能可以通过调整中心金属原子和有机基团来调控。MOFs 材料适当的亲水或疏水性有助于吸附和识别关键反应物与产物。因此,MOFs 材料已被广泛应用于光催化水分解产氢、光催化还原二氧化碳和有机污染物降解。与传统无机半导体相比,多孔 MOFs 具有载流子传输速率快、结构可控等优势,从 2009 年报道第一例可见光响应的 MOFs 光催化剂起,基于 MOFs 的光催化应用已被广泛研究。本章概述了单一 MOFs 材料、后修饰 MOFs 材料及 MOFs 与其他组分形成的复合材料在光解水产氢和光催化 CO_2 还原方面的应用。

一般,半导体光催化包括三个基本步骤:光吸收、电荷分离和转移、表面反应(图 3-1)。半导体受太阳光辐射后,价带(VB)中的电子被激发到导带(CB),空穴留在 VB 中;光生电子-空穴对分离和迁移到半导体/溶液界面,随后转移到催化剂表面的活性位点上,发生氧化还原反应(过程 1 和 3)。在这个过程中,同时会发生电子-空穴对的复合,包括体相内复合(过程 2)和表面复合(过程 4)。只有在发生复合之前消耗光生电子-空穴对,半导体才具有催化活性。此外,激发过程中会伴随一些去激发的过程。

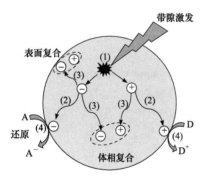

图 3-1 光催化过程
(1)带隙激发;(2)电荷迁移;(3)电荷复合;(4)化学转化

3.1 MOFs 及其衍生物在光催化水分解方面的应用

3.1.1 光催化水分解的基本原理

光催化水分解的机理包括以下步骤(图 3-2)[1]:首先,光催化剂受太阳光辐射产生电子-空穴对,光生电子和空穴随后迁移到光催化剂的表面,而其中一些在此过程中重新结合；光催化剂表面的电子和空穴分别与水分子反应生成氢和氧。若要提高光催化剂的催化性能，可从上述三个步骤考虑。就光收集效率而言，太阳光有三种成分，按波长划分为红外光($\lambda > 800$ nm)、可见光(400 nm $< \lambda <$ 760 nm)和紫外光(UV, $\lambda <$ 400 nm)。其中，紫外光只占整个太阳能的一小部分(约 4%)，而可见光(约 53%)和红外光(约 43%)占很大比例。首先，由于可见光所占比例较大，增强可见光吸收对于提高太阳能转换效率至关重要。目前一些先进半导体甚至接收近红外光来分解水。其次，光催化性能主要取决于电子和空穴的分离效率。分离效率越高，会有更多的电子-空穴参与还原-氧化反应。最后，高比表面积和大量活性位点可以增加光催化剂与底物(即水分子)之间的接触面积，从而提高水分解反应的速率。

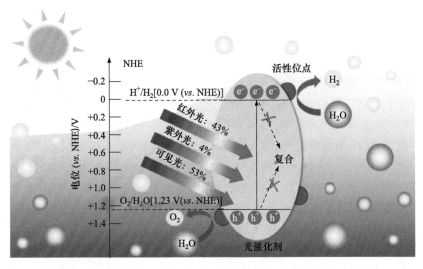

图 3-2　光催化分解水的主要工艺及提高光催化性能的对策[1]

热力学上，整体水分解[方程(3-1)]是一个非自发过程($\Delta G = 237$ kJ/mol，对应于 1.23 eV)，它由两个半反应组成，即氧生成反应[OER，方程(3-2)]和氢气生成反应[HER，方程(3-4)]。与水还原反应不同，水氧化是一种缓慢的反应。因此，在整个水分解过程中，光催化剂表面会积累大量空穴。此外，过度析出氧气会导致与氢竞争电子并产生超氧自由基。因此，必须适当控制整个水分解过程中的析氧速率。此外，光催化剂的导带(CB)和价带(VB)电位必须适合以诱发整体水分解。换句话讲，光催化剂的 CB 电位应该比 H^+/H_2 的氧化还原电位更负[0.0 V (vs. NHE)]，而 VB 电位应该比 O_2/H_2O 的氧化还原电位更正[1.23 V (vs. NHE)]。

1) 整体水分解

$$H_2O \longrightarrow H_2 + 1/2 O_2 \tag{3-1}$$

2) 水氧化半反应(析氧为主)

$$4h^+ + 2H_2O \longrightarrow O_2 + 4H^+ \tag{3-2}$$

$$A + e^- \longrightarrow A^- \quad (A \text{ 是电子受体}) \tag{3-3}$$

3) 质子还原半反应(析氢为主)

$$2H^+ + 2e^- \longrightarrow H_2 \quad (3\text{-}4)$$

$$D + h^+ \longrightarrow D^+ \quad (D\text{ 是电子供体}) \quad (3\text{-}5)$$

近年来为满足特定的工业需求，水分解半反应因气体分离难度较小而受到广泛研究。在某些情况下，添加电子牺牲供体或电子受体以消耗空穴或电子可加速水分解半反应[方程(3-3)和方程(3-5)]。近年来，一些研究还将增值化学品氧化反应与产氢半反应结合起来，从而提高整体反应速率并节省成本。与整体水分解相比，水分解半反应对带隙的要求较低，也拓宽了光催化剂的选择范围。

3.1.2 MOFs 材料光催化水分解的基本原理

以 MOFs 材料为催化剂的光催化过程，结构中的金属原子或离子可作为半导体量子点，框架中的有机配体基于"天线效应"能够吸收太阳光并激发产生电子，金属中心被活化，电子从最高占据分子轨道(HOMO)跃迁到最低未占分子轨道(LUMO)，在 HOMO 中留下空穴，随后自由载流子通过活化金属催化中心或者直接活化底物等方式参与非均相光催化氧化还原反应。研究证实，MOFs 结构中存在金属-配体电荷跃迁(MLCT)、配体-金属电荷跃迁(LMCT)、芳香性配体间的电荷跃迁(LLCT)及配体和孔道客体之间的电荷跃迁等多种光物理现象[2, 3]。然而，纯 MOFs 材料作为光催化剂具有一些缺陷，如光吸收弱、导电性低、不稳定、光生电荷复合速度快，这些因素导致光生电子或空穴利用率变低，极大地影响了 MOFs 材料的光催化效果，限制了其实际应用。

对于光催化剂，有两种性质对于诱导光催化水分解反应至关重要，即催化性和光敏性，MOFs 材料在这两个特性上具有独特的优势。MOFs 材料被认为是微孔半导体，在光照射下可经历电子-空穴分离。然而，大多数 MOFs 材料所含的配体和轨道的对称性不匹配以及它们的能级不交错，导致其导电性差。但 MOFs 材料的孔隙率弥补了这一缺陷，其多孔性可缩短光生载流子迁移到氧化还原位点的距离。此外，MOFs 材料的孔能加速反应物扩散并使其与活性位点紧密接触。至于光敏性，一些 MOFs 材料，如 MIL-101、MIL-100、MIL-53(MILs)，具有优异的光活性，甚至在可见光范围内也有响应。此外，由于其高可设计性，功能化有机配体也可以增强 MOFs 材料的可见光甚至近红外光响应。此外，MOFs 材料的孔径与有机配体的长度有关，可根据孔径需要选择合适的功能化有机配体。

MOFs 材料已被证明可用于光催化水分解。几种纯 MOFs 材料显示出良好的光催化水分解的活性，无须进一步的后修饰。例如，Shi 等[4]合成了 Cu-I-bpy(bpy = 4, 4'-联吡啶)，无须额外的光敏剂和助催化剂，显示出良好的光催化产氢速率[7.09 mmol/(h·g)]。然而，大部分 MOFs 材料受到可见光响应低和光生载流子寿命短的限制。开发具有上述优点的新型 MOFs 材料仍然是一项极具挑战性的任务。

3.1.3 MOFs 材料的改性策略

在现有 MOFs 材料的基础上，采用有效的改性或修饰策略使其具有更好的光催化性能是目前常用的策略。目前有两种典型策略：功能修饰和表面或孔修饰。前者指将外来基团或离子整合到 MOFs 的金属中心或有机配体中；后者指将外来功能物质修饰在 MOFs 表面或孔上，下面将分别详细讨论。

1. 有机配体上引入官能团

占自然光 43%的可见光（通常波长为 400～760 nm）在光催化系统中被完全收集从而实现高量子效率是光催化所希望的。MOFs 结构中存在各种功能性的有机配体和金属节点，由于有机配体和金属节点的多样性及可后修饰的性能，MOFs 材料吸收光的波长可以通过引入具有可见光响应的官能团调节到可见区。以对苯二甲酸为配体构建的 Ti-MOF 在 UV 区显示出低于 350 nm 的吸收带，但在对苯二甲酸上引入氨基后制得的 Ti-MOF-NH$_2$ 的吸收带可延伸至 500 nm[图 3-3(a)和(b)][3]。以 Pt 纳米颗粒为共催化剂，所得 Pt/Ti-MOF-NH$_2$ 复合材料在可见光（波长大于 420 nm）照射下呈现优异的产氢性能。相反，Pt/Ti-MOF 无光催化产氢活性。同样地，以对苯二甲酸为配体合成的 UiO-66，在引入氨基后在可见区多出一个吸收峰，具有更高的紫外-可见光吸收能力，从而有利于光催化产氢[5]。

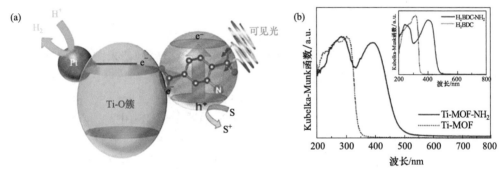

图 3-3　(a) Pt/Ti-MOF-NH$_2$ 中从配体到金属-氧簇上的电荷转移和光解水产氢机理图；(b) 紫外-可见 (UV-Vis) 漫反射光谱图[3]

除 n 轨道孤对电子修饰基团外，Chen 等以具有良好光电性质的芳香性蒽官能团设计合成有机配体，进一步构筑了具有良好化学稳定性的含蒽 Zr-MOF 化合物（NNU-28）[6]。如图 3-4(a)和(b)所示，该化合物与 UiO-66 拓扑同构，具有二重互穿框架结构。该 MOFs 化合物表现出高效可见光吸收性质，在可见区吸收可达 650 nm。光催化实验结果表明，该 MOFs 化合物可高效光催化还原 CO_2 生成甲酸。电子顺磁共振（EPR）研究表明，受光激发蒽基配体通过金属-配体电荷跃迁活化的锆-氧簇作为 CO_2 还原催化中心，同时配体自身也具有一定光还原能力。这种双催化路线比单一配体-金属电荷转移路线更高效[6]。此外，卟啉也常被用作构筑 MOFs 配体的核心官能团，从而实现良好的光催化性质。

2. 引入贵金属

MOFs 的多孔结构有助于获得小尺寸、高分散的贵金属纳米颗粒（NPs），故贵金属 NPs 如铂、银和金常被引入 MOFs 以提高其光催化性能。贵金属 NPs 通过以下三个方面提高光催化性能：①基于其表面等离子体共振（SPR）效应，在可见光照射下产生的热

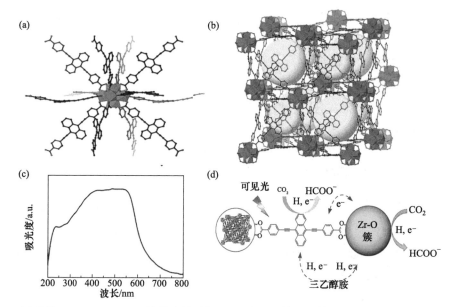

图 3-4 (a)蒽基 Zr-MOF NNU-28 结构中的无机 $Zr_6O_4(OH)_4$ 簇与配体的配位模式;(b)NNU-28 的晶体结构;(c)NNU-28 的紫外-可见漫反射光谱图;(d)NNU-28 可见光驱动的光催化还原 CO_2 机制图

电子注入到 MOFs 的导带中,从而提高其光响应;②贵金属的费米能级比半导体催化剂低得多,金属 NPs 和光催化剂之间产生一个电场,形成肖特基势垒,可以捕获 MOFs 中的电子,有利于电荷转移和分离;③贵金属可作为析氢的反应位点,降低产氢过电位。目前常采用光还原或化学还原法将贵金属 NPs 限域在 MOFs 中。

同时确保 NPs 尺寸均一和在 MOFs 晶体中的空间分布更有利于 MOFs 材料催化性能的提高。中国科学技术大学江海龙教授等研究了 Pt NPs 的空间分布对光催化产氢性能的影响[7],尺寸约 3 nm 的 Pt NPs 封装在 $UiO-66-NH_2$ 内的标记为 $Pt@UiO-66-NH_2$,在表面负载的标记为 $Pt/UiO-66-NH_2$[图 3-5(a)~(c)]。基于超快瞬态吸收和时间分辨光致发光表征结果,证明了 $Pt@UiO-66-NH_2$ 比 $Pt/UiO-66-NH_2$ 具有更高的电荷分离效率。这是由于 $UiO-66-NH_2$ 与 Pt NPs 之间的电子转移距离较短。此外,$UiO-66-NH_2$ 晶体内的 Pt NPs 受到更强的保护和限制,防止产氢时 Pt 的浸出和聚集。因此,$Pt@UiO-66-NH_2$ 比 $Pt/UiO-66-NH_2$ 在可见光照射下表现出更高的光催化活性及更好的产氢稳定性和回收性[图 3-5(d)和(e)]。

3. 负载非贵金属

除常用的 Au、Ag 等作为等离激元共振体增强 MOFs 材料光吸收及 Pt、Pd 等贵金属用作共催化剂以外,Ni、Co 等非贵金属 NPs 也可以作为共催化剂或光活性中心提升 MOFs 材料分解水产氢效率,如 $Ni@MOF-5$[8]。负载的助催化剂在光催化剂表面上可作为质子还原位点,提升光生电子和空穴的分离,促进氧化还原反应的进行。最重要的是,助催化剂通过降低反应活化能来促使光催化反应的进行。因此,负载一定量的助催化剂有利于改善材料的光催化析氢性能。

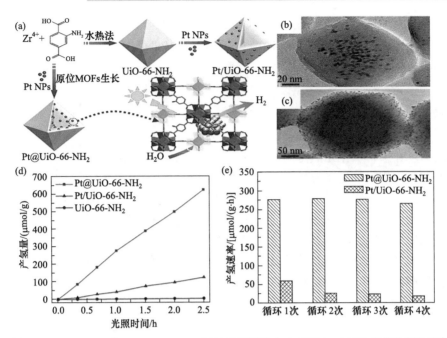

图 3-5 (a) Pt@UiO-66-NH$_2$ 和 Pt/UiO-66-NH$_2$ 制备示意图及在 Pt@UiO-66-NH$_2$ 光催化剂的产氢机理图；Pt@UiO-66-NH$_2$ (b) 和 Pt/UiO-66-NH$_2$ (c) 的 TEM 图；(d) UiO-66-NH$_2$、Pt@UiO-66-NH$_2$ 和 Pt/UiO-66-NH$_2$ 的产氢量图；(e) Pt@UiO-66-NH$_2$ 和 Pt/UiO-66-NH$_2$ 循环产氢对比图[7]

除了金属单质外，基于 Ni、Fe、Co、Cu 和 Mo 等价廉金属的二元磷或硫化物也表现出优异的电荷分离能力和光解水产氢催化活性。中国科学技术大学江海龙课题组预先合成了尺寸相近（约 10 nm）的微小单分散 TMPs（Ni$_2$P、Ni$_{12}$P$_5$），后引入到 UiO-66-NH$_2$ 中，用于光催化产氢。包裹在 MOFs 中的 TMPs 尺寸仍约为 10.0 nm，均匀分散在其中。热力学和动力学研究表明，TMPs 具有与 Pt 类似的能力，可以极大地加速配体到团簇的电荷转移，促进电荷分离，降低产氢活化能，提高 UiO-66-NH$_2$ 的产氢活性[9]。Subudhi 等[10]通过水热法制得 MoS$_2$ 修饰的 UiO-66-NH$_2$。研究表明，MoS$_2$ 通过离子键作用锚定在 UiO-66-NH$_2$ 表面。最优条件制得的 (3wt%) MoS$_2$/UiO-66-NH$_2$ 产氢速率为 512.9 μmol/h，比 UiO-66-NH$_2$ 产氢速率高 4.37 倍。

MOFs 材料具有结构多样性、固有孔隙率高和结构可设计性等优点，为单原子催化剂的设计和制备提供了很好的平台。目前，原子级分散的单原子金属催化剂（SACs）因最大的原子利用率和充分暴露的活性中心等优势备受关注。中国科学技术大学江海龙教授等报道了 Pd@Pt/UiO-66-NH$_2$ 体系[11]，研究了单原子 Pd@Pt 共催化剂对其表面电荷结构的影响及光催化活性。将 Pd 前驱体浸渍到 UiO-66-NH$_2$ 上，然后用氨硼烷 (NH$_3$BH$_3$) 还原得到 Pd$_{10}$/UiO-66-NH$_2$。当 NH$_3$BH$_3$ 耗尽时，在合成体系中加入不同量的 Pt 前驱体。在 NH$_3$BH$_3$ 水解过程中产生的表面 Pd-H 物种将作为 Pt 前驱体的成核种子和还原剂，生成由 UiO-66-NH$_2$ 稳定的核壳结构的 Pd$_{10}$@Pt$_x$(x=0.3, 1, 5, 10)NPs。通过精确控制 Pd 表面的 Pt 壳层，实现结构由核壳向单原子合金（SAA）的演化。在合理控制 Pt 负载量的基础上，通过精确制备 Pd$_{10}$@Pt$_1$ SAA 共催化剂，可以使 Pd$_{10}$@Pt$_x$/UiO-66-

NH_2 的光催化产氢活性成倍提高。遵循类似的优化策略，Pd_1/A-aUiO 粉末在可见光下可将湿 O_2 转化为 H_2O_2，活性为 10.4 mmol/(g_{cat}·h)，是 PdNPs/A-aUiO[0.14 mmol/(g_{cat}·h)] 粉末的 74 倍以上。

4. 引入光敏剂

光敏剂可以吸收光并将其转移到催化中心，从而作为催化反应的能量来源。考虑到染料敏化 MOFs 具有成本低、合成简单、性质丰富等优点，在光催化产氢方面具有很大的潜力。在染料敏化光催化剂中，电子转移机理与染料敏化太阳能电池类似。染料分子具有双重作用：一是作为光敏剂，吸收可见光；二是充当分子桥，作为电子供体连接半导体光催化剂。以含光敏剂、电子捕获剂、光催化体系为例（图 3-6），存在正向和反向电子转移过程[12]。首先是染料分子吸收光，变成激发态染料分子。被激发的染料分子向半导体导带中注入电子，自身变成氧化形式。氧化态染料通过将电子转移给电子捕获剂后变成基态。导带中电子可以将水还原为氢，如不能及时消耗则进行反向电子转移，使敏化剂再生。

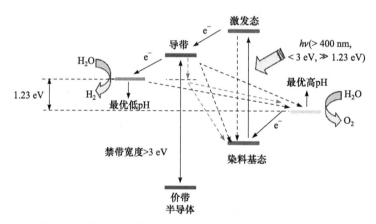

图 3-6　敏化半导体体系中电子迁移和电荷复合路径示意图[12]

在敏化 MOFs 的方法上，一可通过吸附或原位添加染料分子，如罗丹明 B(RhB) 或伊红(EY)。二可将染料嵌入到 MOFs 结构中实现敏化。Guan 课题组通过水热法将 EY 嵌入到 UiO-66-NH_2 的结构中，与 UiO-66-NH_2 形成了双齿桥连配位方式 Zr←O—C=O→Zr（图 3-7），增强了 EY 和 UiO-66-NH_2 的连接，加速了电子从 EY 到 UiO-66-NH_2 的转移。结果显示，水热法合成的 EY 敏化的 UiO-66-NH_2 的产氢速率是原位添加 EY 体系的 8 倍[13]。

当前，金属基分子配合物在均相光催化系统常用作光敏剂和产氢催化中心[14,15]。基于此，研究者将贵/非贵金属络合物纳入 MOFs，以引入捕获可见光的光敏位点和催化产氢的催化反应中心。2012 年，Lin 及其同事通过使用[Ir(ppy)$_2$(bpy)](ppy = 2-苯基吡啶)衍生的二羧酸盐作为有机配体，将具有可见光响应的[(ppy)$_2$(bpy)]络合物引入 UiO-MOF[图 3-8(a)]中[16]。在负载 Pt NPs 作为助催化剂后，该 UiO-MOF 在可见光照射下以三乙胺(TEA)为电子牺牲供体，在 6 h 内表现出优异的产氢活性，转化数(TON)为 1620。该体系的光催化过程包括通过配体上的 Ir 络合物获得可见光，通过 TEA 还原

第 3 章 MOFs 及其衍生物在光催化水分解和 CO_2 还原方面的应用

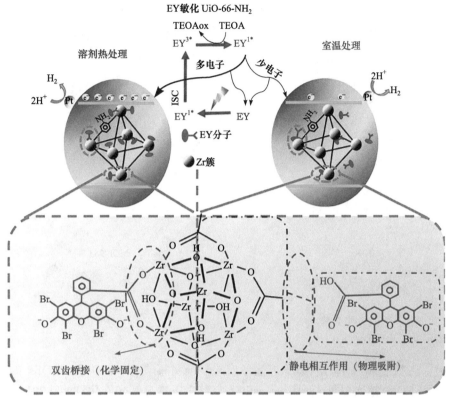

图 3-7 UiO-66-NH_2 化学接枝上 EY 后的可见光催化产氢示意图[13]
TEOAox 是光生空穴氧化 TEOA 的产物, ISC 代表系间穿越

激发的 Ir 络合物形成自由基, 电子从不稳定的自由基转移到 Pt NPs, 以及 Pt NPs 活性部位上的氢还原反应[图 3-8(b)]。

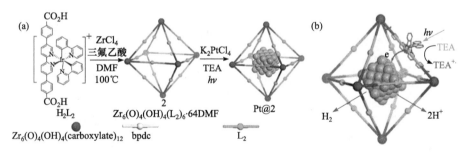

图 3-8 (a) MOFs 光还原 K_2PtCl_4 合成了具有 fcu 拓扑结构的 Ir 配合物 UiO-MOF, 并随后在 MOFs 空腔内负载 Pt NPs; (b) MOFs 中捕获光后产生的电子注入到 Pt NPs 中, 光催化析氢示意图。红色球代表 $Zr_6(O)_4(OH)_4(carboxylate)_{12}$ 核, 绿色球代表 MOFs 的 Ir-P 配体[16]

除用作光敏剂外, 引入 MOFs 中的贵金属络合物还可以用作产氢催化剂。Xu 课题组使用合成后修饰方法将 Pt 络合物结合到铝基 MOF-253[MOF-253-Pt, 图 3-9(a)[17]]的 2, 2′-联吡啶基配体上[18]。引入 Pt 络合物后, MOF-253-Pt 的吸收带位移到可见区, 表明 Pt 络合物的可见光响应。在可见光照射下, MOF-253-Pt 不存在辅助催化剂也显示出光催化

产氢活性，这是因为 Pt 络合物也可以通过杂化偶联途径作为产氢催化剂[图 3-9(b)]。Gascon 团队采用"瓶装船"策略将钴肟衍生物作为催化剂引入 NH$_2$-MIL-125(Ti)，该催化剂在可见光照射下表现出优异的光催化析氢活性及高循环稳定性[18]。

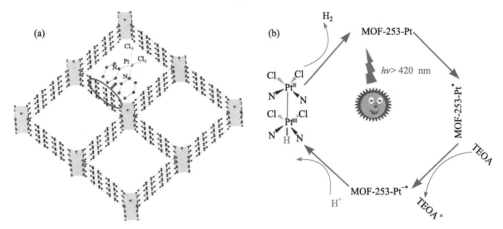

图 3-9　(a)MOF-253-Pt 的模型结构，通过 PtCl$_2$ 对 MOF-253 进行合成后修饰，青色八面体代表 Al 原子，黄色、绿色、红色、蓝色、黑色圆分别代表 Pt、Cl、O、N、C 原子；(b)MOF-253-Pt 在可见光照射下的光催化析氢机理[17]

此外，过渡金属原子与氧原子连接形成的多金属氧酸盐(POM)和 MOFs 的组成相似，也可将 POM 掺入可见光响应的 MOFs 空腔中以提高其光催化性能。2015 年，Lin 课题组将 Wells-Dawson 型 POM[P$_2$W$_{18}$O$_{62}$]$^{6-}$引入到[Ru(bpy)$_3$]$_2$ 掺杂的 UiO-MOF 的空腔中[图 3-10(a)][19]。配体中的[Ru(bpy)$_3$]$_2$ 被可见光激发，由于每个 POM 分别由四面体或八面体孔中的六个或十二个[Ru(bpy)$_3$]$_2$ 结合的配体包裹，因此确保了从激发态配体到 POM 的电子注入[图 3-10(b)]，使复合材料 POM@MOF 在可见光照射下具有良好的光催化产氢性能。

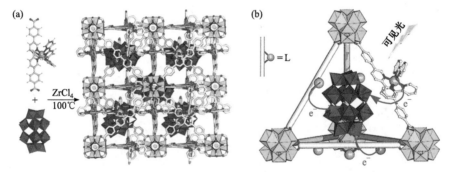

图 3-10　(a)通过电荷辅助自组装一锅法合成 POM@UiO 系统：[P$_2$W$_{18}$O$_{62}$]$^{6-}$：紫色多面体；Zr：青色；Ru：黄色；N：蓝色；O：红色；C：浅灰色；(b)POM@UiO 中电子转移示意图[19]

5. 复合无机半导体

通过能带工程合理地构建两种或两种以上半导体异质是提高光催化析氢反应中光生电荷分离的有效途径。根据不同组分间电荷转移机制，异质结主要分为 II 型异质结、

p-n 异质结、Z 型异质结和 S 型异质结。

1) Ⅱ 型和 p-n 型异质结

如图 3-11 所示，Ⅱ 型异质结通常由具有不同禁带宽度的两种半导体（PCⅠ和PCⅡ）组合形成[20]。其中一个半导体材料有更负的 CB 电位。当 PCⅠ 的 CB 和 VB 电位大于 PCⅡ 的 CB 和 VB 电位时，在可见光照射下，光生空穴从 PCⅡ 的 VB 迁移到 PCⅠ 的 VB 中，同时光生电子从 PCⅠ 的 CB 迁移到 PCⅡ 的 CB 中。这样，光诱导的电子和空穴在相反方向上的转移可以促使电荷有效分离，从而提高光催化效率。

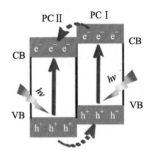

图 3-11 Ⅱ 型异质结示意图[20]

当 Ⅱ 型异质结中两个半导体分别为 p 型和 n 型半导体时，便形成了 p-n 型异质结。构造 p-n 型异质结也是增大电子-空穴对分离的有效方法。p 型半导体的费米能级（E_F）位于其 VB 附近，而 n 型半导体的 E_F 位于其 CB 附近（图 3-12）[20]。当 p 型和 n 型半导体接触时会使 E_F 产生偏移，界面处的电子将从 n 型半导体转移到 p 型半导体，使 n 型半导体的界面带正电，p 型半导体的界面带负电。结果，在两个半导体的接触界面处形成一个内置电场，增加了电子-空穴对的分离效率。

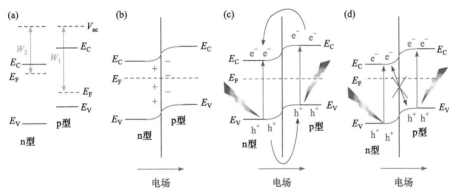

图 3-12　p-n 型异质结形成过程费米能级、CB 能级、VB 能级的位置：(a) 半导体接触前；(b) 半导体接触；(c) 形成 p-n 型异质结后电子转移路径[20]；(d) 光生电荷不遵循直接 Z 型电荷迁移机理

2) Z 型异质结

虽然 Ⅱ 型异质结可以有效提高电荷分离效率，但由于氧化还原反应通常发生在还原或氧化电位较低的半导体上，因此降低了整个体系的氧化还原能力。为了改善这一不利因素，提出了模拟自然光合作用的 Z 型异质结的概念，其基本原理如图 3-13 所示[20]。尽管 A 和 B 半导体的相对带隙位置与 Ⅱ 型异质结相同，但它采用的是 "Z" 型传输路径，可以最大限度地保留系统的氧化还原能力。在光照下，半导体 A 和 B 的电子都从 VB 被激发到 CB，然后半导体 B 的 CB 上的电子以直接或间接的方式迁移到半导体 A 的 VB 上与其空穴复合。最后，A 半导体 CB 上的电子和 B 半导体 VB 上的空穴进行氧化还原反应，在保留较高还原氧化能力的同时，实现了电子和空穴的有效分离。根据是否有传递介质参与电子传递过程，Z 型异质结可分为间接 Z 型异质结和直接 Z 型异质

结。常用的电子介质有 Fe^{3+}/Fe^{2+}，IO_3^-/I^-和$[Co(bpy)_3]^{3+}/[Co(bpy)_3]^{2+}$。此外，根据选择的电子传递介质，间接 Z 型异质结可进一步分为传统液相 Z 型异质结和全固态 Z 型异质结。

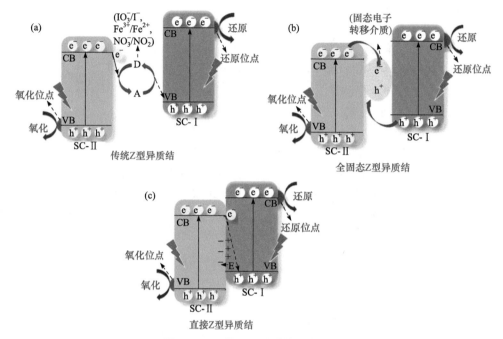

图 3-13　三种 Z 型异质结示意图[20]

基于无机半导体的 Z 型异质结的制备，有以下几点值得注意：①在 Z 型体系中，有一半的光生电子因损失而重组，因此 Z 型异质结在促进电荷分离方面的优势与传统 Ⅱ 型异质结相比仍不清楚和值得怀疑。②对于固体 Z 型转移路线，证据尚不明确。Z 方案的电荷转移在 n 型和 p 型半导体之间可以预期发生，n 型和 p 型光催化剂都可以被认为是微型的光电阳极和光电阴极。此外，n 型和 p 型光电阳极/阴极的过电位应重叠。否则，驱动 Z 型电子转移的动力就会不足。从热力学的观点来看，全固态 Z 型异质结不应该发生在两个 n 型或两个 p 型半导体之间。③在 n 型和 p 型光催化剂之间，添加 rGO、Au 或碳等导体有利于电子转移，尽管不含导体的 Z 型电子转移可以发生。④对于 Z 型异质结，另一个挑战是如何抑制电子在半导体 A 的导带向半导体 B 的导带的转移。然而，需要指出的是，有机半导体中的载流子转移与无机半导体中的载流子转移是不同的，MOFs 光催化剂作为无机或有机半导体的工作方式是否相似仍在讨论中。

3）S 型异质结

尽管 Z 型异质结能够在空间上有效分离光生电荷载流子，并保留电子和空穴的高氧化还原能力，但它们仍然存在一些缺点。在 Z 型异质结系统中，导体会促进电子从较高 CB 电位的光催化剂迁移到具有较低 VB 电位的光催化剂，但是，如果导体不在两个表面之间，电子也可以通过两种光催化剂的 CB 迁移到表面。为了克服 Z 型异质结的缺点，Yu 等提出了一种新的电荷转移方案——S 型异质结。

通常，S 型异质结系统包含两个具有交错带结构的 n 型半导体光催化剂。如图 3-14 所示[21]，SC 2 和 SC 1 分别表示具有更正的 VB 位置的氧化光催化剂和具有更负的 CB 位置的还原光催化剂。当 SC 2 和 SC 1 接触时，费米能级较高的 SC 1 中的电子可以通过它们的界面转移到 SC 2，从而形成界面内部电场，其方向是从 SC 1 到 SC 2。接触后，SC 2 和 SC 1 的费米能级会上下移动。在光照下，内部电场和能带弯曲提供了一个驱动力，以加速 SC 2 中还原能力较弱的电子和 SC 1 中留下的空穴重组。具有较高氧化还原能力的电子和空穴分别保留在 SC 1 的 CB 中和 SC 2 的 VB 中，促使了光生载流子的空间分离。从宏观的角度来看，在 S 型异质结中，电荷转移途径就像"阶梯"型，这种异质结可以大大促进电荷分离并保证强光氧化还原能力。

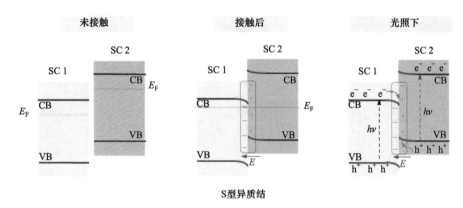

图 3-14　S 型异质结中电荷转移途径示意图[21]

MOFs 的高比表面积和丰富的活性位点为高分散和高活性无机半导体的形成提供了良好的平台，避免了无机半导体易团聚的缺点，加速了它们之间电子的分离。因此，将 MOFs 和无机半导体构建成异质结构可以实现两种材料的协同作用，提高光催化性能。从合成的角度看，为实现无机半导体与 MOFs 的紧密结合，使用了两种成熟的方法"瓶装船"和"瓶绕船"[22]。"瓶装船"最常用的方法是使用预先合成的 MOFs 作为基质，通过水热或溶剂热反应在其表面生长无机半导体。由于 MOFs 可以提供有限的空间来阻止无机半导体粒子的生长和团聚，因此可以获得均匀尺寸的无机半导体/MOFs 异质结。而"瓶绕船"是一种围绕无机半导体自组装 MOFs 的方法。该方法可以有效抑制无机半导体在 MOFs 外表面上的积累。然而，由于 MOFs 的晶格与无机半导体的不匹配，如何避免 MOFs 在溶液中的自成核生长仍然具有挑战性。

除了合成方法的选择外，复合方式和形貌的调节对于改善电荷转移和分离也起着至关重要的作用。界面连接方式的不同直接决定了界面间相互作用力的大小，影响着界面间电荷转移的难易程度。MOFs 与无机半导体之间的连接主要包括静电相互作用和配位连接。例如，NH_2-MIL-125(Ti) 与 ZnCr-LDH 的异质结构是通过在剥离的 ZnCr-LDH 纳米片上原位溶剂热生长 NH_2-MIL-125(Ti) 来实现的[图 3-15(a)][23]。带正电荷的 ZnCr-LDH 和带负电荷的 NH₂-MIL-125(Ti) 配体之间存在强静电相互作用，促进了异质结构的形成，并对合成过程中 NH₂-MIL-125(Ti) 的形貌产生重要影响。该异质结构在可见光下的最佳产氢速率为 127.6 μmol/(h·g)，分别是 NH₂-MIL-125(Ti) 和 ZnCr-LDH 产氢速率的 3 倍和 250 倍[图 3-15(b)]。光催化性能的提高主要是由于强电子相互作用和交错的带隙位置，有效促进了电子传输和分离[图 3-15(c)～(e)]。此外，借助 Zr 和 Mo-S 间的静电相互作用及"瓶绕船"方法将 MoS₂ 纳米薄片锚定在 NH₂-UiO-66 的外表面，可以形成 Ⅱ 型异质结[24]，也提高了复合材料的光生载流子迁移及光催化活性。

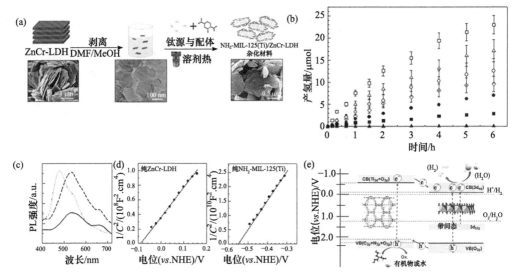

图 3-15　(a)NH₂-MIL-125(Ti) 和 ZnCr-LDH 纳米片异质结构的合成及相应的 FE-SEM 图；(b)不同含量 ZnCr-LDH 复合材料的光催化析氢研究：ML50(□)、ML100(○)、ML200(△)、ML400(◇)、纯 NH₂-MIL-125(Ti)(●) 和 ZnCr-LDH(▲)，以及在 0.01 mol/L 三乙醇胺(TEOA)水溶液中，可见光照射下 NH₂-MIL-125(Ti) 和 ZnCr-LDH 纳米片(■)的物理混合样品；(c)ML200 杂化复合材料(实线)、原始 NH₂-MIL-125(Ti)(虚线)和 ZnCr-LDH(点线)的 PL 光谱；(d)纯 ZnCr-LDH 和纯 NH₂-MIL-125(Ti) 的 Mott-Schottky 图；(e) 光催化机理图[23]

与静电相互作用相比，MOFs 中的有机配体与无机半导体 NPs 之间的配位连接提供了更有效的电荷传输路径，进一步增强异质界面的电荷传输和分离性能。已经证明，大多数 CdS NPs 可以通过溶剂热反应嵌入 MIL-101 八面体，但部分 CdS NPs 仍会聚集在 MIL-101 外表面，形成异相分离[25]。CdS 的溶度积常数(K_{sp})较低，溶剂热处理过程会降低 CdS 的电荷分离和光催化活性。为了避免这个缺点，Xu 课题组开发了一种协调驱动的策略，即在温和条件下将金属硫化物(CdS、ZnS、CuS 和 Ag₂S)NPs 精确外延生长到 MIL-101 上(图 3-16)[26]。为此，选择了双功能半胱胺配体来连接 MIL-101 和金属硫化物。其氨基的一端与 MIL-101 的不饱和位点相连，另一端硫醇基锚定金属用于后续金属硫化物的成核和生长。研究发现，形成的异质结表现出有效的电荷分离效率及光催化性能。此外，为了进一步提高 NH₂-UiO-66 的导电性并加速 NH$_2$-UiO-66 和 ZnIn$_2$S$_4$ 异质界面中的电荷转移,制备了一种 S 掺杂 NH$_2$-UiO-66、ZnIn$_2$S$_4$ 和 MoS$_2$ 组成的三元异质结光催化剂。MoS$_2$ 是通过"瓶中船"工艺合成的[27]。在合成过程中掺杂到 NH$_2$-UiO-66 中的 S 原子可以提高 NH$_2$-UiO-66 的电荷转移能力。NH$_2$-UiO-66 纳米颗粒与 ZnIn$_2$S$_4$ 纳米片间的紧密接触为 NH$_2$-BDC 的羧基与 ZnIn$_2$S$_4$ 的 Zn^{2+} 间形成 Zn—O—C 键提供了有利条件,成为一种新的电荷传输途径,加速了电子从 ZnIn$_2$S$_4$ 到 S 掺杂 NH$_2$-UiO-66、MoS$_2$ 的转移。所得 ZnIn$_2$S$_4$/NH$_2$-UiO-66/5%-MoS$_2$ 光催化剂表现出优越的产氢速率[5.69 mmol/(h·g)],在 420 nm 处的表观量子效率高达 7.95%。

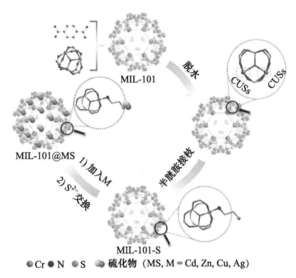

图 3-16　无水乙醇法制备 MIL-101@MS 复合材料的合成路线[26]

去除 MIL-101 中的配位水,MIL-101 的配位不饱和金属位点(CUSs)暴露出来。颜色键:Cr(蓝绿色),N(紫色),S(暗黄色),C(灰色),O(红色),H 原子省略

　　作为间接连接方式,在异质结构中添加电子转移介体也是促进电荷分离的理想选择。以 CdS 和 MIL-101 组成的异质结构为例,将具有强表面等离子体共振吸收的金属 Au 首先分散在 MIL-101(Cr)基底上[28],然后沉积 CdS 形成 Au@CdS/MIL-101 异质结。事实证明,Au 可以作为电子转移介体,促进 CdS 和 MIL-101 之间的电荷转移,同时扩展光响应,提高光催化活性[29]。此外,TiO$_2$ 的类似物多氧钛簇(PTC)也被引入 CdS/MIL-101 系统,以促进界面电荷分离和可见光驱动的产氢速率(图 3-17)[30]。加入助催化剂也起到与电子转移介体相同的效果。因为助催化剂可捕获光电子,促进电子和空穴的空间分离。研究表明,助催化剂在 MOFs 中的分布位置[31-33]、分散态[34]、表面电荷态[35]都会影响电荷分离效率。此外,非贵金属助催化剂的开发也是一个研究热点[36]。例如,过渡金属[37]及其磷化物[38]被包裹在 MOFs 中以实现高催化效率。此外,碳纳米点(CDs)作为助催化剂也被成功包裹在 MIL-101 的孔中以构建 CD/CdS@MIL-101 异质结构(图 3-18)[39,40]。与 CdS@MIL-101 相比,CD/CdS@MIL-101 的电荷分离效率显著提高,最佳产氢速率提高了 8.5 倍。

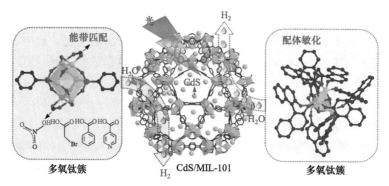

图 3-17 PTC/CdS/MIL-101 三元光催化剂结构和产氢机理图[30]

除了界面连接方式外，异质结构光催化剂的形貌控制是提高电荷分离效率和优化性能的关键间接因素。核壳结构光催化剂可以缩短电子的扩散距离，暴露更多的析氢活性位点。Li 等巧妙地构建了一种形貌独特的 NH_2-UiO-66/$ZnIn_2S_4$ 异质结构（图 3-19）。NH_2-UiO-66 NPs 通过"瓶装船"方法均匀分布在 $ZnIn_2S_4$ 花瓣上[41]，极大地促进了 NH_2-UiO-66 和 $ZnIn_2S_4$ 之间的接触，有利于电荷转移和分离。10% NH_2-UiO-66/$ZnIn_2S_4$ 的最佳产氢速率可达 2199 μmol/(h·g)，是 $ZnIn_2S_4$ 的两倍。Zhou 等通过两次"瓶装船"方法将 NH_2-MIL-125(Ti)、$ZnIn_2S_4$ 和 CdS 集成到多级串联异质结构中。在该复合物中，CdS 负载在 NH_2-MIL-125(Ti)/$ZnIn_2S_4$ 核壳结构上，形成 NH_2-MIL-125(Ti)/$ZnIn_2S_4$ 和 $ZnIn_2S_4$/CdS 两种异质结构的串联连接（图 3-20）[42]。这种结构不仅提高了 NH_2-MIL-125(Ti) 的稳定性，降低了 $ZnIn_2S_4$ 的过电位，而且在 $ZnIn_2S_4$ 活性界面上构建了多条电荷转移路径，提高了界面间的电荷分离效率，最终实现了高光催化产氢效率。

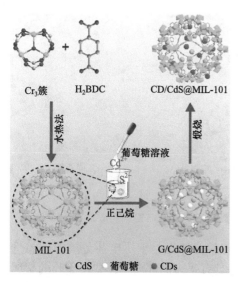

图 3-18 CD/CdS@MIL-101 复合材料合成示意图[40]

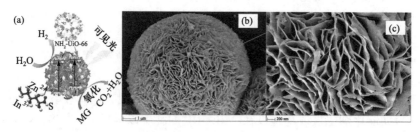

图 3-19 (a) NH_2-UiO-66/$ZnIn_2S_4$ 异质结构光催化剂的构建策略；(b)、(c) NH_2-UiO-66/$ZnIn_2S_4$ 的 FE-SEM 图[41]

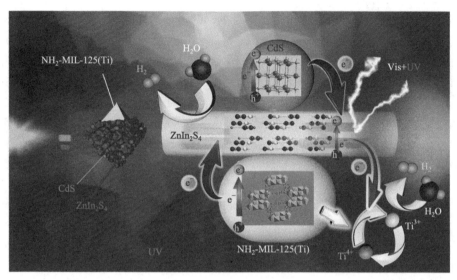

图 3-20　NH_2-MIL-125(Ti)@$ZnIn_2S_4$/CdS 串联式异质结光催化剂的构建策略及产氢机理[42]

Zhang 等合成了 TiO_2@ZIF-8 复合材料用于光催化析氢[43]。在此材料中，采用超声法在二氧化钛空心纳米球(TiO_2 HNPs)的外表面装饰上 ZIF-8[图 3-21(a)]。ZIF-8 的高比表面积和多孔结构可以增加光催化剂与水基底的接触面积。在光照下，由于 ZIF-8 的 CB 位置比 TiO_2 的高，ZIF-8 光生电子可以迁移到 TiO_2 HNPs 的 CB 上析氢[图 3-21(b)]。在相同条件下，TiO_2@ZIF-8 的表观量子效率高达 50.89%，其产氢速率是 TiO_2 HNPs 的 3.5 倍。

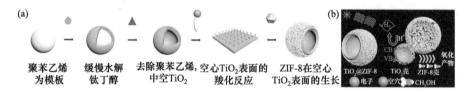

图 3-21　(a)TiO_2@ZIF-8 空心纳米球的合成示意图；(b)模拟光照射下 TiO_2@ZIF-8 的产氢机理图[43]

除无机半导体外，有机半导体由于具有相似的有机基团，在与 MOFs 形成异质结方面表现出一定的优势。聚合物类石墨氮化碳(g-C_3N_4)是研究最广泛的有机化合物之一。g-C_3N_4 具有良好的稳定性和光响应、可调节的带隙和低廉的价格，是用于光解水的常用半导体。g-C_3N_4 的三嗪环与 MOFs 中配体之间的 π-π 相互作用及表面静电相互作用促进了 g-C_3N_4 和 MOFs 间异质结构的形成，可促进光解水产氢。常用的合成方法是将制备好的 g-C_3N_4 添加到 MOFs 前驱体中，随后通过溶剂热反应在 g-C_3N_4 上生长 MOFs。例如，UiO-66-NH_2 NPs 生长在 g-C_3N_4 纳米管的外表面上，形成 g-C_3N_4/UiO-66-NH_2 异质结构，显示出高产氢活性和稳定性[44]。为了提高 MOFs/g-C_3N_4 异质结构的电荷分离效率，可将 CDs 和贵金属等助催化剂复合到体系中。

此外，MOFs 和 g-C_3N_4 的尺寸需匹配。g-C_3N_4 是一种类石墨的层状聚合物半导体，研究证实超薄的二维(2D) g-C_3N_4 材料具有比块状材料优越的光催化活性。三维

(3D) MOFs 和 2D MOFs 材料相比，超薄 2D MOFs 纳米片具有较短的电子转移距离、丰富的催化活性表面和不饱和金属位点，有利于提高光催化活性。为充分利用 2D 结构特征，构建 2D-2D g-C$_3$N$_4$ 纳米片和超薄 2D MOFs 异质结有望大幅度提高光催化性能。例如，通过静电相互作用形成了一种新型异质结光催化剂 UNiMOF/g-C$_3$N$_4$（图 3-22）[45]。这种尺寸匹配赋予形成的异质结构一个紧密接触的界面，可以促进电荷从 g-C$_3$N$_4$ 到 UNiMOF 纳米片的转移，大大提高了催化活性。与静电相互作用相比，通过在 g-C$_3$N$_4$ 上可控原位生长 MOFs 形成的异质结构在促进界面电荷传输方面表现出更大的优势。Jing 的团队通过 Ni—O 键将 NiMOF 纳米片原位生长到羟基或 1,4-氨基苯甲酸（AA）功能化的 g-C$_3$N$_4$ 纳米片上，成功构建了超薄 NiMOF/CN 2D-2D 异质结构（图 3-23）[46]。这种配位键连接形成的紧密接触显著提高了 NiMOF 与功能化 g-C$_3$N$_4$ 之间的电荷转移效率，使其具有更高的氧化还原活性。此外，由于羧酸与 Ni^{2+} 的配位作用比羟基强，因此 NiMOF 可以更好地分散在 CN-AA 上，表现出比 NiMOF/CN-OH 更强的活性。

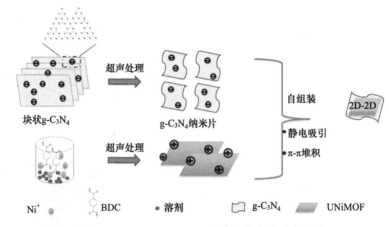

图 3-22　UNiMOF/g-C$_3$N$_4$ 异质结构合成示意图[45]

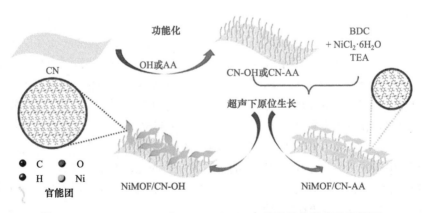

图 3-23　NiMOF/CN-OH 和 NiMOF/CN-AA 异质结构形成示意图[46]

目前，基于 MOFs 的 Z 型光催化剂的制备仍处于起步阶段。报道的 Z 型 MOFs 光催化剂主要集中在降解污染物和水裂解方面。电子转移机理通常通过分析带隙位置和自由基捕获实验来解释。例如，通过溶剂热法将 MIL-101(Fe) 吸附到 g-C_3N_4 表面，构造了一个简单的直接 Z 型异质结，表现出高 Cr(Ⅳ) 还原和双酚 A 降解活性。此外，通过调节形貌或添加助催化剂可以提高电荷分离性能。Kong 课题组构建了 MoS_2 修饰的 UiO-66-$(COOH)_2$/$ZnIn_2S_4$ 直接 Z 型异质结(图 3-24)[47]。其中，UiO-66-$(COOH)_2$ 纳米颗粒随机分布在 $ZnIn_2S_4$ 纳米片的间隙中，而 MoS_2 纳米片则被修饰在边缘，从而促进各组分间的紧密接触，实现了高效的电荷转移。通过调节 UiO-66-$(COOH)_2$ 和 MoS_2 的含量，制得的最佳光催化剂的产氢速率为 18 mmol/(h·g)。

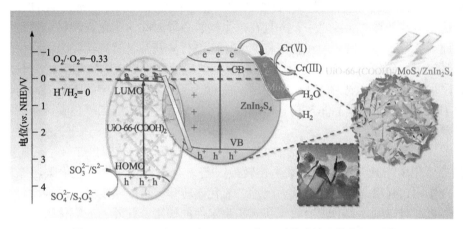

图 3-24　UiO-66-$(COOH)_2$/$ZnIn_2S_4$ 的 Z 型异质结光催化机理[47]

此外，配位或共价连接两个半导体也能促进二者间 Z 型电荷转移。例如，Zou 课题组报道了由 NH_2-MIL-125(Ti) 和苯甲酸功能化 g-C_3N_4(CFB) 构建的直接 Z 型异质结构(图 3-25)[48]。不同于一般异质结构中存在的弱范德华力，苯甲酸与 Ti(Ⅳ) 之间的配位键成为 NH_2-MIL-125(Ti) 与 g-C_3N_4 电荷传输的新通道，提高了复合材料的稳定性和电荷转移效率。以 Pt 为催化剂，CFB 质量分数为 10%时，产氢速率最高，可达 1.1 mmol/(h·g)。除了直接 Z 型异质结构外，还报道了以贵金属 Au 或 Ag 为电子中间体的全固态 Z 型异质结构。例如，通过 Au 介质在 NH_2-UiO-66 和 CdS 之间建立了全固态 Z 型异质结构。在该结构中，Au 作为电子传递介质附着在 NH_2-UiO-66 表面，CdS 通

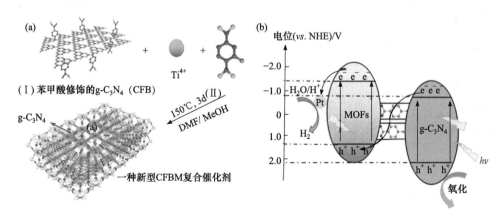

图 3-25　(a) 共价键连接 CFBM 异质结构的合成示意图；(b) CFBM 在可见光照射下的光催化机理[48]

过强 Au-S 相互作用形成核壳结构。Pt 在 CdS 半导体上的选择性光沉积间接验证了 Z 型电荷传输路径[49]。

3.2 MOFs 及其衍生物在光催化 CO_2 还原方面的应用

3.2.1 引言

随着全球经济的飞速发展，化石燃料的快速消耗导致大气中二氧化碳的浓度不断增加，这是全球变暖的元凶之一，并且在未来很长一段时间内，化石燃料仍然是主要能源。因此，非常有必要密切关注如何将二氧化碳进行捕获并且将其转换为可利用的碳形式，实现二氧化碳的"零排放"，从而减轻温室效应给环境造成的负担。将二氧化碳转换为高附加值化学品已成为全球研究课题。然而二氧化碳是最稳定的碳形式，这使得将其还原为其他附加值化学品非常具有挑战性。因此，选择合适的二氧化碳转换技术是非常有必要的。

目前，二氧化碳转换技术包括热催化二氧化碳加氢[50]、光催化二氧化碳还原[51]、电催化二氧化碳还原[52]、二氧化碳生物转换[53]等。其中，光催化二氧化碳还原模拟植物的光合作用，利用太阳能作为动力驱动二氧化碳转化，可以实现完美的碳循环而备受关注。催化剂对二氧化碳的转换效率起到了决定性的作用。此外，二氧化碳还原的难度还在于产物的多样性(CO、$HCOOH$、$HCHO$、CH_3OH、CH_4、C_2H_4 和 CH_3CH_2OH)，而实现选择性催化的关键也在于催化剂的选择与设计。在此，如何选择合适的催化剂来活化化学惰性的二氧化碳分子并提高其在光催化条件下的转换效率和选择性成为一个关键科学问题。

多孔材料一直被认为是非均相催化中非常有优势的催化剂，因为其具有丰富的位点来吸附反应物并发生催化反应。金属有机框架(MOFs)材料是众所周知的 3D 结晶多孔材料，由金属离子/簇作为节点和有机配体作为连接体组装而成[54]。多孔结构使得 MOFs 材料具有较强的二氧化碳捕集能力[55]。此外，MOFs 材料中的金属节点和有机配体具有高度可调节性，可以获得不同形貌结构及不同组分的 MOFs，使得其展现出多功能特性。因此 MOFs 材料区别于其他传统的多孔材料，已成功应用于光催化二氧化碳还原。此外，MOFs 材料作为光催化剂还具有以下优势：①高度可调节性使得在分子水平上构建和设计 MOFs 催化剂成为可能，从而提高催化效率；②较高的孔隙率不仅缩短了电子和空穴等活性物种的扩散距离，也为产物提供了扩散通道，避免了产物堆积而阻断催化反应的进行。

MOFs 材料除了可以直接应用于光催化二氧化碳还原，其衍生物在该领域也逐渐开始崭露头角。在极端的条件下大部分 MOFs 材料缺乏足够的稳定性，但是其可以作为模板或牺牲剂来制备多孔碳材料、金属、金属化合物等 MOFs 衍生物。这些衍生物不仅继承了母本的形貌结构与多孔特性，而且稳定性得到大大提升，故而在光催化二氧化碳还原领域也展现出广阔的前景。

3.2.2 光催化 CO_2 还原机理

光催化二氧化碳还原被认为是一种很有前途的多相催化方法，它利用阳光将二氧化碳转化为可重复使用的碳形式。通过 2 电子、4 电子、6 电子、8 电子或 12 电子过程可获得 CO、HCOOH、HCHO、CH_3OH、CH_4、C_2H_4、CH_3CH_2OH 等产物[56]。二氧化碳还原过程中可能发生的常见反应和对应的反应产物，以及对应的标准氧化还原电位见表 3-1。

表 3-1 光催化 CO_2 还原过程中可能发生的反应方程式和标准氧化还原电位

序号	反应	$E^\ominus$ (vs. NHE)/V
1	$CO_2 + 2H^+ + 2e^- \longrightarrow CO + H_2O$	−0.53
2	$CO_2 + 2H^+ + 2e^- \longrightarrow HCOOH$	−0.61
3	$CO_2 + 4H^+ + 4e^- \longrightarrow HCHO + H_2O$	−0.48
4	$CO_2 + 6H^+ + 6e^- \longrightarrow CH_3OH + H_2O$	−0.38
5	$CO_2 + 8H^+ + 8e^- \longrightarrow CH_4 + 2H_2O$	−0.24
6	$2CO_2 + 12H^+ + 12e^- \longrightarrow C_2H_4 + 4H_2O$	−0.34
7	$2CO_2 + 12H^+ + 12e^- \longrightarrow C_2H_5OH + 3H_2O$	−0.33
8	$2H^+ + 2e^- \longrightarrow H_2$	−0.41

光催化 CO_2 还原过程具体包括：①CO_2 分子吸附在光催化剂表面；②催化剂被激发，产生光生电子-空穴对；③光生电子和空穴转移至催化剂表面；④CO_2 分子在光生电子的还原作用下生成不同的产物；⑤产物从光催化剂表面脱附。对于传统的半导体光催化剂，光生电子和光生空穴分别聚集在导带和价带上，导带上的光生电子参与光催化 CO_2 还原反应[图 3-26(a)][57-59]。而在 MOFs 光催化剂中，根据分子轨道理论，价带和导带分别被定义为有机配体贡献的最高占据分子轨道(HOMO) 和金属节点贡献的最低未占分子轨道(LUMO)[60]。MOFs 材料中的有机配体可以吸收光子产生电子和空穴，然后将光生电子转移到金属节点上，称为配体-簇电荷转移(LCCT)[61]。因此，MOFs 材料具有类半导体特性。Fu 等[62]首次证实了 NH_2-MIL-125(Ti)光催化 CO_2 还原过程中的 LCCT 机理[图 3-26(b)]。

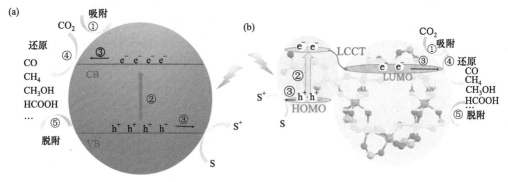

图 3-26 (a)发生在半导体光催化剂上的 CO_2 还原反应过程示意图；(b)发生在 NH_2-MIL-125(Ti)光催化剂上的 CO_2 还原反应过程示意图[62]

3.2.3 MOFs 材料应用于光催化 CO_2 还原

具有光活性的 MOFs 材料可以直接作为光催化剂或光催化剂的主体,被光激发后产生光生电荷,参与光催化 CO_2 还原反应。而不具有光活性的 MOFs 材料可以作为助催化剂与光敏剂结合或修饰其他半导体材料。此外,以 MOFs 材料作为前驱体或模板制备的衍生物在光催化 CO_2 还原领域中也备受关注。因此,MOFs 材料在光催化 CO_2 还原中可以扮演不同的角色,并发挥不同的重要作用。

1. MOFs 材料作为光催化剂

在首次使用 MOFs 材料作为光催化剂进行 CO_2 还原的工作之后[63],MOFs 材料逐渐成为一种备受青睐的光催化剂用于 CO_2 光还原。如何进一步提高其光催化性能成为关注的焦点。MOFs 材料作为光催化剂的一个非常大的优势就是易被功能化,包括其金属簇和有机配体。另外,MOFs 材料的形貌结构易于被调控。一系列实验研究已经证实,CO_2 的吸附和催化特性、光吸收特性、光生载流子的分离效率,均可以通过金属簇或有机配体的功能化及形貌结构的调控而得到调控。

1) 有机配体的功能化

功能化的有机配体为提高 MOFs 材料的光催化活性做出了巨大贡献。一方面,通过引入可见光响应好的有机配体参与 MOFs 材料的构建,从而增强催化剂对光的利用效率;另一方面,引入的有机配体中可以配位具有催化活性的金属元素,从而提供新的催化活性中心。

氨基是被最广泛使用的有机配体之一,可拓宽 MOFs 材料的光吸收范围。MIL-125-NH_2(Ti)是第一个报道的用于将 CO_2 还原为 HCOOH 的氨基改性 MOFs[62]。与纯的 MIL-125 相比,MIL-125-NH_2 不仅在可见区表现出更宽的光吸收范围[图 3-27(a)],而且还表现出增强的 CO_2 吸附能力[图 3-27(b)]。氨基功能化的有机配体吸收光产生光生电子后转移至 Ti-O 金属簇,并进行接下来的 CO_2RR[图 3-27(c)]。随后,Logan 等[64]对氨基功能化的有机配体进行了进一步改性[图 3-27(d)]。通过在配体中增加 N-alkyl 基团,光学带隙由 2.56 eV 逐渐变化到 2.29 eV,实现了光催化剂禁带宽度的可控调节。氨基功能化策略同样适用于 UiO-66 型 Zr-MOFs[65]。得到的 NH_2-UiO-66 的 TOF 值为 91.0 μmol/(g·h),是 UiO-66 的 7 倍,这得益于可见区的吸收增强。

卟啉作为具有高催化活性的光敏剂是组装 MOFs 的重要功能配体。这些基于卟啉的 MOFs 在可见区显示出广泛的吸收[66]。Xu 等证明了卟啉基 MOFs——PCN-222,在可见光照射下可以高效地光还原 CO_2[67]。PCN-222 中的深电子陷阱态有效抑制了光生电子和空穴的复合,从而使得 $HCOO^-$ 的产量在 10 h 内高达 30 μmol。

MOFs 中的卟啉分子可以被进一步金属化形成金属卟啉,提高载流子分离效率,还能增强催化剂对 CO_2 分子的吸附性能,以进一步提高其光催化性能。Liu 等首次合成 Rh-卟啉基 MOFs,被标记为 Rh-PMOF-1(Zr)[68]。被 Rh 金属功能化的卟啉基团可以作为天线吸收可见光,产生激发态电子,随后电子转移到 Zr 催化中心。此外 Rh-卟啉本身也可以作为催化中心,由 Rh 提供催化活性位点。Rh-PMOF-1(Zr)产生的 $HCOO^-$ 量在 18 h 内可达 6.1 μmol/μmol_{cat}。Zhang 等[69]将原子级分散的 Co 引入 MOFs 的卟啉基

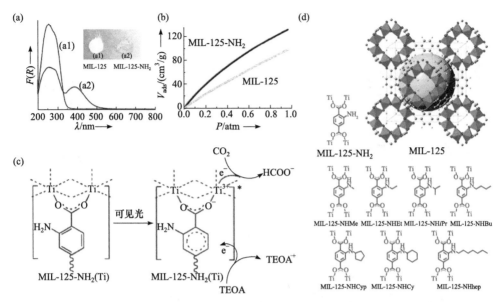

图 3-27　MIL-125 和 MIL-125-NH$_2$ 光催化剂的紫外-可见吸收光谱(a), CO$_2$ 吸附等温线(b);
(c)MIL-125-NH$_2$ 的光催化机理[62]; (d)具有不同 N-alkyl 基团的 MIL-125-NH$_2$[64]

团中,Co 成为催化活性中心。光生电子产生后由卟啉基团直接转移至 Co 催化中心,促进了光生电子与空穴的分离。与原始 MOFs 光催化剂相比,包含 Co 催化中心的卟啉基 MOFs 光催化剂的 CO 和 CH$_4$ 产率分别提高了 3.13 倍和 5.95 倍。Wang 等[70]将单 Fe 位点封装在 MOFs 卟啉环中,卟啉的光活性和 Fe 的高催化性能的协同效应使得催化剂在 24 h 内展现出 3469 μmol/g 的高 CO 产率。

金属络合物本身可以作为均相催化剂催化二氧化碳分子的还原。而在 MOFs 材料的框架中加入金属络合物已被证明是增强光催化性能的有效策略,这是由于其具有高氧化和还原能力及长寿命的激发态。掺杂到 MOFs 材料中的金属络合物表现出了多功能作用:一方面,可以提高材料对光的利用效率;另一方面,其中的金属可以提供新的催化位点,并提高催化剂的稳定性。Hmadeh 等[71]报道了一种光活性 Zr-MOF 结构,即 AUBM-4,在 MOFs 框架中加入了 Ru(cptpy)$_2$ 配合物。在催化过程中,基于光激发和快速的钌到 cptpy 的电荷转移,钌中心被 TEOA 还原,cptpy$^-$自由基阴离子将电子转移到 CO$_2$,在其附近与锆金属配位。得到的转化率[366 μmol/(g·h)]是当时文献报道的最高值。Li 等[72]利用 Ru-(dcbpy)$_2$Cl$_2$ 来修饰 MOF-253,以构建 MOF-253-Ru(dcbpy)$_2$ 光催化剂[图 3-28(a)]。Ru 催化活性中心既可以将 CO$_2$ 还原,又可以实现 THIQ 的脱氢反应。Deng 等[73]利用 Ru 和 Re 双金属配合物来改性 MOF-253,Ru 作为光敏剂,Re 作为催化活性中心,两者充分发挥协同效应提升催化活性。

将金属配合物和其他催化活性位点结合到 MOFs 材料中代表了光催化 CO$_2$ 还原的一个非常有趣的领域。Liu 等[74]报道了一种简单有效的两步自组装工艺,用于制备光敏剂和单中心催化剂共修饰的 (Co/Ru)$_n$-UiO-67(bpydc)光催化剂[图 3-28(b)]。

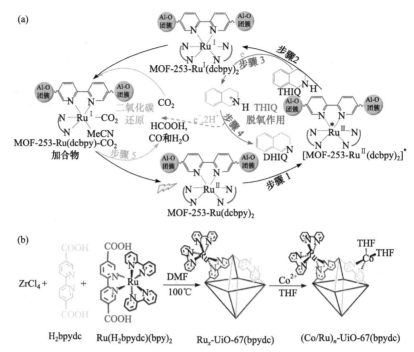

图 3-28 (a) MOF-253-Ru(dcbpy)$_2$ 光催化剂进行 CO_2 还原和 THIQ 脱氢反应的机理[72]；(b) (Co/Ru)$_n$-UiO-67(bpydc) 光催化剂的合成过程[74]

电子可以从光接收中心转移到催化活性中心，这得益于光敏剂(PSs)和催化活性中心在分子水平上的整合。该催化剂对光的利用效率得到了有效增强，同时光生载流子的分离效率得到明显提升。这项工作成功地将光敏剂和单中心催化剂共同功能化 MOFs 的应用扩展到光催化合成气生产中，在 16 h 内达到 13600 μmol/g 的高产率。Feng 等[75]将 Cu-PSs 与分子 Co 或 Re 催化剂结合共同功能化 MOFs，形成 mPT-Cu/Co 或 mPT-Cu/Re 催化剂。在 Cu-PSs 和 Re 催化中心协同作用下，对于 mPT-Cu/Re，可以获得 1328 的 CO_2RR TON 值。

金属络合物与氨基基团之间的协作也是提高 MOFs 光催化性能的有效手段。Ryu 等[76]报道了一种由 Re 金属配合物和—NH_2 功能化配体组成的 MOFs 光催化剂，记为 Re-MOF-NH_2。由于引入了—NH_2 官能团，Re 金属配合物中羰基的构型变得不对称。这有利于形成还原 CO_2 的中间体，将 CO_2 转化为 CO 的选择性为 100%。

2) 金属节点/簇的功能化

具有不同价态的金属离子可以与有机配体中的氧原子配位以形成金属氧簇或金属节点。这些金属节点/簇可以作为半导体量子点，并且可以通过光照射直接激发。此外，它们也可以捕获有机配体产生的光生电子，并通过稳定的长期低价态形成寿命更长的电荷分离态，以确保在这些电荷分离态衰变之前有足够的时间完成光催化反应。因此，对金属节点/簇进行适当的调控，对于拓宽催化剂在可见区的吸收及促进载流子分离是非常有效的。

Wang 等[77]报道了三种 Fe 基 MOFs，即 MIL-101(Fe)、MIL-53(Fe)和 MIL-88B(Fe)，

其中 Fe-O 簇可以直接被可见光激发。电子从 O^{2-} 转移到 Fe^{3+} 形成 Fe^{2+}，有足够的能力还原二氧化碳（图 3-29）。这三种 Fe 基 MOFs[MIL-101(Fe)、MIL-53(Fe) 和 MIL-88B(Fe)]还原二氧化碳为 $HCOO^-$ 的产量分别为 59.0 μmol、29.7 μmol 和 9.0 μmol。因此，尽管在 LCCT 机制不存在时，Fe 基 MOFs 也可以展现出可见光响应的光催化还原二氧化碳性能。而当有机配体被氨基功

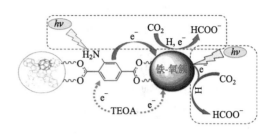

图 3-29　氨基功能化的铁基 MOFs 的双重激发路径[77]

能化后，由于双激发途径的协同作用，Fe 基 MOFs[NH_2-MIL-101(Fe)、NH_2-MIL-53(Fe) 和 NH_2-MIL-88B(Fe)]显示出增强的光催化活性（还原二氧化碳为 $HCOO^-$ 的产量分别为 178.0 μmol、46.5 μmol 和 30.0 μmol）。

对于其他大多数 Ti^{4+}、Zr^{4+} 和 Co^{2+} 基 MOFs，金属节点/簇作为催化活性中心，通过 LCCT 机制接收光生电子。可以通过金属节点/簇的调控实现载流子分离效率的提高、产物选择性的提高及反应物吸附能力的提高。研究表明，光催化 CO_2 还原的性能对于金属节点有很大的依赖性。Han 等[78]分别制备了 Ni 基和 Co 基金属有机框架单层（MOLs）。Ni MOLs 的性能明显高于 Co MOLs[图 3-30(a)]。Wang 等[79]对比了 MOF-Ni、MOF-Co 和 MOF-Cu 的光催化活性，它们具有相同的有机配体。MOF-Ni 和 MOF-Co 都展现出对 CO_2 较强的光催化还原活性。然而，MOF-Ni 展示出对 CO 产物更高的选择性催化。这是因为 Co 和 Cu 均与 CO_2 呈现出弱相互作用，而由于八面体配位中 Ni 的高自旋态，Ni 与 CO_2 分子形成强配位[图 3-30(c)]。并且 MOF-Ni 催化剂的 HER 自由能更高[图 3-30(b)]。

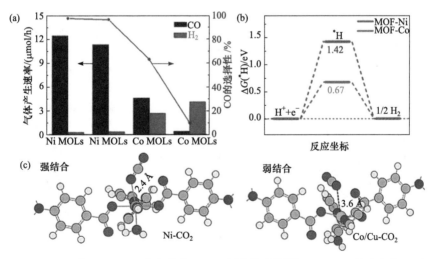

图 3-30　(a) Ni-MOLs 和 Co-MOLs 的光催化 CO_2 还原性能比较[78]；(b) HER 的自由能；(c) CO_2 在三种金属位点上的理论模型[79]

在金属节点/簇中引入另外一种金属元素被证实是提高 MOFs 催化剂光催化性能的

有效手段。Ni 可以用来取代 Co-MOF 中的部分 Co，形成双金属 CoNi-MOF，改善了 Co-MOF 选择性差的缺陷，同时保持了高的催化活性[80]。当 NH_2-MIL-125-Ti 中的部分 Ti 被 Ni 取代时，由于 Ni 的电负性比 Ti 更强，金属氧簇的电子结构得到调整[81]，电荷转移效率也因此得到提升。此外，通过控制 Ni^{2+} 的掺杂量，可以调整催化剂的禁带宽度和能带位置，从而实现产物的选择性催化[图 3-31(a)]。Tu 等[82]首次开发了一种微波辅助方法，通过阳离子交换将 Ti 引入 UiO-66 中[图 3-31(b)]。Ti 的加入改善了从光激发 BDC 到 Zr-O 簇的界面电荷转移。Dong 等[83]首次报道了一系列稳定的 Fe_2M 簇基 MOFs（NNU-31-M，M = Co、Ni、Zn）光催化剂。当 M 为金属 Zn 时，NNU-31-Zn 的 HCOOH 产率最高，为 26.3 μmol/(g·h)。由于 Fe-O 簇的存在，金属簇和光敏剂的配体都可以被激发产生光生电子和空穴。金属 Zn 接收电子还原 CO_2，金属 Fe 利用空穴氧化 H_2O 以实现在没有牺牲剂和光敏剂的条件下从 CO_2 到 HCOOH 的转化。后来 Feng 等[84]调控了 PCN-250-Fe_2M（M = Mn、Zn、Ni、Co）中的 M 金属位。PCN-250-Fe_2Mn 展示出了最优的光催化活性。第二种金属的引入促进了光生电子向活性位点的迁移及促进了二氧化碳的吸附。

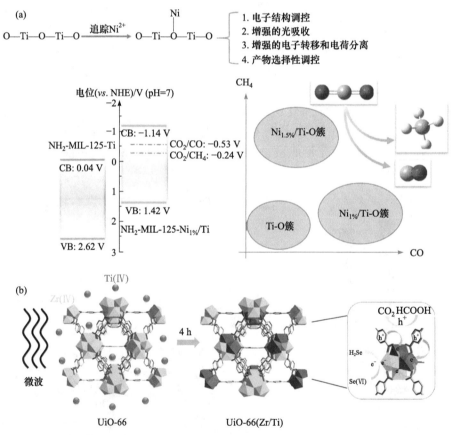

图 3-31　(a) Ni^{2+} 掺杂对能带结构和催化性能的影响示意图[81]；(b) UiO-66(Zr/Ti) 的结构和电荷转移示意图[82]

金属节点/簇中金属的存在形式是多样的，通过调控金属的存在状态也可以实现光催化性能的提升。Li 等[85]报道的 MOF-808-CuNi 光催化剂还原 CO_2 为 CH_4 的产率高达 158.7 $\mu mol/(g \cdot h)$。其中 Cu 和 Ni 以单位点形式存在，表现出动态的自适应行为以适应突变的 C_1 中间体，实现 CO_2 到 CH_4 的转化[图 3-32(a)]。关于电荷密度差异的 DFT 计算证实电子从 Zr-O 簇传输到 Cu/Ni 双金属位点对，然后与 CO_2 分子偶合[图 3-32(b)]。

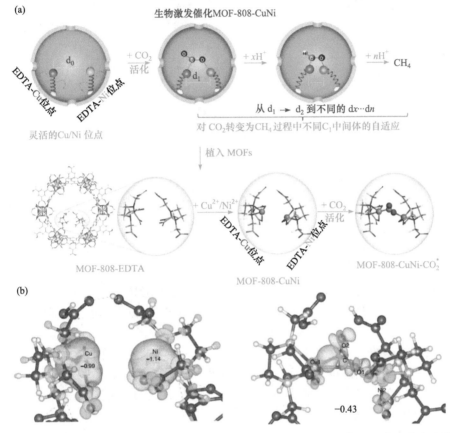

图 3-32 (a)自适应行为示意图；(b)MOF-808-CuNi 和 MOF-808-CuNi 与 CO_2 的电荷密度差异[85]

多金属氧酸盐由于较强的还原能力作为金属簇与有机配体一起构建的 MOFs 也展现出较高的光催化性能。Huang 等[86]报道了两种稳定的基于多金属氧酸盐(POM)的配位框架(POMCF)，即 NNU-13 和 NNU-14，由还原性 Zn-ε-Keggin 簇和可见光响应 TCPP 连接器构建而成[图 3-33(a)和(b)]。通过还原性 Zn-ε-Keggin 单元和 TCPP 之间的有效偶合，光生电子更容易转移到 POM 端口。因此，NNU-13 和 NNU-14 都表现出高光催化 CH_4 选择性（>96%)[图 3-33(c)和(d)]。同样，Li 等[87]合成了基于多金属氧酸盐的金属有机框架 NNU-29。由于金属氧酸盐的还原性，16 h 后 $HCOO^-$ 在水溶液中的产量达到 35.2 μmol，选择性为 97.9%。

除了最普遍的 LCCT 机制外，Yan 等[88]基于 Eu-Ru(phen)$_3$-MOF 提出了一种金属-金属电子传输机制。金属配体[Ru(phen)$_3$]产生的光生电子注入到 Eu(Ⅲ)$_2$ 簇以产生双核 Eu(Ⅱ)$_2$ 活性位点。Eu-Ru(phen)$_3$-MOF 表现出显著的可见光驱动 CO_2 到甲酸盐的转化性能，转化率为 321.9 $\mu mol/(h \cdot mmol_{MOF})$。

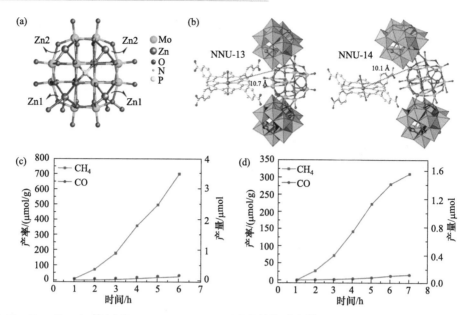

图 3-33　Zn-ε-Keggin 簇(a) 和 NNU-13、NNU-14(b) 的结构示意图；NNU-13(c) 和 NNU-14(d) 的 CO 和 CH_4 的产率和产量[86]

3) 微观形貌的调控

在光催化领域，催化剂的微观形貌和结构一直是决定其光催化性能的重要因素，这是由于微观形貌会对反应物的吸附及活性位点产生重要影响。对于光催化 CO_2 还原也不例外。

二维层状结构的材料在光催化 CO_2 还原领域已经有非常出色的表现，这是由于其有利于电荷扩散及活性位点的暴露。金属有机框架单层(MOLs)是一种新型的二维金属有机框架，最近在许多应用中崭露头角，尤其是光催化 CO_2 还原。二维结构的 MOFs 避免了体相 MOFs 光催化剂在一定程度上受限于自由基和高能中间体扩散的问题。Lan 等[89]设计了一种由 Hf12 二级构筑单元(SBUs)和$[Ru(bpy)_3]^{2+}$衍生的二羧酸盐配体复合而成的新型光敏 MOLs。光敏 MOLs 框架促进了从还原的 $PS[Ru(bpy)_3]^+$ 到 $M^I(bpy)(CO)_3X$(M = Re、Mn) 催化中心的多电子转移。Hf12-Ru-Re 系统表现出高达 8613 的 CO_2 还原 TON 值。这是第一个基于易于官能化的线形二羧酸盐配体的 MOLs。Ye 等[90]合成了 Zn-MOF 纳米片，其展现出比 Zn-MOF 体材料更强的 CO_2 吸附能力及电荷转移能力。

尽管 MOLs 在光催化 CO_2 还原中展示出巨大的应用价值，但是如何在制备二维 MOFs 的同时实现对 CO_2 分子的强吸附和活化仍然是一个巨大的挑战。Chang 等[91]引入 CO_2 分子来制造尺寸大且厚度均匀的单层 Ni-BDC 纳米片。CO_2 分子可以在 Ni 位点与配位的 H_2O 分子进行交换，打破块体材料的层间氢键，从而形成(200)晶面[图 3-34(a)]。获得的 Ni-BDC 纳米片在光催化 CO_2 到 CO 转化方面表现出高活性，产率高达 104 mmol/(g·h)，法拉第效率高达 96.8%。在光催化中，晶体材料不同的晶面具有不同的催化特性已经是被公认的。对于 MOLs 而言，Yang 等[92]首次证实了暴露(100)晶面的镍金属有机层(MOLs)(Ni-MOL-100)具有比(010)晶面高得多的光催化 CO_2-CO 活性[图 3-34(b)]。Ni-MOL-100 的 CO 产率为(11.89±0.65)mmol/g,而在 Ni-MOF 块体材料或 Ni-MOL-010 上获得的 CO 产率仅分别为(2.62±0.10)mmol/g 或(4.55±0.13)mmol/g[图 3-34(c)]。DFT 计算结果表明,在(100)晶面上,相邻 Ni 催化位点之间的适当分离降低了 CO_2 还原速率决定步骤的 ΔG 值,并且促使 CO_2 还原更容易发生在(100)晶面[图 3-34(d)]。

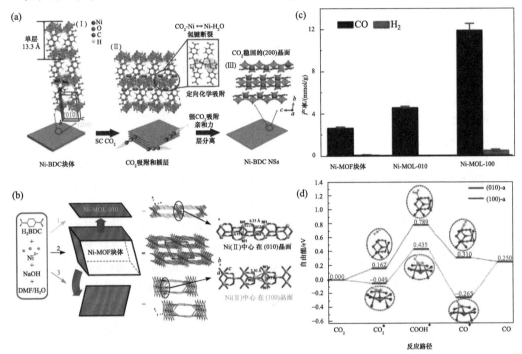

图 3-34 (a)Ni-BDC 纳米片的制备示意图[91];(b)Ni-MOF 块体材料、Ni-MOL-010 和 Ni-MOL-100 的制备示意图;(c)Ni-MOF 块体材料、Ni-MOL-010 和 Ni-MOL-100 三种催化剂的产率;(d)CO_2 还原为 CO 过程中的自由能变化[92]

MOFs 材料立体结构的调控也是实现光催化性能提升的重要策略。Guo 等[93]合成了一系列纳米级 MOFs 材料 MIL-101(Cr)-Ag 纳米颗粒,尺寸范围为 80~800 nm,并且探究了催化剂粒径大小对其光催化特性的影响规律(图 3-35)。当 MIL-101(Cr)-Ag 的尺寸减小到 80 nm 时,该催化剂表现出最高的 CO_2 光催化还原活性,CO 的产率为 808.2 μmol/(g·h),CH_4 的产率为 427.5 μmol/(g·h)。催化剂的高催化活性可归因于催化剂角落和边缘的高密度晶胞,这有利于光催化 CO_2 还原中的电子转移。

2. MOFs 材料作为光催化剂主体

更多数情况下,MOFs 作为主体材料与其他材料组成杂化复合材料作为光催化剂参与二氧化碳的还原反应。将其他具有催化活性的物种,如光活性半导体、金属纳米颗粒、量子点等与 MOFs 进行集成,使得复合材料兼具两种组分各自的优势,是获得高光催化性能的通用手段。引入的活性物质可以被封装在 MOFs 的可控空腔内,也可以与 MOFs 形成核壳结构。迄今,已经有大量的由 MOFs 组成的杂化复合光催化剂被研究。

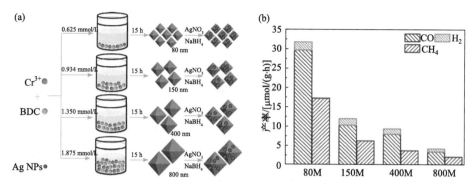

图 3-35 (a) 不同尺寸的 MIL-101(Cr)-Ag 合成示意图；(b) 不同尺寸催化剂的光催化 CO_2 还原活性[93]

1) 与半导体材料复合

MOFs 与能带结构匹配的半导体材料组合形成异质结体系，可以有效抑制光生载流子的复合。TiO_2 是一种常见的 n 型半导体材料，具有较高的稳定性、较负的导带电势、高的催化活性，因而被用来与 MOFs 构建复合材料应用于光催化 CO_2 还原。Yan 等[94]首次通过原位合成方法制备了 Co-ZIF-9/TiO_2（ZIFx/T）复合材料。得益于原位合成的策略，Co-ZIF-9 和 TiO_2 两相材料之间形成强相互作用可以有效促进电荷转移。ZIF0.03/T 经过 10 h 的光催化 CO_2 还原反应之后，可以得到 8.79 μmol CO、0.99 μmol CH_4 和 1.30 μmol H_2，高于 Co-ZIF-9 或 TiO_2 单相材料。Wang 等[95]同样利用原位生长的方法制备了 CPO-27-Mg/TiO_2 纳米复合材料。由于 DOBDC 中羧酸根基团与 TiO_2 中 Ti^{4+} 之间的配位，CPO-27-Mg 和 TiO_2 纳米球之间形成了紧密接触。CPO-27-Mg 中存在开放的碱金属位，具有较强的催化性能。所获得的 CPO-27-Mg/TiO_2 纳米复合材料表现出显著增强的性能，在照射 10 h 后 CO 产率为 40.9 μmol/g，CH_4 产率为 23.5 μmol/g。Crake 等[96]合成了具有双功能的 TiO_2/NH_2-UiO-66 复合材料，结合了 NH_2-UiO-66 的强吸附特性和 TiO_2 的催化性能。光生电子转移至 TiO_2 上参与还原反应，光生空穴转移至 NH_2-UiO-66，光生载流子得到了有效分离。后来，Crake 等[97]又在 TiO_2 纳米纤维上制备了 NH_2-UiO-66 形成纳米复合材料，指出 MOFs 诱导 TiO_2 发生能带弯曲，促进电荷分离。Wang 等[98]用 TiO_2 修饰 CuTCPP 功能化的 UiO-66 制备了 CuTCPP⊂UiO-66/TiO_2（CTU/TiO_2）复合材料，可见光的利用率及光生电荷的分离效率都得到了有效提升。还可以通过改善 TiO_2 颗粒的分布，提供更多有效的活性位点。He 等[99]首次通过快速气溶胶策略合成了 HKUST-1/TiO_2 微米级复合材料，该复合材料展示出好的结晶度、高光稳定性及增强的 CO_2 光还原性能。Pipelzadeh 等[100]合成了核壳结构 ZIF-8/TiO_2 纳米材料，这种形貌结构对于 ZIF-8 吸附 CO_2 和随后的 TiO_2 原位光催化还原起重要作用。为了应对 CO_2 吸附性差的问题，Maina 等[101]使用快速热沉积（RTD）策略将 TiO_2 和 Cu-TiO_2 纳米颗粒封装在 ZIF-8 膜内，形成一种膜式反应器[图 3-36(a)]。通过 Cu-TiO_2/ZIF-8 光催化剂可以获得 (29.7±1.3) ppm 的 CO 和 (31.3±3.4) ppm 的 CH_4。增强的光催化性能得益于 TiO_2 催化特性与 ZIF-8 吸附特性的协同效应。Zhou 等[102]将叶状 ZIF（ZIF-L）生长在树枝状二氧化钛/碳（TiO_2/C）纳米纤维上[图 3-36(b)]。在该体系中，丰富的活性位点的暴露、增强的太阳能的捕获、强的二氧化碳吸附能力均可以实现。在不使用牺牲剂的情况下，在

TiO$_2$/C@ZnCo-ZIF-L 催化剂上实现了 28.6 μmol/(h·g) 的 CO 生成率和 99% 的选择性。Wang 等[103]设计了 Z 型 PCN-224(Cu)/TiO$_2$ 复合材料[图 3-36(c)]。PCN-224(Cu)/TiO$_2$ 上的 CO 释放速率可达 37.21 μmol/(g·h)，高于 PCN-224(Cu)[3.72 μmol/(g·h)]和纯 TiO$_2$[0.82 μmol/(g·h)]。金属卟啉基 MOFs 的存在增强了可见光的吸收，再者 Z 型机制促进了光生载流子的分离，并且保留了转移至 PCN-224(Cu)上的光生电子较强的还原能力。

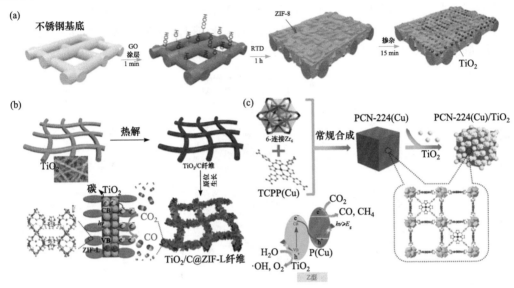

图 3-36　(a)TiO$_2$/ZIF-8 薄膜的制备流程示意图[101]；(b)叶状 TiO$_2$/C@ZIF-L 的组装示意图[102]；
(c)PCN-224(Cu)/TiO$_2$ 的制备示意图[103]

石墨相氮化碳由于独特的二维结构已经在光催化二氧化碳还原中引起广泛关注。但是由于较差的可见光吸收效率及较高的载流子复合效率，其光催化效率仍然不够理想。MOFs 与 g-C$_3$N$_4$ 的结合既可以利用 MOFs 可功能化的特性来改善可见光的利用问题，又可以利用两者之间形成的异质结构来提高光生载流子的分离效率。Liu 等[104]将 ZIF-8 与 g-C$_3$N$_4$ 结合在一起，复合材料的光催化 CH$_3$OH 产率达到 0.75 mol/(h·g)。Xu 等[105]将 g-C$_3$N$_4$ 纳米片组装在 BIF-20 的表面。BIF-20 中有暴露出来的丰富的 B—H 键，可以吸附二氧化碳并活化，同时 g-C$_3$N$_4$ 产生的电子可以快速转移到 B—H 键，有效抑制载流子复合。Han 等[106]设计了 TPVT-MOFs/g-C$_3$N$_4$ 复合光催化剂，在催化反应过程中，通过将反应分离在不同的位点进行，从而提高光生载离子的分离效率。二氧化碳的还原反应发生在 g-C$_3$N$_4$ 中的三嗪环及 C=C，而水的氧化反应发生在 MOFs 中的金属位点及苯甲酸。

MOFs 常见的除了与二氧化钛和氮化碳相结合之外，目前为止还出现了少部分针对 MOFs 与其他半导体构建复合材料的研究，如导电性能良好的 rGO[107]、可见光响应佳的 BiVO$_4$[108]、催化性能佳的 CdZnS[109]和 Zn$_2$GeO$_4$[110]，或者构建三元复合结构[111]。

2) 与金属纳米颗粒复合

由于局域表面等离子体共振(LSPR)效应，金、银、铂等金属在光催化体系中可以吸收可见光被激发，与 MOFs 材料进行复合后，可以有效提高可见光的吸收利用效率。Choi 等[112]首先制备了 Re 复合光敏剂功能化的 UiO-67、Re_n-MOF，然后将 Re_n-MOF 负载在 Ag 纳米立方体上，形成 Ag⊂Re_n-MOF 复合材料[图 3-37(a)和(b)]。由于等离子体 Ag 纳米立方体周围的增强电磁场，复合材料在可见区展现出明显的吸收特性[图 3-37(c)]。与纯 Re_3-MOF 相比，得到的 Ag⊂Re_3-MOF-16 nm 光催化 CO_2 转化为 CO 的活性提高了 7 倍[图 3-37(d)]。Han 等[113]制备了几种贵金属修饰的 MOFs 光催化剂，即 Au@Pd@MOF-74、Pt/MOF-74 和 Pt/Au@Pd@MOF-74[图 3-37(e)]。核壳结构 Au@Pd 被封装到 MOF-74 纳米梭中以控制 MOF-74 的形貌。Pt 纳米颗粒被负载到 MOF-74 的表面上。不同的光催化剂表现出针对不同产物的选择性催化[图 3-37(f) 和 (g)]。因此，这项

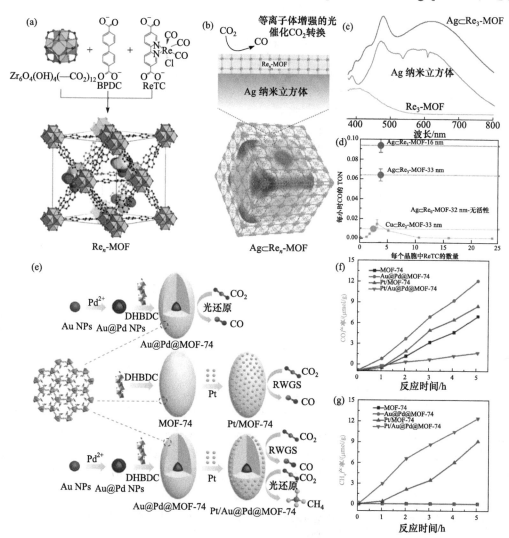

图 3-37 (a) Re_n-MOF 的合成示意图；(b) Ag⊂Re_n-MOF 的结构示意图；(c) 不同光催化剂的紫外-可见吸收光谱；(d) 不同光催化剂的 CO_2 还原活性[112]；(e) Au@Pd@MOF-74、Pt/MOF-74 和 Pt/Au@Pd@MOF-74 的制备流程图；不同催化剂的 CO(f) 和 CH_4 产率(g)[113]

工作提出了一种有前景的新策略，用于制备为获得所需的 CO_2 转化产物而量身定制的催化剂。Chen 等[114]利用 Au NPs 来修饰 PPF-3 纳米片，所得 Au/PPF-3 的光催化效率比未修饰 Au NPs 的 PPF-3 高约 5 倍。

3) 与其他活性物质复合

MOFs 与卤化物钙钛矿的结合不但可以提高钙钛矿材料的稳定性，而且两者之间的紧密接触还促进了光生电子的转移。Kong 等[115]将 ZIF-8 或 ZIF-67 包覆在 $CsPbBr_3$ 表面，形成核壳结构的 $CsPbBr_3$@ZIF-8 和 $CsPbBr_3$@ZIF-67。$CsPbBr_3$@ZIF-8 和 $CsPbBr_3$@ZIF-67 复合催化剂表现出增强的 CO_2 还原活性，电子消耗率分别为 15.498 $\mu mol/(g \cdot h)$ 和 29.630 $\mu mol/(g \cdot h)$，高于任意单一组分。Wu 等[116]通过顺序沉积路线将 $CH_3NH_3PbI_3$（$MAPbI_3$）钙钛矿量子点封装在基于铁卟啉的 MOFs PCN-221(Fe) 的孔隙中。$MAPbI_3$@PCN-221(Fe_x) 复合光催化剂的 CO_2 还原产率显著提高，比相应的 PCN-221(Fe_x) 高 25～38 倍。Yu 等[117]将 NH_2-MIL-125 和 NTU-9 组合在一起形成 NH_2-MIL-125@NTU-9 混合物，结合了 NH_2-MIL-125 对 CO_2 的强吸附特性及 NTU-9 的光敏效应。Zheng 等[118]制备了二维超薄卟啉 MOFs(PMOF)，并将零维氮化碳量子点(g-CNQDs)修饰在其层间，大大缩短了光生载流子和气态反应底物由 g-CNQDs 到 Co 催化位点的迁移路径。Chen 等[119]将一种固定化酶(甲酸脱氢酶)封装在 Zr 基 MOFs NU-1006 中。固定化酶利用还原的辅酶以 24 h 内约 $865h^{-1}$ 的高转换频率从 CO_2 选择性地生成甲酸。

3. MOFs 材料作为助催化剂

不能被光激发的 MOFs 材料可以与光敏剂合作，作为助催化剂来传递光敏剂产生的电子并提供还原反应的活性位点。因此，当 MOFs 材料作为助催化剂时，其电荷转移率、二氧化碳的吸附能力及活性位点的活性是限制光催化效率的决定性因素。二氧化碳分子的吸附能力与助催化剂的微观形貌息息相关。Wang 等[120]证实了二维叠层结构的 ZIF-67 的催化性能优于菱形十二面体形貌的 ZIF-67，这是因为二维叠层结构有利于二氧化碳分子的吸附。Zhu 等[121]制备了导电的二维 MOFs $Ni_3(HITP)_2$ 作为助催化剂与 Ru 基光敏剂形成光催化系统用于二氧化碳还原[图 3-38(a)]。催化剂的高导电性促进了电子的迁移，并且 $Ni-N_4$ 催化位点具有高吸附性能及高活性，因此在 3 h 内实现了 3.45×10^4 $\mu mol/(g \cdot h)$ 的高 CO 产率和 97% 的高选择性。Deng 等[122]通过 ZIF-67 的溶剂热转化合成了中空结构 Co-MOF-74[图 3-38(b) 和(c)]。中空结构的形成源于 ZIF-67 和 Co-MOF-74 两者之间 Co 密度的差异。中空结构不但可以暴露更多的活性位点，而且为催化反应和产品分离提供密闭空间。中空 Co-MOF-74 的助催化活性是传统 MOF-74 的 1.8 倍。

MOFs 中的金属簇是主要的催化活性位点。由于过渡金属优异的催化活性，以过渡金属作为金属簇构建的 MOFs 被广泛用作助催化剂。Guo 等[123]制备了双金属 Ni/Mg-MOF-74 作为助催化剂，其结合了 Mg 位点对二氧化碳分子的强结合亲和力及 Ni 位点的高催化活性。在 Ni^{2+} 和 Mg^{2+} 的协同作用下，降低了 *OCOH 中间体的形成能垒。$Ni_{0.75}Mg_{0.25}$-MOF-74 作为助催化剂时，$HCOO^-$ 的产率高达 0.64 $mmol/(h \cdot g_{MOF})$。此外，以 Co 的多种形式作为金属簇构建的 MOFs 也展现出优异的助催化特性。Qin 等[124]制备了十二面体的 Co 基 ZIF-67。由于 Co 物种在空间上受咪唑基限制的优异电子介导功能，ZIF-67

助催化剂对 CO_2 光还原催化的促进作用优于其他典型的 MOFs。Zhao 等[125]合成了一种具有高核 Co(Ⅱ)簇的新型柱状层多孔金属有机框架(Co6-MOF)，辐照 3 h 后产生约 39.36 μmol CO 和 28.13 μmol H_2。这是用于 CO_2 还原的高核 MOFs 的第一个例子。

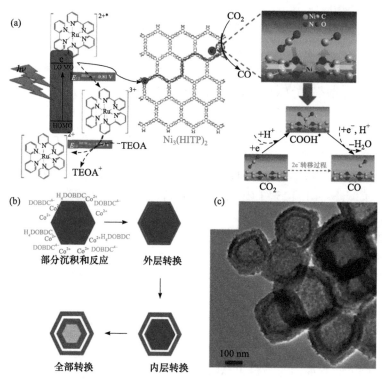

图 3-38　(a)Ni_3(HITP)$_2$ 光催化 CO_2 还原为 CO 的机理图[121]；中空 Co-MOF-74 的制备示意图(b) 和 TEM 图(c)[122]

3.2.4　MOFs 衍生物应用于光催化 CO_2 还原

MOFs 材料不仅可以直接应用在光催化领域，还可以作为模板或牺牲剂来制备金属、碳材料、金属化合物等纳米材料，被称为 MOFs 衍生物。这些衍生物继承了母本的形貌结构，因此大的比表面积和高的孔隙率等优势得以保留，同时，又提高了稳定性与电导率。这些优势对于二氧化碳分子的吸附与催化反应也是非常有利的。此外，由于 MOFs 材料较高的可调控性，通过设计多样的 MOFs 同时结合不同的热处理手段，MOFs 衍生的纳米材料的化学组成可以被很好地调控，使得 MOFs 衍生物也具有多样性。因此，近几年也涌现出了一些利用衍生自 MOFs 的纳米材料来进行光催化二氧化碳还原的相关研究。

MOFs 衍生物一般由 MOFs 通过热解而获得。MOFs 前驱体在空气中通过简单的热退火可以得到对应的金属氧化物。Yan 等[126]通过将 $ZnMn_2$-ptcda MOFs 前驱体在空气气氛中 450℃下煅烧 2 h 制备了 $ZnMn_2O_4$ 光催化剂。此外，通常通过调控退火过程，可以实现对衍生物形貌的调控。Wang 等[127]发现 ZIF-8 前驱体经过一步退火形成的是无孔隙 ZnO。为了获得多孔材料，而有利于二氧化碳分子的吸附，两步退火法被采用。核壳结构 ZIF-8@ZIF-67 前驱体在 N_2 气氛下 400℃热解 2 h，然后在空气气氛下 400℃煅烧 2 h 后得到多孔 ZnO@Co_3O_4[图 3-39(a)和(b)]。得益于有利的多孔结构，ZnO@Co_3O_4 上 CH_4 的生成率为 0.99 μmol/(g·h)，是商业 ZnO 的 66 倍。同时，Co_3O_4 有效防止了 ZnO 的光腐蚀。Wang 等[128]以 ZIF-67 为模板，通过顺序模板法合成了中空多壳 (HoMSs)Co_3O_4 [图 3-39(c)和(d)]。ZIF-67 中 Co 原子的拓扑排列更倾向于诱导 Co_3O_4 HoMSs 中(111)晶面的形成。并且为了更好地暴露(111)晶面，采用较慢的升温速率 (0.5℃/min)和较小的氧分压(10%)等温和的实验条件，成功获得了四层壳(QS)Co_3O_4 HoMSs。QS-Co_3O_4 的 CO 产率达到 46.3 μmol/(g·h)，是 Co_3O_4 纳米颗粒的 5 倍左右。Chen 等[129]为了获得超薄多孔 Co_3O_4 纳米片，首先对前驱体 ZIF-67 进行了离子辅助溶剂热预处理，得到了 Co-MOF 纳米片。然后通过煅烧 Co-MOF 纳米片获得超薄多孔 Co_3O_4 纳米片。

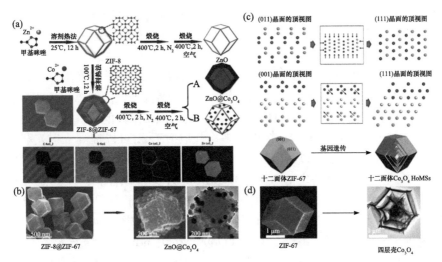

图 3-39 (a)ZnO 和 ZnO@Co_3O_4 多面体制备示意图；(b)ZIF-8@ZIF-67 前驱体和 ZnO@Co_3O_4 的 SEM 和 TEM 图[127]；(c)ZIF-67 的(001)、(011)和 Co_3O_4 的(111)晶面中 Co 原子的空间分布；(d)ZIF-67 前驱体和 QS-Co_3O_4 HoMSs 的 TEM 图[128]

除了金属氧化物外，金属硫化物在光催化二氧化碳还原领域中也备受青睐。利用 MOFs 材料在高温环境中不能稳定的特质，硫元素会替代 MOFs 材料中的有机配体，实现与中心金属或金属簇进行配位，从而形成硫化物。Wang 等[130]利用水热法在额外提供的含硫环境中将前驱体 MIL-68 转化为 In_2S_3，并通过进一步的阳离子交换，形成 In_2S_3-CdIn_2S_4 中空纳米管复合材料(图 3-40)。

对于 MOFs 衍生的光催化剂而言，CO_2 分子的捕获仍然是光催化过程中的关键步骤。鉴于大气中较低的 CO_2 浓度，Li 等[131]利用聚多巴胺对衍生自 Zn/Co-ZIFs 的 ZnO/Co_3O_4 光催化剂进行改性，使其对 CO_2 分子的吸附作用有了明显提升，从而利于接下来的催化反应。Han 等[132]揭示了 CO_2 吸附和还原之间关系的原子级见解，制备了两种同构尖晶石氧化物空心十二面体纳米笼(NiCo_2O_4 和 MgCo_2O_4)。NiCo_2O_4 中的 Ni 位点可以很好地吸附 CO_2 分子，并且顺利地进行接下来的还原反应。然而，MgCo_2O_4 中

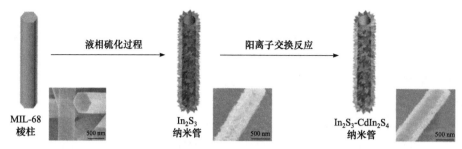

图 3-40　分级 In_2S_3-$CdIn_2S_4$ 异质结构纳米管的制备过程示意图及对应的 SEM 图[130]

的 Mg 位点仅可以吸附 CO_2 分子并不具有催化活性。结果表明，只有主动吸附，即吸附的 CO_2 能参与后续的还原，才能加速整个反应，特别是在稀释的 CO_2 中。

为了提高 MOFs 衍生物的光催化性能，研究者们已经做出了很多努力，如负载金属纳米颗粒[133]、合成半金属特性的纳米材料[134]、构建 p-n 异质结复合材料[135,136]、调控前驱体中的有机配体[137]等都被证实可以有效提高 MOFs 衍生物对 CO_2 分子的光催化还原性能。

实际上，通过形貌调控及组分的控制，可以实现 CO_2 分子的吸附特性、光吸收特性及活性位点的同时调控。例如，在光催化中，中空结构不但能够缩短体相至表面的扩散距离以加速电子与空穴分离，而且提供了较大表面积及丰富的活性位点，促进表面吸附和催化反应。与此同时，中空结构内的多次光散射/反射可以提高入射光利用率。因此，中空结构对于光催化 CO_2 还原也是非常有利的形貌结构。Zhao 等[138]以 MIL-68@ZnCo-ZIF 作为模板制备空心 C-In_2O_3@$ZnCo_2O_4$ 异质结[图 3-41(a)]。C-In_2O_3 和 $ZnCo_2O_4$ 之间合适的能带匹配和有效的内部电荷转移有利于电子-空穴对的分离。由于分层结构，更多的活性位点被暴露以促进 CO_2 的吸附/活化[图 3-41(b)]。腔内的多次反射和散射改善了光捕获行为。因此，C-In_2O_3@$ZnCo_2O_4$ p-n 异质结光催化 CO_2 还原为 CO 的产率高达 44.1 $\mu mol/(g \cdot h)$，选择性为 66%[图 3-41(c)]。Yang 等[139]制备了多维异质结构 In_2S_3-$CuInS_2$ 光催化剂将 CO_2 转化为 CO。在空心结构与异质结的协同作用下，In_2S_3-$CuInS_2$ 在可见光照射下表现出优异的活性，CO 产率为 19.0 $\mu mol/(g \cdot h)$。类似地，Lou 等[140]制备的 $ZnIn_2S_4$-In_2O_3 分级管状异质结构光催化剂兼顾了结构优势与成分优势，表现出出色的 CO_2 脱氧性能，具有相当高的 CO 产率[3075 $\mu mol/(h \cdot g)$]和高稳定性。

不难发现，在这些中空复合材料中大多数都存在着分级结构，这对光生载流子的转移、CO_2 分子的吸附和催化都是非常有利的。Wang 等[141]通过两步阳离子交换反应合成分级 $FeCoS_2$-CoS_2 双壳纳米管(DSNTs)[图 3-42(a)]。显然，这两层壳都是由超薄二维纳米片组装而成的[图 3-42(b)]，缩短了光生载流子由体相到表面的扩散长度。此外，这种混合结构可以暴露丰富的活性位点以增强 CO_2 吸附和表面依赖性氧化还原反应，并通过复杂的内部光散射更有效地收集入射太阳辐射。因此，这些分级的 $FeCoS_2$-CoS_2 双壳纳米管表现出优异的活性，具有 28.1 $\mu mol/h$(每 0.5 mg 催化剂)的高 CO 产率和光催化 CO_2 还原的高稳定性[图 3-42(c)和(d)]。

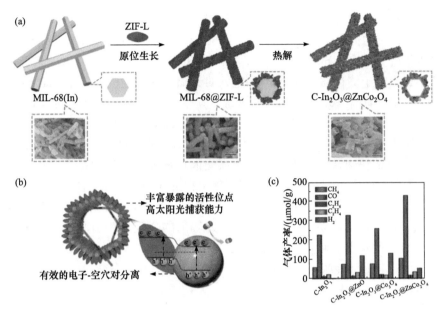

图 3-41 (a)空心 C-In$_2$O$_3$@ZnCo$_2$O$_4$ 异质结的制备示意图和对应的 SEM 图；(b)空心 C-In$_2$O$_3$@ZnCo$_2$O$_4$ p-n 异质结光催化 CO$_2$ 还原机理示意图；(c)H$_2$、CO 和碳氢化合物在不同光催化剂上的产率比较[138]

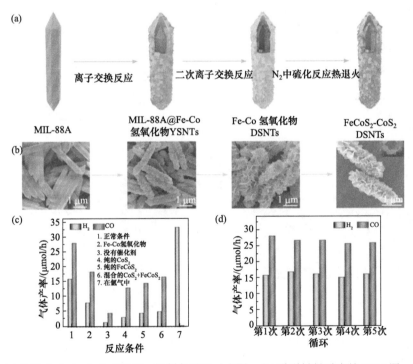

图 3-42 (a)分层 FeCoS$_2$-CoS$_2$ DSNTs 的制备过程示意图；(b)系列材料对应的 SEM 图；(c)不同反应条件下 CO$_2$ 的还原产率；(d)FeCoS$_2$-CoS$_2$ DSNTs 的稳定性测试[141]

由于在 MOFs 前驱体中含有大量的有机配体，因此通过合理的热处理，碳元素极易在衍生物中得以保留并形成碳材料。由于良好的导电性，这些碳材料在 MOFs 衍生物中可以起到良好的促进电子转移的作用。Hu 等[142]使用经典的 MOFs 材料 HKUST-1 作为前驱体制造了三组分异质结 C-Cu_{2-x}S@g-C_3N_4[图 3-43(a)]。Cu_{2-x}S 纳米管表面涂有碳层，碳层充当电子储存器以促进电子-空穴对分离。优化后的 C-Cu_{2-x}S@g-C_3N_4 作为 CO_2 还原光催化剂具有 1062.6 μmol/g 的高反应性和 97% 的选择性[图 3-43(b)]。Zhao 等[143]以 Co-MOF-74 片为前驱体合成了光敏多孔金属和磁性 Co-C 复合材料。Co 作为活性中心来活化吸附的 CO_2 分子，表面的石墨碳用来传递电子，可实现电子由光敏剂到 Co 催化中心的快速注入。而且这种金属光催化剂表现出长期稳定性和易磁回收能力。衍生物中保留的碳材料还可以在一定程度上促进 CO 产物的解吸附。Zhang 等[144]制备了 MIL-101(Fe)衍生的 Fe@C 催化剂，该催化剂由 <10 nm 的铁芯和超薄碳层组成[图 3-43(c)]。在该催化体系中，可见光和红外辐射的强吸附会引起显著的热效应来驱动反应。铁纳米颗粒上的碳壳可以显著促进 CO 从催化剂表面脱附，从而提高对 CO 的反应选择性。在 Fe@C 上实现了高于 99.9% 的 CO 选择性和最高催化活性 (55.75 μmol/min)[图 3-43(d)]。

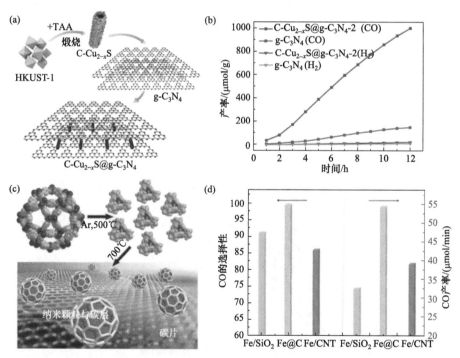

图 3-43 (a) C-Cu_{2-x}S@g-C_3N_4 复合材料的制备示意图；(b) 不同催化剂上 CO 和 H_2 的产率[142]；(c) 核壳结构 Fe@C 的制备示意图；(d) 不同催化剂的光致热催化 CO_2 转化性能[144]

在 CO_2 还原的产物中，C_2 或 C_3 等高附加值化学燃料是更被期待得到的。而通过催化剂的合理调控，可以实现这些被期待的高价值碳氢化合物的高选择性产出。p-ZnO 通过有氧热处理 ZIF-8 前驱体得到[145]。p-ZnO 上光催化 CO_2 还原的产物只有 CO[图 3-44(a)]。然而，对于由掺杂铜的 ZIF-8(Cu-ZIF-8)经过相同热解过程衍生获得的 CuO_x@p-ZnO 催化剂，CO 的产率几乎翻了一番。更有趣的是，碳氢化合物 CH_4 和 C_2H_4，产率分别为 2.2 μmol/(g·h) 和 2.7 μmol/(g·h)[图 3-44(b)]。在原来的复合催化剂中，Cu 主要以 CuO 的形式存在，而经过光催化反应后，则在 CuO 基体上形成了独特的 Cu^+ 表面层。这种结构已被证明对于捕获原位产生的 CO 和随后的催化 C-C 偶联以产生 C_2H_4 至关重要[图 3-44(c) 和 (d)]。Li 等[146]合成了衍生自 MIL-125(Ti) 的掺杂的 TiO_2。1% Cu 掺杂的 TiO_2 产物主要是 CO 和 CH_4，产量分别为 135.94 μmol 和 127.05 μmol[图 3-44(e)]。有趣的是，当 Co 和 Cu 共掺杂到 TiO_2 中时，C_2H_6 成为主要产物，产量为 267.60 μmol，同时也检测到了 C_3H_8[图 3-44(f)]。这是因为甲基自由基在钴离子表面产生并富集，导致产生 C_{2+} 烃。

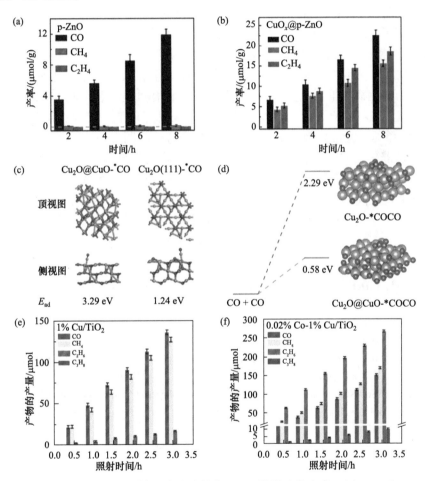

图 3-44　p-ZnO(a) 和 CuO_x@p-ZnO(b) 上发生光催化 CO_2 还原的产物产率；(c) Cu_2O 和 Cu_2O@CuO 表面 *CO 吸附能理论计算的结构模型；(d) Cu_2O 和 Cu_2O@CuO 的 C-C 偶联步骤的第一性原理计算，粉色：Cu，红色：O，灰色：C[145]；1% Cu/TiO_2(e) 和 0.02%Co-1% Cu/TiO_2(f) 催化剂的产物的产量[146]

MOFs 衍生物还可以作为助催化剂，在光敏剂存在的条件下，提供活性位点来催化二氧化碳的还原。Mu 等[147]以双金属 Zn/Co-ZIF 作为前驱体合成了一系列碳化钴复合材料。Co 作为主要的活性位点，接收来自光敏剂的电子，与二氧化碳发生还原反应。框架中 Zn 的存在可以有效抑制 Co 在热解过程中的聚集。因此，可以通过调节 Zn/Co 比例来调节 Co 活性位点的大小。

3.2.5 小结

由于固有的结构优势和可调节的化学性质，MOFs 材料近年来被广泛应用于光催化 CO_2 还原。正如本章所述，MOFs 材料可以用作主要的光催化剂。它们的特性可以通过调整有机配体和金属中心，或者甚至将这两种方法结合起来以此提高光收集器的效率和最大化活性。此外，MOFs 材料还可以与其他活性物质偶联形成复合材料，或作为助催化剂与光敏剂协同作用。这充分展示了 MOFs 材料的多功能性。

然而，现阶段 MOFs 光催化剂仍面临巨大的挑战。MOFs 光催化剂在极端条件下很容易失活。为了解决这个问题，MOFs 被用作前驱体或模板来制备衍生物，这也是其重要应用之一。然而，迄今，关于 MOFs 衍生物应用于光催化 CO_2 还原的研究相对较少。因此，MOFs 衍生物在光催化 CO_2 还原中仍有广阔的发展前景。此外，MOFs 衍生的单原子作为衍生物的重要成员，表现出优异的电催化性能。鉴于此，MOFs 衍生的单原子在光催化 CO_2 还原方面也具有巨大的潜力和研究价值。如何在温和条件下制备 MOFs 衍生的单原子光催化剂将是研究人员需要思考的问题之一。

此外，光催化剂的回收利用一直是影响其产业化的关键因素之一。磁性 MOFs 光催化剂和磁性 MOFs 衍生物是未来的发展趋势之一。开发磁性材料的难点在于平衡磁性和光催化活性之间的关系。在膜上负载光催化剂形成膜反应器也是解决催化剂回收问题的理想方法。这是一种很有前途的 CO_2 转化策略，需要未来更多地研究。

参 考 文 献

[1] Kudo A, Miseki Y. Heterogeneous photocatalyst materials for water splitting. Chem Soc Rev, 2009, 38(1): 253-278.

[2] Nasalevich M, Van der Veen M, Kapteijn F, et al. Metal-organic frameworks as heterogeneous photocatalysts: advantages and challenges. CrystEngComm, 2014, 16(23): 4919-4926.

[3] Horiuchi Y, Toyao T, Saito M, et al. Visible-light-promoted photocatalytic hydrogen production by using an amino-functionalized Ti(Ⅳ) metal-organic framework. J Phys Chem C, 2012, 116(39): 20848-20853.

[4] Shi D, Zheng R, Sun M J, et al. Semiconductive copper(I)-organic frameworks for efficient light-driven hydrogen generation wthout additional photosensitizers and cocatalysts. Angew Chem Int Ed, 2017, 56(46): 14637-14641.

[5] Silva C G, Luz I, Llabrés i Xamena F X, et al. Water stable Zr-benzenedicarboxylate metal-organic frameworks as photocatalysts for hydrogen generation. Chem Eur J, 2010, 16(36): 11133-11138.

[6] Chen D S, Xing H Z, Wang C G, et al. Highly efficient visible-light-driven CO_2 reduction to formate by a new anthracene-based zirconium MOF via dual catalytic routes. J Mater Chem A, 2016, 4(7): 2657-2662.

[7] Xiao J D, Shang Q S, Xiong Y J, et al. Boosting photocatalytic hydrogen production of a metal-organic framework decorated with platinum nanoparticles: the platinum location matters. Angew Chem Int Ed, 2016, 55(32): 9389-9393.

[8] Zhen W L, Ma J T, Lu G X. Small-sized Ni(111) particles in metal-organic frameworks with low overpotential for visible photocatalytic hydrogen generation. Appl Catal B: Environ, 2016, 190(5): 12-25.

[9] Sun K, Liu M, Pei J Z, et al. Incorporating transition metal phosphides into metal-organic frameworks for enhanced photocatalysis. Angew Chem Int Ed, 2020, 59(50): 22749-22755.

[10] Subudhi S, Swain G, Tripathy S. UiO-66-NH$_2$ metal-organic frameworks with embedded MoS$_2$ nanoflakes for visible-light-mediated H$_2$ and O$_2$ evolution. Inorg Chem, 2020, 59(14): 9824-9837.

[11] Pan Y T, Qian Y Y, Zheng X S, et al. Precise fabrication of single-atom alloy co-catalyst with optimal charge state for enhanced photocatalysis. Natl Sci Rev, 2021, 8(1): 14637-14641.

[12] Youngblood W J, Lee S H A, Maeda K, et al. Visible light water splitting using dye-sensitized oxide semiconductors. Acc Chem Res, 2009, 42(12): 1966-1973.

[13] Shi J W, Chen F, Hou L L, et al. Eosin Y bidentately bridged on UiO-66-NH$_2$ by solvothermal treatment towards enhanced visible-light-driven photocatalytic H$_2$ production. Appl Catal B: Environ, 2021, 280: 119385-119395.

[14] Stoll T, Castillo C E, Kayanuma M, et al. Photo-induced redox catalysis for proton reduction to hydrogen with homogeneous molecular systems using rhodium-based catalysts. Coord Chem Rev, 2015, 304-305(1): 20-37.

[15] Manbeck G F, Brewer K J. Photoinitiated electron collection in polyazine chromophores coupled to water reduction catalysts for solar H$_2$ production. Coord Chem Rev, 2013, 257(9/10): 1660-1675.

[16] Wang C, De Krafft K E, Lin W B. Pt nanoparticles@photoactive metal-organic frameworks: efficient hydrogen evolution via synergistic photoexcitation and electron injection. J Am Chem Soc, 2012, 134(17): 7211-7214.

[17] Zhou T H, Du Y H, Borgna A, et al. Post-synthesis modification of a metal-organic framework to construct a bifunctional photocatalyst for hydrogen production. Energy Environ Sci, 2013, 6(11): 3229-3234.

[18] Nasalevich M A, Becker R, Ramos-Fernandez E V, et al. Co@NH$_2$-MIL-125(Ti): cobaloxime-derived metal-organic framework-based composite for light-driven H$_2$ production. Energy Environ Sci, 2015, 8(1): 364-375.

[19] Zhang Z M, Zhang T, Wang C, et al. Photosensitizing metal-organic framework enabling visible-light-driven proton reduction by a wells-dawson-type polyoxometalate. J Am Chem Soc, 2015, 137(9): 3197-3200.

[20] Xu Q L, Zhang L Y, Yu J G, et al. Direct Z-scheme photocatalysts: principles, synthesis, and applications. Mater Today, 2018, 21(10): 1042-1063.

[21] Zhang L Y, Zhang J J, Yu H G, et al. Emerging S-scheme photocatalyst. Adv Mater, 2022, 34(11): 2107668-2107681.

[22] Aguilera-Sigalat J, Bradshaw D. Synthesis and applications of metal-organic framework-quantum dot (QD@MOF) composites. Coord Chem Rev, 2016, 307(2): 267-291.

[23] Sohail M, Kim H, Kim T W. Enhanced photocatalytic performance of a Ti-based metal-organic framework for hydrogen production: hybridization with ZnCr-LDH nanosheets. Sci Rep, 2019, 9: 7584-7594.

[24] Ren Z H, Zhang X H, Shi X F, et al. Optimization of the NH$_2$-UiO-66@MoS$_2$ heterostructure for enhanced photocatalytic hydrogen evolution performance. New J Chem, 2023, 47(22): 10506-10513.

[25] He J, Yan Z, Wang J, et al. Significantly enhanced photocatalytic hydrogen evolution under visible light over CdS embedded on metal-organic frameworks. Chem Commun, 2013, 49(60): 6761-6763.

[26] Lin X Y, Li Y H, Qi M Y, et al. A unique coordination-driven route for the precise nanoassembly of metal sulfides on metal-organic frameworks. Nanoscale Horiz, 2020, 5(4): 714-719.

[27] Ran Q, Yu Z, Jiang R, et al. Path of electron transfer created in S-doped NH$_2$-UiO-66 bridged

ZnIn$_2$S$_4$/MoS$_2$ nanosheet heterostructure for boosting photocatalytic hydrogen evolution. Catal Sci Technol, 2020, 10(8): 2531-2539.

[28] Li D, Yu S H, Jiang H L. From UV to near-infrared night-responsive metal-organic framework composites: plasmon and upconversion enhanced photocatalysis. Adv Mater, 2018, 30(27): 1707377-1707383.

[29] Wang Y, Zhang Y, Jiang Z, et al. Controlled fabrication and enhanced visible-light photocatalytic hydrogen production of Au@CdS/MIL-101 heterostructure. Appl Catal B: Environ, 2016, 185: 307-314.

[30] Jiang Z, Liu J, Gao M, et al. Assembling polyoxo-titanium clusters and CdS nanoparticles to a porous matrix for efficient and tunable H$_2$-evolution activities with visible light. Adv Mater, 2017, 29(5): 1603369-1603373.

[31] Wen L L, Sun K, Liu X S, et al. Electronic state and microenvironment modulation of metal nanoparticles stabilized by MOFs for boosting electrocatalytic nitrogen reduction. Adv Mater, 2023, 35(15): 2210669-2210677.

[32] Xiao J D, Han L, Luo J, et al. Integration of plasmonic effects and schottky junctions into metal-organic framework composites: steering charge flow for enhanced visible-light photocatalysis. Angew Chem Int Ed, 2018, 57(4): 1103-1107.

[33] Leng F, Liu H, Ding M, et al. Boosting photocatalytic hydrogen production of porphyrinic MOFs: the metal location in metalloporphyrin matters. ACS Catal, 2018, 8(5): 4583-4590.

[34] Fang X, Shang Q, Wang Y, et al. Single Pt atoms confined into a metal-organic framework for efficient photocatalysis. Adv Mater, 2018, 30(7): 1705112-1705118.

[35] Pan Y, Qian Y, Zheng X, et al. Precise fabrication of single-atom alloy co-catalyst with optimal charge state for enhanced photocatalysis. Natl Sci Rev, 2021, 8(1): 224-231.

[36] Su D W, Ran J, Zhuang Z W, et al. Atomically dispersed Ni in cadmium-zinc sulfide quantum dots for high-performance visible-light photocatalytic hydrogen production. Sci Adv, 2020, 6(33): 8447-8462.

[37] Chen S, Ng Y H, Liao J, et al. FeCo alloy@N-doped graphitized carbon as an efficient cocatalyst for enhanced photocatalytic H$_2$ evolution by inducing accelerated charge transfer. J Energy Chem, 2021, 52: 92-101.

[38] Chen C C, Jin L J, Hu L, et al. Urea-oxidation-assisted electrochemical water splitting for hydrogen production on a bifunctional heterostructure transition metal phosphides combining metal-organic frameworks. J Colloid Interf Sci, 2022, 628(Part B): 1008-1018.

[39] Meng X B, Sheng J L, Tang H L, et al. Metal-organic framework as nanoreactors to Co-incorporate carbon nanodots and CdS quantum dots into the pores for improved H$_2$ evolution without noble-metal cocatalyst. Appl Catal B: Environ, 2019, 244: 340-346.

[40] Yu L H, Chen W, Li D Z, et al. Inhibition of photocorrosion and photoactivity enhancement for ZnO via specific hollow ZnO core/ZnS shell structure. Appl Catal B: Environ, 2015, 164: 453-461.

[41] Zhao C, Zhang Y, Jiang H, et al. Combined effects of octahedron NH$_2$-UiO-66 and flowerlike ZnIn$_2$S$_4$ microspheres for photocatalytic dye degradation and hydrogen evolution under visible light. J Phys Chem C, 2019, 123(29): 18037-18049.

[42] Zhang S, Du M, Xing Z, et al. Defect-rich and electron-rich mesoporous Ti-MOFs based NH$_2$-MIL-125(Ti)@ZnIn$_2$S$_4$/CdS hierarchical tandem heterojunctions with improved charge separation and enhanced solar-driven photocatalytic performance. Appl Catal B: Environ, 2020, 262: 118202-118212.

[43] Zhang M, Shang Q G, Wan Y Q, et al. Self-template synthesis of double-shell TiO$_2$@ZIF-8 hollow nanospheres via sonocrystallization with enhanced photocatalytic activities in hydrogen generation. Appl Catal B: Environ, 2019, 241: 149-158.

[44] Zhang S, Chen K, Peng W, et al. g-C$_3$N$_4$/UiO-66-NH$_2$ nanocomposites with enhanced visible light photocatalytic activity for hydrogen evolution and oxidation of amines to imines. New J Chem, 2020, 44(7): 3052-3061.

[45] Cao A, Zhang L, Wang Y, et al. 2D-2D heterostructured UNiMOF/g-C$_3$N$_4$ for enhanced photocatalytic H$_2$ production under visible-light irradiation. ACS Sustain Chem Eng, 2019, 7(2): 2492-2499.

[46] Zhao L, Zhao Z, Li Y, et al. The synthesis of interface-modulated ultrathin Ni(Ⅱ) MOF/g-C$_3$N$_4$ heterojunctions as efficient photocatalysts for CO$_2$ reduction. Nanoscale, 2020, 12(18): 10010-10018.

[47] Mu F, Cai Q, Hu H, et al. Construction of 3D hierarchical microarchitectures of Z-scheme UiO-66-(COOH)$_2$/ZnIn$_2$S$_4$ hybrid decorated with non-noble MoS$_2$ cocatalyst: a highly efficient photocatalyst for hydrogen evolution and Cr(Ⅵ) reduction. Chem Eng J, 2020, 384: 123352-123364.

[48] Zhou G, Wu M F, Xing Q J, et al. Synthesis and characterizations of metal-free semiconductor/MOFs with good stability and high photocatalytic activity for H$_2$ evolution: a novel Z-scheme heterostructured photocatalyst formed by covalent bonds. Appl Catal B: Environ, 2018, 220: 607-614.

[49] Hou X, Wu L, Gu L, et al. Maximizing the photocatalytic hydrogen evolution of Z-scheme UiO-66-NH$_2$@Au@CdS by aminated-functionalized linkers. J Mater Sci Mater Electron, 2019, 30(5): 5203-5211.

[50] Baddour F G, Roberts E J, To A T, et al. An exceptionally mild and scalable solution-phase synthesis of molybdenum carbide nanoparticles for thermocatalytic CO$_2$ hydrogenation. J Am Chem Soc, 2020, 142(2): 1010-1019.

[51] Zhang H, Li Y, Wang J, et al. An unprecedent hydride transfer pathway for selective photocatalytic reduction of CO$_2$ to formic acid on TiO$_2$. Appl Catal B: Environ, 2021, 284: 119692.

[52] Wang Y, Li Y, Liu J, et al. BiPO$_4$-derived 2D nanosheets for efficient electrocatalytic reduction of CO$_2$ to liquid fuel. Angew Chem Int Ed, 2021, 60(14): 7681-7685.

[53] Zhao T T, Feng G H, Chen W, et al. Artificial bioconversion of carbon dioxide. Chin J Catal, 2019, 40(10): 1421-1437.

[54] Lei Z, Xue Y, Chen W, et al. MOFs-based heterogeneous catalysts: new opportunities for energy-related CO$_2$ conversion. Adv Energy Mater, 2018, 8(32): 1801587.

[55] Fracaroli A M, Furukawa H, Suzuki M, et al. Metal-organic frameworks with precisely designed interior for carbon dioxide capture in the presence of water. J Am Chem Soc, 2014, 136(25): 8863-8866.

[56] Alkhatib I I, Garlisi C, Pagliaro M, et al. Metal-organic frameworks for photocatalytic CO$_2$ reduction under visible radiation: a review of strategies and applications. Catal Today, 2020, 340: 209-224.

[57] Jiang Y, Chen H Y, Li J Y, et al. Z-scheme 2D/2D heterojunction of CsPbBr$_3$/Bi$_2$WO$_6$ for improved photocatalytic CO$_2$ reduction. Adv Funct Mater, 2020, 30(50): 2004293.

[58] Deng H, Fei X, Yang Y, et al. S-scheme heterojunction based on p-type ZnMn$_2$O$_4$ and n-type ZnO with improved photocatalytic CO$_2$ reduction activity. Chem Eng J, 2021, 409: 127377.

[59] Huang Y, Wang K, Guo T, et al. Construction of 2D/2D Bi$_2$Se$_3$/g-C$_3$N$_4$ nanocomposite with high interfacial charge separation and photo-heat conversion efficiency for selective photocatalytic CO$_2$ reduction. Appl Catal B: Environ, 2020, 277: 119232.

[60] Dhakshinamoorthy A, Asiri A M, Garcia H. Metal-organic framework (MOF) compounds: photocatalysts for redox reactions and solar fuel production. Angew Chem Int Ed, 2016, 55(18): 5414-5445.

[61] Pattengale B, Yang S, Ludwig J, et al. Exceptionally long-lived charge separated state in zeolitic imidazolate framework: implication for photocatalytic applications. J Am Chem Soc, 2016, 138(26): 8072-8075.

[62] Fu Y, Sun D, Chen Y, et al. An amine-functionalized titanium metal-organic framework photocatalyst with visible-light-induced activity for CO_2 reduction. Angew Chem Int Ed, 2012, 51(14): 3364-3367.

[63] Wang C, Xie Z, De Krafft K E, et al. Doping metal-organic frameworks for water oxidation, carbon dioxide reduction, and organic photocatalysis. J Am Chem Soc, 2011, 133(34): 13445-13454.

[64] Logan M W, Ayad S, Adamson J D, et al. Systematic variation of the optical bandgap in titanium based isoreticular metal-organic frameworks for photocatalytic reduction of CO_2 under blue light. J Mater Chem A, 2017, 5(23): 11854-11863.

[65] Luo T, Zhang J, Li W, et al. Metal-organic framework-stabilized CO_2/water interfacial route for photocatalytic CO_2 conversion. ACS Appl Mater Inter, 2017, 9(47): 41594-41598.

[66] Qiu Y C, Yuan S, Li X X, et al. Face-sharing archimedean solids stacking for the construction of mixed-ligand metal-organic frameworks. J Am Chem Soc, 2019, 141(35): 13841-13848.

[67] Xu H Q, Hu J, Wang D, et al. Visible-light photoreduction of CO_2 in a metal-organic framework: boosting electron-hole separation via electron trap states. J Am Chem Soc, 2015, 137(42): 13440-13443.

[68] Liu J, Fan Y Z, Li X, et al. A porous rhodium(Ⅲ)-porphyrin metal-organic framework as an efficient and selective photocatalyst for CO_2 reduction. Appl Catal B: Environ, 2018, 231: 173-181.

[69] Zhang H, Wei J, Dong J, et al. Efficient visible-light-driven carbon dioxide reduction by a single-atom implanted metal-organic framework. Angew Chem Int Ed, 2016, 55(46): 14310-14314.

[70] Wang S S, Huang H H, Liu M, et al. Encapsulation of single iron sites in a metal-porphyrin framework for high-performance photocatalytic CO_2 reduction. Inorg Chem, 2020, 59(9): 6301-6307.

[71] Mahmoud M E, Audi H, Assoud A, et al. Metal-organic framework photocatalyst incorporating bis(4'-(4-carboxyphenyl)-terpyridine) ruthenium(Ⅱ) for visible-light-driven carbon dioxide reduction. J Am Chem Soc, 2019, 141(17): 7115-7121.

[72] Deng X, Qin Y, Hao M, et al. MOF-253-supported Ru complex for photocatalytic CO_2 reduction by coupling with semidehydrogenation of 1, 2, 3, 4-tetrahydroisoquinoline(THIQ). Inorg Chem, 2019, 58(24): 16574-16580.

[73] Deng X, Albero J, Xu L, et al. Construction of a stable Ru-Re hybrid system based on multifunctional MOF-253 for efficient photocatalytic CO_2 reduction. Inorg Chem, 2018, 57(14): 8276-8286.

[74] Liu M, Mu Y F, Yao S, et al. Photosensitizing single-site metal-organic framework enabling visible-light-driven CO_2 reduction for syngas production. Appl Catal B: Environ, 2019, 245: 496-501.

[75] Feng X, Pi Y, Song Y, et al. Metal-organic frameworks significantly enhance photocatalytic hydrogen evolution and CO_2 reduction with earth-abundant copper photosensitizers. J Am Chem Soc, 2020, 142(2): 690-695.

[76] Ryu U J, Kim S J, Lim H K, et al. Synergistic interaction of Re complex and amine functionalized multiple ligands in metal-organic frameworks for conversion of carbon dioxide. Sci Rep, 2017, 7: 1-8.

[77] Wang D, Huang R, Liu W, et al. Fe-based MOFs for photocatalytic CO_2 reduction: role of coordination unsaturated sites and dual excitation pathways. ACS Catal, 2014, 4(12): 4254-4260.

[78] Han B, Ou X, Deng Z, et al. Nickel metal-organic framework monolayers for photoreduction of diluted CO_2: metal-node-dependent activity and selectivity. Angew Chem Int Ed, 2018, 57(51): 16811-16815.

[79] Wang X K, Liu J, Zhang L, et al. Monometallic catalytic models hosted in stable metal-organic frameworks for tunable CO_2 photoreduction. ACS Catal, 2019, 9(3): 1726-1732.

[80] Zhang J, Wang Y, Wang H, et al. Enhancing photocatalytic performance of metal-organic frameworks for CO_2 reduction by a bimetallic strategy. Chin Chem Lett, 2022, 33(4): 2065-2068.

[81] Chen S, Hai G, Gao H, et al. Modulation of the charge transfer behavior of Ni(Ⅱ)-doped NH_2-MIL-125(Ti): regulation of Ni ions content and enhanced photocatalytic CO_2 reduction performance. Chem Eng J,

2021, 406: 126886.

[82] Tu J, Zeng X, Xu F, et al. Microwave-induced fast incorporation of titanium into UiO-66 metal-organic frameworks for enhanced photocatalytic properties. Chem Commun, 2017, 53(23): 3361-3364.

[83] Dong L Z, Zhang L, Liu J, et al. Stable heterometallic cluster-based organic framework catalysts for artificial photosynthesis. Angew Chem Int Ed, 2020, 59(7): 2659-2663.

[84] Dong H, Zhang X, Lu Y, et al. Regulation of metal ions in smart metal-cluster nodes of metal-organic frameworks with open metal sites for improved photocatalytic CO_2 reduction reaction. Appl Catal B: Environ, 2020, 276: 119173.

[85] Li J, Huang H, Xue W, et al. Self-adaptive dual-metal-site pairs in metal-organic frameworks for selective CO_2 photoreduction to CH_4. Nat Catal, 2021, 4: 719-729.

[86] Huang Q, Liu J, Feng L, et al. Multielectron transportation of polyoxometalate-grafted metalloporphyrin coordination frameworks for selective CO_2-to-CH_4 photoconversion. Natl Sci Rev, 2020, 7(1): 53-63.

[87] Li X X, Liu J, Zhang L, et al. Hydrophobic polyoxometalate-based metal-organic framework for efficient CO_2 photoconversion. ACS Appl Mater Inter, 2019, 11(29): 25790-25795.

[88] Yan Z H, Du M H, Liu J, et al. Photo-generated dinuclear {Eu(II)}$_2$ active sites for selective CO_2 reduction in a photosensitizing metal-organic framework. Nat Commun, 2018, 9: 1-9.

[89] Lan G, Li Z, Veroneau S S, et al. Photosensitizing metal-organic layers for efficient sunlight-driven carbon dioxide reduction. J Am Chem Soc, 2018, 140(39): 12369-12373.

[90] Ye L, Gao Y, Cao S, et al. Assembly of highly efficient photocatalytic CO_2 conversion systems with ultrathin two-dimensional metal-organic framework nanosheets. Appl Catal B: Environ, 2018, 227: 54-60.

[91] Chang H, Zhou Y, Zhang S, et al. CO_2-induced 2D Ni-BDC metal-organic frameworks with enhanced photocatalytic CO_2 reduction activity. Adv Mater Interfaces, 2021, 8(13): 2100205.

[92] Yang W, Wang H J, Liu R R, et al. Tailoring crystal facets of metal-organic layers to enhance photocatalytic activity for CO_2 reduction. Angew Chem Int Ed, 2021, 60(1): 409-414.

[93] Guo F, Yang S, Liu Y, et al. Size engineering of metal-organic framework MIL-101(Cr)-Ag hybrids for photocatalytic CO_2 reduction. ACS Catal, 2019, 9(9): 8464-8470.

[94] Yan S, Ouyang S, Xu H, et al. Co-ZIF-9/TiO_2 nanostructure for superior CO_2 photoreduction activity. J Mater Chem A, 2016, 4(39): 15126-15133.

[95] Wang M, Wang D, Li Z. Self-assembly of CPO-27-Mg/TiO_2 nanocomposite with enhanced performance for photocatalytic CO_2 reduction. Appl Catal B: Environ, 2016, 183: 47-52.

[96] Crake A, Christoforidis K C, Kafizas A, et al. CO_2 capture and photocatalytic reduction using bifunctional TiO_2/MOF nanocomposites under UV-vis irradiation. Appl Catal B: Environ, 2017, 210: 131-140.

[97] Crake A, Christoforidis K C, Gregg A, et al. The effect of materials architecture in TiO_2/MOF composites on CO_2 photoreduction and charge transfer. Small, 2019, 15(11): 1805473.

[98] Wang L, Jin P, Duan S, et al. *In-situ* incorporation of copper(II) porphyrin functionalized zirconium MOF and TiO_2 for efficient photocatalytic CO_2 reduction. Sci Bull, 2019, 64(13): 926-933.

[99] He X, Gan Z, Fisenko S, et al. Rapid formation of metal-organic frameworks (MOFs) based nanocomposites in microdroplets and their applications for CO_2 photoreduction. ACS Appl Mater Inter, 2017, 9(11): 9688-9698.

[100] Pipelzadeh E, Rudolph V, Hanson G, et al. Photoreduction of CO_2 on ZIF-8/TiO_2 nanocomposites in a gaseous photoreactor under pressure swing. Appl Catal B: Environ, 2017, 218: 672-678.

[101] Maina J W, Schütz J A, Grundy L, et al. Inorganic nanoparticles/metal organic framework hybrid

[102] Zhou A, Dou Y, Zhao C, et al. A leaf-branch TiO$_2$/carbon@MOF composite for selective CO$_2$ photoreduction. Appl Catal B: Environ, 2020, 264: 118519.

[103] Wang L, Jin P, Huang J, et al. Engineering integration of copper(Ⅱ)-porphyrin zirconium metal-organic framework and titanium dioxide to construct Z-scheme system for highly improved photocatalytic CO$_2$ reduction. ACS Sustainable Chem Eng, 2019, 7(18): 15660-15670.

[104] Liu S, Chen F, Li S, et al. Enhanced photocatalytic conversion of greenhouse gas CO$_2$ into solar fuels over g-C$_3$N$_4$ nanotubes with decorated transparent ZIF-8 nanoclusters. Appl Catal B: Environ, 2017, 211: 1-10.

[105] Xu G, Zhang H, Wei J, et al. Integrating the g-C$_3$N$_4$ nanosheet with B-H bonding decorated metal-organic framework for CO$_2$ activation and photoreduction. ACS Nano, 2018, 12(6): 5333-5340.

[106] Han Z, Fu Y, Zhang Y, et al. Metal-organic framework (MOF) composite materials for photocatalytic CO$_2$ reduction under visible light. Dalton Trans, 2021, 50(9): 3186-3192.

[107] Mu Q, Zhu W, Li X, et al. Electrostatic charge transfer for boosting the photocatalytic CO$_2$ reduction on metal centers of 2D MOF/rGO heterostructure. Appl Catal B: Environ, 2020, 262: 118144.

[108] Dou Y, Xu S M, Zhou A, et al. Hierarchically structured semiconductor@noble-metal@MOF for high-performance selective photocatalytic CO$_2$ reduction. Green Chem Eng, 2020, 1(1): 48-55.

[109] Su Y, Zhang Z, Liu H, et al. Cd$_{0.2}$Zn$_{0.8}$S@UiO-66-NH$_2$ nanocomposites as efficient and stable visible-light-driven photocatalyst for H$_2$ evolution and CO$_2$ reduction. Appl Catal B: Environ, 2017, 200: 448-457.

[110] Zhao H, Wang X, Feng J, et al. Synthesis and characterization of Zn$_2$GeO$_4$/Mg-MOF-74 composites with enhanced photocatalytic activity for CO$_2$ reduction. Catal Sci Technol, 2018, 8(5): 1288-1295.

[111] He X, Wang W N. MOF-based ternary nanocomposites for better CO$_2$ photoreduction: roles of heterojunctions and coordinatively unsaturated metal sites. J Mater Chem A, 2018, 6(3): 932-940.

[112] Choi K M, Kim D, Rungtaweevoranit B, et al. Plasmon-enhanced photocatalytic CO$_2$ conversion within metal-organic frameworks under visible light. JACS Au, 2017, 139(1): 356-362.

[113] Han Y, Xu H, Su Y, et al. Noble metal [Pt, Au@Pd] nanoparticles supported on metal organic framework (MOF-74) nanoshuttles as high-selectivity CO$_2$ conversion catalysts. J Catal, 2019, 370: 70-78.

[114] Chen L, Wang Y, Yu F, et al. A simple strategy for engineering heterostructures of Au nanoparticle-loaded metal-organic framework nanosheets to achieve plasmon-enhanced photocatalytic CO$_2$ conversion under visible light. J Mater Chem A, 2019, 7(18): 11355-11361.

[115] Kong Z C, Liao J F, Dong Y J, et al. Core@shell CsPbBr$_3$@zeolitic imidazolate framework nanocomposite for efficient photocatalytic CO$_2$ reduction. ACS Energy Lett, 2018, 3(11): 2656-2662.

[116] Wu L Y, Mu Y F, Guo X X, et al. Encapsulating perovskite quantum dots in iron-based metal-organic frameworks (MOFs) for efficient photocatalytic CO$_2$ reduction. Angew Chem Int Ed, 2019, 58(28): 9491-9495.

[117] Yu Y, Li S, Huang L, et al. Solar-driven CO$_2$ conversion promoted by MOF-on-MOF homophase junction. Catal Commun, 2021, 150: 106270.

[118] Zheng C, Qiu X, Han J, et al. Zero-dimensional-g-CNQD-coordinated two-dimensional porphyrin MOF hybrids for boosting photocatalytic CO$_2$ reduction. ACS Appl Mater Inter, 2019, 11(45): 42243-42249.

[119] Chen Y, Li P, Zhou J, et al. Integration of enzymes and photosensitizers in a hierarchical mesoporous metal-organic framework for light-driven CO$_2$ reduction. J Am Chem Soc, 2020, 142(4): 1768-1773.

[120] Wang M, Liu J, Guo C, et al. Metal-organic frameworks (ZIF-67) as efficient cocatalysts for

photocatalytic reduction of CO_2: the role of the morphology effect. J Mater Chem A, 2018, 6(11): 4768-4775.

[121] Zhu W, Zhang C, Li Q, et al. Selective reduction of CO_2 by conductive MOF nanosheets as an efficient co-catalyst under visible light illumination. Appl Catal B: Environ, 2018, 238(15): 339-345.

[122] Deng X, Yang L, Huang H, et al. Shape-defined hollow structural Co-MOF-74 and metal nanoparticles@Co-MOF-74 composite through a transformation strategy for enhanced photocatalysis performance. Small, 2019, 15(35): 1902287.

[123] Guo S H, Qi X J, Zhou H M, et al. A bimetallic-MOF catalyst for efficient CO_2 photoreduction from simulated flue gas to value-added formate. J Mater Chem A, 2020, 8(23): 11712-11718.

[124] Qin J, Wang S, Wang X. Visible-light reduction CO_2 with dodecahedral zeolitic imidazolate framework ZIF-67 as an efficient co-catalyst. Appl Catal B: Environ, 2017, 209(15): 476-482.

[125] Zhao J, Wang Q, Sun C, et al. A hexanuclear cobalt metal-organic framework for efficient CO_2 reduction under visible light. J Mater Chem A, 2017, 5(24): 12498-12505.

[126] Yan S, Yu Y, Cao Y. Synthesis of porous $ZnMn_2O_4$ flower-like microspheres by using MOF as precursors and its application on photoreduction of CO_2 into CO. Appl Surf Sci, 2019, 465(28): 383-388.

[127] Wang T, Shi L, Tang J, et al. A Co_3O_4-embedded porous ZnO rhombic dodecahedron prepared using zeolitic imidazolate frameworks as precursors for CO_2 photoreduction. Nanoscale, 2016, 8(12): 6712-6720.

[128] Wang L, Wan J, Zhao Y, et al. Hollow multi-shelled structures of Co_3O_4 dodecahedron with unique crystal orientation for enhanced photocatalytic CO_2 reduction. J Am Chem Soc, 2019, 141(6): 2238-2241.

[129] Chen W, Han B, Tian C, et al. MOFs-derived ultrathin holey Co_3O_4 nanosheets for enhanced visible light CO_2 reduction. Appl Catal B: Environ, 2019, 244(5): 996-1003.

[130] Wang S, Guan B Y, Lu Y, et al. Formation of hierarchical In_2S_3-$CdIn_2S_4$ heterostructured nanotubes for efficient and stable visible light CO_2 reduction. J Am Chem Soc, 2017, 139(48): 17305-17308.

[131] Li M, Zhang S, Li L, et al. Construction of highly active and selective polydopamine modified hollow ZnO/Co_3O_4 pn heterojunction catalyst for photocatalytic CO_2 reduction. ACS Sustainable Chem Eng, 2020, 8(30): 11465-11476.

[132] Han B, Song J, Liang S, et al. Hierarchical $NiCo_2O_4$ hollow nanocages for photoreduction of diluted CO_2: adsorption and active sites engineering. Appl Catal B: Environ, 2020, 260: 118208.

[133] Khaletskaya K, Pougin A, Medishetty R, et al. Fabrication of gold/titania photocatalyst for CO_2 reduction based on pyrolytic conversion of the metal-organic framework NH_2-MIL-125(Ti) loaded with gold nanoparticles. Chem Mater, 2015, 27(21): 7248-7257.

[134] Xu Y, Mo J, Xie G, et al. MOF-derived $Co_{1.11}Te_2$ with half-metallic character for efficient photochemical conversion of CO_2 under visible-light irradiation. Chem Commun, 2019, 55(48): 6862-6865.

[135] Chen S, Yu J, Zhang J. Enhanced photocatalytic CO_2 reduction activity of MOF-derived ZnO/NiO porous hollow spheres. J CO_2 Util, 2018, 24: 548-554.

[136] Tan J, Yu M, Cai Z, et al. MOF-derived synthesis of MnS/In_2S_3 p-n heterojunctions with hierarchical structures for efficient photocatalytic CO_2 reduction. J Colloid Interface Sci, 2021, 588: 547-556.

[137] Ren J T, Zheng Y L, Yuan K, et al. Self-templated synthesis of Co_3O_4 hierarchical nanosheets from a metal-organic framework for efficient visible-light photocatalytic CO_2 reduction. Nanoscale, 2020, 12(2): 755-762.

[138] Zhao C, Zhou A, Dou Y, et al. Dual MOFs template-directed fabrication of hollow-structured heterojunction photocatalysts for efficient CO_2 reduction. Chem Eng J, 2021, 416: 129155.

[139] Yang J, Zhu X, Mo Z, et al. A multidimensional In_2S_3-$CuInS_2$ heterostructure for photocatalytic carbon dioxide reduction. Inorg Chem Front, 2018, 5(12): 3163-3169.

[140] Wang S, Guan B Y, Lou X W D. Construction of $ZnIn_2S_4$-In_2O_3 hierarchical tubular heterostructures for efficient CO_2 photoreduction. J Am Chem Soc, 2018, 140(15): 5037-5040.

[141] Wang Y, Wang S, Zhang S L, et al. Formation of hierarchical $FeCoS_2$-CoS_2 double-shelled nanotubes with enhanced performance for photocatalytic reduction of CO_2. Angew Chem Int Ed, 2020, 59(29): 11918-11922.

[142] Hu C Y, Zhou J, Sun C Y, et al. HKUST-1 derived hollow C-$Cu_{2-x}S$ nanotube/g-C_3N_4 composites for visible-light CO_2 photoreduction with H_2O vapor. Chem Eur J, 2019, 25(1): 379-385.

[143] Zhao K, Zhao S, Gao C, et al. Metallic cobalt-carbon composite as recyclable and robust magnetic photocatalyst for efficient CO_2 reduction. Small, 2018, 14(33): 1800762.

[144] Zhang H, Wang T, Wang J, et al. Surface-plasmon-enhanced photodriven CO_2 reduction catalyzed by metal-organic-framework-derived iron nanoparticles encapsulated by ultrathin carbon layers. Adv Mater, 2016, 28(19): 3703-3710.

[145] Wang W, Deng C, Xie S, et al. Photocatalytic C-C coupling from carbon dioxide reduction on copper oxide with mixed-valence copper(Ⅰ)/copper(Ⅱ). J Am Chem Soc, 2021, 143(7): 2984-2993.

[146] Li N, Wang B, Si Y, et al. Toward high-value hydrocarbon generation by photocatalytic reduction of CO_2 in water vapor. ACS Catal, 2019, 9(6): 5590-5602.

[147] Mu Q, Zhu W, Yan G, et al. Activity and selectivity regulation through varying the size of cobalt active sites in photocatalytic CO_2 reduction. J Mater Chem A, 2018, 6(42): 21110-21119.

第4章 MOFs及其衍生物在电催化方面的应用

4.1 电催化技术的介绍

4.1.1 电解水技术的发展历程

如图4-1所示,电解水技术具有悠久的发展历史。早在18世纪,A. P. Troostwijk 和 J. R. Deiman 在偶然间发现可以通过静电发电装置将水在金电极的表面分解产生气体[1]。1800年,W. Nicolson 和 A. Carlise 成功地以 A. Volta 发明的电池为电源,证实了电解水过程中阴、阳极产生的气体分别为氢气和氧气[2]。而后,M. Faraday 于1833年总结出气体产量与施加电流的正比关系,提出了著名的法拉第定律[3]。基于此,科学家对"电分解水产生氢气和氧气"的实验现象进行了科学的、正式的定义,这使得人们广泛地了解并接受了"电解水"概念。1869年,Z. T. Gramme 对直流发电机的发明促进了直流电在电解水技术中的广泛应用。1888年,D. Lachinov 发明了单极性电解水产氢设备并将其投入到工业化电解水产氢产业,这使得电解水产氢设备的设计和优化成为当时社会研究的热点,同时也推动了电解水技术的不断发展、进步。然而,突发的第二次世界大战和战后萧条的经济中断了电解技术的发展和电解产氢工业的运作[4]。直至20世纪90年代,各国能源需求增大,电解水产氢技术重新进入人们的视野,并作为潜力无限的产能技术成为重要的研究热点。

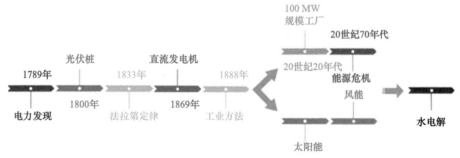

图4-1 电解水的演化过程[5]

4.1.2 电解水基本原理

"电解水技术"主要是指在直流电的驱动下,将电解池中水分子催化分解为氢气和氧气。总反应为:$2H_2O \longrightarrow 2H_2 + O_2$。

具体来讲,电解水反应由析氢反应(hydrogen evolution reaction,HER)和析氧反应

(oxygen evolution reaction，OER)两个半反应构成，富电子的阴极容易吸附氢质子产生氢气，而缺电子的阳极容易吸附携带电子的氢氧根离子释放氧气。值得注意的是，高纯度的氧气和氢气反过来可以构成燃料电池的正、负极并提供丰富的电能。在室温下、理想的实验环境中，水分解成氢气和氧气的自由能变化为 237.2 kJ/mol，所需施加的理论电压为 1.23 V。然而，实际电解过程中存在的浓差极化、电极极化、传质缓慢(接触电阻和溶液电阻)等现象都极大地减慢了水分解的反应动力学，提高了水分解的反应能垒，使得水分解往往需要施加更高的电压[6]。而且，在工业化电解水产业中，产氢的成本主要来自过量电能的消耗。因此，必须设计高活性、高稳定性的电催化剂来降低电解反应的能垒和过电位，从而提升氢气生产效率，降低产氢的生产成本。

析氢反应和析氧反应的反应机理具体如下所示。

1. 析氢反应机理

如图 4-2(a)所示，析氢反应主要由涉及两电子转移的氢质子吸附过程和氢气脱附过程组成，其中吸附反应的机理只有 Volmer 反应机理，而脱附反应的机理分为化学解吸(Tafel 反应机理)和电化学解吸(Heyrovsky 反应机理)[7]。其中，Tafel 反应机理产氢能垒最低，反应最迅速。具体反应过程如下：

酸性电解质：

第一步： $* + H_3O^+ + e^- \longrightarrow H* + H_2O$ (Volmer反应)

第二步： $H* + H_3O^+ + e^- \longrightarrow H_2 + H_2O$ (Heyrovsky反应)

或 $H* + H* \longrightarrow H_2$ (Tafel反应)

碱性电解质：

第一步： $* + H_2O + e^- \longrightarrow H* + OH^-$ (Volmer反应)

第二步： $H* + H_2O + e^- \longrightarrow H_2 + OH^-$ (Heyrovsky反应)

或 $H* + H* \longrightarrow H_2$ (Tafel 反应)

注意：*代表 HER 活性位点；H*为吸附在活性位点上的氢原子，简称吸附态氢。

另外，HER 的路径和决速步骤均可通过 Tafel 斜率进行判断。当 Tafel 斜率约为 30 mV/dec 时，电极发生 HER 的反应机理为 Volmer-Tafel 机理，其中 Tafel 过程为决速步骤[8]。当 Tafel 斜率约为 120 mV/dec 和 40 mV/dec 时，电极发生 HER 的反应机理均为 Volmer-Heyrovsky 机理。但是，前者的决速步骤为 Volmer 过程，后者的决速步骤为 Heyrovsky 过程[9]。

同时，催化剂表面的活性位点与 H*物种键连的强度对 HER 的反应速率有决定性影响。根据 Sabatier 原理，优异的 HER 催化剂吸附 H*物种的能力应该处于中等。如果催化剂吸附 H*的能力过强，则容易发生 Volmer 反应，而 Tafel 或 Heyrovsky 反应难以进行，阻碍 HER 的高效运转，反之亦然。为了更好地描述催化剂吸附 H*的能力和氢键的强度，通常使用吸附 H*的吉布斯自由能(ΔG_{H*})作为 HER 活性的描述符[7, 10]。如图 4-2(b)所示，位于火山曲线顶部的催化剂的ΔG_{H*}值接近于零且电流密度(j)较高，说明它们的

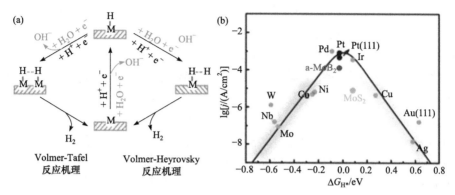

图 4-2 (a)酸性(绿色)、碱性(蓝色)电解质中 HER 的反应机理；(b)酸性 HER 的火山图[7]

HER 活性最高。贵金属 Pt 催化剂就位于曲线最顶部，说明它进行析氢具有无可比拟的优势，因此常常以商业 Pt/C 作为比较 HER 活性高低的标准参照物。

2. 析氧反应机理

析氧反应作为重要阳极反应，可与析氢反应偶合共同促进电催化分解水生成氢气和氧气。具体来讲，析氧反应具有复杂的多步反应，其反应机理依赖于电极表面的结构。具体反应过程如下：

酸性电解质：

第一步：　　　　　　　$* + H_2O \longrightarrow *OH + H^+ + e^-$

第二步：　　　　　　　$*OH \longrightarrow *O + H^+ + e^-$

第三步：　　　　　　　$2*O \longrightarrow O_2 + 2* + 2e^-$

或　　　　　　　　　　$*O + H_2O \longrightarrow *OOH + H^+ + e^-$

　　　　　　　　　　　$*OOH \longrightarrow O_2 + 2* + H^+ + e^-$

碱性电解质：

第一步：　　　　　　　$* + OH^- \longrightarrow *OH + e^-$

第二步：　　　　　　　$*OH + OH^- \longrightarrow *O + H_2O + e^-$

第三步：　　　　　　　$2*O \longrightarrow O_2 + 2* + 2e^-$

或　　　　　　　　　　$*O + OH^- \longrightarrow *OOH + e^-$

　　　　　　　　　　　$*OOH + OH^- \longrightarrow O_2 + * + H_2O + e^-$

注意：*代表 OER 活性位点；*OH、*OOH、*O 分别为吸附在活性位点上的 OH 基团、OOH 基团和 O 原子，即 OER 反应的中间体。

如上述方程式和图 4-3(a)所示，OER 过程比 HER 过程更加复杂，涉及*OH、*OOH、*O 三种中间体，每一步反应都具有一定的能垒，能垒的累积最终导致 OER 动力学缓慢[11, 12]。同样地，OER 的反应机理也可以通过 Tafel 斜率的数值进行评估，Tafel 斜率的数值与电子系数成正比。Tafel 斜率越小，意味着决速步骤进行得越快，反应动力学越迅速。为了更好地理解 OER 机理，Rossmeisl 等对每一步反应的吉布斯自由能变化进行计算，结果显示 *OH + OH⁻ ⟶ *O + H₂O + e⁻（第二步）或 *O + OH⁻ ⟶ *OOH + e⁻（第三步的前半反应）的 ΔG 最大，说明这两步反应为 OER 的决速步骤，因此可以用 *O 和 *OH 吉布斯自由能之差（$\Delta G_{*O} - \Delta G_{*OH}$）来代表 OER 的能量变化[13]。图 4-3(b) 显示，OER 活性与 *O 和 *OH 能量差的关系图也呈火山形状。换句话讲，催化剂表面中间体结合力太强会导致反应缓慢，反之亦然。另外，Ru 基化合物位于火山曲线顶部，表明 RuO₂ 具有优异的 OER 活性，因此常常以 RuO₂ 作为比较 OER 活性高低的标准参照物[14]。值得注意的是，OER 由于涉及复杂的四电子转移和 O—O 键形成，OER 反应动力学较慢，反应需要施加较高的电压。换言之，OER 制约了电解水反应的效率和氢气的产量。因此，制备高效的 OER 催化剂具有重要意义。

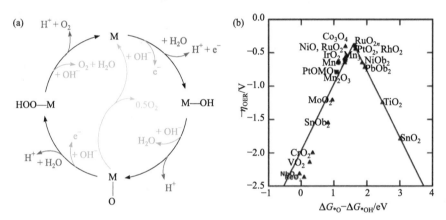

图 4-3　(a)酸性(绿色)、碱性(蓝色)电解质中 OER 的反应机理；(b)氧化物发生 OER 的火山图[15] 图中 $\Delta G_{*O} - \Delta G_{*OH}$ 代表 *O 和 *OH 吉布斯自由能之差，η_{OER} 代表 OER 反应的过电位

4.1.3　氧还原反应机理

氧还原反应(oxygen reduction reaction，ORR)作为燃料电池、金属-空气电池等电化学体系的阴极半反应，平衡电位为 1.23 V(vs. RHE)。ORR 能垒较高，动力学较为缓慢，大大制约了金属-空气电池等电化学装置活性的提升。因此，可以开发高效的催化剂来降低 ORR 的反应能垒并提升其反应动力学，进而优化 ORR 的活性。通常，ORR 测试是在氧气饱和的电解质中，将催化剂涂覆在旋转圆盘电极(RDE)上进行。一般，ORR 的反应机理主要取决于催化剂表面的氧吸附模式和解离势垒。其中，两种吸附模型分别为双齿氧吸附模型和末端氧吸附模型，它们分别为无过氧化物形成的直接四电子转移过程和伴随着过氧化物形成的两电子转移过程[16,17]。通常，四电子转移过程发生于贵金属催化剂材料中，而两电子转移过程则发生于碳材料中[18]。有趣的是，金属氧化物材料由于特殊的晶体结构、分子组成或者实验参数，存在多种 ORR 途径。

值得注意的是，四电子转移过程是高能量密度和高功率密度的理想选择。当使用的催化剂具有较高的 ORR 活性时，ORR 可按照直接四电子转移过程进行：在酸性条件下,氧气与氢质子直接生成水;在碱性条件下,氧气与水分子结合直接生成氢氧根。当使用的催化剂具有较差的 ORR 活性时,ORR 可按照间接四电子转移过程进行,其产生的 H_2O_2 和 HO_2^- 中间体不仅会腐蚀 ORR 催化剂的结构和组成,大幅度降低催化剂 ORR 活性和使用寿命,还会使氧还原电极电位进一步降低,增大 ORR 的过电位和能垒。因此,为了降低氧还原反应的过电位和提升能量转换效率,高效的氧还原催化剂应具有优异的 ORR 电催化活性,并按照四电子转移过程将 O_2 直接转化为 H_2O 或 OH^-。具体的四电子转移过程如下所示:

酸性电解质:

直接四电子途径: $O_2 + 4H^+ + 4e^- \longrightarrow 2H_2O$

间接四电子途径: $O_2 + 2H^+ + 2e^- \longrightarrow H_2O_2$

$H_2O_2 + 2H^+ + 2e^- \longrightarrow 2H_2O$

碱性电解质:

直接四电子途径: $O_2 + 2H_2O + 4e^- \longrightarrow 4OH^-$

间接四电子途径: $O_2 + H_2O + 2e^- \longrightarrow HO_2^- + OH^-$

$HO_2^- + H_2O + 2e^- \longrightarrow 3OH^-$

总体来讲,ORR 往往涉及多步电子转移过程和多种复杂的含氧中间体(如*OOH、*OH 和*O)。控制反应中间体在催化剂表面的结合能,是设计提高催化剂的 ORR 活性的关键。为了更好地展示各种金属材料的 ORR 本征活性,科学家计算出 ORR 中间体在不同金属表面的自由能,并绘制出相应的 ORR 活性火山曲线。其中,贵金属铂最接近 ORR 火山曲线的顶峰,可通过将其与过渡金属进行合金化处理进一步提高其 ORR 性能。对于金属材料,与氧的结合过于强烈,ORR 活性就会被质子-电子转移形成的*O 或者*OH 所限制,而与氧结合过弱,ORR 活性则会被质子-电子转移形成的*O_2(或者氧气中 O—O 键的断裂)所限制。

4.1.4 二氧化碳还原反应机理

化石燃料的大量消耗导致二氧化碳(CO_2)等温室气体的大量排放,逐渐超过地球的自然循环能力,这给全球生态环境带来巨大挑战,并对人类健康造成一系列不利影响。因此,从经济上减轻 CO_2 造成的温室效应的影响,将 CO_2 转换成乙醇、乙烯、甲(乙)酸等增值化学品,实现绿色碳经济是尤为值得关注的[19]。值得注意的是,CO_2 还原反应(CO_2RR)的高能垒阻碍了 CO_2 的商业化应用。令人鼓舞的是,在目前的实验室研究阶段,电化学 CO_2RR 在温和的反应条件下表现出良好的性能及可调性,这显示出未来工业降低 CO_2 排放及生产高附加值化学品的巨大潜力。

CO_2RR 的电化学性能主要体现在以下几个方面:①CO_2 在催化剂表面的吸附;②电子和/或质子转移,碳氧键的断裂与中间体的形成;③催化剂表面产物的脱附。考虑到这些步骤,CO_2RR 是一个复杂的多级界面过程,通常涉及不同的相互作用途径,通过 2

个、4 个、6 个、8 个或 12 个电子的传输，导致电化学反应中各种中间体和产物的产生，如 C_1 和 C_2 或 C_{2+}[19]。

$$CO_2(g) + 2H^+ + 2e^- \longrightarrow HCOOH(l)$$

$$CO_2(g) + 2H^+ + 2e^- \longrightarrow CO(g) + H_2O(l)$$

$$CO_2(g) + 4H^+ + 4e^- \longrightarrow HCHO(l) + H_2O(l)$$

$$CO_2(g) + 6H^+ + 6e^- \longrightarrow CH_3OH(l) + H_2O(l)$$

$$CO_2(g) + 8H^+ + 8e^- \longrightarrow CH_4(g) + 2H_2O(l)$$

$$2CO_2(g) + 12H^+ + 12e^- \longrightarrow C_2H_4(g) + 4H_2O(l)$$

$$2CO_2(g) + 12H^+ + 12e^- \longrightarrow C_2H_5OH(l) + 3H_2O(l)$$

图 4-4 描述了 CO_2RR 过程中各种产物在电催化剂表面上的典型反应途径[20]。CO_2 还原首先吸附电子进行活化($*CO_2^-$)，然后通过连续的电子-质子转移步骤，在催化剂表面生成吸附的 COOH(*COOH)。COOH 部分的结合构型分为与活性位点连接的 C 原子(*COOH 型)或 O 原子(*OCOH 型)，它们分别决定了另一个电子转移步骤后 CO 或甲酸(或甲酸根)的生成。对于 CO_2RR 生成甲烷、甲醇和甲醛的机理，第一步中间体为 *CO。*CO 加氢反应生成中间体*HCO、*H_2CO 和*H_3CO，这三种中间体分别转化为 CH_4、HCHO 和 CH_3OH。然而，有两种不同的论点支持*CO 到 CH_4 的转换。一种途径是

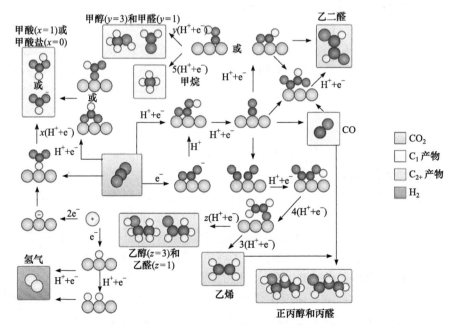

图 4-4　CO_2RR 对不同产物的反应途径概述[20]

通过*COH 中间体将*CO 还原为*C，或者*CH、*CH$_2$、*CH$_3$ 也可以还原为*C，最终生成 CH$_4$。目前，通过实验和理论证明的最被接受的路径为 *CO → *CHO → *CH → *CH$_2$ → *CH$_3$ → *CH$_4$。

通过降低 H 原子在金属位点上的结合强度可以相对抑制析氢反应的竞争。*CO 是一种重要的中间体，在 Cu 表面的适度结合亲和力使其更容易转化。后续的 C-C 偶联反应将引导 C$_{2+}$产物的生成，而选择性取决于不同途径的能量分布。乙烷由*CH 质子化生成*CH$_3$，通过质子偶合电子转移反应生成*CH 中间体。*CH$_3$ 的二聚反应产生最终产物（C$_2$H$_6$）；CO 插入*CH$_2$ 生成 CH$_3$COO$^-$；CO-CO 二聚体通过一系列质子化和电子转移步骤生成*CH$_2$CHO 中间体，作为选择性决定步骤生成 C$_2$H$_4$ 和 C$_2$H$_5$OH。这些途径的发生在很大程度上取决于电位、电解质和活性位点。

4.1.5 氮还原反应机理

氨（NH$_3$）合成工业对人类社会和全球经济的发展至关重要，因为 NH$_3$ 是世界上生产的第二大化学品，约 80%的 NH$_3$ 用于化肥合成。1913 年，Haber Bosch 创立的现代氨合成工业成功地改变了食品生产的历史，解决了爆炸性的人口增长造成的大量食品需求，同时也为多相催化和化学工程奠定了基础。然而，它依赖化石燃料生产反应物 H$_2$，消耗了世界上 13%的电能和 25%的天然气，同时每年排放超过 4 亿 t 的二氧化碳[21]。以水作为质子源，利用电能驱动氨合成反应，减少化石燃料消耗和二氧化碳排放的电催化合成氨被认为是传统哈伯-博世 Haber Bosch 工艺的绿色和可持续替代方案。

理论上，只要施加适当的电位，在环境条件下电催化 N$_2$ 还原为 NH$_3$ 是可以实现的。但在实际生产中，电化学氮还原反应（NRR）的活性和选择性还远远不够。首先，N$_2$ 作为惰性分子，既难以被直接还原，又难以被活化，这导致电化学 NRR 活性较低。其次，NRR 过程涉及 6H$^+$/6e$^-$转移，而析氢反应（HER）是 2H$^+$/2e$^-$过程，因此，尽管 NRR 和 HER 的氧化还原电位相似，但体系中大多数质子和电子倾向于进行 HER[22]。因此，电化学 N$_2$ 还原为 NH$_3$ 面临着严峻的选择性问题。

具体而言，NRR 是一种典型的多相反应，基本步骤有三个：①在催化剂表面的催化活性位点吸附 N$_2$ 分子；②氢化反应；③NH$_3$ 分子（或其他中间体）解吸。根据不同的加氢（质子化和还原）顺序及 N≡N 的断裂情况，NRR 一般分为解离机理和缔合机理（图 4-5）[23]。

在解离机理中，N≡N 键在吸附过程中断裂，催化剂表面吸附单独的 N 原子[图 4-5(a)]，每个 N 原子在接下来的步骤中发生氢化反应促使 NH$_3$ 的形成，NH$_3$ 在最后一步被释放出来。在缔合机理中，N$_2$ 分子被氢化时，两个 N 原子仍保持彼此结合的状态，仅在氢化过程中某一步断裂。因此，缔合机理比解离机理更为复杂，可以根据加氢顺序进一步推广为末端（end-on）机理、交替机理和酶促机理[图 4-5(b)～(d)]。在末端机理中，加氢优先发生在远离催化剂表面的远端 N 原子上，第一个 NH$_3$ 释放后，催化剂表面吸附一个 N 原子，在接下来的步骤中，剩余 N 原子连续氢化会导致第二个 NH$_3$ 分子的形成[图 4-5(b)]。在交替机理中，两个 N 原子交替发生氢化，直至 N≡N 键断裂，形成一个 NH$_3$，留下一个 NH$_3$[图 4-5(c)]。在酶促机理的第一步，N$_2$ 侧向吸附在催化剂表面，

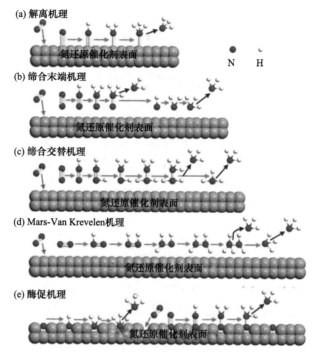

图 4-5　电催化剂上氮还原反应机理示意图[23]

氢化的步骤与交替机理中的步骤相似[图 4-5(d)]。最近，Abghoui 和 Skúlason 提出了一种新的机理[24]，即 Mars-Van Krevelen 机理，这种机理可能比传统的解离和缔合机理更有利[图 4-5(e)]。在 Mars-Van Krevelen 机理中，过渡金属氮化物(TMNs)表面的晶格 N 原子被还原为 NH_3，从而产生 N 空位，这些空位将化学吸附 N_2 分子，使 NRR 持续发生。化合物中的 N 原子最初参与了 NRR，这与传统的机理不同，Mars-Van Krevelen 可能始终是 TMNs 催化剂上 NRR 的最有利机理。

4.1.6　催化剂的设计原则

对于电催化 HER、OER 及 ORR，铱、钌、铂基贵金属催化剂尽管具有优良的电催化活性，但昂贵的价格、有限的地壳存储量极大地限制了其大规模工业化生产和应用。因此，大力发展非贵金属催化剂取代贵金属材料在解决电催化反应滞后性问题、提升能源转化装置的宏观性能、降低构建电催化装置成本等方面都起着至关重要的作用。对于电催化 CO_2RR 和 NRR 而言，面临的一个主要挑战是效率太低(产物生成速率/选择性和电流效率)，析氢作为竞争反应会严重制约 CO_2RR/NRR 的效率等，因此，进行催化剂设计，优化传质、催化剂稳定性和电解质/溶剂效应是亟须发展的。值得注意的是，电催化反应为界面反应，特别是对于 HER、OER、ORR、CO_2RR 和 NRR，它们通常是发生在"气体-电解质-催化剂"三相界面上。因此，合理地设计构筑具有高催化活性的电催化剂可以确保电催化反应过程中更多催化活性位点的暴露、"电解质-电催化剂"的充分接触、快速的物质扩散和电荷转移[25]。一般，构建具有高催化活性的非贵金属电催化剂需考虑以下几个因素(图 4-6)：①较大的比表面积，有利于增大电极/电解质界面，进而增加暴露出的活性位点数目。这一点可以通过优化催化剂材料的形貌和构建纳米结构催化剂来实现。②多孔或中空的结构,有利于电解质或产生的小气泡(氢气、氧气)在催化剂中快速穿梭,加速传质过程的进行,进而暴露出更多的活性位点。这一点可通过选用具有多孔或中空结构的前驱体或者在催化剂合成过程中添加致孔剂(或刻蚀硬模板)等方法来实现。③催化剂的传质能力强、浸润性好。这一点可通过构筑亲水性外层加以实现。④优异的导电性和电荷转移能力,可促进电催化过程中电荷快速转移,加快氧化还原反应的进行。这一点可通过向催化剂中掺杂其他元素以

图 4-6　高效的非贵金属催化剂所必备的特点图

优化电子结构,或将催化剂材料负载于石墨烯、碳纳米管、金属集流体等导电基底来实现。⑤具有优秀的电化学稳定性和结构稳定性,在工业电催化应用中具有较长的使用寿命和耐腐蚀性。这一点可通过在催化剂活性组分的外层包裹碳层或设计多级结构来实现。

4.1.7　评估电催化活性的评价指标

如图 4-7 所示,为了客观地评价电解水析氢、析氧反应、氧还原反应、二氧化碳还原反应和氮还原反应催化活性的高低,通常使用起始电位、电流密度为 10 mA/cm² 或 100 mA/cm² 的过电位、塔费尔(Tafel)斜率、电化学活性面积(ECSA)、转换频率(TOF)、稳定性、法拉第效率等作为重要的活性评估参数。

图 4-7　对 HER、OER、ORR 过程催化活性的评价指标

1. 起始电位及特定电流密度的过电位

理想的实验条件下,发生 HER 和 OER 的热力学平衡电位分别为 0 V 和 1.23 V。然而,实际电解过程(HER、OER 和 ORR)往往需要施加额外的电压才能推动催化反应顺利进行,额外施加的这部分电压被称为过电位。在电催化过程中,过电位主要由三部分组成:阻抗过电位、浓度过电位和激活过电位。阻抗过电位是指由溶液内部及固液界面间传质阻力导致的过量的电压的施加,可通过 IR 补偿消除它的干扰。浓度过电位是由电解质本体和催化剂表面 H^+(或 OH^-)较大的浓度差异引起的,可通过搅拌电解质来消除它的干扰[6, 26, 27]。而激活过电位与构筑的催化剂材料的催化活性密切相关,它的数值

可以直观地反映出材料催化活性的高低。当 HER、OER 或 ORR 的电流密度达到 0.5 mA/cm² 或 1.0 mA/cm² 时，施加的激活电压就是起始过电位。同时，电流密度为 10 mA/cm² 或 100 mA/cm² 的过电位也是重要的活性评价标准。

2. Tafel 斜率

Tafel 斜率可直观地反映电极材料发生催化分解反应的动力学机制，可以通过 1905 年 Tafel 发表的经验公式计算得到。Tafel 公式为：$\eta = b \lg j + a$，其中，η 为进行 HER(OER 或 ORR)所施加的过电位，j 为催化反应产生的电流密度，b 为 Tafel 斜率[28]。目前，Tafel 斜率的值可通过以下方法得到：①通过极化曲线转换得到；②通过工作站特定程序直接测试得到；③通过不同电压下的阻抗图拟合得到。一般，Tafel 斜率的数值越小，说明发生 HER、OER 或 ORR 的电子转移较快，反应动力学迅速。值得注意的是，Tafel 斜率在催化体系中还受电极的成分、表面吸附态氢的覆盖状态、电压、电解质组成和测试温度等因素的影响。因此，对 Tafel 斜率应全面地理解并综合地分析、评估。

3. 半波电位

半波电位($E_{1/2}$)是指在发生 ORR 反应时，当极限扩散电流密度达到二分之一时所对应的电位。其位于"动力学-扩散混合控制区"，此时电流密度随电压下降增长最快，可以用来作为电极定性分析的依据。当测试环境温度和电解质浓度一定时，其值可直观表现出电极本身的 ORR 活性。通常，半波电位值越大，说明反应物在催化剂表面扩散得越快，ORR 的反应动力学越快。

4. 极限扩散电流密度

极限扩散电流密度(j_l)是指当 ORR 中扩散步骤为电化学过程的控制步骤时，反应速率仅受传质限制而不再随电压增长的极限电流密度值。在电化学测试中，扩散控制由旋转圆盘电极的转速带来，因此二者之间存在函数关系。但当测试系统固定且旋转圆盘电极的转速为特定值时，极限电流密度值则主要受电极材料的本征特性影响。不同电极材料的固有属性不同，实际反应机理也不同。极限扩散电流密度值越大，说明电极在单位面积单位时间内所流过的电流越大，反应动力学越快。作为燃料电池阴极催化剂，就可能使得电池拥有更大的功率密度。

5. 动力学电流密度

动力学电流即"法拉第电流"(j_k)，是指在电极上进行 ORR 时所形成的电流。在"动力学-扩散混合控制区"求得的动力学电流密度值需要经过极限扩散电流密度校正。电极极化的内因来自发生 ORR 所需的外电路推动力。因此，当电极本身产生的动力学电流密度较大时，其所需的推动力(外电流密度)反而较小；反之，当动力学电流密度较小时，其所需的推动力往往较大，即反应的过电位越大。因此，动力学电流密度也是评估 ORR 催化剂反应动力学快慢的重要指标，其值越大，意味着 ORR 动力学越迅速。

6. 转移电子数及过氧化氢产率

在 ORR 测试过程中，通过测试不同旋转圆盘电极的转速得到一系列不同的极限扩散电流，进而拟合出反应动力参数——转移电子数(n)。ORR 的理想状态是氧气直接被还原成水分子，但实际催化过程往往是直接四电子过程伴随连续两电子过程的进行。这将导致氧还原过程中过氧化氢(H_2O_2)的产生，它很可能会氧化并腐蚀工作电极。另外，两电子反应过程中产生的 H_2O_2 中间体产物，可以通过测量 H_2O_2 的产率来判断四电子或两电子反应进行的程度。值得注意的是，H_2O_2 的产率及电子转移数可由旋转环盘电极(RRDE)测试得到，其计算公式如下：

$$H_2O_2(\%) = 200\% \times \frac{\frac{I_R}{N}}{\frac{I_R}{N} \times I_D}$$

$$n = 4 \times \frac{I_D}{\frac{I_R}{N} \times I_D}$$

其中，I_D 为盘电流密度；I_R 为环电流密度；N 为环盘电极的电子收集效率，根据说明书及测试确定为 0.4。

7. 电化学活性面积

电化学活性面积(ECSA)计算的是进行 HER、OER、CO_2RR 或 NRR 反应时，电极表面催化剂暴露出来的活性成分的有效面积，而不是单纯的材料的比表面积。由于它与非法拉第区间的双电层电容(C_{dl})成正比，因此，可以直接使用双电层电容值来比较相似的催化剂暴露出活性面积的大小，进而揭示催化剂中活性位点数目的多少[29]。但是，碳材料本身也具有一定的双电层电容，因此通过双电层电容值计算出的电化学活性面积并不十分精确。

8. 转换频率

转换频率(TOF)指的是每秒每个 HER(或 OER 或 CO_2RR 或 NRR)活性位点释放出氢气(或氧气或甲烷或氨等)的数量(单位为 s^{-1})，可以直观地反映催化剂每个活性位点的活性，进而揭示催化剂的本征活性。转换频率可以通过在中性缓冲溶液中进行循环伏安(CV)测试、"电流-电压"绝对面积积分、相关公式运算获得。转换频率越高，说明催化剂本身的催化活性越高[30-32]。

9. 稳定性

为了实现工业上电催化析氢的规模化应用，催化剂电化学活性的持久性及活性成分、结构的稳定性都至关重要。电化学活性的持久性可以通过以下三种电化学测试探究：①进行 1000 圈以上的循环伏安测试后，对该催化剂的极化曲线进行对比，若曲线位移不大，说明催化剂活性稳定；②恒电压下进行长时间的"电流-时间"测试，若曲线波动不大，说明催化剂活性持久；③恒电流下进行长时间的"电压-时间"测试，若电压波动不大，说明催化剂活性非常稳定[33]。

10. 法拉第效率

法拉第效率为催化体系中实际测得释放出氢气(或氧气)的量与理论计算出的产生氢气(或氧气)的量之比，直观地反映出电解池中电子的转移效率和电能损失。当法拉第效率为 95%～100%时，说明施加的电压几乎全部用于析氢反应和析氧反应，几乎没有能量的损失，没有其他消耗电能的副反应发生。或者在 CO_2RR/NRR 中，产生某一产物所用的电量与总电量的比值反映了该反应某一产物的选择性。因此，法拉第效率越高，电催化体系中电能（电子）的利用效率越高，越有益于电催化反应的高效进行。

4.2 MOFs 及其衍生物作电催化剂的简介

4.2.1 原始 MOFs 材料作电催化剂的发展

早在 1964 年，R. Jasinski[34]发现了常用于燃料电池中的 CoPc 材料具有一定的 ORR 活性。Y. Nagao 团队[35]合成了二维的 Cu-MOFs，并研究了其质子传导能力。在此基础之上，A. Shigematsu 等[36]改用不同金属和不同有机配体合成 MIL-53，并对其质子传导能力进行了研究，结果显示配体官能团的变换可以影响 MOFs 的传质能力。L. Yang 等[37]第一次报道了可催化甲醇氧化反应的 Cu-MOFs，其在硫酸电解质中甲醇的氧还原电位为 0.35 V。随后，J. Mao 等[38]合成了相似的 Cu-MOFs，虽然在磷酸缓冲溶液中氧还原电位为 –0.15 V，但在酸性和碱性溶液中氧还原电位较高且稳定性差，因此其应用范围大大缩减。E. M. Miner 及其团队[39]合成了具有优异导电性和稳定性的 Ni-MOFs，其在碱性溶液中氧还原的起始电位高达 0.82 V，而且他们还对催化剂的动力学过程作了研究。

值得注意的是，单金属 MOFs 材料的低电导率仍然是制约其电催化应用的主要障碍。一种改善其性能行之有效的方法是通过引入辅助金属来改变其金属中心，并增加电化学活性区域，增强金属位点的价态并优化 e_g 轨道，改变电荷转移路径及调节电子结构，从而改善 OER 电催化性能。此外，将次要金属节点结合到 MOFs 的结构中可引起大量缺陷，并且两种（或多种）不同金属之间的协同作用可明显增强电化学氧化还原反应。同时，具有可调整的化学组成和不同结构的双金属 MOFs（或多元金属 MOFs）也可以用作合成各种纳米结构材料的前驱体或模板。因此，研究人员开发了各种制备方法来合成多元金属 MOFs，两种常见的多元金属 MOFs 合成策略是一步法和后处理法。M. F. Mousavi 团队报道了一种还原性电化学合成方法制备层层自组装结构的三元金属 Fe-Co-Ni-MOF，其中层内和相邻层之间的金属离子通过 2-氨基-1,4-苯二甲酸相连[40]。电化学测试发现这种 Fe-Co-Ni-MOF 显示了优异的 HER、OER、ORR 电催化活性，在 10 mA/cm^2 电流密度碱性电解质中的 HER 过电位为 116 mV，OER 过电位为 254 mV，ORR 半波电位为 0.75 V。色散矫正的密度泛函理论证实该多功能电催化活性主要是由于水分子在金属位点上的吸附能得到了降低，同时水分子吸附导致 O—H 化学键的键长增加。

另外，被视为高效电催化剂的 MOFs 材料在实际生产应用中，还存在两个明显的缺点：①差的电化学稳定性：MOFs 材料在恶劣的电解质条件下会发生快速分解，这极大地妨碍了它们在工业电解槽中的实际应用；②MOFs 材料多为尺寸较大的、实心的块体：这种实心的、大尺寸的结构不利于在催化过程中暴露更多活性位点，也不利于传质过程的进行。基于以上考虑，X. W. Lou 课题组[41]采用"硬模板法-化学刻蚀法"合成了一种负载于氢氧化铁[Fe(OH)$_x$]纳米盒上的纳米级导电 Cu-MOFs 电催化剂[Fe(OH)$_x$@Cu-MOF 纳米盒]。由于其高度暴露的 Cu$_1$-O$_2$ 活性中心、优异的导电能力和坚固的中空纳米结构，Fe(OH)$_x$@Cu-MOF 纳米盒在电催化析氢中表现出优异的碱性 HER 活性和稳定性。具体来讲，它仅需要施加 112 mV 的过电位即可达到 10 mA/cm^2 的电流密度，并且 Tafel 斜率仅为 76 mV/dec。X 射线吸收精细结构光谱和密度泛函理论(DFT)计算都揭示了高度暴露的、不饱和配位的 Cu$_1$-O$_2$ 中心可加速 H*中间体的形成，进而驱动 HER 动力学的提升。同时，C. Zhao 课题组开发了一种简便的策略来制备均匀分布在还原氧化石墨烯纳米片上具有可调 Ni/Fe 比的 NiFe-MOF 小晶粒(NiFe-MOF/G)[42]。这种复合结构既具有高浓度的活性金属位点，又具有增加的电荷转移效率。DFT 计算结果表明，Ni 位点中 Fe 离子的置换掺杂显著增加了活性位点，降低了 OER 决速步骤的自由能，从而导致了较高的本征活性。优化后的 NiFe-MOF/G 纳米复合材料在 10 mA/cm^2 下的过电位为 258 mV，在碱性条件下连续反应 30 h 以上后仍具有良好的稳定性。这项工作对探究金属中心对 MOFs 材料 OER 活性的影响及新颖的 MOFs 材料的灵活制备提供了一种有效的途径。

由于 MOFs 材料在碱性电解质中的水解过程中容易原位生成氢氧化物，其被认为是 OER 的"预催化剂"。然而，对 MOFs 材料中催化中心的演变及其对反应过程中性能的相关影响鲜有研究。为了弥补这一不足，J. Zhu 团队以噻吩二羧酸(H$_2$TDC)为有机配体，在泡沫镍(NF)基底上合成了一种新型的基于 2D FeNi 的双金属 MOFs 纳米阵列(FeNi-MOFs/NF)[43]。考虑到 Ni 和 Fe 原子相似的原子半径，可轻松实现具有不同 Fe/Ni 比的同构 MOFs 材料的构建，这使得 FeNi-MOFs 成为探索基于 MOFs 的电催化结构-性能关系的理想平台。OER 测试发现，FeNi-MOFs 的 OER 催化活性随着氧化过程的进行不断优化，直到在 50 mA/cm^2 下达到过电位 239 mV 的稳定状态。这种独特的催化性能自我优化的现象与 MOFs 中 Fe 离子的价态逐渐增加有关，在达到最佳稳定状态之前会导致性能不断提高。另外，OER 测试还发现尽管 Fe-MOFs 和 Ni-MOFs 具有相同的结构，但 Fe-MOFs 比 Ni-MOFs 具有更优异的 OER 活性，这主要是由于 Fe 氧化过程中 Fe—O 共价键的增加增强了质子-电子转移，并促使氧的 2p 带更接近费米能级，从而加快了 OER 过程。

4.2.2 MOFs 衍生物作电催化剂的优势

MOFs 可作为制备高效 HER、OER 和 ORR 催化剂的前驱体。经过刻蚀、煅烧(碳化)处理后，MOFs 多孔的特性被部分保留，形成高比表面、高孔隙率和暴露更多活性位点的碳负载型电催化剂。富含多金属的 MOFs 还可直接被转换为多金属化合物催化剂。杂原子(如 B、N、P、S 等)可以被合并或均匀分散于碳的晶格中，它们能够引发碳材料的电荷密度和自旋密度的变化，进而有利于加速 ORR、HER 和 OER 的进程。而且，MOFs 前驱体的调控，如化学组成、金属离子和有机配体的选择、形貌控制及热解条件的调整，对制备的催化剂的活性都有很大程度的影响。

目前，MOFs 衍生的电催化剂主要具有以下优点：①高的比表面积和可调控的孔道结构(微孔、介孔)，这些可以提供更多的活性位点，加速催化过程中传质过程的进行；②金属中心的多样性、兼容性和杂原子(B、N、P 和 S 等)掺杂的可调控性；③包含

Co-Fe-N$_x$ 类的高活性位点；④通过 Fe、Co 等催化而形成的石墨碳的存在，提高了催化剂的导电性。因此，MOFs 材料尤其是 ZIFs 类富含 C、N 和过渡金属的前驱体材料对电催化剂的开发和发展非常重要。

4.3 MOFs 衍生物在 HER 方面的研究进展

对于 HER，电解质中氢离子在反应过程中吸附在催化剂表面的活性位点上，形成吸附态的氢(H*)。因此，HER 活性材料的选择是基于其吸附氢自由能(ΔG_{H^*})的高低。对 HER 机制的研究表明，当 ΔG_{H^*} 为 0 时，催化剂的活性位点可以展现最佳的 HER 活性。在已报道的 HER 电催化剂中，Pt 基材料被认为具有最优异的 HER 活性，具有接近零的起始过电位。下面对 MOFs 材料及其衍生物在 HER 方面的应用进行深入探究。

4.3.1 MOFs 衍生的磷化物用于 HER

常用于电催化方面的过渡金属元素主要有铁、钴和镍，它们被报道最多的 HER 电催化剂主要为碳化物、氮化物、磷化物和硫化物，特别是磷化物。金属磷化物具有较低的吸附氢自由能和良好的导电性，因此，在大量 MOFs 衍生的电催化剂中，铁基、钴基或镍基磷化物被认为是高活性 HER 催化剂。

L. Wang 课题组[44]采用低温磷化法制备了 MIL-88-Fe$_2$Ni 衍生的 NiFeP 纳米棒催化剂。值得注意的是，NiFeP 纳米棒完美地保持了 MIL-88-Fe$_2$Ni 前驱体的尺寸和棒状形貌，并在碱性析氢过程中表现出优异的电化学催化活性，仅需要 243 mV 的电压即可达到 20 mA/cm^2 的电流密度，同时还具有较低的 Tafel 斜率(69.0 mV/dec)，说明其具有较为迅速的 HER 动力学。这为以 MOFs 为前驱体设计合成具有优异 HER 活性的磷化物基电催化剂提供了可行的策略。另外，该课题组还以 CoNi-BTC 为前驱体，采用"氧化-磷化"两步法制备了一系列不同 Co/Ni 摩尔比的 CoNiP-n(n = 0.12，0.17，0.25，0.47) 中空、多壳层球[图 4-8(a)～(c)]。其中，CoNiP-0.25 球具有较低的起始电位(85 mV)，而且电流密度为 10 mA/cm^2 时仅需要 145.8 mV 的电压，说明 CoNiP-0.25 球具有优秀的碱性 HER 性质。这是因为当 Co/Ni 摩尔比为 0.25 时，CoNiP 表面电荷的最优化，Ni 原子携带更多的正电荷而 P 原子携带更多的负电荷，有益于氢质子的吸附。同时，CoNiP-0.25 球的多壳层结构不仅有利于 CoNiP 活性相的均匀分布，还能保护 CoNiP 活性相，降低 CoNiP 的氧化、溶解速率，大大提高该催化剂的稳定性[45]。

X. W. Lou 课题组报道了由镍掺杂 MIL-88A 衍生的 Ni-FeP/C 空心纳米棒催化剂[图 4-8(d)]，这些中空纳米棒是基于 MIL-88A 与植酸之间的刻蚀和配位反应，然后进行热分解处理得到的。得益于丰富的活性位点、优异的传质和传荷能力，Ni-FeP/C 空心纳米棒可作为全 pH 下 HER 的电催化剂来降低反应能垒，提升反应速率。理论计算表明，其优异的 HER 活性主要来自"活性成分-结构-电子特性"偶合作用。这为 MOFs 衍生的空心磷化物催化剂的设计合成提供了通用且有效的策略[46]。

第 4 章 MOFs 及其衍生物在电催化方面的应用 165

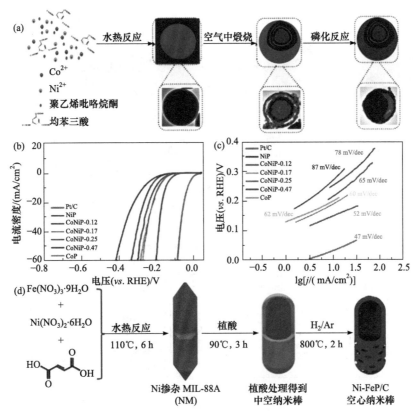

图 4-8 (a)CoNiP-n(n = 0.12, 0.17, 0.25, 0.47)多级球的合成示意图;CoNiP-n(n = 0.12, 0.17, 0.25, 0.47)催化剂在 KOH 溶液中进行 HER 的 LSV 曲线(b)及相应的塔费尔斜率图(c)[45];(d)Ni-FeP/C 催化剂的合成示意图[46]

4.3.2 MOFs 衍生的碳(氮)化物用于 HER

X. W. Lou 课题组采用 MOFs 辅助策略合成了由纳米微晶组成的多孔 MoC_x 纳米八面体[图 4-9(a)][47]。该策略依赖于在独特的 MOFs 基化合物(NENU-5)中的限域效应和原位渗碳反应,将 Cu-MOFs(HKUST-1)主体和位于孔道中的 Mo-POM 客体组成的化合物转变为没有团聚和过度生长的金属碳化物(MoC_x)纳米微晶。所制备的 MoC_x 纳米八面体由嵌入非晶态碳基质中的罕见 Z-MoC 超细纳米晶组成,并具有均匀的介孔结构。如图 4-9(b) 和 (c) 所示,得益于 MoC_x 纳米催化剂理想的(均匀、小尺寸、高孔隙率、介孔)纳米结构,多孔 MoC_x 纳米八面体在酸性和碱性溶液中均表现出显著的 HER 活性和良好的电化学稳定性。特别是其酸性 HER 活性,可与负载于石墨碳(如石墨烯、碳纳米管等)上的 Mo_2C 催化剂媲美。值得注意的是,该策略为其他纳米结构的碳化钨和钼钨混合碳化物的合成提供了新的思路,从而为开发用于各种应用的高性能功能材料开辟了新的道路。另外,该课题组还通过简单地控制 MO_4(M = Mo 或 W)单元在 ZIF-8 前驱体中的取代量,制备了由 MC 和 M_2C(M = Mo 或 W)组成的双相碳化物纳米晶体[图 4-9(d)~(f)][48]。这些被限域在多孔氮掺杂碳十二面体中的超细碳化物(MC-M_2C)纳米晶体在碱性溶液中展现出超高

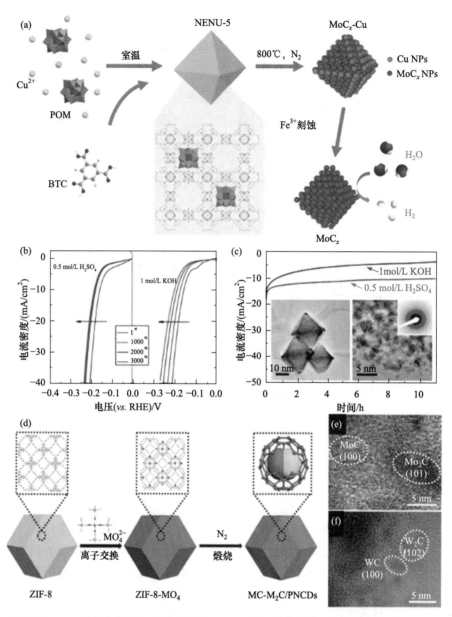

图4-9 (a) 多孔 MoC_x 纳米八面体的合成示意图；MoC_x 纳米催化剂分别在酸性和碱性电解质中的 LSV 测试(b) 和稳定性测试(c)[47]；(d) MC-M_2C/PNCDs 催化剂的合成示意图；(e) MoC-Mo_2C/PNCDs 催化剂的 HRTEM 图；(f) WC-W_2C/PNCDs 催化剂的 HRTEM 图[48]

的 HER 活性和电化学稳定性。其碱性 HER 活性优异的原因主要为：①ZIFs 中 MO_4 单元高度有序的分散促进了金属源在氮掺杂碳框架中的均匀分布，进而促使煅烧后碳化物纳米晶体高度分散；②限域于多孔氮掺杂碳多面体中的超细碳化物纳米晶体，不仅有利于活性位点的暴露，还可以促进电荷的快速转移；③丰富的氮掺杂剂可以作为电子受体来辅助金属晶格中的碳原子接受电子，进而促使金属的 d 带中心发生下移以增强 HER 性能；④MC 和 M_2C 纳米晶体之间的强偶合作用，为水解离和氢解吸提供了活性位点。这项工作为发展"组分/纳米结构协同调制工程"以提升 HER 催化剂的活性提供了借鉴和新的思路。

除此之外，氮化物催化剂也具有类似的 HER 活性。S. Guo 团队通过"化学刻蚀-氮化处理"两步法成功地制备了强偶合的 NiCoN/C 纳米笼。具体来讲，在室温下对 ZIF-67 纳米立方体与 $Ni(NO_3)_2$ 进行超声处理，Ni^{2+} 水解反应产生大量质子促进 ZIF-67 中 Co^{2+} 的释放，进而形成 NiCo-LDH（层状氢氧化物）笼。然后通过 NH_3 低温氨解，将 NiCo-LDH 成功氮化为 NiCoN/C 纳米笼。强偶合的 NiCoN/C 纳米笼具有高效的碱性 HER 活性，其达到 20 mA/cm^2 的电流密度仅需要 142 mV 的过电位，比商业 Pt/C 催化剂还要低 34 mV。值得注意的是，在 200 mV 的过电位下，其质量活度高达 0.204 mA/g_{cat}，这与商业 Pt/C 催化剂（0.451 mA/g_{cat}）旗鼓相当。此外，DFT 计算表明，高度非晶化的氮化物大大促进了 C 位点成为电子推动池，并促进电子在层或活性位点之间快速转移。另外，较强的 (Ni, Co)—N 键有助于通过 d-p-d 偶合实现高效电子转移，从而将 Co^{2+} 稳定地转化为 Co^0 以实现最佳的水吸附和水分解过程[49]。

4.3.3　MOFs 衍生的贵金属/过渡金属材料用于 HER

Pt 基催化剂材料被认为是具有最高 HER 活性的催化剂材料，被广泛应用于 HER 电催化剂的制备中。在 MOFs 衍生的碳基 HER 催化剂中，铂与钴、镍等非贵金属复合形成的合金材料也作为 HER 活性材料被研究，并表现出优异的 HER 活性。如图 4-10 所示，X. W. Lou 课题组以包裹有聚多巴胺（PDA）的 ZIF-67 纳米棒（NRs）为前驱体，采用"高温热解-电化学置换-热解重组"的策略，在多孔氮掺杂碳纳米管（NCNT）的内/外壳上负载了超细 Pt-Co 合金纳米颗粒，即 Pt_3Co@NCNT[50]。研究发现，通过在 K_2PtCl_4 溶液中进行电化学置换反应，限域于 NCNTs 中的 Co 颗粒成功地转化为 Pt-Co 纳米颗粒。并且，在热解重组过程中，不仅 Pt-Co 纳米合金的结晶度得到了优化，Pt-Co 合金纳米颗粒还发生同步向纳米管内壳和外壳表面的迁移过程，继而确保活性位点的最大化暴露，保证了 Pt-Co 纳米合金与多孔碳载体的稳定附着。DFT 计算表明，合金诱导 H 中间体的吸附接近热力学中性，同时存

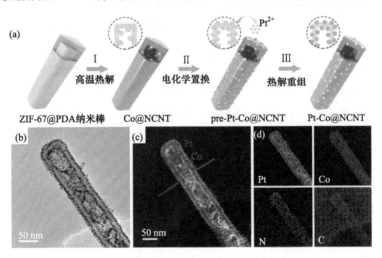

图 4-10　Pt_3Co@NCNT 催化剂的合成示意图(a)、TEM 图(b)、HAADF-STEM 图及其 EDX 线性扫描图(c)、TEM 的元素分布映射图(d)[50]

在大量多样化活性位点，这大大提高了催化剂对于 HER 的本征活性。正是由于 Pt-Co 纳米合金中优化的电子结构及金属之间强的相互作用，$Pt_3Co@NCNT$ 电催化剂在酸性和碱性介质中均表现出优异的 HER 活性和电化学稳定性。除了 Pt 基催化剂以外，贵金属 Ru 掺杂到过渡金属催化剂中也展现出优异的析氢活性。H. L. Jiang 课题组通过热解基于 Ru 离子交换法制备的 Ru-Cu-BTC 前驱体材料，制备了 Ru 掺杂的负载 Cu 的多孔碳(Ru-Cu@C)材料。该催化剂在碱性电解质中表现出了优异的 HER 性能，电流密度为 10 mA/cm^2 时的过电位低至 20 mV，且 Tafel 斜率仅有 37 mV/dec，该性能远远超越了商用 Pt/C 催化剂[51]。同时，DFT 计算结果表明，在 Cu 纳米晶的晶格中引入 Ru 原子后，吸附氢的吉布斯自由能接近于零，这极大地促进了 H_2 在催化剂表面的脱附，显著改善了 HER 性能。该策略为开发廉价高效的碱性 HER 电催化剂提供了新的思路。

4.4 MOFs 衍生物在 OER 方面的应用

与氢质子吸附于活性位点上的 HER 过程不同，OER 是一个复杂的四电子过程，包括几个基本反应步骤，溶液中含氧反应物吸附在活性位点上，形成多种含氧中间体，其平衡电位为 1.23 V。本节将介绍具有优异 OER 活性的 MOFs 衍生催化剂材料。

4.4.1 MOFs 衍生的氧(氢氧)化物用于 OER

含钴、铁、镍等过渡金属的金属氧化物、氢氧化物一直被认为是高效的 OER 电催化剂。X. W. Lou 课题组通过对具有核壳结构的 ZIF-67/Ni-Co 层状氢氧化物(ZIF-67/Ni-Co-LDH)前驱体进行氧化处理，设计合成了 $Co_3O_4/NiCo_2O_4$ 双壳层纳米笼($Co_3O_4/NiCo_2O_4$ DSNCs)催化剂[图 4-11(a)～(d)]。得益于多孔、中空的结构和尖晶石结构中 Ni^{2+} 的掺入，该催化剂不仅可作为赝电容器电极展现出高比容量和出色的稳定性，还可以作为催化剂加速 OER 的进行[52]。另外，该课题组也尝试对 MOFs 前驱体形貌进行调控以使其暴露出更多活性位点。通过在室温下对 NiCo-PBA 进行氨水刻蚀，得到了独特的、八个角完全消失的 NiCo-PBA 纳米笼前驱体。然后将其在空气气氛下退火，最终得到镍钴氧化物纳米笼催化剂[图 4-11(e)～(g)]。碱性 OER 测试[图 4-11(h)和(i)]证实，"刻蚀-退火"处理得到的镍钴氧化物纳米笼催化剂的活性远高于"直接退火"处理得到的镍钴氧化物立方体催化剂，说明由 MOFs 刻蚀得到的中空结构确实有利于暴露更多 OER 活性位点，促进 OER 性能的提升[53]。同时，X. W. Lou 课题组通过调节添加剂以调控 MOFs 结构的生长机制，最终成功地合成了具有不同 3D 几何形状和空腔的 Co-Fe PBA(笼、框架和盒子)。通过对其进行氧化煅烧处理，这些 Co-Fe PBA 纳米结构很容易转化为相应的 Co-F-O 混合氧化物，而不改变其原有的拓扑结构(图 4-12)。电化学测试证实，Co-F-O 框架由于完全开放的结构可作为高效的 OER 催化剂，能够在 290 mV 的过电位下达到 10 mA/cm^2 的电流密度，同时在 300 mV 的过电位下具有高达 177 A/g 的质量活性，并表现出出色的稳定性。这项工作为化学和材料科学领域的拓扑学提供了新的视角，揭示了拓扑学与催化活性的内在联系[54]。

第4章 MOFs 及其衍生物在电催化方面的应用　　169

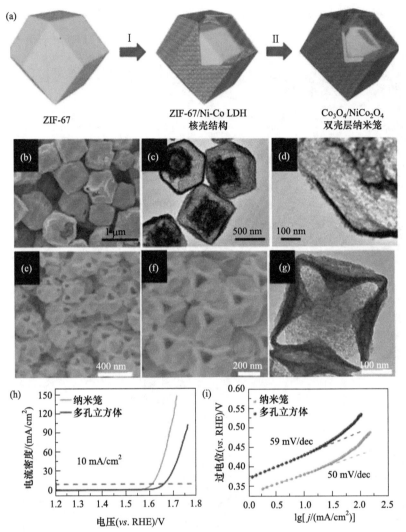

图 4-11　$Co_3O_4/NiCo_2O_4$ DSNCs 催化剂：(a) 合成示意图，(b) SEM 图，(c)、(d) TEM 图；镍钴氧化物纳米笼催化剂[52]：(e)、(f) SEM 图，(g) TEM 图，(h) 在 1.0 mol/L KOH 溶液中发生 OER 的 LSV 曲线，(i) 对应的塔费尔斜率图[53]

在灵活掌握 MOFs 材料(特别是 ZIF-67 和 Co-Fe PBA)各种合成策略的基础上，X. W. Lou 课题组通过 ZIF-67 纳米立方体与溶液中[Fe(CN)$_6$]$^{3-}$ 之间的阴离子交换反应制备了具有核壳结构的 ZIF-67/Co-Fe PBA 纳米立方体，然后经进一步的退火处理制备了 Co_3O_4/Co-Fe 氧化物双层纳米盒(DSNBs)催化剂[图 4-13(a) 和(b)]。碱性 OER 测试证实 Co_3O_4/Co-Fe 氧化物双层纳米盒催化剂具有优异的 OER 活性和稳定性，其电流密度达到 10 mA/cm^2 仅需要约 297 mV 的过电位，远低于 Co-Fe 氧化物和 Co_3O_4 纳米盒发生 OER 的过电位[图 4-13(c) 和(d)][55]。另外，该课题组还报道了一种简便的一锅煮定向合成 NiFe LDH 双壳层纳米笼催化剂的方法。具体来讲，将棒状 Fe-MIL-88A 前驱体浸泡于镍离子溶液中，通过同步的"刻蚀-共沉淀"反应以制备具有多级结构的 NiFe LDH 双壳层纳米笼。研究发现，适当调节镍离子溶液中乙醇和水的体积比，可影响 Fe-MIL-88A

的刻蚀速度，进而控制 NiFe LDH 纳米笼的壳数。NiFe LDH 纳米笼催化剂得益于优化

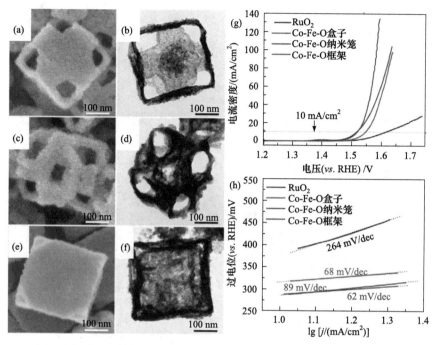

图 4-12　(a)、(b)Co-F-O 笼的 SEM 及 TEM 图；(c)、(d)Co-F-O 框架的 SEM 及 TEM 图；
(e)、(f)Co-F-O 盒子的 SEM 及 TEM 图；(g)Co-F-O 催化剂在 KOH 溶液中进行 OER 的 LSV 曲线；
(h)Co-F-O 催化剂相应的塔费尔斜率图[54]

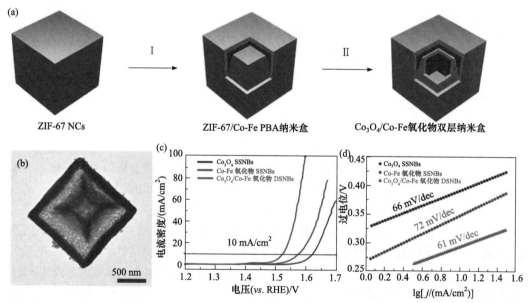

图 4-13　Co_3O_4/Co-Fe 氧化物双层纳米盒催化剂的合成示意图(a)、TEM 图(b)、在 1.0 mol/L KOH 溶
液中发生 OER 的 LSV 曲线(c)，对应的塔费尔斜率图(d)[55]

的化学组成和双壳层的结构,在碱性电解质中表现出优秀的 OER 活性和稳定性,其达到 20 mA/cm² 的电流密度仅需要 246 mV 的低过电位。这种通过调节试剂体积比以调控 MOFs 前驱体刻蚀速度的合成方法为制备具有多级结构、大比表面积、高催化活性的 OER 电催化剂提供新的方法和思路[56]。

4.4.2 MOFs 衍生的磷化物用于 OER

近年来,对金属磷化物、硒化物及硫化物的 OER 活性的研究迅速兴起。值得注意的是,这些化合物表面的阴离子在 OER 过程中往往会被 O^{2-} 或 OH^- 取代,形成 M—O(M 表示金属)或 M—OOH 等含氧中间体,这种表面重构是一种优化 OER 活性的策略。

先前的许多研究认为,NiP 是一种高效的 HER 催化剂,近期的研究表明,NiP 还具有一定的 OER 活性。X. W. Lou 课题组以片状 NiNi-PBA 为前驱体,分别采用碱刻蚀、空气煅烧、气相磷化的方法制备了具有多孔结构的片状 $Ni(OH)_2$、NiO、Ni-P 催化剂[图 4-14(a)]。得益于其理想的纳米结构及磷化物表面原位生成的 Ni-O 高活性物种,Ni-P 催化剂在碱性溶液中表现出优异的 OER 性能[图 4-14(b) 和(c)],仅需要 300 mV 过电位即可达到 10 mA/cm² 的电流密度,远高于同样由 NiNi-PBA 衍生的 $Ni(OH)_2$ 和 NiO 催化剂的性能[57]。同时,该课题组还以 ZIF-67 纳米立方体为前驱体[图 4-14(d)],通过掺入镍离子,分别构建了 NiCoP/C、NiCoP 和 NiCo LDH 纳米盒催化剂。与 NiCoP 和 NiCo LDH 纳米盒相比,NiCoP/C 纳米盒具有更高的碱性 OER 活性和更持久的电化学稳定性[58]。为深入探究磷化物催化剂中电子结构对 OER 活性的影响,X. W. Lou 及其团队采用相同的合成策略制备了具有优异 OER 性能的多孔铁钴(氧)磷化物(Fe-Co-P)纳米盒[图 4-15(a)]。

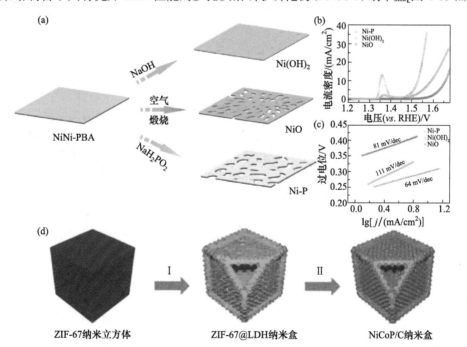

图 4-14 $Ni(OH)_2$、NiO、Ni-P 催化剂的合成示意图(a),在 1.0 mol/L KOH 溶液中发生 OER 的 LSV 曲线(b),对应的塔费尔斜率图(c)[57],(d)NiCoP/C 纳米盒催化剂的合成示意图[58]

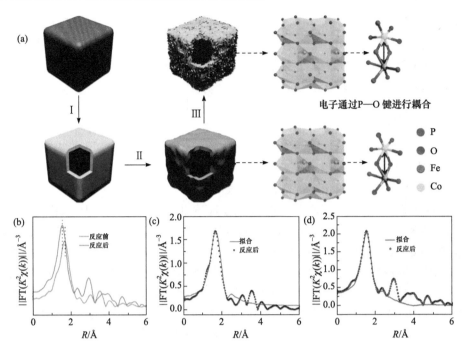

图 4-15 (a) Fe-Co-P 纳米盒催化剂的合成示意图；(b)~(d) OER 反应前后的 Fe-Co-P 纳米盒催化剂的 X 射线吸收光谱[59]

X 射线吸收光谱[图 4-15(b)~(d)]表明，与 Fe 和 Co 原子桥连的 P 原子在 OER 过程中部分被 O 原子原位取代，而且电子通过 P/O 原子在 Fe 和 Co 原子之间快速流动对 OER 活性具有明显优化的作用[59]。

4.5 MOFs 衍生物在 ORR 方面的应用

与 OER 相似，ORR 过程也是由含氧中间体吸附在电催化剂的活性位点上的多个步骤组成。因此，ORR 活性在很大程度上取决于活性位点与含氧中间体之间相互作用的强度，即"中间体在活性位点上的吸附能"。在电化学体系中，虽然 ORR 是 OER 的逆过程，但由于它们的速率决定步骤可能不同，ORR 和 OER 电催化活性材料的类型通常是不同的。一般，含氧中间体的吸附能与催化剂活性位点的电子结构有关，可通过对电催化剂的结构和组分设计进行调节。另外，考虑到贵金属储量有限和成本高的问题，非贵金属基材料(特别是铁基和钴基材料)被广泛用于高效的电催化氧还原。本节将介绍用于 ORR 的 MOFs 衍生电催化剂材料。

Fe 原子与石墨碳中 N 原子配位形成的 FeN_xC 结构是高效的 ORR 活性位点。以 MOFs 或其他前驱体作为 Fe 源制备的 MOFs 衍生的 FeN_xC 电催化剂具有超高的 ORR 活性。L. Jiao 等通过将 20% Fe-TCPP[TCPP=四(4-羧基苯基)卟啉]和 80% H_2-TCPP 作为有机配体定向合成了 Fe 掺杂的 Zr 基卟啉 MOFs 前驱体，然后通过进一步的热解和 HF 刻蚀，最终合成了具有介孔纳米棒结构的 Fe 单原子镶嵌的 N 掺杂多孔碳(Fe_{SA}-N-C)催化剂[图 4-16(a)和(b)]。HAADF-STEM 图[图 4-16(c)]证实了 Fe 呈原子级分散于碳载体上。X 射线精细吸收光谱[EXAFS，图 4-16(d)]表明 Fe 单原子位点为 $Fe-N_4$ 构型。ORR 测试[图 4-16(e)]显示 Fe_{SA}-N-C 催化剂的半波电位(0.891 V)比商业 Pt/C 的更高。除了可以提升活性位点利用效率外，ORR 催化剂在酸性电解质中的稳定性也受到广泛关注[60]。G. Wu 团队通过对 Fe 掺杂 ZIF-8 多面体材料进行 1100℃ 的热解，制备了粒径约 50 nm 的 $Fe-N_4$-C 电催化剂。图 4-16(f)和(g)显示，该催化剂在 0.5 mol/L H_2SO_4 溶液中表现出优异的 ORR 活性和稳定性，其半波电位为 0.85 V，H_2O_2 产率小于 1%[61]。

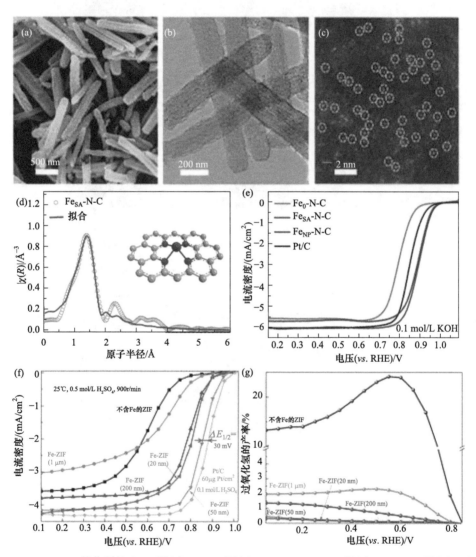

图 4-16　Fe_{SA}-N-C 催化剂的 SEM 图(a)、TEM 图(b)、HAADF-STEM 图(c)、EXAFS 图(d)、在 1.0 mol/L KOH 溶液中发生 ORR 的 LSV 曲线(e)[60]；(f)$Fe-N_4$-C 电催化剂在 0.5 mol/L H_2SO_4 溶液中发生 ORR 的 LSV 曲线；(g)$Fe-N_4$-C 电催化剂的 ORR 过程 H_2O_2 的产率[61]

除了铁基催化剂以外，钴基催化剂也具有优异的 ORR 活性。X. W. Lou 课题组采用

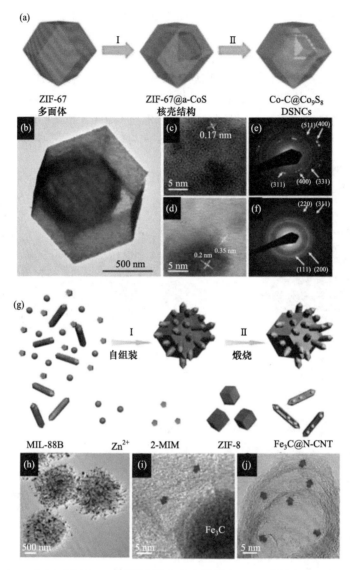

图 4-17 Co-C@Co₉S₈ 双层纳米盒(DSNBs)催化剂的合成示意图(a)、TEM 图(b)、HRTEM 图[(c)、(d)][62]、电子选区衍射图谱[(e)、(f)]；Fe₃C@N-CNT 催化剂的合成示意图(g)、TEM 图(h)、HRTEM 图[(i)、(j)](箭头指的方向代表氮掺杂碳纳米管)[63]

新颖的合成策略合成了 Co-ZIF-67 衍生的钴颗粒嵌入碳基底的硫化钴双壳层纳米笼 (Co-C@Co₉S₈ DSNBs)[图 4-17(a)~(f)]，该合成过程主要包含 ZIF-67@a-CoS 核壳结构前驱体的合成及氮气氛围下的高温煅烧。碱性 ORR 电化学测试表明，内部 Co 颗粒嵌入的碳纳米笼可作为 ORR 的主要活性位点发挥有效的催化作用。而外部可渗透的 Co₉S₈ 壳不仅可以促进电解质中的反应物快速到达活性位点发挥催化作用，还可以防止活性组分发生聚集和浸出。这种 Co-C@Co₉S₈ DSNBs 作为纳米级 ORR 反应器，可以实现催化体系内部反应物高瞬时浓度，从而提升对 ORR 的驱动力。在这些优势的协同作用下，

Co-C@Co$_9$S$_8$ DSNBs 催化剂展现出优异的碱性 ORR 活性、稳定性及甲醇耐受能力，为核壳结构的钴基 ORR 催化剂的设计合成提供了新的思路[62]。ZIFs 类 MOFs 材料由于具有富含碳、氮原子等优点，成为合成 ORR 电催化剂的明星前驱体材料，X. W. Lou 课题组巧妙地以 ZIF-67 为主体材料，设计并开发了一种"双 MOFs"（MOFs-in-MOFs）结构的前驱体材料，通过对其进行简单的热解，成功地制备了嵌入到碳纳米管中的碳化铁纳米颗粒[Fe$_3$C@N-CNT，图 4-17(g)]催化剂[63]。这种合成策略的关键点是以 Zn 基 ZIF-8 多面体（第一种 MOFs）作为主体材料，在其表面均匀地修饰上 Fe 基 MIL-88B 纳米棒（第二种 MOFs）。值得一提的是，这种"MOFs-in-MOFs"的杂化结构可一步转化为具有复杂多级结构的 ORR 电催化剂。该催化剂由原位生长于氮掺杂碳基底的、嵌有碳化铁纳米颗粒的氮掺杂碳纳米管构成[图 4-17(h)～(j)]。电催化测试发现，所制备的 Fe$_3$C@N-CNT 催化剂具有优于商业 Pt/C 的碱性 ORR 活性和稳定性。其优异的 ORR 活性主要来源于独特的电化学组成及多级结构。这种双 MOFs 结构前驱体的合成策略可广泛用于其他杂化功能材料的设计和合成，并为开发高活性 MOFs 衍生 ORR 电催化剂提供了一种新方法。

众所周知，ORR 作为新能源转化与利用体系中的关键反应，一般可通过两种反应路径进行，即产物为 H$_2$O$_2$ 的两电子反应路径及产物为 H$_2$O 的四电子反应路径。然而，目前很少有关于调控 ORR 两种反应路径的催化剂的设计及合成的研究。G. Q. Li 团队巧妙地利用 MOF-5 结构的可调控性，以及改变配体的官能团（对苯二甲酸和氨基-对苯二甲酸），通过进一步的热解，得到了具有不同配位环境的 Zn 单原子（ZnN$_4$ 与 ZnO$_3$C）催化剂，其表现出对不同氧还原反应路径的高选择性[64]。ORR 测试结果表明在较宽的电压窗口下，ZnO$_3$C 催化剂具有优异的两电子反应路径选择性，法拉第效率保持在 90%左右，产率可达到 350 mmol/(h·g$_{cat}$)。而 ZnN$_4$ 催化剂展现出优异的四电子反应路径选择性，半波电位可达 0.76 V。相应的 DFT 计算验证，ORR 反应路径选择性的差异源于不同的配位环境造成其电子结构差异，从而改变氧还原中间体的吸附强弱，进而改变反应路径的选择性。

4.6 MOFs 及其衍生物在多功能催化剂方面的应用

4.6.1 MOFs 及其衍生物用于 HER/OER

OER/HER 双功能电催化剂主要应用于电催化水分解过程中，可提升电解池中氢气和氧气的生产速度、降低反应过程中所消耗的能量，为能源产业提供丰富的氢能。目前，评估该双功能电催化剂活性的指标通常为 OER 和 HER 之间 E_{10} 的电位差（ΔE_{10}），以及电解槽达到一定电流密度（通常为 10 mA/cm^2）所对应的电压。

二维 MOFs 材料由于具有较大的比表面积和易调控的电子结构而展现出优异的催化活性。因此，二维 MOFs 材料是电催化分解水（HER+OER）理想的催化剂。C. Zhao 及其团队通过化学沉积法制备了超薄 Ni/Fe-MOF 纳米片阵列[65]。碱性电催化测试显示，Ni/Fe-MOF 纳米片对 HER 和 OER 都展现出优异的催化活性和稳定性。Ni/Fe-MOF 也表现出良好的电解水性能，在电极体系中可实现 1.55 V@10 mA/cm² 的优异性能，这明显优于 Pt/C（阴极）‖ IrO₂（阳极）的贵金属电解池的性能。另外，N. Liu 团队也报道了一种具有 HER/OER 双功能电催化活性的 Ni-Fe-Zn 三金属 MOFs 材料。该三元 MOFs 材料在碱性电解质中进行 HER 时，仅需施加 180 mV 的电压就可以达到 10 mA/cm² 的电流密度，其 HER 和 OER 电催化活性可与商业的 Pt/C 和 RuO₂ 媲美。同时，将 Ni-Fe-Zn MOFs 用作电催化水分解的阳极和阴极，仅需要 1.52 V 的电池电压即可达到 10 mA/cm² 的电流密度，这远远超过了贵金属 Pt/C（阴极）‖ IrO₂（阳极）体系的性能[66]。

另外，L. Wang 课题组还以富含氮原子的 FeNi-MOFs 立方体作为前驱体，设计合成具有优异全水分解性质的 FeNiP/NC 双功能催化剂。通过碳化-磷化处理将 FeNi-MOFs 中与 Fe 和 Ni 原子配位的对苯二甲酸（碳源）和 2-甲基咪唑（氮源）原位碳化，最终形成氮掺杂的碳层包覆的 FeNiP[67]。在工作电极制备、电化学测试过程中，FeNiP/NC 材料在碳层的保护下能有效抑制活性成分氧化、溶解和逸出。另外，以 FeNi-MOFs 立方体作为前驱体来制备 FeNiP/NC 中空微米盒子的过程中，有机配体分解形成多孔的中空结构使 FeNiP/NC 具有大的比表面积、丰富的孔道结构，增大了催化活性面积，并且有益于催化剂被电解质充分浸润。这种以 MOFs 中与金属原子配位的有机配体作为碳源和氮源来构筑氮掺杂的碳层的方式，为原位保护磷化物，防止其在空气氧化、钝化提供了简单且实用的策略。

4.6.2　MOFs 及其衍生物用于 OER/ORR

金属-空气电池由于高理论容量而备受关注。在水性金属-空气电池的空气电极上，放电时主要进行 ORR 过程，而充电时主要发生 OER 过程。因此，空气电极部分需要具有 ORR 和 OER 活性的双功能电催化剂来降低充放电过程的过电位。对于 ORR 和 OER 电催化剂，它们的本征活性均取决于含氧中间体在活性位点上的吸附能。对 ORR 和 OER 机制的理论分析表明，中间体的吸附能之间呈现线性关系，这使得单个活性位点难以同时达到 ORR 和 OER 活性的峰值。通过选择合适的催化剂，可适当更改上述规律，并实现对电催化剂 ORR 和 OER 活性的同步优化[68]。

为了评估电催化剂的 OER/ORR 双功能活性，OER 的 E_{10} 与 ORR 的 $E_{1/2}$ 之间的电位差值（ΔE）被用作评估标准。同时，OER/ORR 双功能活性还可以通过金属-空气电池的相应参数来表征。根据金属-空气电池的充/放电极化曲线和恒电流放电/充电循环曲线可以得到充放电电压差和反应效率，间接反映出双功能电催化剂的活性。

由于贵金属基电催化剂一般只表现出单一的 ORR 活性或 OER 活性，因此目前开发的 OER/ORR 双功能电催化剂主要为非贵金属基材料。其中，MOFs 衍生的 OER/ORR 双功能电催化剂主要有纳米碳催化剂、单原子催化剂、金属/合金催化剂及其他金属化合物。X. W. Lou 课题组以 ZIF-67 多面体作为前驱体合成了由氮掺杂碳纳米管（NCNT）相互连接构建的空心多面体材料[69]。值得注意的是，ZIF-67 中的钴在热解过程中原位形成了钴金属颗粒，可诱导 ZIF-67 中的氮和碳原子原位生成 NCNT。对其进行电化学测试发现，这种 ZIF-67 衍生的催化剂具有卓越的 OER 和 ORR 活性及稳定性，甚至远优于商业 Pt/C 催化剂。其出色的电催化活性主要归因于 NCNT 的化学组成、结构及坚固的空心框架结构。另外，C. He 团队以聚多巴胺（PDA）封装的钴基普鲁士蓝类似物

(CoCo-PBA/PDA)立方体为前驱体,通过采用"高温热解-酸刻蚀"两步法[图 4-18(a)]设计制备了 N 和 O 共掺杂的石墨烯纳米环组装的立方体盒子(NOGB-800,800 指热解温度)催化剂[图 4-18(b)][70]。值得注意的是,强酸刻蚀(3 mol/L HNO_3 溶液,150℃,24 h)不仅可以去除封装在 N 掺杂石墨烯中的 Co 颗粒以生成 N 掺杂石墨烯(NG)纳米环,还可以将 O 元素引入到 N 掺杂石墨烯中以形成 N 和 O 共掺杂的石墨烯纳米环。得益于其独特的 N、O 共掺杂石墨烯和空心纳米环上的分层多孔纳米结构,NOGB-800 催化剂展示出高效的 OER/ORR 活性和长期的稳定性。特别是,由 NOGB-800 构建的锌-空气电池具有最大功率密度(111.9 mW/cm^2)、较低的充放电过电位(0.72 V)和长达 30 h 的出色的稳定性[图 4-18(c)]。同时,将其组装成两个串联的锌-空气电池可以成功地点亮发光二极管[图 4-18(d)]。另外,Q. Xu 团队提出了以具有核壳结构的 ZIF-8@ZIF-67 多面体为前驱体的自模板策略,通过适度热解来构建具有开放式碳笼和类绣球花形貌的 CoFe$_{20}$@CC 催化剂[图 4-18(e)][71]。值得注意的是,ZIF-8@ZIF-67 中铁离子的引入及适当的高温热解,不仅可以促进具有开放壁的氮掺杂碳笼通过碳纳米管相互连接在一起形成 3D 绣球花结构,还使得 FeCo 合金纳米颗粒原位形成并均匀分布于该绣球花结构中。电化学测试显示,这种含有丰富 Co/Fe 活性位点的 CoFe$_{20}$@CC 催化剂具有明显优于商业 RuO_2 和 Pt 催化剂的 OER/ORR 双功能电催化活性和稳定性。同时,CoFe$_{20}$@CC 作为锌-空气电池中空气电极,显示出较高的功率密度(190.3 mW/cm^2)、超高的电池容

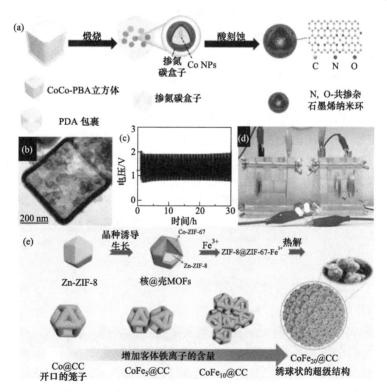

图 4-18 NOGB-800 催化剂的合成示意图(a)、TEM 图(b);(c)组装成锌-空气电池后维持在 10 mA/cm^2 电流密度下的电压-时间曲线;(d)组装成两个串联的锌-空气电池点亮发光二极管的照片[70];(e)CoFe$_{20}$@CC 催化剂和合成示意图[71]

量(787.9 mA·h/kg_{Zn})和惊人的能量密度(1012 W·h·kg_{Zn})。卓越的 OER/ORR 双功能活性主要来自其独特的类绣球花结构、丰富的孔道、优异的导电能力及 Co/Fe 活性位点的协同效应。

4.6.3 MOFs 及其衍生物用于 ORR/OER/ORR

ORR、OER 和 HER 的三功能电催化剂可用于水性金属-空气电池和全水分解电解槽。此外，通过将金属-空气电池和全水分解电解槽装置组装，可以获得自供电的水分解系统。在一种电催化剂上同时优化 ORR、OER 和 HER 的电催化活性是相当复杂的，且实现三个反应的最佳活性也比较困难。在设计 ORR/OER/HER 三功能电催化剂的活性材料时，通常优先考虑具有双功能活性的材料，特别是过渡金属基材料。

Q. Xu 等通过将胶囊状 FeNi-MOF 混合三聚氰胺进行热解，在进一步气相磷化处理后制备了以铁镍磷化物为活性成分的 ORR/OER/HER 三功能电催化剂。值得注意的是，该催化剂材料具有氮掺杂碳中空框架(NCH)结构，其中铁镍磷化物(FeNiP)纳米颗粒均匀嵌入由大量碳纳米管相互连接的胶囊状碳材料中(FeNiP/NCH)。在碱性电解质(KOH)中对其进行 OER、HER 和 ORR 的电化学性质测试发现，FeNiP/NCH 催化剂在进行 OER 和 HER，电流密度达到 10 mA/cm^2 时，分别仅需要 250 mV 和 216 mV 的过电位，ORR 反应的半波电位为 0.75 V，这说明 FeNiP/NCH 催化剂具有优秀的 OER、HER 和 ORR 活性。然后，将 FeNiP/NCH 沉积在泡沫镍上作为水电解槽的阳极和阴极，仅施加 1.59 V 的电池电压即可达到 10 mA/cm^2 的电流密度。另外，还组装了以 FeNiP/NCH 作为空气电极电催化剂的锌-空气电池。放电极化曲线表明其峰值功率密度高达 250 mV/cm^2，远优于商业的 Pt/C 电催化剂。恒电流放电-充电循环测试显示，在达到 5 mA/cm^2 的电流密度时，充放电电压的间隙仅为 0.66 V(其中，放电电压为 1.23 V，充电电压为 1.89 V)。FeNiP/NCH 在长达 500 h 的稳定性测试过程中还表现出良好的稳定性。最后，构建了一个由两个锌-空气电池和一个水电解槽组成的系统，成功实现了自供电全水分解制 H_2 和 O_2[72]。金属-空气电池和水电解槽等绿色能源转换和存储设备的发展离不开多功能电催化剂。多功能电催化剂的设计需要仔细选择和定向、精确调控。对于基于 MOFs 材料热解的合成路线，碳化产物的结构和组成可以通过金属节点、有机配体、包封材料、热解条件等来调节。因此，可以从多个方面调节活性材料以实现高多功能活性。

4.7 MOFs 及其衍生物在二氧化碳还原方面的应用

CO_2 活化的高能垒及中间体结合的线性关系是目前实现高产率和选择性 CO_2RR 性能的内在挑战，需要继续开发用于 CO_2RR 的高性能电催化剂。目前，研究人员投入了巨大的努力来设计各种 CO_2RR 催化剂，以选择性地生产 C_1、C_2 和含氧多碳产品。为此，深刻理解由催化剂结构决定的催化过程对于实现以产物为导向的催化剂设计和开发至关重要。MOFs 材料结合了非均相和均相催化剂的优点，成为研究电化学 CO_2RR 的一类新型催化材料。下面对 MOFs 及其衍生物在 CO_2RR 方面的应用进行深入探究。

4.7.1 MOFs 材料用于 CO_2RR

MOFs 材料由于具有理想的框架结构和功能，可以通过选择合适的有机配体和金属离子来设计和合成，因此近年来受到科学家的广泛关注。更重要的是，由于高比表面积、可调的孔径、易功能化和丰富的活性位点，MOFs 材料表现出高效电化学 CO_2RR 的催化活性。

1. 原始 MOFs 材料用于 CO_2RR

MOFs 材料可作为一种合适的模型系统，使人们可以在原子水平上探究其结构和性能之间的关系，从而有助于合理地设计高性能的电催化剂。为了构建适合 CO_2RR 的 MOFs 材料，选择合适的金属中心是很重要的。到目前为止，大量的金属被开发为电催化 CO_2 还原的活性位点，如 Cu, In、Bi、Zn、Ni、Fe、Co 等。例如，Cu 基 MOFs 材料被用作 CO_2 还原为其他碳氢化合物的电催化剂；In 基、Bi 基 MOFs 常被用作 CO_2 还原为甲酸的电催化剂；而 Zn 基、Ni 基、Fe 基、Co 基等 MOFs 材料被用作 CO_2 转化为 CO 的电催化剂[73]。

1) Cu-MOFs

Cu-MOFs 在电催化 CO_2RR 方面受到了广泛关注，但其稳定性较差，且产品选择性难以控制。近年来，研究者们通过调控不同配体制备了多种类型的 Cu-MOFs，配体种类可以改变水和二氧化碳还原中间体的吸附行为，为微调 CO_2RR 性能提供了机会。

J. P. Zhang 等制备了系列柔性 Cu(Ⅰ)三唑酸盐框架，其具有高效、稳定和可调的电催化性能，可用于 CO_2 还原成 C_2H_4/CH_4[74]。如图 4-19(a)所示，通过改变配体侧基(甲基、乙基、丙基)的大小可以调节框架的柔性，以及双核铜位点的暴露程度。经测试，C_2H_4/CH_4 的选择性比可以从 11.8∶1 逐渐调整到 1∶2.6，使 C_2H_4、CH_4 和烃类的选择性分别达到 51%、56%和 77%[图 4-19(b)]。理论计算表明，Cu(Ⅰ)的配位几何结构由三角形变为四面体结合反应中间体，相邻的两个 Cu(Ⅰ)配合形成 C_2H_4。重要的是，配体侧基通过空间位阻机制控制催化剂的灵活性，C_2H_4 途径比 CH_4 途径更敏感[图 4-19(c)]。

P. Q. Liao 等报道了将 Cu 基 MOFs[Cu_4ZnCl_4($btdd$)$_3$](Cu_4-MFU-4l)作为 CO_2RR 催化剂[图 4-19(d)]，用于在中性含水电解质中高效和选择性地将 CO_2 还原为 CH_4[75]。该催化剂在 −1.2 V(vs. RHE)/−1.3 V (vs. RHE)电位下具有最高的 CH_4 活性，法拉第效率为 92%/88% [图 4-19(e)]，部分电流密度为 9.8 mA/cm^2/18.3 mA/cm^2。研究表明，Cu_4-MFU-4l 中的 Cu(Ⅰ)N_3 位是电化学活性中心，Cu(Ⅰ)N_3 位点的强配位和相邻芳香族氢原子通过氢键相互作用的协同作用，对稳定 CO_2RR 的关键中间体、抑制析氢副反应起着重要作用，从而表现出较高的电化学 CO_2RR 性能。在此基础上，他们进一步对比了两种基于邻苯二酚类衍生配体与 CuO_4 和 CuO_5 节点配位结构[图 4-19(f)和(g)]，即 Cu-DBC 和 Cu-MFU-4l 的电催化性能，探究了金属的 d 轨道能级对电催化二氧化碳还原产物选择性的影响。在 CO_2RR 中，基于 CuO_5 节点的 Cu-DBC 催化剂在 −1.4 V (vs. RHE)时，产物 CH_4 的法拉第效率达到 56%，与 Cu-DBC 相比，具有 CuO_4 节点的 Cu-HHTP 和 Cu-THQ 在电催化 CO_2 还原中还原产物只有 CO 和 H_2[图 4-19(h)]。这归因于方锥形的 CuO_5 节点由于轴向的氧原子配位导致 Cu d_{z^2} 和 d_{xz}/d_{yz} 的能级升高，使金属 Cu 的路易斯碱性增

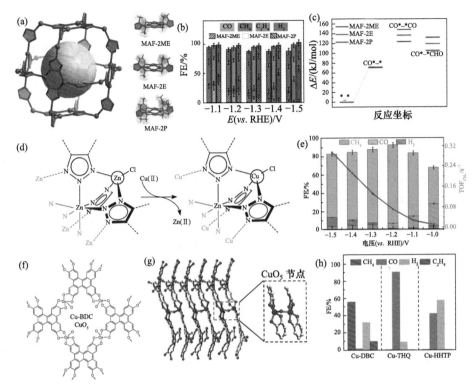

图 4-19 (a) MAF-2 类似物的晶体结构；Cu(Ⅰ)三唑酸主链及 MAF-2ME、MAF-2E 和 MAF-2P 的局部配位环境；(b) 不同电压下气体产物的法拉第效率 (FE)；(c) 不同 MOFs 的 CO_2RR 自由能[74]；(d) Cu4-MFU-4l 的局部配位环境；(e) Cu4-MFU-4l 在不同电压下气体产物的法拉第效率[75]；(f) Cu-DBC 的结构示意图；(g) Cu-DBC 的侧视图；(h) Cu-DBC、Cu-THQ 和 Cu-HHTP 的性能比较[76]

强，利于电子从 Cu 3d 轨道向 CO_2 π^* 轨道离域，从而活化 CO_2 分子。轴向配位的氧原子将增强 CuO_5 节点与 *CO 的相互作用，有利于 *CO 随后加氢生成 CH_4[76]。

另外，Y. Q. Lan 等通过含氮多齿螯合配体和 Cu(Ⅰ)离子合成了两种稳定的 Cu(Ⅰ)配位聚合物[NNU-32 和 NNU-33(S)(S=硫酸根)]电催化剂[图 4-20(a)]，由于分子内明显的亲铜相互作用，这两种催化剂对电催化 CO_2RR 制备 CH_4 具有极高的选择性[77]。在电催化过程中，羟基自由基被硫酸根取代，导致 NNU-33(S)向 NNU-33(H)的原位动态晶体结构转变[图 4-20(b)]，进一步加强了催化剂结构内部的亲铜相互作用。亲铜相互作用可以降低电位决速步骤(*H_2COOH ⟶ *OCH_2)的吉布斯自由能(ΔG)，从而有效促进 CO_2 还原合成 CH_4，在 -0.9 V (vs. RHE)时，具有较强亲铜相互作用的 NNU-33(H)具有 82%的 CH_4 选择性[图 4-20(c)]。

除普通 MOFs 材料外，二维共轭 MOFs 材料由于特殊的结构特点和良好的物理化学性质，近年来引起人们的广泛关注。B. Wang 等设计并合成了一种含氮共轭配体六羟基六氮联三伸萘(HATNA-6OH)，其具有两个不同配位的高度对称六氮杂萘配体，通过选择性配位，构建了高晶态、多孔的二维共轭铜基 MOFs(HATNA-Cu-MOF)[图 4-20(d)和(e)]。这种带有外露氮位的多孔共轭二维 MOFs 对 CO_2 表现出很高的亲和力。与其他材料相比，由于 HATNA 和儿茶酚酸铜节点的协同作用，这种基于 HATNA 的二维共轭 MOFs 将 CO_2 电催化还原为甲烷的法拉第效率高达 78%[图 4-20(f)]，并具有良好的稳定性[78]。

另外，MOFs 中金属活性位点的配位微环境对其 CO_2RR 活性有至关重要的作用。将卤素接枝到 MOFs 结构中对调控 Cu 位点的配位微环境、提高 CO_2 的选择性及探索 CO_2RR 性能与催化剂结构的关系具有重要意义。基于此，W. Y. Sun 等[79]将 1, 1, 2, 2-四(4-咪唑-1-苯基)乙烯与不同铜盐在溶剂热条件下反应合成了 Cu-X MOFs(Cu-Cl、Cu-Br、Cu-I)，它们具有相同的 3D 阳离子框架，由 Cu_4X 簇和 TIPE 配体及 X 的反阴离子构成，但金属位点配位环境不同[图 4-20(g)]。该研究表明，随着与金属 Cu 位点配位的卤素原子半径的增加，MOFs 的 CO_2 吸附能力增强，并且 Cu 位点的 d 带中心向费米能级正移，决速步骤中*CH_2O 和*CH_3O 中间体形成能降低，从而提高 CO_2 还原为 CH_4 的选择性。在电压为-1.08 V (vs. RHE)时，Cu-I 实现了最高的总法拉第效率(83.2%)，CH_4 的选择性为 57.2%[图 4-20(h)]，生成 CH_4 的部分电流密度高达 60.7 mA/cm²。

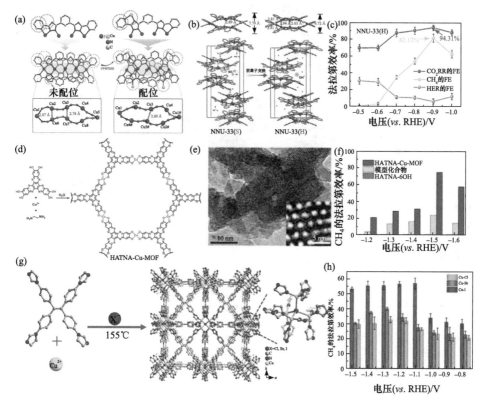

图 4-20　(a)NNU-32 和 NNU-33(S)的晶体结构；(b)NNU-33(S)到 NNU-33(H)催化剂结构的动态转变；(c)NNU-33(H)催化剂的 HER、总 CO_2RR 和 CH_4 的法拉第效率比较[77]；(d)HATNA-Cu-MOF 的合成路线；(e)HATNA-Cu-MOF 的 HRTEM 图；(f)HATNA-Cu-MOF、HATNA-6OH 与模型化合物的 CH_4 法拉第效率的比较[78]；(g)Cu-X 的合成和结构示意图；(h)Cu-Cl、Cu-Br 和 Cu-I 催化剂在不同电位下 CH_4 的法拉第效率[79]

2) sp 后过渡金属基 MOFs

具有 d^{10} 电子构型的 sp 后过渡金属，如 Pd、In、Sn、Hg 和 Pb，由于对 CO_2 的吸附能力较弱，已被证明有利于 $HCOOH/HCOO^-$ 的形成。

Z. Y. Sun 等制备了一种独特的二维 Bi-MOFs，其具有永久性的可接近孔隙，可有效地催化 CO_2 还原到 HCOOH[80]。通过采用简单的一步溶剂热法，控制反应温度和有机配体类型，制备了结晶度和配位环境可调的由 1,3,5-苯三甲酸(H_3BTC)构建的 Bi-MOFs[图 4-21(a)]。快速傅里叶变换[图 4-21(b)]表明 MOFs 纳米片具有良好的结晶度。采用三羧酸配体桥接螺旋 Bi-O 棒的二维开放框架结构在较宽的电压窗口表现出显著的 HCOOH 法拉第效率，在 –0.9 V（vs. RHE）时达到 92.2%[图 4-21(c)]，并在 30 h 内具有优良的稳定性。在 –1.1 V（vs. RHE）时，HCOOH 的质量部分电流密度高达 41.0 mA/mg_{Bi}，比商业 Bi_2O_3 和 Bi 片高出 4 倍[图 4-21(d)]。其优异的性能归因于 MOFs 结构中具有丰富 Bi 活性位的晶体通道有利于 *HCOO 的形成，同时抑制析氢副反应，从而使 HCOOH 具有较高的选择性。另外，Y. Y. Liu 等采用水热法合成了一种新型的 Bi-MOFs，经过优化的样品（即 Bi-BTC-D）在 –0.86 V（vs. RHE）时，电流密度为 –11.2 mA/cm^2，甲酸法拉第效率高达 95.5%。此外，在连续电解 12 h 后，法拉第效率保持在 90.0% 以上而没有明显的衰减。其优异的性能可以归因于 Bi-BTC-D 的特殊结构，Bi-BTC-D 的 Bi 部位对于甲酸生产非常有效[81]。

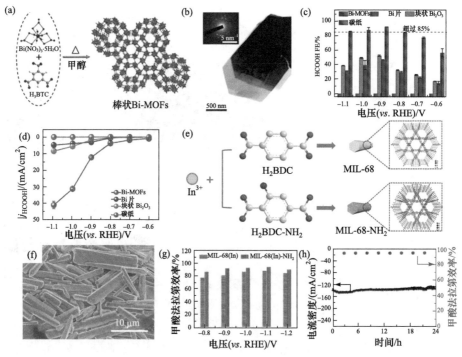

图 4-21　(a)Bi-MOFs 的合成示意图；(b)Bi-MOFs 薄片的 HRTEM 图；在 CO_2 饱和 0.1 mol/L $KHCO_3$ 溶液中，Bi-MOFs、Bi 片、块状 Bi_2O_3 和碳纸电极的甲酸法拉第效率(c)和质量活性(d)[80]；MIL-68(In)-NH_2 的合成示意图(e)和 SEM 图(f)；(g)MIL-68(In) 和 MIL-68(In)-NH_2 的甲酸法拉第效率；(h)MIL-68(In)-NH_2 在 –1.1 V（vs. RHE）下在液相流动池中的稳定性测试[82]

除 Bi 外，In 材料在电催化 CO_2RR 制备甲酸方面也得到了广泛研究。B. Y. Xia 等通过模块组装方法在配体对苯二甲酸(H_2BDC)中引入氨基形成无机框架，制备了氨基功能化的 MIL-68(In)-NH_2[82][图 4-21(e)]。这些氨基官能团以自由基的形式参与框架的构建，而不是与 In 位点配位。扫描电子显微镜[图 4-21(f)]观察证实了 MIL-68(In)-NH_2 的纳米棒状形貌，表明氨基的引入并没有改变配体和 In 位点之间的配位方式。一方面，In 基框架在电催化过程中不可避免地同时受到还原和重构的影响。另一方面，保留良好的氨基通过稳定中间体，显著改善了 CO_2 的吸附，促进了 CO_2 的活化和加氢，从而实现了 CO_2 向甲酸盐的高效转化。在液相流动池中，当电压为-1.1 V (vs. RHE)时，MIL-68(In)-NH_2 催化剂的甲酸法拉第效率高达 94.4%[图 4-21(g)]，部分电流密度为 108 mA/cm^2，并具有良好的稳定性[图 4-21(h)]。

3）ZIFs 系列

沸石咪唑酯框架(ZIFs)材料在电催化还原 CO_2 为 CO 领域应用广泛，但其催化性能并不理想，值得研究者们进一步去探索。

ZIFs 结构中咪唑配体的优化是调节 CO_2 电还原为 CO 的潜在机会。基于此，X. H. Bao 等研究了 ZIF-8、ZIF-108、ZIF-7 和 SIM-1 在内的具有相同 SOD 拓扑结构和不同有机配体的 ZIFs 材料在水溶液中的 CO_2RR 性能[83][图 4-22(a)]。在四种 ZIFs 催化剂中，ZIF-8 在-1.1 V (vs. RHE)时的 CO 法拉第效率最高，达 81.0%[图 4-22(b)]；在-1.3 V (vs. RHE)时，ZIF-108 的 CO 电流密度最高，可达 12.8 mA/cm^2[图 4-22(c)]。研究表明，ZIFs 中与 Zn(Ⅱ)中心配位的咪唑啉配体是 CO_2RR 的活性位点，其决定了 ZIFs 上 CO 的法拉第效率和电流密度。另外，D. X. Yang 等采用原位电化学沉积法在 Zn 箔上制备了 ZIF-8 膜[ZIF-8/Zn，图 4-22(d)]。研究发现，ZIF-8 膜的形态和厚度可调节 CO_2 电还原活性[84]。ZIF-8/Zn-40 电极在-1.9 V (vs. Ag/Ag^+)时，CO 法拉第效率达到 91.8%[图 4-22(e)]，性

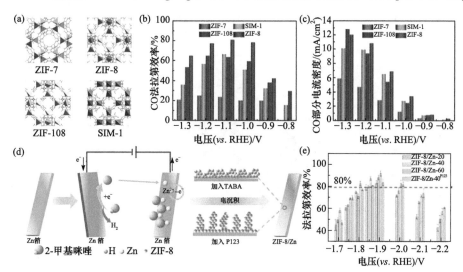

图 4-22 (a)ZIFs 催化剂的模型结构；ZIF-8、ZIF-108、ZIF-7 和 SIM-1 在不同电压下的 CO 法拉第效率(b)和电流密度(c)[83]；(d)ZIF-8/Zn 电极电化学沉积过程示意图；(e)ZIF-8/Zn-20、ZIF-8/Zn-40、ZIF-8/Zn-60 和 ZIF-8/Zn-40[P123] 的 CO 法拉第效率[84]

能优于非原位法制备的 ZIFs 电极。ZIF-8/Zn-40 电极优异的电催化性能主要是因为三维结构中的活性位点加快了电子/电荷转移速度，促进 CO_2 扩散，优化电极与电解质之间的协同效应，有利于提高 CO_2 电还原为 CO 的催化活性。

4）双活性位点 MOFs

为了改善产物的形成，表面上吸附的*CO 应该彼此接近，这就需要催化剂中有特定的双金属位点，可以在相邻的两个位点上产生协同作用，促进 C—C 键的偶合。J. Zhang 等设计并制备了新型的 Cl 桥连双核铜活性位点硼咪唑框架纳米片（BIF-102NSs）材料用于电催化还原 CO_2 获得多碳产物 C_2H_4[图 4-23（a）]，其比单核铜金属位点硼咪唑框架纳米片（BIF-104NSs）材料的催化性能提高了 3.2 倍[图 4-23（b）]。双核铜活性位点硼咪唑纳米片材料性能的提高可归因于双金属中心的协同作用，使铜周围的中心电荷富集，暴露更多的活性位点，有助于电化学过程中电子的转移，从而提高了产物 C_2H_4 的活性和选择性[85]。

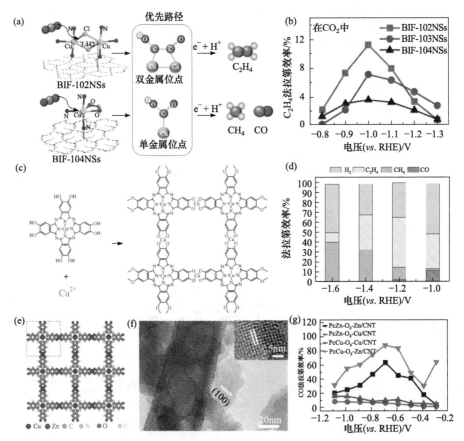

图 4-23　（a）BIF-102NSs 与 BIF-104NSs 的协同环境，以及不同模型体系的优先反应途径的图解；（b）BIF-102NSs、BIF-103NSs 和 BIF-104NSs 电催化剂在 CO_2 饱和电解质中不同电压下的乙烯法拉第效率[85]；（c）PcCu-Cu-O 的结构示意图；（d）PcCu-Cu-O 中 C_2H_4、CH_4、CO 和 H_2 的法拉第效率[86]；PcCu-O_8-Zn 的结构示意图（e）和 HRTEM 图（f）；（g）不同电压下 PcCu-O_8-Zn/CNT、PcCu-O_8-Cu/CNT、PcZn-O_8-Zn/CNT 和 PcZn-O_8-Cu/CNT 的 CO 法拉第效率[87]

P. Q. Liao 等制备了一种由 2, 3, 9, 10, 16, 17, 23, 24-八羟基酞菁铜(Ⅱ)[PcCu-(OH)$_8$]配体和平面四边形配位的 CuO$_4$ 节点构筑的金属有机框架 PcCu-Cu-O 电催化剂[86][图 4-23(c)]。在 0.1 mol/L 碳酸氢钾水溶液中，−1.2 V (vs. RHE)时 PcCu-Cu-O 表现出高达 50%的乙烯法拉第效率[图 4-23(d)]。酞菁铜(CuPc，乙烯生成位点)和 CuO$_4$(CO 生成位点)两个催化活性位点之间的协同效应可能是提高电化学性能的主要原因，即二氧化碳分子首先吸附在 CuO$_4$ 与 CuPc 两处位点，形成*COOH 中间体并被还原为*CO；随后，CuO$_4$ 位点处的 CO 物种脱附，并与 CuPc 处的*CHO 中间体偶合形成*COCHO 关键中间体，并进一步还原为乙烯。

另外，X. L. Feng 等制备了一种以铜-酞菁(CuN$_4$)为配体和锌-双(二羟基)配合物(ZnO$_4$)作为键的层堆叠双金属二维共轭金属有机框架(PcCu-O$_8$-Zn)[图 4-23(e)和(f)]，双金属活性位点对 CO$_2$RR 具有协同作用。PcCu-O$_8$-Zn 中的 ZnO$_4$ 配合物表现出高的 CO$_2$ 转化为 CO 的催化活性，而 Pc 中大环中的 CuN$_4$ 配合物协同作用的组分，促进质子化过程。PcCu-O$_8$-Zn 在−0.7 V (vs. RHE)下表现出对 CO$_2$ 到 CO 转化的高选择性催化活性[88%，图 4-23(g)]和高转换频率，并且具有出色的稳定性。另外，可以通过改变配体和金属中心(铜和锌)及施加的电位来调节制备具有不同 H$_2$/CO 摩尔比的合成气[87]。

2. MOFs 材料后修饰用于 CO$_2$RR

MOFs 材料是研究 CO$_2$ 还原电催化剂的重要材料。然而，为了进一步了解电催化 MOFs 系统，还需要考虑它们微调活性中心(化学环境)的能力，从而影响其整体催化性能。与其他方法相比，合成后修饰的改性方法更易于广泛应用于各种修饰组分，在 CO$_2$RR 中也可以对 MOFs 进行后修饰改性，如引入分子材料、金属(金属化合物)等，影响其微环境，提高电导率，改善 CO$_2$RR 性能。

1) 分子材料修饰与掺杂

P. Q. Liao 等在 MOFs Cu-HITP[2, 3, 6, 7, 10, 11-hexaiminotriphenylene(2, 3, 6, 7, 10, 11-六氨基三苯)]表面包裹聚多巴胺(PDA)，为催化位点提供有利于电催化 CO$_2$ 还原制 C$_{2+}$ 产物的化学微环境。双铜活性位点周围引入了局部质子源和氢键给体[图 4-24(a)]，调整相邻 Cu 位点之间的距离，利于*CO 与*COH 偶联形成*OCCOH[图 4-24(b)]，从而在中性条件下实现 C$_{2+}$ 产物的高选择性，其 C$_{2+}$ 产物法拉第效率达到 75.09%[图 4-24(c)][88]。

Idan Hod 等制备了一种基于 Fe-卟啉修饰的 Zr$_6$-OXO 基 2D-MOF，即 Zr-BTB@hemin。为了改善催化剂周围的局部环境，在后合成过程中将阳离子官能团(3-羧丙基)三甲基胺(TMA)固定在 Fe-卟啉活性中心附近[图 4-24(d)][89]。用分子催化剂或 TMA 修饰 MOFs，均不改变 MOFs 的纳米片形态[Zr-BTB@Hemin-TMA，图 4-24(e)]。所固定的 TMA 在催化过程中对表面结合的 CO 中间体起稳定作用，从而大大提高了 CO$_2$ 到 CO 的转化率和选择性，CO$_2$ 到 CO 的转化率近 100%[图 4-24(f)]。另外，R. Cao 等对 Fe 卟啉基 Zr-MOFs PCN-222(Fe)进行后修饰，用全氟羧酸处理得到疏水 F$_n$-PCN-222(Fe)(n=5 和 7，n 为全氟烷基链上的氟原子数)，通过抑制 HER 来提高 CO$_2$RR 的选择性。由于单活性 Fe 位点位于疏水微环境中，最佳的催化剂[F$_5$-PCN-222(Fe)]在−0.7 V (vs. RHE)时表现出 97%的高法拉第效率。同时，F$_5$-PCN-222(Fe)在−0.8 V (vs. RHE)时获得了 3850h^{-1} 的高转换频率值，几乎是 PCN-222(Fe)的 3.6 倍[90]。

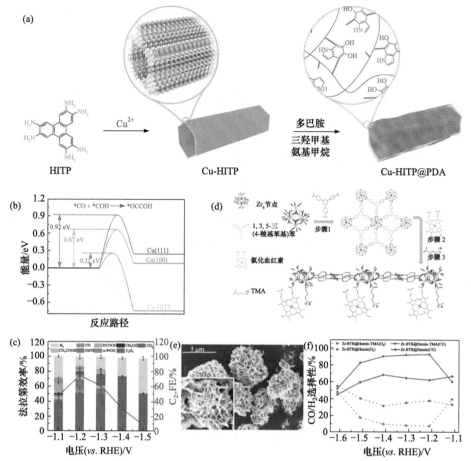

图 4-24 (a) Cu-HITP 及 Cu-HITP@PDA 的合成示意图；(b) 比较*CO 和*COH 中间体在不同催化剂表面偶联生成*OCCOH 的对应能量；(c) Cu-HITP@PDA 在不同电压下的法拉第效率[88]；Zr-BTB@Hemin-TMA 合成示意图(d) 和 SEM 图(e)；(f) Zr-BTB@Hemin-TMA 和 Zr-BTB@Hemin 对 CO 和 H_2 的选择性[89]

除了在 MOFs 表面修饰分子材料外，对 MOFs 进行分子材料处理获得掺杂型 MOFs 也是一种有效的策略。X. Wang 等设计了一种配体分子掺杂型 Zn-MOFs，并对其 CO_2 还原电催化活性进行研究[91]。首先将 ZIF-8 进行活化处理，随后采用具有强给电子能力的配体分子(1,10-菲咯啉)对其进行配位掺杂[图 4-25(a)]。位于 ZIF-8 中甲基咪唑配体上的 sp^2 杂化碳原子为 CO_2 还原的催化活性位点，在掺杂了菲咯啉分子之后，该处碳原子仍为最佳催化活性位点。由于给电子分子的掺杂，诱导产生电荷转移效应，使得原催化活性位点具有更高的电荷密度，降低了催化活性位点上产生 CO_2 还原中间体*COOH 的能量壁垒，促进 CO_2 分子的活化，从而提高其 CO_2 电催化活性。电催化测试结果也表明掺杂的 ZIF-8 具有更为优异的 CO_2RR 活性，在进一步添加炭黑提高导电性后，该掺杂型 ZIF-8 在-1.1 V (vs. RHE)的电压下展现出优异的 CO 法拉第效率[90.57%，图 4-25(b)]。

G. H. Yang 等采用局部硫掺杂策略在 HKUST-1 预催化剂上合理构建了孤立的 Cu-S

基序(S-HKUST-1),将一定量制备好的 HKUST-1 在室温下浸于硫代乙酰胺的乙醇溶液中,用于构建局部 Cu-S 配位,从而得到 S-HKUST-1 预催化剂[图 4-25(c)][92]。在催化过程中,S-HKUST-1 发生原位重构,得到具有丰富活性的双相铜/硫化铜(Cu/Cu_xS_y)界面的 Cu(S)基体,Cu-S 组分可以在 CO_2 还原环境下稳定高活性的 $Cu^{\delta+}$ 组分。双相铜/硫化铜界面处的 $Cu^{\delta+}$ 组分 C-C 偶联位点空间距离适中,可以协同降低 C-C 偶联步骤的能垒[图 4-25(d)]。该催化剂在 CO_2RR 中获得高乙烯选择性及最大法拉第效率(60.0%),电流密度为 400 mA/cm^2 时,乙烯法拉第效率高达 57.2%,C_2 产物(C_2H_4、C_2H_5OH 和 CH_3COOH)法拉第效率为 88.4%[图 4-25(e)]。

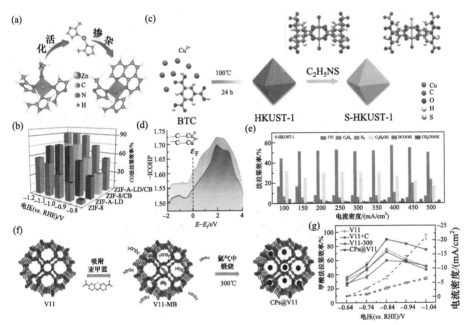

图 4-25 (a)1,10-菲咯啉掺杂 ZIF-8 的示意图;(b)ZIF-8、ZIF-A-LD、ZIF-8/CB 和 ZIF-A-LD/CB 在不同电压下的 CO 法拉第效率[91];(c)S-HKUST-1 的制备示意图,表明局域水分子可能被 S 杂原子取代;(d)C—$Cu^{\delta+}$ 和 C—Cu^0 键的积分晶体轨道 Hamilton 布居(COHP)曲线;(e)S-HKUST-1 预催化剂在 100~500 mA/cm^2 范围内反应产物的法拉第效率[92];(f)CPs@V11 的合成示意图;(g)V11、V11+C、V11-300 和 CPs@V11 的甲酸法拉第效率和电流密度比较[93]

另外,MOFs 材料电导率不足的问题,严重限制了其应用。B. Zhao 等在 MOFs 中引入原位生成的碳纳米颗粒来提高电荷转移速率和暴露更多的催化活性中心。如图 4-25(f)所示,以 5-[2,6-双(4-羧苯基)吡啶-4-基]间苯二甲酸(H_4BCP)和铟离子为原料,合成了一种新型三维 In-MOFs $\{(Me_2NH_2)[In(BCP)]\cdot 2DMF\}_n$(V11)。这种催化剂具有 1.6 nm 和 1.2 nm 的一维大通道,可成为催化和后修饰平台。他们进一步将亚甲蓝(MB)引入到 V11 框架中,通过简单的煅烧将其转化为高度分散的碳纳米颗粒(CPs)。引入 MB 衍生的 CPs 后,CPs@V11 的甲酸法拉第效率从 76.0%提高到 90.1%,并且可在较长时间内保持较高的催化性能[图 4-25(g)][93]。

2) 无机材料组分修饰

在 MOFs 表面修饰无机材料组分也可以改善其 CO_2RR 性能。R. Chen 等[94]以经典的含桨轮 Cu 协调位点的 HKUST-1 为模板，采用原子层渗透（ALI）技术对其进行修饰[图 4-26（a）]。在不改变原有形貌和结构的情况下，在 HKUST-1 中引入了均匀分布的 Zn-O-Zn 位点，并与相邻的 Cu 位点连接。ALI 对 Zn-O-Zn 的修饰提高了 CO_2 的吸附能，增强了*COOH 中间体与吸附中心的键合作用，从而降低了整个反应势垒，加快了 CO 的形成。与原始的 HKUST-1 相比，在测试电压范围内，经过 Zn 修饰的 HKUST-1 对 CO 的法拉第效率从 20%~30%提高到 70%~80%[图 4-26（b）]。

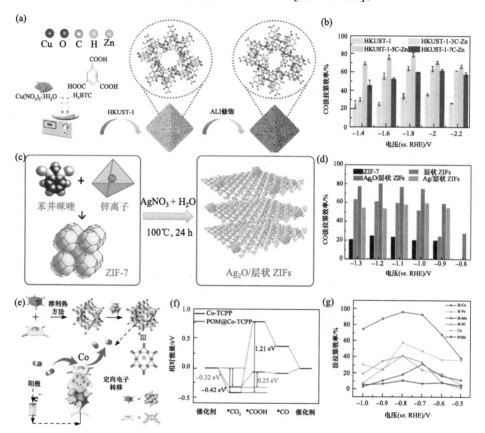

图 4-26　(a)HKUST-1-nC-Zn 合成示意图；(b)HKUST-1 和 HKUST-1-nC-Zn 样品的 CO 法拉第效率[94]；(c)Ag_2O/层状 ZIF 合成示意图；(d)不同催化剂的 CO 法拉第效率比较[95]；(e)POM@PCN-222(Co)复合材料的合成过程示意图和详细结构；(f)Co-TCPP(黑色)和 POM 合并 Co-TCPP(红色)的 CO_2RR 途径自由能；(g)不同金属和不同电位下 CO 法拉第效率[96]

金属纳米颗粒（NPs）修饰的 MOFs 在其他方面表现出了优异的催化性能。鉴于此，X. H. Bao 等在 $AgNO_3$ 水溶液中通过一锅水热转化法制备了 Ag_2O NPs 修饰的 ZIFs[图 4-26（c）][95]。在−1.2 V（vs. RHE）条件下，CO_2 电还原 CO 的法拉第效率为 80.5%[图 4-26（d）]，远高于 ZIF-7（25.0%）。S. Q. Ma 等结合金属多氧酸盐（POM）和金属卟啉催化单金属位点 Co 的优点，采用后修饰法合成了一系列 POM 基 MOFs 复合材料[96]。PCN-222(Co)中 POM

向 Co 单金属位点的定向电子转移显著提高了其电子转移性能[图 4-26(e)]，使 Co 中心的电子密度提高，最终降低了速率决定步骤的能量[图 4-26(f)]，从而提高了 CO$_2$RR 的催化活性。特别是 H-POM@PCN-222(Co)电还原 CO$_2$ 合成 CO 的法拉第效率高达 96.2%[图 4-26(g)]，且稳定性良好。

3. MOFs 封装活性组分材料用于 CO$_2$RR

MOFs 材料的化学可调谐性使研究者们能够在分子水平上修饰其化学结构，以合理设计锚定和修饰内部金属物种改善其催化性能。在 CO$_2$RR 中，通过利用不同结构块的不同活性位点，可以建立一个串联途径来生产不同产物。在这种情况下，加入的活性组分（金属等）可能会有效地改变 MOFs 内的电荷分布和传导路径，从而进一步改善 CO$_2$RR 的性能。

Joseph T. Hupp 课题组在透明导电 FTO 平台上生长的 NU-1000 薄膜，可以通过溶剂热沉积(SIM)实现 Cu(Ⅱ)位点均匀制备[97][通过底层电极产生的 H$_2$ 间接还原，之后自发团聚形成金属铜纳米颗粒，包裹在 NU-1000 的六边形通道中，图 4-27(a)]。预处理的 Cu-SIM NU-1000 薄膜在 CO$_2$RR 中表现出良好的电催化活性，在 –0.82 V（vs. RHE)时，CO$_2$ 还原产生甲酸的法拉第效率达到 31%[图 4-27(b)]。

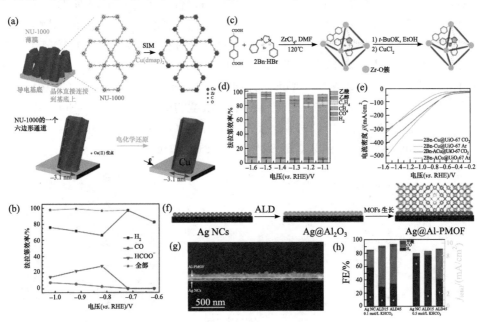

图 4-27 (a)采用 SIM 将单点 Cu(Ⅱ)制备到 NU-1000 薄膜中，以及电化学还原 Cu(Ⅱ)生成金属 Cu 纳米颗粒的示意图；(b)基于电极支撑的 Cu-SIM NU-1000 薄膜在 CO$_2$RR 中产物的法拉第效率[97]；(c)2Bn-Cu@UiO-67 的合成示意图；(d)2Bn-Cu@UiO-67 在 CO$_2$RR 中产物的法拉第效率；(e)2Bn-Cu@UiO-67 和 2Bn-ACu@UiO-67 的 LSV 曲线[98]；(f)Ag@Al-PMOF 的合成示意图；(g)Ag@Al-PMOF 薄膜的截面 SEM 图；(h)Ag NC 和不同厚度 Ag@Al-PMOF 材料在不同浓度电解液中产物的法拉第效率和总电流密度[99]

D. S. Wang 等报道了嵌入金属有机框架中的 N 杂环卡宾(NHC)连接的铜单原子位点(Cu SAS)2Bn-Cu@UiO-67。如图 4-27(c)所示，将前驱体包裹在 UiO-67 中生成

2Bn@UiO-67，然后将 Cu 加入碱性介质中促进 2Bn-Cu@UiO-67 的形成[98]。在−1.5 V（vs. RHE）时，CO_2 还原为 CH_4 的法拉第效率达到 81%，电流密度为 420 mA/cm² [图 4-27(e)]。值得注意的是，该催化剂 CH_4 的法拉第效率在很宽的电压范围内保持在 70%以上 [图 4-27(d)]，并实现了 16.3s⁻¹ 的转换频率。实验结果表明，NHC 的 σ 供体丰富了 Cu SAS 的表面电子密度，促进了*CHO 中间体的吸附。同时，该催化剂的孔隙率促进了 CO_2 向 2Bn-Cu 的扩散，从而显著提高了每个催化中心的可用性。

Raffaella Buonsanti 等采用胶体化学、原子层沉积(ALD)和溶剂热化学转换合成了 Ag@Al-PMOF 杂化薄膜[图 4-27(f)][99]。从横截面图像[图 4-27(g)]中可以看出，MOFs 层均匀覆盖在 Ag NC 上。进一步地，研究了其 CO_2 电催化性能，与裸 Ag NC 相比，其 CO 的选择性增加了两倍以上，HER 效率显著降低[图 4-27(h)]。结果表明，在选定的测试条件下，Ag/Al-PMOF 界面在促进 MOFs 向碳纳米管的电子转移方面起着关键作用，这是多孔 MOFs 层对碳纳米管的催化性能增强和传质效应减弱的原因。此外，在 CO_2RR 条件下，MOFs 基质也提高了 Ag 碳纳米管的形态稳定性。

Edward H. Sargent 等利用网状化学来控制封装在 MOFs 中的金属催化剂与 CO_2RR 中间体的结合，从而提高 CO_2RR 的电催化性能[100]。该课题组以氯化锆($ZrCl_4$)和 1,4-苯二甲酸(1,4-BDC)或 1,4-萘二甲酸(1,4-NDC)为原料，合成了 Zr-fcu-MOF-BDC(UiO-66) 与 Zr-fcu-MOF-NDC[图 4-28(a)]。进一步地，采用溶液浸渍法将 Ag 纳米颗粒生长在 MOFs 孔内，由于 MOFs 孔的尺寸限制了银核的成核和生长，Ag 纳米颗粒(5 nm)均匀地掺入到 MOFs 中[图 4-28(b)和(c)]。研究发现，通过系统地改变面心立方 MOFs 中的有机配体和金属节点，可以调节 MOFs 的孔隙率、Lewis 酸度和对 CO_2 的吸附。MOFs 在操作条件下可以保持稳定，并且随着局部 CO_2 浓度的增加，这种调节还起到优化掺入 MOFs 中 Ag 纳米颗粒表面的*CO 结合方式的作用。CO 选择性从 Ag/Zr-fcu-MOF-BDC 的 74%提高到 Ag/Zr-fcu-MOF-NDC 的 94%[图 4-28(d)和(e)]。

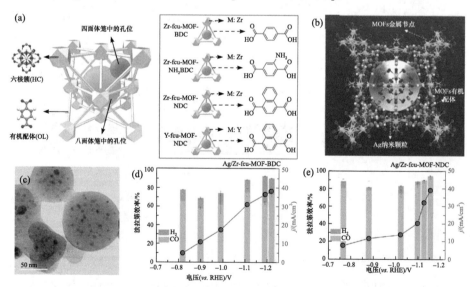

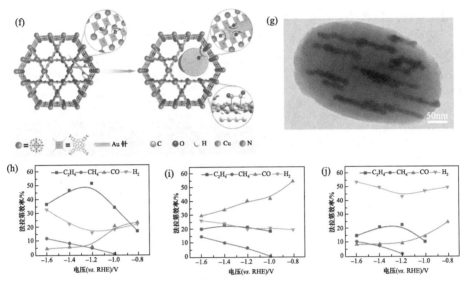

图 4-28 (a) 在 Zr-fcu-MOF-BDC 的基础上,改变配体或金属位点调控 MOFs;(b) MOFs 结构封装 Ag 纳米颗粒示意图;(c) Ag/Zr-fcu-MOF-BDC 的 TEM 图;在 0.5 mol/L $KHCO_3$ 中 Ag/Zr-fcu-MOF-BDC(d)、Ag/Zr-fcu-MOF-NDC(e) 的 CO_2RR 产物[100];(f) 催化机理示意图;将 Au 纳米针浸渍到 PCN-222(Cu) 中,结合断裂的配体-节点连接,改变电荷传导路径,引导 CO_2RR 路径;(g) AuNN@PCN-222(Cu) 的 TEM 图;在不同电压下 AuNN@PCN-222(Cu)(h)、AuNP@PCN-222(Cu)(i) 和 PCN-222(Cu)(j) 对各种还原产物的法拉第效率[101]

Y. Peng 等将 Au 纳米针(AuNN)原位生长并填充到 Zr 基 PCN-222(Cu) MOFs 中,Au 针的引入活化了金属卟啉中的 Cu-N 单元,利用嵌入的 Au 纳米针生成大量的 CO,通过活化后的 Cu-N 单元位点,进一步将 CO 转化为具有高选择性的烃类产物[图 4-28(f)][101]。从图 4-28(g)可以看出,Au 纳米针嵌入 PCN-222(Cu) 的 MOFs 孔道中。在 $-0.8 \sim -1.6$ V (vs. RHE)电压下,与 PCN-222(Cu) 材料主要产氢不同,AuNP@PCN-222(Cu) 的 CO 选择性升高,而 AuNN@PCN-222(Cu) 主要生成 C_2H_4,在 -1.2 V (vs. RHE)时 C_2H_4 选择性达到 52.5%,并在一定程度上稳定了 C_2H_4 的生成[图 4-28(h)~(j)]。另外,Au 纳米针的嵌入改变了电荷传导路径,电荷传输绕过 MOFs 的金属节点,避免因金属节点的氧化还原反应导致 MOFs 网状结构的坍塌,在一定程度上提升了其电化学稳定性。

4. 与载体复合的 MOFs 材料用于 CO_2RR

虽然各种负载 MOFs 的电极已经被研究用于 CO_2 电还原,通常的方法是将 MOFs 材料掺杂到电极基底上,但催化剂和基底表面之间的不良接触限制了它们的性能。迄今,制造具有高电荷转移能力的 MOFs 电极的通用方法还很少被报道。

L. C. Sun 等采用液相外延的方法在导电 FTO 电极上沉积了一种高效的单片稀土基金属有机框架(Re-MOF)薄膜[图 4-29(a)][102]。当作为电催化剂将 CO_2 还原为 CO 时,这种外延生长的 MOFs 表现出了 93.5%的法拉第效率。另外,Joseph T. Hupp 等在 FTO 基底上通过电泳法沉积了铁卟啉的 MOF-525 薄膜(Fe-MOF-525),将大量的电活性分子催化剂锚定在导电电极上，用于电化学还原 CO_2。MOFs 的金属卟啉配体既可以作为电催化剂，又可以作为氧化还原的媒介，用于将还原当量的电子交付到与底层电极不直接接触的催化位点，对应于 CO 和 H_2 的形成，数量大致相等，法拉第效率为 100%。

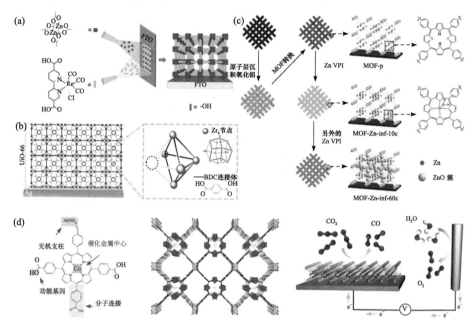

图 4-29　(a) 在功能化 FTO 基底上以逐层方式制备 Re-SURMOFs，以及 Re-SURMOF 在 FTO 上的理想化结构[102]；(b) 组装在 Ag 电催化剂上的 UiO-66 薄膜的结构示意图，以及 UiO-66 中缺失集群缺陷的说明[103]；(c) MOFs 模板与气相渗透示意图[104]；(d) MOFs 催化剂在分子水平上调制金属中心、分子连接器和官能团，MOFs 与导电基底集成，实现功能性的 CO_2 电化学还原[105]

Idan Hod 等将 $ZrOCl_2$、乙酸和 1,4-苯二羧酸组成的 DMF 溶液滴注在扁平 Ag 催化剂上，然后通过溶剂热方法直接在 Ag 基底上生长了一层薄的 MOFs (UiO-66)。MOFs 覆盖层精确地调整了该 Ag 催化剂的还原性能，使得电催化活性和选择性大幅度提高[图 4-29(b)][103]。MOFs 层具有三点作用：首先，它作为一个多孔膜，使催化位点附近的局部反应物浓度比在本体溶液中发生了显著改变，从而改变催化途径。其次，MOFs Zr_6-OXO 节点在催化活性表面附近有悬挂的 Brønsted 酸性基团；这些基团通过活化 *COO 中间体加速电催化进程。最后，合成后用带正电的配体 (3-羧丙基) 三甲基铵 (TMA) 对 MOFs 进行修饰，施加了一种静电离子浇注机制，可以更好地控制流向催化剂表面的 H^+ 通量。总体来讲，该体系可系统调整 CO_2 与 CO 选择性，从裸银的 43% CO 法拉第效率提高到 89%[-0.8 V (vs. RHE)]。

J. Gu 等利用 ALD 方法首先在碳纤维电极上沉积 10 nm 的 Al_2O_3，沉积的 Al_2O_3 与 TCPP 反应生成 MOF-p；然后，将二乙基锌和水前驱体交替引入多孔 MOFs 结构，与卟啉配位；最后，通过气相渗透 (VPI) 循环在 MOFs 孔内形成 ZnO 团簇并诱导内部应变 [图 4-29(c)][104]。与原始的 MOFs 和传统的溶液型 MOF-Zn-s 相比，应变催化剂的起始过电位偏移约 200 mV。在 -1.8 V (vs. RHE) 时，法拉第效率接近 100%，比溶液型 MOF-

Zn-s 提高了 35%～40%，比原始 MOFs 提高了 40%～75%。另外，P. D. Yang 等制备了覆盖导电基底的薄膜：将合适的催化连接单元组装成多孔薄膜 MOFs，生长在导电基底上，筛选了具有不同构建块的 MOFs，然后选择最有前途的 MOFs 催化剂进行深入的电化学研究。对所选 MOFs 的厚度进行优化，以生成最终的 CO_2 还原体系。该体系对 CO 的产生具有活性、选择性和稳定性[图 4-29(d)][105]。钴卟啉 MOFs $Al_2(OH)_2$TCPP-Co 对 CO 的选择性超过 76%，稳定性超过 7 h，TON 为 1400。

　　B. X. Han 与 Martin Schröder 等通过在金属箔基底上电合成 MOFs 来制备修饰电极。以铟箔(In-foil)为阴极和阳极，在 DMF/二氧杂环己烷/含 H_4L 的水和 1-乙基-3-甲基-乙酸咪唑作为支撑电解质的混合溶剂中实现 MFM-300(In)-e 的电合成[图 4-30(a)]，铟箔金属表面均匀涂有 MFM-300(In)-e[图 4-30(b) 和 (c)][106]。用这种方法制备的 MFM-300(In)-e/In 电极与热化学法制备的 MFM-300(In)-e/In 电极相比，电导率提高了 1 个数量级。更重要的是，外加电位为 -2.15 V（vs. Ag/Ag$^+$）时，电流密度为 46.1 mA/cm^2[图 4-30(d)]，CO_2 的电还原活性显著提高。电解 2 h 后甲酸的法拉第效率为 99.1% [图 4-30(e)]。他们还发现，电合成的 MOFs 以附加框架 In^{3+} 位点的形式存在结构缺陷，加

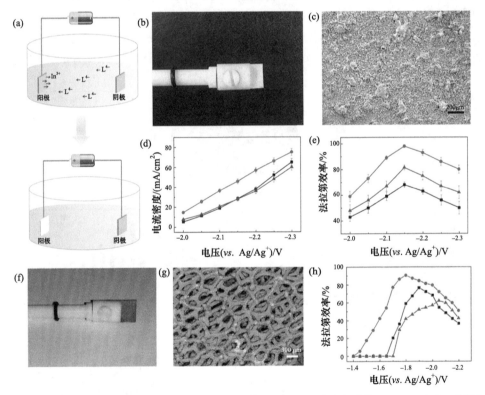

图 4-30　(a) MFM-300(In)-e 电合成原理图；(b) 在铟箔(0.5 cm×1 cm)上合成的 MFM-300(In)-e 的照片；(c) MFM-300(In)-e 的 SEM 图；MFM-300(In)-t/CP(黑色)、MFM-300(In)-e/In(红色)、MFM-300(In)-e/CP(蓝色)在不同电压下的电流密度(d)和甲酸法拉第效率(e)[106]；(f) 制备电极 Cu$_2$(L)-e/Cu (0.5 cm×1.0 cm)的照片；(g) Cu$_2$(L)-e/Cu 的 SEM 图；(h) Cu$_2$(L)-t/CP(黑线)、Cu$_2$(L)-e/Cu(红线)和 HKUST-1-e/Cu(蓝线)在不同电压下的甲酸法拉第效率[107]

上电荷转移能力的提高，极大地促进了 CO_2 向自由基的活化，这与观察到的优异的电催化活性和稳定性一致。另外，他们还用电化学方法在泡沫铜电极上生长铜(Ⅱ)配合物($Cu_2(L)$，H_4L = 4, 4', 4'', 4'''-[1, 4-phenylenebis(pyridine-4, 2, 6-triyl)]tetrabenzoic acid{4, 4', 4'', 4'''-[(1, 4-亚苯基)双(吡啶-4, 2, 6-三基)]四苯甲酸}），以在沉积膜内引入丰富的由活性 Cu(Ⅱ) 位组成的结构缺陷[图 4-30(f) 和 (g)][107]。所制得的 $Cu_2(L)$-e/Cu 电极对 CO_2 还原为甲酸表现出良好的催化活性[起始电位为 1.45 V (*vs.* Ag/Ag^+)]，1.8 V (*vs.* Ag/Ag^+) 时的甲酸法拉第效率达到 90.5%[图 4-30(h)]，电流密度为 65.8 mA/cm²。

5. 导电 MOFs 材料用于 CO_2RR

传统的 MOFs 材料导电性差，电子转移能力低，导致 CO_2RR 中的电流密度较低。晶体多孔 MOFs 材料具有较高的 CO_2 吸附能力和周期性排列的孤立金属活性位点，是一种有前景的 CO_2RR 替代品。因此，开发具有高活性位点的 CO_2RR 导电 MOFs(CMOFs) 材料是非常有前景的。

R. Cao 等将酞菁镍-2, 3, 9, 10, 16, 17, 23, 24-辛醇(NiPc-OH) 和 $Ni(OAc)_2·4H_2O$ 反应合成了 $NiPc-NiO_4$ 共轭 2D CMOFs，得到的 $NiPc-NiO_4$ 为二维纳米薄片[图 4-31(a) 和 (c)][108]。与传统的羧基 MOFs 不同，由于镍节点和邻苯二酚之间存在较高的 d-π 轨道重叠度，该 $NiPc-NiO_4$ 共轭 2D CMOFs 具有良好的导电性[图 4-31(b)]。其中，酞菁中心的 Ni 是 CO_2RR 催化活性中心，$NiPc-NiO_4$ 具有较高的电子转移能力和良好的还原性，表

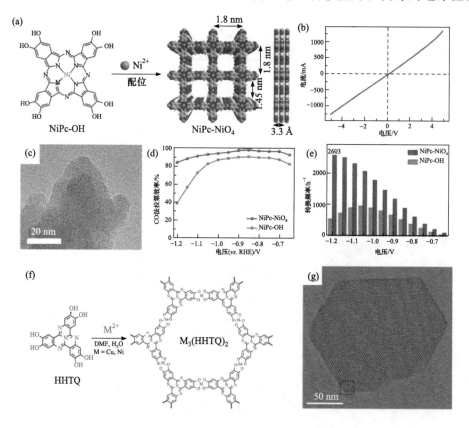

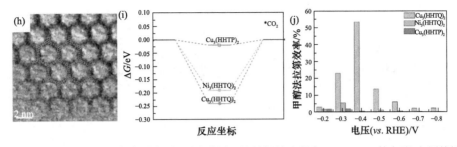

图 4-31 (a) NiPc-NiO₄ 的合成示意图；(b) 采用双接触探针法研究 NiPc-NiO₄ 的电流-电压特性；(c) NiPc-NiO₄ 的 TEM 图；NiPc-NiO₄ 和 NiPc-OH 的 CO 法拉第效率 (d) 和转换频率 (e)[108]；(f) M₃(HHTQ)₂ (M=Cu, Ni) 的合成示意图；(g) Cu₃(HHTQ)₂ 沿 c 轴的 HRTEM 图；(h) Cu₃(HHTQ)₂ 的 HRTEM 放大图，沿 c 轴方向拍摄，图中 Cu₃(HHTQ)₂ 为六方孔，并叠加了结构模型；(i) 在 Cu₃(HHTQ)₂、Ni₃(HHTQ)₂、Cu₃(HHTP)₂ 中，CO₂ 在 MO₄ 单元上的自由能；(j) Cu₃(HHTQ)₂、Ni₃(HHTQ)₂、Cu₃(HHTP)₂ 在不同电压下的甲醇法拉第效率[109]

现出良好的电催化性能。在 -1.2 V ($vs.$ RHE) 时，NiPc-NiO₄ CMOFs 对 CO 的选择性接近 100% (98.4%)[图 4-31(d)]，部分电流密度为 34.5 mA/cm²，其转换频率 (TOF) 高达 2603 h⁻¹[图 4-31(e)]，且具有良好的稳定性。

L. Chen 等用以富氮三环喹唑啉 (TQ) 为基础的多齿邻苯二酚配体与过渡金属离子 (Cu^{2+} 和 Ni^{2+}) 进行配位[图 4-31(f)]，形成类二维石墨烯多孔片 M₃(HHTQ)₂[M=Cu, Ni；HHTQ = 2, 3, 7, 8, 12, 13-hexahydroxytricycloquinazoline (2, 3, 7, 8, 12, 13-六羟基三环喹唑啉)]。M₃(HHTQ)₂ 整个纳米晶呈蜂窝孔排列，可以看作是 Cu 或 Ni 中心均匀分布在六方晶格中的单原子催化剂[图 4-31(g) 和 (h)][109]。Cu₃(HHTQ)₂ 比同结构的 Ni₃(HHTQ)₂ 和传统的 Cu₃(HHTP)₂ 具有更大的 CO₂ 吸附能和更高的活性[图 4-31(i)]，其中 CH₃OH 是唯一产物。在 0.4 V 的过电位下，CH₃OH 的法拉第效率高达 53.6%[图 4-31(j)]。

Y. Q. Lan 等以 8OH-DBC 和乙酸铜为共轭配体，通过溶剂热法合成了棒状形貌的 Cu 基导电金属有机框架 (Cu-DBC)[图 4-32(a) 和 (b)][110]。其高度共轭的有机配体赋予了 Cu-DBC 独特的氧化还原性能和导电性，Cu-O₄ 位点有利于高选择性、高效的 CO₂RR 生产 CH₄，在 -0.9 V ($vs.$ RHE) 时，部分电流密度达到 -162.4 mA/cm²，FE_{CH_4} 高达 80%[图 4-32(c)]。与氮配位的 Cu 位点相比，氧配位的 Cu-DBC 在 CO₂RR 过程中具有更高的选择性和活性，这是因为 Cu-O₄ 位点在 CO₂RR 过程中具有较低的能垒[图 4-32(d)]。另外，Amin Salehi-Khojin 等也制备了一种形貌为纳米薄片的 2D 铜基导电 MOFs (Cu THQ)[112]。在 CO₂RR 中表现出 16 mV 的可忽略的过电位，在 -0.45 V ($vs.$ RHE) 时电流密度为 -173 mA/cm²，生成 CO 的平均法拉第效率为 91%，转换频率高达 20.82 s⁻¹。在低过电位范围内，所得的 CO 生成电流密度比 PCN-222(Fe) 和 ZIFs 衍生氮配位 Co 催化剂分别高出 35 倍和 25 倍以上。

W. Y. Li 等将由铜酞菁连接的金属酞菁 (MPc) 配体制成的导电 2D MOFs 的四个系统结构类似物 (CoPc-Cu-NH、CoPc-Cu-O、NiPc-Cu-NH、NiPc-Cu-O) 用于电化学还原 CO₂ 为 CO[图 4-32(e)][111]。MOFs 的催化性能受两个重要结构因素的分级控制：MPc 中的金属 (M = Co 与 Ni) 催化亚基和杂原子交叉这些亚基之间的连接子 (X = O $vs.$ NH)。活性和

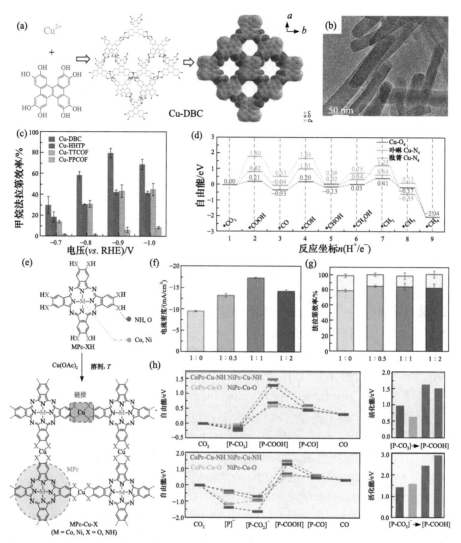

图 4-32 (a) Cu 离子和 8OH-DBC 合成 Cu-DBC 的示意图；(b) Cu-DBC 的 TEM 图；(c) 不同催化剂在不同应用电压下的 CH_4 法拉第效率；(d) 不同配位环境的 Cu 位点 CO_2RR 到 CH_4 反应途径的自由能[110]；(e) 含 CoPc 和 NiPc 单元由双铜(二亚胺)和双铜(二噁二烯)连接合成的网状 MOFs 系列 MPc-Cu-X (M = Co, Ni, X = NH, O)；在−0.74 V (vs. RHE)下，CoPc-Cu-O 和炭黑质量比为 1∶0、1∶0.5、1∶1 和 1∶2 时的电流密度(f)和 CO 法拉第效率(g)；(h) CoPc-Cu-NH、CoPc-Cu-O、NiPc-Cu-NH、NiPc-Cu-O 在不同反应途径下电化学还原 CO_2 为 CO 的自由能分布图[111]

选择性受 MPc 中金属的选择影响，并受杂原子键进一步调节。在这些 MOFs 中，CoPc-Cu-O(与炭黑质量比为 1∶1)对 CO 产品表现出最高的选择性(FE_{CO} = 85%)，电流密度高达−17.3 mA/cm²[−0.74 V (vs. RHE)]，在不使用任何导电添加剂的情况下，使用 CoPc-Cu-O 直接作为电极材料可以实现−9.5 mA/cm² 的电流密度，FE_{CO} 为 79%[图 4-32(f)和(g)]。密度泛函理论计算[图 4-32(h)]进一步表明，与基于 NiPc 和 NH 连接的类似物相比，基于 CoPc 和 O 连接的 MOFs 在羧基中间体的形成中具有较低的活化能，这与它们较高的催化活性和选择性相符。

4.7.2 MOFs 衍生碳材料用于 CO_2RR

与金属材料相比,杂原子掺杂碳材料作为电催化 CO_2RR 的替代品已被广泛研究。其中,惰性气氛下 MOFs 的受控热分解是一种容易合成具有良好孔隙率的碳材料的方法,获得的杂原子掺杂碳催化剂具有可定制的多孔结构、耐酸碱、高比表面积、高温耐久性,以及可调的掺杂类型和浓度等优点[113]。因此,制备具有较高氮掺杂和缺陷的杂原子掺杂碳材料用于 CO_2RR 是非常具有前景的。

Jorge Gascon 等通过对 ZIF-8 的热解和后续的酸处理,合成了一种用作电化学还原 CO_2 的氮掺杂碳催化剂[114]。在 CO_2RR 中,该材料对 CO 产物的 FE 高达 78%,而 H_2 是唯一的副产物。热解温度决定了碳电极中 N 物种的数量和可及性,其中吡啶 N 和季铵盐 N 物种在 CO 选择性生成中起关键作用。为了进一步阐明 ZIF-8 衍生氮掺杂碳在不掺杂金属情况下对 CO_2 电还原性能的影响机理,Z. Y. Tang 等在 Ar 气氛中不同温度下煅烧 ZIF-8 获得氮掺杂纳米孔碳(NC)[图 4-33(a)],用于 CO_2 转化为 CO[115]。催化性能表明,热解温度越高,催化剂的 CO_2 电还原活性越好。性能最佳的 NC 催化剂在 −0.5 V (vs. RHE)时具有 95.4%的 CO 法拉第效率[图 4-33(b)]。密度泛函理论计算表明,较高的热解温度可促进吡啶 N 的形成,从而提高活性,提供更有效的活性位点[图 4-33(c)]。

研究表明,N 掺杂碳的 CO_2RR 活性最可能源自六角形石墨网络中的 N 缺陷。吡啶 N 和与石墨 N 相邻的带正电的碳被认为是 CO_2RR 的活性位点。因此,开发具有高浓度的易于获取的活性 N 元素(吡啶 N 和石墨 N)以增强 CO_2RR 性能的 N 掺杂碳材料具有重要意义。G. F. Zheng 等通过 N,N-二甲基甲酰胺溶剂处理和二次掺杂生成具有可调构型和 N 掺杂含量的介孔 N 掺杂碳框架[117]。所制得的介孔 N 掺杂碳(MNC-D)是

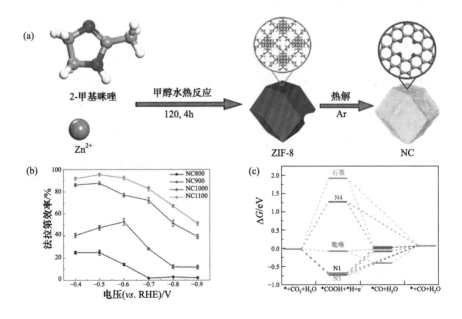

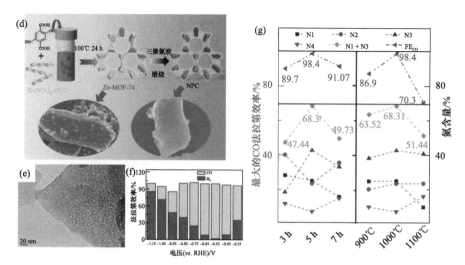

图 4-33 (a)NC 的合成示意图；(b)NC 样品在不同电压下的 CO 法拉第效率；(c)NC 样品 CO_2 电化学还原为 CO 的吉布斯自由能[115]；NPC 的合成示意图(d) 和 TEM 图(e)；(f)NPC-1000 样品在不同电压下的 CO 法拉第效率；(g)不同 NPC 中各部分 N 的原子含量、N1+N3 和最大的 CO 法拉第效率，N1 表示吡啶 N，N2 表示吡咯 N，N3 表示石墨 N，N4 表示氧化氮[116]

一种高效的电催化剂，将 CO_2 电还原为 CO 时法拉第效率高达 92%，在 −0.58 V 电压下对 CO 的局部电流密度为 6.8 mA/cm^2。电化学分析进一步揭示，N 掺杂碳催化剂的活性位点为吡啶 N 和 N,N-二甲基甲酰胺处理产生的缺陷，增强了对 CO_2 分子的活化和吸附。

另外，H. T. Huang 等采用 Zn-MOF-74 和三聚氰胺作为前驱体通过调节不同的煅烧条件，可控地合成了一种氮掺杂的多孔碳(NPC)[116]。通过改变煅烧温度和时间能够有效地调节其中 N 的种类，从而得到具有高含量吡啶 N 和石墨 N 的 NPC[图 4-33(d)]。另外，由于 Zn-MOF-74 的高含氧量，在煅烧过程中不仅 Zn 的气化能够产生孔，而且大量的氧能够消耗更多的碳导致生成含有介孔(10 nm)的多孔碳[图 4-33(e)]。其中，最优催化剂在 CO_2 饱和的 0.5 mol/L $KHCO_3$ 溶液中，可以高选择性地还原 CO_2 至 CO，CO 的法拉第效率达到 98.4%[图 4-33(f)]。其性能优异归因于高度的孔道结构能够有效地促进 NPC 中活性 N 物种与电解质的接触。为了研究活性 N 的种类，在不同的时间(t)和不同的温度(T)下进行煅烧，以控制 N 的分布，产物记为 NPC-T-t。如图 4-33(g)所示，煅烧时间与 N1 和 N3 的总和呈火山关系，在 1000℃下煅烧 5 h 后达到最高，为 68.31%。

除了单杂原子掺杂外，双杂原子掺杂也是一种非常有效的策略。Z. Q. Lin 等通过静电纺丝方法将 ZIF-8 纳米颗粒、三硫氰酸(TA)和聚丙烯腈(PAN)的溶液制备成聚合物纳米纤维，然后经过碳化得到氮和硫共掺杂的分层多孔碳纳米纤维(NSHCF)膜[图 4-34(a)][118]。在原始碳结构中掺入氮缺陷，特别是吡啶氮，可以显著降低*COOH 中间体结合的自由能；硫缺陷的引入使其具有更高的自旋密度和碳结构中的电荷离域，从而导致自由能的进一步降低[图 4-34(b)]。更重要的是，NSHCF 的高孔隙结构提供了丰富的通道[图 4-34(c)]，从而导致更高的活性位点密度。通过复合工程(即氮和硫共掺杂)和结构调整(即分层孔隙)的协同作用,该催化剂在 CO_2RR 中表现出高达 94% 的 CO 法拉第效率[图 4-34(d)]。

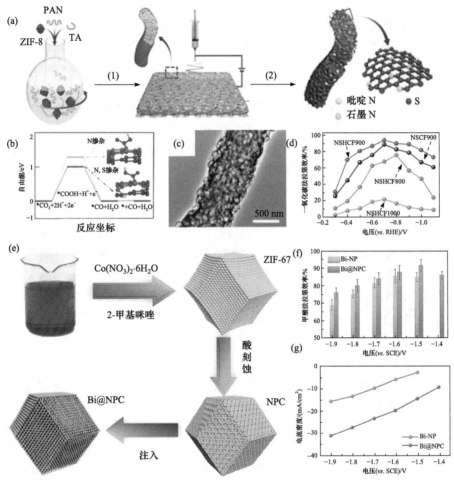

图 4-34 (a)NSHCF 的合成示意图;(b)氮掺杂碳和氮、硫共掺杂碳样品上 CO_2 电化学还原为 CO 的吉布斯自由能;(c)NSHCF 的 TEM 图;(d)在 CO_2 饱和的 0.1 mol/L $KHCO_3$ 溶液中,不同材料的 CO 法拉第效率[118];(e)MOFs 衍生氮掺杂多孔碳包埋 Bi 纳米颗粒的合成方法;在 CO_2 饱和的 0.1 mol/L $KHCO_3$ 电解质溶液中,Bi-NP 和 Bi@NPC 催化剂的甲酸法拉第效率(f)和电流密度(g)[119]

新兴的金属掺杂碳催化剂因具有高效的电化学还原 CO_2 为 CO 的活性也备受关注。J. S. Qiu 等以 SiO_2 为保护层,由 ZIF-8 合成了 Fe、N 共掺杂的高孔碳纳米颗粒(Fe-CNPs)。该合成过程采用非晶态 SiO_2 涂层对 ZIFs 进行表面改性,然后高温热解,用氢氟酸去除 SiO_2 壳层[120]。在热解过程中,具有保护作用的 SiO_2 涂层可以有效地阻止 ZIF-8 前驱体的团聚,从而获得单分散、高孔隙率的碳纳米颗粒,而不是团聚的碳整体。在高浓度的 $KHCO_3$ 电解液中,与低孔隙率的 Fe-CNPs 相比,合成的多孔 Fe-CNPs 对 CO_2RR 表现出更好的电催化活性,Fe-CNPs 的最大 CO 法拉第效率从约 75.0% 提高到 98.8%。他们还利用 Ni 或 Co 原子取代 Fe 原子合成金属掺杂 ZIFs 衍生的碳催化剂,也呈现同样的趋势。也就是说，尽管这些碳框架中的活性位点不同，但所有多孔金属掺杂 ZIFs 衍生催化剂对 CO_2 电还原 CO 的选择性都比低孔隙率金属掺杂催化剂好。

另外，MOFs 衍生的 NPC 也可以作为负载催化剂的理想载体，其不但抑制了催化剂纳米颗粒的团聚，而且保证了催化剂与 NPC 之间良好的相互作用。L. Zhao 等以 ZIF-67 作为原始模板，在 Ar 气氛下进行高温热解；然后，通过酸蚀法去除残留的 Co 物种，同时在原本属于 Co 物种的位置产生丰富的孔洞，得到 MOFs 衍生的 NPC；最后，通过浸渍方法将 Bi 纳米颗粒引入 MOFs 衍生的 NPC 中，获得 Bi@NPC 催化剂[图 4-34(e)][119]。与传统的双纳米颗粒(Bi-NP)相比，Bi@NPC 催化剂具有独特的微观结构，以及更高的 CO_2 吸附量和更快的 CO_2RR 动力学，从而获得更高的 CO_2RR 电催化性能。该 Bi@NPC 催化剂能够在 0.1 mol/L $KHCO_3$ 溶液中生成甲酸，其甲酸法拉第效率为 92.0%[图 4-34(f)]；更重要的是，在 –1.5 V (vs. SCE)的低电位下，电流密度达到 14.4 mA/cm^2[图 4-34(g)]。此外，Bi@NPC 催化剂也具有良好的稳定性。

4.7.3 MOFs 衍生单原子材料用于 CO_2RR

近年来，单原子催化剂因独特的电子结构和最大化的原子利用率在电催化领域引起了广泛关注。单原子金属修饰 N 掺杂碳(M-N-C)材料，作为一类重要的单原子催化剂，在电催化 CO_2RR 方面表现出优异的性能，有望在不久的将来取代传统的贵金属基 CO_2RR 催化剂。MOFs 由于在结构和组分调控方面的巨大优势，因此是制备单原子催化剂最理想的选择之一。

1. MOFs 衍生 Ni 单原子用于 CO_2RR

一般，单原子催化剂的催化性能高度依赖于金属活性位点的本征性质、周围微环境及载体的物理化学特性。

Y. D. Li 等采用一种 ZIFs 辅助策略，生成分布在氮掺杂多孔碳中的 Ni 单原子(Ni SAs/N-C)。该材料是基于锌节点和吸附的镍离子在 MOFs 内的离子交换，Ni 前驱体可以被限制在 ZIF-8 的孔隙中，经热解而获得[图 4-35(a)][121]。Ni SAs/N-C 的像差校正 HAADF-STEM 图显示，Ni 原子主要呈现原子分散[图 4-35(b)]。由于 Ni、N 和 C 的分子量不同，可以在碳载体中识别出孤立的较重的 Ni SAs。该单原子催化剂具有良好的 CO_2 电还原转换频率(5273 h^{-1})，产生 CO 的法拉第效率超过 71.9%，电流密度为 10.48 mA/cm^2，过电位为 0.89 V[图 4-35(c)和(d)]。

H. L. Jiang 等利用混合配体策略，同时引入金属化卟啉配体和非金属化卟啉配体，通过改变金属化卟啉配体中心的金属物种，构筑一系列同构的卟啉基 MOFs 材料，衍生一系列含有不同金属物种(Fe、Co、Ni、Cu)的氮掺杂碳负载的单原子催化剂材料[图 4-35(e)][122]。在 4 种 M_1-N-C (M = Fe, Co, Ni, Cu)电催化 CO_2RR 模型催化剂中，在 –0.8 V (vs. RHE)条件下，Ni_1-N-C 表现出最高的 CO 法拉第效率；为 96.8%[图 4-35(f)]。值得注意的是，性能最好的 Ni_1-N-C 催化剂即使在 30%和 15%的低 CO_2 浓度下也能呈现出优良的 CO 法拉第效率[图 4-35(g)]。另外，G. F. Wang 等通过对掺杂 Ni 的咪唑分子筛框架进行热解，制备了 Ni 与碳基体中的 N 配位的单原子催化剂[123]。边缘位置的 Ni-N_{2+2} 位点具有悬浮的碳原子，是促进*COOH 中间体 CO 键解离的活性位点，而本体位置的

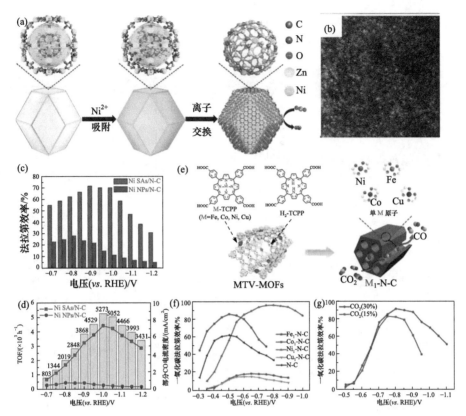

图 4-35　Ni SAs/N-C 的合成示意图(a)和 HAADF-STEM 图(b)；不同电压下 Ni SAs/N-C 和 Ni NPs/N-C 的 CO 法拉第效率(c)和 TOF(d)[121]；(e)基于 MTV-MOFs 制备的用于电催化 CO_2RR 的 M_1-N-C 单原子催化剂；(f)CO_2 饱和的 0.5 mol/L $KHCO_3$ 中 M_1-N-C 对 CO 的法拉第效率；(g)Ni_1-N-C 在 30%和 15% CO_2 饱和的 0.5 mol/L $KHCO_3$ 中的 CO 法拉第效率[122]

Ni-N_4 在动力学上不活跃，边缘 Ni-N_4 位点在热力学上具有抑制竞争性析氢的能力。电化学结果表明，Ni-N 位点对 CO_2 还原为 CO 的本征反应活性和选择性增强，在 570 mV 的过电位下，CO 的法拉第效率最高可达 96%。

SACs 的配位环境在催化过程中发挥着至关重要的作用，但其精确调控仍然是一个巨大的挑战。H. L. Jiang 课题组在这方面做了一系列工作，例如，通过在双金属有机框架中引入聚吡咯(PPy)来构建 SACs，提出了一种主-客体协同保护策略[图 4-36(a)][124]。例如，MgNi-MOF-74 中 Mg^{2+} 的引入延长了相邻 Ni 原子之间的距离；在热解过程中，PPy 客体分子作为 N 源来配位 Ni 原子。因此，通过控制热解温度，制备了一系列不同 N 配位数的单原子 Ni 催化剂 Ni_{SA}-N_x-C。N 配位数最低的 Ni_{SA}-N_2-C 催化剂的 CO 还原效率高达 98%，转化频率高达 1622 h^{-1}，远高于 Ni_{SA}-N_3-C 和 Ni_{SA}-N_4-C 催化剂[图 4-36(b)]。理论计算表明，Ni_{SA}-N_2-C 中 Ni 单原子的 N 配位数较低，有利于*COOH 中间体的形成，从而解释了其优越的活性[图 4-36(c)]。另外，该课题组还提出了一种合成后金属取代(PSMS)策略[125]，在金属有机框架中预先设计的氮掺杂碳上制备了具有不同 N 配位数的单原子镍催化剂(Ni-N_x-C)[图 4-36(d)]。当用于 CO_2 电还原时，Ni-N_3-C 催化剂中较低的 Ni 配位数使 CO 的法拉第效率达到 95.6%，大大优于 Ni-N_4-C 催化剂，促进 *COOH 的形成，从而加速 CO_2 的还原[图 4-36(e)]。

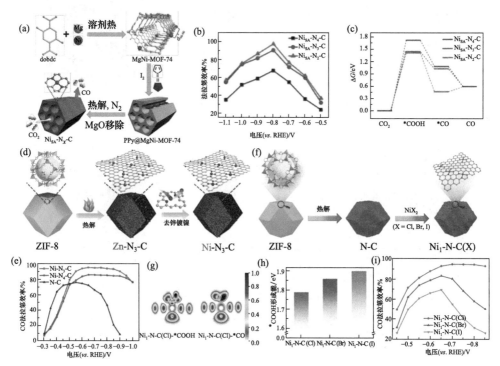

图 4-36 (a) 主-客体协同保护策略制备用于电催化 CO_2 还原的 Ni_{SA}-N_x-C 催化剂示意图；(b) Ni_{SA}-N_x-C 的 CO 法拉第效率；(c) Ni_{SA}-N_x-C 催化剂上 CO_2 还原为 CO 的自由能[124]；(d) 利用后金属取代策略制备低配位单原子；(e) Ni-N_3-C、Ni-N_4-C 和 N-C 的 CO 法拉第效率[125]；(f) 后金属卤化修饰策略构建 Ni_1-N-C(X) (X = Cl, Br, I) 单原子催化剂的图解；(g) 吸附*COOH 和*CO 的 Ni_1-N-C(Cl) 的 ELF 图；(h) Ni_1-N-C(X) (X = Cl, Br, I) 催化剂中*COOH 的形成能；(i) Ni_1-N-C(X) (X = Cl, Br, I) 的 CO 法拉第效率[126]

此外，该课题组还提出了一种基于金属有机框架结构的预合成氮掺杂碳上构建具有轴向配位卤素原子的 Ni-N_4 位点的方法[图 4-36(f)]来调整配位环境[126]，该材料命名为 Ni_1-N-C(X) (X = Cl, Br, I)。在 Ni_1-N-C(X) (X = Cl, Br, I) 中，具有明显电负性的轴向卤素原子可以打破平面 Ni-N_4 位点的对称电荷分布，并调节中心 Ni 原子的电子态，其中，Cl 原子的轴向配位显著促进了单原子 Ni 位点上*COOH 中间产物的形成[图 4-36(g) 和(h)]，从而提高了 Ni_1-N-C(Cl) 的 CO_2 还原性能，并且可以显著地观察到，以电负性最强的 Cl 修饰的 Ni_1-N-C(Cl) 催化剂在电催化 CO_2 还原方面表现出高达 94.7%的 CO 法拉第效率，优于 Ni_1-N-C(Br) 和 Ni_1-N-C(I) 催化剂[图 4-36(i)]。

虽然 CO_2RR 中固定在氮掺杂碳载体上的单原子(M-N/C)催化剂生产 CO 的法拉第效率一般在 90%以上，但 M-N/C 催化剂表现出较差的，远远低于工业水平的电流密度。L. C. Liu 等通过氨化策略，显著增加了 M-N/C(M = Ni, Fe, Zn)催化剂生成 CO 的电流密度[127]。如图 4-37(a)所示，Ni-N_4/C-NH_2 是通过两步法制备的，首先将 Ni 掺杂的 ZIF-8 前驱体在高温下热解得到 Ni-N_4/C，然后在氨水中通过尿素退火、浸渍和水热反应获得。经过氨基修饰后，Ni 原子仍然保持原子分散[图 4-37(b)]。FT-IR 图中 3401.2 cm^{-1} 和 3308.9 cm^{-1} 处的键对应 NH$_2$ 的 N—H 伸缩振动，1580.5 cm^{-1} 和 1214.1 cm^{-1} 处的键分别对应 NH$_2$ 的 N—H 弯曲振动和 C—N 伸缩振动[图 4-37(c)]，表明在氨水混合物中浸没和水热法对其进行氨基改性是可行的。其中，氨基化镍单原子催化剂在 0.89 V（vs. RHE）中等过电位下，CO 法拉第效率接近 90%，CO 部分电流密度为 450 mA/cm^2（总电流密度超过 500 mA/cm^2），特别是在 $-0.5 \sim -1.0$ V（vs. RHE）的较宽工作电位范围内，CO 法拉第效率可维持在 85%以上[图 4-37(d)]。氨基化催化剂的优异活性是由于电子结构调控提高了*CO 和*COOH 中间体的吸附能[图 4-37(e)和(f)]。

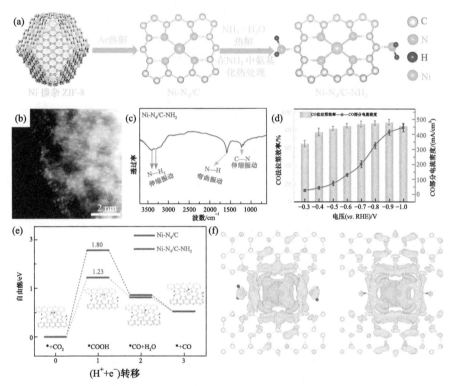

图 4-37　Ni-N$_4$/C-NH$_2$ 的合成示意图(a)，HAADF-STEM 图(b)，FT-IR 图(c)；(d)流动电解槽中 Ni-N$_4$/C-NH$_2$ 的电催化活性；(e)Ni-N$_4$/C 和 Ni-N$_4$/C-NH$_2$ 上 CO$_2$ 电还原 CO 的自由能；(f)Ni-N$_4$/C-NH$_2$(左)和 Ni-N$_4$/C(右)的微分电荷图，黄色和青色分别代表电子的耗散和聚集[127]

2. MOFs 衍生 Fe 单原子用于 CO$_2$RR

Y. Li 等分别用 Fe 或 Co 掺杂金属有机框架前驱体制备了分散到碳中含有块状和边缘状 M-N$_4$ 配位的 Fe 或 Co 原子(M-N-C)[图 4-38(a)]，如图 4-38(b)所示，直接观察到孤立和分散良好的 Fe 原子位置，它们都位于边缘位置并嵌在碳基体中[128]。第一性原理计算表明，连接两个相邻扶手椅状石墨层的边缘 M-N$_{2+2}$-C$_8$ 基团是 CO$_2$RR 的活性位点。它们比之前提出的大量嵌入石墨层的 M-N$_4$-C$_{10}$ 基团更加活跃。在 CO$_2$RR 过程中，当*COOH 在 M-N$_{2+2}$-C$_8$ 上发生解离时，金属原子是*CO 的吸附位点，与 N 相邻的具有悬垂键的碳原子是连接*OH 的另一个活性中心[图 4-38(c)]。特别是在 Fe-N$_{2+2}$-C$_8$ 位点上，CO_2RR 比析氢反应更有利，从而产生了优异的 CO 法拉第效率。本质上，在 $M-N_4$ 中 Fe 比 Co 更能有效地将 CO_2 还原为 CO，其电流密度更大，CO 的法拉第效率更高（93% vs. 45%）[图 4-38(d)]。

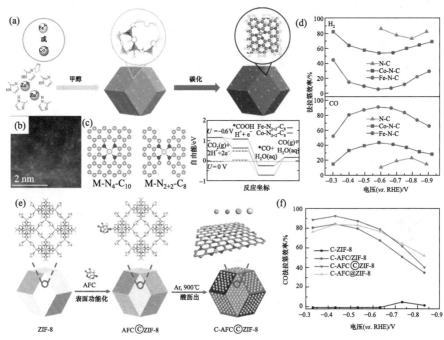

图 4-38　(a) M-N-C 催化剂的合成示意图；(b) Fe-N-C 的 HAADF-STEM 图；(c) $M-N_4-C_{10}$ 和 $M-N_{2+2}-C_8$（M = Fe 或 Co）活性位点的原子结构，以及 $M-N_{2+2}-C_8$ 位点 CO_2 还原为 CO 的自由能演化；(d) N-C、Co-N-C、Fe-N-C 的 CO 和 H_2 法拉第效率[128]；(e) C-AFC©ZIF-8 的合成示意图；(f) 不同催化剂的 CO 法拉第效率[129]

孤立的金属-氮位点在二氧化碳电还原方面具有很高的活性，但碳基体中孤立的金属-氮位点含量有限，迫切需要充分暴露其表面活性位点以实现高效催化，这可以通过合成后修饰策略来实现。X. H. Bao 等以柠檬酸铁铵（AFC）为铁前驱体，将 ZIF-8 纳米颗粒浸泡在室温水溶液中，对其表面进行功能化修饰[图 4-38(e)][129]。柠檬酸盐离子有望与 ZIF-8 纳米颗粒表面的 Zn 节点配位，而不会干扰 ZIF-8 的底层配位框架，热解产物仅由碳基体表面孤立的 Fe-N 位点组成。C-AFC©ZIF-8 在 –0.43 V（vs. RHE）时 CO 法拉第效率为 93.0%，高于 ZIF-8 与 AFC 的本体功能化热解产物以及 ZIF-8 与 AFC 的物理混合热解产物[图 4-38(f)]。此外，该课题组还通过额外的氨处理工艺，以进一步提高掺杂 Fe-N 位点的 ZIFs 衍生碳材料的活性[130]。分析表明，氨处理促进了剩余 Zn 物种的升华和不稳定碳元素的刻蚀，从而增加了 Fe-N 活性位点的负载和比表面积。比表面积的增加有效促进了 Fe-N 活性位点的暴露，加速了 CO_2RR 过程中的传质。通过在氨中进一步热解，优化后的催化剂表现出更高的 CO 法拉第效率和显著改善的 CO 电流密度，优于其他报道的 Fe-N-C 催化剂。

对于 Fe-N-C 型电催化剂，*COOH 的形成需要较大的能垒，由于*CO 在活性位点上的结合相对较强，CO 的解吸也比较困难。因此，提高 Fe-N-C 电催化剂 CO_2-CO 转化效率的关键在于促进*COOH生成（质子化）和优化*CO的结合强度（解吸）。杂原子O的电负性强于最常见的N，对调控Fe单原子的微环境，提升催化性能有重要意义。J. T. Zhang等以Zn-MOF-74作为富氧前驱体进行合成调控，通过掺杂Fe离子得到Fe/Zn-MOF-74，引入氮源后煅烧，最终得到具有特殊配位结构的$Fe_1N_2O_2$/NC催化剂[图4-39(a)和(b)][131]。EELS谱图[图4-39(c)]和傅里叶变换k^3加权EXAFS光谱[图4-39(d)]进一步有力证明了$Fe_1N_2O_2$/NC中，Fe、O、N的共存，单个Fe被C内部的N和O共同锚定。相对于传统的$Fe-N_4$催化剂，通过引入O和N共同对Fe原子界面进行调控，$Fe_1N_2O_2$构型最有助于CO的解吸，对电催化CO_2还原产CO具有显著优势[图4-39(e)]。该催化剂在−0.4～−0.8 V (vs. RHE)的宽电压窗口内，CO法拉第效率维持在95%以上，重要的是，在−0.5 V (vs. RHE)时，CO法拉第效率最高甚至达到99.7%，几乎接近100%[图4-39(f)]。

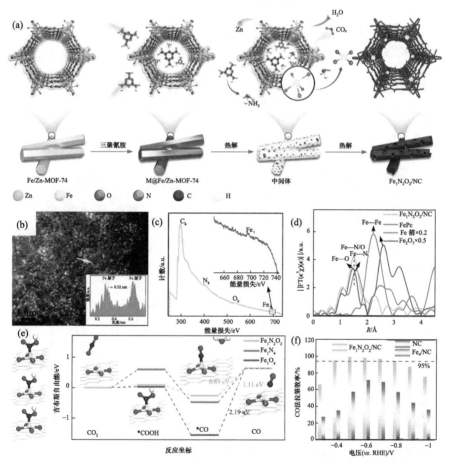

图4-39 $Fe_1N_2O_2$/NC的合成示意图(a)、HAADF-STEM图(b)、EELS谱图(c)；(d)Fe K边的FT-EXAFS谱；(e)优化的催化剂模型，以及$Fe_1N_2O_2$和Fe_1N_4、Fe_1O_4的Fe位点上CO_2RR途径的吉布斯自由能变化；(f)$Fe_1N_2O_2$/NC、Fe_n/C和NC催化剂在不同电压下的CO法拉第效率[131]

3. MOFs 衍生 Co 单原子用于 CO$_2$RR

调整单原子的配位数可以更清楚地了解 CO$_2$ 分子如何转化为中间体 CO$_2^-$，以及催化剂的微观结构如何影响 CO$_2$ 电还原性能等重要问题。Y. E. Wu 等在室温下合成了双金属 Co/Zn-ZIFs，并选择其作为前驱体，在热解过程中，Zn 被蒸发，Co 离子被碳化有机配体还原，使原子分散的 Co 原子固定在掺杂 N 的多孔碳上，通过改变热解温度制备了一系列不同 N 配位数的原子分散 Co 催化剂[图 4-40(a)]，并对其 CO$_2$ 电还原催化性能进行了研究[132]。最佳的催化剂是 2 配位 N 原子分散的 Co 催化剂，更少的 N 配位数能更有效地促进催化剂表面的 CO$_2$ 分子转化为中间体 CO$_2^-$，进而展现出更高的 CO$_2$ 电还原为 CO 的活性[图 4-40(b)]。该催化剂在 520 mV 的过电位下，CO 生成的法拉第效率为 94%，具有较高的选择性和活性[图 4-40(c)]。同时，该催化剂还表现出了较高的催化稳定性，在 60 h 的恒电位测试中，其电流密度和法拉第效率都无明显变化[图 4-40(d)]。

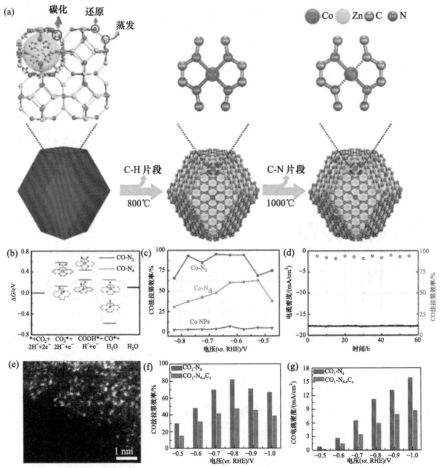

图 4-40 (a)Co-N$_4$ 和 Co-N$_2$ 的合成示意图；(b)Co-N$_4$ 和 Co-N$_2$ 的 CO$_2$ 还原为 CO 的自由能演化；(c)Co-N$_3$、Co-N$_2$ 和 Co NPs 在不同电压下的 CO 法拉第效率；(d)Co-N$_2$ 在 −0.63 V (vs. RHE)下 60 h 的稳定性测试[132]；(e)Co$_1$-N$_4$ 的 HAADF-STEM 图；Co$_1$-N$_4$ 和 Co$_1$-N$_{4-x}$C$_x$ 在不同电压下 CO 的法拉第效率(f)和电流密度(g)[133]

另外，调节 Co 单原子催化剂的配位环境也是提高其催化 CO_2 电化学还原性能的有力策略。Y. Lin 等在不同温度下热解双金属 Co/Zn-ZIFs，获得了在 N 掺杂多孔碳上具有四配位 N 和四配位 N/C 的 Co 单原子催化剂[133]。从图 4-40(e)可以看出，Co 原子分散在 N 掺杂的多孔碳上。热解温度对 N 与 Co 单原子结合的配位数也有明显影响。Co_1-N_4 活性位点提高了 CO_2 的结合强度，促进了 CO_2 的活化，使得制备的 N 掺杂多孔碳上具有 4 配位 N 的 Co 原子(Co_1-N_4)在 CO_2 电化学还原中表现出 82% 的法拉第效率和-15.8 mA/cm^2 的电流密度及良好的稳定性[图 4-40(f)和(g)]。

4. MOFs 衍生 Cu 单原子用于 CO_2RR

将 CO_2 高效电还原为多碳产物是一项具有挑战性的研究，因为 CO_2 活化和 C-C 偶合具有极高的能垒。然而，能够将 CO_2 转化为碳氢化合物或醇等高价值产品的催化剂非常有限。研究表明，可以通过设计催化剂的金属中心和配位环境进行调整。近年来，研究人员探究了 SACs 的 Cu 分布和局部配位环境对 CO_2 还原的影响。

G. F. Zheng 等通过构造 $Cu-N_x$ 结构将 Cu 单原子负载于 N 掺杂的 C 框架上，而后用于 CO_2 电催化还原反应[134]。通过改变热解温度来调控 $Cu-N_x$ 结构中的 Cu 浓度。结果表明，Cu 的浓度为 4.9 mol%（摩尔分数，后同）时，邻近的 $Cu-N_x$ 物种之间的距离足够近，可以实现 C—C 键偶合，从而生成 C_2H_4[图 4-41(a)]。与此相反，如果 $Cu-N_x$ 结构中的 Cu 浓度低于 2.4 mol%，邻近的 $Cu-N_x$ 物种之间的距离偏大，此时的反应产物主要为 CH_4[图 4-41(a)]。正如观察到的，Cu-N-C-800 催化剂在-1.4 V (vs. RHE)时，表现出良好的 $FE_{C_2H_4}$ (24.8%)，优于 FE_{CH_4} (13.9%)，在-1.4 V (vs. RHE)时，C_2H_4 和 CH_4 的部分

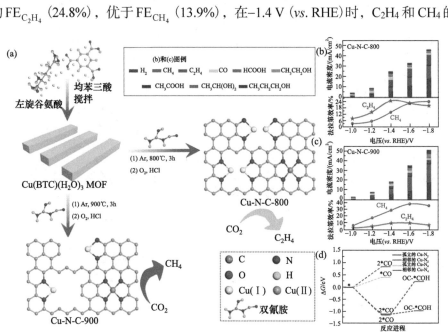

图 4-41 (a)Cu-N-C-T 催化剂的合成过程示意图；$Cu(BTC)(H_2O)_3$ MOF 和双氰胺在 800 ℃热解合成 Cu-N-C-800，有利于 CO_2RR 向 C_2H_4 方向转变；900 ℃热解得到 Cu-N-C-900，有利于 CO_2RR 向 CH_4 方向转化；Cu-N-C-800(b)和 Cu-N-C-900(c)催化剂 CO_2 电还原性能研究；(d)CO_2 在不同 $Cu-N_x$ 配位结构上电还原的吉布斯自由能[134]

电流密度分别为 6.84 mA/cm² 和 3.83 mA/cm²[图 4-41(b)]。另外，对于 Cu-N-C-900 催化剂，C_2H_4 的产量大幅下降，在相同的施加电位下，CO2RR 的产物主要由 CH_4 组成，在 -1.6 V (vs. RHE)时，最高的 FE_{CH_4} 达到 38.6%，对应于产生 CH_4 的部分电流密度为 14.8 mA/cm²[图 4-41(c)]。密度泛函理论计算[图 4-41(d)]进一步证明了 C_2H_4 的生成过程中，C_2H_4 的形成与两个相邻的 $Cu-N_2$ 位点上结合的两个中间产物 CO 有关；而孤立的 $Cu-N_4$ 位点、相邻的 $Cu-N_4$ 位点及孤立的 $Cu-N_2$ 位点则与 CH_4 的形成有关。

X. Quan 等通过水热法合成掺杂 Cu 的 ZIF-8，随后在 N_2 气氛下于 1000 ℃进行碳化，合成了原子分散的 Cu 锚固在 N 掺杂的多孔碳(Cu-SA/NPC)[图 4-42(a)][135]。HAADF-STEM 证实了 Cu-SA/NPC 上存在 Cu，并且是具有原子分散的 Cu[图 4-42(b)]。Cu-SA/NPC 可以在低过电位下将 CO_2 还原为乙酸、乙醇和丙酮产品，其中丙酮为主要产品，

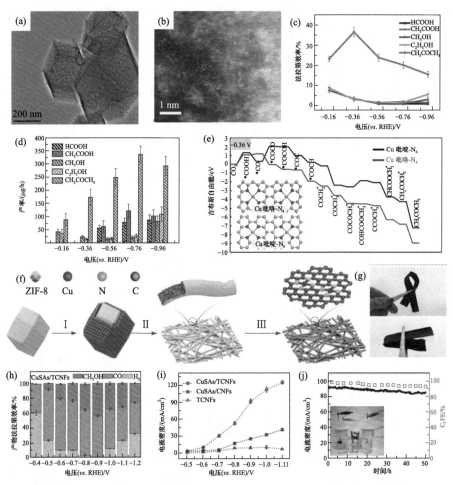

图 4-42 Cu-SA/NPC 的 TEM 图(a)和 HAADF-STEM 图(b)；Cu-SA/NPC 上 CO_2 还原产物的法拉第效率(c)和产率(d)；(e)Cu-SA/NPC 中 Cu-吡啶-N_4 和 Cu-吡咯-N_4 位点在-0.36 V 电位下 CO_2 还原为 CH_3COCH_3 的自由能[135]；(f)CuSAs/TCNFs 的合成过程：Ⅰ.铜离子的吸附，Ⅱ.聚合物纤维静电纺丝，Ⅲ.碳化和刻蚀；(g)CuSAs/TCNFs 薄膜的弯曲实验；(h)CuSAs/TCNFs 所有产物的法拉第效率；(i)三个样品的部分电流密度；(j)在-0.9 V (vs. RHE)下 CuSAs/TCNFs 的稳定性测试[136]

其法拉第效率为 36.7%，产率为 336.1 μg/h[图 4-42(c)和(d)]。Cu 与四个吡咯 N 原子的配位点是主要的活性位点，其减少了 CO_2 活化和 C-C 偶联所需的反应自由能[图 4-42(e)]。

C. X. He 等通过双溶剂法将 Cu 离子限制在 ZIF-8 的孔隙中，再将这些 Cu/ZIF-8 纳米颗粒通过静电纺丝的方法嵌入 PAN 纳米纤维中，通过后续的碳化过程转化为掺杂 N 的碳纳米纤维，获得孤立的铜装饰碳纳米纤维[CuSAs/TCNFs，图 4-42(f)][136]。该 CuSAs/TCNFs 膜具有良好的力学性能[图 4-42(g)]，可直接用作 CO_2RR 的阴极，在液相中产生接近纯的甲醇，法拉第效率为 44%[图 4-42(h)]。CuSAs/TCNFs 的自支撑和通孔结构大大减少了嵌入的金属原子，产生大量的高效 Cu 单原子，这些单原子实际上可以参与 CO_2RR，Cu 单原子对*CO 中间体具有较高的结合能，因此，*CO 可以进一步还原为甲醇等产物，而不是容易从催化剂表面释放为 CO 产物。最终，C_1 产物的部分电流密度达到 93 mA/cm²[图 4-42(i)]，在水溶液中稳定性超过 50 h[图 4-42(j)]。

5. MOFs 衍生 Zn/In/Bi 单原子用于 CO_2RR

除了常见的 MOFs 衍生 Fe、Ni、Co、Cu 单原子外，其余单原子催化剂也逐步发展起来。

Kim Daasbjerg 等报道了一种含低价 Zn 原子的氮稳定单原子催化剂($Zn^{\delta+}$-NC)，它是通过连续配位和碳化工艺制备的[137]。如图 4-43(a)所示，采用溶剂热法合成了含 Zn 前驱体 Zn-BTC(BTC 表示苯-1，3，5-三羧酸)，然后，在 Ar 气氛，双氰胺(DCD)的存在下，在 1000℃下热解 Zn-BTC，得到目标材料 $Zn^{\delta+}$-NC。在整个 $Zn^{\delta+}$-NC 结构中既没有观察到 Zn 纳米颗粒，又没有观察到团簇，从像差校正的 HAADF-STEM 图中看到了分布良好的亮点，与 Zn 原子对应[图 4-43(b)]。重要的是，它包含饱和四配位($Zn-N_4$)和不饱和三配位($Zn-N_3$)位点，后者使 Zn 处于低价态。由于 Zn 的富电子环境，不饱和 $Zn-N_3$ 可以通过稳定*COOH 中间体显著降低能垒。$Zn^{\delta+}$-NC 在低至 310 mV 的过电位下催化 CO_2 电化学还原为 CO，在水中具有接近统一的选择性[图 4-43(c)]。在流动池中使用 $Zn^{\delta+}$-NC 可以实现高达 1 A/cm² 的电流密度，并具有 >95% 的高 CO 选择性[图 4-43(d)]。

据调查，很难设计出在高温热解后不会留下残留锌物质的 M-SAC。因此，迫切需要基于新型 MOFs 和合成方法制造纯原子分散的金属活性位点。J. T. Zhang 等对 Bi 基 MOFs(Bi-MOFs)和双氰胺进行热分解，合成了负载在掺氮碳网络上的 Bi 单原子(Bi SAs/NC)催化剂[138]。用原位环境透射电子显微镜不但观察到 Bi-MOFs 转化成 Bi 纳米颗粒，而且观察到 Bi 纳米颗粒在双氰胺分解成的氨气的辅助下原子化为 Bi 单原子[图 4-44(a)]。在像差校正的 HAADF-STEM 图中，可以很容易地识别出较重的孤立 Bi 原子[图 4-44(b)]。Bi SAs/NC 的 EDS 分析显示，Bi、C 和 N 在整个体系结构中均匀分布[图 4-44(c)]。独特的 $Bi-N_4$ 结构作为反应中心促进了催化反应，在 0.39 V 的低过电位下，CO 的最大法拉第效率达到 97%[图 4-44(d)]。此外，该课题组还设计了一种锚定在 MOFs 衍生的氮掺杂碳载体上，具有 $In^{\delta+}-N_4$ 原子界面结构的 In 单原子催化剂(In-SAs/NC) [图 4-44(e)][139]。在图 4-44(f)中，In-SAs/NC 扩展 X 射线吸收精细结构的傅里叶变换(FT)曲线以 In-N 配位为主，峰值约在 1.6 Å。与 In 箔和 In_2O_3 相比，In-SAs/NC 未检测到明显的 In-In 信号，表明 N 稳定了原子分散 In 的形成。根据图 4-44(g)中的原子模型，计算出的光谱与实验结果吻合较好，这表明 In-SAs/NC 中吡啶 N 衍生的 In-N-C 物

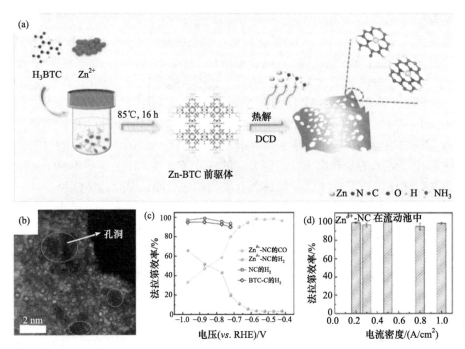

图 4-43 $Zn^{\delta+}$-NC 的合成示意图(a)和 HAADF-STEM 图(b);(c)$Zn^{\delta+}$-NC、NC 和 BTC-C 在不同电压下电解 15 min 后 H_2 和 CO 的法拉第效率;(d)在流动池中,$Zn^{\delta+}$-NC 在不同电流密度下的 CO 法拉第效率[137]

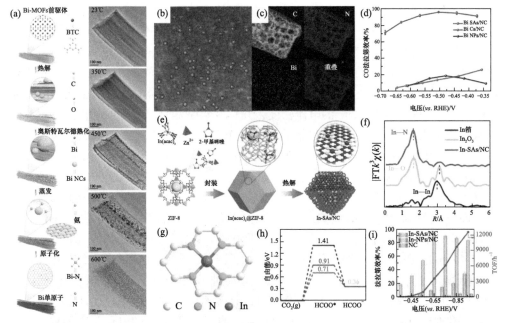

图 4-44 (a)原位 DCD 辅助下 Bi-MOFs 在不同温度下向单个 Bi 原子转变的示意图及相应的原位 TEM 图;Bi SAs/NC 的 HAADF-STEM 图(b)和元素分布图(c);(d)Bi SAs/NC、Bi Cs/NC 和 Bi NPs/NC 在不同电压下的 CO 法拉第效率[138];(e)In-SAs/NC 的合成示意图;(f)In-SAs/NC 的 k 边 FT-EXAFS 光谱;(g)原子结构模型;(h)计算出 CO_2 电还原为甲酸盐的自由能;(i)HCOO 在不同电压下的 FE 和 TOF[139]

种可能具有更好的 CO_2RR 催化性能。$In^{\delta+}-N_4$ 原子界面对于甲酸盐中间体(HCOO*)具有较低的自由能,有利于提高催化剂对 CO_2RR 的催化活性[图 4-44(h)]。在 –0.65 V (vs. RHE)时,In-SAs/NC 获得 96%的最大法拉第效率(甲酸),且最优的转换频率(TOF)高达 12500 h^{-1}[图 4-44(i)],优于大多数同类催化剂。

6. MOFs 衍生双原子催化剂用于 CO_2RR

单原子中的单原子位点通常被认为是独立的单元,而相邻位点的相互作用在很大程度上被忽略了。双原子催化剂(DACs)具有最大的原子利用率和更灵活的活性位点,为高效催化 CO_2RR 提供了一种新策略。MOFs 衍生的 M-N-C 材料融合了 MOFs 材料和 M-N-C 材料的优点,为精确构建相邻单原子位点和了解它们在催化作用中的合作关系提供了一条有前景的途径。

H. L. Jiang 等通过一种锌辅助原子化策略(ZAAS),如图 4-45(a)所示,将 Fe 和 Ni 单原子掺杂到 MOFs 衍生的氮掺杂碳(Fe_1-Ni_1-N-C)上。通过静电作用将 Fe 掺杂 ZnO(即

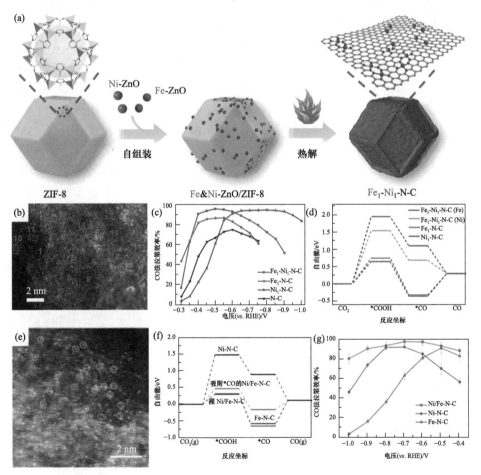

图 4-45 (a)基于 ZIF-8 的具有相邻 Fe 和 Ni 单原子的 Fe_1-Ni_1-N-C 制备示意图;(b)Fe_1-Ni_1-N-C 的像差校正 HAADF-STEM 图;(c)不同样品的 CO 法拉第效率;(d)不同样品的 CO_2RR 自由能[94];(e)Ni/Fe-N-C 的 HAADF-STEM 图;(f)不同催化剂上 CO_2RR 生成 CO 的自由能;(g)不同样品的 CO 法拉第效率[95]

Fe-ZnO)和 Ni 掺杂 ZnO(即 Ni-ZnO)纳米颗粒组装在 ZIF-8 上,可以很容易地得到 Fe&Ni-ZnO/ZIF-8 复合材料[140]。在热解过程中,ZnO 被还原为 Zn 并蒸发,得到相邻 Fe-N_4 和 Ni-N_4 位点注入的 ZIF-8 衍生的氮掺杂碳(Fe_1-Ni_1-N-C)。从图 4-45(b)可以看出,Fe_1-Ni_1-N-C 中 Fe 和 Ni 原子的孤立色散,大部分亮点成对出现,因此被称为单原子对。由于相邻 Fe 和 Ni 单原子对的长程电子相互作用,Fe_1-Ni_1-N-C 对 CO_2 的电还原性能增强,在-0.5 V(vs. RHE)时 CO 的法拉第效率达到 96.2%,优于仅修饰 Fe 或 Ni 单原子的氮掺杂碳载体[即 Fe_1-N-C 和 Ni_1-N-C,图 4-45(c)]。理论模拟表明,通过偶合相邻的 Ni 和 Fe 单原子,有利于 CO_2 的活化,降低*COOH 中间体的生成能垒,优于 Fe_1-N-C 或 Ni_1-N-C,大大提高了 Fe_1-Ni_1-N-C 的 CO_2 还原性能[图 4-45(d)]。另外,C. Zhao 等采用离子交换策略,热解 Zn/Ni/Fe ZIFs 制备双金属氮位催化剂(Ni/Fe-N-C)[141]。在图 4-45(e)中有许多相邻的双点,这表明双原子位点的形成。Ni-Fe 双中心的反应势垒明显低于单纯 Ni 或 Fe 中心[图 4-45(f)]。因此,Ni/Fe-N-C 在-0.7 V(vs. RHE)时表现出 98%的高 CO 法拉第效率[图 4-45(g)],出色的转换频率,以及优异的电极耐用性,促进了电催化 CO_2RR 的发生。

  G. H. He 等在 ZIF-8 辅助合成过程中,通过减小前驱体之间的空间距离,可以精确地控制铁铜双原子位点,将 Cu^{2+} 和 Fe(acac)$_3$ 原位掺杂到 ZIF-8 框架中制备 Fe/Cu@ZIF-8,经热解获得固定在氮掺杂多孔碳基体上的 Fe/Cu-N-C DAC[图 4-46(a)][142]。Fe/Cu-N-C DAC 颗粒尺寸均匀,保持 ZIF-8 原始的菱形十二面体结构[图 4-46(b)]。像差校正后的 HAADF-STEM 图[图 4-46(c)]显示,在亚埃分辨率下均匀分布的双亮点进一步证实了双原子位点的存在。得到的 Fe/Cu-N-C 催化剂表现出优异的 CO 法拉第效率[在-0.4~-1.1 V(vs. RHE)范围内,>95%,在-0.8 V(vs. RHE)时达到 99.2%,图 4-46(d)],高转换频率[在-1.1 V(vs. RHE)时,5047 h^{-1},图 4-46(e)],优于大多数报道的原子分散催化剂。密度泛函理论计算表明,Fe-Cu 双原子位点之间的协同作用导致了电荷的快速转移,并有效地调整了 d 带中心的位置,从而降低了*COOH 形成和*CO 解吸的能垒[图 4-46(f)和(g)]。另外,R. R. Yun 等在 1000℃氩气气氛下热解 PcCu-Fe-ZIF-8,设计合成了具有双原子活性位点的 Cu-Fe-N_6-C 催化剂[143]。不同金属位的协同催化使 CO_2 的吸附焓增大,活化能降低,从而使 Cu-Fe-N_6-C 对 CO 具有较高的选择性、较高的法拉第效率[-0.7 V(vs. RHE),98%],以及良好的稳定性。

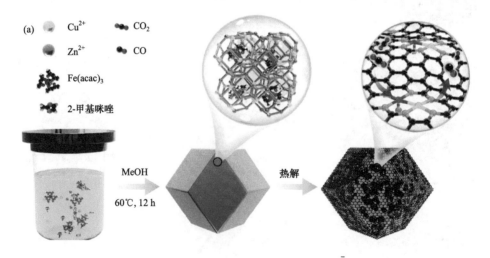

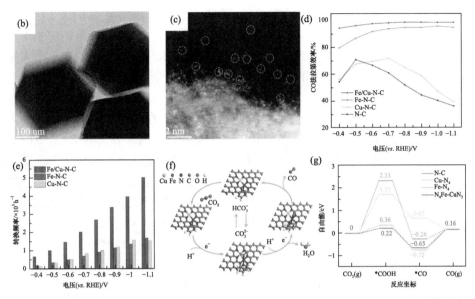

图 4-46　Fe/Cu-N-C DAC 的制备示意图(a)，TEM 图(b)和 HAADF-STEM 图(c)；(d)不同样品的 CO 法拉第效率；(e)不同样品的 TOF；(f)N_4Fe-CuN_3 对 CO_2RR 的反应途径；(g)不同催化剂模型上 CO_2 电还原生成 CO 的自由能[142]

4.7.4　MOFs 衍生金属/金属化合物用于 CO_2RR

近年来，MOFs 作为一种极具潜力的用于气体捕获和二氧化碳转化的催化剂受到了广泛关注。虽然它们可以使用不同的化学物质和配体轻松制备和改性，但由于在还原电位下较低的热力学稳定性，在电化学 CO_2RR 中的应用受到了限制。因此，通常需要额外的过程将 MOFs 转化为金属或金属氧化物等纳米材料，这些材料既具有 MOFs 的结构性能，又具有电化学稳定性。

1. MOFs 衍生 Cu 材料用于 CO_2RR

J. Yang 等通过原位电化学还原 Cu 基 MOFs，来构建介孔 Cu 纳米带[图 4-47(a)和(b)]，用于 C_{2+} 化合物的高选择性合成[144]。实验结果显示，采用这种介孔结构用于 CO_2 电还原时，在流动电解槽中获得了高达 82.3%的 C_{2+} 法拉第效率，电流密度为 347.9 mA/cm^2[图 4-47(c)]。与无孔结构的 Cu 纳米叶和 Cu 纳米棒相比，这种 Cu 纳米带用于 CO_2 电还原时 C_{2+} 产物选择性显著提高。时域有限差分(FDTD)结果表明，介孔结构可以增强催化剂表面的电场，从而提高 K^+ 和 OH^- 的浓度，促进 CO_2 向 C_{2+} 产物的还原[图 4-47(d)]。另外，Hyung Mo Jeong 等以 Cu 基 MOF-74 为前驱体，MOFs 的多孔结构可以作为模板，通过电化学还原得到 Cu 纳米颗粒(NPs)，用于电化学 CO_2 还原反应生成 CH_4[145]。MOFs 衍生的 Cu NPs 在生产 CH_4 和抑制 C_2 产物方面表现出了较高的法拉第效率(>50%)，在-1.3V(vs. RHE)时的 CH_4 活性比商业 Cu NPs 高 2.3 倍。

铜基复合电催化剂的发展可以使其在催化 CO_2 还原成多碳化合物方面具有较高的活性和选择性，探索 Cu 与其他材料之间的协同效应有助于设计高效的催化剂。X. W. Wei 等通过在不同温度下对含氮苯并咪唑改性 Cu-BTC MOFs (BEN-Cu-BTC)煅烧，得到

MOFs 衍生 Cu NPs@NC 催化剂，研究了 Cu 与 NC 载体协同效应的影响因子[图 4-47(e) 和(f)][146]。不同类型的 Cu NPs@NC 样品均表现出依赖于 N 种类和含量的催化作用，对 CO_2 电还原生成 C_2 产物具有高度选择性。表征和实验结果表明，400℃退火形成的高含量吡啶 N 和 Cu-N 有利于 Cu 表面生成 C_2 产物，在-1.01 V (vs. RHE)下，乙烯和乙醇的反应速率和法拉第效率分别达到 5.38 μmol/(m²·s) (FE = 11.2%)和 8.83 μmol/(m²·s) (FE = 18.4%)[图 4-47(g)]。然而，过量的石墨氮和氧化氮在 Cu 表面导致了 H_2 的大量产生和 CO_2RR 活性的迅速下降。这可能是由于吸附态和价态的差异影响了 Cu NPs-NC 相互作用。这些结果表明，MOFs 衍生 Cu NPs-NC 催化剂的催化活性可以由在相应退火温度下占主导地位的 N 型物质来控制，这为设计高选择性的络合催化剂提供了新的思路。另外，Edward H. Sargent 等将 HKUST-1 在不同温度下进行热处理，控制煅烧温度保持整体 MOFs 结晶度，同时逐步从铜二聚体中分离羧酸基团，原本对称性的 Cu_2 簇变成非对称性结构，并形成了具有低配位的 Cu 簇合物。优化条件下，其 CO_2RR 制乙烯的法拉第效率达 45%，是 MOFs 衍生 Cu 基 CO_2RR 材料中的最佳性能之一[148]。

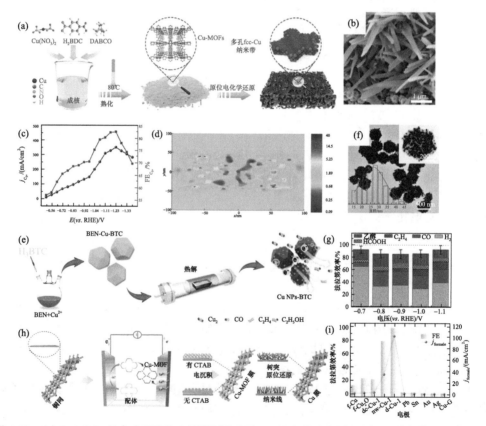

图 4-47 (a) Cu-MOFs 的合成及原位电还原制备多孔 Cu 纳米带示意图；(b) Cu 纳米带的 SEM 图；(c) Cu 纳米带在不同电压下 C_{2+} 产物的法拉第效率和电流密度；(d) 多孔铜纳米带电场分布的时域有限差分模拟[144]；(e) Cu NPs-NC 复合材料合成示意图；(f) Cu NPs-NC 的 TEM 图；(g) Cu NPs-NC 在 CO_2RR 中产物的法拉第效率[146]；(h) 在铜网基底上制备 Cu-MOFs 薄膜及其衍生物的示意图；(i) 不同催化剂上甲酸的 FE 和部分电流密度[147]

设计 MOFs 衍生物作为电催化剂的主要挑战在于利用 MOFs 衍生物作为薄膜的固有和突出的特性。在三维多孔导电基板上直接生长活性材料是解决上述问题的有效途径。通过在具有分层结构的导电基底上原位生长，可以提高催化剂的催化活性。这种电极结构不但具有较大的比表面积，增加了活性位点的数量和传质能力，而且降低了接触电阻，促进了电子的转移，是 CO_2 还原非均相催化剂的理想电极结构。B. X. Han 等利用一种简单、可控的方法在 3D 铜网(Cu-G)上生长中空 Cu-MOFs 薄膜，然后原位还原空心 Cu-MOFs 衍生成 3D 分级铜枝晶催化剂[图 4-47(h)][147]。研究发现，Cu-MOFs 前驱体的调谐结构可以同时调节衍生物的结构，从而使铜枝晶具有较高的催化活性。在最佳条件下，在离子液体(IL)基电解质中，甲酸的电流密度达到 102.1 mA/cm^2，在极低的还原电位下，甲酸的法拉第效率高达 98.2%[图 4-47(i)]。

2. MOFs 衍生 Bi 材料用于 CO_2RR

金属铋(Bi)作为一种二维层状金属，可通过电催化过程将 CO_2 以较高活性转化为甲酸/甲酸盐，从而引起了人们的关注。但目前报道的绝大多数铋基电催化剂由于颗粒度或厚度偏大导致活性位点暴露不足，严重限制了其电催化性能。具有超薄二维结构的铋材料将是一类非常有潜力的高效 CO_2RR 电催化剂，但目前研究面临的难点之一在于如何设计并合成具有超薄结构的寡层乃至单层铋纳米材料。

Q. L. Zhu 等首次以 2D 铋基金属-有机薄层材料为前驱体，通过原位电化学转化成功制备了超薄的寡层铋烯纳米片，并对其 CO_2RR 电催化性能进行了深入研究[图 4-48(a)][149]。该 Bi-ene 纳米片呈褶皱状二维薄片结构，厚度仅为 1.28~1.45 nm，对应 3~4 个原子层[图 4-48(b)]。其超薄的结构特点有利于充分暴露金属原子位点，提高表面能，并可能产生量子尺寸效应。将其直接作为电催化剂用于 CO_2RR，可表现出非常优异的电催化性能：电流密度可超过 70 mA/cm^2，在一个很宽的电位范围内均能以约 100%的法拉第效率将 CO_2 转化为甲酸，同时具有很高的催化稳定性[图 4-48(c)]。在液流电解池中，Bi-ene 可提供超过 300 mA/cm^2 的高电流密度[图 4-48(d)]，初步满足工业应用要求(200 mA/cm^2)，具有很高的应用前景。

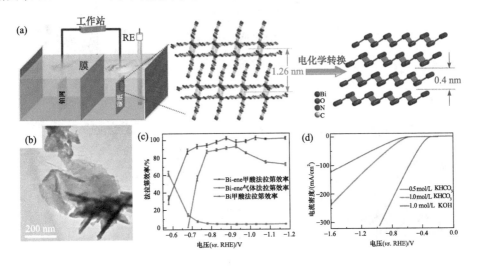

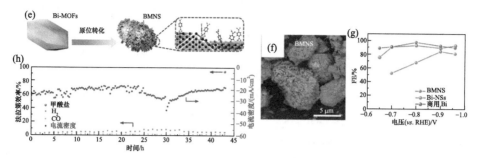

图 4-48 铋烯的合成示意图(a), TEM 图(b), 对应产物的法拉第效率(c), 不同电解液中的 LSV 曲线(d)[149]; (e)配体修饰的 Bi (BMNS)催化剂的合成过程示意图; (f)BMNS 的 TEM 图; (g)不同电压下 BMNS、Bi-NSs 和商用 Bi 的甲酸 FE; (h)流动电解液下 BMNS 的长期稳定性实验[150]

H. B. Wu 等通过原位电化学还原 Bi-MOFs 得到了配体稳定的 Bi 纳米片[图 4-48(e) 和(f)], 这些 Bi 纳米片具有丰富的欠配位表面 Bi 位点, 可作为 CO_2 还原的高活性催化中心[150]。特别是,吸附在 Bi 纳米片表面的残留配体通过抑制表面 Bi 原子的溶解和再沉积,防止了长时间电催化过程中活性位点的失活。这种配体稳定的 Bi 纳米片表现出显著的电催化性能, 在 -0.80 V (vs. RHE) 下对甲酸的电催化效率高达 98%, 并且具有 40 h 以上的良好的耐久性[图 4-48(g)]。

Y. E. Wu 等开发了 Bi 基金属有机框架 (CAU-17) 原位电化学还原衍生的具有 Bi/Bi-O 混合界面的叶状铋纳米片 (Bi NSs)[图 4-49(a) 和(b)], 叶状铋纳米片的 Bi/Bi-O 混合界面可提高 CO_2 的吸附量, 并保护原制备的叶状铋纳米片的表面结构, 有利于其对 CO_2 电还原的活性和稳定性[151]。特别是采用了流动池装置, 消除了 CO_2 分子在电解液中的低溶解度效应, 实现了可观的电流密度 (200 mA/cm^2), 适合工业应用。在 1 mol/L KHCO$_3$ 或 KOH 中, 电流

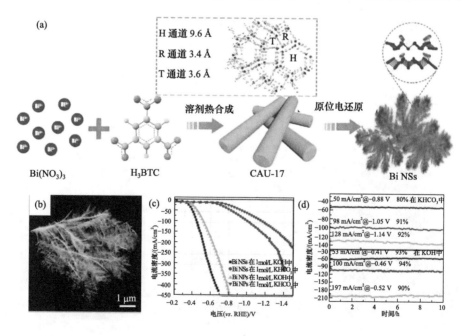

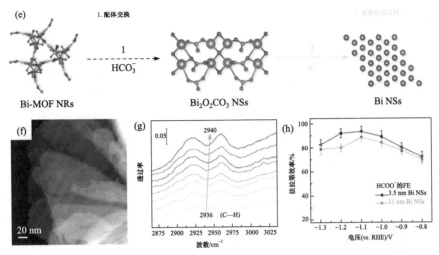

图 4-49 叶状 Bi NSs 的合成示意图(a)和 HAADF-STEM 图(b); (c)Bi NSs 和 Bi NPs 在 1 mol/L KHCO₃ 和 1 mol/L KOH 中的极化曲线;(d)Bi NSs 在两种电解液中的长期稳定性[151];(e)Bi-MOFs 两步重建过程示意图;(f)Bi NSs 的 TEM 图;(g)3.5 nm Bi NSs 在 CO₂ 饱和 0.1 mol/L KHCO₃ 中的原位 ATR-SEIRA 图谱;(h)Bi NSs 在 CO₂ 饱和 0.1 mol/L KHCO₃ 中的 HCOO⁻ 法拉第效率[152]

密度超过 200 mA/cm²,而且在 10 h 内,将 CO_2 转化为 HCOOH 的法拉第效率可以达到 85%或 90%以上[图 4-49(c)和(d)]。

S. Z. Qiao 等发现,Bi-MOFs 在进行催化 CO_2RR 之前,复杂的重构过程可以分解为两个步骤:①电解质介导的 Bi-MOFs 纳米棒通过碳酸氢盐引发的配体取代转化为 $Bi_2O_2CO_3$ NSs;②电位介导的 $Bi_2O_2CO_3$ NSs 还原为 Bi NSs[图 4-49(e)和(f)][152]。在两步重构过程中,表面空位附近形成了丰富的不饱和 Bi 原子,有利于*OCHO 中间体的吸附,最终有利于反应过程[图 4-49(g)]。原位构建的厚度为 3.5 nm 的 Bi NSs 对甲酸盐的法拉第效率达到 92%[图 4-49(h)],并且可保持良好的稳定性。

3. MOFs 衍生金属化合物材料用于 CO_2RR

由于 MOFs 的低导电性和较差的稳定性,其本身并不适合作为电极,特别是对于 CO_2 还原。迄今,克服这些弱点最方便和最有效的方法是在一定的气氛(如空气和氩气)下对 MOFs 进行热分解或对其进行电化学还原等。因此,具有所需成分和结构的金属化合物可以很容易地设计并用于 CO_2RR 中。

铜基 MOFs 及其衍生物已被应用于 CO_2 电还原,然而,它们仍然有明显的缺点,如选择性差和耐久性差。X. Quan 等通过在不同温度下对 Cu 基 MOFs(HKUST-1)进行碳化,合成了 OD Cu/C[图 4-50(a)]催化剂[153]。制备的多孔 OD Cu/C 复合催化剂形貌为八面体,表面粗糙,保留了 MOFs 模板的尺寸。材料表面装饰有大量的 Cu 颗粒和孔洞,说明在碳化过程中形成了铜碳多孔杂化材料。从 TEM 图[图 4-50(b)]可以看出,在 Ar 气氛下,HKUST-1 在不同温度下碳化制备了包埋在多孔碳基体中的氧化物型 Cu 纳米颗粒。在过电位较低的情况下,所得材料对 CO_2 生成醇表现出较好的选择性,在-0.1~-0.7 V(vs. RHE)条件下,所得材料对 CO_2 还原醇类化合物具有较高的选择性,总法拉第效率为 45.2%～71.2%[图 4-50(c)]。在 OD Cu/C-1000 催化剂上制备高收率的甲醇和乙醇，产率分别为 5.4～12.4 mg/(L·h) 和 3.7～13.4 mg/(L·h)[图 4-50(d)]。OD Cu/C 活性和选择性的提高可能是由于高度分散的铜与多孔碳基体之间的协同作用。

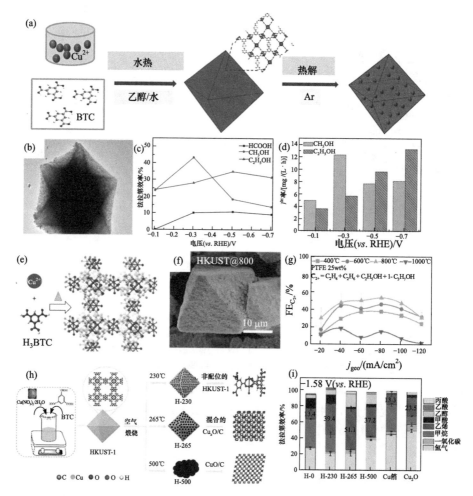

图 4-50　(a) OD Cu/C 催化剂的合成示意图；(b) OD Cu/C-1000 的 TEM 图；(c) OD Cu/C-1000 在 CO_2 电化学还原中的法拉第效率；(d) OD Cu/C-1000 在 CO_2 电化学还原中甲醇和乙醇的产率[153]；(e) Cu-MOFs(HKUST) 的三维结构；(f) HKUST@800 的 SEM 图；(g) 25 wt% PTFE 涂覆的不同热解温度下所获得材料的 C_{2+} 产物法拉第效率[154]；(h) 催化剂合成过程示意图；(i) 不同催化剂在-1.58 V (vs. RHE) 条件下的产物法拉第效率[155]

Wolfgang Schuhmann 等以 Cu-MOFs(HKUST) 为自牺牲模板，将 HKUST 在不同温度(400℃、600℃、800℃和 1000℃)下的 O_2/Ar 混合气体中进行热解，获得了不同结构和组成的新型纳米 $Cu_xO_yC_z$ 电催化剂[图 4-50(e) 和 (f)][154]。在 O_2/Ar 气氛中热解可以去除多余的残碳。在气体扩散电极(GDEs) 上，PTFE 改性的 $Cu_xO_yC_z$ 催化剂有效抑制了竞争性 HER 副反应。当电流密度为-80 mA/cm^2 时，25 wt%～50 wt%的 PTFE 涂覆的 GDEs 对 C_{2+} 产物的法拉第效率为 54%[图 4-50(g)]。

H. Y. Liang 等以 HKUST-1 为前驱体，用煅烧法同时改性催化剂的形态和氧化态[155]。在高温煅烧条件下，有机配体解离，形成氧化铜相[图 4-50(h)]。当煅烧温度为 265℃时，MOFs 全部转化为 CuO 和 Cu_2O，混合相使晶粒变形，产生较大的拉伸应变，这被认为可以促进 CO_2 分子的活化。结果表明：在负偏压作用下，Cu^{2+} 快速还原为 Cu^+，然后缓慢还原为金属 Cu，形成 Cu@Cu_xO 核壳结构；操作 10 h 后，微量 Cu^+ 残留。在 Cu^0/Cu^+ 界面上，Cu^+ 有利于 CO 偶联的稳定，促进了乙烯的生成，抑制了甲烷的产生。在 −1.58 V (vs. RHE)时，MOFs 衍生的 Cu@Cu_xO 对 C_2H_4 和 C_{2+} 产物分别显示 51% 的 FE 和 70% 的 FE[图 4-50(i)]。

除在不同气氛下热解 MOFs 之外，通过溶剂热法或电还原处理也可获得 MOFs 衍生金属化合物材料。Z. Y. Sun 等通过简单的溶剂热法一步合成超细氧化铜(CuO)纳米颗粒修饰的二维铜基金属有机框架(CuO/Cu-MOFs)复合催化剂[图 4-51(a)][156]。超细 CuO 纳

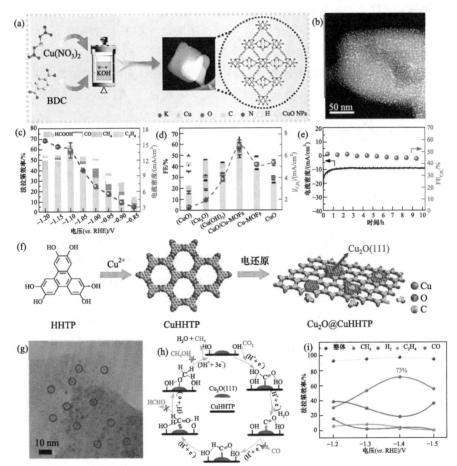

图 4-51　CuO/Cu-MOFs 复合材料的合成示意图(a)和高分辨率 STEM 图(b)；(c)在 CO_2 饱和的 0.1 mol/L $KHCO_3$ 的 CuO/Cu-MOFs 电极上，CO_2RR 的 FE 和总电流密度；(d)不同铜前驱体类型的 CuO/Cu-MOFs、Cu-MOFs 和 CuO 的 CO_2RR 的 FE 和部分电流密度；(e)在−1.1 V (vs. RHE)下，电流密度和 FE_{CH_4} 随电解时间的变化[156]；(f)溶剂热合成 CuHHTP 及在−1.2 V (vs. RHE)电位下电化学处理 30 min 制备 Cu_2O@CuHHTP 的示意图；(g)Cu_2O@CuHHTP 的 TEM 图；(h)Cu_2O@CuHHTP 生成 CH_4 的机理示意图；(i)Cu_2O@CuHHTP 在 CO_2RR 中不同产物的法拉第效率[157]

米颗粒的尺寸为 1.4~3.3 nm，均匀修饰在二维 Cu-BDC MOFs 表面[图 4-51(b)]。制得的 CuO/Cu-MOFs 可在 -1.1 V ($vs.$ RHE)电位下将 CO_2 还原为 C_2H_4，其法拉第效率可达 50.0%，显著优于所合成的纯 Cu-MOFs 和纯 CuO，其在相同电解条件下生成 C_2H_4 的法拉第效率分别为 37.6%和 25.5%[图 4-51(c)和(d)]。催化剂的稳定性测试结果表明，在连续电解 10 h 后，C_2H_4 的法拉第效率仍保持在 45.0%以上[图 4-51(e)]。进一步的机理研究表明，CuO/Cu-MOFs 复合材料中二维金属铜有机框架主体和超细 CuO 纳米颗粒在 CO_2RR 过程中可协同实现对 CO_2 的吸附和活化，促进 C-C 偶合，从而高选择性生成 C_2H_4。

R. Cao 等通过导电 MOFs 上原位生长 Cu_2O 单型位点实现了高效 CO_2 电化学甲烷化[157]。他们利用含有周期性排列的 $Cu-O_4$ 位点的导电 Cu-MOFs，通过简单的一步电化学处理，成功在导电 MOFs 基底上原位构筑了均匀分布的单一类型的 Cu_2O(111)量子点[图 4-51(f)]。电化学处理 30 min 后，CuHHTP 表面未发生明显团聚，沉积了大量平均尺寸约为 3.5 nm 的 NPs[图 4-51(g)]。同时，体系内丰富的羟基与中间产物形成氢键，有效地稳定住了中间产物[图 4-51(h)]，剩余的 CuHHTP 可以作为导电基底，对电子向活性位点转移起到重要作用，从而提高其活性，实现了将 CO_2 高效地转化为 CH_4，选择性最高达 73%[图 4-51(i)]。

除铜基金属有机框架及其衍生物外，其他金属有机框架衍生金属化合物材料也在 CO_2RR 中逐步发展起来。B. Y. Xia 等以铟有机框架[MIL-68(In)]为前驱体，分别在氩气和空气中高温煅烧得到 In_2O_3@C 和 In_2O_3[158]。在氩气的保护下，MIL-68(In)前驱体中的有机配体在热解过程中被碳化，形成碳约束的氧化铟[图 4-52(a)]。从 TEM 图中可以看到 In_2O_3@C 包裹了一层约 50 nm 厚的非晶态碳，将氧化铟纳米颗粒紧密封装起来[图 4-52(b)]。得益于碳层的保护及其良好的导电性，氧化价态铟基催化剂在二氧化碳还原过程中得以有效维持，避免了在反应过程中被还原为金属态铟基催化剂而导致催化效率降低。理论计算表明，碳层和原位生成的氧空位与氧化铟纳米颗粒间存在紧密的电子协同作用，在调节催化剂电子结构的同时也优化了对关键反应中间体的吸附能力，进一步改善了本征催化活性[图 4-52(c)]。In_2O_3@C 对甲酸的选择性高达 94%[图 4-52(d)]，并具有很好的稳定性。此外，该课题组制备了一种新型的碳纳米棒封装氧化铋催化剂，可以有效地将 CO_2 电催化还原为甲酸[159]。将 BiBTC 纳米棒在 800℃氩气中碳化，然后在 200℃氧化处理，制备 Bi_2O_3@C[图 4-52(e)]。Bi_2O_3@C-800 的 TEM 图显示均匀的 Bi_2O_3 纳米颗粒包裹在碳纳米棒框架中[图 4-52(f)]。Bi_2O_3@C 中的协同作用促进了 CO_2 的快速选择性还原，其中 Bi_2O_3 有助于改善反应动力学和甲酸选择性，而碳基质则有助于提高甲酸生产的活性和电流密度。在催化 CO_2 还原为甲酸的过程中，该催化剂的起始电位低至 -0.28 V ($vs.$ RHE)[图 4-52(g)]，部分电流密度超过 200 mA/cm^2，生成甲酸的法拉第效率高达 93%[图 4-52(h)]，而且表现出优异的稳定性。

B. X. Han 等通过热解 InCu 双金属 MOFs 及电化学还原获得 In-Cu 双金属氧化物(InCuO)材料[图 4-53(a)]。研究发现，多孔 In-Cu 双金属氧化物可作为高效稳定的电催化剂，在水电解质中还原 CO_2 为 CO[160]。通过控制 MOFs 前驱体中的 In/Cu 比，可以很容易地获得可调的 CO/H_2 比，当 -0.8 V ($vs.$ RHE)时，CO 的法拉第效率最高可达 92.1%

第 4 章 MOFs 及其衍生物在电催化方面的应用

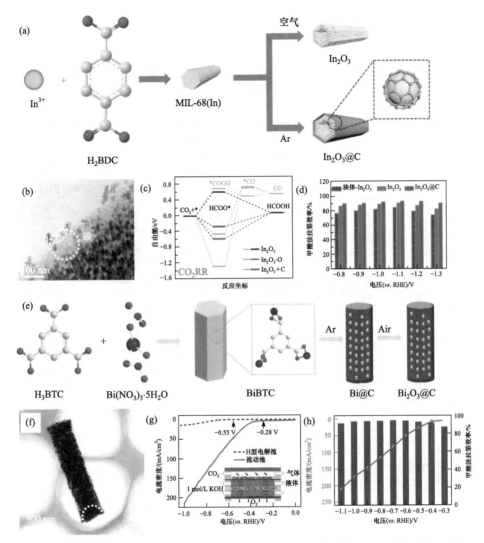

图 4-52 (a)In_2O_3 和 In_2O_3@C 的合成示意图；(b)In_2O_3@C 的 TEM 图；(c)CO_2RR 的自由能；(d)In_2O_3@C 在不同电压下的甲酸法拉第效率[158]；(e)Bi@C 和 Bi_2O_3@C 催化剂的合成示意图；Bi_2O_3@C-800 的 TEM 图(f) 和 LSV 曲线(g)；(h)在所有电压范围内 Bi_2O_3@C-800 甲酸的法拉第效率和部分电流密度[159]

[图 4-53(b)]。多孔 In-Cu 双金属氧化物的优异催化性能主要归功于其对 CO_2 的高效吸附和更大的质量扩散空间。此外，在 In_2O_3 中加入 Cu 可以获得更大的电化学表面积、更强的 CO_2 吸附和更低的电荷转移电阻。

C. X. He 等将 ZIF-67 颗粒在混合气体(90% N_2/10% H_2)的气氛中，在 500℃煅烧[图 4-53(c)]，在此过程中，Co^{2+} 迅速还原为 Co，Co 纳米颗粒具有很高的活性，可以促进碳纳米管在 N_2/H_2 气体中的生长[161]。在空气气氛下，Co 纳米颗粒进一步原位转化为 Co_3O_4 纳米颗粒，最终得到复合纳米结构的 Co/CNTs[图 4-53(d)]。由于 Co_3O_4 纳米颗粒活性高，碳纳米管石墨化良好，Co/CNTs 在 CO_2 电还原过程中表现出了优异的性能。在常规 H 型电解池中，在-0.7 V (vs. RHE)阴极电位下获得了 90%的 CO 法拉第效率和 20.6 mA/cm^2

部分电流密度,并具有良好的稳定性,在切换到气体扩散装置后,CO 部分电流密度可达 232.6 mA/cm^2,并获得> 80%的法拉第效率[图 4-53(e) 和(f)]。

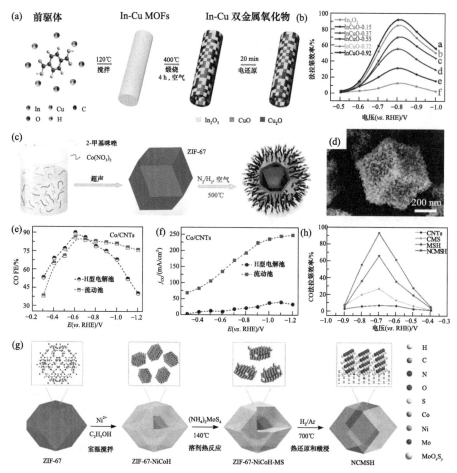

图 4-53 (a)InCuO 的合成示意图;(b)不同催化剂在不同电压下 CO 的法拉第效率[160];Co/CNTs 的合成示意图(c)和 TEM 图(d);在 H 型电解池和流动池中 Co/CNTs 催化剂的 CO 法拉第效率(e)和部分电流密度(f)[161];(g)NCMSH 的合成过程示意图;(h)不同催化剂在不同电压下 CO 的法拉第效率[162]

X. Wang 等合成了一种由 NC 和边缘暴露的 2H MoS$_2$ 组成的分层中空催化剂 NCMSH,该催化剂是由 ZIFs 辅助制备的[图 4-53(g)][162]。ZIFs 用于合成中空结构模板,并在高温下碳化形成 NC 作为电子给体和电导率促进剂。MoS$_2$ 丰富的暴露边缘提供了大量的活性中心,这使得 NCMSH 的起始电位极低,为 40 mV。在 590 mV 的过电位下,电流密度可达 34.31 mA/cm^2,法拉第效率最高可达 92.68%[图 4-53(h)]。

4.8 MOFs 及其衍生物在氮还原方面的应用

最近,许多 NRR 催化剂,如贵金属、金属化合物(氧化物、氮化物、磷化物、硫化物等)、杂化材料和碳材料等被大量报道。其中，MOFs 材料由于结构可调、比表面积大、孔隙率高、孔径分布清晰、密度低，近年来在电催化领域发展起来。具体而言，MOFs 材料具有分散良好的金属离子，不仅可以作为金属离子前驱体制备均匀分布在碳基体中的金属化合物，而且可以作为电催化中的催化金属活性位点，也可以定制和稳定单原子催化剂；MOFs 材料的配体不仅可以作为碳基体的自我牺牲模板，还可以作为碳、硫、磷等的来源，在电催化反应中充当活性位点；MOFs 材料的可调多孔结构有利于分子扩散，如溶剂化 N_2 和电解质[163]。下面对 MOFs 及其衍生物在 NRR 方面的应用进行深入探究。

4.8.1 MOFs 材料用于 NRR

目前，MOFs 材料的一个关键挑战是抑制电极电解质界面电荷转移的电绝缘特性。此外，大多数 MOFs 材料具有非常小的固有微孔(<2 nm)，这限制了 N_2 分子和活性位点之间的质量传输，从而影响了整体性能。

C. Zhao 等[164]通过一种简便的两步法合成了 NiFe-MOF 电催化剂[图 4-54(a)]。首先，将镍和铁盐与有机配体(2,6-萘二羧酸二钾)在水溶液中混合制备出本体 MOFs；其次，通过机械研磨和超声波在水溶液中弱化有机碳氢化合物/无机金属-氧层，使 MOFs 体积缩小为其 0D 对应体[图 4-54(b)]。所得催化剂在-347 mV（vs. RHE）时法拉第效率为 11.5%，氨产率为 9.3 mg/(h·mg_{cat})[图 4-54(c)]。通过密度泛函理论计算[图 4-54(d)]表明，铁掺杂效应(3.1wt%铁)抑制了氨释放第一步的能垒，吉布斯自由能显著降低。此外，随着 MOFs 尺寸的显著减小，电荷传输途径缩短到几纳米，这可以大大改善电极/电解质界面上的电子转移。此外，相邻的纳米 MOFs 之间形成了大的介孔，为电极三相边界提供了大量的气体传输通道。

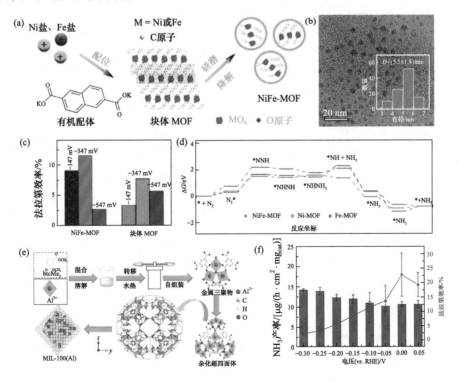

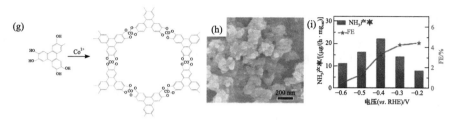

图 4-54　NiFe-MOF 的合成过程示意图(a)和 TEM 图(b)；(c)在不同电压下，不同催化剂的法拉第效率；(d)NiFe-MOF、Ni-MOF 和 Fe-MOF 的反应途径的吉布斯自由能[164]；(e)MIL-100(Al)的合成示意图；(f)MIL-100(Al) 1 h 内，在−0.05~−0.30 V (vs. RHE)范围内不同电压下 FE 和 NH$_3$ 的产率[165]；(g)HHTP 和 Co$_3$HHTP$_2$ 的结构；(h)Co$_3$HHTP$_2$ 纳米颗粒的 SEM 图；(i)Co$_3$HHTP$_2$/CP 在不同电压下的 NH$_3$ 产率和法拉第效率[166]

T. Y. Ma 等[165]设计了多孔铝基金属有机框架材料 MIL-100(Al)用于环境条件下碱性介质中的电化学氮固定[图 4-54(e)]。由于独特的结构，MIL-100 (Al)具有显著的 NRR 性质[NH$_3$ 产率：10.6 μg/(h·cm^2·mg$_{cat}$)]和法拉第效率(22.6%)，过电位低至 177 mV[图 4-54(f)]。研究表明，由于不饱和金属位点与 N$_2$ 结合，该催化剂表现出良好的 N$_2$ 选择性捕获。更具体地，由于 Al 的 3p 带与 N 的 2p 轨道有很强的相互作用，Al 作为主基金属对 N$_2$ 有较高的亲和性。

MOFs 材料的导电性能较差，不利于电化学性能的发展。在这方面，导电 MOFs 材料可能是更有吸引力的 NRR 电催化的候选材料。X. P. Sun 等[166]将导电金属有机框架 Co$_3$HHTP$_2$ 纳米颗粒作为一种高效的催化剂[图 4-54(g)和(h)]，在环境下电化学固定 N$_2$-NH$_3$。在 0.5 mol/L LiClO$_4$ 中，−0.40 V (vs. RHE)时，Co$_3$HHTP$_2$ 的 NH$_3$ 产率可达 22.14 μg/(h·mg$_{cat}$)，法拉第效率为 3.34%[图 4-54(i)]。

此外，MOFs 材料的功能化可以进一步改变其物理化学性质，从而扩大在 NRR 中的应用。F. X. Yin 等[167]通过溶剂热法制备了 MIL-88B-Fe 和 NH$_2$-MIL-88B-Fe[图 4-55(a)]，并在 0.1 mol/L Na$_2$SO$_4$ 电解液中作为室温条件下电化学 NRR 的催化剂。制备的 MIL-88B-Fe 的 NH$_3$ 产率最高为 1.205×10^{-10} mol/(s·cm^2)，高于 MIL-88B-Fe [3.575×10^{-11} mol/(s·cm^2)] [图 4-55(b)]。此外，在 0.05 V (vs. RHE)时，NH$_2$-MIL-88B 的 FE 达到 12.45%[图 4-55(c)]。另外，该课题组还制备了具有稳定的超氧自由基功能化的缺陷型 UiO-66-NH$_2$ NRR 催化剂，获得了 85.21%的高 FE 和 52.81 μg/(h·mg$_{cat}$)的 NH$_3$ 产率[图 4-55(d)和(e)][168]。实验和计算结果[图 4-55(f)和(g)]表明，在缺陷的 UiO-66-NH$_2$ 中，每个 Zr$_6$ 节点缺失一个连接子，暴露两个 Zr 原子。两个暴露的 Zr 原子中的一个可以稳定吸附超氧自由基，另一个 Zr 原子被激活作为活性位点。缺陷产物 UiO-66-NH$_2$ 中两个 Zr 位点的协同作用显著抑制了氢和肼的析出。

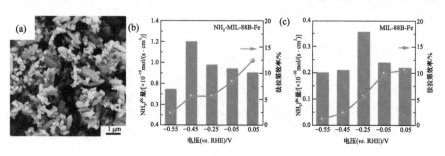

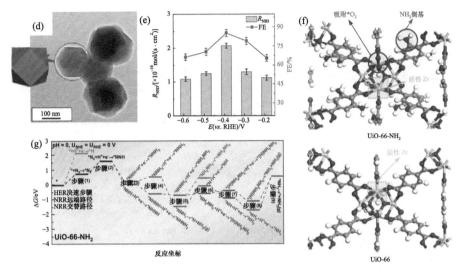

图 4-55 (a) NH₂-MIL-88B-Fe 的 SEM 图；NH₂-MIL-88B-Fe(b) 和 MIL-88B-Fe(c) 在不同电压下的 NH₃ 产率和法拉第效率[167]；(d) UiO-66-NH₂ 的 TEM 图；(e) UiO-66-NH₂ 在不同电压下的法拉第效率和 NH₃ 产率；(f) UiO-66-NH₂ 和 UiO-66 的结构图；(g) UiO-66-NH₂ 上 HER 和 NRR 的吉布斯自由能变化曲线[168]

4.8.2 MOFs 复合材料用于 NRR

MOFs 材料是一种新兴的多孔晶体材料，其中 ZIFs 材料是一个广泛的亚类，在化学催化各种反应中有着广泛的应用。然而，由于活性位点较少、电导率较低，其电催化活性普遍较差。尽管如此，ZIFs 仍可作为固定其他活性电催化剂的基质。首先，它们的多孔性有利于化学物质集中在活性位点附近，在电解质中扩散较少。其次，ZIFs 的高化学稳定性维持了催化剂结构的完整性。此外，大多数 ZIFs 表现出良好的疏水性能，因此可以有效抑制 HER。

M. Du 等[169]设计和制备了一种核壳纳米结构 NPG@ZIF-8 复合材料[图 4-56(a)]，TEM 图显示约 200 nm 厚度的 ZIF-8 壳层包覆在 NPG 核上[图 4-56(b)]。在 -0.8 V (vs. RHE) 电位下，NPG@ZIF-8 显著地提高了氨产率，为 (28.7 ± 0.9) μg/(h·cm²)，在 -0.6 V (vs. RHE) 电位下，法拉第效率达到 44%[图 4-56(c)]。对比 NPG@ZIF-8 和 Au NPs@ZIF-8，NPG 通过参与含有大量活性位点的内外表面的反应，表现出增强的催化活性。此外，对比 NPG 和 NPG@ZIF-8 催化剂，ZIF-8 壳层对 NRR 具有持续促进作用。其疏水多孔的 ZIF-8 壳层可以抑制竞争 HER，同时减弱化学物质的扩散，从而增强 NRR。另外，该课题组采用动态共价化学和配位化学相结合的方法，原位合成了一种以二硫化三聚体为构筑单元的独特 MOFs 晶体基体。该 MOFs 具有较高的孔隙率和良好的稳定性，可作为基体材料包埋分布良好的 Au 纳米颗粒。用有机硅对 Au@MOFs 进行表面改性后，疏水处理的 Au@MOFs (HT Au@MOFs) 复合材料对 NRR 表现出显著的电催化性能，NH₃ 产率最高可达 49.5 μg/(h·mg$_{cat}$)，法拉第效率为 60.9%。

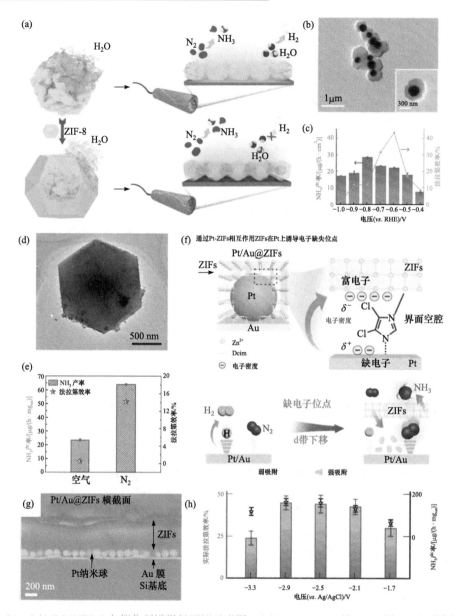

图 4-56 (a) NPG@ZIF-8 电催化剂增强氮还原示意图；(b) NPG@ZIF-8 的 TEM 图；(c) 不同电压下的氨产率和法拉第效率[169]；(d) AuCu/ZIF-8 的 SEM 图；(e) 不同气体条件下 AuCu/ZIF-8 的 NH_3 产率和法拉第效率[170]；(f) ZIFs 的作用示意图；(g) Pt/Au@ZIFs 的截面 SEM 图；(h) 60 nm Pt/Au@ZIFs 在不同电化学电压下的 NRR 性能[171]

Geoffrey A. Ozin 等制备了一种 AuCu 纳米合金修饰的 ZIF-8 NRR 电催化剂[图 4-56(d)][170]。在空气含氮的酸性电解质中，AuCu/ZIF-8 实现了前所未有的 $23.3\mu g/(h\cdot mg_{cat})$ 产氨速率[图 4-56(e)]。X. Y. Ling 等利用 ZIFs 修饰双金属电催化剂的 d 带电子结构使其更有利于 NRR，并增强其对 N_2 的吸附亲和性以提高 NRR 的性能[171]。Pt/Au@ZIFs 电极是通过过度生长的方法将 Pt/Au 包覆在多晶 ZIFs 层上制备的，封装一层 ZIFs 来诱导它们直接的化学/电子相互作用,从而降低 d 带以减弱 H 吸附,同时产生对 N_2 有强亲和力的缺电子催化位点[图 4-56(f)和(g)]。此外,ZIFs 还可以在催化界面富集 N_2 分子,以增强催化剂-N_2 的相互作用;也可作为疏水屏障,通过限制微量水进入电催化位点来抑制 HER。Pt/Au d 能带中心的负位移减弱了催化剂与 H 的相互作用,突出了 N_2 在 H 原子上的缺电子位优先吸附,从而在动力学上提高了 NRR 性能。其在室温条件下能获得大于 44%的较高的 FE,NH_3 产率大于 161 μg/(h·mg_{cat})[图 4-56(h)]。

4.8.3 MOFs 衍生碳材料用于 NRR

氮掺杂多孔碳(NPC)是一种低成本的电催化剂,可用于环境条件下的电催化 N_2 还原合成氨。特别是,由分子筛咪唑盐框架热解生成的 NPC 具有较高的 N 含量和可调节的 N 种类,有望促进 N_2 的化学吸附和吸附 N_2 的解离,从而增强电催化 N_2 还原合成氨动力学。

J. J. Zhao 等[172]采用两步法制备 NPC,即用硝酸锌和甲基咪唑合成 ZIF-8 前驱体,然后在高温下碳化 ZIF-8[图 4-57(a)]。SEM 图显示 NPC 由粒径为 50~100 nm 的多面体晶体组

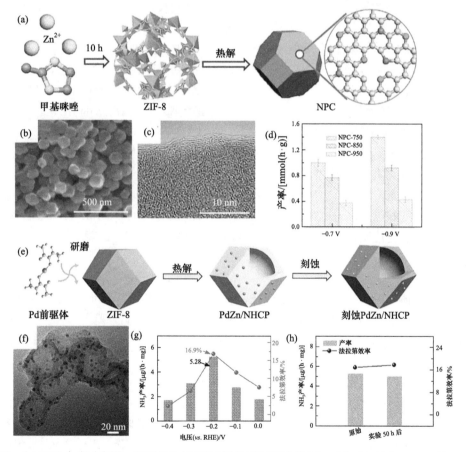

图 4-57 (a)NPC 合成示意图;NPC-750 的 SEM 图(b)和 TEM 图(c);(d)-0.7 V 和-0.9 V 时 NPC-750、NPC-850 和 NPC-950 的 NH_3 产率[172];刻蚀 PdZn/NHCP 的合成示意图(e)和 TEM 图(f);(g)刻蚀 PdZn/NHCP 在不同电压下的 NH_3 产率和法拉第效率;(h)稳定性实验前后对应的 NH_3 产率和法拉第效率[174]

成，在NPC晶体上观察到明显的多孔结构，这与TEM的结果一致[图4-57(b)和(c)]。所得的NPC可有效固定N_2电催化合成氨，产氨率高[1.40 mmol/(h·g)，-0.9 V (vs. RHE)][图4-57(d)]。实验结合密度泛函理论计算表明，吡啶氮和吡咯氮是合成氨的活性位点，其含量对促进NPC合成氨具有重要作用。G. Wu等[173]也经热解制备了ZIF-8衍生的氮掺杂纳米多孔碳NRR电催化剂。在室温和常压下，在-0.3 V (vs. RHE)时，NH_3的产率达到3.4×10^{-6} mol/(h·cm^2)，FE为10.2%。

另外，MOFs也可作为负载金属颗粒的载体，以提高电催化效率、降低成本。更重要的是，MOFs的直接碳化可以形成具有可调节的N、可调控的金属原子含量和种类的纳米多孔碳材料。例如，Q. Kuang等[174]采用简单的酸刻蚀策略合成了负载在N掺杂空心碳多面体上的富缺陷PdZn NPs(刻蚀PdZn/NHCP)[图4-57(e)]，经酸蚀处理后，金属NPs在空心碳框架上保持均匀分布[图4-57(f)]。在磷酸盐缓冲溶液中，刻蚀PdZn/NHCP电催化剂NH_3产率较高[5.28 μg/(h·mg_{cat})，图4-57(g)]。值得注意的是，刻蚀PdZn NPs中大量缺陷的存在有利于N_2的吸附和激活，导致其对NH_3具有16.9%的法拉第效率。此外，刻蚀PdZn/NHCP阴极具有良好的长期电化学耐久性，在电解50 h后NH_3的产率和FE基本保持稳定[图4-57(h)]。

W. M. Huang等[175]设计了一种NC@Ru电催化NRR催化剂，它是通过钌掺杂ZIF-8的高温碳化获得的。由于高温作用，ZIF-8中的Zn被去除，从而使Ru能够进入Zn空位，使Ru原子在N掺杂碳框架中均匀而有规律地分散，最终提高了原子利用率。结果表明，在0.1 mol/L KOH的环境条件下该催化剂产生NH_3的最大速率约为16.68 μg/(h·mg_{cat})[-0.4 V (vs. RHE)]，法拉第效率为14.23%[-0.3 V (vs. RHE)]。

另外，S. B. Yang等[176]通过可控的碳热转换反应，生成具有周期性碳空位的碳化钒作为NRR的电催化剂。典型的方法是先制备钒酸锌修饰的五氧化二钒纳米片，然后ZIF-8在其表面成核和生长，从而促进后续反应中碳化钒的原位生成。合成的碳化钒不但提供配位不饱和位点，通过吸附活化N_2分子，促进N_2向NH_3的催化，而且有利于电催化过程中的快速传质，在环境条件下具有良好的电催化产NH_3性能。

4.8.4 MOFs衍生单原子材料用于NRR制氨

分散在载体上的孤立金属原子因催化活性位点的同质性、金属原子的低配位环境和最大的金属利用效率而引起了人们的极大兴趣。这些重要的特性赋予了单原子催化剂高催化活性、稳定性和对一系列电化学过程的选择性。重要的是，MOFs可以作为材料合成的牺牲模板，直接碳化MOFs可以得到N含量和种类可调的纳米孔碳材料，这为促进N_2吸附和解离提供了有效途径，从而促进NRR。

J. Zeng等[177]以MOFs材料(ZIF-8)为基体，在其反应制备过程中添加Ru基化合物，然后通过高温煅烧最终得到高度分散的N配位Ru单原子催化剂[Ru SAs/N-C，图4-58(a)和(b)]，将其作为催化剂应用于N_2电化学还原反应中。在-0.2 V (vs. RHE)的电压下，N_2被高效电化学催化还原成NH_3，其法拉第效率达到29.6%，NH_3产率高达120.9 μg/(h·mg_{cat})[图4-58(c)和(d)]，N配位Ru单原子催化剂的高效催化性能主要来源于单原子催化剂对N_2分子的高效解离。另外，Z. Y. Sun等[178]通过水热法合成了含有Ru离子的

UiO-66，随后退火得到了在 N 掺杂多孔碳中锚定单原子 Ru 位点的催化剂（Ru@ZrO$_2$/NC），具有氧空位的 Ru 位点是主要的活性中心，Ru 位点可以稳定*NNH 和增强 N$_2$ 吸附。该催化剂在 –0.21 V（vs. RHE）下可获得较高的 NH$_3$ 产率[3.665 mg/(mg$_{Ru}$·h)]。进一步发现，加入 ZrO$_2$ 可显著抑制析氢反应的发生，在较低过电位（0.17 V）下该催化剂 NH$_3$ 法拉第效率高达 21%，超过了许多已报道的催化剂。

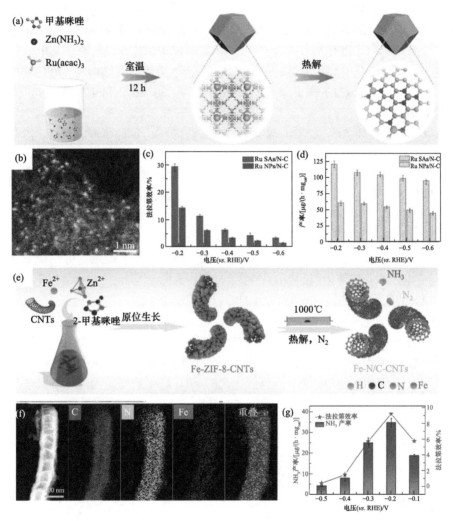

图 4-58 Ru SAs/N-C 的合成示意图(a)和 HAADF-STEM 图(b)；Ru SAs/N-C 和 Ru NPs/N-C 上不同电压下 NH$_3$ 法拉第效率(c)和产率(d)[177]；Fe-N/C-CNTs 的合成示意图(e)，HAADF 图像和相应的 STEM-EDS 元素映射(f)；(g)Fe-N/C-CNTs 催化剂在不同电压下 NH$_3$ 的产率和法拉第效率[179]

贵金属催化剂 Au、Pd、Ru 和 Rh 在 NRR 中表现出良好的活性，但其稀缺性和高昂的成本严重限制了它们的实用性。近年来，由 MOFs 衍生的过渡金属（Fe、Co、Ni、Bi 等）单原子 NRR 催化剂也逐步发展起来。W. T. Zheng 等[179]设计了一种 Fe-N/C-CNTs 催化剂。如图 4-58(e)所示，该催化剂由 MOFs 和内置 Fe-N$_3$ 活性位点的 CNTs 基复合材料制成，CNTs 的外表面被 Fe-ZIF-8 晶体完全均匀地覆盖，在 1000 ℃的 N$_2$ 气氛下热解，

Fe-ZIF-8-CNTs 转化为 Fe-N/C-CNTs 3D 网状混合物，CNTs 与多孔碳相互连接，并且 C、N 和 Fe 物种的分布是高度均匀的[图 4-58(f)]。该催化剂在 –0.2 V（*vs.* RHE）的电压下，达到了较高的氨气产率[34.83 μg/(h·mg_{cat})]，法拉第效率达到 9.28%[图 4-58(g)]。具有内在 Fe-N_3 氮气还原催化位点的 Fe-N-C 材料，其特殊的铁和氮的配位结构，以及对氮气的化学吸附和自身磁性，对氮气有较强的吸附和活化作用，而且本身的多孔结构和高的导电性，使其在电催化氮气还原中展现出较高的产率和法拉第效率。此外，H. L. Jiang 课题组[180]以锆卟啉 MOFs（PCN-222）为前驱体，通过调变卟啉环中嵌入的金属种类，衍生构筑了一系列单原子催化剂（Fe_1-N-C、Co_1-N-C、Ni_1-N-C），并研究了其电催化氮还原性能。由于 Fe_1-N-C 具有高度分散的单原子 Fe 位点、分层多孔结构和良好的导电性，在 –0.05 V 电压下，Fe_1-N-C 的 FE 为 4.51%，氨产率为 $1.56×10^{-11}$ mol/(s·cm^2)，优于 Co_1-N-C 和 Ni_1-N-C。

Z. J. Cai 等[181]经热解 Zn/Co 双金属 ZIFs 获得 Co 单原子嵌入的 N 掺杂多孔碳[CSA/NPC，图 4-59(a)]。研究发现，Co 单原子、N 掺杂和多孔结构是其氨合成性能优异的原因，其中 Co 单原子和 N 掺杂可以为 N_2 吸附和解离提供活性位点，多孔碳可以暴露更多活性位点，增强传质。CSA/NPC 在室温和常压下电化学还原 N_2 生成 NH_3，表现出较高的活性和效率，在 –0.2 V（*vs.* RHE）条件下，其 NH_3 产率为 0.86 μmol/(h·cm^2)，法拉第效率为 10.5%，并具有很好的稳定性[图 4-59(b)]。另外，Z. Y. Sun 等[184]直接热解 ZIF-67 获得 Co/氮掺杂碳复合材料，其中包含大量的单一 Co 位点，可在环境条件下有效地进行 N_2 电还原。该催化剂的 NH_3 产率最高可达 5.1 μg/(h·mg_{cat})[–0.4 V（*vs.* RHE）]，并具有 10.1%的法拉第效率[–0.1 V（*vs.* RHE）]。

G. Wu 等[182]通过缺陷工程策略和 Ni、Zn 双金属有机框架（BMOF）的热解，制备了具有氮空位的碳框架上原子分散的 Ni 位点非贵金属电催化剂[图 4-59(c)]。作为对照，还合成了负载在氮掺杂碳框架上的 Ni 团簇，没有观察到显著的 NRR 活性。在中性条件下，–0.8 V（*vs.* RHE）时，单 Ni 位点催化剂的 NH_3 产率最高，为 115 g/(h·cm^2)；在 –0.6 V（*vs.* RHE）时，FE 最高为 20%[图 4-59(d)]。

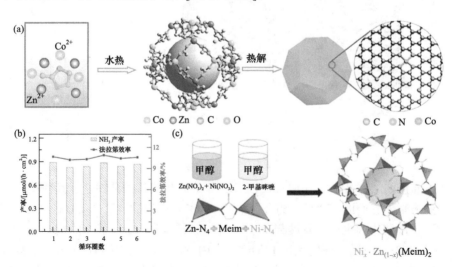

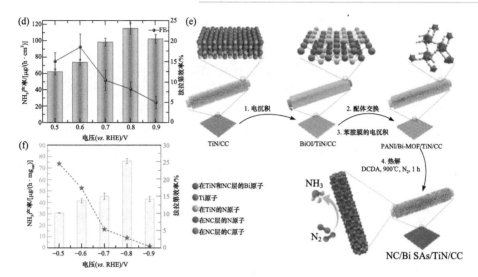

图 4-59 (a) CSA/NPC 合成示意图；(b) CSA/NPC-750 在 –0.2 V 下 6 个循环的 NH_3 产率和法拉第效率[181]；(c) $Ni_xZn_{(1-x)}$ BMOF 合成示意图；(d) Ni_x-N-C-700-3h 催化剂在 0.5 mol/L $LiClO_4$ 溶液中的 NH_3 产率和法拉第效率[182]；(e) NC/Bi SAs/TiN/CC 合成示意图；(f) NC/Bi SAs/TiN/CC 在不同电压下的 NH_3 产率和法拉第效率[183]

除了 Fe、Co、Ni 外，Bi 作为一种价格低廉、环境友好型的半金属，特别是纳米级的 Bi，由于表面电子可达性有限、p 电子提供能力高、与 H 原子的键合弱，不仅有利于 N_2 的吸附和激活，而且对竞争性的 HER 有明显抑制作用，是潜在的 NRR 候选材料。J. Zhang 等[183]成功构建出一种负载单原子 Bi 的空心 TiN 纳米棒，该纳米棒被封装在碳布负载的氮掺杂碳层中[NC/Bi SAs/TiN/CC，图 4-59(e)]。该催化剂具有多孔结构的独特单片核壳形貌，以及丰富的可接近活性中心、优异的电荷传输性能和良好的稳定性；同时，Bi SAs 和 TiN 之间的协同作用可以促进 N_2 在 TiN 表面加氢生成 NH_3^*，以及 NH_3^* 在 Bi SAs 位点上的脱附释放出 NH_3。该催化剂在 0.1 mol/L Na_2SO_4 溶液中表现出优异的 NRR 催化性能，在 –0.8 V (vs. RHE) 电压下的氨产率高达 76.15 μg/(h·mg_{cat})，在 –0.5 V (vs. RHE) 时的法拉第效率高达 24.60%[图 4-59(f)]，且可以稳定运行长达 10 h，优于此前报道的大多数 Bi 基 NRR 催化剂。

4.8.5　MOFs 衍生金属/金属化合物用于 NRR

近年来，过渡金属（如 Fe、Co、Ni、Mo、Bi）及其化合物（氧化物、硫化物、氮化物、碳化物）在内的非贵金属催化剂由于具有良好的电化学 NRR 活性，已被广泛报道。

1. MOFs 衍生金属材料用于 NRR

X. B. He 等[185]通过热解 MOFs 前驱体（ZIF-67）得到了 Co@NC 催化剂。在中性电解质条件下，Co@NC 的法拉第效率高达 21.79%[–0.9 V (vs. Ag/AgCl)]，超过了同类条件下报道的大多数催化剂，而 Co@NC 在相同电压下，NH_3 产率达到 1.57×10^{-10} mol/(s·cm^2)。

S. Z. Qiao 等[186]将电子显微学和原位拉曼光谱相结合，研究了 NRR 过程中 Bi 物种的结构和化学转变[图 4-60(a)]。研究发现，棒状的铋金属有机框架[图 4-60(b)]在负电压下结构坍塌，形成紧密堆积的 Bi^0 纳米颗粒[图 4-60(c)]。当电压从 –0.1 V (vs. RHE)变到 –0.3 V (vs. RHE)过程中，MOFs 的特征峰(86 cm^{-1} 和 152 cm^{-1})会逐渐减弱；当电压低于 –0.5 V (vs. RHE)时，Bi—Bi 振动(69 cm^{-1} 和 93 cm^{-1})会逐渐增强[图 4-60(d)]。这说明当电压低于 –0.5 V (vs. RHE)时，Bi 主要是以零价 Bi^0 存在，并且拉曼光谱中 Bi—Bi 的 A_{1g} 和 E_g 位置也证明最终还原产生的是铋金属(Bi^0)纳米颗粒。原位电化学还原所得的破碎 Bi^0 纳米颗粒在中性和酸性电解质中均具有优异的 NRR 性能，在 0.10 mol/L Na_2SO_4 中，–0.7 V (vs. RHE)下氨产率为 (3.25 ± 0.08) μg/(h·cm^2)，–0.6 V (vs. RHE)下的法拉第效率为 $(12.11 \pm 0.84)\%$ [图 4-60(e)]。在 0.05 mol/L H_2SO_4 中，–0.7 V (vs. RHE)下的氨产率为 (3.03 ± 0.03) μg/(h·cm^2)[图 4-60(f)]，这与中性条件下的氨产率基本一致。但是酸性条件下的法拉第效率比中性条件下低约一个数量级[图 4-60(g)]，这可能是由于酸性条件下氢析出反应比中性条件下更剧烈。

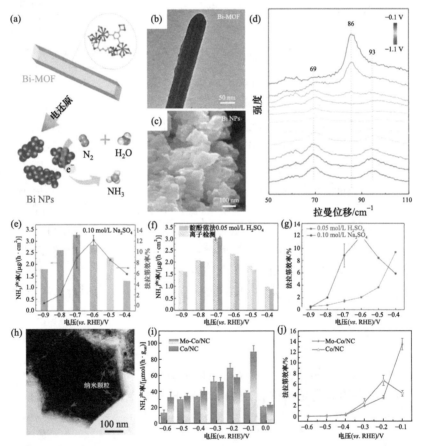

图 4-60　(a)从纳米棒到纳米颗粒的原位电还原转变示意图；(b)Bi-MOF 的 TEM 图；(c)Bi NPs 的 SEM 图；(d)在 –0.1～–1.1 V (vs. RHE)的外加电压下，催化剂浸没在电解液薄膜中的原位拉曼光谱；在中性条件(e)和酸性条件(f)下，不同电压下 Bi NPs 的 NH_3 产率；(g)在 0.05 mol/L H_2SO_4 和 0.10 mol/L Na_2SO_4 中不同电压下 Bi NPs 的法拉第效率比较[186]；(h)Mo-Co/NC 的 TEM 图；Mo-Co/NC 和 Co/NC 在 N_2 饱和电解质中不同电压下的 NH_3 产率(i)和法拉第效率(j)的比较[187]

除了单金属基催化剂外,双金属/碳催化剂也逐步被广泛报道,有望借助协同和结构调控作用改变 NRR 的电催化性能。Michael K. H. Leung 等[187]开发了氮掺杂多孔碳上的 Mo-Co 双金属纳米颗粒[Mo-Co/NC,图 4-60(h)],通过溶剂热法制备 Mo-Co/ZIFs 前驱体,随后在氮气气氛中碳化 Mo-Co/ZIFs 得到该材料。与单金属 Co/NC 相比,双金属 Mo-Co/NC 催化剂表现出更高的 NRR 电催化活性和选择性,氨产率可达 89.8 μmol/(h·g$_{cat}$)[图 4-60(i)]。在 0.10 mol/L Na$_2$SO$_4$ 中,−0.1 V (vs. RHE)的低操作电压下,法拉第效率为 13.5%[图 4-60(j)]。Mo-Co/NC 良好的 NRR 电催化活性是强吸附 Mo 和弱吸附 Co 复合材料的协同作用所致。另外,Jaephil Cho 等[188]将双金属有机框架前驱体通过一步热解磷化法得到 MoFe-PC(含磷碳)微球作为电催化氮还原反应的经济高效催化剂。MoFe-PC 催化剂继承了 MOFs 前驱体的多组分活性位点和多孔结构的优点,NH$_3$ 产率达到 34.23 μg/(h·mg$_{cat}$)。在 0.1 mol/L HCl 的环境条件下,−0.5 V (vs. RHE)时该催化剂的 FE 高达 16.83%。

2. MOFs 衍生金属化合物用于 NRR

过渡金属化合物具有价格低廉、环境友好、自然资源丰富等优点,它们如果具有优异的 NRR 催化活性,那将是非常有前途的贵金属替代品。近年来,MOFs 衍生的过渡金属基化合物在催化领域备受关注,其较大的比表面积和大量的孔隙可以为电化学反应提供大量的暴露活性位点和加快的电荷转移。由于这种特性及其可控的结构,MOFs 衍生的过渡金属基化合物(氧化物、硫化物、磷化物等)在电催化 NRR 中可以被广泛应用。

M. Luo 等[189]以 MOFs 材料(ZIF-67)为前驱体,通过分别在氮气和空气下两步热处理[图 4-61(a)],成功制备了具有核壳结构的四氧化三钴复合氮掺杂碳(Co$_3$O$_4$@NC)纳米复合材料,其中"核"为氮掺杂多孔碳,"壳"为非晶态碳包覆的 Co$_3$O$_4$ 晶体[图 4-61(b)]。其优越的 NRR 性能主要源于高氧空位浓度的 Co$_3$O$_4$ 和氮掺杂多孔碳的协同作用,氮气被约束在"壳"内更有利于进行高频碰撞并增加 NRR 中间产物的浓度,提高决速步骤速率。在 0.05 mol/L H$_2$SO$_4$ 电解液中,氨产率和法拉第效率分别高达 42.58 μg/(h·mg$_{cat}$)和 8.49%[图 4-61(c)]。另外,该课题组还报道了一种 Y-UiO-66 衍生的碳/Y 稳定的 ZrO$_2$(C@YSZ)纳米复合材料,在 0.1 mol/L Na$_2$SO$_4$ 中获得了 24.6 μg/(h·mg$_{cat}$)的高氨产率和 8.2%的法拉第效率[−0.5 V (vs. RHE)][190]。

Q. Xu 等[191]以金属有机框架(ZIF-67)前驱体为原料,通过层状氢氧化物中间体合成了无贵金属的 CoP 空心纳米笼(CoP HNC)催化剂[图 4-61(d)和(e)]。三维分层的纳米颗粒-纳米片-纳米笼结构为氮吸附和还原提供了丰富的表面活性位点。CoP HNC 在低过电位下表现出良好的 NRR 性能[0 V (vs. RHE)时具有 7.36%的法拉第效率],在更低的负电位下氨产率呈指数增长,在−0.4 V (vs. RHE)时达到 10.78 μg/(h·mg$_{cat}$)[图 4-61(f)],在环境条件下具有良好的选择性。

L. Wang 等[192]以 ZIF-67 为前驱体,在 Ni(NO$_3$)$_2$ 的作用下刻蚀得到 NiCo-LDH@ZIF-67,随后在低温条件下硫化合成了 NiCoS/C 纳米笼[图 4-61(g)]。纳米笼的结构虽然没有被破坏,但其表面变得越来越粗糙多孔[图 4-61(h)]。NiCoS/C 纳米笼具有独特的结构和强化学偶合,对降低 NRR 过电位、提高电化学 NRR 活性和选择性具有重要意义。在 0.1 mol/L Li$_2$SO$_4$ 中表现出优异的 NRR 性能和选择性,在 0 V (vs. RHE)时,

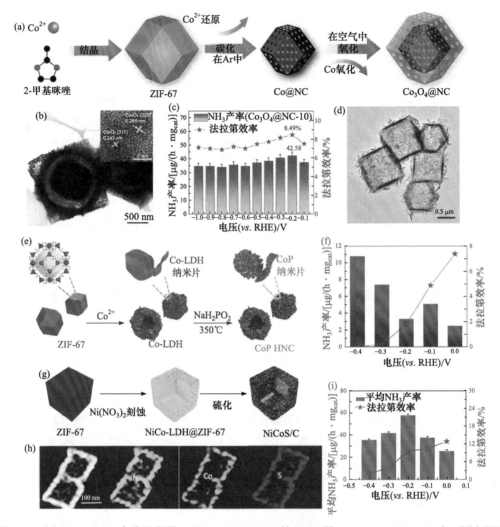

图 4-61 (a) Co_3O_4@NC 合成示意图；(b) Co_3O_4@NC-10 的 TEM 图；(c) Co_3O_4@NC-10 在不同电压下的 NH_3 产率和法拉第效率[189]；CoP HNC 的 TEM 图(d)和合成示意图(e)；(f) CoP HNC 在不同电压下的 NH_3 产率和法拉第效率[191]；NiCoS/C 纳米笼的合成示意图(g)和元素映射图(h)；(i) NiCOS/C 在不同电压下的 NH_3 产率和法拉第效率[192]

其氨产率可达 26.0 μg/(h·mg_{cat})，FE 可达 9.2%[图 4-61(i)]。随着电压的增加，氨产率达到最大值，约为 58.5 μg/(h·mg_{cat})。

另外，大量的 MOFs 衍生硫化物 NRR 催化剂也逐步发展起来。A. C. Chen 等[193]以 ZIF-67 为模板，通过析出法和热处理合成了空心 Co-MoS_2/N@C 异质结构，在–0.4 V (vs. RHE)时，NH_3 产率可达 129.93 μg/(h·mg_{cat})，法拉第效率达 11.21%。W. J. Zhou 等[194]通过在 H_2S 气氛下激光烧蚀生长在碳纤维布上的 Co-MOF (Co-MOF/CC)来制备固定在碳纤维布上的 CoS_x 纳米球(CoS_x/CC-L)。激光诱导的高压场产生了含有大量 S 空位的非晶 CoS_x，为 NRR 提供了更多的活性位点。在 0.05 mol/L Na_2SO_4 中性电解液中，CoS_x/CC-L 在–0.2 V (vs. RHE)下的 NH_3 产率[12.2 μg/(h·cm_{cat}^2)]和法拉第效率(10.1%)较高。

Martin Oschatz 等[195]报道了由 MOFs MIL-125(Ti) 热解制备的碳掺杂 TiO_2（C-Ti_xO_y/C）材料，转化后的 MOFs 颗粒变得更加松散，并保留了 MIL-125(Ti) 晶体的多面体几何形状，同时含有一些更小的纳米颗粒[图 4-62(a)]。TiO_2 纳米颗粒在非晶环境中分散良好，暴露出(110)面[图 4-62(b)]。该材料电化学 NRR 可获得 17.8%的高法拉第效率[图 4-62(c)]，超过了大多数现有的贵金属基催化剂。

另外，复合结构可以潜在地结合每种组成材料的有益特性，这将显著地提高材料的电化学性能。S. H. Yan 等[196]在温和条件下制备了固定在 MoS_2 纳米花上的 Fe_2O_3 纳米颗粒（Fe_2O_3@MoS_2）催化剂。制备过程如图 4-62(d)所示，将 Fe-MOF 作为牺牲模板在空气中退火转化为 Fe_2O_3 纳米颗粒，然后，将其固定在 MoS_2 表面，生成 Fe_2O_3@MoS_2 复合材料[图 4-62(e)]。与 MoS_2 相比，Fe_2O_3@MoS_2 能够更好地激活惰性 N_2 分子，如其更大的吸

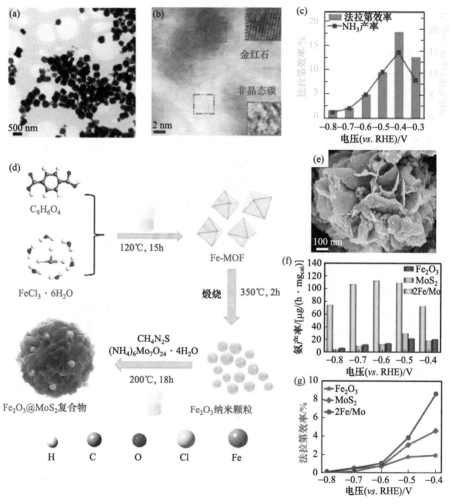

图 4-62 C-Ti_xO_y/C 的 TEM 图(a)和 HRTEM 图(b)；(c)C-Ti_xO_y/C 在不同电压下的 NH_3 产率和法拉第效率[195]；Fe_2O_3@MoS_2 复合材料的合成示意图(d)和 TEM 图(e)；Fe_2O_3、MoS_2 和 2Fe/Mo 在一系列电压下的平均 NH_3 产率(f)和法拉第效率(g)[196]

附能、更长的 N≡N 键、更低的能垒和更快地从活性位点到 N_2 分子的电荷转移。电化学测试表明，在 –0.6 V (vs. RHE)，Fe_2O_3@MoS_2 上 NH_3 产率达到了 112.15 μg/(h·mg_{cat})；在 –0.4 V (vs. RHE) 时的法拉第效率为 8.62%[图 4-62(f) 和 (g)]。

4.9 MOFs 及其衍生物用于其他电催化反应

除前述的 HER、OER、ORR、CO_2RR 和 NRR 外，还有其他电催化反应，如硝酸还原反应、氢氧化反应(HOR)、有机物氧化反应(UOR、MOR 等)，对相关 MOFs 及其衍生物催化剂进行了总结。

4.9.1 MOFs 及其衍生物用于硝酸还原制氨

除 NRR 制备氨以外，人们也关注活性含氮物种(如 NO 和硝酸盐)产氨。其中，硝态氮阴离子(NO_3^-)具有较低的 N=O 键解离能(204 kJ/mol)，并以污染物的形式广泛存在于农业和工业废水中。因此，以 NO_3^- 为前驱体合成 NH_3 具有可持续性，并为治理环境污染开辟了一条经济可行的途径[197]，但目前开发高效的电催化剂仍是一巨大挑战。

1. MOFs 复合材料用于硝酸还原制氨

MOFs 作为一种新型配位聚合物，具有结构清晰、通道结构均匀、比表面积大等优点，是制备金属活性位点催化剂的理想载体。通过原位或合成后修饰，金属位点可以有意地锚定在 MOFs 的明确位置上，使它们在整个 MOFs 支撑中均匀分布。由此，设计 MOFs 负载的金属活性位点固体催化剂可以有效地提高电催化 NO_3^- 还原性能。

F. Luo 等[198]先通过简单的一锅合成后，再借助金属化得到 Th-BPYDC 框架内的单位点铜(Cu@Th-BPYDC)催化剂[图 4-63(a)]。金属化后实现了 Th-BPYDC 向 Cu@Th-BPYDC 的单晶到单晶的转变[图 4-63(b)]。Cu@Th-BPYDC 中的 Cu 位点呈平面四配位，是开放的单金属位点[图 4-63(c)]。Cu@Th-BPYDC 中分离出的开放单中心 Cu 可以作为催化活性位点促进 NO_3^- 电催化还原生成 NH_3，NH_3 产率为 225.3 μmol/(h·cm^2)，法拉第效率为 92.5%[图 4-63(d) 和 (e)]。另外，Y. Cao 等[199]报道了一种抗塌 MOFs 负载的单原子 Cu 预催化剂，以[$Ce_6O_4(OH)_4(BDC)_6$](1，也称为 Ce-UiO-66，H_2BDC = 对苯二甲酸)为载体的单原子 Cu 预催化剂(1-Cu)在硝酸还原反应(NARR)条件下原位重构得到超小型 Cu 纳米催化剂[图 4-63(f)]。值得注意的是，非塌缩 MOFs 能够提供有限的空间来防止 Cu 原子的过度聚集，从而形成均匀的超细纳米团簇(约 4 nm)[图 4-63(g)]，原位 X 射线吸收光谱揭示了硝酸还原过程中真实催化位点的形成与单原子 Cu 原位聚簇的关系[图 4-63(h)]。催化剂的尺寸效应和独特的主客体相互作用促进了 NO_3^- 的活化和反应能的降低，在 5 mmol/L NO_3^- 溶液中，1-Cu 催化剂对 NH_3 的法拉第效率最高为 85.5%[图 4-63(i)]。

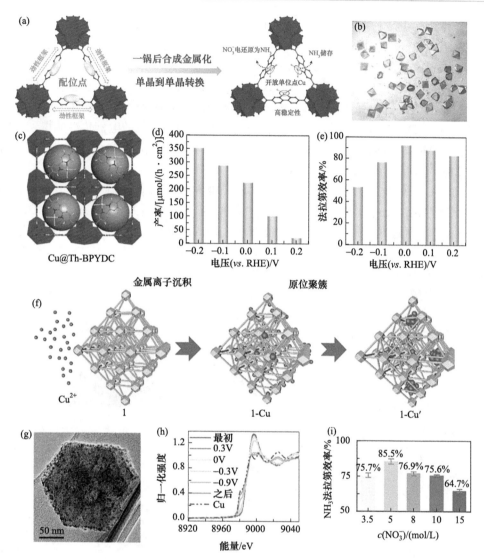

图4-63 (a)Th-BPYDC 和 Cu@Th-BPYDC 的单晶到单晶的转换及优点；Cu@Th-BPYDC 的光学显微镜图(b)，晶体结构(c)，不同电压下 NH_3 产率(d)和法拉第效率(e)[198]；(f)通过金属离子沉积和原位聚簇制备主客体 Cu 催化剂及其演变过程；(g)1-Cu 在 NARR 后形成的团簇的 TEM 图；(h)原位 X 射线吸收光谱；(i)在 -0.9 V ($vs.$ RHE)下，不同 NO_3^- 浓度下的 NH_3 法拉第效率[199]

通常各种贵金属(如 Ru、Au、Ag、Pt 和 Pd)基电催化剂被认为是电催化合成氨的潜在选择。以往报道的贵金属基电催化剂通常是借助还原剂处理后负载在活性炭、碳纳米管等碳基载体材料表面。这些合成方法操作复杂，还原剂难以完全去除，导致催化剂表面被污染。此外，催化剂与传统碳载体之间的弱相互作用导致硝酸还原电催化剂活性低、稳定性差，严重阻碍了其大规模商业应用。与传统的碳基载体材料相比，MOFs 材料具有有序结晶度、多孔结构和高比表面积等优点，被认为是电催化领域的合适载体材料。

Z. Jin 等[200]以 Zr$_6$ 纳米团簇和 TTF 衍生物分别为无机节点和配体，在氧化还原活性 Zr-MOF 上原位还原成核；在无须额外添加还原剂的情况下，具有氧化还原活性的 Zr-MOF 通过界面还原贵金属前驱体并在 Zr-MOF 上原位均匀生长贵金属 M 纳米点（NDs）（M-NDs/Zr-MOF, M = Pd、Ag 或 Au）[图 4-64(a) 和 (b)]。由于催化活性物质与 MOFs 基体之间的强相互作用及 Zr-MOF 的多孔结构，在 Zr-MOF 基体上原位生长的 Pd-NDs、Ag-NDs 或 Au-NDs 在一定条件下将硝酸盐转化为氨的电催化性能得到了极大的提高。在 M-NDs/Zr-MOF 催化剂中，Pd-NDs/Zr-MOF 催化剂的电催化活性最高，NH$_3$ 产率为 287.31 mmol/(h·g$_{cat}$)，法拉第效率为 58.1%[图 4-64(c)]。

Z. F. Ye 等[201]通过溶剂热法原位合成了二维 MOFs 负载 Ru$_x$O$_y$ 团簇（RuNi-MOF）电催化剂[图 4-64(d)]，所得 Ru$_x$O$_y$ 团簇直径约为 3 nm，均匀分散在 Ni-MOF 表面[图 4-64(e)]。通过在泡沫镍上进行原位沉积，RuNi-MOF 的 NH$_4^+$ 产率最高可达 223 µg/(h·mg$_{cat}$)[-1.6 V (vs. Ag/AgCl)]，NH$_4^+$ 的法拉第效率（FE）为 73%[-1.6 V (vs. Ag/AgCl)][图 4-64(f)]。由于负反应能显著，NO$_2^-$ 中间体很容易进一步还原为 NH$_4^+$，从而使 NH$_4^+$ 具有较高的选择性。

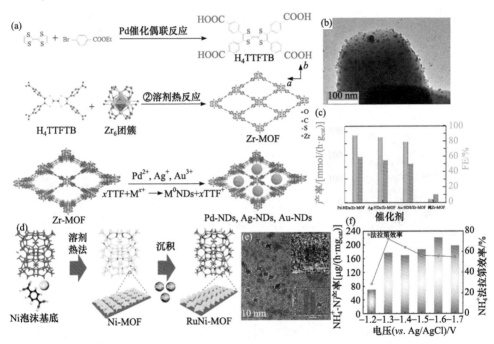

图 4-64　(a) M-NDs/Zr-MOF (M = Pd、Ag 或 Au) 合成过程示意图；(b) Pd-NDs/Zr-MOF 的 TEM 图；(c) 在 -1.3 V (vs. RHE) 条件下不同催化剂的 NH$_3$ 产率和 FE 值[200]；RuNi-MOF 催化剂的制备示意图 (d)，HRTEM 图 (e)，NH$_4^+$ 产率和法拉第效率 (f)[201]

2. MOFs 衍生物用于硝酸还原制氨

MOFs 由于结构和组成的多样性和可调性，在化学和材料科学领域引起了广泛关注。近年来，MOFs 前驱体通过热解或化学反应形成具有良好电催化活性的金属基催化剂和碳材料用于 NO$_3$RR 也逐步发展起来。

B. Yang 等[202]报道了一种具有高活性和选择性的铜单原子催化剂(Cu-N-C)用于硝酸还原成 NH_3。在惰性条件下通过离子交换法制备了 Cu-N-C，其为菱形十二面体颗粒形貌，孤立的铜单原子均匀地分散在多孔碳框架上[图 4-65(a)]。在–1.5 V (vs. SCE)下，电还原转化硝酸盐(50 mg/L NO_3^--N)具有高 NH_3 产率[9.23 mg/(h·mg_{cat})]和选择性(94%)。

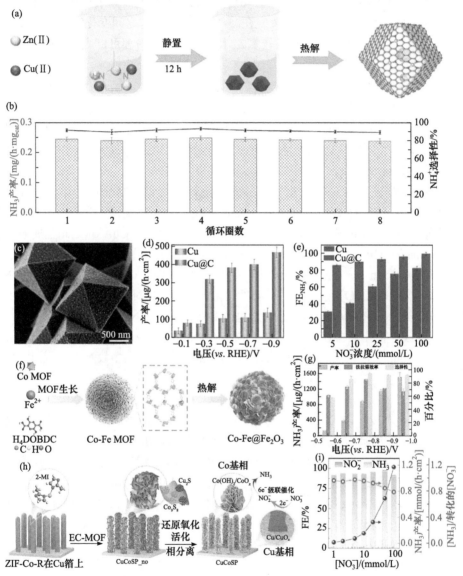

图 4-65 (a) Cu-N-C 合成过程示意图；(b) –1.5 V (vs. SCE)条件下 Cu-N-C 硝酸盐还原的循环性能[202]；(c) Cu@C 的 SEM 图；(d) 在 1 mmol/L NO_3^- 浓度下，不同电压下 Cu@C 和 Cu 的 NH_3 产率；(e) NO_3^- 浓度为 5~100 mmol/L 时 Cu 和 Cu@C 的最大 FE_{NH_3}[203]；(f) Co-Fe@Fe_2O_3 的制备示意图；(g) Co-Fe@Fe_2O_3 的法拉第效率、NH_3 产率和选择性[204]；(h) Cu/Co 基二元串联催化剂的制备示意图；(i) NO_2^- 和 NH_3 的 FE、NH_3 的产率，以及在 pH=13 的 4~100 mmol/L 范围内，在 –0.175 V (vs. RHE)条件下 CuCoSP 催化剂上形成的 NH_3 浓度与转化的 NO_3^- 浓度的比值[205]

[图 4-65(b)]。Cu-N-C 显著抑制了亚硝酸盐吸附和 N-N 偶合作用，促进硝酸盐深度还原 NH_3，从而显著抑制了有毒亚硝酸盐和双氮产物的形成。另外，Z. G. Geng 等[203]通过水热法合成 Cu-BTC MOF，经过高温煅烧合成了具有 3D 多孔碳包裹的铜纳米颗粒（Cu@C）催化剂[图 4-65(c)]。值得注意的是，在-0.9 V（vs. RHE）的条件下，Cu@C 的氨产率达到了 469.5 μg/(h·cm^2)[图 4-65(d)]，是目前低浓度（> 2 mmol/L）NO_3^-电还原体系中报道的最高值。此外，当 NO_3^-浓度在 5~100 mmol/L 之间变化时，Cu@C 的最小 FE_{NH_3} 都超过 85.6%，表明催化剂在较宽的 NO_3^-浓度范围内都可以表现出优异的催化性能[图 4-65(e)]。

X. Liu 等[204]开发出一种 MOFs 材料衍生的钴掺杂 Fe@Fe$_2$O$_3$ 催化剂，该催化剂由掺杂钴的铁基 MOFs 热解而获得[图 4-65(f)]。钴的掺杂改变了掺杂位点周围的电子环境并产生新的催化活性位点，使铁的 d 带中心发生偏移，从而改变了反应中间体和产物的吸附能，进而提高了硝酸盐还原性能，NH_3 的产率为 1505.9 μg/(h·cm^2)，最大 FE 为 (85.2 ± 0.6)%[图 4-65(g)]。

为进一步提高 NH_3 产率，可以设计基于地球上含量丰富元素的串联催化剂应用在电催化 NO_3^-到 NH_3 的转化。Wolfgang Schuhmann 等[205]在铜箔上生长金属有机框架纳米棒阵列（ZIF-Co-R/Cu），ZIF-Co-R/Cu 通过电化学转化为 Cu-Co 二元金属硫化物，将 PO_4^{3-}修饰的 Cu-Co 二元金属硫化物（CuCoSP_no）进行电化学氧化还原活化（CuCoSP）[图 4-65(h)]。在此串联催化体系中，NO_3^-在 Cu/CuO$_x$ 相上优先还原为 NO_2^-，而 NO_2^-中间体在 Co/CoO 相上转移并选择性转化为 NH_3。在两个不同的相邻金属/金属氧化物相上连续还原 NO_3^-和 NO_2^-，可以在低过电位下高速率产生 NH_3。在-0.175 V（vs. RHE）条件下，CuCoSP 催化剂在 pH 为 13 的 0.1 mol/L NO_3^-溶液中，NH_3 的 FE 为 90.6%，NH_3 的产率为 1.17 mmol/(h·cm^2)[图 4-65(i)]，优于相同条件下的大多数 NO_3RR 催化剂。

4.9.2　MOFs 用于电合成尿素

通过碳氮偶联反应电合成高附加值尿素是一种极具挑战性的反应。然而，催化剂表面对惰性气体分子的吸附和活化能力较弱，同时涉及 CO_2 和 N_2 还原反应，导致催化效率极低。合理设计电催化剂以降低中间 s 轨道的电子占据态是碳氮偶联过程的前提[206]。为此，MOFs 可能为促进碳氮偶联和进一步生成尿素提供新的可能性。

基于此，G. J. Zhang 等[207]设计了一种新型导电 MOFs Co-PMDA-2-mbIM（PMDA = 均苯四甲酸二酐；2-mbIM = 2-甲基苯并咪唑）。该 MOFs 的每个不对称结构单元都包含 CoO$_6$ 八面体、PMDA 配体和 2-mbIM 客体分子；并且（001）平面的最小结构单位距离为 10.731 Å，这保证了一维框架中的高效电荷转移；位于（010）平面的吸电子 2-mbIM 分子不仅起到桥梁作用，缩短了层间电子转移距离（b_1 = 5.584 Å，b_2 = 6.368 Å），而且还形成了可达的电子转移途径[图 4-66(a)]。因此，Co-PMDA-2-mbIM 中的主客体相互作用可加快电子转移速率，实现电荷转移的优化。从图 4-66(b)可知，Co-PMDA-2-mbIM 具有明显的三维空心球形貌，直径为几微米，由许多粗糙的纳米颗粒组成，相关的能量色散 X 射线能谱元素映射进一步揭示了 Co、C 和 N 在整个结构上的均匀分布。经电化学测试，在-0.5 V（vs. RHE）下，尿素产率达到 14.47 mmol/(h·g)，FE

为 48.97%[图 4-66(c)]。优异的性能归因于所涉及的主客体相互作用不仅产生了理想的局部亲电和亲核区域，而且还允许从高自旋态 Co^{3+}($HS:t_{2g}^4 e_g^2$) 到 CoO_6 八面体中的中间自旋态 Co^{4+}($IS:t_{2g}^4 e_g^1$)[图 4-66(d)]。因此，N_2 和 CO_2 可以有针对性地吸附并活化以产生所需的*N=N*和*CO 中间体[图 4-66(e)]。随后，低 e_g 轨道占据的 Co^{4+}($t_{2g}^4 e_g^1$) 很容易从*N=N*的 σ 轨道接受电子，并有效地触发 C-N 偶合反应，产生*NCON*尿素前驱体。

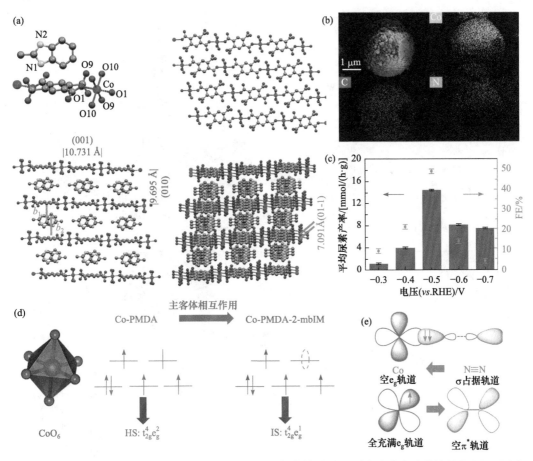

图 4-66 Co-PMDA-2-mbIM 的结构图(a)，对应的元素映射图(b)，尿素产率和法拉第效率(c)；(d)主客体相互作用诱导 Co-PMDA-2-mbIM 的自旋态调控示意图；(e) N_2 与 Co 中心键合的简化示意图[207]

4.9.3 MOFs 衍生物用于氢氧化反应

氢有吸引力的应用之一是用作氢燃料电池的燃料，但氢氧化反应(HOR)在碱性条件下动力学缓慢；高价格的 PGM 催化剂是另一个大问题，80%的成本在阴极侧，其余的在阳极侧[208]。因此，迫切需要开发性能优异且成本低、易于制备的 HOR 电催化剂，以减少铂的利用率。因 MOFs 的模块化特性及巨大的可调谐性，MOFs 基催化剂在 HOR 中逐步发展起来。

Y. J. Sun 等[209]通过精细退火工艺将合适的 MOFs 前驱体转化为具有可控组成的多孔性和高导电性的电催化剂[图 4-67(a)]。低成本的镍基 MOFs（Ni-BTC）可在部分受石墨烯保护的 Ni 和 NiO 共同存在的情况下转化为 Ni/NiO/C 电催化剂。该催化剂呈棒状形貌[图 4-67(b)]。Ni/NiO/C 催化剂具有丰富的 Ni/NiO 界面位点[图 4-67(c)]，由于 Ni/NiO 界面上的电子平衡效应和亲氧效应，氢和氢氧化物在 Ni/NiO 界面上都能获得最佳的结合能。Ni/NiO/C 的 HOR 活性比 Ni/C 高一个数量级，其中，Ni/NiO/C-700 表现出最优的 HOR 活性[图 4-67(d)]。此外，Ni/NiO/C 在碱性介质中表现出比商业 Pt/C 更好的稳

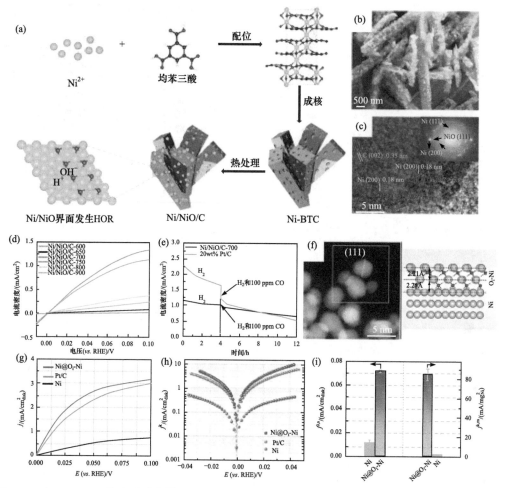

图 4-67 (a) Ni/NiO/C 的合成示意图；Ni/NiO/C-700 的 SEM 图(b) 和 HR-TEM 图(c)；(d) 在 H_2 饱和的 0.1 mol/L KOH 中，各种 Ni/NiO/C 样品的 HOR 极化曲线；(e) 0.1 V (vs RHE) 下，在 H_2 饱和的 0.1 mol/L KOH 中，加入 100 ppm CO 前后 Ni/NiO/C-700 和 Pt/C 的计时安培曲线[209]；(f) Ni@O$_i$-Ni 的 HAADF-STEM 图及原子结构模型；(g) 在 H_2 饱和的 0.1 mol/L KOH 中 HOR 极化曲线；(h) Ni@O$_i$-Ni、新合成的 Ni 和商业 Pt/C 的 Tafel 斜率；(i) Ni@O$_i$-Ni 和新合成的 Ni 在 50 mV 时的质量活性 ($j^{k,m}$) 和 ECSA 归一化交换电流密度 ($j^{0,s}$) 的比较[211]

定性和耐 CO 性[图 4-67(e)]，使其成为氢燃料电池应用前景广阔的 HOR 电催化剂。另外，Z. Y. Yuan 等[210]借助煅烧镍基 MOFs 前驱体制备了具有 Ni/NiO 异质结的 Ni/NiO/NC 催化剂。原位碳化不仅促进了含有高氧空位的异质界面的形成，还促进了高导电性的氮掺杂石墨碳的形成。由于其良好的组成和形成的异质结构，所得到的 Ni/NiO/NC 在碱性电解质中表现出更强的 HOR 活性和稳定性。结果表明，丰富的 Ni/NiO 界面和氧空位显著提高了氢氧化效率，大量的吡啶氮原子被认为是氧还原能力增强的主要因素。

W. Luo 等[211]在流动的 $N_2/(5\%)H_2$ 混合气氛下，以 Ni 基 MOFs 前驱体(MOF-74)为原料，低温热解合成了一种碳壳包覆催化剂，碳包覆不但减少了 Ni 颗粒不必要的聚集，而且防止了 Ni 表面的过度氧化，O 原子成功地分配到 Ni 表面两层的最上层，形成 O 插入的两原子层 Ni 壳结构的 Ni 纳米颗粒[Ni@O_i-Ni，图 4-67(f)]并封装在碳壳中。O 插入的表面修饰在调控 Ni 的配位几何中起着至关重要的作用，从而导致了包括适当程度的 ELA 和 ABF 在内的电子结构的修饰。因此，合成的 Ni@O_i-Ni 表现出出色的碱性 HOR 性能，其催化性能远高于 Ni[图 4-67(g)]；Ni@O_i-Ni 的动力学电流密度(j^k)为 12.16 mA/cm^2(50 mV)，比 Ni 提高了 24 倍，甚至优于 Pt/C[图 4-67(h)]；在 50 mV 处，其质量活性为 85.63 mA/mg_{Ni}^2，比原始 Ni 高 40 倍[图 4-67(i)]。另外，X. L. Hu 等[212]通过热解(N_2/H_2 混合气，不同比例)Ni 基 MOFs[Ni_3(BTC)$_2$]前驱体得到不同应变水平的碳负载 Ni 纳米颗粒(Ni/C)，Ni-H_2-2%催化剂具有最佳的应变水平，这导致了最佳的氢键结合能和较高的活性位点数量，在电位为 50 mV 时，质量活性为 50.4 mA/mg_{cat}。

4.9.4 MOFs 衍生物用于有机物氧化反应

电化学分解水，即利用间歇性电能将水转化为氢燃料，在应对即将到来的全球能源危机中受到广泛关注。但是，阳极半反应 OER 是一个四电子反应，理论上受到缓慢的热力学的限制。此外，阳极反应产生的氧气几乎没有价值，分离 H_2/O_2 的偶合演化仍然需要大量的额外能耗。为了解决这些问题，混合电解水的概念策略已经出现在这类催化体系中，选择热力学上有利的有机氧化反应来取代 OER 是提高电化学水分解能量转换效率的有效途径。重要的是，有机生物质也可在低电位下被氧化成高附加值的液体产品或加快反应动力学，实现解耦电解水制氢。

近年来，尿素、肼、乙醇、甲醇、5-羟甲基糠醛(HMF)和甘油等有机分子被认为是潜在的氧化底物。与 OER 相比，它们显著提高了反应动力学，明显降低了一体化电解槽中生成氢气的能耗。此外与 OER 相比，另一个优势是这种电化学过程的潜在功能。例如，生物质衍生分子如 HMF 和甘油的氧化可以生产有价值的化学品，而尿素电解可以用于净化富含尿素的废水。

1. MOFs 衍生物用于醇氧化反应

T. Y. Zhai 等[213]通过碱处理超薄双金属 MOFs 前驱体成功制备了多孔双金属氢氧化物纳米片[图 4-68(a)]。在高倍 TEM 图[图 4-68(b)]中可以观察到超薄氢氧化钴镍纳米片表面含有丰富的纳米孔,纳米孔密度高,分布均匀,尺寸约为 2 nm。纳米孔起到水坝的作用,可以加速乙醇分子的迁移和富集[图 4-68(c)];杂原子的电荷转移行为改变了局部电荷密度,促进了乙醇分子的化学吸附。因此,2 nm 的孔约束纳米片在 1.39 V 的小电压下就可达到 10 mA/cm^2[图 4-68(d)],对乙酸具有很高的法拉第效率[在 0.4 V (vs. SCE) 时为 99%]。

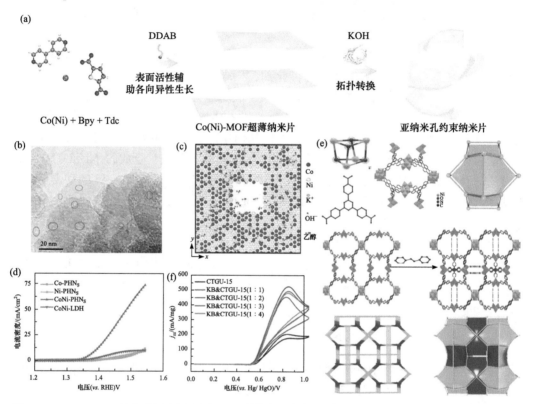

图 4-68 CoNi-PHNs 的合成示意图(a)和 TEM 图(b);(c)乙醇分子在纳米孔附近的富集;(d)不同催化剂在 5 mV/s 扫描速率下乙醇氧化的归一化极化曲线[213];(e)CTGU-15 中高度对称(3,4)连通网络的孔隙空间划分;(f)催化剂在 0.1 mol/L KOH 和 1.0 mol/L 甲醇中的 CV 曲线[214]

D. S. Li 等[214]通过溶剂热法合成了一种含立方[Ni$_4$(OH)$_4$]簇与-3/0 配体结合的 Ni 基高孔 3D MOFs [Ni$_4$(OH)$_4$(TATB)$_{4/3}$(BPE)$_2$] (CTGU-15)[图 4-68(e)]。[Ni$_4$(OH)$_4$]团簇制备的 CTGU-15 不仅具有很高的比表面积,还具有双微孔特征,而且微孔清晰。此外,即使在高 pH (0.1 mol/L KOH)下 CTGU-15 也是稳定的。由科琴黑(KB)和 CTGU-15 制备的最佳混合催化剂 KB&CTGU-15(1∶2)表现出优异的甲醇氧化性能,在低电压(0.6 V)下,质量比峰值电流高达 527 mA/mg[图 4-68(f)],同时合成了等结构钴结构(CTGU-16),进一步拓展了该材料类型的应用前景。

2. MOFs 衍生物用于 5-羟甲基糠醛氧化反应

H. J. Zhao 等[215]通过 MOFs 修饰方法合成了一种新型的电催化材料,该材料可以有效抑制 OER,同时促进 HMF 氧化。在泡沫镍(NF)上水热合成 Ni(OH)$_2$-NSs,含 S、N

的配体与 Ni(OH)$_2$-NSs 上暴露的 Ni 位点进行配位反应直接生长出 S,N-MOFs 层[图 4-69(a)]。合成的 S,N-MOFs@Ni(OH)$_2$-NSs/NF 表现出卓越的 HMF 氧化电催化活性，S,N-MOFs@Ni(OH)$_2$-NSs/NF 的 LSV 曲线显示电流密度在 1.32~1.45 V (vs. RHE) 范围内急剧增加，这是由 HMF 氧化造成的，在 1.4 V (vs. RHE) 下，电流密度急剧增加到 79 mA/cm^2[图 4-69(b)]，这比没有 HMF 时提高了 8 倍。另外，在 1.0 mol/L KOH 电解液中，1.4 V (vs. RHE)，近 100%的法拉第效率产生 100%的 FDCA[图 4-69(c)]。

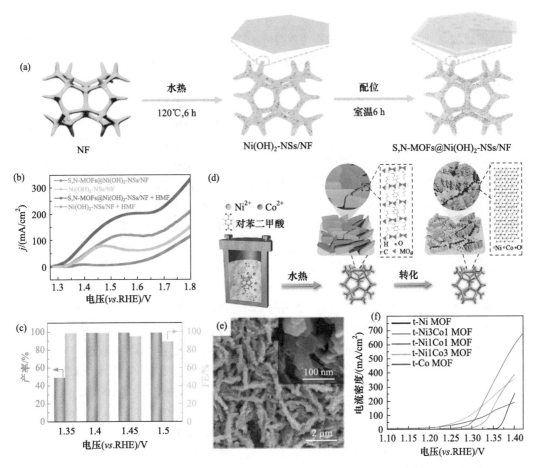

图 4-69　(a) S,N-MOFs@Ni(OH)$_2$-NSs/NF 的合成示意图；(b) 在 1.0 mol/L KOH 条件下，Ni(OH)$_2$-NSs/NF 和 S,N-MOFs@Ni(OH)$_2$-NSs/NF 在有无 10 mmol/L HMF 下的 LSV 曲线；(c) 电压对 FDCA 产率和 FE 的影响[215]；(d) 水热法在泡沫镍上制备镍钴双金属 MOFs 纳米阵列，以及转化成纳米片-纳米阵列电催化剂的示意图；(e) 转化后 Ni1Co1-MOF (t-Ni1Co1-MOF) 的 SEM 图；(f) 不同 Ni/Co 比的 t-MOFs 对 HMF 电化学氧化的 LSV 曲线[216]

X. Z. Fu 等[216]以对苯二甲酸为配位体，通过水热法在泡沫镍(NF)上生长 Ni1Co1-MOF，由双金属有机框架纳米阵列转化而成的羟基化 NiCo 基电催化剂(t-Ni1Co1-MOF)[图 4-69(d)]。如图 4-69(e)所示，原先光滑的二维 MOFs 表面演变成由无数六边形纳米片组成的纳米阵列，尺寸在 50~150 nm 之间，在结构转换过程中，保留了原有的纳米阵列框架。该材料具有丰富的表面活性位点，并对包括 5-羟甲基糠醛（HMF）、尿素、甲醇和甘油在内的有机分子的氧化具有前所未有的活性。在 HMF 氧化反应中，得益于 Ni/Co 之间的协同作用和促进电荷与质量传递的独特纳米结构，最佳电极在 1.4 V（vs. RHE）下显示电流密度为 600～730 mA/cm^2[图 4-69(f)]。另外，以 5-羟甲基糠醛和甲醇/甘油(生物甘油的主要成分)为原料生产 2,5-呋喃二羧酸和甲酸酯等高附加值化学品，法拉第效率高，稳定性好，在生物质高通量电化学改性中具有广阔的应用前景。

3. MOFs 衍生物用于尿素或肼氧化反应

电催化尿素氧化反应（UOR）是将废水中的尿素降解为无害的 N_2 和 CO_2 的一种有效而富有挑战性的方法。为了克服动力学的迟滞，应合理设计催化活性位点，以调动中间吸附和解吸的多个关键步骤。MOFs 可以提供一个理想的平台来裁剪活性位点，以促进反应速率、加快决速步骤，显著提高 UOR 的电催化活性。

C. D. Wang 等[217]采用简易的水热法合成了 NiCo-BDC 阵列作为起始自我牺牲模板，通过调整硫化时间（T），可以得到不同的 NiCo-BDC-S-T 样品[图 4-70(a)]。硫化后，其表面原位形成一层硫化物[图 4-70(b)]，构建了一个由二维 MOFs 衍生的具有紧密界面的高阶结构。硫化处理增加了比表面积，显著改善了传质效果和暴露了更多的活性位点。最佳催化剂 NiCo-BDC-S-6 表现出增强的催化活性和耐久性，在电流密度为 10 mA/cm^2 的情况下，尿素氧化的驱动电位为 1.326 V（vs. RHE）[图 4-70(c)]，耐久性测试后的活性损失可以忽略不计。这种优异的性能归因于原位形成的界面引起的电子再分配，电子从 Ni、Co 原子转移到相邻的键合 S 原子，调节了关键中间体[*Co 和*$(NH_2)_2$]的吸附能[图 4-70(d)]。丰富的活性位点和快速的电子转移的协同作用极大地加快了 UOR 动力学，使尿素燃料电池在 8.42 mA/cm^2 时的最大功率密度达到 2.68 mW/cm^2 [图 4-70(e)]，明显优于商业 Pt/C 基催化剂的功率密度，从而实现了具有成本效益的氢气生产和尿素燃料电池。此外，该课题组制备了具有单配位二茂铁羧酸（Fc）的二维 MOFs[图 4-70(f)和(g)]。与纯 MOFs 不同，制备的 Fc-NiCo-BDC 具有显著的电催化活性，在 200 mA/cm^2 时，过电位为 273 mV，在 Pt/C 作为阴极时，其整体水分解的驱动电位为 1.49 V（10 mA/cm^2）。制备的 Fc-NiCo-BDC 在 UOR 中，驱动 10 mA/cm^2 电流密度的电位为 1.35 V。理论计算和实验结果表明，高电负性 Fc 的引入不但改变了 MOFs 的电子结构，而且暴露出更多的不饱和活性位点，从而改变了催化过程中中间体的吸附特征[218]。另外，他们还制备了一种基于 Ni/Mn 位点和对苯二甲酸（H_2BDC）配体的 MOFs（即 NiMn$_{0.14}$-BDC）[图 4-70(h)和(i)]，在 UOR 中，仅需 1.317 V 的低电压就可提供 10 mA/cm^2 的电流密度。在 1.4 V 电压下，尿素的转化频率为 0.15 s^{-1}，在 0.33 mol/L 尿素溶液中，尿素降解率为 81.87%。在 UOR 过程中，Ni 和 Mn 位点对尿素分子和关键反应中间体的演化起到了协同作用，而 MOFs 中的二元 Ni/Mn 位点也提供了电子结构的可调性，d 带中心对中间产物的演化产生了影响[219]。这一系列工作为利用 MOFs 平台进行活性位点设计提供了重要的见解，并代表着利用 MOFs 基电催化剂向高效 UOR 迈出了坚实的一步。

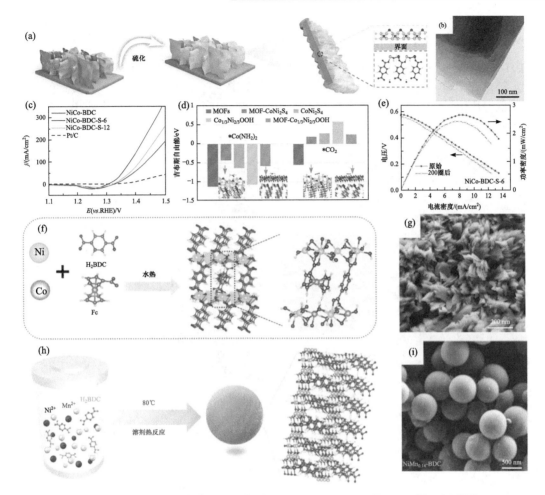

图 4-70 (a)NiCo-BDC-S-T 阵列合成过程示意图;(b)NiCo-BDC-S-6 的 TEM 图;(c)原始 NiCo-BDC、NiCo-BDC-S-6、NiCo-BDC-S-12 和商业 Pt/C 电极在 1 mol/L KOH 电解液(0.33 mol/L 尿素)中的 LSV 曲线;(d)UOR 过程中尿素分子和二氧化碳分子吸附的自由能;(e)以 NiCo-BDC-S-6 为阳极催化剂的尿素燃料电池 CV 循环前后极化曲线及功率密度曲线[217];(f)Fc-NiCo-BDC 电催化剂的合成过程示意图;(g)Fc-NiCo-BDC 纳米片的 SEM 图[218];(h)NiMn-BDC 的合成示意图;(i)NiMn$_{0.14}$-BDC 的 TEM 图[219]

W. J. Zhang 等[220]通过一锅溶剂热法合成了新型的二维 Ni-MOF 纳米片,其中包括 Ni^{2+} 和 4-二甲氨基吡啶的有机配体(Ni-DMAP-t,t 为合成时间)[图 4-71(a)和(b)]。通过调控 Ni-DMAP-t 纳米片的厚度,在 100 mA/cm² 的电流密度下,Ni-DMAP-2/NF 在 1.45 V 的低电位下对 UOR 表现出较高的电催化活性[图 4-71(c)]。此外,通过进一步偶合阴极析氢反应,在 50 mA/cm² 电流密度条件下,与使用相同电极的常规电解水制氢相比,以 Ni-DMAP-2/NF 为阳极的尿素辅助电解制氢系统电压显著降低了 290 mV[图 4-71(d)]。Ni-DMAP-2/NF 具有如此优异的 UOR 电催化活性,其原因在于 Ni-DMAP-2 表面暴露出丰富的 Ni 活性位点,以及超薄的二维纳米片结构所赋予的电子/离子加速转移特性。

另外,合理制备高效的 HER-肼氧化反应(HzOR)催化剂对节能制氢具有重要意义。

L. Wang 等[221]通过一种简单的一步法在泡沫镍上原位生长微球状 Ir 掺杂 Ni/Fe 基 MOFs 阵列[MIL-(IrNiFe)@NF][图 4-71(e)]。得益于传递系数和层次化结构，获得的 MIL-(IrNiFe)@NF 电催化剂对碱性介质中的水分解表现出优异的电催化活性和稳定性。此外，将这种 HER 催化剂与 HzOR 结合在海水电解中，在 1000 mA/cm² 下实现了 0.69 V 的超低电压[图 4-71(f)]，并具有优异的耐久性，显示了该催化剂在高效海水电解中具有巨大潜力。

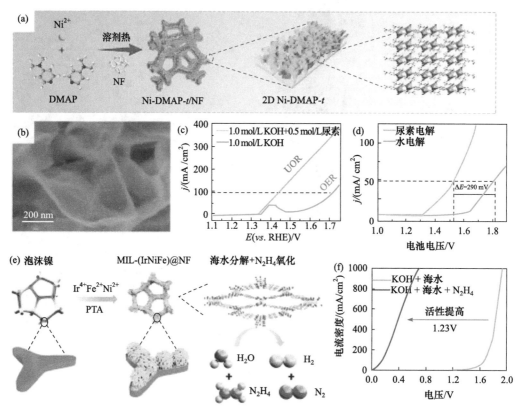

图 4-71 (a) Ni-DMAP-t/NF 的合成过程示意图；(b) Ni-DMAP-2/NF 的 SEM 图；(c) Ni-DMAP-2/NF 在 1.0 mol/L KOH 中有无 0.5 mol/L 尿素的 LSV 曲线；(d) Pt/C/NF||Ni-DMAP-2/NF 偶合电极在尿素和水整体电解中的极化曲线[220]；(e) MIL-(IrNiFe)@NF 催化剂的合成过程示意图；(f) MIL-(IrNiFe)@NF 在 1.0 mol/L KOH +海水和 1.0 mol/L KOH +海水+ 0.5 mol/L N₂H₄ 溶液中的极化曲线[221]

4.10 总　　结

总体来讲，构建高性能的电催化剂需要考虑很多因素，如活性、成本、广泛性、比表面积、孔结构及暴露的活性位点数量等。近年来，MOFs 的电催化剂由于具有较高的可设计性而被广泛应用，开发基于 MOFs 的高效的 HER、OER、ORR、CO_2RR 和 NRR 等电催化剂可以极大地促进能量转换技术的发展。虽然 MOFs 基电催化剂的研究已取得了很大进展，但仍存在一些关键问题和挑战[222]。

(1) 虽然已报道了成千上万的 MOFs 基 OER 电催化剂，但大多数催化剂在苛刻的反应条件下仍存在稳定性差等问题，并不满足实际应用要求。因此，拓宽 MOFs 可用性的新颖设计策略是必要的。

(2) 固有电导率是 MOFs 实际应用的一个主要问题。虽然将 MOFs 与 3D 导电金属基板偶合是提高导电性的有效方法，但这并不是大多数 MOFs 的通用策略。制备超薄 MOFs 是提高 MOFs 电导率的另一种可行策略。现有的制备依赖于自上而下和自下而上的方法，同时还应发展其他新型的高效合成超薄 MOFs 的方法。此外，通过配位化学方法利用 MOFs 内的共轭有机基团进行接枝，或在合成过程中将 MOFs 与碳纳米管、碳纳米片、石墨烯等导电碳材料结合来提高 MOFs 基电极的导电性。

(3) 目前关于 MOFs 的 OER 催化机理尚不清楚。在最近的研究中，只有少数人认为原位形成的金属氢氧化物/羟基氧化物是 OER 的真正活性物质。因此，有必要使用原位表征技术来研究 OER 中涉及的关键中间体。此外，理论建模和成熟的计算方法是深入了解潜在催化机理的有力工具。

(4) 由于反应动力学快，MOFs 对 OER 的电催化行为通常在碱性介质中进行。有研究发现，用中性介质代替腐蚀性的碱性溶液在成本和安全性方面是合理的。因此，开发高效稳定的 MOFs 电催化材料用于近中性条件下的 OER 具有重要意义，但仍然是一个巨大的挑战。

以 MOFs 作为前驱体制备具有新颖形貌和高催化活性的电催化剂，正如本章介绍所述，MOFs 衍生的电催化剂主要将 MOFs 前驱体通过控制煅烧气氛、温度，对其进行热解而制备的[69]。在惰性气氛下，MOFs 前驱体中的有机组分转化为碳基材料，而金属成分在高温下蒸发或以多种可能的形式（如金属纳米颗粒或金属单原子）保留在碳基体中。在强还原性气体氛围（磷化氢气体、硫化氢气体等）中，MOFs 前驱体中的金属组分会转化为金属化合物（如磷化物、硫化物等）。另外，还可以通过调控特定的有机配体、复合其他前驱体、引入不同的掺杂剂，或对热解后的 MOFs 材料进行后处理（如化学刻蚀等）来进一步优化电催化剂的化学组成。值得注意的是，电催化剂的形貌对其活性也有重要影响，可通过定向合成具有特定形貌的 MOFs 前驱体或观察热解等过程中形态的演变来优化催化剂的形貌。基于以上思考，未来可以从以下几个方面对 MOFs 衍生的电催化剂材料进行研究。

(1) 目前只有部分前驱体（如 ZIF-67 和 PBA）已广泛用于电催化领域，因此应该扩展 MOFs 材料的种类，通过调控其化学组成（金属盐种类及有机配体）、外观形态和结构（孔道结构），获得更加优化的 MOFs 衍生材料。

(2) 制备 MOFs 衍生金属-碳材料往往需要高温。众所周知，高温是合成材料的苛刻条件。高温煅烧易造成有机配体的损失，容易牺牲活性位点和造成原有孔结构的坍塌，而对相应的催化活性产生不利影响。因此，用更温和的条件来取代这种高能耗工序对于大规模应用是有意义的。

(3) 单原子催化剂能够最大限度地利用单个金属原子，已成为一种很有前途的催化剂。然而，在高温热解过程中，MOFs 衍生的电催化剂中金属节点倾向于聚集成纳米颗粒。因此，建立合适的 MOFs 衍生单原子催化剂的合成策略将是该领域的下一个研究热点。

（4）通过多杂原子掺杂，实现 MOFs 衍生电催化剂的多组分协同催化，进一步提高其电催化活性。

（5）完善 DFT 计算，深入理解 MOFs 衍生材料的 HER、OER、ORR、CO_2RR 和 NRR 等电化学反应机理。结合先进的表征技术和理论计算，系统深入研究催化剂的本征催化活性，为合理设计高效的电催化剂提供理论指导。

通过以上方法，可制备具有特定结构和杰出 HER、OER、ORR、CO_2RR 和 NRR 等活性的新型 MOFs 衍生电催化剂。近些年，设计并开发高效、低成本的 HER、OER、ORR、CO_2RR 和 NRR 等电催化剂成为化学、材料、能源及环境等领域的一大热点和重要课题。MOFs 作为明星前驱体材料的投入，促使一大批具有独特形貌、多孔、大比表面积的电催化剂的出现，有望进一步推动 HER、OER、ORR、CO_2RR 和 NRR 等电催化反应的优化及研究。未来，可通过对 MOFs 衍生材料多尺度设计和合成，实现 MOFs 衍生电催化材料的规模化应用。

<h1 style="text-align:center">参 考 文 献</h1>

[1] Levie R. The electrolysis of water. J Electroanal Chem, 1999, 476: 92-93.

[2] Kreuter W, Hofmann H. Electrolysis: the important energy transformer in a world of sustainable energy. Int J Hydrogen Energ, 1998, 23(8): 661-666.

[3] Prentice G. Electrochemical Engineering Principles. Englewood Cliffs, NJ: Prentice Hall, 1991.

[4] LeRoy R L. Industrial water electrolysis: present and future. Int J Hydrogen Energ, 1983, 8(6): 401-417.

[5] Wang J, Xu F, Jin H, et al. Non-noble metal-based carbon composites in hydrogen evolution reaction: fundamentals to applications. Adv Mater, 2017, 29(14): 1605838.

[6] Guo Y, Park T, Yi J W, et al. Nanoarchitectonics for transition-metal-sulfide-based electrocatalysts for water splitting. Adv Mater, 2019, 31(17): 1807134.

[7] Chen H, Liang X, Liu Y, et al. Active site engineering in porous electrocatalysts. Adv Mater, 2020, 32(44): 2002435.

[8] Chen H, Ai X, Liu W, et al. Promoting subordinate, efficient ruthenium sites with interstitial silicon for Pt-like electrocatalytic activity. Angew Chem Int Ed, 2019, 131(33): 11534-11535.

[9] Zeng F, Mebrahtu C, Liao L, et al. Stability and deactivation of OER electrocatalysts: a review. J Energy Chem, 2022, 69: 301-329.

[10] Jaramillo T F, Jørgensen K P, Bonde J, et al. Identification of active edge sites for electrochemical H_2 evolution from MoS_2 nanocatalysts. Science, 2007, 317(5834): 100-102.

[11] Reier T, Nong H N, Teschner D, et al. Electrocatalytic oxygen evolution reaction in acidic environments-reaction mechanisms and catalysts. Adv Energy Mater, 2017, 7(1): 1601275.

[12] Anantharaj S, Ede S R, Sakthikumar K, et al. Recent trends and perspectives in electrochemical water splitting with an emphasis on sulfide, selenide, and phosphide catalysts of Fe, Co, and Ni: a review. ACS Catal, 2016, 6(12): 8069-8097.

[13] Zhang J, Zhang Q, Feng X. Support and interface effects in water-splitting electrocatalysts. Adv Mater, 2019, 31(31): 1808167.

[14] Sun S, Jin X, Cong B, et al. Construction of porous nanoscale $NiO/NiCo_2O_4$ heterostructure for highly enhanced electrocatalytic oxygen evolution activity. J Catal, 2019, 379: 1-9.

[15] Li Y, Sun Y, Qin Y, et al. Recent advances on water-splitting electrocatalysis mediated by noble-metal-based nanostructured materials. Adv Energy Mater, 2020, 10(11): 1903120.

[16] Nørskov J K, Rossmeisl J, Logadottir A, et al. Origin of the overpotential for oxygen reduction at a fuel-cell cathode. J Phys Chem B, 2004, 108(46): 17886-17892.

[17] Vojvodic A, Nørskov J K. New design paradigm for heterogeneous catalysts. Natl Sci Rev, 2015, 2(2): 140-143.

[18] Cheng F, Chen J. Metal-air batteries: from oxygen reduction electrochemistry to cathode catalysts. Chem Soc Rev, 2012, 41(6): 2172-2192.

[19] Wang G, Chen J, Ding Y, et al. Electrocatalysis for CO_2 conversion: from fundamentals to value-added products. Chem Soc Rev, 2021, 50(8): 4993-5061.

[20] Birdja Y Y, Pérez-Gallent E, Figueiredo M C, et al. Advances and challenges in understanding the electrocatalytic conversion of carbon dioxide to fuels. Nat Energy, 2019, 4(9): 732-745.

[21] Tang C, Qiao S Z. How to explore ambient electrocatalytic nitrogen reduction reliably and insightfully. Chem Soc Rev, 2019, 48(12): 3166-3180.

[22] Guo W, Zhang K, Liang Z, et al. Electrochemical nitrogen fixation and utilization: theories, advanced catalyst materials and system design. Chem Soc Rev, 2019, 48(24): 5658-5716.

[23] Liu D, Chen M, Du X, et al. Development of electrocatalysts for efficient nitrogen reduction reaction under ambient condition. Adv Func Mater, 2021, 31(11): 2008983.

[24] Abghoui Y, Garden A L, Howalt J G, et al. Electroreduction of N_2 to ammonia at ambient conditions on mononitrides of Zr, Nb, Cr, and V: a DFT guide for experiments. ACS Catal, 2016, 6(2): 635-646.

[25] Xia W, Mahmood A, Zou R, et al. Metal-organic frameworks and their derived nanostructures for electrochemical energy storage and conversion. Energy Environ Sci, 2015, 8(7): 1837-1866.

[26] Wang J, Yue X, Yang Y, et al. Earth-abundant transition-metal-based bifunctional catalysts for overall electrochemical water splitting: a review. J Alloy Compd, 2020, 819: 153346.

[27] Shi Y, Zhang B. Recent advances in transition metal phosphide nanomaterials: synthesis and applications in hydrogen evolution reaction. Chem Soc Rev, 2016, 45(6): 1529-1541.

[28] Vrubel H, Moehl T, Grätzel M, et al. Revealing and accelerating slow electron transport in amorphous molybdenum sulphide particles for hydrogen evolution reaction. Chem Commun, 2013, 49(79): 8985-8987.

[29] Gao M R, Liang J X, Zheng Y R, et al. An efficient molybdenum disulfide/cobalt diselenide hybrid catalyst for electrochemical hydrogen generation. Nat Commun, 2015, 6(1): 5982.

[30] Kumar T N, Sivabalan S, Chandrasekaran N, et al. Synergism between polyurethane and polydopamine in the synthesis of Ni-Fe alloy monoliths. Chem Commun, 2015, 51(10): 1922-1925.

[31] Guo S X, Liu Y, Bond A M, et al. Facile electrochemical co-deposition of a graphene-cobalt nanocomposite for highly efficient water oxidation in alkaline media: direct detection of underlying electron transfer reactions under catalytic turnover conditions. Phys Chem Chem Phys, 2014, 16(35): 19035-19045.

[32] Karthik P E, Raja K A, Kumar S S, et al. Electroless deposition of iridium oxide nanoparticles promoted by condensation of $[Ir(OH)_6]^{2-}$ on an anodized Au surface: application to electrocatalysis of the oxygen evolution reaction. RSC Adv, 2015, 5(5): 3196-3199.

[33] Anantharaj S, Jayachandran M, Kundu S. Unprotected and interconnected Ru^0 nano-chain networks: advantages of unprotected surfaces in catalysis and electrocatalysis. Chem Sci, 2016, 7(5): 3188-3205.

[34] Jasinski R. A new fuel cell cathode catalyst. Nature, 1964, 201(4925): 1212-1213.

[35] Nagao Y, Fujishima M, Ikeda R, et al. Highly proton-conductive copper coordination polymers. Synthetic

Met, 2003, 133: 431-432.

[36] Shigematsu A, Yamada T, Kitagawa H. Wide control of proton conductivity in porous coordination polymers. J Am Chem Soc, 2011, 133(7): 2034-2036.

[37] Yang L, Kinoshita S, Yamada T, et al. A metal-organic framework as an electrocatalyst for ethanol oxidation. Angew Chem Int Ed, 2010, 49(31): 5348-5351.

[38] Mao J, Yang L, Yu P, et al. Electrocatalytic four-electron reduction of oxygen with copper (Ⅱ)-based metal-organic frameworks. Electrochem Commun, 2012, 19: 29-31.

[39] Miner E M, Fukushima T, Sheberla D, et al. Electrochemical oxygen reduction catalysed by Ni_3(hexaiminotriphenylene)$_2$. Nat Commun, 2016, 7(1): 10942.

[40] Shahbazi Farahani F, Rahmanifar M S, Noori A, et al. Trilayer metal-organic frameworks as multifunctional electrocatalysts for energy conversion and storage applications. J Am Chem Soc, 2022, 144(8): 3411-3428.

[41] Cheng W, Zhang H, Luan D, et al. Exposing unsaturated Cu_1-O_2 sites in nanoscale Cu-MOF for efficient electrocatalytic hydrogen evolution. Sci Adv, 2021, 7(18): eabg2580.

[42] Wang Y, Liu B, Shen X, et al. Engineering the activity and stability of MOF-nanocomposites for efficient water oxidation. Adv Energy Mater, 2021, 11(16): 2003759.

[43] Wang C P, Feng Y, Sun H, et al. Self-optimized metal-organic framework electrocatalysts with structural stability and high current tolerance for water oxidation. ACS Catal, 2021, 11(12): 7132-7143.

[44] Du Y, Li Z, Liu Y, et al. Nickel-iron phosphides nanorods derived from bimetallic-organic frameworks for hydrogen evolution reaction. Appl Sur Sci, 2018, 457: 1084-1086.

[45] Du Y, Zhang M, Wang Z, et al. A self-templating method for metal-organic frameworks to construct multi-shelled bimetallic phosphide hollow microspheres as highly efficient electrocatalysts for hydrogen evolution reaction. J Mater Chem A, 2019, 7(14): 8602-8608.

[46] Lu X F, Yu L, Lou X W. Highly crystalline Ni-doped FeP/carbon hollow nanorods as all-pH efficient and durable hydrogen evolving electrocatalysts. Sci Adv, 2019, 5(2): eaav6009.

[47] Wu H B, Xia B Y, Yu L, et al. Porous molybdenum carbide nano-octahedrons synthesized via confined carburization in metal-organic frameworks for efficient hydrogen production. Nat Commun, 2015, 6(1): 6512.

[48] Lu X F, Yu L, Zhang J, et al. Ultrafine dual-phased carbide nanocrystals confined in porous nitrogen-doped carbon dodecahedrons for efficient hydrogen evolution reaction. Adv Mater, 2019, 31(30): 1900699.

[49] Lai J, Huang B, Chao Y, et al. Strongly coupled nickel-cobalt nitrides/carbon hybrid nanocages with Pt-like activity for hydrogen evolution catalysis. Adv Mater, 2019, 31(2): 1805541.

[50] Lou X W. Engineering Pt-Co nano-alloys in porous nitrogen-doped carbon nanotubes for highly efficient electrocatalytic hydrogen evolution. Angew Chem Int Ed, 2021, 60: 19068-19073.

[51] Yang M, Jiao L, Dong H, et al. Conversion of bimetallic MOF to Ru-doped Cu electrocatalysts for efficient hydrogen evolution in alkaline media. Sci Bull, 2021, 66(3): 257-264.

[52] Hu H, Guan B, Xia B, et al. Designed formation of Co_3O_4/$NiCo_2O_4$ double-shelled nanocages with enhanced pseudocapacitive and electrocatalytic properties. J Am Chem Soc, 2015, 137(16): 5590-5595.

[53] Han L, Yu X Y, Lou X W. Formation of prussian-blue-analog nanocages via a direct etching method and their conversion into Ni-Co-mixed oxide for enhanced oxygen evolution. Adv Mater, 2016, 28(23): 4601-4605.

[54] Nai J, Zhang J, Lou X W D. Construction of single-crystalline prussian blue analog hollow nanostructures with tailorable topologies. Chem, 2018, 4(8): 1967-1982.

[55] Wang X, Yu L, Guan B Y, et al. Metal-organic framework hybrid-assisted formation of Co_3O_4/Co-Fe oxide double-shelled nanoboxes for enhanced oxygen evolution. Adv Mater, 2018, 30(29): 1801211.

[56] Zhang J, Yu L, Chen Y, et al. Designed formation of double-shelled Ni-Fe layered-double-hydroxide nanocages for efficient oxygen evolution reaction. Adv Mater, 2020, 32(16): 1906432.

[57] Yu X Y, Feng Y, Guan B, et al. Carbon coated porous nickel phosphides nanoplates for highly efficient oxygen evolution reaction. Energy Environ Sci, 2016, 9(4): 1246-1250.

[58] He P, Yu X Y, Lou X W. Carbon-incorporated nickel-cobalt mixed metal phosphide nanoboxes with enhanced electrocatalytic activity for oxygen evolution. Angew Chem Int Ed, 2017, 56(14): 3897-3900.

[59] Zhang H, Zhou W, Dong J, et al. Intramolecular electronic coupling in porous iron cobalt (oxy) phosphide nanoboxes enhances the electrocatalytic activity for oxygen evolution. Energy Environ Sci, 2019, 12(11): 3348-3355.

[60] Jiao L, Wan G, Zhang R, et al. From metal-organic frameworks to single-atom Fe implanted N-doped porous carbons: efficient oxygen reduction in both alkaline and acidic media. Angew Chem Int Ed, 2018, 130(28): 8661-8665.

[61] Zhang H, Hwang S, Wang M, et al. Single atomic iron catalysts for oxygen reduction in acidic media: particle size control and thermal activation. J Am Chem Soc, 2017, 139(40): 14143-14149.

[62] Hu H, Han L, Yu M, et al. Metal-organic-framework-engaged formation of Co nanoparticle-embedded carbon@Co_9S_8 double-shelled nanocages for efficient oxygen reduction. Energy Environ Sci, 2016, 9(1): 107-111.

[63] Guan B Y, Yu L, Lou X W D. A dual-metal-organic-framework derived electrocatalyst for oxygen reduction. Energy Environ Sci, 2016, 9(10): 3092-3096.

[64] Yaling J, Xue Z, Yang J, et al. Tailoring the electronic structure of atomically dispersed Zn electrocatalyst by coordination environment regulation for high selectivity oxygen reduction. Angew Chem Int Ed, 2022, 61(2): e202110838.

[65] Duan J, Chen S, Zhao C. Ultrathin metal-organic framework array for efficient electrocatalytic water splitting. Nat Commun, 2017, 8(1): 15341.

[66] Wei X, Li N, Liu N. Ultrathin NiFeZn-MOF nanosheets containing few metal oxide nanoparticles grown on nickel foam for efficient oxygen evolution reaction of electrocatalytic water splitting. Electrochimica Acta, 2019, 318: 957-965.

[67] Du Y, Han Y, Huai X, et al. N-doped carbon coated FeNiP nanoparticles based hollow microboxes for overall water splitting in alkaline medium. Inter J Hydrogen Energ, 2018, 43(49): 22226-22234.

[68] Wang H F, Tang C, Zhang Q. A review of precious-metal-free bifunctional oxygen electrocatalysts: rational design and applications in Zn-air batteries. Adv Func Mater, 2018, 28(46): 1803329.

[69] Xia B Y, Yan Y, Li N, et al. A metal-organic framework-derived bifunctional oxygen electrocatalyst. Nat Energy, 2016, 1(1): 1-8.

[70] Hu Q, Li G, Li G, et al. Trifunctional electrocatalysis on dual-doped graphene nanorings-integrated boxes for efficient water splitting and Zn-air batteries. Adv Energy Mater, 2019, 9(14): 1803867.

[71] Hou C C, Zou L, Xu Q. A hydrangea-like superstructure of open carbon cages with hierarchical porosity and highly active metal sites. Adv Mater, 2019, 31(46): 1904689.

[72] Wei Y S, Zhang M, Kitta M, et al. A single-crystal open-capsule metal-organic framework. J Am Chem Soc, 2019, 141(19): 7906-7916.

[73] Shah S S A, Najam T, Wen M, et al. Metal-organic framework-based electrocatalysts for CO_2 reduction. Small Struct, 2022, 3(5): 2100090.

[74] Zhuo L L, Chen P, Zheng K, et al. Flexible cuprous triazolate frameworks as highly stable and efficient

electrocatalysts for CO_2 reduction with tunable C_2H_4/CH_4 selectivity. Angew Chem Int Ed, 2022, 61(28): e202204967.

[75] Zhu H L, Huang J R, Zhang X W, et al. Highly efficient electroconversion of CO_2 into CH_4 by a metal-organic framework with trigonal pyramidal Cu(Ⅰ)N_3 active sites. ACS Catal, 2021, 11(18): 11786-11792.

[76] Liu Y Y, Zhu H L, Zhao Z H, et al. Insight into the effect of the d-orbital energy of copper ions in metal-organic frameworks on the selectivity of electroreduction of CO_2 to CH_4. ACS Catal, 2022, 12(5): 2749-2755.

[77] Zhang L, Li X X, Lang Z L, et al. Enhanced cuprophilic interactions in crystalline catalysts facilitate the highly selective electroreduction of CO_2 to CH_4. J Am Chem Soc, 2021, 143(10): 3808-3816.

[78] Liu Y, Li S, Dai L, et al. The synthesis of hexaazatrinaphthylene based 2D conjugated copper metal-organic framework for highly selective and stable electroreduction of CO_2 to methane. Angew Chem Int Ed, 2021, 60(30): 16409-16415.

[79] Zhang Y, Zhou Q, Qiu Z F, et al. Tailoring coordination microenvironment of Cu(Ⅰ) in metal-organic frameworks for enhancing electroreduction of CO_2 to CH_4. Adv Funct Mater, 2022, 32(36): 2203677.

[80] Li F, Gu G H, Choi C, et al. Highly stable two-dimensional bismuth metal-organic frameworks for efficient electrochemical reduction of CO_2. Appl Catal B: Environ, 2020, 277: 119241.

[81] Zhang X, Zhang Y, Li Q, et al. Highly efficient and durable aqueous electrocatalytic reduction of CO_2 to HCOOH with a novel bismuth-MOF: experimental and DFT studies. J Mater Chem A, 2020, 8(19): 9776-9787.

[82] Wang Z, Zhou Y, Xia C, et al. Efficient electroconversion of carbon dioxide to formate by a reconstructed amino-functionalized indium-organic framework electrocatalyst. Angew Chem Int Ed, 2021, 60(35): 19107-19112.

[83] Jiang X, Li H, Xiao J, et al. Carbon dioxide electroreduction over imidazolate ligands coordinated with Zn(Ⅱ) center in ZIFs. Nano Energy, 2018, 52: 345-350.

[84] Zhang R, Yang J, Zhao X, et al. Electrochemical deposited zeolitic imidazolate frameworks as an efficient electrocatalyst for CO_2 electrocatalytic reduction. ChemCatChem, 2022, 14(4): e202101653.

[85] Shao P, Zhou W, Hong Q L, et al. Synthesis of boron-imidazolate framework nanosheet with dimer Cu units for CO_2 electroreduction to ethylene. Angew Chem Int Ed, 2021, 60(30): 16687-16692.

[86] Qiu X F, Zhu H L, Huang J R, et al. Highly selective CO_2 electroreduction to C_2H_4 using a metal-organic framework with dual active sites. J Am Chem Soc, 2021, 143(19): 7242-7246.

[87] Zhong H X, Ghorbani-Asl M, Ly K H, et al. Synergistic electroreduction of carbon dioxide to carbon monoxide on bimetallic layered conjugated metal-organic frameworks. Nat Commun, 2020, 11(1): 1409.

[88] Zhao Z H, Zhu H L, Huang J R, et al. Polydopamine coating of a metal-organic framework with bi-copper sites for highly selective electroreduction of CO_2 to C_{2+} products. ACS Catal, 2022, 12(13): 7986-7993.

[89] Shimoni R, Shi Z, Binyamin S, et al. Electrostatic secondary-sphere interactions that facilitate rapid and selective electrocatalytic CO_2 reduction in a Fe-porphyrin-based metal-organic framework. Angew Chem Int Ed, 2022, 61(32): e202206085.

[90] Yang X, Li Q X, Chi S Y, et al. Hydrophobic perfluoroalkane modified metal-organic frameworks for the enhanced electrocatalytic reduction of CO_2. SmartMat, 2022, 3(1): 163-172.

[91] Dou S, Song J, Xi S, et al. Boosting electrochemical CO_2 reduction on metal-organic frameworks via ligand doping. Angew Chem Int Ed, 2019, 58(12): 4041-4045.

[92] Wen C F, Zhou M, Liu P F, et al. Highly ethylene-selective electrocatalytic CO_2 reduction enabled by isolated Cu-S motifs in metal-organic framework based precatalysts. Angew Chem Int Ed, 2022, 61(2):

e202111700.

[93] Zhu Z H, Zhao B H, Hou S L, et al. A facile strategy of constructing carbon particles modified metal-organic-framework for enhancing the efficiency of CO_2 electroreduction into formate. Angew Chem Int Ed, 2021, 60(43): 23394-23402.

[94] Han X, Liu Z, Cao M, et al. Atomic layer infiltration enabled Cu coordination environment construction for enhanced electrochemical CO_2 reduction selectivity: case study of a Cu metal-organic framework. Chem Mater, 2022, 34(15): 6713-6722.

[95] Jiang X, Wu H, Chang S, et al. Boosting CO_2 electroreduction over layered zeolitic imidazolate frameworks decorated with Ag_2O nanoparticles. J Mater Chem A, 2017, 5(36): 19374-19377.

[96] Sun M L, Wang Y R, He W W, et al. Efficient electron transfer from electron-sponge polyoxometalate to single-metal site metal-organic frameworks for highly selective electroreduction of carbon dioxide. Small, 2021, 17(20): 2100762.

[97] Kung C W, Audu C O, Peters A W, et al. Copper nanoparticles installed in metal-organic framework thin films are electrocatalytically competent for CO_2 reduction. ACS Energy Lett, 2017, 2(10): 2394-2401.

[98] Chen S, Li W H, Jiang W, et al. MOF encapsulating N-heterocyclic carbene-ligated copper single-atom site catalyst towards efficient methane electrosynthesis. Angew Chem Int Ed, 2022, 61(4): e202114450.

[99] Guntern Y T, Pankhurst J R, Vávra J, et al. Nanocrystal/metal-organic framework hybrids as electrocatalytic platforms for CO_2 conversion. Angew Chem Int Ed, 2019, 58(36): 12632-12639.

[100] Nam D H, Shekhah O, Lee G, et al. Intermediate binding control using metal-organic frameworks enhances electrochemical CO_2 reduction. J Am Chem Soc, 2020, 142(51): 21513-21521.

[101] Xie X, Zhang X, Xie M, et al. Au-activated N motifs in non-coherent cupric porphyrin metal organic frameworks for promoting and stabilizing ethylene production. Nat Commun, 2022, 13(1): 63.

[102] Ye L, Liu J, Gao Y, et al. Highly oriented MOF thin film-based electrocatalytic device for the reduction of CO_2 to CO exhibiting high faradaic efficiency. J Mater Chem A, 2016, 4(40): 15320-15326.

[103] Mukhopadhyay S, Shimoni R, Liberman I, et al. Assembly of a metal-organic framework membrane on solid electrocatalyst: introducing molecular-level control over heterogeneous CO_2 reduction. Angew Chem Int Ed, 2021, 60(24): 13423-13429.

[104] Yang F, Hu W, Yang C, et al. Tuning internal strain in metal-organic frameworks via vapor phase infiltration for CO_2 reduction. Angew Chem Int Ed, 2020, 59(11): 4572-4580.

[105] Kornienko N, Zhao Y, Kley C S, et al. Metal-organic frameworks for electrocatalytic reduction of carbon dioxide. J Am Chem Soc, 2015, 137(44): 14129-14135.

[106] Kang X, Wang B, Hu K, et al. Quantitative electro-reduction of CO_2 to liquid fuel over electro-synthesized metal-organic frameworks. J Am Chem Soc, 2020, 142(41): 17384-17392.

[107] Kang X, Li L, Sheveleva A, et al. Electro-reduction of carbon dioxide at low over-potential at a metal-organic framework decorated cathode. Nat Commun, 2020, 11(1): 5464.

[108] Cao R, Yi J D, Si D H, et al. Conductive two-dimensional phthalocyanine-based metal-organic framework nanosheets for efficient electroreduction of CO_2. Angew Chem Int Ed, 2021, 60(31): 17108-17114.

[109] Liu J, Yang D, Zhou Y, et al. Tricycloquinazoline based 2D conductive metal-organic frameworks as promising electrocatalysts for CO_2 reduction. Angew Chem Int Ed, 2021, 60(26): 14473-14479.

[110] Zhang Y, Dong L Z, Li S, et al. Coordination environment dependent selectivity of single-site-Cu enriched crystalline porous catalysts in CO_2 reduction to CH_4. Nat Commun, 2021, 12(1): 6390.

[111] Meng Z, Luo J, Li W, et al. Hierarchical tuning of the performance of electrochemical carbon dioxide reduction using conductive two-dimensional metallophthalocyanine based metal-organic frameworks. J

Am Chem Soc, 2020, 142(52): 21656-21669.

[112] Majidi L, Ahmadiparidari A, Shan N, et al. 2D copper tetrahydroxyquinone conductive metal-organic framework for selective CO_2 electrocatalysis at low overpotentials. Adv Mater, 2021, 33(10): 2004393.

[113] Wang C, Kim J, Tang J, et al. New strategies for novel MOF-derived carbon materials based on nanoarchitectures. Chem, 2020, 6(1): 19-40.

[114] Wang R, Sun X, Ould-Chikh S, et al. Metal-organic-framework-mediated nitrogen-doped carbon for CO_2 electrochemical reduction. ACS Appl Mater Inter, 2018, 10(17): 14754-14758.

[115] Zheng Y, Cheng P, Xu J, et al. MOF-derived nitrogen-doped nanoporous carbon for electroreduction of CO_2 to CO: the calcining temperature effect and the mechanism. Nanoscale, 2019, 11(11): 4911-4917.

[116] Ye L, Ying Y, Sun D, et al. Highly efficient porous carbon electrocatalyst with controllable N-species content for selective CO_2 reduction. Angew Chem Int Ed, 2020, 59(8): 3244-3251.

[117] Kuang M, Guan A, Gu Z, et al. Enhanced N-doping in mesoporous carbon for efficient electrocatalytic CO_2 conversion. Nano Res, 2019, 12(9): 2324-2329.

[118] Yang H, Wu Y, Lin Q, et al. Composition tailoring via N and S co-doping and structure tuning by constructing hierarchical pores: metal-free catalysts for high-performance electrochemical reduction of CO_2. Angew Chem Int Ed, 2018, 57(47): 15476-15480.

[119] Zhang D, Tao Z, Feng F, et al. High efficiency and selectivity from synergy: Bi nanoparticles embedded in nitrogen doped porous carbon for electrochemical reduction of CO_2 to formate. Electrochim Acta, 2020, 334: 135563.

[120] Hu C, Bai S, Gao L, et al. Porosity-induced high selectivity for CO_2 electroreduction to CO on Fe-doped ZIF-derived carbon catalysts. ACS Catal, 2019, 9(12): 11579-11588.

[121] Zhao C, Dai X, Yao T, et al. Ionic exchange of metal-organic frameworks to access single nickel sites for efficient electroreduction of CO_2. J Am Chem Soc, 2017, 139(24): 8078-8081.

[122] Jiao L, Yang W, Wan G, et al. Single-atom electrocatalysts from multivariate metal-organic frameworks for highly selective reduction of CO_2 at low pressures. Angew Chem Int Ed, 2020, 59(46): 20589-20595.

[123] Pan F, Zhang H, Liu Z, et al. Atomic-level active sites of efficient imidazolate framework-derived nickel catalysts for CO_2 reduction. J Mater Chem A, 2019, 7(46): 26231-26237.

[124] Gong Y N, Jiao L, Qian Y, et al. Regulating the coordination environment of MOF-templated single-atom nickel electrocatalysts for boosting CO_2 reduction. Angew Chem Int Ed, 2020, 59(7): 2705-2709.

[125] Zhang Y, Jiao L, Yang W, et al. Rational fabrication of low-coordinate single-atom Ni electrocatalysts by MOFs for highly selective CO_2 reduction. Angew Chem Int Ed, 2021, 60(14): 7607-7611.

[126] Peng J X, Yang W, Jia Z, et al. Axial coordination regulation of MOF-based single-atom Ni catalysts by halogen atoms for enhanced CO_2 electroreduction. Nano Res, 2022, 15: 10063-10069.

[127] Chen Z, Zhang X, Liu W, et al. Amination strategy to boost CO_2 electroreduction current density of M-N/C single-atom catalysts to industrial application level. Energy Environ Sci, 2021, 14(4): 2349-2356.

[128] Pan F, Zhang H, Liu K, et al. Unveiling active sites of CO_2 reduction on nitrogen-coordinated and atomically dispersed iron and cobalt catalysts. ACS Catal, 2018, 8(4): 3116-3122.

[129] Ye Y, Cai F, Li H, et al. Surface functionalization of ZIF-8 with ammonium ferric citrate toward high exposure of Fe-N active sites for efficient oxygen and carbon dioxide electroreduction. Nano Energy, 2017, 38: 281-289.

[130] Yan C, Ye Y, Lin L, et al. Improving CO_2 electroreduction over ZIF-derived carbon doped with Fe-N sites by an additional ammonia treatment. Catal Today, 2019, 330: 252-258.

[131] Zhao D, Yu K, Song P, et al. Atomic-level engineering $Fe_1N_2O_2$ interfacial structure derived from oxygen-abundant metal-organic frameworks to promote electrochemical CO_2 reduction. Energy Environ Sci, 2022, 15(9): 3795-3804.

[132] Wang X, Chen Z, Zhao X, et al. Regulation of coordination number over single Co sites: triggering the efficient electroreduction of CO_2. Angew Chem Int Ed, 2018, 57(7): 1944-1948.

[133] Geng Z, Cao Y, Chen W, et al. Regulating the coordination environment of Co single atoms for achieving efficient electrocatalytic activity in CO_2 reduction. Appl Catal B: Environ, 2019, 240: 234-240.

[134] Guan A, Chen Z, Quan Y, et al. Boosting CO_2 electroreduction to CH_4 via tuning neighboring single-copper sites. ACS Energy Lett, 2020, 5(4): 1044-1053.

[135] Zhao K, Nie X, Wang H, et al. Selective electroreduction of CO_2 to acetone by single copper atoms anchored on N-doped porous carbon. Nat Commun, 2020, 11(1): 2455.

[136] Yang H, Wu Y, Li G, et al. Scalable production of efficient single-atom copper decorated carbon membranes for CO_2 electroreduction to methanol. J Am Chem Soc, 2019, 141(32): 12717-12723.

[137] Li S, Zhao S, Lu X, et al. Low-valence $Zn^{\delta+}$ ($0<\delta<2$) single-atom material as highly efficient electrocatalyst for CO_2 reduction. Angew Chem Int Ed, 2021, 60(42): 22826-22832.

[138] Zhang E, Wang T, Yu K, et al. Bismuth single atoms resulting from transformation of metal-organic frameworks and their use as electrocatalysts for CO_2 reduction. J Am Chem Soc, 2019, 141(42): 16569-16573.

[139] Shang H, Wang T, Pei J, et al. Design of a single-atom indium$^{\delta+}$-N_4 interface for efficient electroreduction of CO_2 to formate. Angew Chem Int Ed, 2020, 59(50): 22465-22469.

[140] Jiao L, Zhu J, Zhang Y, et al. Non-bonding interaction of neighboring Fe and Ni single-atom pairs on MOF-derived N-doped carbon for enhanced CO_2 electroreduction. J Am Chem Soc, 2021, 143(46): 19417-19424.

[141] Ren W, Tan X, Yang W, et al. Isolated diatomic Ni-Fe metal-nitrogen sites for synergistic electroreduction of CO_2. Angew Chem Int Ed, 2019, 58(21): 6972-6976.

[142] Feng M, Wu X, Cheng H, et al. Well-defined Fe-Cu diatomic sites for efficient catalysis of CO_2 electroreduction. J Mater Chem A, 2021, 9(42): 23817-23827.

[143] Yun R, Zhan F, Wang X, et al. Design of binary Cu-Fe sites coordinated with nitrogen dispersed in the porous carbon for synergistic CO_2 electroreduction. Small, 2021, 17(4): 2006951.

[144] Huo H, Wang J, Fan Q, et al. Cu-MOFs derived porous Cu nanoribbons with strengthened electric field for selective CO_2 electroreduction to C_{2+} fuels. Adv Energy Mater, 2021, 11(42): 2102447.

[145] Kim M K, Kim H J, Lim H, et al. Metal-organic framework-mediated strategy for enhanced methane production on copper nanoparticles in electrochemical CO_2 reduction. Electrochim Acta, 2019, 306: 28-34.

[146] Cheng Y S, Chu X P, Ling M, et al. An MOF-derived copper@nitrogen-doped carbon composite: the synergistic effects of N-types and copper on selective CO_2 electroreduction. Catal Sci Technol, 2019, 9(20): 5668-5675.

[147] Zhu Q, Yang D, Liu H, et al. Hollow metal-organic-framework-mediated *in situ* architecture of copper dendrites for enhanced CO_2 electroreduction. Angew Chem Int Ed, 2020, 59(23): 8896-8901.

[148] Nam D H, Bushuyev O S, Li J, et al. Metal-organic frameworks mediate Cu coordination for selective CO_2 electroreduction. J Am Chem Soc, 2018, 140(36): 11378-11386.

[149] Cao C, Ma D D, Gu J F, et al. Metal-organic layers derived atomically thin bismuthene for efficient carbon dioxide electroreduction to liquid fuel. Angew Chem Int Ed, 2020, 59(35): 15014-15020.

[150] Li N, Yan P, Tang Y, et al. *In-situ* formation of ligand-stabilized bismuth nanosheets for efficient CO_2

conversion. Appl Catal B: Environ, 2021, 297: 120481.

[151] Yang J, Wang X, Qu Y, et al. Bi-based metal-organic framework derived leafy bismuth nanosheets for carbon dioxide electroreduction. Adv Energy Mater, 2020, 10(36): 2001709.

[152] Yao D, Tang C, Vasileff A, et al. The controllable reconstruction of Bi-MOFs for electrochemical CO_2 reduction through electrolyte and potential mediation. Angew Chem Int Ed, 2021, 60(33): 18178-18184.

[153] Zhao K, Liu Y, Quan X, et al. CO_2 electroreduction at low overpotential on oxide-derived Cu/carbons fabricated from metal organic framework. ACS Appl Mater Inter, 2017, 9(6): 5302-5311.

[154] Sikdar N, Junqueira J R C, Dieckhöfer S, et al. A metal-organic framework derived $Cu_xO_yC_z$ catalyst for electrochemical CO_2 reduction and impact of local pH change. Angew Chem Int Ed, 2021, 60(43): 23427-23434.

[155] Yao K, Xia Y, Li J, et al. Metal-organic framework derived copper catalysts for CO_2 to ethylene conversion. J Mater Chem A, 2020, 8(22): 11117-11123.

[156] Wang L, Li X, Hao L, et al. Integration of ultrafine CuO nanoparticles with two-dimensional MOFs for enhanced electrochemicgal CO_2 reduction to ethylene. Chin J Catal, 2022, 43(4): 1049-1057.

[157] Yi J D, Xie R, Xie Z L, et al. Highly selective CO_2 electroreduction to CH_4 by *in situ* generated Cu_2O single-type sites on conductive MOF: stabilizing key intermediates with hydrogen bond. Angew Chem Int Ed, 2020, 59(52): 23641-23648.

[158] Wang Z, Zhou Y, Liu D, et al. Carbon-confined indium oxides for efficient carbon dioxide reduction in a solid-state electrolyte flow cell. Angew Chem Int Ed, 2022, 61(21): e202200552.

[159] Deng P, Yang F, Wang Z, et al. Metal-organic frameworks-derived carbon nanorods encapsulated bismuth oxides for rapid and selective CO_2 electroreduction to formate. Angew Chem Int Ed, 2020, 59(27): 10807-10813.

[160] Guo W, Sun X, Chen C, et al. Metal-organic framework-derived indium-copper bimetallic oxide catalysts for selective aqueous electroreduction of CO_2. Green Chem, 2019, 21(3): 503-508.

[161] Yang H, Yu X, Shao J, et al. *In situ* encapsulated and well dispersed Co_3O_4 nanoparticles as efficient and stable electrocatalysts for high-performance CO_2 reduction. J Mater Chem A, 2020, 8(31): 15675-15680.

[162] Li H, Liu X, Chen S Y, et al. Edge-exposed molybdenum disulfide with N-doped carbon hybridization: a hierarchical hollow electrocatalyst for carbon dioxide reduction. Adv Energy Mater, 2019, 9(18): 1900072.

[163] Khalil I E, Xue C, Liu W, et al. The role of defects in metal-organic frameworks for nitrogen reduction reaction: when defects switch to features. Adv Funct Mater, 2021, 31(17): 2010052.

[164] Duan J, Sun Y, Chen S, et al. A zero-dimensional nickel, iron-metal-organic framework (MOF) for synergistic N_2 electrofixation. J Mater Chem A, 2020, 8(36): 18810-18815.

[165] Fu Y, Li K, Batmunkh M, et al. Unsaturated p-metal-based metal-organic frameworks for selective nitrogen reduction under ambient conditions. ACS Appl Mater Inter, 2020, 12(40): 44830-44839.

[166] Xiong W, Cheng X, Wang T, et al. Co_3(hexahydroxytriphenylene)$_2$: a conductive metal-organic framework for ambient electrocatalytic N_2 reduction to NH_3. Nano Res, 2020, 13(4): 1008-1012.

[167] Yi X, He X, Yin F, et al. NH_2-MIL-88B-Fe for electrocatalytic N_2 fixation to NH_3 with high faradaic efficiency under ambient conditions in neutral electrolyte. J Mater Sci, 2020, 55(26): 12044-12052.

[168] He X, Yin F, Yi X, et al. Defective UiO-66-NH_2 functionalized with stable superoxide radicals toward electrocatalytic nitrogen reduction with high faradaic efficiency. ACS Appl Mater Inter, 2022, 14(23): 26571-26586.

[169] Yang Y, Wang S Q, Wen H Y, et al. Nanoporous gold embedded ZIF composite for enhanced

electrochemical nitrogen fixation. Angew Chem Int Ed, 2019, 58(43): 15362-15366.

[170] Lv X W, Wang L, Wang G, et al. ZIF-supported AuCu nanoalloy for ammonia electrosynthesis from nitrogen and thin air. J Mater Chem A, 2020, 8(18): 8868-8874.

[171] Sim H Y F, Chen J R T, Koh C S L, et al. ZIF-induced d-band modification in a bimetallic nanocatalyst: achieving over 44% efficiency in the ambient nitrogen reduction reaction. Angew Chem Int Ed, 2020, 59(39): 16997-17003.

[172] Liu Y, Su Y, Quan X, et al. Facile ammonia synthesis from electrocatalytic N_2 reduction under ambient conditions on N-doped porous carbon. ACS Catal, 2018, 8(2): 1186-1191.

[173] Mukherjee S, Cullen D A, Karakalos S, et al. Metal-organic framework-derived nitrogen-doped highly disordered carbon for electrochemical ammonia synthesis using N_2 and H_2O in alkaline electrolytes. Nano Energy, 2018, 48: 217-226.

[174] Ma M, Han X, Li H, et al. Tuning electronic structure of PdZn nanocatalyst via acid-etching strategy for highly selective and stable electrolytic nitrogen fixation under ambient conditions. Appl Catal B: Environ, 2020, 265: 118568.

[175] Zhang Z, Yao K, Cong L, et al. Facile synthesis of a Ru-dispersed N-doped carbon framework catalyst for electrochemical nitrogen reduction. Catal Sci Technol, 2020, 10(5): 1336-1342.

[176] Zhang C, Wang D, Wan Y, et al. Vanadium carbide with periodic anionic vacancies for effective electrocatalytic nitrogen reduction. Mater Today, 2020, 40: 18-25.

[177] Geng Z, Liu Y, Kong X, et al. Achieving a record-high yield rate of 120.9 for N_2 electrochemical reduction over Ru single-atom catalysts. Adv Mater, 2018, 30(40): 1803498.

[178] Tao H, Choi C, Ding L X, et al. Nitrogen fixation by Ru single-atom electrocatalytic reduction. Chem, 2019, 5(1): 204-214.

[179] Wang Y, Cui X, Zhao J, et al. Rational design of Fe-N/C hybrid for enhanced nitrogen reduction electrocatalysis under ambient conditions in aqueous solution. ACS Catal, 2019, 9(1): 336-344.

[180] Zhang R, Jiao L, Yang W, et al. Single-atom catalysts templated by metal-organic frameworks for electrochemical nitrogen reduction. J Mater Chem A, 2019, 7(46): 26371-26377.

[181] Liu Y, Xu Q, Fan X, et al. Electrochemical reduction of N_2 to ammonia on Co single atom embedded N-doped porous carbon under ambient conditions. J Mater Chem A, 2019, 7(46): 26358-26363.

[182] Mukherjee S, Yang X, Shan W, et al. Atomically dispersed single Ni site catalysts for nitrogen reduction toward electrochemical ammonia synthesis using N_2 and H_2O. Small Methods, 2020, 4(6): 1900821.

[183] Xi Z, Shi K, Xu X, et al. Boosting nitrogen reduction reaction via electronic coupling of atomically dispersed bismuth with titanium nitride nanorods. Adv Sci, 2022, 9(4): 2104245.

[184] Gao Y, Han Z, Hong S, et al. ZIF-67-derived cobalt/nitrogen-doped carbon composites for efficient electrocatalytic N_2 reduction. ACS Appl Energy Mater, 2019, 2(8): 6071-6077.

[185] Yin F, Lin X, He X, et al. High Faraday efficiency for electrochemical nitrogen reduction reaction on Co@N-doped carbon derived from a metal-organic framework under ambient conditions. Mater Lett, 2019, 248: 109-113.

[186] Yao D, Tang C, Li L, et al. *In situ* fragmented bismuth nanoparticles for electrocatalytic nitrogen reduction. Adv Energy Mater, 2020, 10(33): 2001289.

[187] Zhang Y, Hu J, Zhang C, et al. Bimetallic Mo-Co nanoparticles anchored on nitrogen-doped carbon for enhanced electrochemical nitrogen fixation. J Mater Chem A, 2020, 8(18): 9091-9098.

[188] Chen S, Jang H, Wang J, et al. Bimetallic metal-organic framework-derived MoFe-PC microspheres for electrocatalytic ammonia synthesis under ambient conditions. J Mater Chem A, 2020, 8(4): 2099-2104.

[189] Luo S, Li X, Zhang B, et al. MOF-derived Co_3O_4@NC with core-shell structures for N_2 electrochemical

reduction under ambient conditions. ACS Appl Mater Inter, 2019, 11(30): 26891-26897.
[190] Luo S, Li X, Wang M, et al. Long-term electrocatalytic N_2 fixation by MOF-derived Y-stabilized ZrO_2: insight into the deactivation mechanism. J Mater Chem A, 2020, 8(11): 5647-5654.
[191] Guo W, Liang Z, Zhao J, et al. Hierarchical cobalt phosphide hollow nanocages toward electrocatalytic ammonia synthesis under ambient pressure and room temperature. Small Methods, 2018, 2(12): 1800204.
[192] Wu X, Wang Z, Han Y, et al. Chemical coupled NiCoS/C nanocages as efficient electrocatalyst for nitrogen reduction reaction. J Mater Chem A, 2020, 8(2): 543-547.
[193] Zeng L, Li X, Chen S, et al. Highly boosted gas diffusion for enhanced electrocatalytic reduction of N_2 to NH_3 on 3D hollow $Co-MoS_2$ nanostructures. Nanoscale, 2020, 12(10): 6029-6036.
[194] Zhao L, Chang B, Dong T, et al. Laser synthesis of amorphous CoS_x nanospheres for efficient hydrogen evolution and nitrogen reduction reaction. J Mater Chem A, 2022, 10(37): 20071-20079.
[195] Qin Q, Zhao Y, Schmallegger M, et al. Enhanced electrocatalytic N_2 reduction via partial anion substitution in titanium oxide-carbon composites. Angew Chem Int Ed, 2019, 58(37): 13104-13106.
[196] Ma C, Liu D, Zhang Y, et al. MOF-derived Fe_2O_3@MoS_2: an efficient electrocatalyst for ammonia synthesis under mild conditions. Chem Eng J, 2022, 430: 132694.
[197] Xu H, Ma Y, Chen J, et al. Electrocatalytic reduction of nitrate—a step towards a sustainable nitrogen cycle. Chem Soc Rev, 2022, 51(7): 2710-2758.
[198] Gao Z, Lai Y, Tao Y, et al. Constructing well-defined and robust Th-MOF-supported single-site copper for production and storage of ammonia from electroreduction of nitrate. ACS Cent Sci, 2021, 7(6): 1066-1072.
[199] Xu Y T, Xie M Y, Zhong H, et al. *In situ* clustering of single-atom copper precatalysts in a metal-organic framework for efficient electrocatalytic nitrate-to-ammonia reduction. ACS Catal, 2022, 12(14): 8698-8706.
[200] Jiang M, Su J, Song X, et al. Interfacial reduction nucleation of noble metal nanodots on redox-active metal-organic frameworks for high-efficiency electrocatalytic conversion of nitrate to ammonia. Nano Lett, 2022, 22(6): 2529-2537.
[201] Qin J, Wu K, Chen L, et al. Achieving high selectivity for nitrate electrochemical reduction to ammonia over MOF-supported Ru_xO_y clusters. J Mater Chem A, 2022, 10(8): 3963-3969.
[202] Chen H, Zhang C, Sheng L, et al. Copper single-atom catalyst as a high-performance electrocatalyst for nitrate-ammonium conversion. J Hazard Mater, 2022, 434: 128892.
[203] Song Z, Liu Y, Zhong Y, et al. Efficient electroreduction of nitrate into ammonia at ultra-low concentrations via enrichment effect. Adv Mater, 2022, 34(36): 2204306.
[204] Zhang S, Li M, Li J, et al. High-ammonia selective metal-organic framework-derived Co-doped Fe/Fe_2O_3 catalysts for electrochemical nitrate reduction. Proc Natl Acad Sci U S A, 2022, 119(6): e2115504119.
[205] He W, Zhang J, Dieckhöfer S, et al. Splicing the active phases of copper/cobalt-based catalysts achieves high-rate tandem electroreduction of nitrate to ammonia. Nat Commun, 2022, 13(1): 1129.
[206] Chen C, He N, Wang S. Electrocatalytic C-N coupling for urea synthesis. Small Sci, 2021, 1(11): 2100070.
[207] Yuan M, Chen J, Zhang H, et al. Host-guest molecular interaction promoted urea electrosynthesis over a precisely designed conductive metal-organic framework. Energy Environ Sci, 2022, 15(5): 2084-2095.
[208] Zhao R, Yue X, Li Q, et al. Recent advances in electrocatalysts for alkaline hydrogen oxidation reaction. Small, 2021, 17(47): 2100391.

[209] Yang Y, Sun X, Han G, et al. Enhanced electrocatalytic hydrogen oxidation on Ni/NiO/C derived from a nickel-based metal-organic framework. Angew Chem Int Ed, 2019, 58(31): 10644-10649.

[210] Ren J T, Yuan Z Y. Heterojunction-induced nickel-based oxygen vacancies on N-enriched porous carbons for enhanced alkaline hydrogen oxidation and oxygen reduction. Mater Chem Front, 2021, 5(5): 2399-2408.

[211] Men Y, Su X, Li P, et al. Oxygen-inserted top-surface layers of Ni for boosting alkaline hydrogen oxidation electrocatalysis. J Am Chem Soc, 2022, 144(28): 12664-12672.

[212] Ni W, Wang T, Schouwink P A, et al. Efficient hydrogen oxidation catalyzed by strain-engineered nickel nanoparticles. Angew Chem Int Ed, 2020, 59(27): 10797-10801.

[213] Wang W, Zhu Y B, Wen Q, et al. Modulation of molecular spatial distribution and chemisorption with perforated nanosheets for ethanol electro-oxidation. Adv Mater, 2019, 31(28): 1900528.

[214] Wu Y P, Tian J W, Liu S, et al. Bi-microporous metal-organic frameworks with cubane $[M_4(OH)_4]$ (M = Ni, Co) clusters and pore-space partition for electrocatalytic methanol oxidation reaction. Angew Chem Int Ed, 2019, 58(35): 12185-12189.

[215] Wang D, Gong W, Zhang J, et al. *In situ* growth of MOFs on $Ni(OH)_2$ for efficient electrocatalytic oxidation of 5-hydroxymethylfurfural. Chem Commun, 2021, 57(86): 11358-11361.

[216] Deng X, Li M, Fan Y, et al. Constructing multifunctional 'nanoplatelet-on-nanoarray' electrocatalyst with unprecedented activity towards novel selective organic oxidation reactions to boost hydrogen production. Appl Catal B: Environ, 2020, 278: 119339.

[217] Ao X, Gu Y, Li C, et al. Sulfurization-functionalized 2D metal-organic frameworks for high-performance urea fuel cell. Appl Catal B: Environ, 2022, 315: 121586.

[218] Li M, Sun H, Yang J, et al. Mono-coordinated metallocene ligands endow metal-organic frameworks with highly efficient oxygen evolution and urea electrolysis. Chem Eng J, 2022, 430: 132733.

[219] Xu X, Deng Q, Chen H C, et al. Metal-organic frameworks offering tunable binary active sites toward highly efficient urea oxidation electrolysis. Research, 2022, 2022: 9837109.

[220] Jiang H, Bu S, Gao Q, et al. Ultrathin two-dimensional nickel-organic framework nanosheets for efficient electrocatalytic urea oxidation. Mater Today Energy, 2022, 27: 101024.

[221] Zhai X, Yu Q, Liu G, et al. Hierarchical microsphere MOF arrays with ultralow Ir doping for efficient hydrogen evolution coupled with hydrazine oxidation in seawater. J Mater Chem A, 2021, 9(48): 27424-27433.

[222] Wang H F, Chen L, Pang H, et al. MOF-derived electrocatalysts for oxygen reduction, oxygen evolution and hydrogen evolution reactions. Chem Soc Rev, 2020, 49(5): 1414-1448.

第5章 MOFs 材料在超级电容器领域的应用

5.1 引言

超级电容器(supercapacitor)是一种介于二次电池和物理电容器之间的电化学储能设备，因具有充放电速度快、能量密度高、循环寿命长、安全性高和成本低廉等优势，吸引了研究者的广泛关注。早期的超级电容器通常是指双电层电容器(electric double layer capacitor, EDLC)，其储能机制为在电位驱动下的电极与电解质界面处发生的离子吸附反应。EDLC 通常以碳材料为主，依靠超高的比表面积提供更多电荷吸附位点，从而使其比容量值达到 100~300 F/g。随着研究的深入和对更高比容量的需求，研究者开发了基于电极与电解质界面处发生快速且多价态氧化还原反应的赝电容超级电容器材料(pseudocapacitor)。赝电容材料通常以 RuO_x 或 MnO_x 为主，循环伏安(CV)曲线和恒流充放电(GCD)曲线呈现出类似 EDLC 的矩形和三角形，但是由于表面金属中心氧化还原反应参与能量存储，其比容量值可提高到 1000 F/g。近年来，在赝电容基础上为进一步提升材料的比容量，研究者又提出了电池型超级电容器(battery-type supercapacitor)的概念。其储能机理类似于赝电容超级电容器过程，都是由电极表面发生的快速的氧化还原反应实现能量存储，不同的是其 CV 曲线出现类似于电池行为的氧化还原峰，GCD 曲线中对应出现明显的充放电平台。电池型超级电容器材料通常以 Ni、Co 基氧化物和氢氧化物为主，测试条件通常为碱性水溶液，因此也有人将这类电化学行为称为碱性可充电电池(alkaline rechargeable battery)。基于电池型电化学行为的引入，材料的比容量进一步提高，部分材料比容量可以达到 2000 F/g 以上，但同样因为电池行为的存在，材料的倍率性能和循环稳定性出现明显下降。

基于组装超级电容器器件的两个电极的不同，超级电容器又可以分为以下三种形式：①对称型超级电容器(symmetric supercapacitor)，正负极由相同的碳材料组成，完全依靠静电吸附的 EDLC 行为实现储能过程，不存在电子从电极(电解液)到电解液(电极)的转移过程；②非对称超级电容器(asymmetric supercapacitor)，两个电极分别为 EDLC 和赝电容存储行为，虽然赝电容的加入带入了氧化还原反应，但是其 CV 和 GCD 曲线依然能够很好地保持矩形和三角形，不存在明显的电压降；③杂化或混合型超级电容器(hybrid supercapacitor)，通常是指一极为电池型电容行为，另一极为 EDLC 或者赝电容行为，存在明显充放电平台和较大的电压降。值得注意的是，有些文献将正负极都是电池型电容器行为的超级电容器也称为杂化型超级电容器，也有一些文献将这一行为称为电池，目前关于这一行为的定性还存在争议，但是关于电池行为的说法逐渐成为主流。

目前，基于具有图 5-1 所示准三角形 GCD 行为的 EDLC 和赝电容材料，以及它们组装而成的对称与非对称电容器，文献中在表示电流时通常将其与质量标准化，以 A/g 为电流密度的单位，对应地就可以得到比容量的单位为 F/g。而对于一些原位生长或柔性的超级电容器器件，为更好地评估单位面积对电容性能的影响，也可以将其与面积标准化，对应得到的单位分别为 A/cm^2 和 F/cm^2。根据 GCD 曲线，其比容量(C, F/g)、能量密度(E, W·h/kg)和功率密度(P, W/kg)可以通过以下公式求得：

$$C = \frac{i(t_2 - t_1)}{V}$$

$$E = 0.5CV^2$$

$$P = \frac{E}{t_2 - t_1}$$

其中，t_1 为放电开始时间；t_2 为放电截止时间。

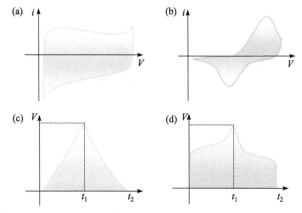

图 5-1 双电层电容器(a)和电池型电容器(b)电极材料的循环伏安曲线示意图；双电层电容器(c)和电池型电容器(d)电极材料的恒流充放电示意图

而对于具有如图 5-1(d)所示充放电平台的 GCD 曲线的电池型电容器材料及以其为基础组装的杂化超级电容器，使用的比容量单位以 mA·h/g 或 C/g 为主，当然也有将其与面积标准化的情况，对应得到的单位分别为 mA·h/cm^2 或 C/cm^2。其比容量(Q, C/g)、能量密度(E, W·h/kg)和功率密度(P, W/kg)可以通过以下公式求得：

$$Q = i(t_2 - t_1)$$

$$E = i\int_{t_1}^{t_2} V dt$$

$$P = \frac{E}{t_2 - t_1}$$

目前，虽然超级电容器已经在路灯、电动汽车、手机等电子设备中应用，但是起到的主要作用还是输出高功率，通常要和电池设备连用，以满足持续的能量供应。造成这一现象的主要原因是超级电容器的能量密度不足,因此如何在保证超级电容器功率密度的前提下增加能量密度,成为其应用过程中的最大挑战。为了提高超级电容器的能量密度,根据公式 $E = 0.5\,CV^2$,主要有两种方法:一是开发高电容电极材料,二是开发宽压窗口的反应体系。

金属有机框架(MOFs)材料具有超高的比表面积、可控的孔结构和氧化还原活性的金属离子,是一种理想的超级电容器电极材料。但是因为大多数 MOFs 材料导电性差,直接用于超级电容器电极材料,通常电化学表现并不理想。这些导电性差的 MOFs 可以作为前驱体,通过合理的控制反应过程,将 MOFs 材料高比表面积、高孔隙率的特征遗传到其衍生纳米材料中,从而赋予 MOFs 衍生的纳米材料优异的电化学表现。目前 MOFs 材料用于超级电容器电极材料主要分为以下几种类型:①MOFs 及其复合材料直接用于电极材料;②MOFs 衍生的多孔碳材料;③MOFs 衍生的过渡金属基纳米材料;④MOFs 衍生的复合纳米材料。下面将分章节对 MOFs 与 MOFs 衍生材料在超级电容器中的应用及改性策略进行详细介绍。

5.2 MOFs 及其复合材料用于超级电容器电极

MOFs 具有周期性的多孔结构,孔道尺寸大小可以调节,且其金属活性中心以近似于单分散的形式存在,理论上是一种理想的超级电容器电极材料,因此引起了国内外科学家的广泛关注。如图 5-2 所示,早在 2014 年 O. M. Yaghi 等就合成了 23 种不同结构孔径和形状的纳米晶 MOFs(<500 nm),探索了这些 MOFs 材料的超级电容器性能[1]。为了增强导电性,他们首先将这些纳米晶与石墨烯(3.3 wt%)的胶体溶液旋涂到透明钛基底上制备出导电的 MOFs 基超级电容器电极,并将对称的 MOFs 电极用聚丙烯隔膜隔开,得到对称的 MOFs 基超级电容器。因为一些 MOFs 在水中不稳定,所以没有使用水溶液作电解液,而是使用 1mol/L 四乙基-四氟硼酸铵[$(C_2H_5)_4$-NBF_4]的乙腈溶液作为电解液[$(C_2H_5)_4N^+$和 BF_4^-的直径分别为 0.68 nm 和 0.33 nm]。通过对比没有石墨烯样品的电化学性能发现,虽然 MOFs 材料的导电性较差,但是通过与石墨烯的复合过程,导电性明显提升,容量得到了显著提高。他们还发现,MOFs 材料的纳米尺寸对其电化学性能具有明显影响,尺寸越小,材料的电容性能越好,其主要原因在于 MOFs 的纳米尺寸越小,电解液离子的扩散阻力越小,更容易扩散到材料内部,同时小尺寸的纳米颗粒的电子传输路径短,更容易将电子传导到石墨烯表面。此外还发现,MOFs 材料的尺寸对其电化学性能的影响也非常明显,三个 Zr 基 MOFsnMOF-801(5.4 Å 和 7.0 Å)、nUiO-66(6.8 Å 和 7.2 Å)和 nUiO-67(9.6 Å 和 12.6 Å)中,MOF-801(5.4 Å 和 7.0 Å)表现出最好的性质,这可能是因为其孔尺寸与 $(C_2H_5)_4N^+$ 和 BF_4^- 的直径更接近。其中 Zr-MOF(nMOF-867)的电化学性能最优,在 1A/g 时,面积比容量达到 5.09 mF/cm^2,质量比容量为 726 F/g,是商业活性炭(0.788 mF/cm^2)的 6 倍以上。可以看出,MOFs 材料导电性差的问题可以通过与高导电性材料复合解决,同时 MOFs 材料的性能受纳米颗粒尺寸、孔尺寸、孔环境等多因素共同影响。

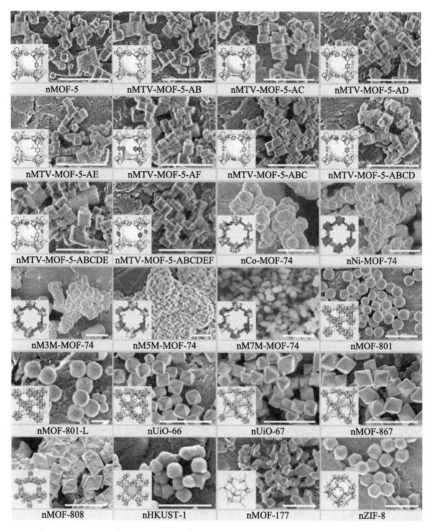

图 5-2 2014 年 O. M. Yaghi 等用于超级电容器测试的 MOFs 材料的 SEM 图（比例尺均为 500 nm）和晶体结构示意图[1]

MOFs 材料还可以与导电聚合物材料进行复合，从而增强材料的导电性，实现优异的电化学性能。例如，2015 年，Wang 等为了增强 ZIF-67 的导电性，采用聚苯胺原位生长的方法将 ZIF-67 纳米晶粘连在碳布上，形成了多孔的柔性 PANI-ZIF-67-CC 电极[2]。电化学测试结果发现，相比于 ZIF-67-CC 电极，PANI-ZIF-67-CC 的电阻值明显减小，使电子更容易传输到 ZIF-67 的表面，从而在 2 mV/s 时获得了高达 2146 mF/cm^2 的面积比容量。进一步地组装了对称的 PANI-ZIF-67-CC 全固态超级电容器，循环 2000 轮后依然可以保持 80%的初始容量。对循环后的电极进行了 XRD 测试，发现 ZIF-67 的框架保持完好。除了聚苯胺外，聚吡咯也可以与 MOFs 材料进行复合，实现材料性能的增强。例如，Duan 等首先合成了尺寸为 500 nm 的 UiO-66 纳米晶，然后使用一锅电沉积方法在多巴胺存在的条件下实现了 UiO-66 纳米晶和聚吡咯的杂化，得到 UiO-66/PPY 碳纤维电极[3]。采用聚乙烯醇/LiCl/聚多巴胺凝胶作为固态电解质，组装了对称的 UiO-66/PPY 柔性全固态超级电容器，其面积比容量高达 206 mF/cm^2，并且在 2102 μW/cm^2 的功率密度下实现了高达 12.8 μW·h/cm^2 的能量密度。同时该全固态超级电容器表现出良好的柔韧性，在 360°的折叠角度下反复折叠 1000 次，仅有 4%的容量损失，且运行温度范围很宽，在-15～100 ℃条件下反复循环 100 轮，容量也基本没有衰减。

尽管大多数 MOFs 材料导电性较差，但是还有一些 MOFs 由于共轭体系的存在，具有导电性，不需要和导电性介质复合便可以直接用于超级电容器领域。如图 5-3 所示，2017 年 Dincǎ 等制备出具有导电性的 MOFs 材料 Ni$_3$(HITP)$_2$，测试发现其电导率在 5000 S/m 以上，甚至超过了活性炭和多孔石墨的电导率(约 1000 S/m)[4]。该材料的比表面积高达 630 m^2/g，且内部存在孔径达到 1.5 nm 的一维开放性孔道，有助于电解质离子的快速传输，因此是一种非常优异的超级电容器材料。电化学测试显示，在电流密度为 0.05 A/g、电压窗口为 0～1.0V 条件下，采用高密度电极的超级电容器器件的比容量为 118 F/cm^3。进一步地组装成对称的超级电容器器件，结果表明该器件具有良好的循环稳定性，循环 10000 轮，性能还能保持在 90%以上。2017 年，Xu 等以 2, 3, 6, 7, 10, 11-六羟基三苯基配体与铜离子进行配位组装，制备了具有如图 5-3(c)所示的开放性孔结构的蜂窝状 MOFs(Cu-CAT)[5]。Cu-CAT 具有一维的开放性孔道结构，孔直径为 1.8 nm，有利于电解液离子的快速扩散，同时铜离子与有机配体之间的有效轨道重叠，赋予了材料优异的导电性。随后该团队将 Cu-CAT 负载到碳纤维纸上，得到具有阵列结构的 Cu-CAT NWAs 以进一步增加充放电过程中的离子扩散速度和电子传导速度。在 3 mol/L KCl 水溶液中，测试了 Cu-CAT NWAs 的电化学性能，发现其具有典型的 EDLC 行为，在 0.5 A/g 电流密度下比容量为 202 F/g。该材料还具有良好的倍率性能，在 10 A/g 的电流密度下保持了 66%的原始电容。对比 Cu-CAT 阵列和粉体的性能可以发现，Cu-CAT NWAs 的比容量约为 Cu-CAT 粉体的 4 倍，倍率性能也更优越，表明 Cu-CAT 阵列结构更利于增加电子传导速度和离子扩散速度。进一步组装了以 Cu-CAT NWAs 为对称电极，PVA/KCl(PVA=聚乙烯醇)凝胶为电解质的全固态柔性超级电容器器件，该器件在功率密度为 0.2 kW/kg 时，能量密度达到 2.6 W·h/kg。

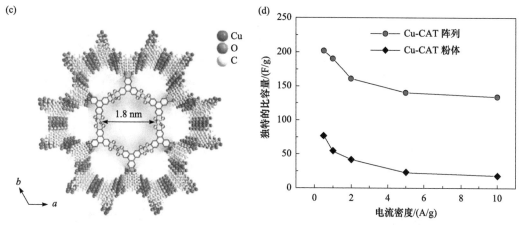

图 5-3 (a) $Ni_3(HITP)_2$ 的结构示意图；(b) 电解质离子在 $Ni_3(HITP)_2$ 孔道中的吸附示意图[4]；
(c) Cu-CAT NWAs 的结构示意图；(d) Cu-CAT 阵列和粉体的性能对比图[5]

此外，还有文献表明一些过渡金属（主要为 Co 和 Ni）基的 MOFs，在碱性水溶液中表现出优异的电池型超级电容器性能，并且通过调控 MOFs 的结构和形貌，可以实现性能的优化。2012 年，Han 等以对苯二甲酸为配体与 Co 制备了 Co(BDC) MOFs 薄膜，并测试了不同电解液条件下的电化学行为[6]。从图 5-4(a) 中可以看出，在 1mol/L LiOH 电解液中 Co(BDC) 具有最大的 CV 面积，在 0.6 A/g 条件下最大比容量可以达到 206.76 F/g。在上面研究的基础上，Han 等又继续研究了 MOFs 材料的孔径对其碱性条件下电容行为的影响[7]。他们选用了对苯二甲酸(H_2BDC)、2,6-萘二甲酸(NDC) 及 4,4'-联苯二甲酸(BPDC) 三种纵向长度不同的有机配体与 Co 构筑了三种 MOFs。测试发现具有最长配体和最大孔的 Co-BPDC 表现出最高的超电容性能，在 10 mV/s 的扫描速率下比容量为 179.2 F/g，但材料的循环稳定性能相对较差，循环 1000 轮后比容量损耗了 15.4%。又如 2016 年，Liu 等选用了如图 5-4(b) 所示的三种不同的对苯二甲酸衍生配体，即 9,10-蒽二羧酸(ADC)、4-甲基对苯二甲酸(TMBDC) 及 1,4-萘二甲酸(NDC)，与镍元素组装得到三组不同的 MOFs 材料[8]。由于孔结构的不同，这三种材料的电化学性能表现不同，Ni-ADC 具有最高的比容量，在 1 A/g 时达到 552 F/g，Ni-NDC 性能最差。测试发现 Ni-ADC 具有优异的倍率性能和稳定性能，电流密度提升 20 倍后，仍能保持初始容量的 79.3%，且循环 16000 轮后，性能仅衰减 2%。2014 年，Wei 等在合成 Ni-BDC 的过程中加入了不同量的 Zn 元素，制备了一系列 Zn 掺杂的 Ni-BDC(MOF-0、MOF-1、MOF-2 和 MOF-3)[9]。优化后的样品 MOF-2 的 Zn/Ni 摩尔比为 1:4；具有由 MOFs 片组装而成的花状多级结构。同时由于 Zn 离子的尺寸为 0.74 Å，要大于 Ni 离子的 0.65 Å，因此 Zn 离子掺入后会使 Ni-BDC 之间的层间距由 0.95 nm 增加至 Zn/Ni-BDC 的 1.04 nm[图 5-4(c)]。显著增加的层间距可以促进电解液离子的扩散，从而使得材料具有更优异的电化学储能表现。测试结果表明，其在 0.25 A/g 条件下具有高达 1620 F/g 的比容量，且循环性能优异，3000 轮后性能还能保持初始值的 91%。

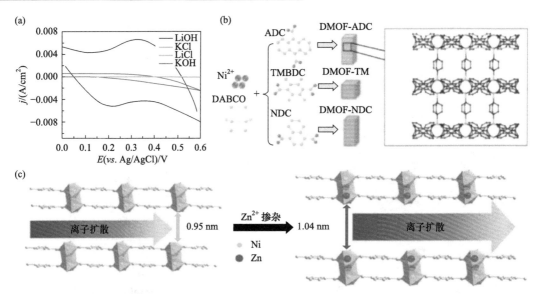

图 5-4 (a) Co(BDC)在不同电解液中的 CV 曲线[6]；(b) Liu 等采用不同配体合成 Ni-MOF 的示意图[8]；(c) Zn 离子掺杂前后 Ni-BDC 的层间距变化示意图[9]

除了离子掺杂外，还可以通过改变有机配体的侧链官能团，调控 MOFs 材料的孔道尺寸，从而达到提高电化学性能的目的。调控 MOFs 材料的形貌也是改善其性能的重要手段。例如，Xue 等利用水热和超声相结合的方法，以对苯二甲酸为配体，制备了柔性的手风琴状的[$Ni_3(OH)_2(C_8H_4O_4)_2(H_2O)_4$]·$2H_2O$(Ni-MOF P3)。Ni-MOF P3 中每个纳米片的厚度约为 4.1 nm，纳米片层间距离为 15~35 nm，非常有利于电化学传质过程。Ni-MOF P3 在 1.4 A/g 的电流密度下，比容量为 988 F/g，同时还具有良好的稳定性，经过 5000 轮循环后容量保持率为 96.5%。进一步，他们将 Ni-MOF P3 与活性炭组装成固态非对称超级电容器，其具有优异的柔韧性能，在弯折 0°~180°的情况下均能保持优异的电化学性能。这里值得注意的是，MOFs 材料，尤其是 Co 基、Ni 基 MOFs 材料通常具有较差的碱稳定性，在电化学测试过程中或多或少地会生成对应的氢氧化物材料，但是由于当时研究视野的局限性，很多研究者都没有注意到这个问题。所以虽然直接用 MOFs 在碱性条件下测试可以获得明显优于中性溶液或离子液体中的性能，但是由于 MOFs 本身结构发生了较大的变化，基于 MOFs 本身结构及形貌分析其对性能的影响就不那么准确，现在直接用 Co 基、Ni 基 MOFs 在碱性条件下测试的研究已经鲜有报道。

5.3 MOFs 衍生碳材料用于超级电容器电极

多孔碳材料由于具有优异的导电性、超高的比表面积和突出的稳定性，是一种理想的双电层电容器(EDLC)的电极材料。增加多孔碳材料的离子传输效率及电化学活性面积，是增加材料比容量的关键。因此，科学家们尝试使用具有丰富孔结构和高比表面的 MOFs 作为前驱体，如 MOF-5、ZIF-8、MOF-74、HKUST-1 等，制备出具有可控孔隙结构的 MOFs 衍生碳材料。经测试，MOFs 衍生碳材料均表现出优于传统碳材料的超级电容器性能。

MOF-5 由于具有多孔结构和高比表面积，可以作为优异的碳前驱体被广泛应用于超级电容器电极材料的合成。Xu 等以 MOF-5 为前驱体，在不同温度下煅烧得到了 5 种不同比表面积的纳米多孔碳，其比表面积最大可达 3040 m^2/g，最小的为 1140 m^2/g，而且比表面积随温度在 530～1000 ℃之间变化而呈现"V"形[图 5-5(a)][10]。虽然不同材料的孔径均在 3.9 nm 左右，但是因为不同温度下煅烧样品的导电性和比表面积的不同，材料性能存在明显差异。650 ℃下得到的样品（NPC650）在 50 mA/g 的电流密度下，比容量为 222 F/g[图 5-5(b)]，而 NPC530 虽然具有最高的比表面积，但是由于低温下碳化不完全，导电性差，其比容量仅有 12 F/g。同时 Xu 等还发现，在 MOF-5 表面包覆有机聚合物，再煅烧处理可以提升衍生碳材料的性能[11]。例如，他们经过动态真空预处理过程，然后再经过热处理，制备了糠醇（FA）包覆的 MOF-5 前驱体，再通过高温煅烧最终得到了多孔纳米碳材料（NPC）。1000 ℃下煅烧得到的 NPC 样品的比表面积高达 2872 m^2/g，在 5 mV/s 时，比容量为 204 F/g，高于有序介孔硅材料 SBA-15。Gao 等则通过引入四氯化碳和乙二胺，以及 KOH 活化的方法，对 MOF-5 衍生的碳材料进行改性，得到了 MAC-A 样品[12]。优化后的 MAC-A 在水溶液和有机电解液中分别可以获得 271 F/g 和 156 F/g 的高比容量。MOF-5 还可以与其他材料复合进一步煅烧，以调节所得碳电极材料的孔结构。例如，2016 年，Fan 等在制备 MOF-5 的过程中加入氧化石墨烯（GO）粉末，在 120 ℃下回流 24 h 得到 MOF-5/rGO（还原氧化石墨烯）前驱体[图 5-5(c)][13]。由于[Zn_4O]$^{6+}$ 团簇与 rGO 上的环氧基和羧基通过氧置换反应锚定在石墨烯片层上，同时 rGO 纳米薄片起到隔膜作用控制了 MOF-5 立方体的生长，呈现了典型的三明治状结构。同样地，在 800 ℃氮气中 MOF-5/rGO 能碳化形成多孔碳（PC），其中 rGO 使多孔碳膜固化，形成导电网络，MOF-5 则转化为对应的多孔碳，增加材料的比表面积（比表面积为 979 m^2/g，孔径分布在 1～8 nm），这一结构有利于电荷储存，缩短扩散/传输距离，并增加离子/电子传输速度。电化学测试也发现复合结构具有明显的性能优势，相比于 rGO193 F/g 的比容量，MOF-5 在相同条件下碳化的比容量仅为 225 F/g，而复合后煅烧的样品比容量达到了 345 F/g。组装成对称超级电容器器件后，其在 137 W/kg 的功

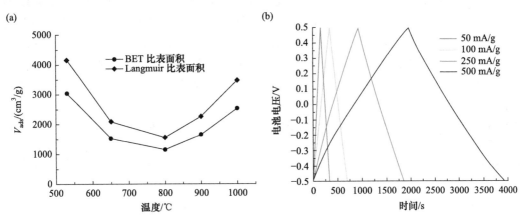

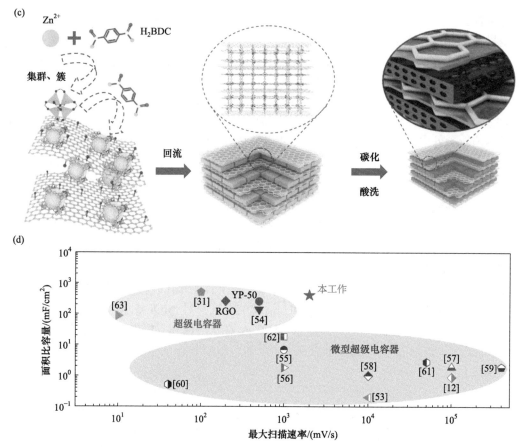

图 5-5　(a) MOF-5 在不同温度下煅烧的比表面积 "V" 形曲线[10]；(b) 650 ℃ 下所得 MOF-5 衍生物的 GCD 曲线[10]；MOF-5/rGO 衍生物的制备示意图(c) 及与已报道材料性能对比图(d)[13]

率密度下表现出 30.3 W·h/kg 的能量密度。即使在 1190 W/kg 的更高功率密度下，能量密度仍然保持在 10.6 W·h/kg，与其他碳基对称超级电容器器件相比具有竞争力 [图 5-5(d)]。

ZIF-8 具有交叉的三维结构特征，孔径大 (直径为 11.6 Å)，有机配体中含有共轭 N 元素，在高温过程中易形成多孔的 N 掺杂碳材料，因此广泛地应用于制备超级电容器电极材料。如图 5-6(a)～(c)所示，Yamauchi 等以 ZIF-8 为前驱体，在不同温度 ($T=600\sim1000$ ℃)下直接碳化 ZIF-8，得到了一系列用于超级电容器电极的纳米多孔碳(标记为 Z-T)，并研究了所合成材料的电化学性能[14]。根据他们的研究结果，可以看到，随着碳化温度的升高，获得的样品比表面积增加，Z-600 和 Z-700 具有非常低的比表面积和低比容量，分别为 1.00 F/g 和 23.0 F/g。虽然 Z-1000 具有最高的比表面积，但其电容低于性能最优的 Z-900，在 5 mV/s 时的比容量为 214 F/g。2011 年，Xu 等将糠醇与 ZIF-8 混合制备前驱体，再进一步通过煅烧的方法制备系列 N 掺杂的碳纳米笼[15]。BET 测试发现，1000 ℃ 得到的样品 C1000 的比表面积为 3405 m^2/g，要高于 800 ℃ 的样品 C800。同时还做了材料的氢气吸附测试，发现 C1000 样品的氢气吸附量远远高于之前报道的由 MOF-5 或 Al-PCP 衍生的碳材料。电化学测试表明，C1000 样品比容量在 50 mA/g 的条件下达到了约 200 F/g，高于经典的介孔二氧化硅材料和当时报道的以 MOFs 为模板的碳材料。如图 5-6(d) 和 (e) 所示，2016 年 Yamauchi 等将 ZIF-8 衍生的多孔碳与赝电容的材料复合，以进一步提高超级电容[16]。首先在 800 ℃ 条件下，通入 N_2 煅烧得到纳米多孔碳，再将纳米多孔碳加入到苯胺单体溶液中，并加入用于聚合的氧化剂溶液，通过调控聚合时间，得到不同厚度的 PANI 包覆的多孔碳材料 (C-PANI)。研究表明，PANI 的掺入不仅可以增强材料的导电性，而且垂直于碳壳表面生长的 PANI 纳米棒还有助于增加离子的扩散速度，从而有助于比容量性质的提升。在 1mol/L H_2SO_4 电解质溶液中测试了该材料的电化学行为，发现 CV 曲线在 0.0~0.8V 的电位窗口内呈准矩形形状，具有两个强氧化还原峰，表明电极同时存在 EDLC 和赝电容的电化学存储行为。PANI 的含量对超级电容性能也有显著影响，较小的 PANI 厚度在较大的电流密度下显示出更好的电容保持率，这可能与快速离子扩散有关。对于具有最佳 PANI 厚度 (反应时间为 3 h) 的 C-PANI 纳米复合材料 (S3)，最大比容量为 1100 F/g，在 5~200 mV 范围内的电容保持率为 65%，与 C 的电容保持率 (68%) 相近。

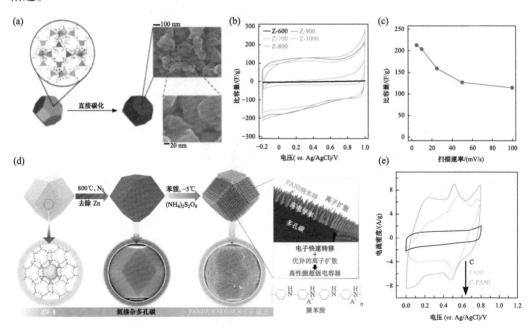

图 5-6　ZIF-8 在不同温度下煅烧制备碳材料的示意图 (a) 和 CV 曲线 (b)；(c) Z-900 在不同电流密度下的比容量[14]；(d) C-PANI 的制备示意图；(e) C、PANI 和 C-PANI 的 CV 曲线[16]

ZIF-67 与 ZIF-8 是同构咪唑框架分子筛，都是通过金属离子 (ZIF-8 为 Zn^{2+}，ZIF-67 为 Co^{2+}) 与 2-甲基咪唑配体配位作用形成的，具有与 $[M(MeIm_2)_n]$ 相同的晶体结构。在热解条件下，ZIF-8 和 ZIF-67 中的 2-甲基咪唑配体裂解为碳，不同的是 ZIF-67 中的 Co 可以催化碳的石墨化，生成高导电性的石墨化碳；而 Zn 不具备催化能力，因此，ZIF-8 的碳衍生物是氮掺杂碳。2015 年，Yamauchi 等采用图 5-7(a) 所示的策略,通过不同的热处理工艺,煅烧 ZIF-67 得到石墨化碳(NPCs)和纳米多孔 Co_3O_4[17]。首先通过高温热解得到石墨化碳与金属钴颗粒的复合材料,再通过 HF 处理,就能得到多孔的 NPCs。如图 5-7(b)所示,得到的样品呈现出典型 EDLC 性 CV 曲线,通过计算得到其在 5 mV/s 的情况下,比容量达到 272 F/g。同时将得到的石墨化碳与金属钴颗粒的复合材料在空气中加热处理,可以得到多孔 Co_3O_4 材料,其在 5 mV/s 的电流密度下,比容量达到 272 F/g。随后将多孔 Co_3O_4 材料作正极,NPCs 作负极制备了 Co_3O_4//NPCs 非对称超级电容器,其最高能量密度可达 36 W·h/kg。研究中发现 Co 虽然有助于碳的石墨化过程,提高材料的导电性,但是石墨化过程显著降低了氮含量,明显牺牲了 NPCs 的高孔隙率。为此 Yamauchi 等以具有核壳结构的 ZIF-8@ZIF-67 为前驱体,制备了以氮杂碳(NC)为核、石墨化碳(GC)为壳的杂化碳材料(NC@GC)[18]。具体合成过程如图 5-7(c)所示,ZIF-67 由于与 ZIF-8 具有同质结构,可以很容易地包覆在 ZIF-8 晶体的外部,并且 ZIF-67 的外壳厚度可以调节,从而得到一系列的 ZIF-8@ZIF-67 前驱体。然后,在 800 ℃ 的 N_2 气氛下加热,再通过 HF 洗涤除去残余的金属元素,最后得到杂化碳材料 NC@GC。掺氮碳内核具有较高的比表面积和较高的氮含量,可以提供丰富的电化学活性中心和较高的润湿性;石墨化碳外壳由于具有高结晶度,可以提供良好的导电性和稳定性。因此,具有高电导率和大孔隙率的混杂 NC@GC 材料是超级电容器的理想电极材料。优化后的

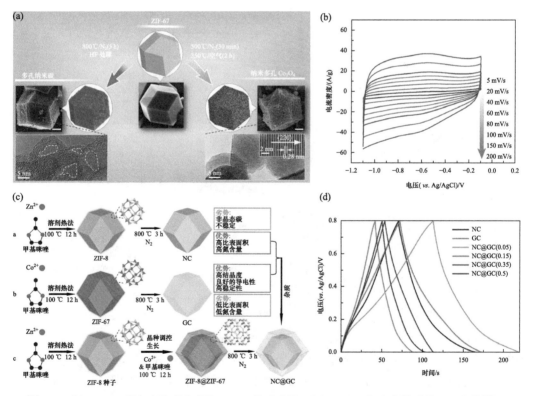

图 5-7 (a) ZIF-67 制备多孔碳和多孔 Co_3O_4 的示意图;(b) ZIF-67 衍生多孔碳的 CV 曲线[17];(c) NC@GC 的制备策略示意图;(d) 不同比例 NC@GC 样品在 2 A/g 电流密度下的 GCD 曲线对比[18]

NC@GC(0.05)(0.05 代表 ZIF-8@ZIF-67 前驱体中 Co 与 Zn 的摩尔比)电极在 1 mol/L H_2SO_4 电解液、0~0.8 V 的三电极电池中，在 2 A/g 电流密度下的比容量可达 255 F/g，且在 10000 轮循环过程中，比容量保持不变，表明其具有显著的循环稳定性。NC@GC(0.05)的优异性能主要归因于高比表面积(1276 m^2/g)、层次化的微孔/介孔结构、适中的氮含量(10.6 wt%)和合适的石墨化碳壳层厚度(允许离子快速扩散和快速电子传输)的协同作用。

除了上述几种常见的用于制备超级电容器电极碳材料的 MOFs 外，MOF-74 也被认为是一种优异的制备高性能碳材料的前驱体。例如，2016 年，Xu 等以锌和 2, 5-二羟基对苯二甲酸制备了棒状的 MOF-74 前驱体，并通过碳化处理得到了非空心的一维碳纳米棒(CNRod)，再通过 KOH 条件下的超声剥离和热活化，制备了 2~6 层的石墨烯纳米带(GNRib)。在 1mol/L H_2SO_4 电解液中，二维 GNRib 和一维 CNRod 的比容量分别为 198 F/g 和 168 F/g，而普通 MOF-74 晶体制备的微孔碳(MPC)仅为 110 F/g。上述实验提供了一种通用、简便、有效的方法来制备具有优异超级电容器性能的高质量石墨烯纳米带。

上面以具体四个 MOFs 为例，介绍了通过热解过程制备 MOFs 衍生碳材料及其超级电容器性能改性的方法。最早的研究以 Zn 基材料为主，因为在高温煅烧过程中 Zn 会升华，可以比较方便地得到纯碳材料。随后研究比较多的是 ZIFs 基材料，主要原因是其形貌可控、合成简单、氮含量高。ZIF-67 材料虽然会造成 Co 残留，但是 Co 有利于碳的石墨化，可以增加材料的导电性，且 HF 浸渍一天就可以移除残余的金属元素。实际上所有的 MOFs 都可以通过煅烧的策略制备多孔碳材料，没有广泛应用的原因是多重因素共同的影响，包括合成难度、形貌、成本等，随着研究的继续深入，MOFs 衍生碳材料必然在超级电容器的碳基电极上发挥越来越重要的作用。

5.4　MOFs 衍生过渡金属基纳米材料用于超级电容器电极

5.4.1　过渡金属(氢)氧化物

过渡金属氢氧化物和氧化物是研究最早的赝电容和电池型超级电容器材料，由于在储能过程中有金属活性中心参与的法拉第氧化还原反应，因此其能量密度和比容量要高于 EDLC 基的碳材料。由于 MOFs 中金属中心近乎于单分散存在，MOFs 本身还有非常丰富的孔结构和高的比表面积，以 MOFs 为前驱体制备的过渡金属(氢)氧化物相比于常规方法得到的过渡金属(氢)氧化物具有明显的结构优势，更有利于高储能密度的实现。

前面在 MOFs 的碱性超级电容器中提到，由于 MOFs 的碱性稳定性较差，在浸泡到碱性溶液中时会逐渐转变成对应的氢氧化物材料。基于上述现象，2013 年，Marken 等首次证明，将 Co-MOF-71 浸泡到 0.1 mol/L NaOH 中可以制备出多孔的 Co(OH)$_2$，用于电化学测试[19]。2015 年，Zhang 等报道了第一篇 MOFs 衍生氢氧化物用于超级电容器的研究。他们首先合成了具有针状形貌的 Co-BPDC-MOF，将其置于 2mol/L NaOH 溶液中浸泡 1 h 就可以得到多孔状 Co(OH)$_2$ 材料。该 MOFs 衍生的 Co(OH)$_2$ 具有松散的结构和高达 92.4 m^2/g 的比表面积，以及丰富的离子迁移通道，因此在 0.1 A/g 电流密度下表现出 604.5 F/g 的比容量。2017 年，Sun 等对 Co-MOF 的碱性相转变行为进行了详细的研究，并提出了碱解的概念[20]。他们首先合成了具有 μ$_3$-(OH) 桥连四核钴二级构筑单元 (FC-SBU) 的 Co-MOF(UPC-9)。将该 MOFs 前驱体浸泡到 6 mol/L KOH 溶液中时，15 s 内就变成了蓝色的 α-Co(OH)$_2$，5 min 后就可以生成粉红色的 β-Co(OH)$_2$。通过相关表征，给出了 UPC-9 基于 FC-SBU 的转变机理，如图 5-8(a) 所示。在碱溶液中，高浓度的 OH$^-$ 会首先进攻 FC-SBU 与有机配体之间的配位键，导致羟基功能化 SBUs(HMFC-SBU) 的生成；所有的 HMFC-SBU 由于都在 (10-1) 晶面，会在面内优先聚集生成 Co(OH)$_2$ 单片层，对应于 α-Co(OH)$_2$ 的生成；随后片层之间的有机配体逐渐被 OH$^-$ 置换形成稳定相的 β-Co(OH)$_2$。由于在碱解过程中，材料内有大量的阴离子迁移，在材料内部构筑了丰富的离子迁移通道，因此其比容在 1 A/g 情况下可以达到 500 F/g 以上。随后，Sun 等继续探索了 MOFs 的碱解过程，进一步合成了具有 μ$_3$-(OH) 桥连三核二级构筑单元 (TC-SBU) 的 Co/Ni 双金属[M$_3$(OH)(Ina)$_3$(BDC)$_{1.5}$] (Ina：异烟酸；H$_2$BDC：对苯二甲酸)[21]。并用如图 5-8(b) 所示的策略对其进行同位素标记，通过同位素失踪过程证实了 μ$_3$-(OH) 桥连 TC-SBU 在碱解过程中是可以保持的，首次从实验端证实了 μ$_3$-(OH) 簇有助于材料形貌保持的猜想。同时材料中的 Ni/Co 比例对其性能有较大影响，如图 5-8(c) 所示，可以看出 7:3 样品具有最高的比容量，在 1 A/g 情况下可以达到 1652 F/g 以上，且循环 2000 轮后容量基本保持不变。此外，Sun 等还探索了纯 Ni-MOF 的碱解行为，发现 Ni 基 μ$_3$-(OH) 桥连构筑单元同样有助于其碱解过程中的共型转变[22]。不同的是 Ni-MOF 的碱解过程相对较慢，Co-MOF 在 5 min 左右就能完成转变过程，Ni-MOF 则需要 2~3 h 才能完成。可能的主要原因是：Ni 的配位能力稍微比 Co 强，同

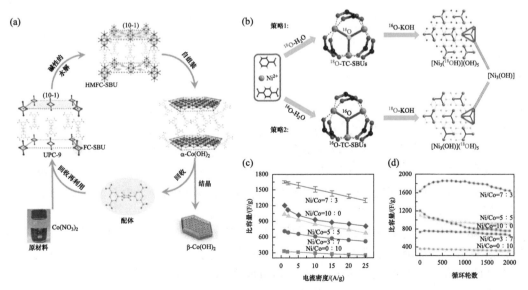

图 5-8　(a) UPC-9 的碱解示意图[20]；(b) 同位素标记过程示意图[21]；不同 Ni/Co 比例氢氧化物的比容量示意图(c) 和稳定性图(d)[22]

时形成的 Ni(OH)$_2$ 纳米片非常薄,仅有 2~5 nm,而且非常致密,外层形成的 Ni(OH)$_2$ 抑制了 OH$^-$ 的扩散速度,因此需要更长的碱处理时间。测试发现碱处理 3 h 的样品具有适宜的孔结构和结晶度,在 0.5 A/g 电流密度下可以达到 2255 F/g(250.6 mA·h/g),进一步与 AC 组装杂化超级电容器,其在 370.8 W/kg 的功率密度下,能量密度为 52.54 W·h/kg。

MOFs 制备金属氧化物的方法也有很多。如前面提到的 Yamauchi 等采用图 5-7(a) 所示的策略,在高温解热 ZIF-67 的过程中先得到了石墨化碳与金属钴颗粒的复合材料,用 HF 刻蚀可以得到多孔碳,若对石墨化碳与金属钴颗粒的复合材料在空气中 350 ℃ 加热就可以得到多孔的 Co$_3$O$_4$[17]。多孔的 Co$_3$O$_4$ 在 5 mV/s 的扫描速率下,比容量可以达到 504 F/g,且倍率性能优异,扫描速率增加 40 倍后,容量依然可以保持初始值的 52%。实际上多孔的 Co$_3$O$_4$ 也可以通过一步热解法制得。例如,2011 年,Zhang 等通过直接 450 ℃ 热解 Co-BDC MOFs 2 h 制备了多孔的 Co$_3$O$_4$,其在 1 A/g 的电流密度下比容量可以达到 208 F/g[23]。2014 年,Huang 等以 ZIF-67 为前驱体,通过在 450 ℃ 热解 30 min,制备了多孔的 Co$_3$O$_4$ 中空十二面体,其在 1.25 A/g 的电流密度下比容量达到了 1110 F/g[24]。值得注意的是,在 MOFs 煅烧制备过渡金属氧化物的过程中,一直有两种观点,一种认为 MOFs 先在保护气下煅烧得到碳和金属复合物,再在空气中氧化去掉碳得到的过渡金属氧化物性能好(两步法);一种认为 MOFs 材料直接在空气中煅烧,得到的产品性能会更好(一步法)。两步法认为,保护气下煅烧可以形成多孔碳材料,多孔碳可以有效地分散金属离子防止过度聚集的发生;而一步法认为形成碳与金属复合材料这一步,已经丧失了 MOFs 高分散金属中心和有序孔结构的特性,不利于材料的高度分散。通过上面三个例子的结果也可以看出,很难简单地判断一步法和两步法到底谁更好,这与 MOFs 结构、煅烧温度、升温梯度、保护气种类及前驱体形貌等都有关系,以往的实验结果只能提供参考,要根据具体情况分析,不能简单地复制处理过程。

除了上述过程外,还可以通过退火的方式将 MOFs 衍生的氢氧化物转变成对应的氧化物。例如,上述介绍的 UPC-9 衍生的 β-Co(OH)$_2$,可以通过 350 ℃ 的退火反应生成对应的多孔 Co$_3$O$_4$ 材料[20]。相关表征表明,退火后纳米片的厚度仅为 3.5 nm,且每个纳米片表面具有大量水分子离去后的孔结构,比表面积高达 101.7 m^2/g[图 5-9(a)],有效增加了电化学活性位点的数量。如图 5-9(b)所示,该多孔 Co$_3$O$_4$ 的比容量在 1 A/g 情况下可以达到 1121 F/g,且倍率性能优异,充放电速度增加 25 倍,比容量依然保持初始值的 77.8%。除了退火的方式外,还可以通过水热原位氧化的方法制备氧化物材料。Sun 等在碱处理 Co/Ni-MOFs 的过程中加入过氧化氢,实现了部分氢氧化物原位转化成氧化物的过程,得到了 NiCo$_2$O$_4$/β-Ni$_x$Co$_{1-x}$(OH)$_2$/α-Ni$_x$Co$_{1-x}$(OH)$_2$[25]。该材料中片层结构的氢氧化物被原位氧化形成支撑的 NiCo$_2$O$_4$,形成了手风琴结构,不仅可以提供更多的反应活性中心,还增强了材料的导电性,因此具有优异的超级电容器性能。电化学测试[图 5-9(c)]发现,NiCo$_2$O$_4$/β-Ni$_x$Co$_{1-x}$(OH)$_2$/α-Ni$_x$Co$_{1-x}$(OH)$_2$ 材料的比容量在 0.5 A/g 情况下可以达到 1646 F/g,明显优于氢氧化物直接在空气中氧化的样品。2020 年,Wang 等则独辟蹊径,通过控制反应体系的 pH 和反应温度,利用空气中的氧气实现了

MOFs 衍生氢氧化物的原位氧化[26]。首先合成了 ZIF-67，再通过 LDH 包覆的方法制备了 ZIF-67@Co/Ni-LDH，最后通过 NaH$_2$PO$_2$ 刻蚀制备出原位氧化的 α-Co/Ni(OH)$_2$@Co$_3$O$_4$ 复合纳米笼材料。他们发现形成氧化物和氢氧化物复合结构的原因是，NaH$_2$PO$_2$ 的刻蚀相对较慢，正好与空气中氧气氧化的速度相匹配，最终形成了 α-Co/Ni(OH)$_2$@Co$_3$O$_4$ 复

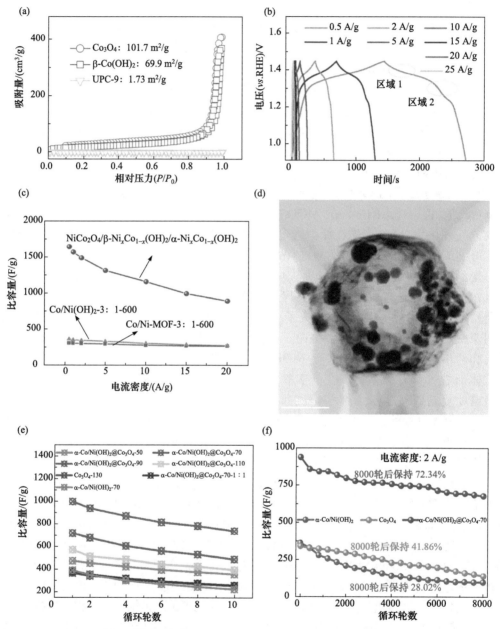

图 5-9 (a) UPC-9 及其衍生物的吸附曲线；(b) UPC-9 衍生 Co$_3$O$_4$ 的 GCD 曲线[20]；(c) 不同氧化方法处理的 Co/Ni-MOFs 的比容量图[25]；(d) α-Co/Ni(OH)$_2$@Co$_3$O$_4$-70 的 TEM 图；(e) 不同 α-Co/Ni(OH)$_2$@Co$_3$O$_4$ 系列样品的比容量图；(f) α-Co/Ni(OH)$_2$@Co$_3$O$_4$-70、α-Co/Ni(OH)$_2$ 和 Co$_3$O$_4$ 样品的循环稳定性图[26]

合结构。在此复合结构中 α-Co/Ni(OH)$_2$ 呈现出中空纳米笼的形状[图 5-9(d)]，Co$_3$O$_4$ 纳米颗粒原位嵌入到 α-Co/Ni(OH)$_2$ 纳米笼中，增强了纳米笼的导电性和稳定性。电化学测试发现，不同温度制备的不同氢氧化物和氧化物比例的样品电化学性能也不同，其中 α-Co/Ni(OH)$_2$@Co$_3$O$_4$-70 具有最高的比容量，达到 1000 F/g，电流密度升高 10 倍，比容量依然可以保持初始值的 74%。图 5-9(f) 显示，α-Co/Ni(OH)$_2$@Co$_3$O$_4$-70 具有优异的循环稳定性，循环 8000 轮依然保持初始值的 72.34%，明显优于纯 Co$_3$O$_4$ 样品的 41.86% 和纯 α-Co/Ni(OH)$_2$ 样品的 28.02%。

5.4.2 过渡金属硫化物

由于具有高的理论容量、高的导电性、高的氧化还原活性、低成本和长循环寿命等优点，过渡金属硫化物吸引了研究者广泛关注。大量的双金属硫化物，包括 NiCo$_2$S$_4$ 空心胶囊、纳米盒、球、纳米薄片和纳米管，已经被制备成超级电容器电极材料。特别是 MOFs 衍生的过渡金属硫化物，由于继承了 MOFs 前驱体的结构优势，通常表现出比传统硫化物更优异的性能。以 MOFs 为前驱体制备的硫化物主要分为两种：一种是通过 MOFs 与硫粉混合，再通过高温煅烧法制得；另一种是通过溶液状态下的 S^{2-} 刻蚀 MOFs 前驱体制得。

首先介绍一下第一种热解法制备 MOFs 衍生过渡金属硫化物。例如，Zhang 等以卟啉四羧酸与 4,4-联吡啶为有机配体，与金属钴组装成具有如图 5-10(a) 和 (b) 所示的柱支撑结构的四方片状 MOFs(PPF-3)[27]。以 PPF-3 为前驱体，加入硫粉后在氩气

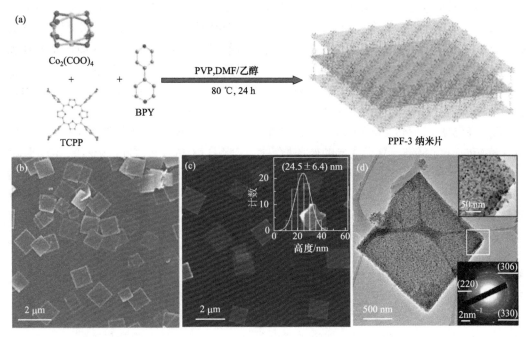

图 5-10　PPF-3 的合成及结构示意图(a) 和 SEM 图(b)；CoSNC 的原子力显微镜表征(c) 和透射电子显微镜图(d)[27]

条件下煅烧 5 h，就得到了 $CoS_{1.097}$ 与氮掺杂碳原位复合的四方纳米薄片(CoSNC)。从图 5-10(c)和(d)可以看到 CoSNC 具有疏松多孔的结构，且 $CoS_{1.097}$ 纳米颗粒分散在氮掺杂碳的框架中，可以有效增强材料的导电性，因此 CoSNC 是一种理想的超级电容器电极材料。电化学测试发现，其在 1.5 A/g 情况下比容量可以达到 360.1 F/g，且循环稳定性优异，2000 轮充放电循环后，比容量基本保持不变。Zou 等则以 Ni-MOF-74 与还原氧化石墨烯的复合物(Ni-MOF-74/rGO)为前驱体，通过通入 H_2S 气体，在 350 ℃条件下煅烧就可以得到α-NiS 纳米棒修饰的还原氧化石墨烯(R-NiS/rGO)[28]。相关结构分析表明α-NiS 暴露出大量的(101)和(110)晶面，而上述两个晶面已经被密度泛函理论证明具有比较强的 OH^-吸附能力。这表明 R-NiS/rGO 暴露的活性面容易发生氧化还原反应，同时 rGO 的存在可以增强材料的导电性，因此具有优异的电化学储能性能。以 2 mol/L KOH 为电解液，在三电极体系下测试了该材料的比容量，发现在 1 A/g 情况下可以达到 744 C/g，电流密度增大 50 倍，依然可以保持在 600 C/g，显示了优异的倍率性能。该材料的循环稳定性同样非常突出，循环 20000 轮条件下，容量依然可以保持初始值的 89%。进一步将 R-NiS/rGO 与 N-掺杂石墨烯凝胶(C/NG-A)组装成杂化的超级电容器器件，该器件在 962 W/kg 的功率密度下，具有高达 93 W·h/kg 的能量密度。

除了上述采用煅烧方法制备 MOFs 衍生的过渡金属硫化物纳米材料外，还可以通过简单的液相离子交换法制备高性能的硫化物纳米材料。2016 年，Lou 等使用 Na_2S 作为硫化剂，以 ZIF-67 为前驱体，通过液相硫化方法制备了具有双壳层结构的 CoS 纳米立方体材料。首先在合成 ZIF-67 的过程中加入 CTAB，调整生长过程，得到具有立方体结构的 ZIF-67 前驱体；再将其加入 85 ℃的乙醇/水溶液中，反应 25 min，得到了壳层为 $Co(OH)_2$ 的 ZIF-67/$Co(OH)_2$ 核壳结构；最后，通过加入 Na_2S，将 $Co(OH)_2$ 纳米片和 ZIF-67 中的 OH^-和 2-MIM$^-$阴离子置换为 S^{2-}，得到由 CoS 纳米片和空心 CoS 纳米颗粒组成的双壳空心结构[29]。通过 GCD 曲线可以看出其呈现出典型的电池型电容器行为，在电流密度为 1 A/g、2 A/g、5 A/g、10 A/g 和 20 A/g 时的比容量分别为 980 F/g、920 F/g、865 F/g、749 F/g 和 585 F/g，且在 5 A/g 的电流密度下循环 10000 轮，依然可以保持初始值的 89%，具有优异的循环稳定性。随后以双壳层的 CoS 为正极，活性炭为负极，制备了非对称的超级电容器器件，其在 756 W/kg 的功率密度下，具有高达 39.9 W·h/kg 的能量密度。Wang 等更换硫化试剂为硫代乙酰胺[图 5-11(a)]，同样可以制备高性能的 ZIF-67 衍生硫化物纳米材料。他们首先制备了 ZIF-67 前驱体，再通过 LDH 的包覆过程得到 ZIF-67@Co/Ni-LDH 的核壳结构，随后加入硫源，在回流的条件下实现了 S^{2-}对 OH^-和 2-MIM$^-$阴离子的替换过程，得到了具有中空十二面体结构的 $CoNi_2S_4$ 纳米笼[30]。研究发现 Co/Ni-LDH 的包覆过程至关重要，不仅可以引入异元素 Ni 离子，实现 Co 和 Ni 的双金属协同作用，还可以有效地保护 ZIF-67 的形貌，防止材料的坍塌，增加了反应的活性位点。因此该材料在 4 A/g 情况下比容量可以达到 1890 F/g，循环 1000 轮和 5000 轮时，容量保持率分别为 89.9%和 71.6%。进一步，将其与碳材料组装成非对称的超级电容器器件，该器件在 640 W/kg 的功率密度下，具有高达 35 W·h/kg 的能量密度。

第 5 章 MOFs 材料在超级电容器领域的应用 279

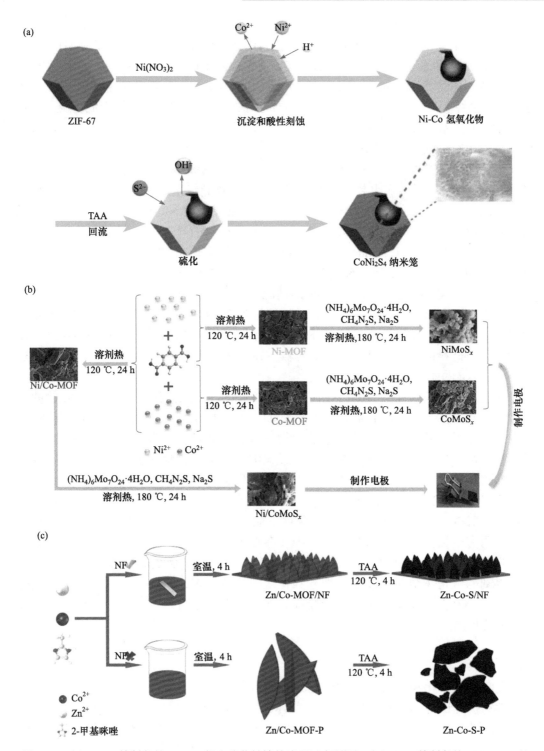

图 5-11 (a) Wang 等制备的 ZIF-67 衍生硫化钴镍的流程示意图[30];(b) Yang 等制备的 NiCoMoS$_x$ 的流程示意图[31];(c) Han 等制备 Zn-Co-S/NF 电极的流程示意图[32]

为进一步增强材料的性能，Yang 等合成了一系列钼掺杂的混合金属硫化物($MMoS_x$)，其中 M 代表 Ni 和 Co 的不同组合[31]。如图 5-11(b)所示，首先以比例分别为 1∶0、0∶1 和 1∶1 的 $NiCl_2·6H_2O$ 和 $CoCl_2·6H_2O$ 用作金属离子源，以对苯二甲酸为连接配体，合成了 Ni-MOF、Co-MOF 和 Ni/Co-MOF。将上述三种 MOFs 分别放入硫代钼酸铵中搅拌 30 min 后，再向反应体系中加入硫脲和 Na_2S 作为混合硫源，最后在 180 ℃的水热条件下得到一系列混合金属硫化物 $MMoS_x$（M = Ni, Co, Co/Ni）。优化后的 $NiCoMoS_x$ 具有最优的性能，在 1 A/g 时比容量为 2595 F/g，在相同的电流密度下，即使经过 10000 轮充放电循环，仍保持高达 90.8%的容量保持率。进一步，又将 $NiCoMoS_x$ 与活性炭组装在一起，得到了非对称超级电容器装置，当功率密度为 807.2 W/kg 时可获得高达 48.2 W·h/kg 的能量密度，表明 $NiCoMoS_x$ 是一种很有前景的材料。此外还可以通过外加导电基底，以增强材料的导电性，制备高性能的超级电容器电极材料。例如，Han 等将 Zn/Co-MOF 直接生长在泡沫镍(NF)上，并对其进行硫化处理，得到 Zn-Co-S/NF 电极[32]。通过扫描电子显微镜发现，NF 促进了 Zn/Co-MOF 的垂直生长，在没有 NF 的情况下，Zn/Co-MOF 呈随机生长。Zn/Co 摩尔比为 1∶1 的 Zn/Co-MOF 的衍生物的比容量为 2354.3 F/g，明显高于 ZnCo-S 粉末的比容量 355.3 F/g，且 1000 轮循环保持率为 88.6%。将 Zn-Co-S/NF 与活性炭分别作为正负极材料构建了非对称超级电容器，在功率密度为 8.5 kW/kg 时可获得高达 31.9 W·h/kg 的能量密度。

从上述介绍可以看出 MOFs 衍生硫化物的高温热转换策略，不同于氧化物的制备过程，通常在惰性气氛下制备，或者也可以通过 H_2S 气体作为硫源直接硫化，这种方法可以得到原位碳复合的纳米硫化物材料，因此材料通常具有较好的导电性和循环稳定性。但是值得注意的是，高温过程中纳米硫化物颗粒会不可避免地发生团聚，导致反应活性位点数量的减少，因此比容量会低于通过液相离子交换得到的材料的比容量。MOFs 的离子交换策略具有自身独特的优势，其硫源多种多样，可以是硫化钠、硫脲、硫代乙酰胺等在加热条件下能提供 S^{2-}的试剂，硫化过程中 S^{2-}与溶液中的阴离子发生交换，因此在材料中会存在大量离子迁移通道，不仅可以增加反应活性位点的数量，还能提高离子的迁移速度，从而实现更高的比容量。其缺点是，得到的硫化物结晶度较低，纳米颗粒之间缝隙较多，材料导电性不佳，循环稳定性相对较差，可以通过引入石墨烯或其他导电性强的材料增强其导电性，从而实现性能的提高。

5.4.3 过渡金属磷化物

过渡金属磷化物及其复合材料也是一种常见的超级电容器电极材料。因此，很多科学家也尝试将 MOFs 材料作为前驱体制备磷化物纳米材料，以期实现电化学储能性质的进一步增强。例如，Pan 等以 Co-BTC MOFs 微球为前驱体，在氮气作为保护气的情况下，以 NaH_2PO_4 为磷源，以 5 ℃/min 的速度升温到 500 ℃，并保持 3 h 得到具有中空结构的碳包覆的 CoP 球[33]。由于碳材料有效地分散了 CoP 纳米颗粒，不仅防止了其过度聚集，还增强了电子的传输速度，因此该 CoP/C 中空球在 1 A/g

时比容量为 302.9 F/g。另外还将其作为正极，以 N 掺杂碳纳米球为负极，组装了两电极的超级电容器器件，发现在 700 W/kg 的高功率密度下提供了 16.14 W·h/kg 的能量密度，且在一定的电流密度下循环 5000 轮，容量还能保持 99.5%。镍基磷化物具有很高的比容量，但在充放电循环中容易腐蚀，与钴基磷化物相比，其倍率性能较差，因此构筑镍基和钴基磷化物属性的异质结构不但有助于提高电容性能，而且可以提高循环稳定性。

图 5-12(a) 显示 Pan 等以 ZIF-67 为前驱体，加入硝酸镍并回流得到了 Co/Ni-LDH 的中空八面体笼，并通过进一步的磷化处理得到了镍、钴双金属掺杂的磷化物 ($Ni_xCo_{1-x}P$) 中空纳米笼[34]。优化后的 $Ni_xCo_{1-x}P$ 电极在电流密度为 1 A/g 时，比容量为 548 C/g，且倍率性能优异，当充放电速度增大 40 倍后，依然能保持初始容量的 66.2%。循环稳定性测试表明其具有良好的稳定性，3000 轮之后依然能保持初始容量的 86%。进一步将该材料与活性炭组装成两电极的超级电容器，在 1 A/g 时比容量达到 115.8 F/g，10000 轮循环后容量可以保持 98.3%。为进一步提升材料的导电性，并减少黏结剂对催化活性中心的阻塞，可以将 MOFs 材料直接生长到集流体上，再制备硫化物材料就可以增强材料的超级电容器性能。如图 5-12(b) 所示，Wang 等将 Co-MOF 生长到碳布上，并通过 LDH 的包覆处理得到了 Co/Ni-LDH@Co-MOF 结构，进一步引入 Mo 源得到 Mo 掺杂的 Mo-Co/Ni-LDH@Co-MOF，再通过磷化处理得到 CoP 和 Mo 掺杂的 NiCoP 纳米片 (CoP/Mo-NiCoP)，具有多级中空结构[35]。比表面积测试和理论计算结果表明，CoP/Mo-NiCoP 材料相比于无 Mo 掺杂的材料具有更高的比表面积 (151 m^2/g) 和介孔结构；同时 Mo 元素可以调整磷化物的电子结构，增加电子的传输速度。因此，CoP/Mo-NiCoP 电极在 1 A/g 电流密度时比容量可以达到 892.3 C/g，且电流密度增加 20 倍，依然可以保持 78.9%的倍率值，同时材料还具有优异的循环稳定性，10000 轮的充放电测试后，比容量依然可以保持初始值的 82.6%。进一步地将该材料与 AC 组装成两电极的杂化超级电容器，在 800 W/kg 的高功率密度下提供了 64.7 W·h/kg 的能量密度，远超大多数已报道的超级电容器器件。此外，向双金属磷化物异质结构中掺入碳，可以增强电子导电性并促进电极界面之间的快速电子传递，也是一种有效地增强材料电化学性能的手段。例如，2019 年，Gong 等通过对双金属 MOFs 前驱体进行原位煅烧和磷化处理，制备了不同 Ni/Co 比例的 Ni_xCo_{1-x}P/C 纳米杂化材料[36]。这些复合材料具有颗粒结构，其中 NiCoP 被固定在碳中，不仅增强了材料的导电性，还可以防止材料在充放电过程中发生聚集，增强了材料的稳定性。因此，在三电极测试条件下，其在 1 A/g 电流密度下的比容量为 775.7 C/g，明显优于没有原位碳掺杂的 Ni_xCo_{1-x}P 电极 548 C/g 的比容量。同时该材料的倍率性能优异，在 20 A/g 电流密度下比容量依然可以保持 582.4 C/g。当然也可以采用集流体和原位碳掺杂结合的策略，进一步增强导电性，实现性能的优化。Sun 等制备了生长在碳纳米管上的 Ni 掺杂 CoP 复合碳材料，其具有优异的超级电容器性能[37]。具体制备过程如图 5-12(c) 所示，首先将碳纳米管放入 ZIF-67 生长的溶液环境中，陈化 24 h 得到了 ZIF-67@CNT 复合前驱体，将前驱体置入硝酸镍的乙醇溶液中回流 1 h，得到 Ni-ZIF-67@CNT 材料，再将上

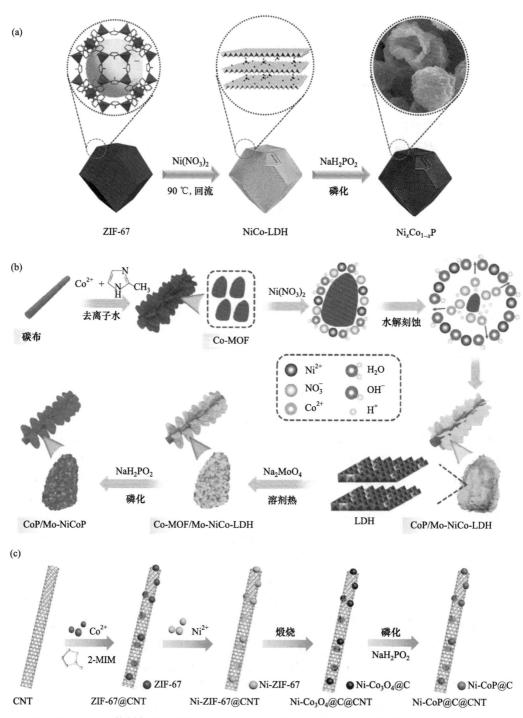

图 5-12 (a) Pan 等制备 ZIF-67 衍生 $Ni_xCo_{1-x}P$ 中空纳米笼的流程示意图[34]；(b) Wang 等制备 CoP/Mo-NiCoP 的流程示意图[35]；(c) Sun 等制备 Ni-CoP@C@CNT 电极的流程示意图[37]

述材料在空气中 350 ℃热解得到对应的氧化物材料 Ni-Co$_3$O$_4$@C@CNT，最终通过以 NaH$_2$PO$_2$ 为磷源，在 350 ℃磷化 2 h 得到最终产物 Ni-CoP@C@CNT。由于存在非晶态碳和碳纳米管，Ni-CoP@C@CNT 可以有效增加磷化物的电子导出速度，同时大量存在的异质复合界面也增加了活性面积，从而表现出优异的超级电容器性能。三电极体系下，在 20 A/g 电流密度时 Ni-CoP@C@CNT 电极的比容量可以达到 708.1 F/g，明显优于 CoP@C 电极的 349.2 F/g。另外还将 Ni-CoP@C@CNT 与石墨烯组装成杂化的超级电容器，在功率密度为 699.1 W/kg 时，能量密度为 17.4 W·h/kg，并且循环 5000 轮，容量反而增加至初始值的 117.2%，具有非常优异的循环稳定性。

5.4.4 过渡金属氧酸盐化合物

MOFs 材料还可以通过液相刻蚀的方法制备具有多孔结构的多金属含氧酸盐化合物，如磷酸盐、钒酸盐等具有开放结构的无机纳米材料。例如，2016 年，Lee 等以均苯三甲酸和硝酸镍为原料，合成了如图 5-13(a)所示的纳米棒结构，再将 MOFs 前驱体置入 Na$_3$PO$_4$ 溶液中水热反应 15 h，就得到图 5-13(b)中所示的形貌保持的疏松多孔的 Ni$_x$P$_y$O$_z$ 纳米棒[38]。由于 PO$_4^{3-}$ 的配位构型，类似于 BTC^{3-} 在 MOFs 框架中的三桥连模式，且 Ni-PO$_4$ 的热稳定性要高于 Ni-BTC 的热稳定性，因此在水热条件下 BTC^{3-} 会逐渐被 PO$_4^{3-}$ 置换出来，形成 Ni$_x$P$_y$O$_z$ 材料。同时需要注意的是由于 PO$_4^{3-}$ 的尺寸要小于 BTC^{3-}，因此置换后，局部小颗粒会发生收缩形成明显的离子迁入迁出的介孔孔道，再结合磷酸盐材料本身具有的开放框架结构，制备得到的 Ni$_x$P$_y$O$_z$ 纳米棒具有高达 142.24 m^2/g 的比表面积。电化学测试[图 5-13(c)]发现，Ni$_x$P$_y$O$_z$ 纳米棒在 1 A/g 电流密度时的比容量可以达到 1627 F/g，明显优于 Ni-BTC 前驱体电极的 399.3 F/g。同时该材料也具有相对优异的循环稳定性能，在 1 A/g 电流密度下循环 10000 轮，依然可以保持初始值的 53.65%，优于大多数的同类磷酸盐纳米材料。2019 年，Wang 等以 ZIF-67 为前驱体制备了具有中空多级结构的 Co/Ni 双金属磷酸盐(ZIF-67-LDH-CNP)，其同样具有优异的超级电容器表现[39]。具体过程如图 5-13(d)所示，首先制备了正十二面体的 ZIF-67 前驱体，再通过 LDH 包覆过程制备了具有核壳结构的 ZIF-67@Co-Ni LDH 材料，再进一步进行 Na$_3$PO$_4$ 的刻蚀过程，形成了 Co/Ni 双金属磷酸盐。对 Na$_3$PO$_4$ 的刻蚀温度进行了详细探索，发现在 25 ℃时，由于刻蚀速度和 Co/Ni 双金属磷酸盐的生成速度不匹配，ZIF-67 的十二面体结构被破坏；当温度在 50～110 ℃之间时，ZIF-67 可以保持十二面体形貌，且随着温度的升高其壳层厚度逐渐变薄；当温度继续升高到 130 ℃时，由于温度过高，磷化钴镍化合物发生团聚，导致十二面体结构发生破坏。优化后的产物 ZIF-67-LDH-CNP-110 具有非晶态结构，比表面积高达 151.8 m^2/g，是一种理想的超级电容器电极材料。电化学测试发现 ZIF-67-LDH-CNP-110 样品在 1 A/g 电流密度时的比容量可以达到 1616 F/g，且具有优异的倍率性能，即使电流密度提升 10 倍，容量还可以保持 80.32%。进一步地组装了 ZIF-67-LDH-CNP-110//AC 杂化的超级电容器，在 150 W/kg 的高功率密度下提供了 33.29 W·h/kg 的能量密度。除此之外还可以通过煅烧的方法制备 MOFs 衍生的磷酸盐与碳的原位复合材料，从而实现材料导电性和稳定性的增强。例如，Wang 等以苯磷酸为有机配体与 $Co(NO_3)_2$ 反应制备了具有纳米花状结构的前驱体，并通过氮气条件下的煅烧过程，制备了原位 C 掺杂的 $Co_2P_2O_7$ 多孔纳米花[40]。优化反应温度后发现，900 ℃制备的样品 $Co_2P_2O_7$/C-900 具有最优的孔结构和结晶性，可以为电化学反应提供丰富的活性中心和电解质离子迁移路径，从而有助于快速且深入的法拉第氧化还原反应。电化学测试结果表明，$Co_2P_2O_7$/C-900 电极在 1 A/g 电流密度时的比容量可以达到 349.6 F/g，并表现出优异的循环稳定性，在 2 A/g 的电流密度下循环 3000 轮，容量还可以保持 80.32%。将该材料与 3D 的多孔石墨烯(3DPG)组装成非对称的 $Co_2P_2O_7$/C-900//3DPG 超级电容器，可以在 375 W/kg 的高功率密度下提供 21.9 W·h/kg 的能量密度，并且在 3 A/g 的电流密度下循环 10000 轮，容量还可以保持 106.25%。

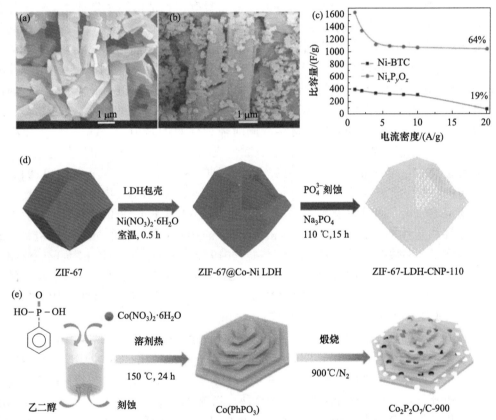

图 5-13　(a)Ni-BTC MOFs 前驱体的 SEM 图；(b) $Ni_xP_yO_z$ 纳米棒的 SEM 图；(c) Ni-BTC 和 $Ni_xP_yO_z$ 纳米棒的比容量对比[38]；(d) Wang 等报道的 ZIF-67 衍生中空磷酸钴镍十二面体笼的合成示意图[39]；(e) Wang 等报道的 $Co(PhPO_3)$ 衍生的 $Co_2P_2O_7$ 多孔纳米花[40]

除了磷酸盐外，还可以用钒酸盐对 MOFs 材料进行处理，制备超级电容器电极材料。Zou 等以碳布为基底，首先在其表面生长了 Co-MOF 的纳米片阵列，再通过 $NaVO_3$ 的刻蚀过程，制备了具有阵列结构的 $Co(OH)_2$-$Co(VO_3)_2$ 复合纳米材料[41]。

从图 5-14(a)所示的机理图中可以看出，当 Co-MOF 浸入到 $NaVO_3$ 溶液中时，VO_3^- 与 2-MIM$^-$ 发生置换反应，导致 $Co(VO_3)_2$ 纳米颗粒的生成，而置换出的大量 2-MIM$^-$ 会与水反应，生成 H-2MIM 和对应的 OH$^-$，生成的 OH$^-$ 则会进一步置换 2-MIM$^-$，形成 $Co(OH)_2$ 纳米片。$Co(VO_3)_2$ 纳米颗粒和 $Co(OH)_2$ 纳米片交替生产，形成最终的 $Co(OH)_2$-$Co(VO_3)_2$ 复合纳米材料。由于碳布集流体的导电作用，以及 $Co(VO_3)_2$ 纳米颗粒和 $Co(OH)_2$ 纳米片复合而形成的多孔结构，$Co(OH)_2$-$Co(VO_3)_2$ 电极在 0.5 mA/cm^2 电流密度时的比容量可以达到 803 F/g，并表现出良好的倍率性能和优异的循环稳定性[图 5-14(b)]，电流密度提高 10 倍后容量仍能保持 79.5%，连续充放电 15000 轮后，容量还可以保持 90%。此外，还可以采用常用的元素掺杂的概念对 MOFs 衍生的钒酸盐纳米材料进行改性，基于双金属协同作用，增强材料的性能。例如，Wang 等同样以 Co-MOF 为前驱体，不同的是在 $NaVO_3$ 刻蚀之前，加入硝酸镍对 Co-MOF 前驱体进行 Ni/Co-LDH 的包覆过程，最终制备了具有空心结构的 $Ni/Co(VO_3)_x(OH)_{2-x}$ 纳米叶状材料[具体制备过程见图 5-14(c)]。扫描和透射电子显微镜表明，制备的 $Ni/Co(VO_3)_x(OH)_{2-x}$ 纳米叶是由超薄的纳米片状组装而成的多级结构，且在纳米片上 Co、Ni、V 和 O 四种元素均匀分布，表明两种金属阳离子和两种金属阴离子均匀地掺杂在一起[42]。基于其独特的由超薄纳米片组装而成的中空结构，以及阴离子和阳离子掺杂的协同作用，优化后的 Ni-Co/V-12-2 样品在 1 A/g 电流密度下的比容量可以达到 161.4 mA·h/g，并表现出优异的循环稳定性，5600 轮的充放电循环后，容量依然保持初始值的 93.14%。随后还将该材料作正极与还原氧化石墨烯(rGO)组装制备了两电极的超级电容器器件，在 375 W/kg 的高功率密度下提供了 55.22 W·h/kg 的能量密度。

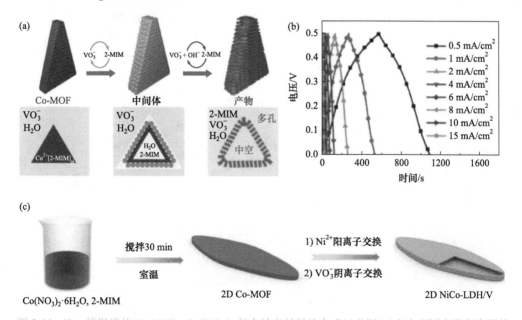

图 5-14 Zou 等报道的 $Co(OH)_2$-$Co(VO_3)_2$ 复合纳米材料的合成示意图(a)和在不同电流密度下的 GCD 曲线(b)[41]；(c) Wang 等报道的中空 $Ni/Co(VO_3)_x(OH)_{2-x}$ 纳米叶的合成示意图[42]

除了磷酸钠和钒酸钠外，还可以使用含硼的氧酸盐刻蚀 MOFs，制备高性能过渡金属基含氧酸盐衍生物。例如，Wang 等以具有层状结构的 Ni-BDC MOF 为前驱体，制备了具有 BO_2^- 柱支撑结构的 Ni-LDH 材料[Ni(BO_2^-)-LDH][43]。具体制备过程的反应机理如图 5-15 所示，Ni-BDC MOF 由 BDC^{2-} 桥连 1D $Ni_3(OH)_2$ 链构筑的 2D 层状结构组成，当将其浸泡到 $Na_2B_4O_7$ 溶液中时，$Na_2B_4O_7$ 分解产生的 OH^- 和 BO_2^- 会进攻 1D $Ni_3(OH)_2$ 链，并释放 BDC^{2-}，形成 OH^- 和 BO_2^- 功能化的 1D $Ni_3(OH)_2$ 链。该 1D 链在 OH^- 的桥连作用下面内聚集，形成二维层状的 BO_2^- 功能化的 2D Ni-LDH。两个相邻的层之间由竖起的 BO_2^- 相互桥连，形成了最终的 BO_2^- 柱支撑结构的 Ni-LDH 结构。柱支撑结构有效地打开了 Ni-LDH 的层间距，并有效地防止了充放电过程中 Ni-LDH 片层之间相互聚集导致的性能衰减，因此具有优异的超级电容器性能。电化学测试发现 Ni(BO_2^-)-LDH 电极在 1 A/g 电流密度时的比容量可以达到 244.4 mA·h/g，并且具有优异的循环稳定性，10000 轮的充放电循环后，容量依然保持初始值的 61.1%。进一步将其与三维还原氧化石墨烯组装成两电极超级电容器，在 111 W/kg 的高功率密度下提供了 56.5 W·h/kg 的能量密度。

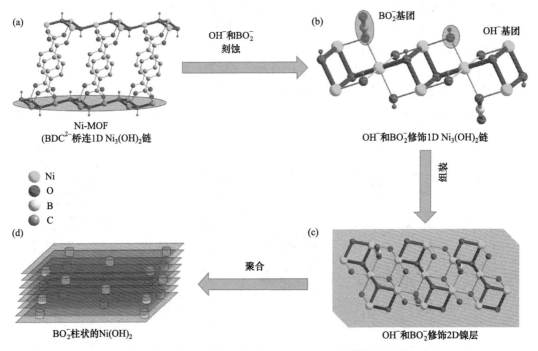

图 5-15　Wang 等报道的 Ni(BO_2^-)-LDH 的组装机理图[43]

5.4.5　过渡金属氮化物和硼化物

除了上述的过渡金属纳米材料外，MOFs 衍生的过渡金属氮化物和硼化物也被证明是一种理想的超级电容器电极材料。例如，2018 年，Wang 等制备了在碳布上生长的 Ni 元素掺杂的 Co-Co_2N 纳米片阵列，其表现出优异的超级电容器性能[44]。具体制备过程如图 5-16(a)所示，首先以碳布为基底，在其表面生长 Co 基的 ZIF-L，再通过 LDH 包覆和 350 ℃的退火过程制备了生长在碳布上的 $NiCo_2O_4$ 纳米片阵列，最后通入 NH_3，在 350 ℃条件下进行氮化处理，得到 Ni 元素掺杂的 Co-Co_2N 纳米片阵列，并命名为 Ni,Co-N-350@CC 电极。通过图 5-16(b)所示的扫描电子显微镜结果可以看出，整个转变过程中有效地保持了 ZIF-L 前驱体的纳米片阵列结构，且经过 LDH 包覆过程后转变成超薄的纳米片结构，有利于电解质离子的快速迁移，从而有助于超级电容器性能的提升。将优化得到的 Ni,Co-N-350@CC 电极进行电化学测试，发现在 2 A/cm^2 电流密度下比容量可以达到 361.93 C/g，这比没有氮化处理前的氧化物的比容量提高了 68.8%。同时该材料还具有优异的倍率性能，电流密度提升 25 倍，容量还能保持初始容量的 57.36%。进一步将该电极与多孔碳进行组装得到了杂化的超级电容器，在 9850 W/kg 的高功率密度下提供了 20.4 W·h/kg 的能量密度，且循环性能优异，5000 轮循环后容量保持率为 82.4%。2020 年，Wang 等发现将无机纳米颗粒与 ZIF-8 复合，再进行氮化处理可以得到氮化物与氮化碳的复合物，从而实现超级电容器性能的增强[45]。具体制备过程如图 5-16(c)所示：首先制备了球状的 $NiCo_2O_4$ 纳米材料，并将其置于 ZIF-8 的生长环境中，制备了由 ZIF-8 连接 $NiCo_2O_4$ 球状的复合前驱体，再通过氮气条件下的煅烧反应及随后的酸洗反应，制备得到了 CoN 和 Ni_3N 复合 ZIF-8 衍生氮化碳多级结构（Ni-CoN@NC）。BET 测试表明由于 ZIF-8 材料的引入，极大地增加了材料的比表面积，从原来 $NiCo_2O_4$ 纳米球的 26.8 m^2/g 增加到 Ni-CoN@NC 样品的 798.6 m^2/g。因此，该材料表现出显著增强的超级电容器性能，在 1 A/g 电流密度下比容量可以达到 993 F/g，且循环 5000 轮，容量可以保持初始值的 96.4%。将该材料与 AC 组装成非对称的超级电容器，在 579 W/kg 的高功率密度下提供了 37.1 W·h/kg 的能量密度，并且串联的两个电容器器件可以轻易地点亮 LED 灯泡。

MOFs 材料还可以通过 $NaBH_4$ 处理，制备非晶态的硼化物用于超级电容器研究。例如，2021 年，Behera 等首先制备了具有柱层结构的 Ni-MOF 前驱体，并将其置于 $EtOH/H_2O$ 混合溶液中，缓慢滴加 $NaBH_4$ 溶液，得到了非晶态结构的多孔 NiB[46]。通过 XPS 测试，证明该材料中存在的 Ni 元素以零价 Ni 为主，同时 B 元素也主要以零价形式存在，再结合非晶态的 XRD，证明了最终生成的产物为非晶态的 NiB。电化学测试表明，生成的非晶态 NiB 具有优异的性能，在 1 mV/s 的情况下，比容量可以达到 2580 F/g，明显高于未处理的 Ni-MOF 前驱体(仅有 7.0 F/g)。进一步地，组装了非对称的超级电容器，在 2080 W/kg 的高功率密度下提供了 26.4 W·h/kg 的能量密度，并且循环 5000 轮后，可以保持 96%的初始容量。

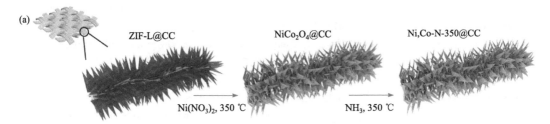

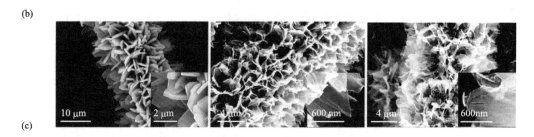

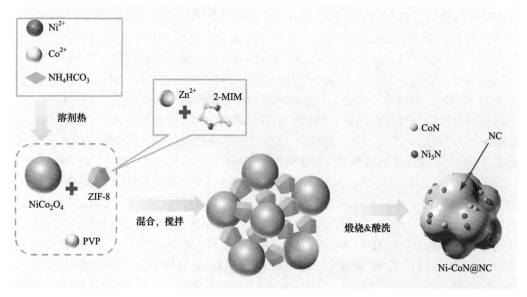

图 5-16　(a) Wang 等报道的 Ni,Co-N-350@CC 复合纳米材料的合成示意图；(b) ZIF-L@CC、NiCo₂O₄@CC 和 Ni,Co-N-350@CC 的 SEM 图[44]；(c) Wang 等报道的中空 Ni-CoN@NC 纳米叶的合成示意图[45]

参 考 文 献

[1] Choi K M, Jeong H M, Park J H, et al. Supercapacitors of nanocrystalline metal-organic frameworks. ACS Nano, 2014, 8(7): 7451-7457.

[2] Wang L, Feng X, Ren L, et al. Flexible solid-state supercapacitor based on a metal-organic framework interwoven by electrochemically-deposited PANI. J Am Chem Soc, 2015, 137(15): 4920-4923.

[3] Qi K, Hou R, Zaman S, et al. Construction of metal-organic framework/conductive polymer hybrid for all-solid-state fabric supercapacitor. ACS Appl Mater Inter, 2018, 10(21): 18021-18028.

[4] Sheberla D, Bachman J C, Elias J S, et al. Conductive MOF electrodes for stable supercapacitors with high areal capacitance. Nat Mater, 2017, 16(2): 220-224.

[5] Li W, Ding K, Tian H, et al. Conductive metal-organic framework nanowire array electrodes for high-performance solid-state supercapacitors. Adv Funct Mater, 2017, 27: 1702067.

[6] Lee D Y, Yoon S J, Shrestha N K, et al. Unusual energy storage and charge retention in Co-based metal-organic-frameworks. Micropor Mesopor Mat, 2012, 153(153): 163-165.

[7] Lee D Y, Shinde D V, Kim E, et al. Supercapacitive property of metal-organic-frameworks with different pore dimensions and morphology. Micropor Mesopor Mat, 2013, 171: 53-57.

[8] Qu C, Jiao Y, Zhao B, et al. Nickel-based pillared MOFs for high-performance supercapacitors: design, synthesis and stability study. Nano Energy, 2016, 26: 66-73.

[9] Yang J, Zheng C, Xiong P, et al. Zn-doped Ni-MOF material with a high supercapacitive performance. J Mater Chem A, 2014, 2(44): 19005-19010.

[10] Liu B, Shioyama H, Jiang H, et al. Metal-organic framework (MOF) as a template for syntheses of nanoporous carbons as electrode materials for supercapacitor. Carbon, 2010, 48(2): 456-463.

[11] Liu B, Shioyama H, Akita T, et al. Metal-organic framework as a template for porous carbon synthesis. J Am Chem Soc, 2008, 130(16): 5390-5391.

[12] Hu J, Wang H, Gao Q, et al. Porous carbons prepared by using metal-organic framework as the precursor for supercapacitors. Carbon, 2010, 48: 3599-3606.

[13] Wang L, Wei T, Sheng L, et al. "Brick-and-mortar" sandwiched porous carbon building constructed by metal-organic framework and graphene: ultrafast charge/discharge rate up to $2 \mathrm{~V} \cdot \mathrm{s}^{-1}$ for supercapacitors. Nano Energy, 2016, 30: 84-92.

[14] Chaikittisilp W, Hu M, Wang H, et al. Nanoporous carbons through direct carbonization of a zeolitic imidazolate framework for supercapacitor electrodes. Chem Commun, 2012, 48(58): 7259.

[15] Jiang H, Liu B, Lan Y, et al. From metal-organic framework to nanoporous carbon: toward a very high surface area and hydrogen uptake. J Am Chem Soc, 2011, 133(31): 11854-11857.

[16] Salunkhe R R, Tang J, Kobayashi N, et al. Ultrahigh performance supercapacitors utilizing core-shell nanoarchitectures from a metal-organic framework-derived nanoporous carbon and a conducting polymer. Chem Sci, 2016, 7: 5704-5713.

[17] Salunkhe R R, Tang J, Kamachi Y, et al. Asymmetric supercapacitors using 3D nanoporous carbon and cobalt oxide electrodes synthesized from a single metal-organic framework. ACS Nano, 2015, 9(6): 6288-6296.

[18] Tang J, Salunkhe R R, Liu J, et al. Thermal conversion of core-shell metal-organic frameworks: a new method for selectively functionalized nanoporous hybrid carbon. J Am Chem Soc, 2015, 137(4): 1572-1580.

[19] Miles D O, Jiang D, Burrows A D, et al. Conformal transformation of [Co(bdc)(DMF)] (Co-MOF-71, bdc = 1, 4-benzenedicarboxylate, DMF = N, N-dimethylformamide) into porous electrochemically active cobalt hydroxide. Electrochem Commun, 2013, 27: 9-13.

[20] Xiao Z, Fan L, Xu B, et al. Green fabrication of ultrathin Co_3O_4 nanosheets from metal-organic framework for robust high-rate supercapacitors. ACS Appl Mater Inter, 2017, 9: 41827-41836.

[21] Xiao Z, Mei Y, Yuan S, et al. Controlled hydrolysis of metal-organic frameworks: hierarchical Ni/Co-layered double hydroxide microspheres for high-performance supercapacitors. ACS Nano, 2019, 13(6): 7024-7030.

[22] Xiao Z, Xu B, Zhang S, et al. Balancing crystallinity and specific surface area of metal-organic framework derived nickel hydroxide for high-performance supercapacitor. Electrochim Acta, 2018, 284: 202-210.

[23] Zhang F, Hao L, Zhang L J, et al. Solid-state thermolysis preparation of Co_3O_4 nano/micro superstructures from metal-organic framework for supercapacitors. Int J Electrochem Sci, 2011, 6(7): 2943-2954.

[24] Zhang Y, Wang Y, Huan P, et al. Porous hollow Co_3O_4 with rhombic dodecahedral structures for high-performance supercapacitors. Nanoscale, 2014, 6: 14354-14359.

[25] Mei H, Mei Y, Zhang S, et al. Bimetallic-MOF derived accordion-like ternary composite for high-performance supercapacitors. Inorg Chem, 2018, 57(17): 10953-10960.

[26] Bao Y, Deng Y, Wang M, et al. A controllable top-down etching and *in-situ* oxidizing strategy: metal-organic frameworks derived α-Co/Ni(OH)$_2$@Co$_3$O$_4$ hollow nanocages for enhanced supercapacitor performance. Appl Surf Sci, 2020, 504: 144395.

[27] Cao F, Zhao M, Yu Y, et al. Synthesis of two-dimensional CoS$_{1.097}$/nitrogen-doped carbon nanocomposites using metal-organic framework nanosheets as precursors for supercapacitor application. J Am Chem Soc, 2016, 138(22): 6924-6927.

[28] Qu C, Zhang L, Meng W, et al. MOF-derived α-NiS nanorods on graphene as an electrode for high-energy-density supercapacitors. J Mater Chem A, 2018, 6(9): 4003-4012.

[29] Hu H, Guan B Y, Lou X W D. Construction of complex CoS hollow structures with enhanced electrochemical properties for hybrid supercapacitors. Chem, 2016, 1(1): 102-113.

[30] Wang Q, Gao F, Xu B, et al. ZIF-67 derived amorphous CoNi$_2$S$_4$ nanocages with nanosheet arrays on the shell for a high-performance asymmetric supercapacitor. Chem Eng J, 2017, 327: 387-396.

[31] Yang W, Guo H, Yue L, et al. Metal-organic frameworks derived MMoS$_x$ (M = Ni, Co and Ni/Co) composites as electrode materials for supercapacitor. J Alloy Compd, 2020, 834: 154118.

[32] Tao K, Han X, Cheng Q, et al. A zinc cobalt sulfide nanosheet array derived from a 2D bimetallic metal-organic frameworks for high-performance supercapacitors. ChemEur J, 2018, 24: 12584-12591.

[33] Zhang X, Hou S, Ding Z, et al. Carbon wrapped CoP hollow spheres for high performance hybrid supercapacitor. J Alloy Compd, 2020, 822: 153578.

[34] Xu Y, Hou S, Yang G, et al. Synthesis of bimetallic Ni$_x$Co$_{1-x}$P hollow nanocages from metal-organic frameworks for high performance hybrid supercapacitors. Electrochim Acta, 2018, 285: 192-201.

[35] Zhao Y, Dong H, Yu J, et al. Binder-free metal-organic frameworks-derived CoP/Mo-doped NiCoP nanoplates for high-performance quasi-solid-state supercapacitors. Electrochim Acta, 2021, 390: 138840.

[36] Zhou Q, Gong Y, Tao K. Calcination/phosphorization of dual Ni/Co-MOF into NiCoP/C nanohybrid with enhanced electrochemical property for high energy density asymmetric supercapacitor. Electrochim Acta, 2019, 320: 134582.

[37] Gu J, Sun L, Zhang Y, et al. MOF-derived Ni-doped CoP@C grown on CNTs for high-performance supercapacitors. Chem Eng J, 2020, 385: 123454.

[38] Bendi R, Kumar V, Bhavanasi V, et al. Metal organic framework-derived metal phosphates as electrode materials for supercapacitors. Adv Energy Mater, 2016, 6(3): 1501833.

[39] Xiao Z, Bao Y, Li Z, et al. Construction of hollow cobalt-nickel phosphate nanocages through a controllable etching strategy for high supercapacitor performances. ACS Appl Energy Mater, 2019, 2(2): 1086-1092.

[40] Zhang J, Liu P, Bu R, et al. *In-situ* fabrication of rose-shaped Co$_2$P$_2$O$_7$/C nanohybrid via coordination polymer template for supercapacitor application. New J Chem, 2020, 44(29): 12514-12521.

[41] Zhang Y, Chen H, Guan C, et al. Energy-saving synthesis of MOF-derived hierarchical and hollow Co(VO$_3$)$_2$-Co(OH)$_2$ composite leaf arrays for supercapacitor electrode materials. ACS Appl Mater Inter, 2018, 10(22): 18440-18444.

[42] Liu P, Bao Y, Bu R, et al. Rational construction of MOF derived hollow leaf-like Ni/Co(VO$_3$)$_x$(OH)$_{2-x}$ for enhanced supercapacitor performance. Appl Surf Sci, 2020, 533: 147308.

[43] Xiao Z, Liu P, Zhang J, et al. Pillar-coordinated strategy to modulate phase transfer of α-Ni(OH)$_2$ for enhanced supercapacitor application. ACS Appl Energy Mater, 2020, 3(6): 5628-5636.

[44] Liu X, Zang W, Guan C, et al. Ni-doped cobalt-cobalt nitride heterostructure arrays for high-power supercapacitors. ACS Energy Lett, 2018, 3(10): 2462-2469.

[45] Zhang J, Chen J, Luo Y, et al. MOFs-assisted synthesis of hierarchical porous nickel-cobalt nitride heterostructure for oxygen reduction reaction and supercapacitor. ACS Sustain Chem Eng, 2020, 8(1): 382-392.

[46] Tripathy R K, Samantara A K, Behera J N. Metal-organic framework (MOF)-derived amorphous nickel boride: an electroactive material for electrochemical energy conversion and storage application. Sustain Energy Fuels, 2021, 5(4): 1184-1193.

第6章 MOFs 材料在电池中的应用

6.1 金属离子电池

6.1.1 锂离子电池

近年来，随着社会的发展，化石燃料日渐枯竭，能源危机和环境问题日益突出。因此，电池和其他储能设备已成为研究人员关注的焦点。众所周知，锂离子电池因能量密度高、质量轻、污染小等优点而被广泛应用于手机、笔记本计算机等便携式电子设备、机器人，以及纯电动汽车和混合动力汽车等领域[1]。鉴于锂离子电池的重要作用，2019 年诺贝尔化学奖由三位该领域科学家 Goodenough、Whittingham、Yoshino 获得，以表彰他们在该领域做出的贡献。

目前，普遍认为锂离子电池是一种摇椅式电池，由正极、电解质和负极组成，通过锂离子的脱/嵌机制进行工作：充电时，锂离子通过电解质和隔膜从正极迁移到负极，实现能量储存；放电时，锂离子从负极迁移到正极，伴随着电池释放能量，如图 6-1(a) 所示。另外，根据电极材料与锂离子不同的结合方式，其储能机理可以概括为嵌入/脱出型、合金化反应及转换反应机制等。为满足科技快速发展的需求和绿色环保的设计理念，研究人员对于锂离子电池的开发提出了几点要求，可以简单概括为 3R 与 4H，分别是：可逆性、可重复设计、可回收利用及高效率、高安全性、环境友好、经济实用。为了得到具备更好性能的锂离子电池，对其组件的研究可谓任重而道远。

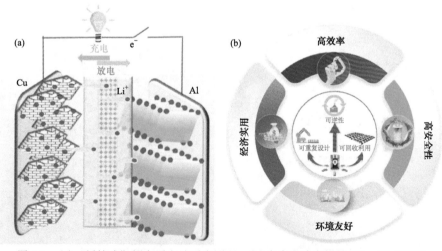

图 6-1　(a) "摇椅式" 锂离子电池反应原理；(b) 未来电池发展的 3R、4H 标准[2]

作为锂离子电池的核心部件，研究人员对电极材料开展了大量相关研究工作。具有高孔隙率和结构可控性优点的金属有机框架(MOFs)化合物是锂离子电池电极材料的最佳候选材料之一。尽管已报道了大量锂离子电池电极材料的相关研究，但仍存在一些关键因素阻碍其商业化应用，包括电池的寿命和循环稳定性。为了解决这些问题，研究者提出了不同方法来提高电池的容量和循环稳定性。由于 MOFs 具有多样化的框架和孔结构，有利于锂存储，最近在锂存储方面的应用越来越多。通过合理设计，调配 MOFs 中的有机无机成分，实现微观孔道结构、晶体结构与成分的精确调配，合成具有不同化学微环境的 MOFs 来实现目标结构和性能。通过对合成后的材料进行再次调整，MOFs 形态和组分可实现微调，以表现出高强度、大比表面积和良好的化学活性。此外，由于高的孔隙率和比表面积，MOFs 可以作为负载活性纳米材料的载体形成纳米颗粒/MOFs 复合材料；或作为牺牲模板材料，通过不同的处理方法衍生出各种纳米结构。这种基于 MOFs 设计的复合纳米材料可以保留每个组分的独特功能，产生协同效应，以弥补单一成分的缺点，并提高其在储能应用中的化学稳定性。近年来，MOFs 材料与其衍生材料在锂离子电池领域应用广泛，包括电极材料设计、隔膜修饰及固态电解质等多个领域，并展现出独特的优势。本章对 MOFs 基或其衍生材料在储能方面的设计原则和策略进行了全面总结，强调了电极材料开发过程中存在的主要障碍及其前瞻性解决方案，从而为这一重要领域的未来发展提供了重要参考(图 6-2)[3]。

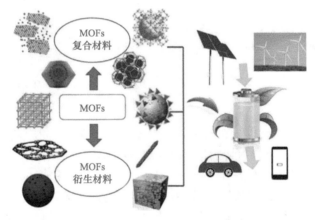

图 6-2　MOFs、MOFs 复合材料及 MOFs 衍生材料在锂离子电池中的应用[3]

1. 正极材料

MOFs 含有足够的孔隙，可以快速传输电解质；不饱和配位的金属位点和部分有机官能团可以与锂离子结合和分离，作为存储锂离子的活性位点。然而，绝大多数 MOFs 的电子传导能力较差，导致电化学动力学过程缓慢，严重阻碍了其倍率性能的提升。因此，设计具有良好导电性的 MOFs 材料，是实现电池性能提升最根本的方法。基于此，Chen 等将乙酸铜和 HHTP 作为原料，合成了一种新型的导电金属有机框架 $Cu_3(HHTP)_2$，并将其作为锂离子电池正极的活性材料[图 6-3(a)][4]。在 1.7～3.5 V 的工作电压范围内，$Cu_3(HHTP)_2$ 正极显示出约 95 mA·h/g 的可逆比容量，接近理论值

[图 6-3(b)和(c)]。得益于其固有的导电性和二维多孔结构,这种新型正极材料在高达 20 C 的电流密度下也表现出高度稳定的氧化还原循环性能。$Cu_3(HHTP)_2$ 的电化学测试结果和化学组分分析表明,铜离子在框架中的可逆价态变化是实现锂离子存储的主要原因。该工作为导电 MOFs 材料 $Cu_3(HHTP)_2$ 作为高倍率锂离子电池正极提供了新的研究思路。$Cu_3(HHTP)_2$ 优异的倍率性能可归因于:①固有的高电导率,保证电子的高效迁移;②开放的多孔层状框架,为锂离子嵌入和脱出提供畅通无阻的通道,结构中的 Cu^{2+}/Cu^+ 氧化还原中心是层间容纳锂离子的关键点;然而锂离子有可能与羟基反应,导致氧化还原循环过程中容量衰减。$Cu_3(HHTP)_2$ 正极的理论比容量为 95.61 mA·h/g,可以通过改进配体分子结构来进一步提升容量。

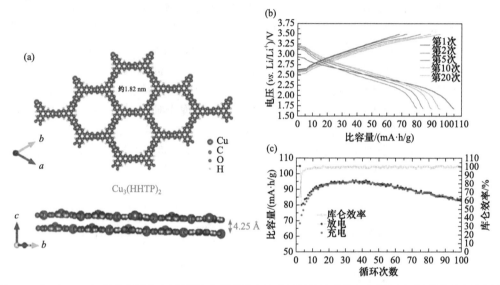

图 6-3　$Cu_3(HHTP)_2$ 的分子结构(a)及其作为锂离子电池正极材料的充放电曲线(b)与恒流循环曲线(c)[4]

除了亟待提高的倍率性能外,有机物作为锂离子电池正极材料还面临长循环稳定性低等问题,可归因于有机材料(特别是正极材料)在电解质中的溶解。二茂铁含有两个环戊二烯阴离子和一个中心铁阳离子(Fe^{2+}),其中 Fe^{2+} 可以氧化成 Fe^{3+},氧化还原电位约为 0.50 V($vs.$ SHE),二茂铁被认为是锂离子电池中有前途的正极材料[5]。研究发现,二茂铁环上不同的取代基也会影响其氧化还原电位:吸电子基团可以提高氧化还原电位值,而给电子基团会降低氧化还原电位值。由于具有较高氧化还原电位的正极材料具有较高的能量密度,因此可以开发低溶解度和高氧化还原电位的新型二茂铁衍生物,以获得锂离子电池优异的长循环稳定性和倍率性能。Li 等选择 1,1'-基二茂铁(DFc)作为原材料,与 Fe^{3+} 配位,制备纳米 Fe-MOFs:1,1'-二羧-二茂铁二羧酸盐 $[Fe(DFc)_{1.5}·3H_2O]$,缩写为 $Fe_2(DFc)_3$。$Fe_2(DFc)_3$ 被成功合成并用作锂离子电池高效、稳定的正极,表现出优异的电化学性能,包括高工作电压、较高的比容量和能量密度,以及优异的倍率容量和 10000 次循环的长循环稳定性。得益于其独特的结构和低溶解度,以及 Fe^{2+}/Fe^{3+} 的可逆氧化还原过程,$Fe_2(DFc)_3$ 正极(相对于锂负极)表现出 549 W·h/kg 的高能量密度和优异的电化学性能,包括 3.55 V($vs.$ Li/Li$^+$)相对高的工作电压,在 50 mA/g 电流密度下展现出 172 mA·h/g 的高比容量及 2000 mA/g 电流密度下高达 70 mA·h/g 的平均比容量。

具有氧化还原活性的有机电极因易获得原材料、环境友好、可规模化生产及结构稳定性而获得研究者的大量关注。然而,有机电极材料通常受到有机分子在溶剂中的稳定性差,电化学稳定性差等因素的限制。为解决这个问题,Zhang 等使用苯六硫代酯(BHT)与 Cu(Ⅱ)作为原料,合成 2D 结构金属有机框架化合物[$Cu_3(C_6S_6)$]$_n$,命名为 Cu-BHT[6]。分析该工作中充放电测试曲线可知,分子中的 S 原子可能会成为储存锂离子的活性位点。该材料显示出良好的电子传导能力,能够提升其作为电极材料的反应程度。经研究验证,该材料具有可逆的四电子转移过程,比容量可达 236 mA·h/g。即使循环 500 次后,比容量仍然保持在 175 mA·h/g,容量衰减率为 0.048%。值得一提的是,该材料在目前报道的有机电池中具有十分优异的倍率性能。其除了固有的高电子传导能力,多孔结构能为锂离子传输提供通道之外,还有配体与金属离子之间形成的 d-π 共轭电子传导系统(图 6-4)。

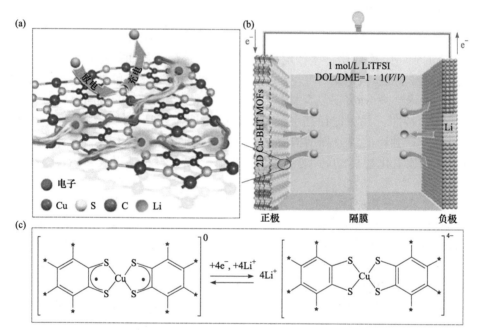

图 6-4 Li-[$Cu_3(C_6S_6)$]$_n$ 电池:(a)分子结构与 Li 存储机理;(b)电池结构示意图;(c)四电子反应机理[6]

一般而言,MOFs 的锂离子存储性能与其粒径、孔径、活性表面积、结晶度及氧化还原活性位点(官能团或不饱和配位键)和电导率有关。因此,构建具有高比表面积的 MOFs 可以最大限度地与电解质接触,而合适的 MOFs 孔径将有利于电解质的高速流动。此外,MOFs 的高孔隙率和结晶度提高了锂离子容纳能力和结构稳定性,这是实现锂离子稳定存储的重要因素。MOFs 独特的孔结构有利于锂离子的存储和快速传输。近年来,许多工作都集中在开发用于高能量密度和功率密度正极材料的新型 MOFs 上。几种典型的 MOFs 作为正极材料的案例如下所示。

(1)MOPOF 结构式为 $K_{2.5}[(VO)_2(HPO_4)_{1.5}(PO_4)_{0.5}(C_2O_4)]$,测试电压较高[7],电压

窗口为 2.5~4.6 V，K^+ 可以与 Li^+ 进行可逆交换实现储能，在 40 mA/g 电流密度下，循环 60 次后可逆比容量保持在 66 mA·h/g。

(2) $Li_2(VO)_2(HPO_4)_2(C_2O_4)\cdot 6H_2O$，在 0.1 C 的电流密度下循环 25 次，显示出 80 mA·h/g 的可逆比容量，在 4 C 电流密度下展示出 44 mA·h/g 的可逆比容量[8]。

(3) Cu(2,7-AQDC) 作为锂离子电池正极也展现出优异的性能[9]。在 1.7~4.0 V 的电压窗口内，金属簇和多孔膜中的蒽醌基团都表现出可逆的氧化还原活性，初始比容量可达 147 mA·h/g，50 次循环后比容量保持在 105 mA·h/g。

(4) MIL-53(Fe)[10]，结构式可以表示为 $Fe^{III}(OH)_{0.8}F_{0.2}(O_2CC_6H_4CO_2)$，电压窗口 1.5~3.5 V 范围内展现出 70 mA·h/g 的可逆比容量，对应于 Fe^{III} 和 Fe^{II} 之间可逆氧化还原和 Li^+ 的嵌入/脱出过程，储锂量为 0.6 Li。作为对比，MIL-68(Fe) 作为正极材料在相同条件下进行测试，每个 Fe 原子的储锂量为 0.35 Li。

寻找合适的 MOFs 作为锂离子电池正极材料仍然面临着巨大的挑战。考虑到材料振实密度与孔隙率的内在冲突，基于多孔正极材料的体积比容量似乎更难增加。因此，需要探索和改进新的电化学和材料设计概念。

2. 负极材料

MOFs 的独特结构使得一些特定材料能够与之结合，从而弥补其自身缺点，具有更优异的电化学性能。例如，MOFs 可以作为模板将纳米颗粒包裹在它们的孔隙或框架中，形成纳米颗粒/MOFs 复合材料。源自纳米颗粒/MOFs 的协同效应可以产生新的物理和化学特性，并在锂存储中具有卓越的应用，这是任何单组分材料都无法实现的[11]。此外，独特的组分和结构使 MOFs 成为通过热诱导方法制备有序的纳米结构材料，如金属氧化物(MO)、纳米碳和 MO@C 复合材料，以及高比表面积的牺牲模板[12]。

与正极材料具有相似性，MOFs 也可直接作为负极材料为电池提供容量，但面临着导电性和稳定性较差的问题。将具有良好电子转移能力的 Cu 封装在 MOFs 内部，可以改善复合材料整体导电性，从而提高倍率性能。Rao 等通过简单的一步水热法合成 Mg-MOF-74/Cu，并将其作为锂离子负极材料[图 6-5(a)][13]。由 Jahn-Teller 效应产生的絮凝剂 Cu 通过提高电极材料的导电性，显著提高了 Mg-MOF-74 的电化学性能。制备的材料表现出优异的倍率性能(在 2000 mA/g 电流密度下为 298.3 mA·h/g)和良好的循环稳定性(在 500 mA/g 电流密度下循环 300 次，比容量为 534.5 mA·h/g，库仑效率为 89.1%)[图 6-5(b)~(d)]。此外，进行了在不锈钢板上涂覆负极材料的电化学测试，Mg-MOF-74/Cu 的性能(可逆比容量为 531.7 mA·h/g，保留了初始容量的 88.7%)与传统的铜箔涂层相当。Mg-MOF-74/Cu 具有优异的性能、简单的一步合成方法、成本低等特征，因此具有广阔的实际应用前景。利用空间位阻和氢键的作用，在 125 ℃ 条件下成功合成了 Mg-MOF-74/Cu。由于 Cu 具有良好的导电性，将 Mg-MOF-74/Cu 作为锂离子电池电极进行测试时，表现出令人满意的性能。絮凝剂 Cu 能抑制 Mg-MOF-74 的体积膨胀，减少粒子的聚集，使电极材料表现出良好的循环稳定性。

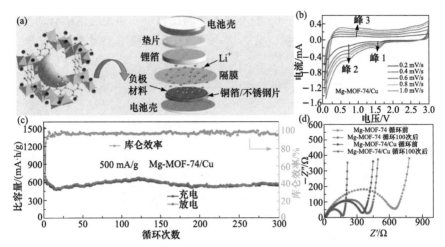

图 6-5 (a) Mg-MOF-74 和电池的结构示意图; (b) Mg-MOF-74/Cu 在不同扫描速率下的 CV 曲线;
(c) 500 mA/g 时的循环性能; (d) 不同样品的 EIS 测试结果[13]

作为前驱体和模板，MOFs 衍生物作为电极，涌现出大量具有代表性的研究工作。在 Lin 等的报道中，以间苯二甲酸酯和吡啶为端基，通过酰胺键连接，设计并合成了一种新型配体 5-[3-(吡啶-3-基)苯甲酰胺基]间苯二甲酸(H_2PBI)，构建了具有双重 Mn/C-N 结构的多孔 Mn 基 MOFs[14]。以 Mn-PBI 在 500 ℃ 热解得到的前驱体为原料，制备介孔 Mn/C-N 纳米结构，这种介孔结构和大的比表面积不仅为电解质扩散和锂离子转移提供了快速路径，而且有利于调节锂存储过程中的体积变化，这对于提高其电化学性能非常有利。Mn/C-N 在循环 100 次后表现出约 1085 mA·h/g 的较高比容量(图 6-6)，同时，库仑效率在初始循环后几乎保持 100%。这证实了 Mn/C-N 复合电极可重复使用，与其他 MOFs 衍生的多孔 MnO 材料相比，显示出有竞争性的可逆容量和更优越的倍率性能[15]。特别是，即使在 5 A/g 电流密度下，该复合电极也能提供高达 665 mA·h/g 的比容量，证明了杰出的倍率性能。优异的性能与其大比表面积和活性物质在碳基体上的均匀分散密切相关，表明它作为一种先进的负极材料，具有良好的应用前景。此外，利用 MOFs 作为自牺牲模板，可以制备具有功能性结构的氧化物负极材料。Yang 等报道了一种大规模、简便合成 Co-BTC 分级前驱体的方法。该方法在随后的热解过程中释放 CO_2、N_xH_y 和 H_2O 气体，生成了双半球形、花状多孔的 Co_3O_4 分级结构金属氧化物，其比容量高达 1177.4 mA·h/g，在 100 mA/g 下第 200 次循环时容量保持率为 76.6%。这种电化学性能在可逆容量和循环性能方面的提高可以归因于制备的多孔结构，这能增加电解质和活性材料之间的接触表面积，并在循环过程中通过额外的空隙空间缓冲体积变化。

另外，MOFs 也可制备具有不同价态金属的复合氧化物异质结，为锂离子的存储提供更丰富的活性位点。Chen 等将 $Cu(NO_3)_2·3H_2O$、月桂酸和均苯三酸溶解，在溶剂热条件下制备配位化合物$[Cu_3(btc)_2]_n$(btc = 苯-1, 3, 5-三羧酸酯)多面体，通过后续进行的高温热解，制备了具有多孔壳层结构的新型 CuO/Cu_2O 空心多面体(图 6-7)。作为锂离子电池的负极材料进行电化学性能测试，CuO/Cu_2O 空心多面体经历 250 次循环后，在

100 mA/g 下表现出高达 740 mA·h/g 的可逆锂存储比容量。多壳层结构有利于促进活性物质与电解质和锂离子的充分接触，空心结构可以在很大程度上缓冲体积膨胀，从而实现高比容量和长循环稳定性。

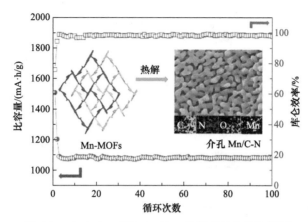

图 6-6 Mn-MOFs 衍生 Mn/C-N 的微观结构及性能[14]

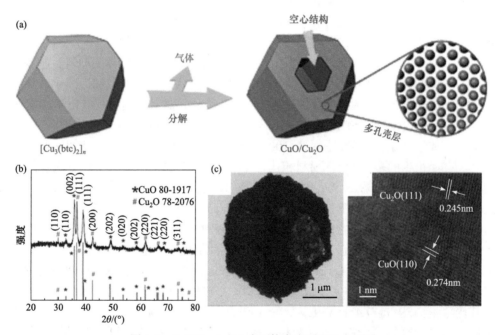

图 6-7 CuO/Cu$_2$O 空心多面体合成过程及表征[16]

此外，MOFs 作为前驱体实现金属化合物可控合成。金属磷化物是一类高容量锂离子电池负极材料，但循环寿命短是阻碍其实际应用的关键问题。为了改善磷化物容量衰减问题，拓宽 MOFs 在制备电极材料方面的应用，研究者进一步改进了合成策略，将 2,5-二羟基对苯二甲酸和 Ni(NO$_3$)$_2$·6H$_2$O 为原料制备 Ni-MOF-74，并将红磷吸附在镍基金属有机框架孔道中，通过煅烧合成了纳米结构的 NiP$_2$@C 锂离子电池的负极材料[17]。NiP$_2$ 纳米颗粒成功地嵌入到多孔碳基体中，构建了锂离子扩散的交联通道。原位引入 NiP$_2$ 圆形多孔碳纳米颗粒大大提高了 NiP_2@C 的导电性能。得益于多孔碳基体的优点，纳米结构的 NiP_2@C 电极材料表现出优异的电化学性能，具有高可逆性、高倍率性能和长循环稳定性。

Wu 等设计了一种独特的仙人掌状的碳包裹 NiP_2/Ni_3Sn_4 微球与碳纳米管复合的结构（Ni-Sn-P@C-CNT）以延长电池寿命[18]。采用两步法均匀微波辅助照射形成双金属有机框架（BMOF，Ni-Sn-BTC，BTC 为 1，3，5-苯三羧酸），并以其为前驱体生长 Ni-Sn@C-CNT、Ni-Sn-P@C-CNT、核壳 Ni-Sn@C 和 Ni-Sn-P@C[图 6-8(a)]。MOFs 的有机配体分解形成了均匀的碳包覆层，由于 Ni-Sn 的原位催化作用，尺寸很小的碳纳米管深深扎根于 Ni-Sn-P@C 微球中。由于特别的结构和成分，Ni-Sn-P@C-CNT 具有良好的电化学性能：在 100 mA/g 的电流密度下循环 200 次后可逆比容量为 704 mA·h/g，在 1 A/g 的电流密度下循环 800 次后，仍保持 504 mA·h/g 的稳定比容量[图 6-8(b) 和 (c)]。良好的电化学性能主要归功于其独特的三维介孔结构、碳纳米管对电子传导能力的改善，以及双活性组分在不同电压窗口内表现出的协同电化学活性。

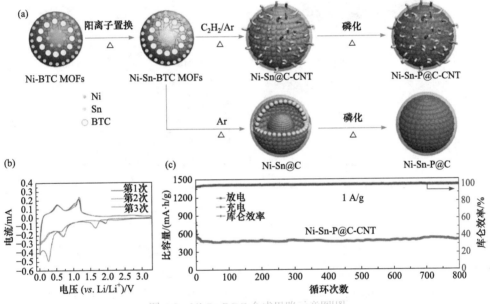

图 6-8　Ni-Sn-P@C 合成思路示意图[18]

据报道，硅是一种理论比容量高且具有广泛应用前景的锂离子电池负极材料，但循环过程中明显的体积膨胀严重限制了其商业化进程。Wang 等提出了一种 MOFs 涂层作为夹层（MOF-SC）的方法，用于制备锂离子电池电极。该方法将 MOFs 薄膜浇铸在硅层表面，并夹在活性硅和隔膜之间，组装成电池[19]。具体操作过程如下：首先，用涂覆器将导电浆料涂在铜箔上，厚度为 50 μm；然后采用相同的方法将活性材料 Si 涂覆上层，并通过涂覆器来调节活性材料的厚度；最后在 Si 表面涂覆 MOFs 浆料，MOFs 层厚度为 50 μm[图 6-9(a)]。在每个涂膜步骤之间，将电极放置在室温下干燥 10 min，之后在 120 ℃下真空干燥 12 h。经 MOF-SC 处理的微米硅在 265 μA/cm² 的电流密度下面积比容量可达 1700 μA·h/cm²，50 次循环后仍可保持 850 μA·h/cm²。除此之外，经 MOF-SC 处理的商用纳米硅也显示出极大的面积比容量和出色的循环稳定性，循环 100 次后面积比容量为 600 μA·h/cm², 没有明显的衰减[图 6-9(b)]。这种新型 MOF-SC 结构可以作为硅在充放电循环中体积变化的有效保护垫。此外，该 MOFs 层具有大孔体积和高比表面积，可以吸附电解质，加速 Li^+ 的扩散，以及降低阻抗，提高电极倍率性能的作用[图 6-9(c)]。

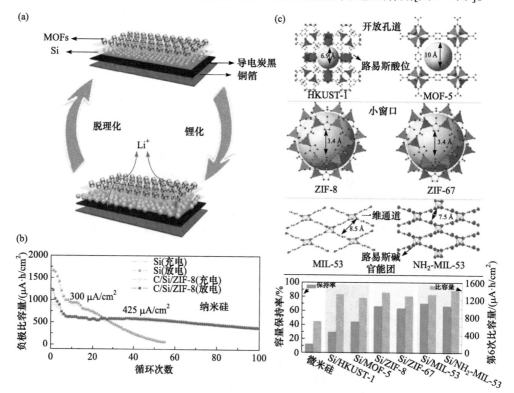

图 6-9　(a)电极结构示意图及其作用机理；(b)恒流测试 ZIF-8 夹层对电化学性能的提升作用；(c)该实验中作为夹层的几种 MOFs 的晶体结构、孔道尺寸示意图及容量保持率[19]

在含 Si 负极材料结构设计方面，MOFs 也发挥了重要作用。具有合适纳米结构的 Si 基负极材料通常可以提高锂离子存储能力，为锂离子电池电化学性能的提升提供了广阔前景。Ma 等通过经典的镁热还原方法合成了一种 MOFs 衍生的独特核壳 Si/SiO_x@NC 结构，其中 Si 和 SiO_x 复合材料被氮掺杂碳包覆[20]。复合结构纳米材料有足够的空间来适应电化学循环过程中的体积变化。通过直接碳化和镁热还原方法，优化了导电多孔氮掺杂碳的微观结构，同时将 SiO_2 还原为 Si/SiO_x。得益于独特的核壳结构，合成的产物作为负极材料表现出了更好的电化学性能。特别是 Si/SiO_x@NC-650 负极在循环 100 次后，可逆比容量达到 702 mA·h/g。Si/SiO_x@NC-650 具有良好的循环稳定性，可归因于功能化核壳结构及 Si/SiO_x 与 MOFs 衍生的氮掺杂碳之间的协同作用。

控制纳米硅的形态和结构是提高锂离子电池结构稳定性和电化学性能的关键。利用自牺牲模板是一种简便有效的中空材料制备方法。在此，Kim 等设计了 MOFs 作为负极材料的介孔空心硅纳米立方体(m-Si HCs)，并研究其电化学行为。m-Si HCs 体系结构具有介孔外壳(约 15 nm)和内孔洞(约 60 nm)(图 6-10)，能够有效适应体积变化，缓解循环过程中引起的应力/应变。此外，由于活性位点暴露，这种立方体结构具有丰富的表界面，可以与电解质充分接触并且促进锂离子运输。所设计的 m-Si HCs 与碳涂层提供了 1728 mA·h/g 的高可逆比容量，第一次循环后的初始库仑效率为 80.1%，即使在 15 C 倍率下也具有卓越的倍率性能(>1050 mA·h/g)。m-Si HCs 负极在循环 100 次后，能有效地抑制电极膨胀，在 1 C 倍率下循环 800 次后，其循环稳定性达到 850 mA·h/g。此外，由 m-Si HCs 石墨负极和 LiCoO$_2$ 正极组成的全电池(2.9 mA·h/cm^2)在 0.2 C 倍率下循环 100 次后，容量保持率高达 72%。

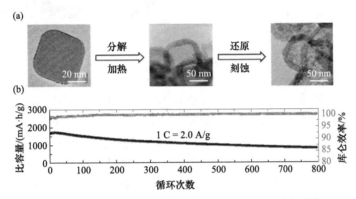

图 6-10　m-Si HCs 的合成过程(a)和长循环测试(b)[21]

纳米硅/碳复合材料在锂离子电池(LIBs)中尤其具有吸引力。Wang 等通过 SiAl 合金与有机酸在水热条件下的自腐蚀反应制备了 SiAl/Al-MOF 核壳前驱体，并进行合理的退火和刻蚀处理，得到多孔硅微球@碳(pSiMS@C)核壳复合材料。pSiMS@C 复合材料由非晶碳壳和相互连接的纳米线组成的多孔硅微球核组成，呈现出一种新型的核壳结构[图 6-11(a)][22]。所制备的 pSiMS@C 电极在 1 A/g 下循环 500 次后，可逆比容量为 1027.8 mA·h/g，容量保持率为 79%。碳壳层可以显著提高电子导电性，多孔硅微球芯可以促进法拉第反应和扩散过程动力学，缓解充放电循环过程中巨大的体积变化，从而使 pSiMS@C 核壳复合材料具有优异的锂存储性能。

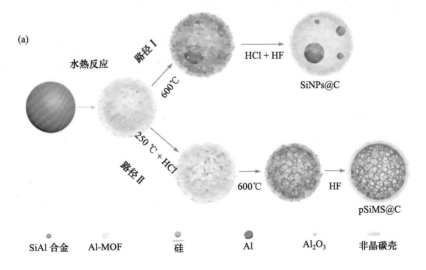

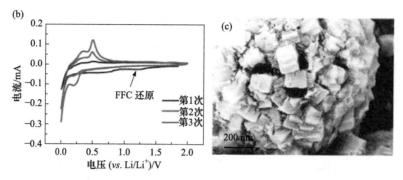

图 6-11 硅碳复合材料的制备工艺(a)、CV 曲线(b)和 SEM 图(c)[22]

MOFs 由于优异的性能，特别是高孔隙率、高比表面积和独特的化学稳定性，作为活化剂可以提高电池性能。与上述实验案例有所不同，Park 等尝试将未经碳化的导电化合物负载于 Si 纳米颗粒(NPs)，作为负极材料，报道了在 27 ℃下在 Si NPs 的周围原位生长 $Cu_3(HITP)_2$(以 Cu 为中心的二维导电 MOFs)的方法(图 6-12)[23]。由于 Cu-MOFs 对 Si NPs 的包裹作用，缓冲了 Si NPs 在循环过程中的体积膨胀，同时也为 Si NPs 提供了有效的电子和离子传输网络，因此，Cu-MOFs 包覆的 Si 电极在充放电循环过程中表现出高的结构稳定性和低的电化学性能衰减。以 5% Cu-MOFs 包覆的 Si NPs 电极在 0.1 C 速率下具有极高的初始可逆比容量，为 2511 mA·h/g，首圈库仑效率为 78.5%，100 次循环后的比容量为 2483 mA·h/g。由 Cu-MOFs 包覆 Si 负极和 $LiCoO_2$ 正极组成的全电池，在 0.1 C 下表现出显著的倍率性能和循环性能。该全电池在 0.5 C 和 1 C 倍率下分别提

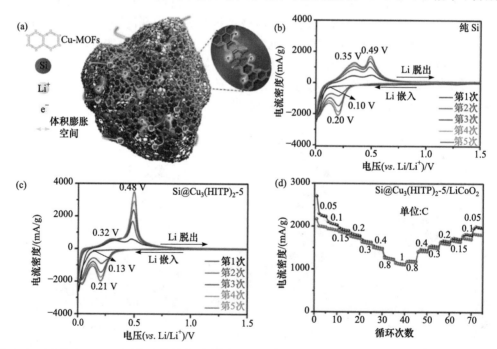

图 6-12 (a)导电 MOFs 包覆 Si 的结构示意图及电子传导作用；(b)纳米硅的 CV 测试结果；5%的 Cu-MOFs 包覆纳米硅的 CV 测试结果(c)和全电池测试结果(d)[23]

供了 1267 mA·h/g 和 1105 mA·h/g 的可逆(放电)比容量。上述结果表明，Cu-MOFs 封装的 Si 作为下一代锂离子电池负极材料具有相当大的潜力。

上述几例阐释了 MOFs 衍生碳基体负载 Si 作为负极材料的设计思路，实际上，利用 MOFs 多孔的特征，还可以实现金属纳米颗粒的封装，以延长储能器件的循环寿命。Yan 课题组采用一种简便的方法制备了三维纳米多孔碳框架包覆锡纳米颗粒(Sn@3D-NPC)作为锂离子电池的负极材料，合成思路及样品的结构与形貌如图 6-13 所示[24]。Sn 作为活性物质，对于锂离子的存储是基于合金化机理实现的。理论上每个 Sn 原子可以存储 4.4 个 Li 原子；因此具有容量高(994 mA·h/g)的优点及存在体积膨胀严重的问题。Sn@3D-NPC 在电流密度为 200 mA/g 下循环 200 次提供了 740 mA·h/g 的可逆比容量，对应的容量保持率为 85%，以及高倍率性能(300 mA·h/g 对应电流密度 5 A/g)。与 Sn 纳米颗粒(Sn NPs)相比，这些改进归功于 Sn@3D-NPC 的三维多孔结构和导电框架协同作用，以及对电荷传输的显著促进作用。整个结构不仅具有高导电性，有利于电子转移，并且具有弹性，抑制了 Sn NPs 在充放电过程中的体积膨胀和聚集，为金属有机框架材料在储能领域的应用开辟了新的思路。

图 6-13 (a)Sn@3D-NPC 合成路线图；ZIF-67(b)、3D-NPC(c)和 Sn@3DNPC(d)的 SEM 图；ZIF-67(e)、3D-NPC(f)和 Sn@3D-NPC(g)的 TEM 图[24]

6.1.2 钠离子电池

近些年来，由于钠资源的广泛分布、低廉的价格及与锂离子电池相似的电化学性能，钠离子电池在大规模储能领域中被认为是锂离子电池的最佳替代品，也是下一代能量储存体系的有力候选者之一[25, 26]。钠离子电池的工作原理与锂离子电池相似，但是 Na^+ 半径(0.102 nm)大于 Li^+ 半径(0.076 nm)，造成 Na^+ 在电极材料中嵌入/脱出比较困难[27, 28]。同时，Na^+ 的大半径也会影响嵌入/脱出时材料结构改变。因此，开发和设计容量高、稳定性好、可逆性好的储钠材料，就需要更加开放的通道以实现 Na^+ 在电极材料中的快速迁移。MOFs 由于多样的结构、可调节的孔道及大比表面积，可以提供满足 Na^+ 嵌入/脱出的通道。目前，已经探索了一些 MOFs 作为钠离子电池电极材料的应用。

1. MOFs 复合材料

普鲁士蓝(PB)及其类似物(PBAs)是一类具有简单立方结构的 MOFs，开放的框架和间隙位点可以满足 Na^+ 的脱出，已成为钠离子电池电极材料的重要研究对象[29]。Wessells 等设计了普鲁士蓝配位化合物的类似物——六氰铁酸镍(NiHCF)，可在安全、低成本的水系电解质电池中实现优秀的电化学性能[图 6-14(a) 和 (b)][30]。普鲁士蓝及其类似物具有开放式框架结构，六氰基$[R(CN)_6]$与 6 倍氮配位的过渡金属阳离子形成了一个刚性的立方框架，利于 Na^+ 的嵌入/脱出。NiHCF 作为钠离子电池正极材料时，在 8.3 C 的电流密度下可以循环 5000 次并且容量保持率达到 99%；在 41.7 C 的高电流密度下容量保持率可达到 66%[图 6-14(c)]。

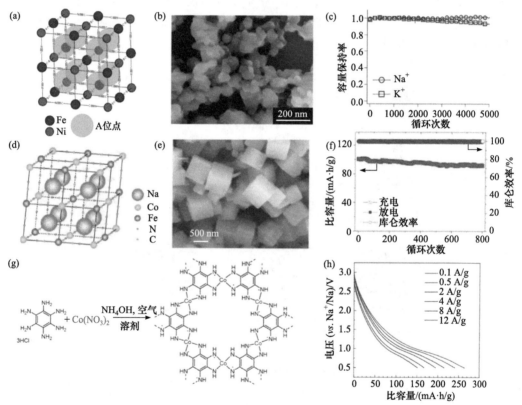

图 6-14　NiHCF 的晶体结构示意图(a)和 SEM 图(b)；(c)NiHCF 电极的循环稳定性与容量保持率[30]；NaCoHCF 的晶胞结构示意图(d)和 SEM 图(e)；(f)NaCoHCF 电极的循环稳定性与容量保持率[31]；(g)Co-HAB 的合成示意图；(h)不同电流密度下 Co-HAB-D 的放电曲线[32]

Wu 等报道了通过控制结晶反应合成的无空位 $Na_xCoFe(CN)_6$(NaCoHCF)，并揭示了它们作为具有可逆钠储存行为的新型水性正极材料的用途[图 6-14(d)和(e)][31]。由于具有两个氧化还原活性位点的完美晶格框架，该材料具有 130 mA·h/g 的高可逆比容量，在 20 C 时具有很优异的倍率性能，以及出色的可循环性，经 800 次循环后具有

90%的容量保持率。以上结果均表明该材料可以用作水性钠离子电池的高性能和长寿命正极材料[图 6-14(f)]。为了提高 MOFs 的导电性，Park 等报道了一种新的钴基二维导电 MOFs Co-HAB，通过氧化还原活性连接剂六氨基苯(HAB)和 Co(Ⅱ)中心之间的共轭配合，能够快速稳定地储存钠[图 6-14(g)][32]。所得 Co-HAB 的整体电导率高达 1.57 S/cm，且在水介质和有机介质中都表现出优异的化学稳定性，以及在 300 ℃ 的高温下表现出良好的热稳定性。作为钠离子电池的负极材料，Co-HAB 在电极中具有高达 90wt%的高活性负载，在 2 A/g 时提供 228 mA·h/g 的比容量，在 12 A/g 时提供 151 mA·h/g 的比容量[图 6-14(h)]。

在很多情况下，MOFs 的导电性较差，不能直接用作电极材料。为了提高其导电性，通常将 MOFs 与导电材料(如石墨烯、碳纳米管、导电高分子聚合物等[29, 33, 34])结合。Luo 等合成了 Fe-HCF 纳米球(NSs)，并采用原位石墨烯卷(GRs)包裹法制备，形成 Fe-HCF NSs@GRs 的一维管状分层结构[图 6-15(a)][35]。GRs 不但为 Fe-HCF NSs 提供了快速的电子传导路径，而且有效地防止了有机电解质到达活性物质并抑制了副反应的发生。Fe-HCF NSs@GRs 复合材料已用作无黏结剂正极，在 1 C 的电流密度下，比容量可达到 110 mA·h/g，并且经过 500 个循环后，容量保持率约为 90%[图 6-15(b)]。同时，Fe-HCF NSs@GRs 正极具有优秀的倍率性能，在 10 C 的电流密度下，比容量可以达到 95 mA·h/g。

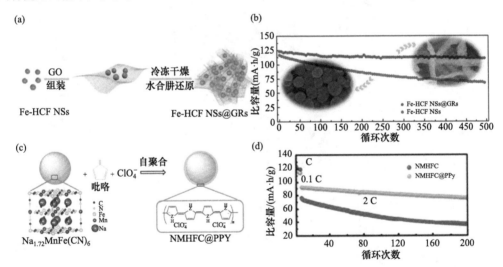

图 6-15　(a)Fe-HCF NSs@GRs 的合成过程示意图；(b)Fe-HCF NSs@GRs 作为钠离子电池正极的电化学性能图[35]；(c)NMHFC@PPy 的合成过程示意图；(d)NMHFC@PPy 作为钠离子电池正极的电化学性能图[36]

Li 等通过一种简单的一步式软化学方法合成了 ClO_4^- 掺杂的聚吡咯涂层的 $Na_{1+x}MnFe(CN)_6$ 复合材料 NMHFC@PPy，作为钠离子电池的正极材料[图 6-15(c)][36]。聚吡咯在其中起到多重作用：第一，用作导电涂层，可以增加 NMHFC 的电子电导率以提高倍率性能。第二，可以充当保护层，以减少 Mn 在电解质中的溶解，从而改善循环性能。第三，聚吡咯掺杂 ClO_4^- 可提供氧化还原位点以增加复合材料的容量。NMHFC@PPy 显示出 428 W·h/kg 的高能量密度，在 200 次循环后可以保持 67%的容量，并且在 40 C 的高速率下，表现出 46%的倍率容量[图 6-15(d)]。

2. MOFs 衍生物

1) MOFs 衍生金属氧化物

金属氧化物具有比容量较高、来源广泛、环境友好且化学稳定性好的优点，但在充放电过程中，存在电导率低、结构稳定性差、倍率性能和循环稳定性较差等问题。MOFs 作为前驱体制备的金属氧化物可以提高电极材料的电子电导率，增强结构稳定性。目前，已有部分 MOFs 衍生金属氧化物如 Co_3O_4、TiO_2、Fe_2O_3 和 CuO 等[37-40]，实现了相关应用。

Li 等设计了一种新型的层状结构的钴基金属有机化合物，并且通过简单的退火处理将其转变成超细的 Co_3O_4 纳米微晶[图 6-16(a)][37]。所获得的 Co_3O_4 纳米微晶进一步组装成分层的页岩状结构[图 6-16(b)]，为材料提供了极短的离子扩散路径和丰富的孔隙率。这种特殊的结构缓解了 Co_3O_4 在氧化还原反应过程中固有的电导率较差、离子迁移动力学较差及体积变化较大的问题。S-Co_3O_4 电极表现出良好的储锂/钠电化学性能。用作钠离子电池负极材料时，S-Co_3O_4 在 0.05 A/g 和 5 A/g 的电流密度下分别表现出 380mA·h/g 和 153.8 mA·h/g 的比容量[图 6-16(c)]。

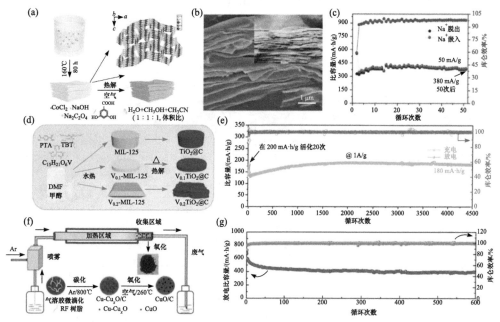

图 6-16 S-Co_3O_4 的合成过程示意图(a)和 SEM 图(b)；(c)S-Co_3O_4 作为钠离子电池负极的电化学性能图[37]；(d)$V_{0.1}TiO_2$@C 的合成过程示意图；(e)$V_{0.1}TiO_2$@C 作为钠离子电池负极的电化学性能图[38]；(f)10-CuO/C 的合成过程示意图；(g)10-CuO/C 作为钠离子电池负极的电化学性能图[40]

Yao 等设计了一种以钒(V)掺杂的 Ti-MIL-125 为前驱体，转化为 V 掺杂具有氧空位的 TiO_2[图 6-16(d)]，其有效地提高了电极的电导率和离子扩散率，增强了 TiO_2 的储钠性能，改善了 TiO_2 作为钠离子电池负极材料电子导电性差和离子扩散缓慢的问题[38]。同时，具有多孔结构和碳杂化的更薄的 $V_{0.1}TiO_2$@C 纳米片可以促进离子/电子转移，并缩短扩散路径。当用作钠离子电池负极时，$V_{0.1}TiO_2$@C 在 1 A/g 的电流密度下，循环 150 次后

表现出比未掺杂的 $TiO_2@C$ 的可逆比容量(156 mA·h/g)高得多(211 mA·h/g)。在高倍率长期循环 4500 次后，$V_{0.1}TiO_2@C$ 仍可显示出 180 mA·h/g 的比容量[图 6-16(e)]。Lu 等报道了用气溶胶喷雾热解法制备纳米 CuO/C 微球[图 6-16(f)]，通过调节反应物的比例及氧化工艺进行热处理，合成了具有不同 CuO 含量的微纳米结构的 CuO/C 球体，提高了纳米复合材料的电导率，并适应了充放电循环中的体积变化[40]。10-CuO/C 作为钠离子电池的负极材料，经过 600 次循环后，可以在 0.2 A/g 的电流密度下提供 402 mA·h/g 的比容量。并且在 2 A/g 的高电流密度下获得了 304 mA·h/g 的比容量[图 6-16(g)]。

2) MOFs 衍生多孔碳材料

传统碳材料有着储量丰富、稳定性好的优点，已成功合成并应用于钠离子电池负极。但由于其能量密度和功率密度难以提高，电化学性能不能满足未来的需求。MOFs 衍生的多孔碳材料具有纳米腔和小分子的开放通道，在很大程度上保持了前驱体高比表面积、孔径分布均匀、活性位点丰富的特点，使其获得更大的钠离子存储量和更快的电荷转移[41]。

Goodenough 等通过自刻蚀和石墨化双金属有机框架基纳米复合材料的方法[图 6-17(a)]，合成了氮掺杂碳空心管(N-CHTs)和大量的 sp^2 碳，使 Na^+ 插层所需的层间距增大[42]。ZIF-8 前驱体中丰富的氮提供了氮源，ZIF-67 中的 Co 作为催化剂实现了碳的石墨化。多孔 N-CHTs 作为钠离子电池负极，表现出显著的电化学性能[图 6-17(b)]，在 120 mA/g 的电流密度下获得了 346 mA·h/g 的高比容量，并且具有优秀的循环稳定性，在 10000 次循环后未观察到明显的容量衰减。

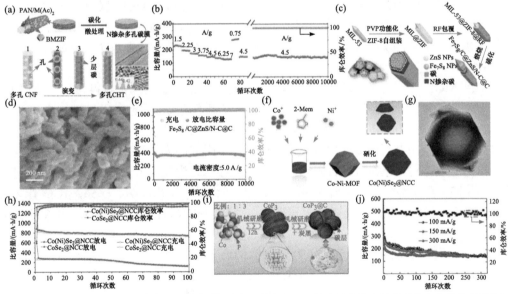

图 6-17 (a) N-掺杂 CHTs 的合成过程示意图；(b) N-掺杂 CHTs 作为钠离子电池负极的电化学性能图[42]；$Fe_7S_8/C@ZnS/N-C@C$ 的合成过程示意图(c) 和 SEM 图(d)；(e) $Fe_7S_8/C@ZnS/N-C@C$ 作为钠离子电池负极的电化学性能图[43]；Co(Ni)Se_2/NCC 的合成过程示意图(f) 和 TEM 图(g)[44]；(h) Co(Ni)Se_2/NCC 作为钠离子电池负极的电化学性能图；(i) $CoP_3@C$ 的合成过程示意图；(j) $CoP_3@C$ 作为钠离子电池负极的电化学性能图[45]

Cao 等采用 MOFs 的自我模板化策略制造了具有核-双壳结构的秋葵状双金属硫化物 (Fe_7S_8/C@ZnS/N-C@C)，其中 Fe_7S_8/C 分布在芯中，ZnS 嵌入其中一层[图 6-17(c) 和 (d)][43]。前驱体采用 MIL-53 核、ZIF-8 外壳，并通过一层一层的组装方法制备间苯二酚甲醛（RF）层（MIL-53@ZIF-8@RF）。用硫粉煅烧后，所得结构具有分层的碳基质，丰富的内部界面和分层的活性物质分布，提供了快速的钠离子反应动力学、出色的赝电容贡献、良好的体积变化抗性。作为钠离子电池的负极材料，Fe_7S_8/C@ZnS/N-C@C 表现出优异的电化学性能，在 5.0 A/g 的电流密度下可提供 364.7 mA·h/g 的高且稳定的比容量，并且每个循环仅有 0.00135%的容量衰减[图 6-17(e)]。

Xu 等以 ZIF-67 前驱体为模板，通过简单工艺制备的空心多孔三维 Co(Ni)Se_2/NCC 复合颗粒用作钠离子电池的高效负极材料[图 6-17(f) 和 (g)][44]。具有规则菱形十二面体结构的复合材料含有 N 掺杂的多孔碳壳和嵌入碳壳中的纳米金属硒化物（$CoSe_2$ 和 $NiSe_2$）。金属硒化物具有高容量密度，N 掺杂的多孔碳结构可以增强材料的导电性和结构稳定性，抑制体积膨胀。它们有效的协同组合显示出优异的电化学性能。作为钠离子电池的负极，在 0.1 A/g 的电流密度下循环 100 次后，Co(Ni)Se_2/NCC 表现出高达 735 mA·h/g 的比容量，且容量保持率达到 85%[图 6-17(h)]。

Zhao 等通过高能机械研磨获得了碳包覆的 CoP_3（CoP_3@C）纳米复合材料[图 6-17(i)]，并用作钠离子电池的负极材料[45]。与普通的 CoP_3 相比，CoP_3@C 显示出更大的放电容量、更长的循环寿命和更好的倍率性能。作为钠离子电池负极，CoP_3@C 在 0.1 A/g 的电流密度下展现出 212 mA·h/g 的比容量，约为普通的 CoP_3 的 5.3 倍（40 mA·h/g），在循环 80 次后，容量保持率为 78%[图 6-17(j)]。其优异的性能基于碳层存在的良好电子电导率和体积变化，以及氧化还原反应部分赝电容行为构建的快速电子传输途径。

3）MOFs 衍生复合材料

构建 MOFs 衍生复合材料可以发挥二者的优势，MOFs 与碳基材料（如石墨烯[22]、碳布[23]和碳纳米管[24]）衍生复合材料已经被广泛应用于钠离子电池负极材料。

Zhang 等合成了一种还原氧化石墨烯包裹的 $FeSe_2$（$FeSe_2$@rGO）复合材料[图 6-18(a)][46]。MOFs 衍生的高比表面积碳框架可缓解循环过程中引起的大体积变化，并确保电极材料的结构稳定性，同时还原氧化石墨烯构建的三维导电结构提高了材料的导电性，促进电子转移并加快反应动力学，同时为内部 $FeSe_2$ 提供保护。结果表明，$FeSe_2$@rGO 作为钠离子电池负极材料，在 5 A/g 的电流密度下，循环 600 次后仍能表现出 350 mA·h/g 的比容量[图 6-18(b)]。

Ren 等报道了在柔性碳布上作为高性能钠离子电池独立负极的超薄 MoS_2 纳米片@MOFs 衍生的氮掺杂碳纳米壁阵列混合体（CC@CN@MoS_2）的设计和制备[图 6-18(c)][47]。其中超薄的 MoS_2 纳米片具有扩展夹层，可提供更短的离子扩散路径和有利的 Na^+ 嵌入/脱出的空间，而在柔性碳布上的多孔氮掺杂碳纳米壁阵列可提高其导电性，保持结构的完整性。此外，氮掺杂诱导的缺陷也有利于钠离子的有效储存，从而增强了 MoS_2 的容量和倍率性能。CC@CN@MoS_2 电极表现出高容量，在 0.2 A/g 的电流密度下，循环 100 次后仍能表现出 619.2 mA·h/g 的比容量，卓越的倍率性能，以及长循环稳定性，在 1 A/g 的电流密度下，循环 1000 次后比容量为 265 mA·h/g[图 6-18(d)]。

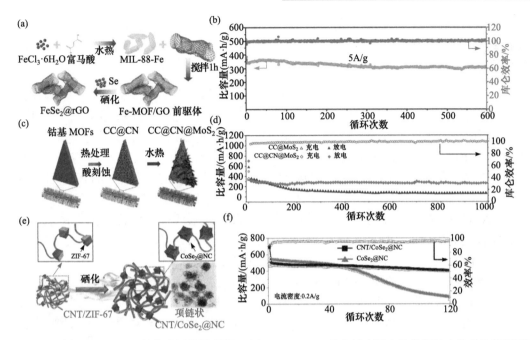

图 6-18 (a)FeSe₂@rGO 的合成过程示意图;(b)FeSe₂@rGO 作为钠离子电池负极的电化学性能图[46];(c)CC@CN@MoS₂ 的合成过程示意图;(d)CC@CN@MoS₂ 作为钠离子电池负极的电化学性能图[47];(e)CNT/CoSe₂@NC 的合成过程示意图;(f)CNT/CoSe₂@NC 作为钠离子电池负极的电化学性能图[48]

Yang 等设计了一种新颖的 MOFs 诱导的方法来构建项链状 CNT-CoSe₂@NC[图 6-18(e)][48]。通过湿化学方法合成的 CNT 螺纹的 ZIF-67 多面体可用作前驱体。在硒化过程中,ZIF-67 多面体转变为由 CoSe₂@NC 纳米颗粒组成的介孔纳米团簇,形成的 CNT/CoSe₂@NC 复合材料具有类似项链的形态。这样的结构促进了离子和电子的传输,并在循环过程中通过 CNT 与 CoSe₂@NC 之间的紧密接触抑制了活性物质的聚集和失活。如此设计的复合材料显著改善了电化学性能[图 6-18(f)],在 5 A/g 的电流密度下,比容量为 363 mA·h/g,容量保持率(从第二个周期算起)为 80%。

6.1.3 其他离子电池

由于化石燃料的逐渐枯竭和气候问题的加剧,对为社会提供电力的可再生能源(如太阳能和风能)的需求越来越高。电池作为一种可靠的储能装置,由于持续稳定的供电而受到人们广泛的研究。然而,目前传统电池难以满足高功率密度和能量密度及长期循环稳定性的要求。例如,具有石墨负极和锂过渡金属氧化物(TMO)正极的锂离子电池已达到性能极限[49]。因此,迫切需要寻找具有合适的物理性能(电导和离子电导率)和电化学性能(氧化还原和催化活性)及稳定的结构和化学成分的新型电极材料。

多孔材料可为化学反应和界面传输路径提供较大的比表面积,以缩短扩散路径。因此,各种多孔材料已成功应用于储能与转换系统,应用前景广阔[50]。MOFs 作为典型的多孔材料,具有高孔隙率、多功能、多样化的结构和可控的化学成分的优点,引起了人们的持续关注[51]。通过将各种有机配体与金属离子或簇结合,可以获得具有超高比表面积、大孔体积和可调节孔隙率的可控结构。MOFs 及其衍生物是正在被广泛开发的用于能量存储和转换的功能材料[52]。这为可充电电池找到合适的电极材料提供了很大的可能性。

1. 钾离子电池

钾离子电池(PIBs)具有显著的优点(如钾资源丰富、价格低廉、标准还原电位低等),而成为未来极具前途的电网规模化储能系统候选者之一。与钠离子电池相比,K/K$^+$ 具有更低的标准氧化还原电位(-2.93 V)和突出的钾离子传输能力,这保证了 PIBs 具有更高的能量密度。此外,它们的储钾机制类似于锂离子电池系统中的储锂机制,即嵌入/脱出、合金化/脱合金和转化反应机制的任一或组合反应。然而,K$^+$ 的大离子半径(1.38 Å)导致缓慢的扩散动力学,从而导致在嵌入/脱出过程中容量低、倍率性能差和循环稳定性差[53]。因此,合成具有更多扩展结构的电极材料,可以有效地克服缓冲体积变化的关键问题,并在循环过程中具有出色的 K$^+$ 调节能力[54]。

越来越多的实验结果表明 MOFs 具有有效钾储存潜力,缓解了传统电极材料遇到的瓶颈[55]。通过将原始 MOFs 作为牺牲前驱体进行热处理或基于溶液的反应来合成各种碳质材料和过渡金属化合物(TMC)(金属氧化物、金属硫化物、金属磷化物等)[56]。与传统的 PIBs 电极材料相比,合成方案更简单。考虑到离子半径大、反应活性高、K$^+$ 的迁移率等问题,合适的 MOFs 电极材料主体必须具有以下特点:①在充电/放电过程中易于钾化/去钾化;②成分间具有很强的化学亲和力,以促进电子的连续传输;③MOFs 材料的简易设计,其中金属和有机配体都参与氧化/还原,从而促进多电子转移并随后在循环过程中维持结构整合;④在 MOFs 中引入两种或多种金属以产生有利的协同效应;⑤MOFs 与碳质材料等复合以提高电子导电性,进一步提高活性电极材料的整体性能。

一些研究小组采用了 MOFs 与碳质材料的组合,旨在提高其电子导电性。一种低成本的微孔 Fe(Ⅲ)基有机框架(MOF-235)与多壁碳纳米管(MCNTs)复合,以克服低电子导电性,并被提议作为钾离子电池的负极材料[57]。MCNTs 很好地附着在六角双锥形状的 MOF-235 晶体的表面,MOFs 的形态得到了很好的保持[图 6-19(a)]。MOF-235/MCNTs 复合材料表现出改善的电化学性能,因此电子电导率随着 MCNTs 数量的增加而增加。同样,微孔结构与 0.8 nm 的孔径分布有利于大半径 K$^+$ 的传输[图 6-19(b)]。MOF-235/MCNTs 负极材料在 200 mA/g 和 200 次循环实验中表现出 132 mA·h/g 的可逆比容量[图 6-19(c)]。同时,他们研究了以石墨烯为 PIBs 负极材料的 MOF-235(MOF-235+G)的电化学性能[图 6-19(d)]。六角双锥形微孔 MOF-235 晶体均匀分布在石墨烯片的表面,MOF-235+20G 复合材料在 200 mA/g 的电流密度下经过 200 次循环后提供了 180 mA·h/g 的比容量[58]。MOF-235 + 20G 的电化学性能甚至优于 MOF-235/MCNTs,这主要归功于具有更大的比表面积(2600 m^2/g)和优异的电子导电性(10^6 S/m)的石墨烯。

尽管原始 MOFs 表现出良好的性能,但长期循环中较差的电子导电性和结构不稳定性限制了它们作为 PIBs 负极的作用[54]。在这种情况下,研究人员已经开始研究 MOFs 衍生物作为有效钾离子储存的负极电极。过渡金属磷化物基电极由于高理论容量、丰富的资源和无毒等特点,近年来引起人们广泛关注[59]。

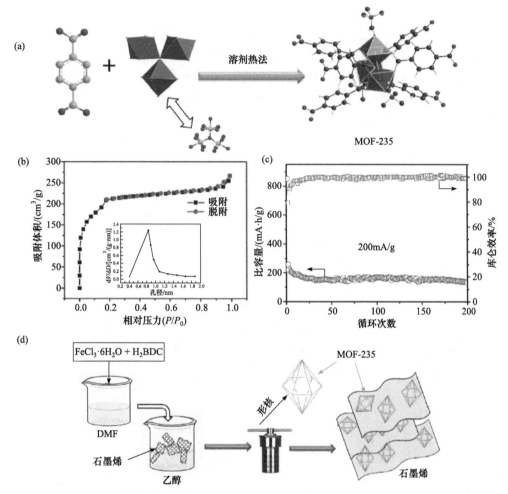

图 6-19 (a)MOF-235 结构框架图[57]; (b)MOF-235 的 BET 曲线; (c)MOF-235 + 20 M 复合材料在电流密度为 200 mA/g 下的循环性能; (d)MOF-235 和石墨烯复合材料的示意图[58]

Yi 等制造了一种由氮磷共掺杂碳纳米纤维组成的新型柔性膜,该碳纳米纤维装饰有 MoP 超细纳米颗粒(MoP@NPCNFs)。通过简单的静电纺丝方法结合后期的碳化和磷化过程[60],合成后的独立式 MoP@NPCNFs 钾离子电池负极表现出高比容量(100 mA/g 时为 320 mA·h/g)、优异的倍率性能(2 A/g 时为 220 mA·h/g),即使在 200 次循环后容量保持率也超过 90%。这归因于 MoP 纳米颗粒与 3D 导电氮磷双掺杂碳纳米纤维基质之间的协同效应。Chen 等通过外延沉积和低温磷化合成了具有骰子状形态的双壳 Ni-Fe-P/N 掺杂碳纳米盒(标记为 Ni-Fe-P/NC),如图 6-20(a)所示[61]。由于独特的核壳架构,当用作钾离子电池的负极材料时,所合成的 Ni-Fe-P/NC 提供了增强的循环稳定性(在 500 mA/g 下循环 1600 次后为 172.9 mA·h/g,在 1 A/g 下 2600 次循环后为 115 mA·h/g)。Miao 等报道了一种三维结构材料,其中将非晶态碳(AC)封装的 CoP 纳米颗粒掺杂在氮掺杂碳纳米管的顶部,该碳纳米管源自生长在碳纳米纤维表面的 ZIF-67/ZIF-8(AC@CoP/NCNTs/CNFs)[图 6-20(b)][62]。CoP 作为核,非晶态碳层作为壳,抑制了活性材料在充放电过程中的体积膨胀，在 0.8 A/g 下经过 1000 次循环后表现出 247 mA·h/g 的可逆比容量。Yi 等合成了核壳结构 ZIF-8@ZIF-67 前驱体衍生的氮掺杂多孔碳约束 CoP 多面体结构（NC@CoP/NC），如图 6-20(c) 所示，据报道其可用作 PIBs 的负极材料[63]。由于独特的形态和组成特征，合成的 NC@CoP/NC 复合材料在 2000 mA/g 下提供了近 200 mA·h/g 的可逆比容量，并在 100 mA/g 下经过 100 次循环后保持了 93%的容量，这归因于快速的电子传导路径和良好的机械稳定性。

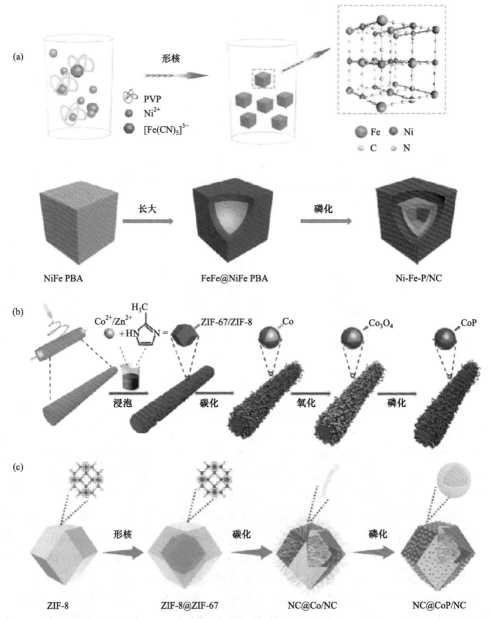

图 6-20　Ni-Fe-P/NC(a)[61]、AC@CoP/NCNTs/CNFs 复合材料(b)[62]和 NC@CoP/NC 纳米复合材料(c)的合成过程示意图[63]

2. 铝离子电池

锂离子电池因耐压高、循环寿命长等优点，在动力电池中得到了广泛的应用。然而，由于锂资源稀缺，研究人员将注意力转向制造成本低的新型可充电电池。近年来，基于钠、镁、铝和钾的二次电池被视为新的研究方向和热点。其中，铝是地壳中含量最丰富的金属元素，具有超高的理论质量比容量(2978 mA·h/g)和体积比容量(8034 mA·h/cm³)[64]。因此，铝离子电池(AIBs)逐渐成为有前景的新型二次电池。但由于AIBs正极材料脆弱、放电电压低(<1 V)和循环稳定性差(<100次循环)，发展比较缓慢。

MOFs 由于丰富的微孔和足够的比表面积两个异常显著的优点而受到更多的关注。然而，为了消除原始 MOFs 基材料导电性差和稳定性低的局限性，MOFs 与其他材料（如石墨烯和硫属元素）结合，转化为更优异的 MOFs 衍生功能材料，如金属氧化物、磷化物、硒化物和碳质材料[65]。此外，一些含碳框架的复合材料可以承受充电/放电过程中离子嵌入/脱出的机械应变，从而提高循环稳定性。研究人员被 MOFs 衍生功能材料的卓越性能所吸引，开始探索其在 AIBs 中的应用。

Xing 等通过硒化沸石咪唑酯框架(ZIF-67)制备了纳米多孔碳包覆的 CoSe 纳米颗粒(CoSe@C)（图6-21），作为新型铝离子电池的正极材料[66]。CoSe@C 在 5000 mA/g 非常高的电流密度下，初始放电比容量也可以达到 254.8 mA·h/g，循环 100 次后仍保持 62.4 mA·h/g 的高比容量。CoSe@C 的优异性能可归因于：①CoSe 纳米颗粒的较大晶格间距更容易进行 Al 离子的嵌入/脱出，从而有利于倍率性能和 AIBs 的循环稳定性；②CoSe 纳米颗粒更短的扩散距离显著改善了 Al 离子的扩散；③MOFs 衍生的具有碳涂层的 3D 互连开放结构非常有利于电解质的渗透和电子传输，也有助于在反复充放电过程中保持正极材料的结构完整性。

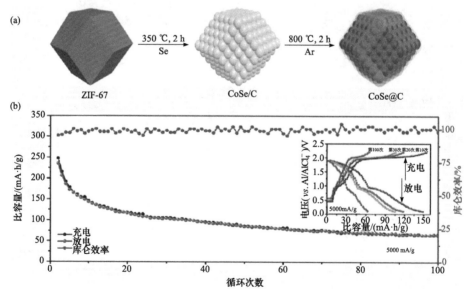

图 6-21 (a)CoSe@C 的形成过程示意图；(b)CoSe@C 作为铝离子电池正极的电化学性能图、循环性能和库仑效率从第二个循环开始，电流密度为 5000 mA/g (插图显示了第 10 次、20 次、30 次 和 100 次循环的充电/放电电压曲线)[66]

MOFs 衍生材料能够在合适的热解条件下继承原始 MOFs 的形态。此外，MOFs 在热解过程中，有机配体的分解不仅可以缓解含金属簇的过度生长和团聚，还可以促进活性成分在碳基质中的包封。Zhang 等成功地合成了具有特定形态和均匀尺寸的多孔结晶 ZIFs[67]。ZIF-67 纳米晶体可以作为前驱体，通过简单快速的碳化/碲化处理获得 CoTe$_2$ 纳米颗粒于氮掺杂多孔碳多面体复合材料（CoTe$_2$@N-PC）。此外，原位生长的 CoTe$_2$@N-PC 可以很好地保持前驱体的多孔结构和菱形十二面体形貌[图 6-22（a）]。同时，由 ZIF-67 中的有机配体转化而成的碳基质具有丰富的中孔和大的比表面积，可以提供大的电化学活性表面和方便的电荷/质量传输。掺杂氮和氧等杂原子可以优化其电子结构并提高导电性。如图 6-22（b）所示，即使在高放电截止电压（电压窗口为 0.5～2.3 V）下，CoTe$_2$@N-PC 在电流密度为 200 mA/g 时可提供 635.8 mA·h/g 超高可逆初始比容量。200 次循环后，放电比容量仍高达 168.6 mA·h/g，整个循环的库仑效率超过 90%[图 6-22（d）]。此外，在不同的电流密度下，会出现约 1.4 V 的明显放电电压平台[图 6-22（c）]。这项工作将在低成本和无毒条件下合成具有可控形态的碲化物纳米颗粒，并为 MOFs 衍生的功能材料在 AIBs 和其他相关二次电池中的应用提供理论和实验依据。

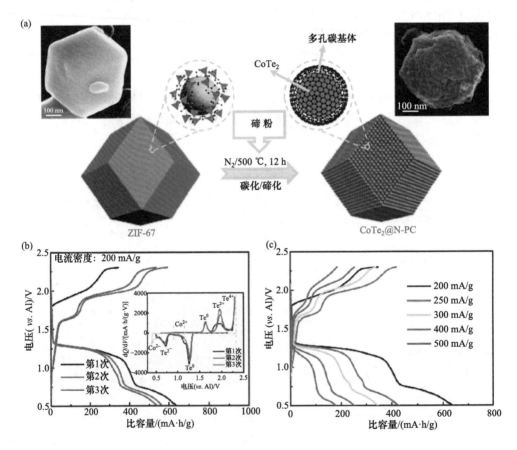

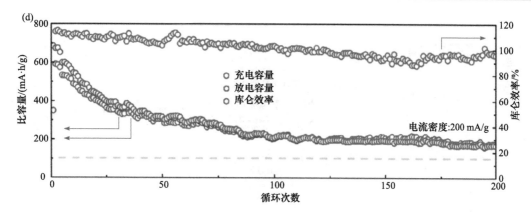

图 6-22 (a) CoTe₂@N-PC 的合成过程示意图；(b) CoTe₂@N-PC 在 200 mA/g 电流密度下的充电/放电曲线（插图显示了相应的 dQ/dV 微分曲线）；(c) CoTe₂@N-PC 在不同电流密度下的充电/放电曲线；(d) CoTe₂@N-PC 在电流密度为 200 mA/g 下 200 次循环的循环稳定性[67]

3. 镁离子电池

由于高体积比容量（3833 mA·h/cm³）和低还原电位[-2.37 V (vs. SHE)]，金属镁是超越锂离子电池的有希望的负极候选者[68]。然而，镁金属电池的发展还存在一些问题。一方面，二价 Mg^{2+} 与主晶格产生强烈的相互作用，导致镁插入过程的动力学反应速率缓慢。另一方面，难以开发合适的电解液用于镁溶解/沉积，与正极保持良好的相容性，使电池具有宽电压窗口和高库仑效率。因此，开发合适的电解液使 Mg^{2+} 插入正极保持良好的动力学反应速率对于镁金属电池至关重要[69]。

Cai 等制备了 Ti-MOFs 衍生的 TiO₂ 超细纳米晶体，来作为镁金属电池的正极[70]。在 500 mA/g 的大电流密度下，TiO₂-UN@C 经过 1000 次循环后仍然能够提供 61 mA·h/g 的比容量，显示出 75% 的高容量保持率（每个循环容量减少 0.025%）[图 6-23(a)]。通过原位 XRD 表征和循环伏安分析发现高的赝电容性能，这导致了高的动力学[图 6-23(b) 和(c)]。比较两个样品的电容贡献，TiO₂-UN@C 显示出比 TiO₂-UN 更低的电容比例，表明法拉第电荷存储过程的比例更大[图 6-23(d)]。换言之，在 TiO₂-UN@C 中可以获得更完全的氧化还原和更高的比容量。此外，根据 Arrhenius 理论，TiO₂ 正极中的碳框架可以促进离子迁移和法拉第反应，从而提高对镁的储存性能。

此外，由于热力学不稳定溶剂化物质的减少，离子钝化界面层通常会阻碍常规电解质中的 Mg/Mg²⁺ 反应[71]。因此，减少 Mg^{2+} 和溶剂之间的强静电相互作用也可以大大提高镁离子电池的性能。这意味着，需要在 Mg 表面预先形成高选择性地排斥溶剂分子同时允许 Mg^{2+} 传输的膜。

MOFs 膜具有可控的孔结构和埃尺寸的孔径窗口，非常适合在离子/分子尺度上实现筛分应用的目的[72]。基于 MOFs 的离子选择性渗透膜已被证明具有调节离子/溶剂传输以提高电池性能的巨大潜力。这些 MOFs 膜内的可控传质通常基于孔径窗口的空间效应，这反过来又需要 MOFs 晶体的密集堆积，以防止液体溶剂的晶间扩散[73]。否则，即使是纳米级的空隙也会导致电解液无法控制地渗透，导致电解液与镁表面的电子发生耦合，从而导致镁负极持续劣化。

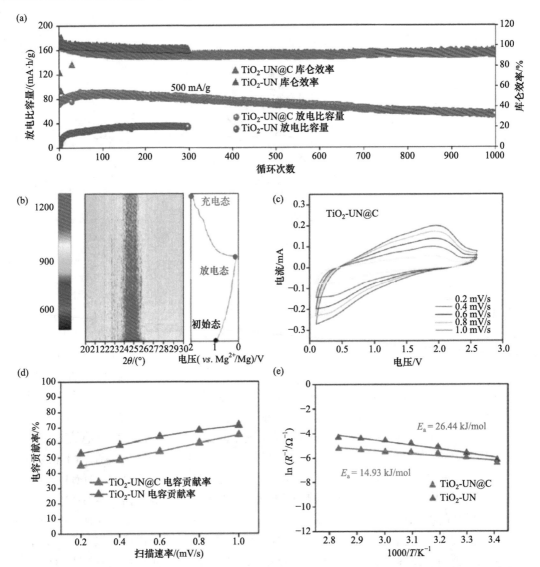

图6-23 (a)两个样品在 500 mA/g 下的长期循环性能；(b)初始放电和充电过程中的原位 XRD 表征；(c)TiO$_2$-UN@C 在扫描速率为 0.2~1.0 mV/s 时的 CV 曲线；(d)电容对 TiO$_2$-UN@C 和 TiO$_2$-UN 电荷存储的贡献；(e)镁金属电池中 TiO$_2$-UN@C 和 TiO$_2$-UN 的 Arrhenius 图[70]

Zhang 等使用电化学沉积的方法直接在金属 Mg 上构建无缺陷的基于 MOFs 的人造固体电解质界面(SEI)[74]。通过这种方法可控地生长 MOFs 晶体将促进有机配体的电化学去质子化，从而提供电子绝缘 MOFs 晶体的连续形成，以纠正晶间空隙，直到形成横向厚度约为 200 nm 的无缝 MOFs 膜[图 6-24(a)~(c)]。通过采用这种自校正合成方法，连续 MOFs 膜的面积可以很容易地扩展到 70 cm^2[图 6-24(d)]。由于埃大小的孔径窗口，通过精确的溶剂分子/Mg 离子筛，MOFs 膜抑制了溶剂还原，并为 Mg^{2+} 提供了在基于 MOFs SEI 内运输的低迁移屏障。在这种 MOFs 膜的保护下，与传统 DME 基电解质中的裸镁电极(1.54 V)相比，可实现 0.27 V 的低剥离过电位[图 6-24(e)、(f)、(h)]。电解质分解引起的抑制钝化，改善了界面反应动力学。此外，从循环后的 EIS 观察到 R_{int} 仅略有增加[图 6-24(g)]。MOFs/Mg 电极在初始循环过程中表现出摇摆不定的循环行为，并在 100 h 内保持在 0.75 V，远优于裸镁电极[图 6-24(i)]。

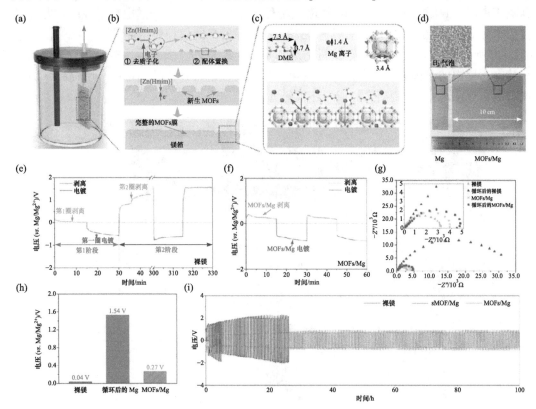

图 6-24　在镁箔上电沉积 MOFs 膜的示意图(a)和自校正生长过程(b)；(c)MOFs 微孔对 DME 分子和 Mg 离子的尺寸排阻效应示意图；(d)MOFs/Mg 和 Mg 电极浸入去离子水中后的数码照片；以裸镁(e)和 MOFs/Mg(f)作为工作电极的三电极系统的电压曲线；(g)循环前后的 EIS 图；(h)Mg 剥离的过电位比较；(i)Mg、sMOF/Mg 和 MOFs/Mg 电极的对称电池在 50 μA/cm² 电流密度下的恒电流循环[74]

4. 锌离子电池

水系锌离子电池(AZIBs)具有成本效益、本质安全、环境友好、易于制造、高比容量和高容量等优点，被认为是下一代二次电池最有前景的替代品之一[75]。然而，目前的 AZIBs 仍然难以满足大规模商业应用，受到正极、电解质和锌负极的重大挑战的限制。近年来，由于 MOFs/MOFs 衍生的纳米材料具有可调的孔道结构、丰富的活性位点和功能多样性，在 AZIBs 中得到了广泛的研究，并见证了许多重大进展[76]。

近年来，普鲁士蓝(PB)及其类似物(PBA)由于具有理想的框架结构、宽的离子传输通道、高的工作电压和简单的合成路线得到了广泛的研究[77, 78]。它们的大间隙位点可以快速嵌入/脱出 Zn^{2+}，这促进了它们在 AZIBs 中的利用。然而，低比容量(< 90 mA·h/g)和短寿命严重阻碍了 PBA 的实际应用。因此，提高 PBA 正极的性能迫在眉睫。Zhi 和他的同事合成了六氰基铁[FeHCF，图 6-25(a)][52]。从图 6-25(b)中可以看出

FeHCF//Zn 电池在 0.5～1.9 V 的前 30 次循环中表现出快速的容量损失(仅保留 37 mA·h/g)，将电压窗口扩大到 0.01～2.3 V，比容量在初始下降后保持稳定增加到 74.6 mA·h/g。将循环伏安(CV)法、恒流充放电(GCD)与异位 XPS 表征相结合，证明高电压可以有效激活 FeHCF 正极中的 C 配位 Fe，从而实现优异的电化学性能，尤其是在 3 A/g 下经过 10000 次循环后具有 73%高容量保持率的超长稳定性[图 6-25(c)]。如图 6-25(d)所示，FeHCF 的 Zn 存储机制是基于可逆离子(去)插入到晶格间隙中，伴随着充放电过程中的晶体畸变和层间距的变化。虽然合成的 PBA 的稳定性有所提高，但是比容量(< 80 mA·h/g)距离实际应用还很遥远。

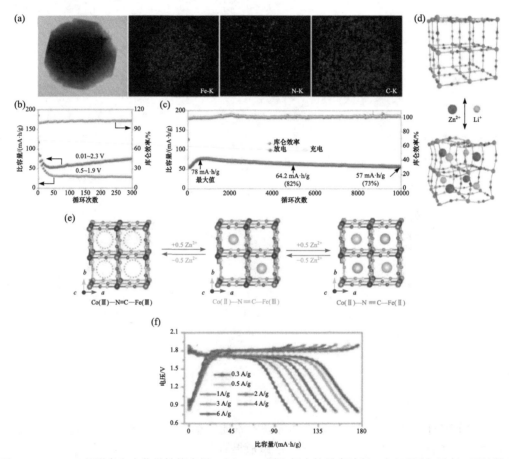

图 6-25 FeHCF 的形态和电化学性能表征：(a)SEM 图和相应的元素映射；(b)不同电压窗口下的循环稳定性；(c)3 A/g 下的循环稳定性；(d)储能机制示意图[52]；充放电过程中 CoFe(CN)$_6$ 框架中 Zn^{2+} 嵌入/脱出的示意图(e)和不同电流密度下的 GCD 曲线(f)[79]

基于上述研究，Zhi 课题组随后开发出具有 Co(Ⅱ)/Co(Ⅲ)和 Fe(Ⅱ)/Fe(Ⅲ)两种氧化还原对的六氰基铁酸钴[CoFe(CN)$_6$]，其中钠十二烷基磺酸盐(SDS)作为阴离子表面活性剂与钴离子配位[79]。配位化合物与六氰基铁离子反应得到 KCoFe(CN)$_6$，然后通过电化学过程从 KCoFe(CN)$_6$ 中除去 K 离子形成 CoFe(CN)$_6$。由于两个具有不同活性能量的活性对，CoFe(CN)$_6$ 的 GCD 曲线在第一个循环中显示了两个充放电平台。有趣的

第 6 章 MOFs 材料在电池中的应用 319

是，在第二次及随后的循环过程中，随着 Zn^{2+} 的嵌入/脱出，两个充放电平台发生重叠，仅呈现一个平台[图 6-25(e)和(f)]。最后，获得了高工作电压和高容量的 AZIBs。

由于导电性差，金属化合物通常与碳材料混合来组装 AZIBs 的常规正极。然而，金属化合物与导电碳之间的连接通常只是传统正极中简单的物理接触，限制了电子的快速传输，从而导致倍率性能不佳。MOFs 衍生多孔碳材料的多孔结构不仅充分发挥了两种组分的协同偶合作用，而且暴露出更多的电化学活性位点，加速了法拉第氧化还原反应，从而产生更高的电化学性能[80]。此外，MOFs 衍生的多孔碳材料不仅可以提高导电性，还可以起到缓冲通道的作用，保护材料不被破坏，从而提高复合材料的使用寿命。

Chai 等报道了在 Ni 基 MOFs 衍生的多孔碳(PCs)材料上通过交联原位生成 NiAl 层状氢氧化物(LDHs)纳米片(NiAl-LDH/Ni@C)，见图 6-26[81]。这种独特的结构设计不但提高了导电性，降低内阻，而且通过二维纳米片和 PC 层次结构之间的强相互作用和

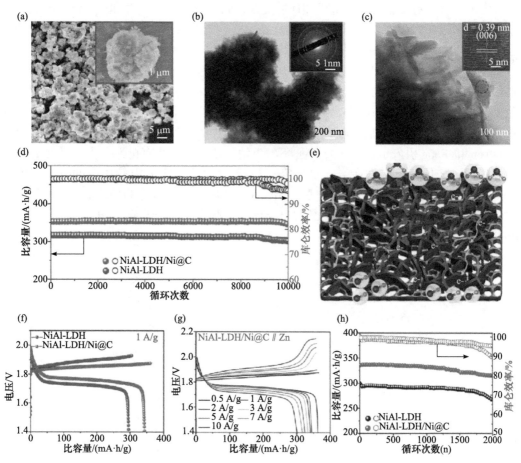

图 6-26 核壳结构 NiAl-LDH/Ni@C 的 SEM 图(a)、TEM 图(b)和 HR-TEM 图(c)；(d)NiAl-LDH 和 NiAl-LDH/Ni@C 电极在 10000 次循环中 10 A/g 电流密度下的长循环性能；(e)NiAl-LDH/Ni@C 电极的工作机理示意图；(f)两种电池在 1 A/g 时的 GCD 曲线；(g)NiAl-LDH/Ni@C//Zn 电池在不同倍率下的倍率性能；(h)两种电池在 2 A/g 下的循环稳定性能[81]

协同作用，使更多的电化学活性位点参与化学反应。结果表明，NiAl-LDH/Ni@C 复合材料具有较大的比容量（391.7 mA·h/g）、高倍率性能和出色的容量保持稳定性（10 A/g 下 10000 次循环后容量保持率为 97.6%）。此外，基于 NiAl-LDH/Ni@C 正极组装后的锌离子电池显示出显著的容量（1 A/g 下达到 345 mA·h/g），优异的能量密度/功率密度（604.6 W·h/kg/1.77 kW/kg），以及卓越的循环耐久性（2 A/g 下 2000 循环后容量保持率为 95.3%）。MOFs 衍生多孔碳材料的多孔结构为设计具有高电化学性能的先进储能装置提供了前所未有的方向。

6.2 金属-空气电池

6.2.1 锂-氧气电池

为了应对不断发展的能源危机和环境问题，同时维持人类生存和社会经济发展，大量研究集中于探索设计高能量密度的储能技术[82]。非质子锂-氧气电池由于超高的理论能量密度成为极具发展潜力的新型储能体系，具有广阔的发展前景（图 6-27）[83]。早在 1976 年，Littauer 等提出了一种采用金属锂作负极、空气中的氧气作正极反应的活性物质和水系电解质的新型电池体系。由于金属锂和水会发生反应，该电池中的金属锂负极会被扩散出的水系电解质腐蚀，导致电池无法维持稳定工作。较差的电化学性能未能激起研究者太多的兴趣，此后一段时间，有关锂-氧气电池的研究鲜有报道。直到 1996 年，Abraham 和 Jiang 引入了首个非质子锂-氧气电池，该电池采用有机聚合物电解质和碳-钴复合正极。随后，更多的研究人员探究了锂-氧气电池在不同电解质中的放电反应。2006 年，Bruce 及其同事在空气电极中引入了 α-MnO_2 纳米线作为催化剂，证明放电产物 Li_2O_2 在充电时可逆分解并可稳定循环 50 次，此后非质子锂-氧气电池在全世界范围内受到研究人员广泛的关注[84]。

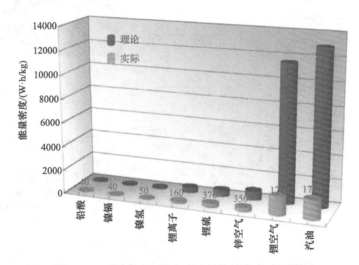

图 6-27　不同类型电池和汽油的能量密度对比图[83]

1. 工作原理

如图 6-28 所示，典型的非质子锂-氧气电池包括锂金属负极、有机电解质和多孔正极[85]。它基于总反应 $2Li + O_2 \rightleftharpoons Li_2O_2[E^\ominus = 2.96\ V\ (vs.\ Li/Li^+)]$ 运行，其中 O_2 在放电过程中被还原形成 Li_2O_2 并沉积在多孔正极表面，随后 Li_2O_2 通过可逆的充电过程分解为 O_2 和 Li^+，电池可提供约 $3600\ W\cdot h/kg$ 的超高理论能量密度。具体的反应方程式如下：

放电：正极：$2Li^+ + 2e^- + O_2 \longrightarrow Li_2O_2$

负极：$Li \longrightarrow Li^+ + e^-$

充电：正极：$Li_2O_2 \longrightarrow 2Li^+ + 2e^- + O_2$

负极：$Li^+ + e^- \longrightarrow Li$

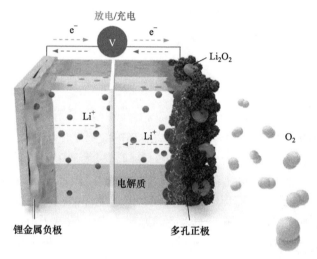

图 6-28 锂-氧气电池工作原理示意图[85]

锂-氧气电池的放电过程为氧还原反应(ORR)，放电产物过氧化锂(Li_2O_2)的形成过程较为复杂，容易受到电池环境(正极、电解质)和操作条件(电流密度)的影响，大体可分为溶液和表面机制两种反应机理[86]，这主要取决于超氧化锂(LiO_2)中间体相关的竞争反应(LiO_2 吸附于电极表面或溶于电解质)。

在表面机制中[通常发生在高供体值(DN)溶剂、低电流放电条件下]，O_2 吸附在正极表面的活性位点产生吸附氧$[O_{2(ads)}]$，随后 $O_{2(ads)}$ 被电子还原并与溶剂化的锂离子$[Li^+_{(sol)}]$结合形成吸附超氧化锂$[O_{2(ads)} + e^- + Li^+_{(sol)} \longrightarrow LiO_{2(ads)}]$，最后 $LiO_{2(ads)}$ 经历单电子电化学还原在正极表面形成膜状 $Li_2O_2[LiO_{2(ads)} + e^- + Li^+_{(sol)} \longrightarrow Li_2O_{2(ads)}]$。在溶液介导机制中[通常发生在低供体值溶剂、高电流放电条件下]，溶剂化超氧化锂$[LiO_{2(sol)}]$通过两步反应形成。首先，O_2 经过单电子电化学还原在正极表面形成 LiO_2，随后扩散到电解液中$[O_{2(sol)} + e^- + Li^+_{(sol)} \longrightarrow LiO_{2(sol)}]$，其 Li^+ 和 O_2^- 离子被溶剂化 $[LiO_{2(sol)} \longrightarrow Li^+_{(sol)} + O_2^-{}_{(sol)}]$。电解液中生成的 $LiO_{2(sol)}$ 可进一步发生歧化反应生成 $Li_2O_{2(sol)}$ 和 $O_2[LiO_{2(sol)} + LiO_{2(sol)} \rightarrow Li_2O_{2(sol)} + O_{2(g)}]$。由于 $Li_2O_{2(sol)}$ 在有机电解液中的溶解

度较低，会很快从溶液中沉淀出来，在正极表面成核并生长为环状 Li_2O_2。

锂-氧气电池充电过程会发生析氧反应(OER)。早期的电化学测试及原位拉曼光谱表明，Li_2O_2 的分解需要较高的过电位，且充电时并未在乙腈(CAN)基电解质中观察到 LiO_2 中间体。因此，有人提出 Li_2O_2 的分解是通过直接的两电子氧化反应：

$$Li_2O_{2(s)} \longrightarrow O_{2(g)} + 2e^- + 2\ Li^+_{(sol)} \tag{6-1}$$

后续的研究表明，充电过程取决于电解质的溶剂化特性，可能涉及固溶分解和液相介导的混合过程[反应(6-2)～反应(6-5)]。反应(6-2)和反应(6-3)是固态步骤，反应(6-4)和反应(6-5)涉及溶解在溶液中的物质的形成。总体而言，充电时 Li_2O_2 的分解仍是两电子反应。

$$Li_2O_{2(s)} \longrightarrow Li_{2-x}O_{2(s)} + xe^- + x\ Li^+_{(sol)} \tag{6-2}$$

$$Li_{2-x}O_{2(s)} \longrightarrow O_{2(g)} + (2-x)e^- + (2-x)\ Li^+_{(sol)} \tag{6-3}$$

或

$$Li_{2-x}O_{2(s)} \longrightarrow LiO_{2(sol)} + (1-x)e^- + (1-x)\ Li^+_{(sol)} \tag{6-4}$$

$$2LiO_{2(sol)} \longrightarrow Li_2O_{2(s)} + O_{2(g)} \tag{6-5}$$

近年来，高比能量锂-氧气电池的研究与应用已取得了巨大进展，但实际放电容量低、倍率性能差、往返效率低、循环稳定性差等问题极大地阻碍了其实际应用。当前，锂-氧气电池存在的主要科学问题有：①低催化活性的正极催化剂难以在充电过程中分解放电产物 Li_2O_2，导致充电过程电压极化大、能量效率低；②绝缘的、不溶性放电产物 Li_2O_2 将正极孔道堵塞阻碍了电子转移及 O_2/Li^+扩散，限制了电池容量并降低了循环性能；③充放电过程产生的活性氧物种对正极的腐蚀及电解质的分解产生大量副产物，导致循环稳定性差；④充放电过程中锂负极表面不均匀的 SEI 组分将引起锂离子的不均匀沉积，并在突起的锂表面部分聚集从而产生枝晶，最终刺穿隔膜，引起电池短路，导致电池循环稳定性与安全性较差。因此，阐明锂-氧气电池反应机理并研究新型、高效、高选择性的正极催化剂、无枝晶金属锂负极，以及锂-氧气电池之间的相关性与特异性将对锂-氧气电池的同步发展具有重要意义。

MOFs 材料的多孔结构、较高的比表面积及可调节的金属中心，能有效调整放电产物 Li_2O_2 的生长、促进 Li^+/O_2 的传输及氧化还原反应动力学，是锂-氧气电池材料的理想选择。高比表面积为与界面相关的表面反应提供了大量的反应活性位点，从而增强 Li_2O_2 的形成与氧化动力学，并实现更高的往返效率。可调节的多孔结构有利于适应正极在循环过程中的体积变化，确保 Li^+、O_2 和电子的传输，提高电极/电解质的接触面积，从而有助于提高倍率性能和循环稳定性。大孔体积为放电产品提供了更多的存储空间，从而实现了高放电容量和卓越的可充电性。MOFs 材料的可设计性有利于引入自适应特性，从而赋予电池组件所需的多功能。例如，可以通过构建具有大量暴露活性位点的功能性多孔催化剂来改善 ORR/OER 动力学，而调节空气正极的表面性质可以实现增多放电产物。此外，将具有较低锂成核能的亲锂位点引入 3D 多孔负极可以调节锂的均匀沉积，从而提高循环稳定性。对于正极和隔膜而言，良好的电解质润湿性对于实现优异的离子电导率和快速的离子传输速率至关重要。因此,需要适度的表面渗透性来保持相对较大的反应面积,并提供更多的孔隙以实现有效的气体扩散,从而实现锂-氧气电池的高放电容量。均匀介孔空隙中的孔限制效应可以有效克服活性纳米材料的自聚集,增强催化剂的稳定性,有利于电池整体性能的提高。因此,合理设计的 MOFs 电池材料能够有效构建高性能锂-氧气电池。

2. 正极催化剂

正极是锂-氧气电池的核心组件,其三维多孔结构可以促进氧气的扩散与放电产物 Li_2O_2 的沉积,提供了固-液-气三相反应的场所,并在很大程度上决定了电池的充/放电性能。为了获得高性能的锂-氧气电池,正极不但需要丰富多孔的结构,还需要优异的导电性与合适的 ORR/OER 催化活性。因此,选择合理设计的电池正极是必不可少的。

晶态的多孔 MOFs 材料具有可调的孔道及开放的金属活性位点,相对于其他多孔材料具有很大优势。Wu 等选择将 MOF-5、HKUST-1 和 M-MOF-74(M=Mn、Co 和 Mg)几种 MOFs 材料作为研究对象,其中具有一维孔结构(直径为 11.0 Å)和开放活性位点的 Mn-MOF-74 展现出较高的氧气吸附量[87]。作为锂-氧气电池的空气正极,当电流密度为 50 mA/g 时,Mn-MOF-74 的放电比容量可达 9420 mA·h/g,是不添加 MOFs 材料时放电比容量的 4 倍。此外,当水分子占据 Mn-MOF-74 的催化位点时,放电比容量衰减至 2820 mA·h/g。以上结果证明,具有多孔框架和开放金属位点的 MOFs 空气正极可以有效改善氧气的扩散过程,提升锂-氧气电池的放电比容量(图 6-29)。

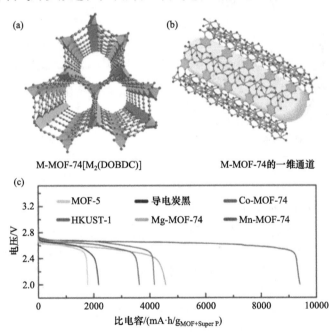

图 6-29 M-MOF-74 的晶体结构(a)和一维通道(b);(c)在 50 mA/g 电流密度下,使用 MOF-Super P 复合材料或 Super P 作为锂-氧气电池空气电极的放电曲线[87]

类似地,Hu 等利用双有机配体策略制备了 Ni-MOFs,其具有开放的催化位点、大的比表面积和均匀的微纳米结构,保证了氧气的传输及电解质与催化活性位点之间的有效接触。将 Ni-MOFs 作为锂-氧气电池的空气正极，在 0.12 mA/cm² 电流密度下展现出 9000 mA·h/g 的高放电比容量，且在前 170 次循环内展现出较好的稳定性（图 6-30）[88]。利用 Ni-MOFs 作为空气正极来组装软包可充电锂-氧气电池，展现出 478 W·h/kg 的能量密度，远超传统的锂离子电池（130～180 W·h/kg）。此外，Yin 等开发了一种部分移除配位官能团的方法，在 Cu 离子与均苯三甲酸的配位过程中引入对苯二甲酸，从而在微孔 Cu-MOFs 中引入大量的介孔和不饱和配位的金属中心，有效降低了空间位阻以增强传质，降低了电子传导阻力，为放电产物 Li_2O_2 提供更多的存储空间[89]。MCu-BTC 进一步负载 Co 物种（Co/MCu-BTC）后增强了双功能氧催化性能，优化后的 Co-10/MCu-BTC 作为锂-氧气电池的空气正极，在 50 mA/g_{cat+C} 电流密度下可产生近 7000 mA·h/g 的放电比容量。

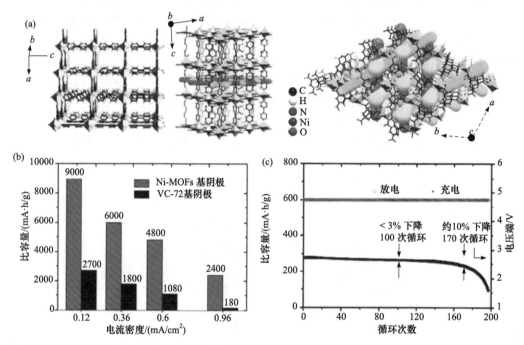

图 6-30 （a）Ni-MOFs 沿 c 轴、垂直于 c 轴和沿 b 轴的晶体结构；（b）Ni-MOFs 和 VC-72 空气正极在不同电流密度下的放电比容量比较；（c）固定比容量保持为 600 mA·h/g 时放电电压的变化曲线[88]

双金属 MOFs 具有两种金属中心，较单金属 MOFs 具有更加多元的催化活性位点和吸附位点。Lee 等利用双金属 MnCo-MOF-74 作为锂-氧气电池的正极材料。在 200 mA/g 电流密度下，MnCo-MOF-74 的放电比容量可达 11150 mA·h/g，远高于单一金属的 6040 mA·h/g（Mn-MOF-74）和 5630 mA·h/g（Co-MOF-74）[90]。Mn 和 Co 位点的协同效应可以进一步促进催化反应的进行，表现出较高的可逆性和转化能力。XRD 测试结果显示，Mn 位点可以有效地促进 Li_2O_2 向 LiOH 的转化，而 Co 位点可以催化 LiOH 的分解，MnCo-MOF-74 在放电产物 Li_2O_2/LiOH 的形成和分解中遵循互补的催化机制，验证了其在 OER 和 ORR 中较好的可逆性。

除了孔结构和组分外，MOFs 的尺寸也会对锂-氧气电池的性能产生影响。Li 等通过调节溶剂和水杨酸的比例，实现了对 Co-MOF-74 尺寸的调控。纳米棒尺寸的减小，提供了更快的电荷传输路径。除了MOFs自身的高密度不饱和电化学活性位点外，纳米晶体的尺寸限制和本征缺陷进一步提供了有效的扩散路径，降低了传输势垒。作为锂-氧气电池的正极材料，20 nm宽的Co-MOF-74在100 mA/g电流密度下显示出11350 mA·h/g的放电比容量，且倍率性能有所提升。

如前文所述，原始MOFs电导率不高，需要额外添加导电剂来增加导电性。在惰性气氛下煅烧MOFs后有机配体会发生碳化，可以有效改善体系的导电性，同时部分保留MOFs的多孔结构。Bu等将ZIF-8衍生物与还原氧化石墨烯(rGO)作为前驱体，在1000 ℃下的氮气气氛中使锌升华，合成了氮掺杂多孔碳/还原氧化石墨烯复合材料(NPC/rGO)，并将其作为锂-氧气电池的空气正极[91]。NPC/rGO的介孔和氮掺杂结构提供了丰富的活性位点，促进了OER/ORR的可逆性。当电流密度为50 mA/g时，NPC/rGO的放电比容量超过12000 mA·h/g，库仑效率可达93.2%。当电流密度为200 mA/g时，NPC/rGO的初始放电比容量和库仑效率分别为7500 mA·h/g和90.1%，且在125次循环后仍能保持良好的稳定性。

通过将纳米金属材料与碳材料复合，可以有效解决金属颗粒在可逆的固-液-气三相反应中容易失去接触的问题，极大提升了金属基电催化剂在锂-氧气电池中的循环稳定性。Deng等利用ZIF-8为模板，通过高温处理制备了高比表面的微孔碳并成功负载Ru纳米颗粒[92]。锂-氧气电池所需的多孔结构、高比表面积、高导电性和表面高活性Ru纳米颗粒被同时集成在所制备的催化剂中。结果显示，Ru@MCN在1000 mA/g的大电流密度下仍可稳定地循环100次以上。Liao和Shao等报道了一种新型的Ru基MOFs衍生的碳复合材料(Ru-MOF-C)，其中Ru纳米颗粒均匀分布在碳表面和内部[93]。虽然表面Ru纳米颗粒的损失和循环过程中的碳分解仍然存在，但内部Ru纳米颗粒很容易补充丢失的活性成分以保持高催化活性，从而使其在锂-氧气电池中保持长期循环稳定性成为可能(图6-31)。在常温下，Ru-MOF-C可稳定充放电循环800次，时间长达107天（测试条件：电流密度为500 mA/g，电位为0.2 V/0.7 V）。

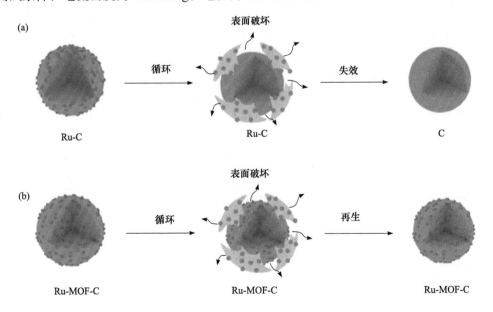

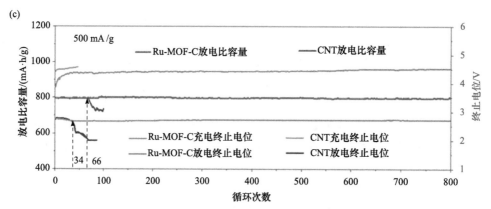

图 6-31　常规 Ru-C 催化剂(a)和 MOFs 衍生的 Ru-MOF-C 催化剂(b)在锂-氧气电池中长循环后的示意图；(c)Ru-MOF-C 和 CNT 在电流密度为 500 mA/g 时，放电比容量和相应的终止电位与循环次数的关系[93]

Wang 等报道了一种利用 3D 打印技术构筑的新型 MOFs，对其进行适当的退火处理得到分级多孔自支撑的碳电极(3DP-NC-Co，图 6-32)[94]。一方面，Co-MOFs 衍生的纳米钴基催化剂有利于 Li_2O_2 的形成和分解，极大地提高了锂-氧气电池的实际能量密度。另一方面，新型自支撑框架具有良好的导电性(电导率 $2.2×10^3$ S/m)和必要的机械稳定性，因此可以作为多孔导电自支撑基底。与 Co-MOFs 衍生的粉末 NC-Co 相比，具有层次性多孔网络结构的 3DP-NC-Co 展现出 640 m^2/g 的高比表面积，而这种形态特征有利于锂离子和氧气的扩散，并有效减缓表面钝化。在非水系电解液体系中，3DP-NC-Co 正极展现出 1124 mA·h/g 的高放电比容量(电流密度：0.05 mA/cm^2)，组装成的锂-氧气电池实际能量密度可达 798 W·h/kg。Yin 等采用"挥发-扩散-再捕获"的策略，成功地将 Co 单原子均匀地负载到二维 MOFs 衍生的碳纳米片上(Co-SA/N-C)[95]。二维 MOFs 和原子金属位点均匀隔离分散的优势，增强了在 ORR 和 OER 过程中纳米级 Li_2O_2 的形成和分解，大大增强了氧化还原动力学并有效地改善了过电位。在放电过程中，Co 单原子有利于提升催化剂对 LiO_2 中间产物的吸附能，诱导 Li_2O_2 以表面形核长大机制形成。Co-SA/N-C 最终获得优异循环稳定性(260 次)和较低的充放电过电位(0.4 V)。

除了金属/碳复合材料外，MOFs 衍生的氧化物/碳复合材料也具有优良的 OER/ORR 活性，可以作为锂-氧气电池的正极材料。Huang 等以 Fe(Ⅲ)-MOF-5 纳米笼为模板合成了分级介孔 $ZnO/ZnFe_2O_4/C$(ZZFC)。通过控制热处理条件，优化后的 ZZFC 具有高比表面积、分级孔隙和均匀分散的活性位点，有利于多相放电/充电反应中的质量/电子传输。将 ZZFC 作为锂-氧气电池的正极材料，在 300 mA/g 电流密度下可提供超过 11000 mA·h/g 的首次放电比容量，且比容量维持在 5000 mA·h/g 可有效循环 15 次。此外，通过 LSV 和 NMR 测试证实，基于 TEGDME 的电解质在实验期间与 ZZFC 实现了稳定共存。除了 MOFs 直接热处理制备氧化物之外，碳化 MOFs 的后氧化策略是另一种生产金属氧化物的方法。如前文所述，碳化过程可以改善材料的电导率，而后氧化过程可以降低非晶态碳含量，有助于通过保留石墨碳的含量来进一步提高电导率。Tang 等利用核壳结构 ZIF-8@ZIF-67 作为前驱体，采用碳化 MOFs 的后氧化策略制备了笼型石墨碳(GPC)-Co_3O_4 多面体(图 6-33)[96]。GPC-Co_3O_4 多面体集成了高电子导电性，由介孔壁和

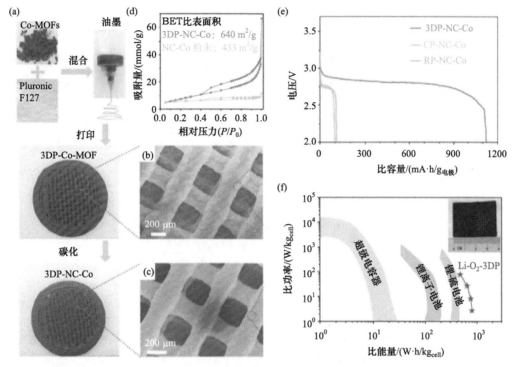

图 6-32 (a) 3DP-NC-Co 的制备示意图；3DP-Co-MOF (b) 和 3DP-NC-Co (c) 的 SEM 图；(d) 3DP-NC-Co 的氮气吸附-脱附曲线；(e) 在 0.05 mA/cm² 电流密度下 3DP-NC-Co 的首次放电曲线；(f) Ragone 图[94]

内部空隙组成的刚性笼式结构，以及均匀嵌入的 Co_3O_4 纳米颗粒等诸多优势。经测试，GPC-Co_3O_4 正极在锂-氧气电池中显示出 0.58 V 的低充电过电位、良好的倍率性能和长循环寿命。Song 等采用了类似的策略来生产用于锂-氧气电池的 Co_3O_4/碳复合材料[97]。研究人员合成并碳化了一种以硝酸钴和己二酸为反应物的 Co-MOFs，然后在空气中进行氧化。这种合成策略可以有效地产生高度分散的金属氧化物活性位点，并且可以用于优化暴露位点的活性。

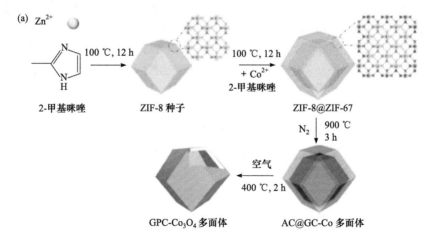

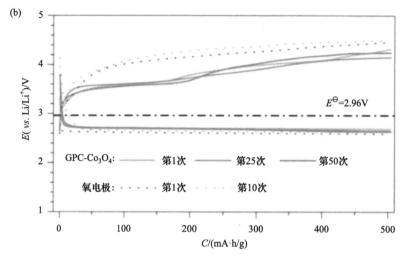

图 6-33　(a) GPC-Co₃O₄ 的制备示意图；(b) 在 250 mA/g 电流密度下 GPC-Co₃O₄ 电极和导电炭黑电极的充放电曲线[96]

3. 电解质

电解质作为 Li^+ 转移、O_2 溶解和扩散、稳定反应中间体的介质，在锂-氧气电池中发挥着不可替代的作用。然而，有机电解质的挥发难以保证正极电化学反应的稳定性，这导致较差的正极/Li_2O_2/电解质三相反应界面的形成，并进一步导致电池死亡。此外，在涉及 O_2 的电化学过程中会引起副反应，特别是在高工作电压下的高界面阻抗及容量衰减。针对上述问题，采用合理设计的 MOFs 材料来优化电解质体系被认为是一种有效的方法。

Zhou 等设计了一种基于血红素的可溶性 MOFs Zn-TCPP(Fe) 作为锂-氧气电池电解质添加剂[98]。如图 6-34(a) 所示，该 MOFs 是通过表面活性剂辅助方法合成的。Zn-TCPP(Fe) 可以快速清除电解液中的超氧自由基，清除能力与 Zn-TCPP(Fe) 的浓度成正比[图 6-34(b)]。在放电过程中，O_2 首先被还原成 O_2^-，然后 Zn-TCPP(Fe) 捕获电解液中的 O_2^- 形成[Zn-TCPP(Fe)]O_2^- 中间体，并逐步与 Li^+ 结合，通过液相途径进行还原或歧化反应生成环状 Li_2O_2。得益于其溶液反应机制，Zn-TCPP(Fe) 介导的锂-氧气电池在 100 mA/g 电流密度下可提供 6750 mA·h/g 的大放电比容量[图 6-34(c)]。

最近，Yaghi 及其同事展示了一种新型 3D MOF-688 作为锂金属电池中的固态电解质，其具有高锂离子电导率($3.4×10^{-4}$ S/cm)、高锂离子迁移数(0.87)及低界面电阻(353 Ω)。同时，高库仑效率、稳定的电压和低容量衰减表明 MOF-688 对锂金属具有高电化学稳定性[99]。然而，固体电解质对金属锂或空气成分的不稳定性，以及电解质和电极之间界面的离子传输，仍然是锂-氧气电池面临的巨大挑战。结合固体无机电解质和聚合物电解质优点的复合材料有望综合实现所需的机械性能、稳定性、离子电导率和电解质/电极界面。Yuan 等成功制备了纳米尺寸的 MOF-5 作为 PEO 基聚合物电解质中的无机填料，MOF-5 表现为路易斯酸中心并可与聚合物基质相互作用以降低聚合物电解质的结晶度，构建出具有高离子电导率($3.16×10^{-5}$ S/cm，25 ℃)的复合电解质[100]。此外，吸收在 MOF-54 的 3D 孔道中的微量溶剂可形成有利于离子传输的途径。因此，具有 PEO-

MOF-5 固体电解质的电池在 100 次循环后仍具有 45%的容量保持率。

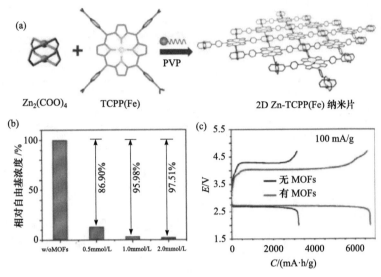

图 6-34 (a)Zn-TCPP(Fe)的制备过程；(b)Zn-TCPP(Fe)浓度与剩余自由基浓度的关系；(c)在深度放电期间，有/无 Zn-TCPP(Fe)的锂-氧气电池充放电曲线[98]

4. 隔膜

除了活性电极外，多孔隔膜也被认为是电池实现正负极电子隔离的关键部件。隔膜适当的多孔结构有利于电解质的渗透，加速 Li^+ 的快速转移，从而实现电池的高倍率性能。然而，用于锂-氧气电池的传统隔膜材料，如聚乙烯(PE)、聚丙烯(PP)和玻璃纤维(GF)等，在阻隔空气、放电中间体和氧化还原媒介方面并不令人满意。此外，传统的隔膜由于较差的机械强度很容易被锂枝晶穿透。为了应对上述挑战，已提出通过结构设计和表面涂层对隔膜进行功能化，以调节隔膜的润湿性、多孔结构和机械强度的策略。从本质上讲，锂-氧气电池中多孔膜的改性是一种通过间接的方法来防止锂金属负极腐蚀和锂枝晶的生长，这与锂负极的直接设计策略不同。

氧化还原媒介(RM)等可溶性催化剂广泛用于锂-氧气电池，通过参与正极的氧化/还原反应，显著提高 ORR 和 OER 动力学。但 RM 物种固有的溶解性也使它们容易穿过隔膜并腐蚀锂负极。在 RM 介导的锂-氧气电池中采用了一种离子选择性分离器来允许锂离子转移但抑制 RM 扩散的策略。Qiao 等利用 HKUST-1 设计了 MOFs 基隔膜来抑制 RM 的穿梭[图 6-35(a)~(c)][101]。HKUST-1 的 3D 通道结构包含高度有序的小尺寸微孔(6.9~9 Å)，小于 DBBQ(放电氧化还原介质)和 TTF(充电氧化还原介质)的分子直径，而 Li^+ 可以通过多孔结构。图 6-35(d)中的原位拉曼光谱表明，引入 MOFs 基隔膜，Li_2O_2 可以在充电后完全分解，并抑制电池副反应的发生。因此，具有 MOFs 基隔膜的电池具有较高的比容量，在 100 次循环后充电电位略有增加(约 4.0 V)。具有 3D 通道结构及孔径约 2.9 Å 的 ZIF-7 也被用作 MOFs 基隔膜[102]。ZIF-7 隔膜能够有效阻止 RM 的穿梭并抑制液态锂负极的降解，使有机氧电池表现出优异的倍率性能、长循环寿命和低过电压。

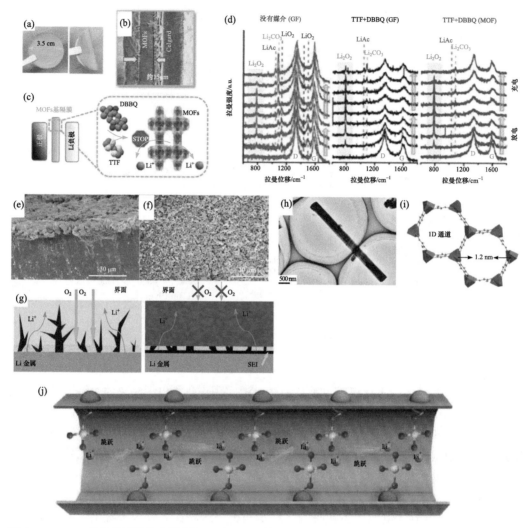

图 6-35　MOFs 基柔性隔膜的光学照片(a)和 SEM 截面图(b)；(c)MOFs 基分离器的示意图；(d)原位拉曼光谱[101]；100 次循环后锂金属负极的横截面图(e)和俯视图(f)；(g)MOFs 基准固态电解质保护锂金属的机理说明[103]；Cu-MOF-74 的 TEM 图(h)和一维通道结构(i)；(j)Li^+ 在 Cu-MOF-74 通道中的扩散示意图[104]

此外，锂-氧气电池中负极 Li^+ 的不均匀剥离和沉积会导致锂枝晶的形成，引起电池短路并存在安全隐患。最近，研究人员将 MOFs 膜与液体电解质相结合，为锂-氧气电池构建了准固态电解质。前者提供了高机械强度来阻碍锂枝晶生长，后者可以润湿准固态电解质和电极的界面并提供良好的接触以保证流动的 Li^+ 通量。Liu 等构建了一种基于 ZIF-67 和离子液体[Py_{13}][TFSI]的多功能准固态电解质[103]。在 100 次循环后，Li 负极的表面被 MOFs 颗粒致密覆盖，表明基于 MOFs 的准固态电解质在长期循环后与 Li 负极保持良好接触[图 6-35(e)～(g)]。该层调节均匀的 Li^+ 通量分布并抑制锂枝晶生长，而大量锂枝晶出现在无准固态电解质的对照实验中。因此，受到良好保护的 Li 负极在循环

1000 h 后仍保持致密性和金属性能，锂-氧气电池也表现出高放电容量和延长的循环寿命。Yuan 等利用棒状 Cu-MOF-74 和四甘醇二甲醚中的 1.0 mol/L LiClO$_4$ 液体电解质构建了准固态电解质[图 6-35(h) 和 (i)][104]。阴离子可以在 Cu-MOF-74 的开放金属位点上配位，然后锂离子通过跳跃机制在高氯酸盐基团之间传输[图 6-35(j)]。这种单离子准固态电解质不但阻碍了锂枝晶的生长，而且提高了离子电导率，锂-氧气电池表现出延长的循环寿命和降低的极化。

5. 总结与展望

本节主要讨论了 MOFs 材料高比表面积、大孔体积、明确的多孔结构及优异的可设计性等优势利于解决锂-氧气电池的许多关键问题，包括正极缓慢的 ORR/OER 动力学、RM 的穿梭效应、锂枝晶在负极上的形成和粉碎及电解质的分解和挥发的理论观点、可行性和最新进展。根据目前的成果，通过对候选 MOFs 材料的结构、组成和表面性质进行合理和功能化的设计，锂-氧气电池中的每个问题都得到了很好的解决。目前，关于电池反应机理方面的研究尚未成熟，仍需要研究者的不断努力和反复验证，这对于优化电池的组成(正负极和电解质)和构造，构建高能量密度和长循环寿命的电池系统具有重要意义。

总之，锂-氧气电池是极具发展潜力的储能体系，值得研究人员深入分析反应过程，并依此优化电池部件，合理搭配结构组成，不断提升电池的电化学性能。

6.2.2 锌-空气电池

人们对能源的需求日益增长，导致化石燃料快速消耗，激化了环境问题的爆发，中国作为以煤炭为主要能源结构的发展中国家，环境问题尤为突出。来自能源和环境的压力驱使着人们不断寻求新能源及新的能量存储和转化方式。在众多能量储存和转换类型中，电化学能源转化与存储技术(主要包括金属-空气电池、燃料电池、超级电容器等)已被公认为最可行和有效的能源转化与存储方式之一[105-107]。

最近几年，可充电金属-空气电池由于成本低、环境友好、安全性能高等优势受到人们的广泛关注。其中，锌-空气电池由于具有高的理论能量密度(1350 kW·h/kg)成为下一代最有希望的新能源电池。锌-空气电池的发展经历了一个漫长的过程，其重大事件的时间线如图 6-36 所示。早在 1878 年，Maiche 使用中性 NH$_4$Cl 水溶液作为电解质，发明了首个锌-空气电池。从 1997 年起，具有更高离子电导率的碱性电解质(如 KOH、NaOH 和 LiOH 水溶液)的锌-空气电池成为人们关注的焦点。与中性电解质相比，ORR 和 OER 在碱性电解质中具有更好的催化活性[108-110]。近年来，可充电锌-空气电池的商业化已经开始，EOS、Energy Storage、FluidicEnergy、ZincNyx 等公司已经开始将锌-空气电池应用在电网储能系统中，这些系统的最低价格为 160～200 美元/(kW·h)，随着研究的深入，价格在未来将预计降至 70 美元/(kW·h)，低于普遍接受的单位能源成本目标[150 美元/(kW·h)][111,112]。然而，其空气正极缓慢的反应动力学导致电池能效低、稳定性差的问题。此外，金属锌负极易形成枝晶、刺穿隔膜，引起电池短路，存在安全隐患[107]。

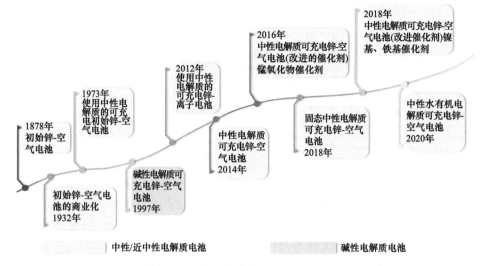

图 6-36 锌-空气电池发展历程[108-110]

如图 6-37 所示,锌-空气电池主要由锌金属负极、电解液、隔膜和多孔空气正极四部分组成。针对可充电锌-空气电池系统,放电和充电分别基于锌的氧化和还原反应,以及空气电极上的氧还原反应(ORR)和析氧反应(OER)[109]。

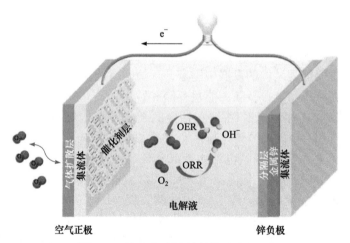

图 6-37 锌-空气电池的结构示意图[109]

空气正极上的反应:

$$O_2 + 2H_2O + 4e^- \rightleftharpoons 4OH^-$$

锌负极上的反应:

$$Zn + 4OH^- \longrightarrow Zn(OH)_4^{2-} + 2e^-$$

$$Zn(OH)_4^{2-} \longrightarrow ZnO + H_2O + 2OH^-$$

$$Zn + 2OH^- \rightleftharpoons ZnO + H_2O + 2e^-$$

总反应：

$$2Zn + O_2 \rightleftharpoons 2ZnO \quad [E^\ominus = 1.65 \text{ V } (vs. \text{ NHE})]$$

1. MOFs 及其衍生材料在锌-空气电池中的应用

1) MOFs 材料

如前文所述，MOFs 由金属离子或金属簇与有机配体配位组成，由于高度有序的晶体结构、可调节的孔径、超高的比表面积和结构可设计性，在能源催化领域表现出巨大的潜力[113,114]。与商用无孔贵金属催化剂相比，MOFs 催化剂具有以下独特的优势：①易于掺杂高度分散的杂原子，可以调整催化剂的局部电子结构，有效降低中间物种的吸附能量，从而提高催化性能；②原始 MOFs 的尺寸、形貌和结构可控，有利于提高催化性能；③导电配体可以赋予导电 MOFs 良好的导电性，加速电子转移；④MOFs 的超分子特征可以在电催化中提供良好的电化学稳定性和耐久性[115]。

Peng 等以 2, 3, 6, 7, 10, 11-六氨基三苯(HITP)为配体，合成了一系列不同 Ni/Co 比例的导电 MOFs[116]。结果表明，Co_3HITP_2 表现出良好的 ORR[$E_{1/2}$ = 0.80 V，图 6-38(a)]和 OER[E_{10}=1.59 V，图 6-38(b)]双功能电催化活性，表明金属中心未配对的 3d 电子能有效促进 ORR 活性。使用 Co_3HITP_2 作为空气正极的可充电锌-空气电池显示出优异的催化活性和超过 80 h 的稳定性[图 6-38(c)]。这是首次利用具有显著双功能 ORR/OER 活性、优良导电性和良好稳定性的导电 MOFs 构建可充电锌-空气电池，为绿色能源领域直接利用不热解的导电 MOFs 提供了一个全新的思路。

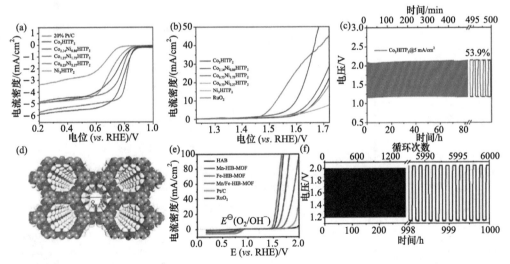

图 6-38 (a) Co_3HITP_2 在 0.1 mol/L KOH 中的 LSV 曲线；(b) 不同 Co/Ni 比值的 M_3HITP_2 在 1.0 mol/L KOH 中的 OER 极化曲线；(c) Co_3HITP_2 作为空气正极时在 5 mA/cm^2 下的循环曲线[116]；(d) 双原子 Mn/Fe-HIB-MOF 示意图；(e) Mn/Fe-HIB-MOF 的双功能极化曲线；(f) Mn/Fe-HIB-MOF 在 10 mA/cm^2 下的恒流放电-充电循环性能[117]

除对二维材料的设计外，Lee 等先将六氨基苯配体与 Mn(Ⅱ)和 Fe(Ⅱ)盐的氨化溶液反应，然后在 300 ℃下还原得到了一种富含 M(Ⅱ)N_4 基团的新型三维双金属

MOFs(Mn/Fe-HIB-MOF)[图 6-38(d)][117]。经过表征和性能测试，Mn/Fe-HIB-MOF 呈现出五层壳的空心球形貌，具有 2298 m²/g 的超高比表面积，表现出卓越的双功能催化活性[ORR 半波电位为 0.883 V，OER 过电位为 0.38 V，ΔE = 0.627 V，图 6-38(e)]。值得注意的是，Mn/Fe-HIB-MOF 作为空气正极，在液态和全固态锌-空气电池中循环寿命分别超过 1000 h 和 600 h[图 6-38(f)]。

2) MOFs 衍生的非金属碳材料

相较于 MOFs 自身作为电催化剂应用于锌-空气电池领域，MOFs 的衍生材料能够在继承原始 MOFs 特性的基础上，对衍生材料中的活性成分进行改性和精确调控，以增强材料的导电性与稳定性。

碳基材料是一种常见的催化材料，杂原子的合理引入可以实现碳原子的电荷再分配，降低反应中间体的吸附势垒[118]。如前文所述，MOFs 结构的多样性与可修饰性等优点使其能够成为优秀的自牺牲模板[119]。在 MOFs 衍生的非金属碳材料中，氮掺杂碳材料占主体地位。如图 6-39(a)所示，Yan 等使用过饱和的 NaCl 溶液密封 ZIF-8 前驱体，直接热解得到氮掺杂空心碳多面体(NHCP)[120]。得益于丰富的微孔和介孔、大比表

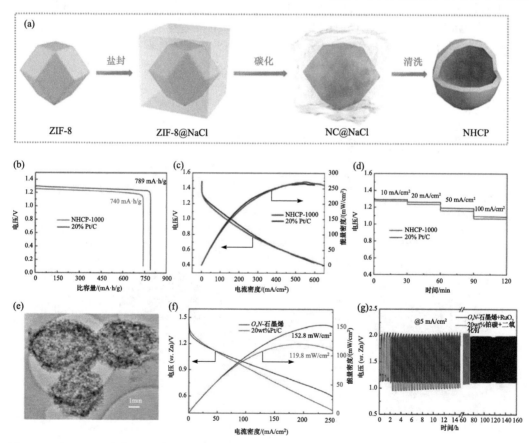

图 6-39 (a) NHCP 形成示意图；NHCP-1000 和 20% Pt/C 的锌-空气电池在 10 mA/cm² 下的比容量(b)、放电极化及功率密度曲线(c)和在不同电流密度下的放电曲线(d)[120]；(e) O, N-石墨烯的 HRTEM 图；O, N-石墨烯 + RuO₂ 和 20 wt% Pt/C + RuO₂ 锌-空气电池的放电极化和功率密度曲线(f)及循环性能(g)[121]

面积、高石墨化程度和理想的氮键类型,采用 NHCP 作为空气正极组装的锌-空气电池表现出 272 mW/cm^2 的高峰值功率密度和 740 mA·h/g 的高比容量[图 6-39(b) 和 (c)],可稳定循环 160 h。此外,如图 6-39(d) 所示,锌-空气电池还具有优异的倍率性能,可在 100 mA/cm^2 下连续放电 30 min,这项工作为设计高性能锌-空气电池的正极材料提供了新的途径。Song 等则是采用简单的溶剂热法合成了一种锌基 MOFs(Zn-BTC) 作为前驱体,随后通过高温煅烧实现碳化和氮掺杂,最终得到无金属的三维空心球形氧氮双掺杂石墨烯框架复合材料(O, N-石墨烯),其形貌如图 6-39(e) 所示[121]。以 O, N-石墨烯作空气正极的锌-空气电池的峰值功率密度为 152.8 mW/cm^2,高于商业 20wt% Pt/C 所组成的电池[图 6-39(f)]。图 6-39(g) 为其在 5 mA/cm^2 下的恒流充放电测试,O, N-石墨烯 + RuO$_2$ 的锌-空气电池可充电 160 h 以上,电压无明显衰减。研究结果表明,3D 中空结构、大比表面积、高导电石墨烯框架,以及 O, N-石墨烯中残留的吡啶 N 和石墨 N 缺陷之间的协同作用,加速了 O$_2$ 的扩散,增加了催化活性位点,从而提高了锌-空气电池的性能。

除氮掺杂碳材料之外,多原子掺杂(如 F、P、S 和 B)材料也是一种有前途的空气电极材料。由于它们的电负性和半径与碳不同,多杂原子掺杂能够使碳与相邻掺杂剂之间的电荷转移和局域电荷密度发生多种变化,从而提高碳材料的催化活性[122-124]。如图 6-40(a) 所示,Nam 团队采用 ZIFs 和二苄基二硫化物(DBDS)热处理制备了多面体型氮硫共掺杂介孔碳(N-S-PC)[125]。随后,将得到的 N-S-PC 负载到三种不同类型的空气电极(碳纸、碳毡和自制空气电极)上,从 SEM 截面图[图 6-40(b)~(d)]可知,碳纸厚度最小,碳毡厚度最大。为了比较不同类型的空气电极的体积活度表达式,使用计算的体积进行了 ZAB 电流-电压测试[图 6-40(e)],其中自制空气电极具有 5070 mW/cm^3 体积功率密度,高于碳毡和碳纸[图 6-40(f)]。图 6-40(g) 所示的三个空气电极的性能、成本和稳定性雷达图更直观地展现出 N-S-PC 自制空气电极卓越的实用价值。

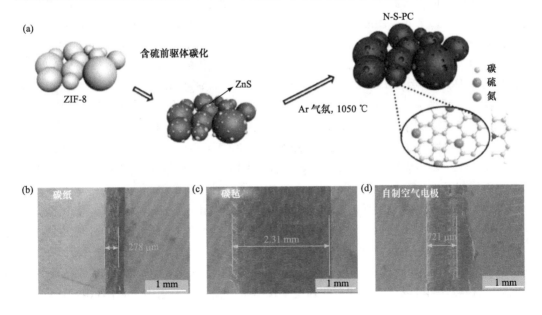

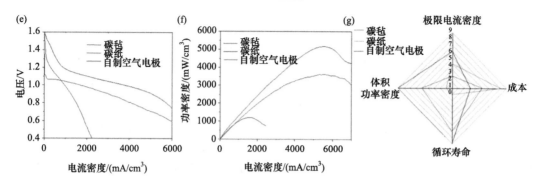

图 6-40 (a)N-S-PC 的合成方案;N-S-PC 负载在碳纸(b)、碳毡(c)和自制空气电极(d)的 SEM 截面图;(e)N-S-PC 空气电极的电压-电流密度分布图;(f)N-S-PC 空气电极的体积功率密度分布图;(g)三种不同类型空气电极的雷达图[125]

这些自牺牲 MOFs 模板制备的多孔碳材料比传统碳材料具有更独特的结构特征。继承了 MOFs 的优点,孔隙结构多变,比表面积大大提高,这将影响材料的最终性能。因此,通过选择合适的掺杂剂和合适的 MOFs 前驱体,可以巧妙地设计出多种非金属杂原子掺杂碳材料作为先进的氧电催化剂,其是一种很有前景的用作锌-空气电池空气正极的催化材料。

3)MOFs 衍生的单原子催化剂材料

单原子催化剂(SACs)凭借对金属原子的超高利用率和金属活性中心的充分暴露,在能源存储和转化领域引起了广泛的关注[126, 127]。近期,以 MOFs 为前驱体制备 SACs 的方法蓬勃发展[128-130],其中以 Co 基和 Fe 基 SACs 的报道最为常见。例如,Wang 等开发了一种以 ZIF-67 为前驱体的熔融盐辅助热解策略,以构建超薄多孔碳负载 Co 单原子的电催化剂(Co-SAs@NC),如图 6-41(a)所示[131]。超薄多孔的碳支撑材料增加了比表面积和可达的层间垂直路径,有利于活性金属中心的充分暴露。以 Co-SAs@NC 为空气电极组装的锌-空气电池性能优异,功率密度和放电比容量分别可达 160 mW/cm^2 和 760 $mA·h/g$。此外,即使在 20 mA/cm^2 的高电流密度下,恒流放电过程也表现出稳定的电压平台。这为制备活性中心完全暴露和电子结构优化的 SACs 提供了一种有效的策略。如图 6-41(b)所示,Ji 等报道了一种简单易行的"浸渍-碳化-酸化"策略,以 ZIFs 和静电纺丝纳米纤维(ENFs)为前驱体制备了一系列金属单原子位点锚定的氮掺杂多孔碳片(M SA@NCF/CNF)用于柔性电池储能[132]。Co SA@NCF/CNF 基柔性锌-空气电池能更好地缓解机械变化和压力。同时,将 Co SA@NCF/CNF 基可穿戴锌-空气电池缝在编织手套上作为柔性电源,可以提供 530.17 $mA·h/g$ 比容量[图 6-41(c)和(d)]。这些发现为构建独立的单原子材料及高性能无黏结剂的催化电极提供了一种可行的策略。

Han 等通过调节 Zn/Co 双金属咪唑沸石框架(ZnCo-ZIFs)中 Zn 掺杂的含量,在原子尺度上实现了 Co 物种的空间隔离,为在 N 掺杂多孔碳上成功合成 Co 单原子提供了条件[133]。如图 6-42(a)所示,使用 Co-SAs@NC 电极在锌-空气电池上实现了接近 Pt/C 的高功率密度(158 mA/cm^2;105.3 mW/cm^2)。此外,以 Co-SAs@NC 构建的柔性固态锌-空气电池[图 6-42(b)]可以在不同的弯曲角度下保持极其稳定的充放电平台[图 6-42(c)],展

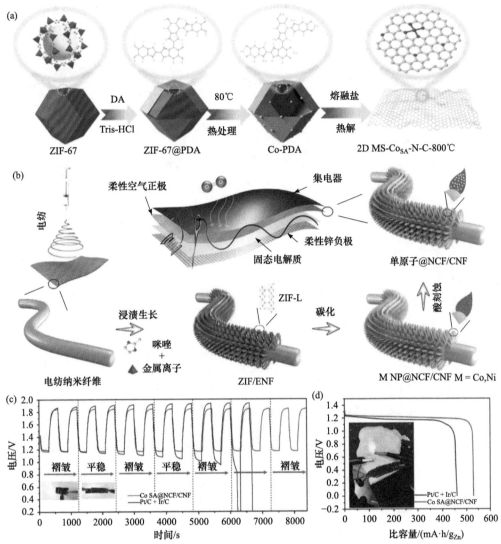

图 6-41 (a)通过熔融盐辅助策略合成多孔碳负载钴单原子电催化剂的过程示意图[131]；(b)可穿戴锌-空气电池中 M SA@NCF/CNF 薄膜的"浸渍-碳化-酸化"工艺制备示意图；(c)柔性锌-空气电池在交替折叠和释放条件下的充放电曲线；(d)锌-空气电池的电压-比容量曲线，插图：可穿戴锌-空气电池实际应用的照片[132]

现出极大的灵活性。这种新颖的合成策略为在多尺度上调控 MOFs 衍生物的金属粒径和催化性能开辟了一条新的途径。Zhao 等开发了一种双层 MOFs 的策略，即在 ZIF-8 核外生长含有乙酰丙酮铁的 ZIF-8(ZIF-8@Fe/ZIF-8)，以制造一种负载在分层多孔 CN 载体上的富缺陷 Fe 单原子催化剂(Fe_1/d-CN)，如图 6-42(d)所示[134]。以 Fe_1/d-CN 催化剂作为空气正极的碱性准固态可充电锌-空气电池表现出比 Pt/C + RuO_2 基电池(2.00 V 对应 10 mA/cm^2)更低的充放电电压间隙(1.27 V 对应 10 mA/cm^2)[图 6-42(e)]，峰值功率密度为 78.0 mW/cm^2 [图 6-42(f)]。此外，其还具有较高的机械柔性，可在 0°~180°的不同弯曲角度下完成充放电并保持稳定的充放电平台[图 6-42(g)]。Fe_1/d-CN 催化剂优异的性能可以归因于 Fe 中心的电子结构调控，以及 Fe_1/d-CN 催化剂丰富的缺陷和分级多孔特性所带来的优异电子/质子输运能力。

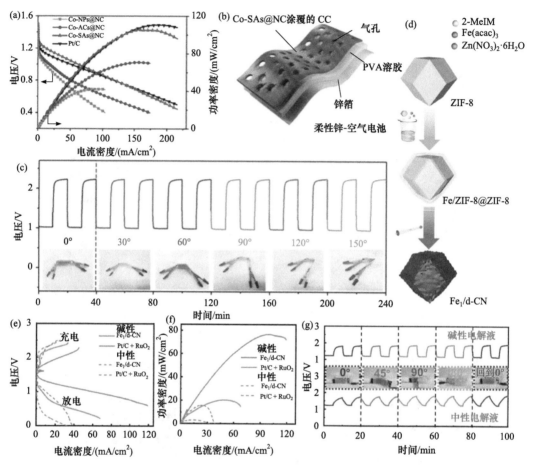

图 6-42　(a)CoNPs@NC、Co-ACs@NC、Co-SAs@NC 和 Pt/C 型锌-空气电池的极化曲线及对应的功率密度；(b)Co-SAs@NC 锌-空气固态电池结构示意图；(c)Co-SAs@NC 正极在 2 mA/cm² 下不同弯曲角度的电池循环性能[133]；(d)Fe_1/d-CN 催化剂的制备过程；Fe_1/d-CN 作为空气正极的柔性准固态锌-空气电池在碱性(实线)和中性(虚线)电解质中的充放电极化曲线(e)、功率密度曲线(f)，以及在不同弯曲角度下的循环稳定性(g)[134]

除了单金属的单原子催化剂之外，MOFs 衍生出的双金属单原子催化剂(DASACs)在锌-空气电池方面也有相关报道。如图 6-43(a)所示，Song 等通过孔限制和后吸附两步策略在 NC 载体上制备了原子分散的 ZnN_4 和 CoN_4 位点(ZnCo-NC-Ⅱ)[135]。ZnCo-NC-Ⅱ 催化剂在锌-空气电池中具有优良的功率密度(164.85 mW/cm²)和比容量(802.55 mA·h/g_{Zn})[图 6-43(b)和(c)]。该工作证明了双金属单原子催化剂在能量转换器件方面的巨大潜力，为双金属位点的精确构建提供了指导。Zhong 等[136]通过吸附和热解的简单工艺成功地在氮掺杂碳(NC)上锚定孤立的 Pt 和 Fe 原子(PtFeNC)，其在 0.85 V 下的质量活性为 11.47 A/mg(total metal)，优于商业 Pt/C[图 6-43(d)]。如图 6-43(f)所示，PtFeNC 用于锌-空气电池时，在 10 mA/cm² 下显示出 807 mA·h/g 的出色比容量。在充放电电流密度为 10 mA/cm² 时，基于 PtFeNC-IrO₂ 的锌-空气电池的充放电电压间隙(0.736 V)小于 40 wt% Pt/C-IrO₂ 的(0.791 V)[图 6-43(e)]。该研究结果为探索双金属和多金属 SACs 在锌-空气电池应用中作为高性能 ORR 电催化剂提供了一种有效的策略。

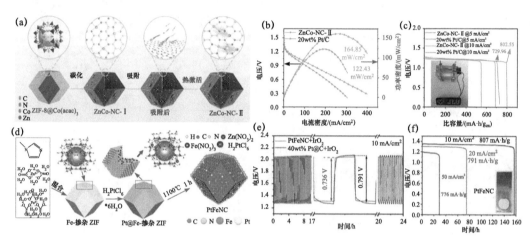

图 6-43 (a)通过孔限制和后吸附两步策略合成 DACs 的示意图；(b)Zn-NC-Ⅱ 和 20 wt% Pt/C 基锌-空气电池的极化曲线和功率密度；(c)在 5 mA/cm² 和 10 mA/cm² 下的恒流放电曲线[135]；(d)PtFeNC 制备示意图；(e)基于 PtFeNC + IrO₂ 和 40 wt% Pt/C + IrO₂ 的可充电锌-空气电池在恒定的 10 mA/cm² 电流密度下的充放电循环性能；(f)基于 PtFeNC 的一次锌-空气电池在不同放电电流密度下的比容量，插图为放电实验结束后的锌箔[136]

4) MOFs 衍生金属团簇/碳复合材料

MOFs 衍生的金属团簇/碳复合材料可以有效增强碳与金属离子之间的结合力，具有丰富的活性中心、良好的分散性和快速的电荷转移等优势，被广泛用作锌-空气电池的空气电极材料[137]。

如前文所述，MOFs 是一类典型的有序多孔材料，通过选择合适的 MOFs 前驱体和后处理工艺，可以合成具有受控结构的高效 MOFs 衍生金属团簇/碳复合材料。Hou 及其研究团队以均匀生长在泡沫镍上的 Co-MOFs 作为前驱体，通过高温煅烧得到由超细磷化钴纳米颗粒修饰的碳纳米片(CoP$_x$@CNS)复合材料[图 6-44(a)和(b)][138]。当 CoP$_x$@CNS 作为锌-空气电池的空气正极时，可在 5 mA/cm² 的电流密度下稳定充放电 130 h，且电压无明显衰减[图 6-44(c)]。Lai 及其合作者通过直接热解 Cu 掺杂的 ZIF-8 多面体制备了一种新型 Cu-N/C 催化剂[图 6-44(d)][139]。ORR 稳定性测试表明 25% Cu-N/C 在 10000 s 后仍可保持 87.4%的电流密度，明显优于 30% Pt/C[图 6-44(e)]。如图 6-44(f)所示，Cu-N/C 构建的锌-空气电池具有 132 mW/cm² 的峰值功率密度，且电压可以稳定输出 60 h[图 6-44(g)]，优于 Pt/C 组成的锌-空气电池。这表明 MOFs 衍生的 Cu-N/C 在替代锌-空气电池和其他相关能量转换器件中的贵金属基材料方面具有广阔的应用前景。Xu 及其同事在 NiCo 双金属 MOFs 纳米片的外表面进行 ZIF-67 包覆，通过高温热解得到了 N 掺杂多孔碳包覆 Co/Ni 金属的复合材料[140]。当其作为锌-空气电池的正极材料时，显示出 792.8 mA·h/g 的高比容量和 243.4 mW/cm² 的峰值功率密度，这为设计和构建 MOFs 衍生金属团簇/碳复合材料提供了新的思路。

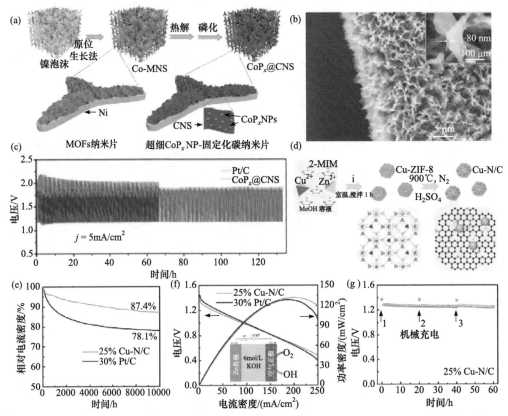

图 6-44 (a) CoP_x@CNS 的合成示意图；(b) CoP_x@CNS 催化剂的 SEM 图；(c) CoP_x@CNS 和商用 Pt/C 基锌-空气电池的充放电曲线[138]；(d) 25% Cu-N/C 催化剂的合成流程图；(e) 25% Cu-N/C 与 30% Pt/C 在 O_2 饱和的 0.1 mol/L KOH 溶液中的稳定性测试；(f) 25% Cu-N/C 与 30% Pt/C 基可充电锌-空气电池的极化曲线和功率密度；(g) 25% Cu-N/C 进行机械充电后的输出电压变化[139]

M-N-C 中丰富的 M—N 共价键和 M—M 金属键可以促进电催化过程。此外，与单金属相比，多金属位点的协同效应能够使 M-N-C 活性位点表现出优异的双功能电化学性能。Zhu 及其合作者报道了一种氮掺杂碳包覆的 NiFe 合金和 Co 纳米颗粒的复合材料 (NiFe-Co@NC-450)[图 6-45(a)][141]。通过改变金属类型可有效调节催化剂的电子结构。同时，多孔的氮掺杂碳层可有效提高催化剂电导率，加速电子/离子传输。NiFe-Co@NC-450 作为空气正极时，表现出 100 mW/cm² 的高功率密度及 798 mA·h/g 的高比容量。以 NiFe-Co@NC-450 作为空气电极构建的柔性固态锌-空气电池如图 6-45(b) 所示，其开路电压在不同弯折角度下都能保持稳定[图 6-45(c)]，三个柔性电池串联即可提供充足的电流使 LED 灯工作[图 6-45(d)]。此外，Li 及其合作者提出了一种绿色低成本的策略来合成固定在多孔氮掺杂碳上的 $Co_{5.47}N/Co_3Fe_7$ 异质结构[142]。$Co_{5.47}N/Co_3Fe_7$/NC

的优异性能主要归因于在 Co_3Fe_7 合金中掺入 $Co_{5.47}N$，这不仅提高了催化剂的电导率和电化学活性面积，还降低了电荷转移电阻。如图 6-45(e) 和 (f) 所示，在使用 $Co_{5.47}N/Co_3Fe_7/NC$ 作为空气正极时，所组装的锌-空气电池显示出较高的功率密度（约 264 mW/cm²）及循环稳定性，性能明显优于 20% Pt/C + RuO_2 所组成的锌-空气电池。

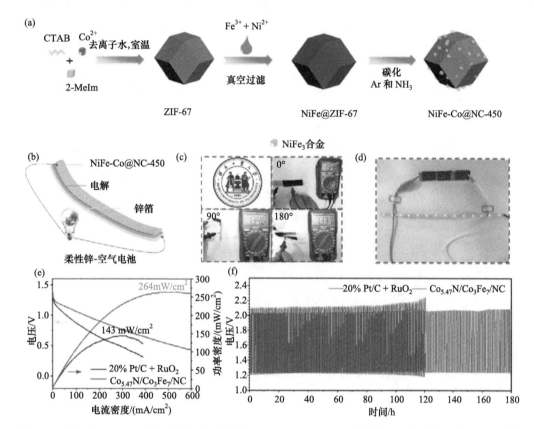

图 6-45 (a) NiFe-Co@NC-450 的合成示意图；NiFe-Co@NC-450 柔性锌-空气电池的示意图 (b) 及在不同弯折角度下的开路电压 (c)；(d) NiFe-Co@NC-450 锌-空气电池给 LED 灯泡供电的照片[141]；(e) $Co_{5.47}N/Co_3Fe_7/NC$ 和 20% Pt/C + RuO_2 锌-空气电池的充放电曲线；(f) $Co_{5.47}N/Co_3Fe_7/NC$ 和 20% Pt/C + RuO_2 的充放电曲线[142]

5) MOFs 衍生金属化合物/碳复合材料

近年来，研究人员对金属化合物作为电催化材料进行了广泛研究，但低导电性和较差的分散性严重妨碍了其催化活性，而 MOFs 衍生的金属化合物/碳复合材料可以有效地克服上述问题。MOFs 衍生的金属化合物/碳复合材料主要包括金属氧化物、金属硫化物、金属氮化物、金属磷化物与碳的复合材料[143]。

金属磷化物具有类金属特性、良好的导电性和化学稳定性，近年来被广泛用作锌-空气电池的电极材料。例如，Wang 及其团队通过简单的原位磷化工艺，成功地制备了 CoP 纳米颗粒锚定在氮、磷共掺杂多孔碳上的复合材料 (CoP/NP-HPC)[144]。利用其作为空气正极组装的可充电锌-空气电池表现出 186 mW/cm² 的高功率密度，并且具有优异的循环稳定性。Rao 与其同事制备了一种硫、氮共掺杂碳纳米管包覆金属钴纳米颗粒的复合材料(S, N-Co@CNT)[145]。当 S, N-Co@CNT 用作可充电锌-空气电池的正极材料时，展现出高达 171 mW/cm^2 的峰值功率密度。He 与其研究团队将 ZIF-8 作为前驱体，利用 FeCo 共掺杂策略制备了原子分散的 FeCo-NC 电催化剂[图 6-46(a)][146]。利用其组装的锌-空气电池具有 372 mW/cm^2 的高功率密度[图 6-46(b)]及优异的倍率性能[图 6-46(c)]。

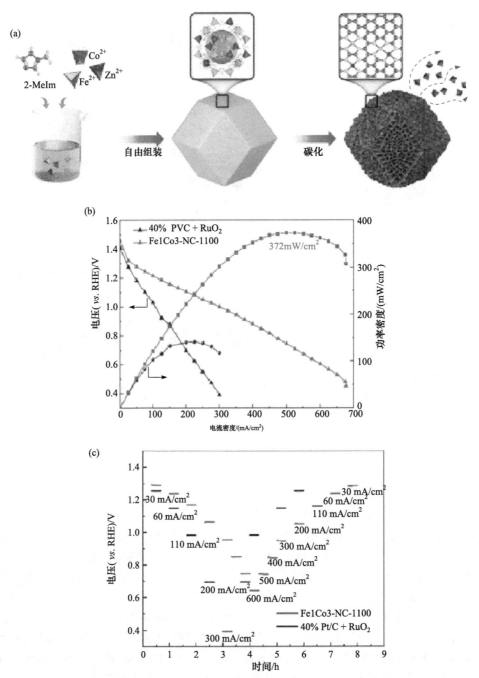

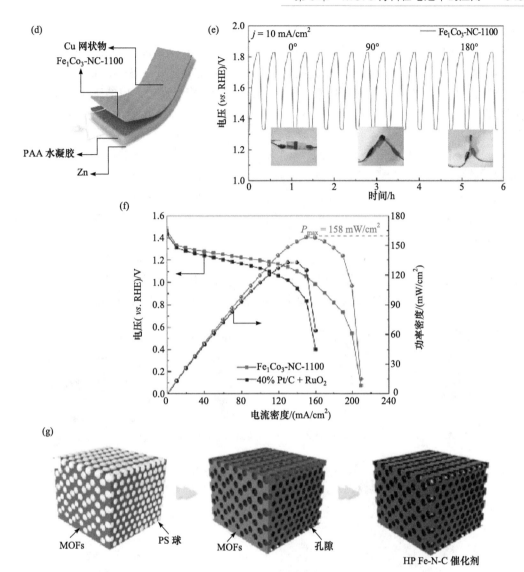

图 6-46 （a）双金属 FeCo-NC 的合成示意图；（b）Fe₁Co₃-NC-1000 的放电极化曲线和功率密度；（c）Fe₁Co₃-NC-1000 和 Pt/C + RuO₂ 在不同电流密度下的放电曲线；Fe₁Co₃-NC-1100 柔性锌-空气电池的结构示意图（d）和在不同折叠角度下的充放电曲线（e）；（f）Fe₁Co₃-NC-1100 和 Pt/C + RuO₂ 柔性锌-空气电池的放电极化曲线和功率密度[146]；（g）具有分层多孔结构的 Fe-N-C 催化剂的合成示意图[148]

此外，以 FeCo-NC 构建的柔性固态锌-空气电池[图 6-46(d)]可在 0°～180° 的不同弯曲角度下完成充放电并保持稳定的充放电平台[图 6-46(e)]，功率密度可达 158 mW/cm²[图 6-46(f)]。过渡金属硫化物因组成多样、电子结构可调、独特的氧化还原性质及对各种催化反应具有多个活性位点的特性而备受关注[147]。Ma 及其同事提出了一种 S 掺杂 Fe-N-C 的多级结构催化剂[图 6-46(g)][148]。在多级结构中，互连的大孔和中孔显著增加了 Fe-N₄ 部分活性，在碳框架中引入 S 以提高单个 Fe-N₄ 的内在活性。利用 Fe-N-C 作为空气正极组装的锌-空气电池表现出 453 mW/cm² 的超高功率密度。

近期,过渡金属氧化物因成本低、储量丰富和循环稳定性好的特点被广泛应用到锌-空气电池中。一方面,过渡金属氧化物易于在碱性环境中制备;另一方面,由于表面成分的氧化,因此它们在反应过程中较为稳定。Li 及其合作者通过简单的碳化-水解过程成功构建了 Co/CeO$_2$ 负载的氮掺杂多孔碳纳米片(Co/CeO$_2$-NCNA@CC)[图 6-47(a)],其形貌如图 6-47(b)所示[149]。研究人员发现,利用 CeO$_2$ 的电子可调特性,可以提高 Co/CeO$_2$ 异质结构中 Co 位点的催化效率。当使用 Co/CeO$_2$-NCNA@CC 作为正极材料时,所组装的锌-空气电池展现出 784.4 mA·h/g$_{Zn}$ 的高比容量[图 6-47(c)],103 mW/cm^2 的高功率密度[图 6-47(d)],以及在 5.0 mA/cm^2 下稳定运行 380 h 的良好稳定性[图 6-47(e)]。Huang 及其同事通过煅烧分散在 ZIF-67 上的氢氧化钌,成功制备了高性能双功能电催化材料 Ru@Co$_3$O$_4$[150]。当其作为正极材料时,所组装的锌-空气电池表现出 788.1 mA·h/g 的高比容量和 101.2 mW/cm^2 的高功率密度。与 Pt/C-RuO$_2$ 所组成的锌-空气电池相比,该电池具有相对较低的电压间隙和良好的循环稳定性。Ru 掺杂诱导 Co$_3$O$_4$ 的晶格发生显著膨胀,并产生了更多的氧空位,促进了晶格氧从亚表层/体相迁移到表面。

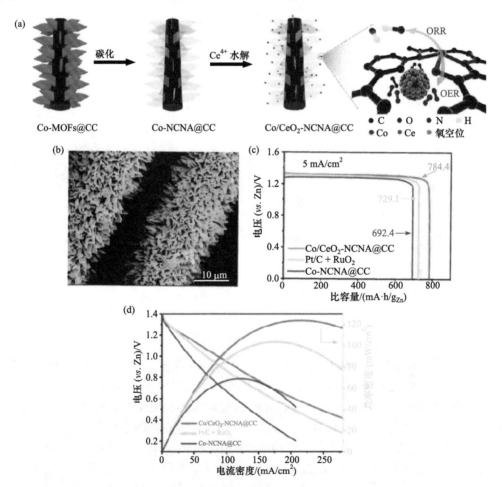

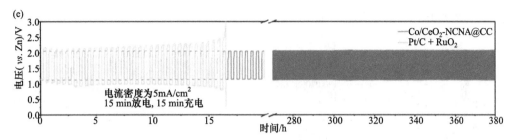

图 6-47　Co/CeO$_2$-NCNA@C 的合成示意图(a)，SEM 图(b)，比容量(c)，放电极化曲线及功率密度(d)；(e)Co/CeO$_2$-NCNA@CC 和 Pt/C + RuO$_2$ 的充放电曲线[149]

2. 总结与展望

锌-空气电池具有卓越的理论比能量和体积能量密度，并且具有较高的安全性和成本优势，是未来最有发展前景的储能系统之一。尽管有关锌-空气电池的研究在过去十年中取得了重大进展，但我们必须认识到，锌-空气电池想要成为电动汽车的储能设备，还有许多问题有待解决。我们需要从根本上解决锌-空气电池的低能效(40%~70%)和循环寿命短(10~150 个循环)的问题。其中，锌金属负极和双功能空气正极的可逆性和稳定性是电池高效长期运行的关键。对于金属锌电极，可以通过建立导电多孔网络，实现均匀的电流密度分布，进而改善锌-空气电池锌枝晶的形成及重复充放电循环中的容量损失。对于双功能空气电极催化剂，低成本过渡金属氧化物和碳基材料是降低电池充放电电压极化的优异候选材料。近几十年来，研究人员在设计催化剂方面做出了许多努力，各种双功能催化剂材料发展迅速，并显示出良好的催化活性和稳定性。深入了解催化剂的状态和相关反应机理对于设计近乎理想的双功能氧电催化剂非常重要，这将大大提高可充电锌-空气电池的效率。在未来，可以利用锌-空气电池中锌电极的现有制造基础和锌-空气电池中的空气电极设计基础，快速扩大可充电锌-空气电池的生产和商业化。总体来讲，具有高能量密度、安全性和低成本的可充电锌-空气电池有希望满足数字化和低碳的全球经济的能源需求。因此，应该大力鼓励学术界和工业界加速研究和开发这项技术。

6.2.3　MOFs 衍生材料在钠/镁/铝-空气电池中的应用

钠-空气电池的原理与锂-空气电池类似，其理论能量密度可达 1105 W·h/kg，远超目前商用的锂离子电池，具有广阔的发展前景。此外，钠资源丰富，分布广泛，具有极大的成本优势[151]。然而，在实际应用中由于空气电极的限制，会出现循环寿命有限、可逆性差等问题。Liu 等为了克服这些挑战，首次设计了具有核壳结构的分层 Co$_3$O$_4$@MnCo$_2$O$_{4.5}$ 纳米立方体(h-Co$_3$O$_4$@MnCo$_2$O$_{4.5}$ Ns)[图 6-48(a)]作为新型的空气正极材料[152]。以 ZIF-67 为模板通过模板辅助法合成的 h-Co$_3$O$_4$@MnCo$_2$O$_{4.5}$ Ns 具有 130.4 m^2/g 的高比表面积[图 6-48(b)]、分级的大孔/介孔结构，以及具有核壳结构的 Co$_3$O$_4$@MnCo$_2$O$_{4.5}$ 协同活性位点。这些独特的结构性质显著增强了 h-Co$_3$O$_4$@MnCo$_2$O$_{4.5}$ Ns 对 ORR 和 OER 的电催化活性。并且以 h-Co$_3$O$_4$@MnCo$_2$O$_{4.5}$ Ns 作为空气正极的钠-空气电池具有超高的初始放电比容量(8400 mA·h/g)[图 6-48(c)]，超低的充放电过电位

(0.45 V)[图 6-48(d)]和优异的长循环寿命。

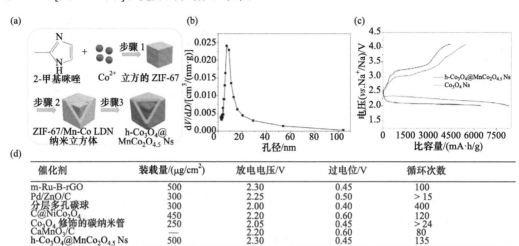

图 6-48　(a) 采用模板辅助法制备核壳结构 h-Co₃O₄@MnCo₂O₄.₅ Ns 过程图；(b) h-Co₃O₄@MnCo₂O₄.₅ Ns 的孔径分布曲线；(c) 以 h-Co₃O₄@MnCo₂O₄.₅ Ns 和 Co₃O₄ Ns 为电极的钠-空气电池的第一次放电-充电电压曲线，电流密度为 50 mA/g，电位范围为 2.0~4.1 V (vs. Na⁺/Na)；(d) 与其他空气电极电池充放电性能比较[152]

众所周知，镁的理论体积比容量为 3833 mA·h/cm³，是金属锂的 1.87 倍。此外，低还原电位[2.4 V (vs. SHE)]、100%的库仑效率和在特定电解质中无枝晶沉积等特点使镁成为一种理想的空气电池负极材料[153]。在过去的十年中，特别是在 2013 年之后，可充电镁-空气电池开始受到研究人员的关注。Chao 等[154]通过将银纳米颗粒分散在 ZIF-67/CNT 衍生的氮掺杂碳中，制备了被氮掺杂的碳/碳纳米管包覆的 Ag-Co₃O₄ 复合材料[Ag-Co₃O₄@NC/CNT，图 6-49(a)]。经测试，Ag-Co₃O₄@NC/CNT 在 ORR 中符合四电子的转移路径。此外，研究人员证明银纳米颗粒与氮掺杂碳之间的协同效应可有效提升 Ag-Co₃O₄@NC/CNT 的 ORR 活性。当 Ag-Co₃O₄@NC/CNT 作为镁-空气电池的空气正极时，在 140 mA/cm² 的电流密度下功率密度可达 88.9 mW/cm²，优于商业的 20% Pt/C[图 6-49(b)]。

Shi 等[155]以 ZIFs 为前驱体，制备了一种铁和镍单原子共锚定在富含缺陷的多孔氮和硫碳框架上的材料[Fe, Ni-SAs/DNSC，图 6-49(c)]。其对 ORR 表现出优异的催化活性，其中起始电位为 1.03 V (vs. RHE)，半波电位为 0.88 V (vs. RHE)[图 6-49(d)]。此外，基于 Fe, Ni-SAs/DNSC 的液态镁-空气电池具有 76 mW/cm² 的高峰值功率密度，1653 W·h/kg_Mg 的高能量密度和卓越的耐久性(在 20mA/cm² 下可以连续工作超过 78 h)。DFT 计算表明，硫原子和碳空位的引入可以削弱氧中间体与 Fe 活性位点的结合强度，提高 ORR 过程中对*OH 中间体的解吸能力。

铝-空气电池的能量密度可达 8100 W·h/kg，远超目前商用的锂离子电池(160 W·h/kg)。此外，铝具有相对较低的成本，适合作为电子设备、公用设施和商用车及其他用途的能量来源。但是在开路和放电条件下，存在铝在碱性溶液中的自腐蚀率高及库仑效率低的问题，导致电池的使用寿命严重缩短。Fu 等[156]以 ZIF-67 为前驱体，将 10~20 nm

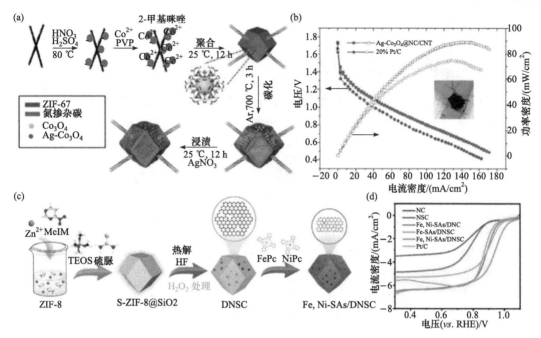

图 6-49 (a) Ag-Co₃O₄@NC/CNT 催化剂的合成示意图；(b) Ag-Co₃O₄@NC/CNT 和商业 Pt/C 组装成的镁-空气电池功率密度对比曲线[154]；(c) Fe,Ni-SAs/DNSC 催化剂的合成示意图；(d) 不同催化剂在 0.1 mol/L KOH 溶液中的 ORR 性质比较[155]

的 CoNi 纳米合金均匀地嵌入多孔氮掺杂碳框架中，制备出一种高效稳定的可适用于中性和碱性的铝-空气电池正极催化剂(CoNi-NCF)[图 6-50(a)]。实验结果表明，CoNi-NCF 催化剂在 0.1 mol/L KOH 溶液中的半波电位为 0.91 V[图 6-50(b)]，在 3.5 wt% NaCl 溶液中的半波电位为 0.64 V[图 6-50(c)]，其 ORR 性能优于商业 Pt/C 催化剂。原位电化学拉曼光谱和密度泛函理论计算表明，CoNi 纳米合金和多孔氮掺杂碳丰富的双活性位点是其具有优异 ORR 性能的原因。当该催化剂用作固体柔性铝-空气电池的正极催化剂时，CoNi-NCF 铝-空气电池在 0.5~4 mA/cm² 表现出稳定的放电性能，同时在 1 mA/cm² 具有 180 h 的长时稳定性，这表明 CoNi-NCF 在铝-空气电池中具有良好的实际应用潜力。

Li 等[157]以 ZIF-67/氧化石墨烯/硝酸锌复合材料为前驱体，采用水热法和煅烧法制备了新型还原氧化石墨烯(rGO)负载的中空 ZnO/ZnCo₂O₄ 纳米颗粒(ZnO/ZnCo₂O₄/C@rGO)。这种杂化催化剂在碱性条件下对氧还原反应表现出优异的电催化性能，半波电位为 -0.15 V ($vs.$ Ag/AgCl)[图 6-50(d)]。还原氧化石墨烯可以增强该体系的电催化活性和稳定性，以 ZnO/ZnCo₂O₄/C@rGO 为空气电极组装的纽扣电池开路电压为 1.53 V，明显高于 ZnO/ZnCo₂O₄/C 的 1.39V[图 6-50(e)]。此外，与 ZnO/ZnCo₂O₄/C 相比，ZnO/ZnCo₂O₄/C@rGO 组装的铝-空气电池比容量更高，可达 42.6 mA·h/g [图 6-50(f)]。

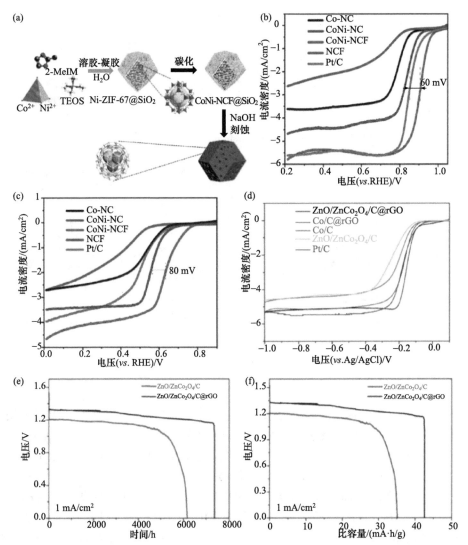

图 6-50 (a) CoNi-NCF 的合成示意图；在 0.1 mol/L KOH(b) 和 3.5wt% NaCl(c) 中，不同催化剂的线性扫描伏安曲线[156]；(d) 在 0.1 mol/L KOH 中，不同催化剂的线性扫描伏安曲线；(e) 用 ZnO/ZnCo$_2$O$_4$/C 和 ZnO/ZnCo$_2$O$_4$/C@rGO 电催化剂制备的纽扣型铝-空气电池在电流密度 1 mA/cm^2 下的放电曲线；(f) ZnO/ZnCo$_2$O$_4$/C 和 ZnO/ZnCo$_2$O$_4$/C@rGO 分别作为铝-空气电池的空气电极时的放电比容量[157]

如前文所述，增加活性位点（如氮掺杂、金属掺杂）修饰碳载体已经被证明是一种提高电催化剂活性的策略。Wang 等[158]首次报道了一种以 Cu 为中心的 MOFs 作为自牺牲模板修饰科琴黑的催化剂制备方法，并在煅烧后得到了晶态 Cu/Cu$_2$O 纳米颗粒和非晶态的 CuN$_x$C$_y$ 物种。改性科琴黑对氧还原反应的催化活性明显提高，这可能是由晶态 Cu/Cu$_2$O 纳米颗粒与非晶态 CuN$_x$C$_y$ 物种的协同作用所致。这种混合催化剂具有卓越的半波电位 (0.82 V)，同时极限电流密度可达 6.05 mA/cm^2，优于商业的 20wt% Pt/C。在铝-空气电池中的应用也进一步证实了其优异的活性，电流密度为 40 mA/cm^2 的情况下，使用 CuNC/KB-400 组装成的铝-空气电池可产生 1.53 V 的稳定电压。

6.3 锂-硫电池

6.3.1 锂-硫电池简介

随着社会的发展，化石燃料的消耗将会对不可再生能源的储备增加压力，也将极大地影响气候变化，减少内燃机的使用将会缓解不可再生能源的储备压力。因此需要一种绿色环保型设备去代替传统的燃油设备，锂离子电池正是内燃机良好的替代品。目前锂离子电池技术被广泛用于电动汽车，但其续航里程有限仍然是一个亟待解决的问题。为实现电池能量密度的突破，可通过氧化还原驱动的相变化学来实现储能，也就是开发设计硫或氧作为正极的电池。由于使用无毒元素，其能为未来发电系统提供更高的能量密度、更低的成本因素和更有利的环境因素。硫是最有前途的下一代正极材料之一，与目前锂离子电池相比，硫元素成本低廉、丰富度好，同时提供高达 5 倍的能量密度。传统的锂-硫电池反应机理从放电开始，在此过程中，金属锂失去电子，锂离子与单质硫结合，经过两个放电平台，最终生成 Li_2S。在充电过程中 Li_2S 失去电子，锂离子穿过隔膜回到正极，Li_2S 最终转变为单质硫(图 6-51)[159]。

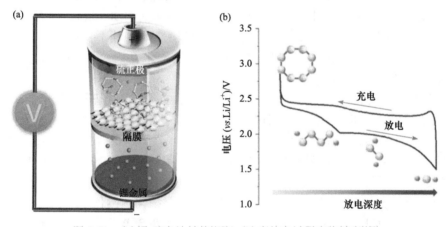

图 6-51　(a)锂-硫电池结构[160]；(b)充放电过程产物转变[159]

硫作为正极的优势是显而易见的，但存在的问题限制了其大规模的商业应用。第一，硫既是离子绝缘又是电绝缘的，为克服其绝缘性质，将导电添加剂(如碳)或具有高比表面积(即纳米尺寸)的金属与硫紧密接触，从而增强导电性，提供润湿硫的有机电解质为离子传输创造了途径。通过减小硫颗粒尺寸，电子和锂离子的扩散路径大大减少，并导致活性物质硫的利用率更高。第二，多硫化锂的"穿梭效应"。多硫化锂可溶解在大多数有机电解质中，在浓度梯度和电场力的促进下，可溶性的多硫化物从正极向锂负极扩散，腐蚀锂负极，导致活性物质的不可逆损失。为限制电解质中多硫化物的溶解，可制造多孔碳/聚合物/金属氧化物和功能化石墨烯，通过物理和化学相互作用限制硫的溶解。还可以通过表面改性或添加剂实现对多硫化物溶解的阻碍，例如，使用聚合物涂层作为物理屏障来阻滞多硫化物或使用多孔氧化物添加剂来物理吸附可溶性多硫化物。针对锂-硫电池正极的挑战，可以通过正极材料结构设计、电解质添加剂、隔膜修饰、新型黏结剂等策略开展工作。其中，纳米结构的碳质材料如微孔碳、中孔碳、碳纳米片/球、碳纳米管、碳纤维、石墨烯或它们的复合物已被广泛用作约束硫或多硫化物的有效主体。

6.3.2 锂-硫电池组成

1. 正极材料结构设计

在锂-硫电池正极材料设计方面，主要策略分为物理固硫、化学固硫和电化学催化作用三种。由于 MOFs 结构中具有丰富的孔道、较高的比表面积及较多的官能团、金属位点等，可以实现多种方式协同固硫，提升电池性能。关于 MOFs 在锂-硫电池中的相关应用，研究者进行了理论模拟和计算等相关分析。Zhang 等构建了一种新型的基于二维六氨基苯的配位聚合物(HAB-CP)，通过理论计算的方法，系统地研究了其作为锂-硫电池正极基质材料的电化学行为[161]。V-HAB-CP、Cr-HAB-CP 与 Fe-HAB-CP 三种材料对比发现，V-HAB-CP 具有最好的阻碍多硫化锂穿梭效应的能力。量子传导和态密度计算表明，HAB-CP 在整个充电过程中保持了良好的导电性。此外，电极反应前后极小的体积变化(约 3.06%)可以很好地处理锂-硫电池的体积膨胀问题。V-HAB-CP 是一种合适的正极基质材料，有望用于未来的锂-硫电池系统。一般，MOFs 在用作锂-硫电池的固硫基质材料制备电极时需要添加一些其他导电材料来改善其不良的导电性。与普通 MOFs 不同，由于平面内电荷离域和二维片中扩展的 p 轨道共轭，二维 HAB-CP 能够通过金属节点电子通信和导电。

利用密度泛函理论计算，系统地研究了三种过渡金属和六氨基苯配位聚合物作为锂-硫电池正极材料的性能。同时，应用粒子群优化算法获得电池反应所有可能中间产物的结构。计算结果表明，vdW 相互作用和溶剂效应是计算锂聚合物在 TM-HAB-CP 上吸附能的重要因素。V-HAB-CP 具有最大的负吸附能，因此 V-HAB-CP 比 Cr-HAB-CP、Fe-HAB-CP 更能阻碍锂-硫电池的穿梭效应。此外，V-HAB-CP 在整个电极反应过程中保持金属状态，其体积膨胀率用电极反应前后的夹层结构预测仅为 3.06%。当电极反应产物为 $Li_{16}S_8$/V-HAB-CP 时，理论能量密度可达 808 W·h/kg。所有这些结果表明，V-HAB-CP 能够有效应对锂-硫电池正极面临的严峻挑战(穿梭效应、导电性差和体积膨胀)，成为可用的锂-硫电池正极基质材料，对实验的开展具有重要的指导意义。因此，二维 HAB-CP 结合了多孔碳和 MOFs 材料的优点，有望成为锂-硫电池的优良电极基质材料。

由于 MOFs 本身具有规则的孔道和不饱和配位的金属位点，可以作为存储活性物质的基质材料并获得稳定的循环性能。Zhang 等研究发现，CNT@UiO-66-S 作为正极材料，可与 MOFs 形成共价键连接，而不是通常所报道的物理混合方式[162]。因此，由此组装的电池具有优异的循环稳定性，即使在 2 C 的大电流下循环 900 次，容量保持率仍然可以达到 80.19%。并且，研究表明 CNT@UiO-66-S 具有优于 CNT@UiO-66-NH_2-S 的电化学性能，说明不含—NH_2 的 UiO-66 中具有更多与硫结合的活性位点。

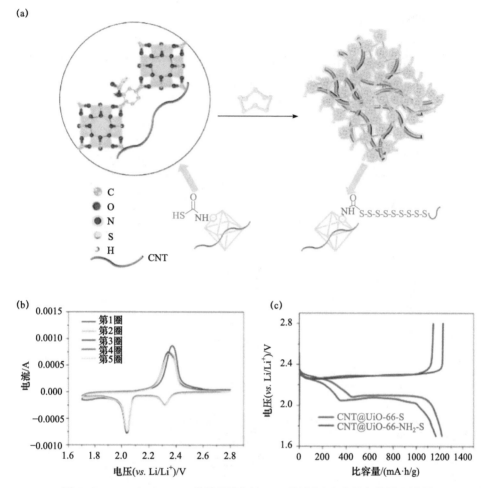

图 6-52　CNT@UiO-66-S 设计思路(a)、CV 曲线(b)和充放电曲线(c)[162]

锂-硫电池具有高理论比容量和高能量密度，是下一代高能可充电锂电池的理想选择。但是锂-硫电池的商业化还面临着几个挑战，如硫和锂-硫电池放电产物的绝缘性、长链多硫化物的可溶性及硫正极在循环过程中的体积变化。针对这些挑战，MOFs 的碳基衍生物在用作锂-硫电池的正极宿主方面表现出优异的性能。它们不但具有高导电性和多孔性，能够在循环过程中加速锂离子及电子的转移并适应硫正极的体积膨胀，而且通过可控的化学活性位点富集，能够吸附多硫化物并促进其转化反应动力学。

ZIF-8 由锌离子和 2-甲基咪唑合成，具有沸石型结构，呈现由四环和六环 ZnN_4 簇形成的相互交错的纳米孔拓扑结构。不同形貌的 ZIF-8 碳基衍生物作为锂-硫电池的正极宿主材料多次被设计研究，结果表明多孔碳的微观结构对锂-硫电池的电化学性能起着至关重要的作用[163]。

(1) 不同维度纳米材料的影响规律。具有从一维到三维各种形态的多孔碳材料都被应用于固定硫。二维分级多孔碳纳米片(ZIF-8-NS-C)用作锂-硫电池的高效硫固定剂，具有良好的导电性。二维多孔碳纳米材料具有超大比表面积，硫会有效地浸渍到碳主体的孔隙中，从微孔到大孔的独特孔结构有利于锂离子的快速传输，从而促进了锂-硫电池的快速电化学动力学[164]。三维分级夹层型石墨烯片-硫/ZIF-8 衍生碳（GS-S/C ZIF8-D）中的石墨烯可以充当"桥梁"来形成相互连接的导电网络，从而降低各组件之间的内阻。ZIF-8 衍生的碳微/介孔结构可吸附硫，并且包裹的石墨烯片有效地增强了材料整体的导电性，并适应了放电-充电循环期间的体积演变（图 6-53）。

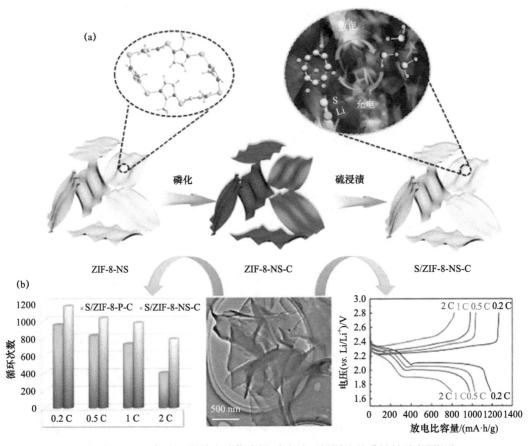

图 6-53　ZIF-8 衍生二微纳米片作为锂-硫电池正极固硫基质材料示意图[164]

（2）小分子硫在微孔中的固定。ZIF-8 衍生碳的多孔结构对较小的 $S_2 \sim S_4$ 分子的限制效应有效地避免了活性硫的损失和可溶性多硫化物的形成[165]。实验过程中，先通过真空熔融固硫，将硫封装在材料内部，接下来进行高温处理，将介孔中硫蒸发，仅留下微孔中的小分子硫，从而有效避免多硫化物的形成。同时，多孔碳可以缓冲体积膨胀和收缩，减轻正极微结构和导电网络的变形。

（3）不同氮含量的影响。氮原子不仅能有效吸附多硫化物，还能增加原子无序度和碳材料的活性。当利用含氮多金属氧化物作为前驱体时，衍生的氮掺杂碳材料比表面积较大。随着温度升高，碳的石墨化程度提高，利于电极电导率的增加。然而，氮掺杂含量会随着温度的升高而相应降低，导致结合可溶性多硫化物的活性位点减少。实验研究发现，NC-800 表现出氮掺杂含量和石墨化程度之间的最佳平衡[166]。

作为一种相似的结构，ZIF-67 是由桥连 2-甲基咪唑盐阴离子和钴阳离子构成，得到孔径约为 0.34 nm 的方钠石拓扑结构。研究表明，ZIF-67 在特定条件下进行碳化处理，可实现氮和钴双重掺杂以提供双催化活性位点，从而获得更优异的电化学性质。三维多孔氮掺杂石墨碳和钴纳米颗粒组成的新型复合材料的三维结构和高比表面积有利于离子转移和多硫化物吸附。此外，它可以促进多硫化物的氧化作用，提高了硫的利用率。由于大量均匀介孔的存在，ZIF-67 衍生碳也能实现对多硫化物的物理固载。更进一步的设计思路中，研究者在衍生材料中引入长程导电性碳以促进锂离子和电荷的转移。

(1) 碳纳米管/ZIF-67 复合材料的碳基衍生物作为锂-硫电池正极主体。碳纳米管成功地插入 ZIF-67 复合材料的碳基衍生物中并将其连接起来，这种结构更有利于电极与电解质界面的动力学改善，提供良好的可逆容量和倍率性能，并且能有效缓解多硫化物的溶出，加速循环过程中的转化反应[167]。

(2) 研究者设计还原氧化石墨烯/ZIF-67 复合材料的碳基衍生物作为锂-硫电池正极基质材料，以改善电化学性能[168]。研究结果显示，与石墨烯复合的策略有效促进锂离子和电子的传输，提供了高的可逆容量及出色的循环稳定性。

(3) 三维石墨烯泡沫/ZIF-67 复合材料被设计，合成并采用其碳基衍生物作为锂-硫电池正极固硫材料。S-Co$_9$S$_8$ 和三维石墨烯泡沫之间具有优异的界面接触，可以促进 Co$_9$S$_8$ 表面吸附的多硫化锂快速扩散到高导电性石墨烯表面，从而避免聚硫化物积累，提高其利用率。即使在高硫负载的情况下，它也可以提供优异的倍率性能和容量(图 6-54)[169]。

(4) He 等将 ZIF-67 作为模板，设计了 Li$_2$S@C-Co-N 正极材料，由于 C-Co-N 和 Li$_2$S 之间的相互作用，锂-硫电池经 300 次循环后展现出高达 929.6 mA·h/g 的比容量，库仑效率接近 100%[170]。

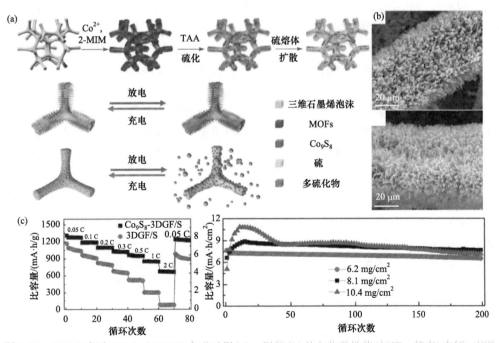

图 6-54　ZIF-67 衍生 Co$_9$S$_8$-3DGF/S 合成过程(a)、形貌(b)及电化学性能(恒流、倍率)表征(c)[169]

由于多孔的结构和配体分子中含有丰富的氮原子，ZIFs 材料在锂-硫电池正极材料设计方面受到广泛关注。为了丰富材料中有效金属成分，双金属 ZIFs 复合材料的碳基衍生物被设计并进行锂-硫电池正极相关研究。双金属（Co/Zn）ZIFs 衍生的氮掺杂多孔碳组成的多功能碳基体，是通过碳化石墨烯氧化物上的双金属 ZIFs 纳米颗粒获得的[171]。ZIFs 正电金属离子和氧化石墨烯的负电氧官能团之间存在静电相互作用，并且存在丰富的孔结构和足量的氮掺杂，起到对多硫化物的物理固载和化学吸附作用。高导电石墨烯不仅促进锂离子/电子传输，而且可以容纳双金属 ZIFs 衍生的碳组分。ZIF-8 中的锌元素和 ZIF-67 中的钴元素分别作为多孔纳米模板和功能改性剂，钴纳米颗粒可以与氮杂原子协同工作，大大提高了可溶性多硫化物的固载能力及电池循环的可逆性，加速了硫正极的转化反应动力学。

MOFs 是由金属节点与有机配体组装而成的晶态多孔材料。通过精心设计金属中心和有机配体的连接，MOFs 可以具有特定的结构、更高的比表面积和规则的孔径，满足锂-硫电池电极材料的开发需求。此外，MOFs 可以作为负载活性纳米材料的载体或作为牺牲材料来获得不同的纳米结构以提高锂存储性能。在此列举 MOFs 衍生多孔材料实现优异固硫效果的研究案例。

（1）MOF-5 具有优异的热稳定性和高孔隙率。MOF-5 衍生的活化介孔碳多面体/硫复合材料，具有均匀的海绵状形态、丰富的介孔结构和巨大的比表面积。丰富的介孔结构作为多硫化物储存单元，可以减少活性物质的损失，促进电解液渗透和锂离子扩散，其作为锂-硫电池的正极表现出优异的电化学性能[172]。

（2）Cu-MOFs（HKUST-1）的衍生物有利于锂离子和电子转移。其分级多孔和独特的纤维结构适用于锂-硫电池，这是因为有序纤维之间的大孔和纤维内部的中孔可以促进电解液浸润与锂离子传输，并为电化学反应提供大的表面积。此外，一维取向的碳纤维彼此交联，有效地消除了这些纤维之间的接触电阻；多孔碳多面体确保了硫均匀的分布、强烈的限域效应和丰富的电极/电解质界面，以实现锂离子和电子快速传导。此外，碳纳米管的渗透丰富了 HKUST-1 衍生的多孔碳多面体的内部空间，致使孔隙内具有更高活性的硫基电化学界面[173]。

（3）Ni-MOFs[MOF-74（Ni）]衍生碳/Ni_2P 复合材料的强化学键合可有效抑制多硫化锂从正极逸出。其具有的丰富介孔结构的三维导电框架可以提供足够的空间来容纳硫，并在循环过程抑制穿梭效应。即使在高硫负荷下，这种合理设计的结构也有利于加速电子运输和转化反应[174]。

2. 锂-硫电池隔膜修饰

前文已经介绍，锂-硫电池主要技术问题之一是可溶性多硫化物在电极之间的穿梭导致容量迅速下降。这部分内容主要总结了基于 MOFs 进行电池隔膜修饰来缓解穿梭效应的主要科学问题和技术操作。研究表明，MOFs 基隔膜在锂-硫电池中起到离子筛的作用，可以选择性筛除锂离子，同时有效地抑制多硫化物向负极侧迁移。使用含硫介孔碳材料（含硫量约为 70%）作为正极复合材料，并且不对其进行复杂的合成或表面改性，配备 MOFs 修饰隔膜的锂-硫电池的容量衰减率很低（在 1500 次以上的循环中，每次循环衰减率为 0.019%）。此外，在最初的 100 次循环之后，几乎没有容量衰减，证明了

MOFs 基材料作为隔膜在储能应用中的潜力。Zhou 等报道了一种基于 MOFs 的离子筛，作为锂-硫电池隔膜选择性筛除锂离子，同时阻挡多硫化物[175]。基于其金属成分的特性及结构特点，选择 $Cu_3(BTC)_2$ 作为 MOFs 构建 MOF@GO 隔膜，因为三维通道结构包含高度有序的微孔，其尺寸明显小于多硫化锂（Li_2S_n，$4 \leqslant n \leqslant 8$）的直径（图 6-55）。因此，该结构非常适合于固载多硫化物。MOF@GO 隔膜在锂-硫电池的长循环过程中，对多硫化物具有较高的封堵效果和显著的稳定性。

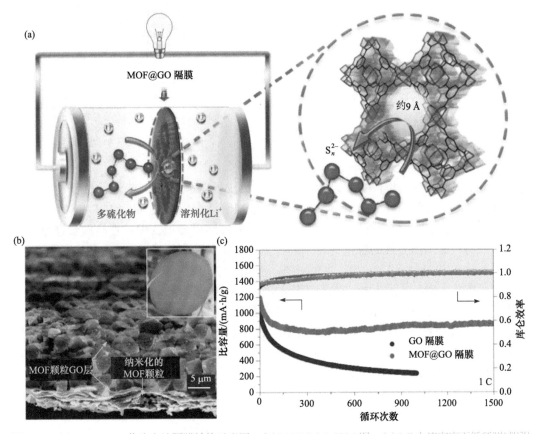

图 6-55 （a）MOF@GO 作为电池隔膜结构示意图；（b）MOF@GO SEM 图；（c）1 C 电流密度下循环测试[175]

Alkordi 等成功合成了 $UiO-66-NH_2@SiO_2$，并将其涂覆在商用 Celgard 2320 膜上（图 6-56）[176]。在 Celgard 2320 膜上涂覆 $UiO-66-NH_2@SiO_2$ 不但提高了膜的热稳定性和润湿性，而且提高了膜的离子导电性、相容性和充放电行为等电化学性能。$UiO-66-NH_2@SiO_2$ 包覆膜的锂-硫电池的放电容量高于 SiO_2 包覆膜和未包覆膜的锂-硫电池。放电容量的提高归因于多硫化物与 $UiO-66-NH_2@SiO_2$ 之间的静电和/或氢键相互作用，其正 Zeta 电位（+56.42 mV）证明了这一点。更重要的是，膜的渗透选择特性显著地抑制了锂-硫电池的自放电，即使在 40 h 后，其容量仍保持了 98.5%，这一结果优于以前的报道。在该设计中，多硫化物与 $UiO-66-NH_2$ 中氨基相互作用，可在隔膜的物理与化学性质之间实现平衡。另外，膜的弹性也因此得以保持，为增强锂-硫电池的耐久性提供了一种实用的操作方法。

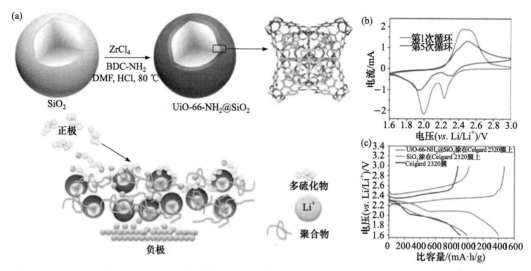

图 6-56 (a) UiO-66-NH$_2$@SiO$_2$ 合成过程示意图及其对多硫化物吸附作用；UiO-66-NH$_2$@SiO$_2$ 修饰后隔膜的 CV 曲线(b)及充放电曲线(c)[176]

受正极固硫材料设计的启发，CeO$_2$ 纳米颗粒可以起到催化电化学过程和化学吸附作用。Wang 等设计了基于 Ce-MOF 与碳纳米管结合形成的 Ce-MOF/CNT 复合材料来作为锂-硫电池系统中的隔膜涂层材料[160]。研究结果显示，即使在高硫负载量的条件下，该材料显示出更好的容量保持率和优异的电化学性能。其中，在 2.5 mg/cm^2 的硫负载量下，具有 Ce-MOF-2/CNT 涂层隔膜的锂-硫电池在 1 C 下实现了 1021.8 mA·h/g 的初始比容量，800 次循环之后缓慢降至 838.8 mA·h/g，衰减率仅为 0.022%，库仑效率接近 100%。即使在 6 mg/cm^2 的更高硫负载量下，基于 Ce-MOF-2/CNT 涂层隔膜的电池仍表现出优异的性能（图 6-57）。0.1 C 下的初始比容量为 993.5 mA·h/g，200 次循环后，仍然保留 886.4 mA·h/g 的比容量。优异的性能归因于 Ce-MOF-2 对 Li$_2$S$_6$ 物质的有效吸附及其对多硫化物转化的催化作用，如图中 DFT 计算结果显示，不同配位方式的 Ce-MOF 均对多硫化物起到了吸附作用，从而抑制了锂-硫电池中多硫化物的穿梭效应。

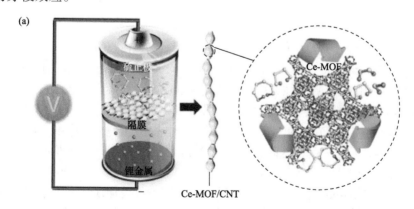

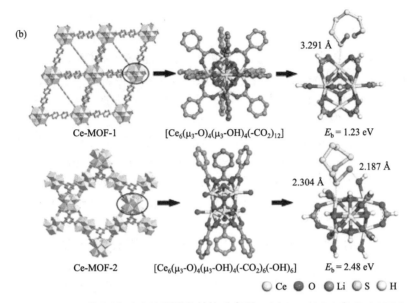

图 6-57　(a) Ce-MOF/CNT 作为锂-硫电池隔膜的结构示意图；(b) Ce-MOF-1 和 Ce-MOF-2 的配位结合方式及其对 Li_2S_6 的吸附方式[160]

6.3.3　锂-硫电池小结

MOFs 化合物在锂-硫电池领域发挥了重要作用，其应用包括正极固硫基质材料设计、隔膜修饰、负极保护等多方面。由于 MOFs 本身化学成分和多孔结构的独特优势，能够在稳定电池电化学性能、延长循环寿命等方面发挥重要作用。据报道，对于正极设计而言，MOFs 可以作为固硫基质材料直接应用，其中不饱和配位和金属位点与多硫化物形成键合，改善循环稳定性。另外，也可在保护气氛（或还原气氛）下进行煅烧，获得金属化合物（或金属纳米颗粒）与碳复合材料，利用金属成分对多硫化物的极性吸附与电化学催化作用，实现动力学与稳定性的双重改善。对于锂-硫电池隔膜设计而言，则更多地利用未煅烧的 MOFs 晶体及其复合材料，将规则的孔道和丰富的官能团作为吸附多硫化物和传导锂离子的一层屏障，改善循环稳定性。由于 MOFs 结构与成分的特殊性，其在实现锂-硫电池产业化应用方面具有重要作用。

6.4　固态电解质

便携式电子产品、电动汽车和固定式储能系统的蓬勃发展要求电池具有高能量密度和高功率密度。得益于金属锂的低还原电位[−3.04 V (vs. NHE)]和高理论比容量（3860 mA·h/g），锂金属电池被寄予厚望[177, 178]。然而，在锂金属电池循环过程中形成的枝晶会刺穿隔膜，导致易燃电解液泄漏及电池短路，引发灾难性的火灾或爆炸。近年来，安全性和能量密度极高的固态电池受到了广泛关注。作为固态电池的一个重要组成部分，固态电解质具有优异的机械强度和不可燃属性，可以很好地抑制枝晶生长并解决电解液泄漏引发的安全问题[179]。

固态电解质在电池中充当离子导体，帮助离子在正负极之间传输。大部分固态电解质展现出比液体电解质更高的锂离子转移数，可以极大程度地缓解浓差极化[180]。此外，高电化学稳定性的固态电解质提供了更宽广的电压窗口和工作温度。常见的固态电解质主要包含无机陶瓷电解质和聚合物电解质。无机陶瓷电解质主要包括氧化物基和硫化物基电解质，均表现出较高的离子电导率和优异的机械性能。然而，无机陶瓷电解质也存在一些弊端，如硫化物的稳定性较差，对水分极为敏感，吸水后会产生有毒的硫化氢气体；当与锂金属或高压正极匹配时，发生的氧化还原反应也会影响其实际性能[181]。聚合物电解质不仅具有良好的导电性，还具备高分子材料所特有的质量轻、弹性好、易成膜等特性，被认为是最有前途的固态电解质之一。常见的聚合物电解质包括聚氧乙烯(PEO)、聚丙烯腈(PAN)、聚偏氟乙烯(PVDF)和聚甲基丙烯酸甲酯(PMMA)等。然而，这些聚合物在室温下的低机械强度和低离子电导率($10^{-8}\sim10^{-5}$ S/cm)阻碍了其实际应用。

MOFs 近年来被广泛应用到固态电解质的开发中，其在组分和结构方面的优异特性为设计高性能固态电解质提供了可能。首先，MOFs 多孔且孔道可调的特性可促进阳离子的优先转移，为锂离子的传输提供了通道，有效提高了锂离子的传输动力学和效率。其次，MOFs 具有超高的比表面积，极大增加了电极界面和锂盐的接触。最后，将 MOFs 引入固态电解质，产生的纳米湿润界面改善了固态电解质的热和电化学稳定性，具有较宽的电压窗口，可与高电压正极材料相匹配[182]。

6.4.1 原始 MOFs 基固态电解质

为了在 MOFs 中实现预期的离子传输，必须在其中引入相应的目标金属离子。将 MOFs 浸入盐溶液中进行客体封装是引入目标金属离子的理想方法。2011 年，Long 等报道了一个具有配位不饱和 Mg^{2+} 活性位点的 Mg_2(dobdc)(dobdc = 2, 5-二羟基对苯二甲酸)，其在吸收 $LiBF_4$ 后室温电导率偏低(1.8×10^{-6} S/cm)。研究人员发现，当利用异丙醇锂取代 $LiBF_4$ 后，醇盐阴离子优先与框架中的 Mg^{2+} 键合并固定，促使锂离子沿孔道进行自由移动(图 6-58)。经测试，其在 300 K 时表现出 0.15 eV 的低活化能和 3.1×10^{-4} S/cm 的高锂离子电导率[183]。类似地，还有许多利用 MOFs 结合不同的无机锂盐制备的准固态电解质，均展现出较为优异的性能。例如，Long 等利用叔丁醇锂将 Zr 基的 UiO-66 功能化，结合后的准固态电解质在室温下展现出 0.18 eV 的低活化能和 1.8×10^{-5} S/cm 的高锂离子电导率[184]；Wang 等利用 Cu-MOF-74 结合 $LiClO_4$，所得未干燥电解质的活化能和离子电导率分别可达 0.13 eV 和 10^{-3} S/cm[185]。

为消除 MOFs 粒子之间的界面并实现有效的离子传输，Huang 和 Zhang 等通过交联的 MOFs 链，成功构建了一种连续的离子导电路径(图 6-59)[186]。首先，研究人员设计了具有高密度电负性基团($Zr-BPDC-2SO_3H$) 的 MOFs，其中官能团可以促进离子沿孔道传输。其次，在纤维素框架的网络上原位合成了纳米导电 MOFs 颗粒并形成 MOFs 链。通过纤维素框架网络可以得到柔性的交联 MOFs 链薄膜，为离子传输提供连续的线性路径。基于 MOFs 链的互连框架能够使 MOFs 纳米颗粒具有高分散性和稳定性，也为增强整个聚合物电解质并提高离子电导率提供了很大的可能性。与传统混合方法制备的固态电解质相比，交联 MOFs 链具有良好的锂离子传输能力[离子迁移数 t^{Li+} = 0.88]、较低的界面电

第 6 章 MOFs 材料在电池中的应用 359

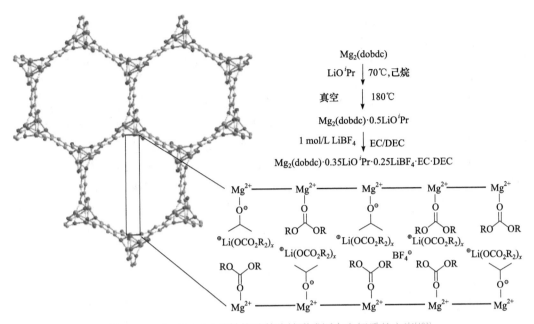

图 6-58 $Mg_2(dobdc)$ 的结构及其改性形成固态电解质的方案[183]

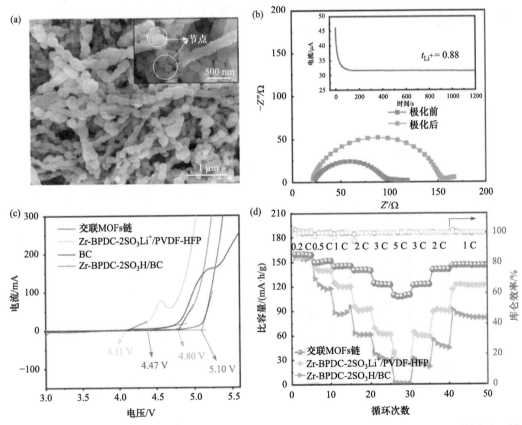

图 6-59 (a) 交联 MOF 链；(b) Li||交联 MOFs 链||Li 电池极化前后的 EIS，插图：10 mV 下的电流-时间曲线；(c) Li||SEs||SS 不对称电池的 LSV 曲线；(d) $LiFePO_4$/Li 固态电池的倍率性能[180]

阻(74 Ω)、较宽的电压窗口(5.10 V)和显著的抑制锂枝晶的效果。最重要的是，带有交联 MOFs 链的电池在 3 C 时的比容量高达 119 mA·h/g，并在高倍率下表现出显著的循环性能。此外，MOFs 层还可以起到机械屏障的作用，有效抑制锂枝晶的生长，有利于锂离子的均匀传输。

  MOFs 的三维孔隙与高度连接晶体结构的组合可以容纳有机电解质而不变成凝胶，并且可以通过固定框架中的阴离子使锂离子成为唯一移动的离子，该方法在解决聚合物电解质的问题上有不错的效果[187]。此外，MOFs 表面的官能团可以通过化学键相互作用优先锚定阴离子，可调的孔道也可以通过尺寸选择效应有效限制阴离子，促进锂离子的传输动力学。Omar M. Yaghi 等报道了一种由对位氨基官能化的多金属氧酸盐与 4-甲酰基苯基甲烷四面体连接成的阴离子框架(MOF-688)(图 6-60)[99]。室温下，将 MOF-688 浸入双三氟甲基磺酸亚酰胺锂(LiTFSI)的乙腈溶液中进行四丁基铵阳离子(TBA$^+$)与 Li$^+$ 的交换。其

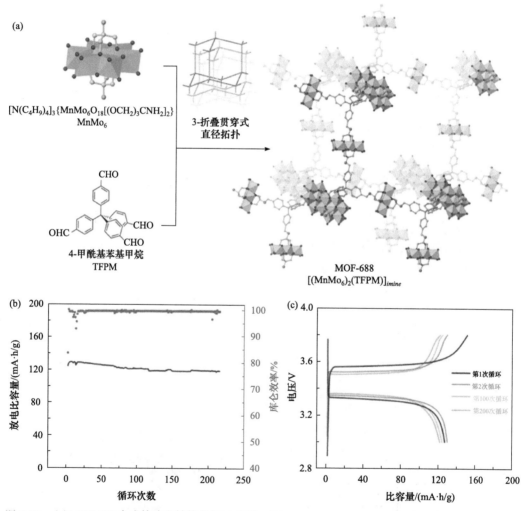

图 6-60　(a)MOF-688 合成策略和结构分析示意图；(b)Li‖MOF-688‖LiFePO$_4$ 电池的放电比容量和库仑效率；(c)Li‖MOF-688‖LiFePO$_4$ 电池在第 1 次、第 2 次、第 100 次和第 200 次循环的充放电曲线[187]

中，TBA$^+$起到了填充孔道并平衡阴离子框架中电荷的作用。此外，Li$^+$交换的 MOF-688 中残留的乙腈用碳酸丙烯酯取代，以增强 Li$^+$从多金属氧酸盐框架中的解离。MOF-688 在 20 ℃下展现出高离子电导率（3.4×10^{-4} S/cm），高锂离子转移数（t_{Li^+} = 0.87）和低的对锂界面电阻（353 Ω）。MOF-688 的锂离子转移数明显高于液态锂离子电解质的值（t_{Li^+} = 0.2~0.4）。迁移数接近 1 表明 MOFs 中大部分电荷由锂离子携带，而多金属氧酸盐阴离子固定在框架上。使用 MOF-688 作为固态电解质构建的锂电池可以在室温、0.2 C 下稳定循环。为了研究 MOF-688 与正极材料的相容性，组装了基于锂金属负极和 LiFePO$_4$ 正极的扣式电池。室温下该电池在 3~3.8 V 之间循环，电流密度为 30 mA/g。首次充电比容量为 149 mA·h/g，初始放电比容量为 125 mA·h/g。在 200 次循环过程中，充放电电压保持稳定。平均库仑效率为 99.6%（不包括第 1 次循环），表明正极和负极的副反应有限。这种高库仑效率、稳定的电压和有限的容量衰减表明 MOF-688 对金属锂和 LiFePO$_4$ 具有很高的电化学稳定性。

6.4.2　MOFs 基聚合物固态电解质

如前文所述，聚合物电解质较低的离子电导率和较差的机械性能限制了其在严苛环境中的应用。具有电化学惰性和高比表面积的无机填料可以有效提升复合聚合物电解质的热稳定性、力学稳定性、电导率、阳离子迁移数等，而将 MOFs 作为聚合物电解质的填料是一个新兴的研究领域[188, 189]。相比传统填料，MOFs 的超高比表面积使金属盐和聚合物的接触更加充分，可以有效地增加金属盐的解离和聚合物的链段迁移率，最大程度提升离子电导率。一般，通过在溶剂中混合金属盐、聚合物和 MOFs，去除溶剂后辅助以热压，即可实现 MOFs 基聚合物固态电解质的制备。2013 年，Liu 等首次报道了 MOFs 与 PEO 结合作为复合型聚合物电解质（CPE）（图 6-61）。其中，10wt%的 MOF-5 与 PEO/LiTFSI（10∶1）物理混合，在 25 ℃下表现出 3.16×10^{-5} S/cm 的高离子电导率及增强的界面稳定性[190]。将其进一步组装成 Li/CPE/LiFePO$_4$ 电池后，在 80 ℃下以 1 C 倍率循环 100 次后仍可保持 45%的放电容量，而无 MOF-5 填充的电池在 30 次循环后容量迅速下降。这些结果表明，MOF-5 有助于提高复合型聚合物电解质的电化学性能。此外，MOFs 填料的含量是影响聚合物电解质系统物理化学性质的关键参数，一般都不超过 10wt%。将 MOFs 作为填料的策略已进一步应用于其他 MOFs，包括 UiO-66@SiO$_2$[191]、Al-TPA[192]、Al-BTC[193]、MIL-53-Al[194]、Ni-BTC[195]、Mg-BTC[196]、Cu-BDC[197]，衍生出一系列高性能的 MOF-PEO 基准固态电解质。

MOFs 不仅可以作为聚合物电解质的填料，还可以有效抑制聚合物界面处的枝晶生长。针对固态聚合物电解质在充放电过程中普遍存在的机械性能差、难以抑制锂枝晶生长的问题，Fan 等结合原位聚合法，制备了一种锂金属负极侧修饰 ZIF-8 层的三维交联网络非对称聚合物电解质（图 6-62）[198]。将聚合物固态电解质前驱体注入到非对称膜中，经单体原位交联固化后即可构建锂金属侧修饰 MOFs 层的固体聚合物锂金属电池。在这种非对称聚合物固态电解质中，ZIF-8 层不仅起到了机械屏障保护作用，有效地抑制了锂枝晶的生长，而且调节了锂离子的均匀传输。经测试，该非对称聚合物固态电解质具有高的离子导电性（4.7×10^{-4} S/cm）、高锂离子转移数（t_{Li^+} = 0.68）、宽的电压窗口（4.9 V）

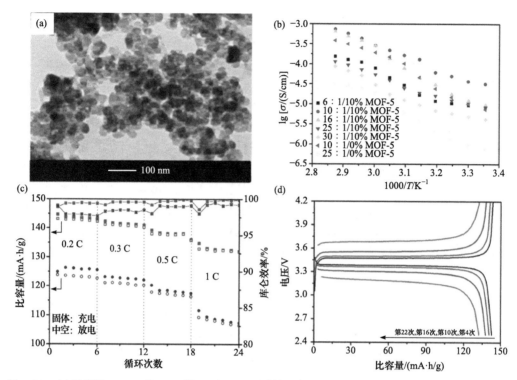

图 6-61　(a) 纳米级 MOF-5 的 TEM 图；(b) EO/Li 比例与 MOF-5 含量关于离子电导率对温度依赖性的影响；(c) 电解质为 PEO-LiTFSI(10∶1)(红色) 和 PEO-LiTFSI(10∶1)/10wt% MOF-5(蓝色) 的 LiFePO$_4$/Li 固态电池在 60 ℃ 下的倍率性能；(d) 具有 PEO-LiTFSI(10∶1)/10wt% MOF-5 的电池充放电曲线[190]

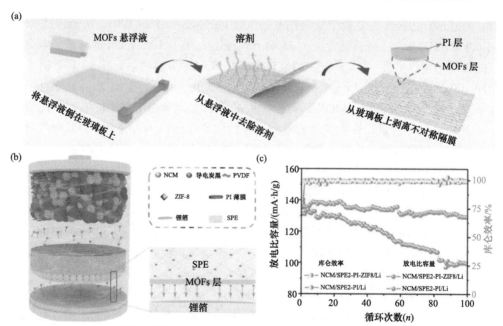

图 6-62　(a) PI-ZIF-8 薄膜的制备过程；(b) 基于非对称电解质构建的无枝晶锂金属电池结构示意图；(c) 在 25 ℃ 下全电池的循环性能 (0.5 C)[198]

和高的热稳定性(超过 350 ℃)。所组装的 $LiNi_{0.5}Co_{0.2}Mn_{0.3}O_2/Li$ 电池表现出优异的循环稳定性、倍率性和安全性能。NCM/SPE2-PI-ZIF8/Li 电池在 0.5 C 下,经过 100 次循环后仍有着较高的容量保持(容量保持率为 95.6%),明显优于 NCM/SPE2-PI/Li。同时,NCM/SPE2-PI-ZIF8/Li 电池还展现了优良的安全性能。总之,考虑到聚合物基体的柔韧性和 MOFs 填料的孔隙率,加入 MOFs 的聚合物电解质作为电极和传统无机电解质之间的改性层以实现更好的界面接触具有广阔的前景。

6.4.3 离子液体@MOFs 基固态电解质

离子液体(或称离子性液体)是指全部由离子组成的液体。与传统的有机溶剂相比,离子液体具有高离子电导率、高溶解性、不可燃和挥发性极低的特性[199]。然而,离子液体的流动性也增大了泄漏和腐蚀的风险。得益于 MOFs 的高孔隙率及超高比表面积,离子液体可以稳定地封装到 MOFs 中形成准固态电解质。此外,MOFs 中的开放孔道可以进一步促进金属离子与电极之间的界面接触,有效改善传统无机陶瓷类电解质界面阻抗大和与电极材料匹配性差的问题。

2015 年,Kitagawa 等利用简单的混合和加热方法,将 EMI-TFSA 成功地引入到 ZIF-8 的微孔中,首次报道了离子液体(IL)负载 MOFs 的案例。通过调节 EMI-TFSA@ZIF-8 准固态电解质中 EMI-TFSA 的含量,优化 Li^+ 的电导率[200]。在负载离子液体后,MOFs 改变了离子液体的相态特征,防止离子液体冻结并使其在低温下具有比本体离子液体更高的离子电导率。Kitagawa 等此后又利用具有高孔隙率和出色热稳定性的 PCN-777,制备了一系列具有不同 $EMI[N(CN)_2]$ 负载量的复合材料[201]。优化后的复合材料具有高室温电导率(4.4×10^{-3} S/cm)和低活化能(0.20 eV)。此外,在 343 K 下电导率可达 10^{-2} S/cm 以上,且在低温(< 263 K)下离子传导优于离子液体本体,出色的性能使其被归类为超离子导体。类似地,Pan 等将含锂的离子液体($[EMI_{0.8}Li_{0.2}][TFSI]$)作为客体分子装载进多孔的 MOF-525-Cu 载体中,制备了新型复合固态电解质(图 6-63)[202]。其中,多孔的 MOFs 提供了固态载体及离子传输通道,含锂的离子液体负责锂离子传导。所得新型固态电解质材料具有高达 0.3 mS/cm 的体相离子电导率。此外,独特的微观界面润湿效应有效提升了界面锂离子传输性能,使其与电极材料的颗粒间具有极佳的匹配性。通过与磷酸铁锂和锂金属负极匹配,组装成的固态电池负载量高达 25 mg/cm^2,并在较宽的温度范围内展现出良好的电化学性能。

Heinke 等将[BMIM][NTf$_2$]嵌入了 HKUST-1 中,研究了离子液体在 HKUST-1 中的导电性质和动态结构(图 6-64)[203]。在孔中低离子液体负载量下离子之间没有明显的相互作用,但发生离子传导时,离子液体阳离子和阴离子在高负载量下会发生巨大的相互影响。刚性孔结构和孔尺寸阻碍了离子同时通过,当施加外部电场时,阳离子和阴离子以相反方向行进,在高浓度下相互阻塞孔窗。孔堵塞导致的离子固定会极大程度地降低 IL-MOF 材料的电导率。同样是利用 HKUST-1 作为载体,Yuan 等将 Li-IL([EMIM$^+$][TFSI$^-$])成功地封装到活化后的 HKUST-1 孔道中,形成了离子导电的 Li-IL@HKUST-1。XPS 和 FT-IR 验证了 Li-IL 阴离子与 HKUST-1 金属位点之间的配位相互作用。将 Li-IL@HKUST-1 掺入 PEO 后构建了柔性复合型聚合物电解质,其在 30 ℃下的离子电导率显著增加至

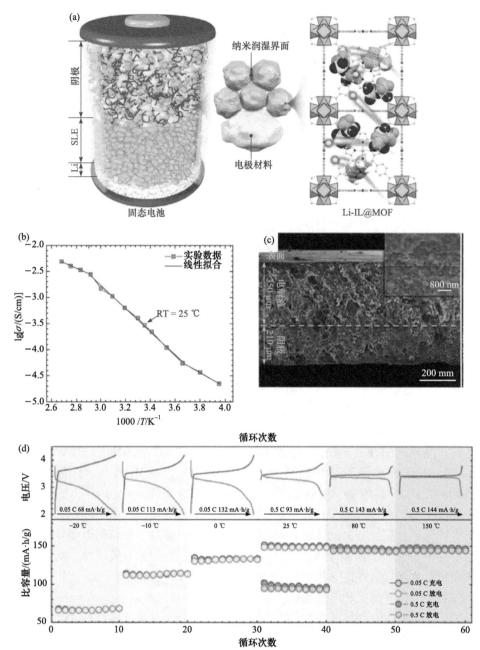

图 6-63　(a)固态电池的结构和纳米润湿界面机制的示意图；(b)对应的离子电导率阿伦尼乌斯图；(c)SEM 照片为双层结构的横截面(插图显示了两层之间的界面)；(d)Li‖Li-IL@MOF‖LFP 固态电解质在不同温度下的循环性能及相应的充放电曲线[202]

1.20×10^{-4} S/cm，远高于仅使用 PEO 的电解质(9.76×10^{-6} S/cm)。此外，组装的全固态 LiFePO$_4$/CPE/Li 电池可提供 136.2 mA·h/g 的稳定可逆比容量，100 次循环后容量保持率为 92%。优异的电化学性能主要归功于 Li-IL@HKUST-1 与 PEO 基体的结合，有效增强了聚合物基体，促进了锂离子的快速传输[204]。

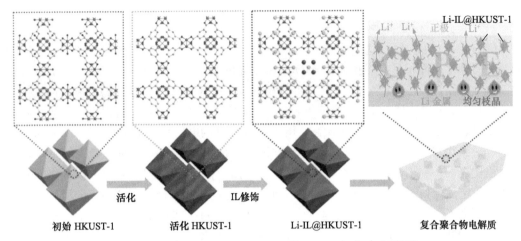

图 6-64 引入 Li-IL@HKUST-1 的 CPEs 合成示意图[203]

此外，许多 MOFs 如 ZIF-67[205]、MIL-101[206]、UiO-66[207]、UiO-67[208]、MOF-5[209] 等，被用于负载离子液体，并且其在室温下显示出接近 10^{-3} S/cm 的出色锂离子电导率。尽管已经成功合成了各种 MOFs 负载离子液体作为准固态电解质，其中一些已应用于固态电池，但对它们的研究仍然不足。它们在锂金属电池中的商业应用受到高负载量、较低锂离子转移数和高成本的限制。在后续的工作中，应将更多具有低离子液体负载量的 MOFs 组装成对称电池或全固态电池，以供进一步研究其锂离子转移机制。

6.4.4 固态电解质小结

与传统的无机陶瓷电解质和聚合物电解质相比，基于 MOFs 的固态电解质具有高导电性、高稳定性和易加工性，显示出巨大的应用潜力。虽然基于 MOFs 的固态电解质在锂金属电池中已得到广泛研究，但 MOFs 在固态电解质中仍然是一个新兴的研究领域，面临着诸多挑战，如锂离子在 MOFs 与离子液体（或聚合物）界面处的实际转移路径和传导机制不清等。总体而言，作为经典的有序多孔材料，MOFs 可定制裁剪的结构为研究导电机制和开发高性能的固态电解质提供了很好的平台。

6.5 锂负极保护

金属锂本身的高反应活性、不均匀沉积和无限体积膨胀是锂金属电池商业化应用面临的三大难题。在锂-硫电池、锂-空气电池和固态电池高速发展的大背景下，研究人员开始重新审视锂金属负极。由于锂金属表面的高氧化还原活性，当锂离子在金属锂表面获得电子时会立即产生锂核，并在较高的电流密度下生长锂枝晶。如前文所述，尽管锂金属电极与电解质之间不可逆反应形成的固体电解质界面(SEI)可以抑制电极表面钝化、枝晶形成和腐蚀，但由于机械性能差，生成的 SEI 层无法承受较大的体积膨胀和收缩，导致 SEI 开裂并暴露新的金属锂表面。开发锂金属负极保护技术是锂金属电池发展的关键问题。目前，锂负极保护的策略主要集中在集流体改性上。

6.5.1 集流体涂层改性

随着集流体比表面积增大，单位面积的电流密度减小，枝晶形成速率也会相应降低。具有高比表面积且有序孔道的 MOFs 可以提供大量锂离子沉积位点，使电流分布均匀，有效抑制锂枝晶的产生[210, 211]。Li 等设计了一种 Cu-MOFs 修饰的电极来抑制锂枝晶的生长（图 6-65）[212]。Cu-MOFs 纳米片具有丰富的极性官能团，可以引导锂的良好分布。此外，具有高比表面积的 MOFs 可以吸收大量的电解质，有利于锂离子的均匀流动。经过五个循环的沉积/剥离过程，裸铜箔的表面出现了具有弯曲丝状物的不均匀形貌。相比之下，锂均匀地沉积在 Cu-MOFs 层表面。在循环稳定性测试中，Cu-MOFs 集流体的稳定性保持了 180 个循环以上，同时还具有较高的库仑效率和稳定的滞后电压。此外，研究人员通过组装对称电池对循环稳定性做了进一步评估。结果显示，预先储存锂的 Cu-MOFs 电极在超过 250 h 的时间里呈现出平缓稳定的电压，而裸铜箔电极的电压滞后逐渐增加。

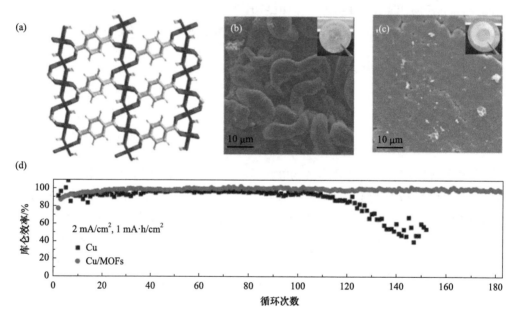

图 6-65　(a) Cu-MOFs 纳米片的晶体结构；裸铜箔 (b) 和 Cu-MOFs 电极 (c) 在 0.5 mA/cm² 电流密度和 1 mA·h/cm² 固定比容量下锂沉积的表面 SEM 图；(d) 在 2 mA/cm² 电流密度和 1 mA·h/cm² 固定比容量下，裸铜箔和 Cu-MOFs 电极的锂沉积库仑效率[212]

MOFs 衍生物提供的亲锂性晶种可以有效降低锂成核的过电位，促进均匀成核，引导锂的均匀沉积，改善负极结构稳定性，实现无枝晶锂负极[213]。Fan 等报道了以 ZIF-67 为前驱体，合成纳米钴离子均匀分散于掺氮石墨化碳层中的三维双导电材料（Co@N-G，图 6-66）[214]。这种 Co@N-G 菱形十二面体纳米团簇由于良好的亲锂性，从而能够实现锂离子在其表面均匀成核，促进锂的均匀沉积，抑制枝晶生长。通过第一性原理计算和实验结果分析可知，得益于材料中均匀分布的 Co 和 N 活性位点的协同作用，碳基底亲锂性大幅提升。此外，由于该材料具有理想的双导电特性，因此表现出良好的倍率性能，在 15 mA/cm² 的高倍率下循环 80 次后仍能保持 90.4%的库仑效率，与高电压正极 NCM 匹配时能够在 1 C 倍率下循环 100 次后容量保持率为 92%。

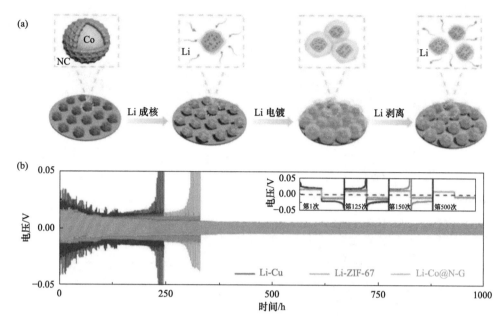

图 6-66 (a)Co@N-G 上 Li 成核和生长过程示意图；(b)Li-Cu、Li-ZIF-67 和 Li-Co@N-G 对称电池在 1 mA/cm² 电流密度和 1 mA·h/cm² 固定比容量下的循环稳定性[214]

6.5.2 构建三维锂负极

除了集流体修饰层改性外，构建三维锂负极也可以有效地控制锂负极体积变化和锂枝晶的生长。Fan 等报道了一种亲锂 MOFs 纳米棒阵列修饰的 3D 碳布集流体(NRA-CC)，可以作为超稳定、无枝晶的金属锂负极(图 6-67)[215]。3D 碳布具有高的电化学活性面积，能降低实际面电流密度；亲锂性的 C-N-Co 三相纳米棒阵列能够引导锂离子在碳基框架表面均匀沉积，调控沉积行为，抑制枝晶生长。得益于二者间的协同作用，NRA-CC 能在循环 1000 h 后保持 96.7%的库仑效率(2.0 mA/cm²，4.0 mA·h/cm²)，组装的对称电池在高面积比容量(12 mA/cm²)和高电流密度(12 mA·h/cm²)下具有长循环寿命(200 h)，并且构建的全电池(液态和固态)也表现出优异的循环稳定性。同年，Liu 和 Yu 等也进行了类似的报道，通过简单的室温溶液沉积法和热处理制备了柔性碳布上生长嵌有微小 Co 纳米颗粒的氮掺杂碳(CN)纳米片阵列(CC@CN-Co)的锂金属负极框架。以该锂金属负极组装的对称电池在 5 mA/cm² 的电流密度和 5 mA·h/cm² 的循环比容量下可以稳定循环 1000 h。当与 LiFePO₄(LFP)正极匹配时，组装的 CC@CN-Co@Li//LFP@C 全电池具有出色的倍率能力和循环性能，在 5 C 条件下能稳定循环近 300 次[216]。

最近，Ming 等制备了亲锂氮碳嵌入 Cu(NC/Cu)的纳米棒阵列以促进锂的均匀沉积(图 6-68)[217]。得益于独特的三维结构和杂原子掺杂，NC/Cu 阵列提供了快速的电子传输路径、均匀的锂离子迁移通道和充足的空间，表现出更低的界面电阻和更稳定的锂负极表面。经测试,在 0.5 mA/cm² 的电流密度下,循环比容量为 2.0 mA·h/cm²,超过 200 次循环仍可获得 97% 以上的库仑效率,并且还展现了超过 1000 h 的长循环稳定性和极低的迟滞电压。

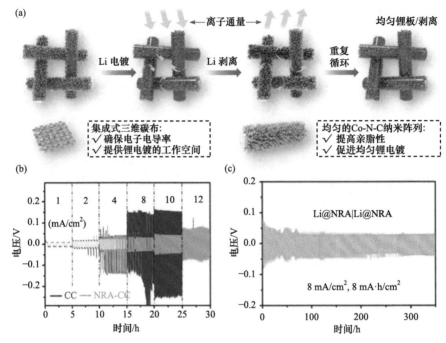

图 6-67 (a) 3D 碳布和 Co-N-C NRA 对锂沉积/剥离行为的协同作用示意图;(b) Li@NRA-CC|Li@NRA-CC 对称电池的倍率性能,以及在 8 mA·h/cm² 面积比容量和 8 mA/cm² 电流密度下的循环性能(c)[215]

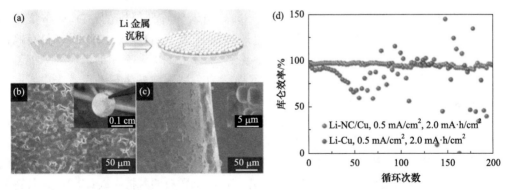

图 6-68 (a) NC/Cu 电极上的锂沉积示意图;Li-NC/Cu 电极的顶视图 (b) 和横截面 SEM 图 (c),(b) 和 (c) 中的插图分别是 Li-NC/Cu 电极的光学图像和放大的横截面 SEM 图;(d) 使用 Li-NC/Cu 和 Li-Cu 集流体的电池在 0.5 mA/cm² 下的库仑效率比较[217]

利用 MOFs 衍生的亲锂框架进行熔融锂灌注制备三维复合锂负极,也是抑制锂枝晶生长的有效方法[218, 219]。Yang 等发现 ZIF-8 碳化后是一种理想的三维亲锂框架,通过简便的熔融锂灌注法即可制备均匀的锂-碳化 MOFs 的杂化材料 (Li-cMOFs) (图 6-69)[220]。在 Li-cMOFs 中,均匀分布的 Zn 团簇作为预先植入的成核种子来诱导均匀的锂沉积。同时，所获得的三维导电结构通过协调锂负极表面上的电场分布和 Li⁺ 通量，实现了均匀的锂沉积/剥离。经测试，在 1 mA/cm² 电流密度下 Li-cMOFs 的滞后电压为 29 mV，远低于裸锂的 221 mV。经过 350 次长期循环后，Li-cMOFs 的滞后电压仍然很低（52 mV）且稳定。相反，裸锂的滞后电压在 60 次循环后快速增加了 117 mV。

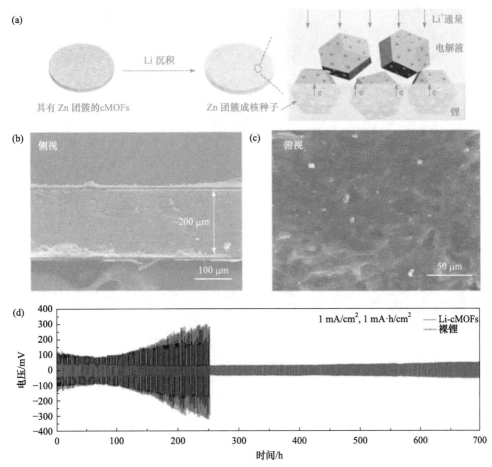

图 6-69 (a) 具有 Zn 团簇的 cMOFs 薄膜的锂沉积示意图；锂沉积后的横截面 (b) 和表面 (c) 的 SEM 图；(d) Li-cMOFs（红色）和裸锂（黑色）电极的对称电池在 1 mA/cm² 和 1 mA·h/cm² 条件下的电压-时间曲线[220]

类似地，Zhang 等通过热解 ZIF-8 形成了具有丰富的羰基和含氮表面基团及 ZnO 位点的亲锂 ZnO/C 框架（图 6-70）。多孔且亲锂的 ZnO/C 框架有效地减轻了体积变化和锂枝晶生长，从而显著提高了锂负极的稳定性[221]。因此，混合锂负极表现出优异的高电化学稳定性和长循环寿命。多孔电极降低了有效电流密度，即使在 10 mA/cm² 的高电流密度下，也能实现平稳的电压曲线和超过 200 次的稳定循环。

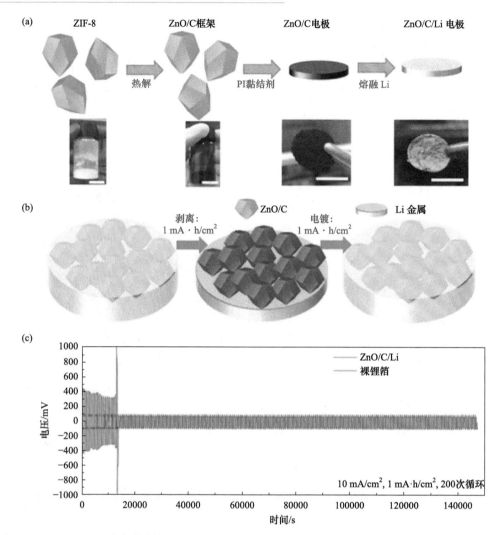

图 6-70　(a) ZnO/C/Li 电极的制备过程；(b) 理想的锂剥离/沉积行为的示意图；(c) ZnO/C/Li 电极对称电池(蓝色)和裸锂箔电极电池(红色)的循环稳定性比较(电流密度：10 mA/cm^2，剥离/沉积比容量：1 mA·h/cm^2)[221]

6.5.3　锂负极保护小结

基于 MOFs 的纳米结构能够引导锂离子在其表面均匀成核和沉积，有效降低电极中的电流密度，避免了不均匀的电荷富集，抵抗了体积膨胀对电极结构的破坏。利用 MOFs 及其衍生物进行集流体涂层改性和构建三维锂负极，为无枝晶锂金属负极在锂金属电池中的大规模应用提供了美好前景。

参 考 文 献

[1] Li M, Lu J, Chen Z, et al. 30 years of lithium-ion batteries. Adv Mater, 2018, 30(33): 1800561-1800584.

[2] Fan E, Li L, Wang Z, et al. Sustainable recycling technology for Li-ion batteries and beyond: challenges and future prospects. Chem Rev, 2020, 120(14): 7020-7063.

[3] Zhang L, Liu L, Shi W, et al. Synthesis strategies and potential applications of metal-organic frameworks for electrode materials for rechargeable lithium ion batteries. Coordin Chem Rev, 2019, 388: 293-309.

[4] Gu S, Bai Z, Majumder S, et al. Conductive metal-organic framework with redox metal center as cathode for high rate performance lithium ion battery. J Power Sources, 2019, 429: 22-29.

[5] Li C, Zhang C, Xie J, et al. Ferrocene-based metal-organic framework as a promising cathode in lithium-ion battery. Chem Eng J, 2021, 404: 126463-126468.

[6] Wu Z, Adekoya D, Huang X, et al. Highly conductive two-dimensional metal-organic frameworks for resilient lithium storage with superb rate capability. ACS Nano, 2020, 14(9): 12016-12026.

[7] Nagarathinam M, Saravanan K, Phua E J, et al. Redox-active metal-centered oxalato phosphate open framework cathode materials for lithium ion batteries. Angew Chem Int Edit, 2012, 51(24): 5866-5870.

[8] Shahul H A, Nagarathinam M, Schreyer M, et al. A layered oxalatophosphate framework as a cathode material for Li-ion batteries. J Mater Chem A, 2013, 1: 5721-5726.

[9] Zhang Z, Yoshikawa H, Awaga K. Monitoring the solid-state electrochemistry of Cu(2,7-AQDC) (AQDC = anthraquinone dicarboxylate) in a lithium battery: coexistence of metal and ligand redox activities in a metal-organic framework. J Am Chem Soc, 2014, 136(46): 16112-16115.

[10] Férey G, Millange F, Morcrette M, et al. Mixed-valence Li/Fe-based metal-organic frameworks with both reversible redox and sorption properties. Angew Chem Int Ed, 2007, 46(18): 3259-3263.

[11] Reddy K C K, Lin J, Chen Y, et al. Progress of nanostructured metal oxides derived from metal-organic frameworks as anode materials for lithium-ion batteries. Coordin Chem Rev, 2020, 420: 213434.

[12] Jiang T, Bu F, Feng X, et al. Porous Fe_2O_3 nanoframeworks encapsulated within three-dimensional graphene as high-performance flexible anode for lithium-ion battery. ACS Nano, 2017, 11(5): 5140-5147.

[13] Li X, He C, Zheng J, et al. Flocculent Cu caused by the Jahn-Teller effect improved the performance of Mg-MOF-74 as an anode material for lithium-ion batteries. ACS Appl Mater Inter, 2020, 12(47): 52864-52872.

[14] Niu J L, Hao G X, Lin J, et al. Mesoporous MnO/C-N nanostructures derived from a metal-organic framework as high-performance anode for lithium-ion battery. Inorg Chem, 2017, 56(16): 9966-9972.

[15] Lin J, Zeng C, Lin X, et al. Metal-organic framework-derived hierarchical MnO/Co with oxygen vacancies toward elevated-temperature Li-ion battery. ACS Nano, 2021, 15(3): 4594-4607.

[16] Hu L, Huang Y, Zhang F, et al. CuO/Cu_2O composite hollow polyhedrons fabricated from metal-organic framework templates for lithium-ion battery anodes with a long cycling life. Nanoscale, 2013, 5(10): 4186-4190.

[17] Li G, Yang H, Li F, et al. Facile formation of a nanostructured $NiP_2@C$ material for advanced lithium-ion battery anode using adsorption property of metal-organic framework. J Mater Chem A, 2016, 4(24): 9593-9599.

[18] Dai R, Sun W, Lv L P, et al. Bimetal-organic-framework derivation of ball-cactus-like Ni-Sn-P@C-CNT as long-cycle anode for lithium ion battery. Small, 2017, 13(27): 1700521-1700523.

[19] Han Y, Qi P, Zhou J, et al. Metal-organic frameworks (MOFs) as sandwich coating cushion for silicon anode in lithium ion batteries. ACS Appl Mater Inter, 2015, 7(48): 26608-26613.

[20] Majeed M K, Ma G, Cao Y, et al. Metal-organic frameworks-derived mesoporous Si/SiO_x@NC nanospheres as a long-lifespan anode material for lithium-ion batteries. Chem Eur J, 2019, 25(51): 11991-11997.

[21] Yoon T, Bok T, Kim C, et al. Mesoporous silicon hollow nanocubes derived from metal-organic framework template for advanced lithium-ion battery anode. ACS Nano, 2017, 11(5): 4808-4815.

[22] Wang K, Pei S, He Z, et al. Synthesis of a novel porous silicon microsphere@carbon core-shell composite

via *in situ* MOF coating for lithium ion battery anodes. Chem Eng J, 2019, 356: 272-281.

[23] Nazir A, Le H T T, Kasbe A, et al. Si nanoparticles confined within a conductive 2D porous Cu-based metal-organic framework (Cu$_3$(HITP)$_2$) as potential anodes for high-capacity Li-ion batteries. Chem Eng J, 2021, 405: 126963.

[24] Guo Y, Zeng X, Zhang Y, et al. Sn anoparticles encapsulated in 3D nanoporous carbon derived from a metal-organic framework for anode material in lithium-ion batteries. ACS Appl Mater Inter, 2017, 9(20): 17172-17177.

[25] Winter M, Barnett B, Xu K. Before Li ion batteries. Chem Rev, 2018, 118(23): 11433-11456.

[26] Zu C X, Li H. Thermodynamic analysis on energy densities of batteries. Energy Environ Sci, 2011, 4(8): 2614-2624.

[27] Li F, Wei Z, Manthiram A, et al. Sodium-based batteries: from critical materials to battery systems. J Mater Chem A, 2019, 7(16): 9406-9431.

[28] Palomares V, Serras P, Villaluenga I, et al. Na-ion batteries, recent advances and present challenges to become low cost energy storage systems. Energy Environ Sci, 2012, 5(3): 5884-5901.

[29] Ye Z, Jiang Y, Li L, et al. Rational design of MOF-based materials for next-generation rechargeable batteries. Nano-micro Lett, 2021, 13: 1-37.

[30] Wessells C D, Peddada S V, Huggins R A, et al. Nickel hexacyanoferrate nanoparticle electrodes for aqueous sodium and potassium ion batteries. Nano Lett, 2011, 11(12): 5421-5425.

[31] Wu X, Sun M, Guo S, et al. Vacancy-free prussian blue nanocrystals with high capacity and superior cyclability for aqueous sodium-ion batteries. ChemNanoMat, 2015, 1(3): 188-193.

[32] Park J, Lee M, Feng D, et al. Stabilization of hexaaminobenzene in a 2D conductive metal-organic framework for high power sodium storage. J Am Chem Soc, 2018, 140(32): 10315-10323.

[33] Zhou X, Chen S, Yang J, et al. Metal-organic frameworks derived okra-like SnO$_2$ encapsulated in nitrogen-doped graphene for lithium ion battery. ACS Appl Mater Inter, 2017, 9(16): 14309-14318.

[34] Zhang H, Wang Y, Zhao W, et al. MOF-derived ZnO nanoparticles covered by N-doped carbon layers and hybridized on carbon nanotubes for lithium-ion battery anodes. ACS Appl Mater Inter, 2017, 9(43): 37813-37822.

[35] Luo J, Sun S, Peng J, et al. Graphene-roll-wrapped prussian blue nanospheres as a high-performance binder-free cathode for sodium-ion batteries. ACS Appl Mater Inter, 2017, 9(30): 25317-25322.

[36] Li W J, Chou S L, Wang J Z, et al. Multifunctional conducing polymer coated Na$_{1+x}$MnFe(CN)$_6$ cathode for sodium-ion batteries with superior performance via a facile and one-step chemistry approach. Nano Energy, 2015, 13: 200-207.

[37] Li Z Y, Li H H, Wu X L, et al. Shale-like Co$_3$O$_4$ for high performance lithium/sodium ion batteries. J Mater Chem A, 2016, 4(21): 8242-8248.

[38] Yao T, Wang H. Metal-organic framework derived vanadium-doped TiO$_2$@carbon nanotablets for high-performance sodium storage. J Colloid Inter Sci, 2021, 604: 188-197.

[39] Zhang N, Han X, Liu Y, et al. 3D porous γ-Fe$_2$O$_3$@C nanocomposite as high-performance anode material of Na-ion batteries. Adv Energy Mater, 2015, 5(5): 1401123-1401129.

[40] Z N, Lu Y Y, Zhao Q, et al. Micro-nanostructured CuO/C spheres as high-performance anode material for Na-ion batteries. Nanoscale, 2015, 7(6): 2770-2776.

[41] Zou G, Hou H, Ge P, et al. Metal-organic framework-derived materials for sodium energy storage. Small, 2018, 14(3): 1702648-1702674.

[42] Chen Y, Li X, Park K, et al. Nitrogen-doped carbon for sodium-ion battery anode by self-etching and graphitization of bimetallic MOF-based composite. Chem, 2017, 3(1): 152-163.

[43] Cao D, Kang W, Wang W, et al. Okra-like Fe_7S_8/C@ZnS/N-C@C with core-double-shelled structures as robust and high-rate sodium anode. Small, 2020, 16(35): 1907641.

[44] Xu Z, Huang Y, Chen C, et al. MOF-derived hollow Co(Ni)Se_2/N-doped carbon composite material for preparation of sodium ion battery anode. Ceram Int, 2020, 46(4): 4532-4542.

[45] Zhao W, Ma X, Wang G, et al. Carbon-coated CoP_3 nanocomposites as anode materials for high-performance sodium-ion batteries. Appl Surf Sci, 2018, 445: 167-174.

[46] Zhang Y, Wu Y, Zhong W, et al. Highly efficient sodium-ion storage enabled by an rGO-wrapped $FeSe_2$ composite. ChemSusChem, 2021, 14(5): 1336-1343.

[47] Ren W, Zhang H, Guan C, et al. Ultrathin MoS_2 nanosheets@metal organic framework-derived N-doped carbon nanowall arrays as sodium ion battery anode with superior cycling life and rate capability. Adv Funct Mater, 2017, 27(32): 1702116-1702125.

[48] Yang S H, Park S K, Kang C Y. Mesoporous $CoSe_2$ nanoclusters threaded with nitrogen-doped carbon nanotubes for high-performance sodium-ion battery anodes. Chem Eng J, 2019, 370: 1008-1018.

[49] Jiang X, Chen Y, Meng X, et al. The impact of electrode with carbon materials on safety performance of lithium-ion batteries: a review. Carbon, 2022, 191: 448-470.

[50] Hai G, Wang H. Theoretical studies of metal-organic frameworks: calculation methods and applications in catalysis, gas separation, and energy storage. Coordin Chem Rev, 2022, 469: 214670.

[51] Zhou J, Yang Q, Xie Q, et al. Recent progress in Co-based metal-organic framework derivatives for advanced batteries. J Mater Sci Technol, 2022, 96: 262-284.

[52] Yang Q, Mo F, Liu Z, et al. Activating C-coordinated iron of iron hexacyanoferrate for Zn hybrid-ion batteries with 10000-cycle lifespan and superior rate capability. Adv Mater, 2019, 31(32): 1901521-1901529.

[53] Huang H, Xu R, Feng Y, et al. Sodium/potassium-ion batteries: boosting the rate capability and cycle life by combining morphology, defect and structure engineering. Adv Mater, 2020, 32(8): 1904320-1904330.

[54] Lin J, Chenna Krishna Reddy R, Zeng C, et al. Metal-organic frameworks and their derivatives as electrode materials for potassium ion batteries: a review. Coordin Chem Rev, 2021, 446: 214118-214143.

[55] Indra A, Song T, Paik U. Metal organic framework derived materials: progress and prospects for the energy conversion and storage. Adv Mater, 2018, 30(39): 1705146-1705171.

[56] Liang Z, Zhao R, Qiu T, et al. Metal-organic framework-derived materials for electrochemical energy applications. EnergyChem, 2019, 1(1): 100001-100032.

[57] Deng Q, Feng S, Hui P, et al. Exploration of low-cost microporous Fe(Ⅲ)-based organic framework as anode material for potassium-ion batteries. J Alloy Compd, 2020, 830: 154714-154721.

[58] Deng Q, Luo Z, Liu H, et al. Facile synthesis of Fe-based metal-organic framework and graphene composite as an anode material for K-ion batteries. Ionics, 2020, 26(11): 5565-5573.

[59] Zhang X, Ou-Yang W, Zhu G, et al. Shuttle-like carbon-coated FeP derived from metal-organic frameworks for lithium-ion batteries with superior rate capability and long-life cycling performance. Carbon, 2019, 143: 116-124.

[60] Yi Z, Liu Y, Li Y, et al. Flexible membrane consisting of MoP ultrafine nanoparticles highly distributed inside N and P codoped carbon nanofibers as high-performance anode for potassium-ion batteries. Small, 2020, 16(2): 1905301-1905310.

[61] Chen X, Zeng S, Muheiyati H, et al. Double-shelled Ni-Fe-P/N-doped carbon nanobox derived from a prussian blue analogue as an electrode material for K-ion batteries and Li-S batteries. ACS Energy Lett, 2019, 4(7): 1496-1504.

[62] Miao W, Zhao X, Wang R, et al. Carbon shell encapsulated cobalt phosphide nanoparticles embedded in

carbon nanotubes supported on carbon nanofibers: a promising anode for potassium ion battery. J Colloid Interf Sci, 2019, 556: 432-440.

[63] Yi Y, Zhao W, Zeng Z, et al. ZIF-8@ZIF-67-derived nitrogen-doped porous carbon confined CoP polyhedron targeting superior potassium-ion storage. Small, 2020, 16(7): 1906566-1906573.

[64] Cai T, Zhao L, Hu H, et al. Stable CoSe$_2$/carbon nanodice@reduced graphene oxide composites for high-performance rechargeable aluminum-ion batteries. Energy Environ Sci, 2018, 11(9): 2341-2347.

[65] Guan B Y, Yu X Y, Wu H B, et al. Complex nanostructures from materials based on metal-organic frameworks for electrochemical energy storage and conversion. Adv Mater, 2017, 29(47): 1703614-1703633.

[66] Xing W, Du D, Cai T, et al. Carbon-encapsulated CoSe nanoparticles derived from metal-organic frameworks as advanced cathode material for Al-ion battery. J Power Sources, 2018, 401: 6-12.

[67] Zhang B, Zhang Y, Li J, et al. *In situ* growth of metal-organic framework-derived CoTe$_2$ nanoparticles@nitrogen-doped porous carbon polyhedral composites as novel cathodes for rechargeable aluminum-ion batteries. J Mater Chem A, 2020, 8(11): 5535-5545.

[68] Son S B, Gao T, Harvey S P, et al. An artificial interphase enables reversible magnesium chemistry in carbonate electrolytes. Nat Chem, 2018, 10(5): 532-539.

[69] Xu M, Lei S, Qi J, et al. Opening magnesium storage capability of two-dimensional MXene by intercalation of cationic surfactant. ACS Nano, 2018, 12(4): 3733-3740.

[70] Cai X, Xu Y, An Q, et al. MOF derived TiO$_2$ with reversible magnesium pseudocapacitance for ultralong-life Mg metal batteries. Chem Eng J, 2021, 418: 128491.

[71] Attias R, Salama M, Hirsch B, et al. Anode-electrolyte interfaces in secondary magnesium batteries. Joule, 2019, 3(1): 27-52.

[72] He Y, Qiao Y, Chang Z, et al. The potential of electrolyte filled MOF membranes as ionic sieves in rechargeable batteries. Energy Environ Sci, 2019, 12(8): 2327-2344.

[73] Li M, Wan Y, Huang J K, et al. Metal-organic framework-based separators for enhancing Li-S battery stability: mechanism of mitigating polysulfide diffusion. ACS Energy Lett, 2017, 2(10): 2362-2367.

[74] Zhang Y, Li J, Zhao W, et al. Defect-free metal-organic framework membrane for precise ion/solvent separation toward highly stable magnesium metal anode. Adv Mater, 2022, 34(6): 2108114-2108121.

[75] Xu X, Chen Y, Liu D, et al. Metal-organic framework-based materials for aqueous zinc-ion batteries: energy storage mechanism and function. Chem Rec, 2022, 22(10): 202200079-202200099.

[76] Liu W, Yin R, Xu X, et al. Structural engineering of low-dimensional metal-organic frameworks: synthesis, properties, and applications. Adv Sci, 2019, 6(12): 1802373-1802404.

[77] Li W J, Han C, Cheng G, et al. Chemical properties, structural properties, and energy storage applications of prussian blue analogues. Small, 2019, 15(32): 1900470-1900490.

[78] Wang Q, Xu X, Yang G, et al. An organic cathode with tailored working potential for aqueous Zn-ion batteries. Chem Commun, 2020, 56(79): 11859-11862.

[79] Ma L, Chen S, Long C, et al. Achieving high-voltage and high-capacity aqueous rechargeable zinc ion battery by incorporating two-species redox reaction. Adv Energy Mater, 2019, 9(45): 1902446.

[80] Marpaung F, Kim M, Khan J H, et al. Metal-organic framework(MOF)-derived nanoporous carbon materials. Chem-Asian J, 2019, 14(9): 1331-1343.

[81] Chai L, Bala Musa A, Pan J, et al. *In-situ* growth of NiAl layered double hydroxides on Ni-based metal-organic framework derived hierarchical carbon as high performance material for Zn-ion batteries. J Power Sources, 2022, 544: 231887-231894.

[82] Dunn B, Kamatg H, Tarascon J M. Electrical energy storage for the grid: a battery of choices. Science,

2011, 334(6058): 928-935.

[83] Girishkumar G, McCloskey B, Luntz A C, et al. Lithium-air battery: promise and challenges. J Phys Chem Lett, 2010, 1(14): 2193-2203.

[84] Ogasawara T, Débart A, Holzapfel M, et al. Rechargeable Li_2O_2 electrode for lithium batteries. J Am Chem Soc, 2006, 128(4): 1390-1393.

[85] Kwak W J, Rosy, Sharon D, et al. Lithium-oxygen batteries and related systems: potential, status, and future. Chem Rev, 2020, 120(14): 6626-6683.

[86] Read J. Ether-based electrolytes for the lithium/oxygen organic electrolyte battery. J Electrochem Soc, 2005, 153(1): A96.

[87] Wu D, Guo Z, Yin X, et al. Metal-organic frameworks as cathode materials for $Li-O_2$ batteries. Adv Mater, 2014, 26(20): 3258-3262.

[88] Hu X, Zhu Z, Cheng F, et al. Micro-nano structured Ni-MOFs as high-performance cathode catalyst for rechargeable $Li-O_2$ batteries. Nanoscale, 2015, 7(28): 11833-11840.

[89] Wang H, Yin F, Liu N, et al. Engineering mesopores and unsaturated coordination in metal-organic frameworks for enhanced oxygen reduction and oxygen evolution activity and Li-air battery capacity. ACS Sustain Chem Eng, 2021, 9(12): 4509-4519.

[90] Kim S H, Lee Y J, Kim D H, et al. Bimetallic metal-organic frameworks as efficient cathode catalysts for $Li-O_2$ batteries. ACS Appl Mater Inter, 2018, 10(1): 660-667.

[91] Zhong M, Zhang X, Yang D H, et al. Zeolitic imidazole framework derived composites of nitrogen-doped porous carbon and reduced graphene oxide as high-efficiency cathode catalysts for $Li-O_2$ batteries. Inorg Chem Front, 2017, 4(9): 1533-1538.

[92] Wei L, Ma Y, Gu Y T, et al. Ru-embedded highly porous carbon nanocubes derived from metal-organic frameworks for catalyzing reversible Li_2O_2 formation. ACS Appl Mater Inter, 2021, 13(24): 28295-28303.

[93] Meng X K, Liao K M, Dai J, et al. Ultralong cycle life $Li-O_2$ battery enabled by a MOF-derived ruthenium-carbon composite catalyst with a durable regenerative surface. ACS Appl Mater Inter, 2019, 11(22): 20091-20097.

[94] Lyu Z Y, Lim G J H, Guo R, et al. 3D-printed MOF-derived hierarchically porous frameworks for practical high-energy density $Li-O_2$ batteries. Adv Funct Mater, 2019, 29(1): 1806658.

[95] Wang P, Ren Y Y, Wang R T, et al. Atomically dispersed cobalt catalyst anchored on nitrogen-doped carbon nanosheets for lithium-oxygen batteries. Nat Commun, 2020, 11(1): 1576.

[96] Tang J, Wu S C, Wang T, et al. Cage-type highly graphitic porous carbon-Co_3O_4 polyhedron as the cathode of lithium-oxygen batteries. ACS Appl Mater Inter, 2016, 8(4): 2796-2804.

[97] Song M J, Kim I T, Kim Y B, et al. Metal-organic frameworks-derived porous carbon/Co_3O_4 composites for rechargeable lithium-oxygen batteries. Electrochim Acta, 2017, 230(10): 73-80.

[98] Mu X, Liu Y, Zhang X, et al. Using a heme-based nanozyme as bifunctional redox mediator for $Li-O_2$ batteries. Batteries Supercaps, 2020, 3(4): 336-340.

[99] Xu W, Pei X, Diercks C S, et al. A metal-organic framework of organic vertices and polyoxometalate linkers as a solid-state electrolyte. J Am Chem Soc, 2019, 141(44): 17522-17526.

[100] Yuan C F, Li J, Han P F, et al. Enhanced electrochemical performance of poly(ethylene oxide) based composite polymer electrolyte by incorporation of nano-sized metal-organic framework. J Power Sources, 2013, 240(15): 653-658.

[101] Qiao Y, He Y, Wu S, et al. MOF-based separator in an $Li-O_2$ battery: an effective strategy to restrain the shuttling of dual redox mediators. ACS Energy Lett, 2018, 3(2): 463-468.

[102] Deng H, Chang Z, Qiu F L, et al. A safe organic oxygen battery built with Li-based liquid anode and MOFs separator. Adv Energy Mater, 2020, 10(12): 1903953.

[103] Liu H, Zhao L, Xing Y, et al. Enhancing the long cycle performance of Li-O$_2$ batteries at high temperatures using metal-organic framework-based electrolytes. ACS Appl Energ Mater, 2022, 5(6): 7185-7191.

[104] Yuan S, Lucas Bao J, Wei J, et al. A versatile single-ion electrolyte with a grotthuss-like Li conduction mechanism for dendrite-free Li metal batteries. Energy Environ Sci, 2019, 12: 2741-2750.

[105] Pan J, Xu Y Y, Yang H, et al. Advanced architectures and relatives of air electrodes in Zn-air batteries. Adv Sci, 2018, 5(4): 1700691-1700720.

[106] Zhu Y, Yue K, Xia C, et al. Recent advances on MOF derivatives for non-noble metal oxygen electrocatalysts in zinc-air batteries. NanoMicro Lett, 2021, 13(1): 137.

[107] Han X, Li X, White J, et al. Metal-air batteries: from static to flow system. Adv Energy Mater, 2018, 8(27): 1801396-1801467.

[108] Wang C, Li J, Zhou Z, et al. Rechargeable zinc-air batteries with neutral electrolytes: recent advances, challenges, and prospects. EnergyChem, 2021, 3(4): 100055.

[109] Yi J, Liang P, Liu X, et al. Challenges, mitigation strategies and perspectives in development of zinc-electrode materials and fabrication for rechargeable zinc-air batteries. Energy Environ Sci, 2018, 11(11): 3075-3095.

[110] Chen X, Zhou Z, Karahan H E, et al. Recent advances in materials and design of electrochemically rechargeable zinc-air batteries. Small, 2018, 14(44): 1801929-1801957.

[111] Fu J, Liang R, Liu G, et al. Recent progress in electrically rechargeable zinc-air batteries. Adv Mater, 2018, 31(31): 1805230-1805242.

[112] Cano Z P, Banham D, Ye S, et al. Batteries and fuel cells for emerging electric vehicle markets. Nat Energy, 2018, 3(4): 279-289.

[113] Wang Q, Lei L, Wang F, et al. Preparation of egg white@zeolitic imidazolate framework-8@polyacrylic acid aerogel and its adsorption properties for organic dyes. J Solid State Chem, 2020, 292: 121656.

[114] Saliba D, Ammar M, Rammal M, et al. Crystal growth of ZIF-8, ZIF-67, and their mixed-metal derivatives. J Am Chem Soc, 2018, 140(5): 1812-1823.

[115] Ren S, Duan X, Liang S, et al. Bifunctional electrocatalysts for Zn-air batteries: recent developments and future perspectives. J Mater Chem A, 2020, 8: 6144-6182.

[116] Lian Y, Yang W, Zhang C, et al. Unpaired 3d electrons on atomically dispersed cobalt centres in coordination polymers regulate both oxygen reduction reaction (ORR) activity and selectivity for use in zinc-air batteries. Angew Chem Int Ed, 2020, 59(1): 286-294.

[117] Shinde S S, Lee C H, Jung J Y, et al. Unveiling dual-linkage 3D hexaiminobenzene metal-organic frameworks towards long-lasting advanced reversible Zn-air batteries. Energy Environ Sci, 2019, 12: 727-738.

[118] Yang D, Gates B C. Catalysis by metal organic frameworks: perspective and suggestions for future research. ACS Catal, 2019, 9(3): 1779-1798.

[119] Van Nguyen C, Lee S, Chung Y G, et al. Synergistic effect of metal-organic framework-derived boron and nitrogen heteroatom-doped three-dimensional porous carbons for precious-metal-free catalytic reduction of nitroarenes. Appl Catal B: Environ, 2019, 257: 117888-117922.

[120] Yan J, Zheng X, Wei C, et al. Nitrogen-doped hollow carbon polyhedron derived from salt-encapsulated ZIF-8 for efficient oxygen reduction reaction. Carbon, 2021, 171: 320-328.

[121] Song R, Cao X, Xu J, et al. N-Co doped 3D graphene hollow sphere derived from metal-organic

frameworks as oxygen reduction reaction electrocatalysts for Zn-air batteries. Nanoscale, 2021, 13: 6174-6183.

[122] Yang L, Shui J, Du L, et al. Carbon-based metal-free ORR electrocatalysts for fuel cells: past, present, and future. Adv Mater, 2019, 31(13): 1804799-1804818.

[123] Chen S, Zhao L, Ma J, et al. Edge-doping modulation of N, P-codoped porous carbon spheres for high-performance rechargeable Zn-air batteries. Nano Energy, 2019, 60: 536-544.

[124] Arafat Y, Azhar M R, Zhong Y, et al. Advances in zeolite imidazolate frameworks(ZIFs) derived bifunctional oxygen electrocatalysts and their application in zinc-air batteries. Adv Energy Mater, 2021, 11(26): 2100514-2100569.

[125] Nam G, Jang H, Sung J, et al. Evaluation of the volumetric activity of the air electrode in a zinc-air battery using a nitrogen and sulfur Co-doped metal-free electrocatalyst. ACS Appl Mater Inter, 2020, 12(51): 57064-57070.

[126] Zhao D, Zhuang Z, Cao X, et al. Atomic site electrocatalysts for water splitting, oxygen reduction and selective oxidation. Chem Soc Rev, 2020, 49: 2215-2264.

[127] Li J C, Meng Y, Zhang L, et al. Dual-phasic carbon with Co single atoms and nanoparticles as a bifunctional oxygen electrocatalyst for rechargeable Zn-air batteries. Adv Funct Mater, 2021, 31(42): 2103360-2103368.

[128] Sapnik A F, Bechis I, Collins S M, et al. Mixed hierarchical local structure in a disordered metal-organic framework. Nat Commun, 2021, 12: 2062-2073.

[129] Wei Y S, Zou L, Wang H F, et al. Micro/nano-scaled metal-organic frameworks and their derivatives for energy applications. Adv Energy Mater, 2021, 12(4): 2003970-2003994.

[130] Tiburcio E, Greco R, Mon M, et al. Soluble/MOF-supported palladium single atoms catalyze the ligand-, additive-, and solvent-free aerobic oxidation of benzyl alcohols to benzoic acids. J Am Chem Soc, 2021, 143(6): 2581-2592.

[131] Wang K, Lu Z, Lei J, et al. Modulation of ligand fields in a single-atom site by the molten salt strategy for enhanced oxygen bifunctional activity for zinc-air batteries. ACS Nano, 2022, 16(8):11944-11956.

[132] Ji D, Fan L, Li L, et al. Atomically transition metals on self-supported porous carbon flake arrays as binder-free air cathode for wearable zinc-air batteries. Adv Mater, 2019, 31(16): 1808267-1808274.

[133] Han X, Ling X, Wang Y, et al. Generation of nanoparticle, atomic-cluster, and single-atom cobalt catalysts from zeolitic imidazole frameworks by spatial isolation and their use in zinc-air batteries. Angew Chem Int Ed, 2019, 58(16): 5359-5364.

[134] Zhao M Q, Liu H R, Zhang H W, et al. A pH-universal ORR catalyst with single-atom iron sites derived from a double-layer MOF for superior flexible quasi-solid-state rechargeable Zn-air batteries. Energy Environ Sci, 2021, 14: 6455-6463.

[135] Song K X, Feng Y, Zhou X Y, et al. Exploiting the trade-offs of electron transfer in MOF-derived single Zn/Co atomic couples for performance-enhanced zinc-air battery. Appl Catal B: Environ, 2022, 316: 121591-121601.

[136] Zhong X, Ye S, Tang J, et al. Engineering Pt and Fe dual-metal single atoms anchored on nitrogen-doped carbon with high an activity and durability towards oxygen reduction reaction for zinc-air battery. Appl Catal B: Environ, 2021, 286: 119891-119898.

[137] Zhong Y J, Xu X M, Wang W, et al. Recent advances in metal-organic framework derivatives as oxygen catalysts for zinc-air batteries. Batteries Supercaps, 2018, 2: 272-289.

[138] Hou C C, Zou L L, Wang Y, et al. MOF-mediated fabrication of a porous 3D superstructure of carbon nanosheets decorated with ultrafine cobalt phosphide nanoparticles for efficient electrocatalysis and zinc-

air batteries. Angew Chem Int Ed, 2020, 59(48): 21360-21366.

[139] Lia Q X, Zhu J J, Zhao Y X, et al. MOF-based metal-doping-induced synthesis of hierarchical porous Cu-N/C oxygen reduction electrocatalysts for Zn-air batteries. Small, 2017, 13: 1700740.

[140] Xu Y, Huang Z H, Wang B, et al. A two-dimensional multi-shelled metal-organic framework and its derived bimetallic N-doped porous carbon for electrocatalytic oxygen reduction. Chem Commun, 2019, 55: 14805-14808.

[141] Zhu B, Li J, Hou Z R, et al. MOF-derived nitrogen-doped carbon-based trimetallic bifunctional catalysts for rechargeable zinc-air batteries. Nanotechnology, 2022, 33: 405403.

[142] Li L D, Chen J, Wang S T, et al. MOF-derived CoN/CoFe/NC bifunctional electrocatalysts for zinc-air batteries. Appl Surf Sci, 2022, 582: 152375.

[143] Zhu Y T, Yue K H, Xia C F, et al. Recent advances on MOF derivatives for non-noble metal oxygen electrocatalysts in zinc-air batteries. Nano-Micro Lett, 2021, 13(137): 137.

[144] Wang Y X, Wu M J, Li J, et al. In situ growth of CoP nanoparticles anchored on (N, P) Co-doped porous carbon engineered by MOFs as advanced bifunctional oxygen catalyst for rechargeable Zn-air battery. J Mater Chem A, 2020, 8: 19043-19049.

[145] Rao P, Liu Y L, Su Y Q, et al. S, N Co-doped carbon nanotube encased Co NPs as efficient bifunctional oxygen electrocatalysts for zinc-air batteries. Chem Eng J, 2021, 422:130-135.

[146] He Y T, Yang X X, Li Y S, et al. Atomically dispersed Fe-Co dual metal sites as bifunctional oxygen electrocatalysts for rechargeable and flexible Zn-air batteries. ACS Catal, 2022, 12(2): 1216-1227.

[147] Liu X, Yin Z H, Cui M, et al. Double shelled hollow $CoS_2@MoS_2@NiS_2$ polyhedron as advanced trifunctional electrocatalyst for zinc-air battery and self-powered overall water splitting. J Colloid Interface Sci, 2022, 610: 653-662.

[148] Ma J, Li J S, Wang R G, et al. Hierarchical porous S-doped Fe-N-C electrocatalyst for high-power-density zinc-air battery. Mater Today Energy, 2021, 19: 100624.

[149] Li S X, Zhang H, Wu L, et al. Vacancy-engineered CeO_2/Co heterostructure anchored on the nitrogen-doped porous carbon nanosheet arrays vertically grown on carbon cloth as an integrated cathode for the oxygen reduction reaction of rechargeable Zn-air battery. J Mater Chem A, 2022, 10: 9858-9868.

[150] Huang C F, Ji Q Q, Zhang H L, et al. Ru-incorporated Co_3O_4 nanoparticles from self-sacrificial ZIF-67 template as efficient bifunctional electrocatalysts for rechargeable metal-air battery. J Colloid Interface Sci, 2022, 606: 654-665.

[151] Zhao S, Li L, Li F, et al. Recent progress on understanding and constructing reliable Na anode for aprotic $Na-O_2$ batteries: a mini review. Electrochem Commun, 2020, 118: 106797.

[152] Liu Y, Chi X, Han Q, et al. Metal-organic framework-derived hierarchical $Co_3O_4@MnCo_2O_{4.5}$ nanocubes with enhanced electrocatalytic activity for $Na-O_2$ batteries. Nanoscale, 2019, 11: 5285.

[153] Yoo H D, Shterenberg I, Gofer Y, et al. Mg rechargeable batteries: an on-going challenge. Energy Environ Sci, 2013, 6: 2245-2550.

[154] Jiang M, He H, Yi W J, et al. ZIF-67 derived $Ag-Co_3O_4$@N-doped carbon/carbon nanotubes composite and its application in Mg-air fuel cell. Electrochem Commun, 2017, 77: 5-9.

[155] Zhang X M, Li Y, Jiang M, et al. Engineering the coordination environment in atomic Fe/Ni dual-sites for efficient oxygen electrocatalysis in Zn-air and Mg-air batteries. Chem Eng J, 2021, 426: 130758.

[156] Jiang M, Yang J, Ju J, et al. Space-confined synthesis of CoNi nanoalloy in N-doped porous carbon frameworks as efficient oxygen reduction catalyst for neutral and alkaline aluminum-air batteries. Energy Storage Mater, 2020, 27: 96-108.

[157] Liu Y S, Jiang H, Hao J Y, et al. Metal-organic framework-derived reduced graphene oxide-supported

Zno/ZnCo₂O₄/C hollow nanocages as cathode catalysts for aluminum-O₂ batteries. ACS Appl Mater Inter, 2017, 9(37): 31841-31852.

[158] Li J S, Zhou N, Song J Y, et al. Cu-MOF-derived Cu/Cu₂O nanoparticles and CuN$_x$C$_y$ species to boost oxygen reduction activity of ketjenblack carbon in Al-air battery. ACS Sustain Chem Eng, 2018, 6(1): 413-421.

[159] Evers S, Nazar L F. New approaches for high energy density lithium-sulfur battery cathodes. Acc Chem Res, 2012, 46(5): 1135-1143.

[160] Hong X J, Song C L, Yang Y, et al. Cerium based metal-organic frameworks as an efficient separator coating catalyzing the conversion of polysulfides for high performance lithium-sulfur batteries. ACS Nano, 2019, 13(2): 1923-1931.

[161] Li T, He C, Zhang W. Two-dimensional porous transition metal organic framework materials with strongly anchoring ability as lithium-sulfur cathode. Energy Storage Mater, 2020, 25: 866-875.

[162] Liu X, Wang S, Wang A, et al. A new cathode material synthesized by a thiol-modified metal-organic framework (MOF) covalently connecting sulfur for superior long-cycling stability in lithium-sulfur batteries. J Mater Chem A, 2019, 7(42): 24515-24523.

[163] Salunkhe R R, Kaneti Y V, Kim J, et al. Nanoarchitectures for metal-organic framework-derived nanoporous carbons toward supercapacitor applications. Acc Chem Res, 2016, 49(12): 2796-2806.

[164] Jiang Y, Liu H, Tan X, et al. Monoclinic ZIF-8 nanosheet-derived 2D carbon nanosheets as sulfur immobilizer for high-performance lithium sulfur batteries. ACS Appl Mater Inter, 2017, 9(30): 25239-25249.

[165] Li Z, Yin L. Nitrogen-doped MOF-derived micropores carbon as immobilizer for small sulfur molecules as a cathode for lithium sulfur batteries with excellent electrochemical performance. ACS Appl Mater Inter, 2015, 7(7): 4029-4038.

[166] Zhang J, Huang M, Xi B, et al. Systematic study of effect on enhancing specific capacity and electrochemical behaviors of lithium-sulfur batteries. Adv Energy Mater, 2018, 8(2): 1701330.

[167] Chen T, Zhang Z, Cheng B, et al. Self-templated formation of interlaced carbon nanotubes threaded hollow Co₃S₄ nanoboxes for high-rate and heat-resistant lithium-sulfur batteries. J Am Chem Soc, 2017, 139(36): 12710-12715.

[168] Li Z, Li C, Ge X, et al. Reduced graphene oxide wrapped MOFs-derived cobalt-doped porous carbon polyhedrons as sulfur immobilizers as cathodes for high performance lithium sulfur batteries. Nano Energy, 2016, 23: 15-26.

[169] He J, Chen Y, Manthiram A. MOF-derived cobalt sulfide grown on 3D graphene foam as an efficient sulfur host for long-life lithium-sulfur batteries. iScience, 2018, 4: 36-43.

[170] He J, Chen Y, Lv W, et al. From metal-organic framework to Li₂S@C-Co-N nanoporous architecture: a high-capacity cathode for lithium-sulfur batteries. ACS Nano, 2016, 10(12): 10981-10987.

[171] Chen K, Sun Z, Fang R, et al. Metal-organic frameworks (MOFs)-derived nitrogen-doped porous carbon anchored on graphene with multifunctional effects for lithium-sulfur batteries. Adv Funct Mater, 2018, 28(38): 1707592-1707599.

[172] Bao W, Su D, Zhang W, et al. 3D metal carbide@mesoporous carbon hybrid architecture as a new polysulfide reservoir for lithium-sulfur batteries. Adv Func Mater, 2016, 26(47): 8746-8756.

[173] Liu Y, Li G, Fu J, et al. Strings of porous carbon polyhedrons as self-standing cathode host for high-energy-density lithium-sulfur batteries. Angew Chem Int Ed, 2017, 56(22): 6176-6180.

[174] Cheng J, Zhao D, Fan L, et al. A conductive Ni₂P nanoporous composite with a 3D structure derived from a metal-organic framework for lithium-sulfur batteries. Chemistry, 2018, 24(50): 13253-13258.

[175] Bai S, Liu X, Zhu K, et al. Metal-organic framework-based separator for lithium-sulfur batteries. Nat Energy, 2016, 1(7): 1-6.

[176] Suriyakumar S, Stephan A M, Angulakshmi N, et al. Metal-organic framework@SiO_2 as permselective separator for lithium-sulfur batteries. J Mater Chem A, 2018, 6(30): 14623-14632.

[177] Lin D C, Liu Y Y, Cui Y. Reviving the lithium metal anode for high-energy batteries. Nat Nanotechnol, 2017, 12(3): 194-206.

[178] Qian J, Henderson W A, Xu W, et al. High rate and stable cycling of lithium metal anode. Nat Commun, 2015, 6(1): 6362-6370.

[179] Lou S F, Yu Z J, Liu Q, et al. Multi-scale imaging of solid-state battery interfaces: from atomic scale to macroscopic scale. Chem, 2020, 6(9): 2199-2218.

[180] Pfenninger R, Afyon S, Garbayo I, et al. Lithium titanate anode thin films for Li-ion solid state battery based on garnets. Adv Funct Mater, 2018, 28(21): 1800879-1800886.

[181] Chen S, Xie D J, Liu G Z, et al. Sulfide solid electrolytes for all-solid-state lithium batteries: structure, conductivity, stability and application. Energy Storage Mater, 2018, 14: 58-74.

[182] Yang H, Liu B T, Bright J, et al. A single-ion conducting UiO-66 metal-organic framework electrolyte for all-solid-state lithium battery. ACS Appl Energy Mater, 2020, 3(4): 4007-4013.

[183] Wiers B M, Foo M L, Balsara N P, et al. A solid lithium electrolyte via addition of lithium isopropoxide to a metal-organic framework with open metal sites. J Am Chem Soc, 2011, 133(37): 14522-14525.

[184] Ameloot R, Aubrey M, Wiers B M, et al. Ionic conductivity in the metal-organic framework UiO-66 by dehydration and insertion of lithium tert-butoxide. Chem Eur J, 2013, 19(18): 5533-5536.

[185] Yuan S Y, Lucas Bao J W L, Wei J S, et al. A versatile single-ion electrolyte with a grotthuss-like Li conduction mechanism for dendrite-free Li metal batteries. Energy Environ Sci, 2019, 12(9): 2741-2750.

[186] Zeng Q H, Wang J, Li X, et al. Cross-linked chains of metal-organic framework afford continuous ion transport in solid batteries. ACS Energy Lett, 2021, 6(7): 2434-2441.

[187] Zhuang Z Y, Mai Z H, Wang T Y, et al. Strategies for conversion between metal-organic frameworks and gels. Coord Chem Rev, 2020, 421(15): 213461.

[188] Mathew D E, Gopi S, Kathiresan M, et al. Influence of MOF ligands on the electrochemical and interfacial properties of PEO-based electrolytes for all-solid-state lithium batteries. Electrochim Acta, 2019, 319: 189-200.

[189] Zhou J Q, Qian T, Liu J, et al. High-safety all-solid-state lithium-metal battery with high-ionic-conductivity thermoresponsive solid polymer electrolyte. Nano Lett, 2019, 19(5): 3066-3073.

[190] Jiang S, Lv T T, Peng Y, et al. MOFs Containing Solid-State Electrolytes for Batteries. Adv Sci, 2023, 10(10): 2206887.

[191] Angulakshmi N, Zhou Y, Suriyakumar S, et al. Microporous metal-organic framework(MOF)-based composite polymer electrolyte(CPE) mitigating lithium dendrite formation in all-solid-state-lithium batteries. ACS Omega, 2020, 5(14): 7885-7894.

[192] Suriyakumar S, Gopi S, Kathiresan M, et al. Metal organic framework laden poly(ethylene oxide) based composite electrolytes for all-solid-state Li-S and Li-metal polymer batteries. Electrochim Acta, 2019, 302: 478.

[193] Gerbaldi C, Nair J R, Kulandainathan M A, et al. Innovative high performing metal organic framework(MOF)-laden nanocomposite polymer electrolytes for all-solid-state lithium batteries. J Mater Chem A, 2014, 2(26): 9948-9954.

[194] Zhu K, Liu Y X, Liu J. A fast charging/discharging all-solid-state lithium ion battery based on

PEO-MIL-53(Al)-LiTFSI thin film electrolyte. RSC Adv, 2014, 4(80): 42278-42284.

[195] Suriyakumar S, Kanagaraj M, Angulakshmi N, et al. Charge-discharge studies of all-solid-state Li/LiFePO4 cells with PEO-based composite electrolytes encompassing metal organic frameworks. RSC Adv, 2016, 6: 97180-97186.

[196] Han Q Y, Wang S Q, Jiang Z Y, et al. Composite polymer electrolyte incorporating metal-organic framework nanosheets with improved electrochemical stability for all-solid-state Li metal batteries. ACS Appl Mater Inter, 2020, 12(18): 20514-20521.

[197] Senthil Kumar R, Raja M, Anbu Kulandainathan M, et al. Metal organic framework-laden composite polymer electrolytes for efficient and durable all-solid-state-lithium batteries. RSC Adv, 2014, 4(50): 26171-26175.

[198] Wang G X, He P, Fan L Z. Asymmetric polymer electrolyte constructed by metal-organic framework for solid-state, dendrite-free lithium metal battery. Adv Funct Mater, 2021, 31(3): 2007198.

[199] Ma F R, Zhang Z Q, Yan W C, et al. Solid polymer electrolyte based on polymerized ionic liquid for high performance all-solid-state lithium-ion batteries. ACS Sustain Chem Eng, 2019, 7(5): 4675-4683.

[200] Fujie K, Yamada T, Ikeda R, et al. Introduction of an ionic liquid into the micropores of a metal-organic framework and its anomalous phase behavior. Angew Chem Int Ed, 2014, 126(42): 11484-11487.

[201] Yoshida Y, Fujie K, Lim D, et al. Superionic conduction over a wide temperature range in a metal-organic framework impregnated with ionic liquids. Angew Chem Int Ed, 2019, 58(32): 10909-10913.

[202] Wang Z Q, Tan R, Wang H B, et al. A metal-organic-framework-based electrolyte with nanowetted interfaces for high-energy-density solid-state lithium battery. Adv Mater, 2018, 30(2): 1704436-1704442.

[203] Kanj A B, Verma R, Liu M, et al. Bunching and immobilization of ionic liquids in nanoporous metal-organic framework. Nano Lett, 2019, 19(3): 2114-2120.

[204] Wang Z T, Zhou H, Meng C F, et al. Enhancing ion transport: function of ionic liquid decorated MOFs in polymer electrolytes for all-solid-state lithium batteries. ACS Appl Energy Mater, 2020, 3(5): 4265-4274.

[205] Chen N, Li Y, Dai Y, et al. A Li+ conductive metal organic framework electrolyte boosts the high-temperature performance of dendrite-free lithium batteries. J Mater Chem A, 2019, 7(16): 9530-9536.

[206] Chen H, Han S, Liu R, et al. High conductive, long-term durable, anhydrous proton conductive solid-state electrolyte based on a metal-organic framework impregnated with binary ionic liquids: synthesis, aharacteristic and effect of anion. J Power Sources, 2018, 376: 168-176.

[207] Wu J F, Guo X. Nanostructured metal-organic framework(MOF)-derived solid electrolytes realizing fast lithium ion transportation kinetics in solid-state batteries. Small, 2019, 15(5): 1804413-1804419.

[208] Wang Z, Hu J, Han L, et al. A MOF-based single-ion Zn^{2+} solid electrolyte leading to dendrite-free rechargeable Zn batteries. Nano Energy, 2019, 56: 92-99.

[209] Singh A, Vedarajan R, Matsumi N. Modified metal organic frameworks(MOFs)/ionic liquid matrices for efficient charge storage. J Electrochem Soc, 2017, 164(8): H5169-H5174.

[210] Hu Y Y, Han R X, Mei L, et al. Design principles of MOF-related materials for highly stable metal anodes in secondary metal-based batteries. Mater Today Energy, 2021, 19: 100608.

[211] Qian J, Li Y, Zhang M, et al. Protecting lithium/sodium metal anode with metal-organic framework based compact and robust shield. Nano Energy, 2019, 60: 866-874.

[212] Jiang Z, Liu T, Yan L, et al. Metal-organic framework nanosheets-guided uniform lithium deposition for metallic lithium batteries. Energy Storage Mater, 2018, 11: 267-273.

[213] Du Y, Gao X, Li S, et al. Recent advances in metal-organic frameworks for lithium metal anode

protection. Chin Chem Lett, 2020, 31(3): 609-616.

[214] Wang T S, Liu X, Zhao X, et al. Regulating uniform Li plating/stripping via dual-conductive metal-organic frameworks for high-rate lithium metal batteries. Adv Funct Mater, 2020, 30(16): 2000786.

[215] Wang T S, Liu X, Wang Y, et al. High areal capacity dendrite-free Li anode enabled by MOF-derived nanorod array modified carbon cloth for solid state Li metal batteries. Adv Funct Mater, 2021, 31(2): 2001973.

[216] Zhou T, Shen J, Wang Z, et al. Regulating lithium nucleation and deposition via MOF-derived Co@C-modified carbon cloth for stable Li metal anode. Adv Funct Mater, 2020, 30(14): 1909159.

[217] Yin D, Huang G, Wang S, et al. Free-standing 3D nitrogen-carbon anchored Cu nanorod arrays: *in situ* derivation from a metal-organic framework and strategy to stabilize lithium metal anodes. J Mater Chem A, 2020, 8(3): 1425-1431.

[218] Chi S S, Liu Y, Song W, et al. Prestoring lithium into stable 3D nickel foam host as dendrite-free lithium metal anode. Adv Funct Mater, 2017, 27(24): 1700348.

[219] Huang S, Chen L, Wang T, et al. Self-propagating enabling high lithium metal utilization ratio composite anodes for lithium metal batteries. Nano Lett, 2021, 21(1): 791-797.

[220] Zhu M, Li B, Li S, et al. Dendrite-free metallic lithium in lithiophilic carbonized metal-organic frameworks. Adv Energy Mater, 2018, 8(18): 1703505.

[221] Wang L, Zhu X, Guan Y, et al. ZnO/carbon framework derived from metal-organic frameworks as a stable host for lithium metal anodes. Energy Storage Mater, 2018, 11: 191-196.

第7章 MOFs材料在大气污染控制中的应用

7.1 引 言

大气是地球上的所有生命生存所必需的气体环境,大气既可以保证适宜的温度,又可以阻挡有害的紫外线、X射线等,为生物生存提供适宜环境条件及保护。人类生产生活过程中所产生的污染物质在进入大气后,会慢慢转换成大气二次污染物,当大气污染物达到危害健康的程度时,就称其为大气污染。大气污染物的来源主要有三方面:一是生产方面,包括工业、农业生产过程中排放的有害物质;二是生活方面,主要是煤炭、天然气等燃烧所产生的有害气体;三是交通运输方面,如交通工具排放的尾气等。随着社会经济发展速度的不断加快,每年有大量不同类型的大气污染物排放到大气环境中,包括含硫气体(SO_2、H_2S)、含氮气体(NO_x、NH_3)、挥发性有机化合物(VOCs)、一氧化碳(CO)及气态单质汞(Hg^0)等。这些有毒气体对环境和人类健康构成重大威胁,其不但会造成大气光化学烟雾、酸雨和温室效应,而且即使在低浓度情况下,人体长期接触这些气体也会导致各种呼吸道疾病,因此,全球大气污染已经成为人类面临的重大环境问题之一。大气中的污染物已破坏自然生态系统的稳定性,给人类的生活带来严重影响,对社会群体的健康和生命安全造成严重威胁,如何有效地控制大气污染已成为当前社会关注的一个热点问题。

目前,针对上述大气污染物的环境净化技术有很多,包括膜分离、燃烧和氧化。然而,大多数处理方法都存在成本高、效率低及易产生二次污染物的问题。其中,吸附和催化是两种最有潜力的环境净化技术,具有成本低、二次产物含量低、易分离、环境友好等优点。大气污染物的吸附捕获基于多孔吸附剂的吸附能力和选择性,其中特定的大气污染物可以进入吸附剂的孔隙,通过范德华力(物理吸附)或与吸附剂之间形成的化学键(化学吸附)而被捕获。吸附剂的物理吸附能力显著地受其孔隙和空腔尺寸以及表面积的影响,吸附剂的化学吸附能力高度依赖于其表面功能(酸或碱)、表面原子配位和电子密度(缺电子或富电子)。许多具有大表面积和刚性结构的多孔材料已被初步用作大气污染物的物理吸附材料。然而,大气污染物大多是氧化还原活性物质、σ-供体或π-受体物质,仅使用适当孔径和空腔的吸附剂对其进行物理吸附是不够的,且物理吸附力较弱,导致吸附量低,易造成二次污染。因此,利用吸附剂之间特定的相互作用进行化学吸附是非常可取的。

金属有机框架(MOFs)材料是由无机二次构筑单元(金属氧化物团簇或金属离子)与有机基团配位而成的一类新型的有机无机多孔材料,具有结构多样、孔结构有序、大比表面积和高孔隙率等特点。MOFs 材料的金属离子作为连接点起支撑框架的作用,并为框架的外部延伸提供可能性。同时,有机框架为各种官能团提供附着点,框架中的强化学键作用使其有较好的稳定性,进而使得 MOFs 材料表现出不同的理化性能。MOFs 材料通过调节有机配体的长度和官能团来控制孔径和孔道尺寸,并在孔道中引入功能性位点进行功能化修饰来提高化学吸附性能和吸附选择性,表现出良好的结构稳定性、热稳定性、酸碱稳定性、可回收使用性及再生性等优势,在大气污染物吸附应用中具有很大的潜力。此外,MOFs 材料中金属-配体配位键的方向性可在晶格中产生空位和空隙,结构的稳定性取决于这些配位作用力的强度,而这些配位作用力在共价键之间具有适中的能量,有利于催化反应的进行。MOFs 具有自由配位位点的金属节点、功能连接体或容纳在空隙中的客体、结构缺陷等潜在活性位点,且架构金属元素的可调性、大孔径和比表面积、稳定的晶格、不饱和金属位点、易于设计和合成等优势赋予了其作为固体催化剂巨大的应用价值,尤其是在气体污染物的催化转化等应用领域引起了研究者的广泛关注。

因此,本章重点围绕 MOFs 材料对几种典型大气污染物的吸附捕获和催化转化等方面的应用展开详细的阐述。

7.2 MOFs 材料用于含硫气体的脱除

空气污染物主要由人为产生,其对生物地球化学循环和地球生命的许多基本元素(如 N 和 S)的组成产生负面影响和并使其产生改变。在这些自然循环中,硫循环在环境中起着至关重要的作用,易受到大气中硫化氢(H_2S)和二氧化硫(SO_2)浓度的强烈影响。H_2S 和 SO_2 在自然环境中可通过火山爆发、温泉、气流、有机物分解和厌氧细菌还原释放到环境中;其人为来源包括石油工业、煤炭和天然气等化石燃料的燃烧以及食品生产和大规模运输等不同过程。H_2S 和 SO_2 气体浓度的增加极大地扰乱了生态系统的稳定性,危及生物多样性,对人类健康构成巨大威胁,因此,有效处理含硫气体中的 H_2S 和 SO_2 对于污染控制和工业运行安全至关重要。MOFs 材料由于其高吸附量、结构灵活性和热/化学稳定性而引起了人们的关注,MOFs 配体在靶特异性方面的易调性对有效吸附去除含硫化合物具有很大的潜力。表 7-1 列出了可用于不同气态硫化合物的吸附处理的 MOFs 材料及其吸附能力。

表 7-1 用于气态硫化合物吸附去除的 MOFs

序号	吸附剂	比表面积/(m^2/g)	浓度	温度/K	压力	吸附能力/(mg/g)	参考文献
H_2S							
1	MIL-47(V)	1400		303	2.03 MPa	498	[1]
2	MIL-53(Cr)	1500		303	2.03 MPa	446	[1]
3	MIL-100			303	2.0 MPa	569	[2]
4	MIL-101			303	2.0 MPa	1322	[2]

续表

序号	吸附剂	比表面积/(m²/g)	浓度	温度/K	压力	吸附能力/(mg/g)	参考文献
5	MIL-53(Cr)			303	1.6 MPa	446	[2]
6	MIL-53(Al)			303	1.6 MPa	402	[2]
7	MIL-53(Fe)			303	1.6 MPa	290	[2]
8	MIL-47(V)			303	2.0 MPa	498	[2]
9	MOF-5	812	100 ppm	293	1 atm	16.7	[3]
10	IRMOF-3		102 mg/m³	303～333	常压	16.0～1.97	[4]
11	ZIF-8	1928	200 ppm	298	常压	28	[5]
12	HKUST-1	909	1000 ppm	293	1 atm	90	[6]
13	FMOF-2	378		298	1 bar	83	[7]
14	$M_3[Co(CN)_6]_2 \cdot nH_2O$ (M=Co,Zn)	700～712		298	1 bar	85	[8]
			SO_2				
1	Co-MOF-74	835	1000 mg/m³	293	常压	40.4	[9]
2	Mg-MOF-74	1206	1000 mg/m³	293	常压	103	[9]
3	Ni-MOF-74	599	1000 mg/m³	293	常压	2.56	[9]
4	Zn-MOF-74	496	1000 mg/m³	293	常压	16.7	[9]
5	Co-MOF-74	835	1000 mg/m³	293	常压	1.92	[9]
6	Mg-MOF-74	1206	1000 mg/m³	293	常压	46.1	[9]
7	Ni-MOF-74	599	1000 mg/m³	293	常压	1.28	[9]
8	Zn-MOF-74	496	1000 mg/m³	293	常压	2.56	[9]
9	NOTT-202a	2220	100%	268	1 bar	871	[10]
10	Fe(pz)[Pt(CN)$_4$]			293	1 bar	248	[11]
11	Fe(pz)[Ni(CN)$_4$]			293	1 bar	302	[11]
12	FMOF-2			298	1 bar	140	[7]
13	$M_3[Co(CN)_6]_2 \cdot nH_2O$ (M=Co,Zn)	700～712		298	1 bar	173	[8]
14	NOTT-300	1370	100%	273	1 bar	519	[12]

7.2.1 H$_2$S

H$_2$S 是一种无色、有毒、易燃的气体，具有典型的臭鸡蛋气味，气味检测阈值为 0.2～2.0 μg/m³（0.13～1.3 ppb[①]）。H$_2$S 浓度为 100～150 ppm 时，会导致嗅觉神经几乎立即麻痹，对人体有毒，其中黏膜是其主要吸收部位；其在空气中浓度超过 700 ppm 时，可能会迅速致死。低浓度（10 ppm）的 H$_2$S 会导致疲劳和头痛，随后会刺激眼睛、鼻子和

---

① ppb 为 10^{-9}。

喉咙。尽管其影响取决于暴露时间和气体浓度，但许多报道认为其吸入与喉炎、支气管炎、肺炎和肺水肿等症状相关。2009 年，Hamon 等[2]首次使用大孔和刚性的 MIL-100(Cr) 和 MIL-101(Cr)、小孔和柔性的 MIL-53(Al、Cr、Fe)以及小孔和刚性的 MIL-47(V)，在温度为 303 K 和压力高达 20 bar 的条件下吸附 H_2S。结果表明，在 H_2S 吸附后，大孔和刚性的吸附剂表现出部分结晶性损失，其表面积变化较小（2600～2550 m^2/g）；小孔材料在 H_2S 处理后完全稳定，但由于框架的 S 原子和 Fe 原子之间存在强键，小孔和柔性的 MIL-53(Fe)失去了结晶性。因此，孔几何形状和金属类型在 MOFs 吸附剂用于含硫有毒气体分离的性能中起着主导作用。Alimohammad 等[13]制备的 MIL-101(Cr)-SO_3Ag 对 H_2S 的吸附量为 96.75 mg/g，是 MIL-101(Cr)的四倍，具有良好的循环稳定性，其中 S 和 Ag 之间的静电相互作用是 H_2S 吸附的主要原因。

框架的结构组成是决定 MOFs 材料在气体吸附领域应用的关键因素。具有开放的不配位金属位点的 MOFs 是一种适合吸附硫化合物的框架结构，如 ZIF-8。一般来说，ZIF-8 的外表面以锌核的可变配位环境为主，这种锌核在不同类型的热处理活化后会发生晶体交易（解离），从而产生不同的 Zn 不配位位点。硫化合物的吸附取决于 Zn 不配位位点的可用性，如 Zn^{II} 是路易斯酸位点，而咪唑配体的 N 端是路易斯酸和 Brønsted 碱基。但 ZIF-8 具有不稳定的低配位 Zn 位点，在高温解吸过程中，这些位点可以从 ZIF-8 框架中脱离并逐渐形成聚集体，因此，Zn 位点的可用性限制了材料在高温下的吸附量。另一种 MOFs 框架 HKUST-1/Cu-BTC/Basolite-300 中的铜原子由三羧酸盐和四个氧配位组成，根据单晶数据，它形成面心立方晶体，其中包含大的方形孔隙（9.9 Å）。铜离子的第一配位中存在的水分子可以通过脱水过程去除，从而形成框架配位不饱和的 Cu^{2+} 阳离子，构成表面离子对，其中阳离子和阴离子对均从羧酸盐中产生并在 H_2S 吸附过程中发挥作用。

MOFs 材料由于不可逆化学吸附和降解，在 H_2S 的捕获应用中具有挑战性。但 MOFs 的高可调性使其结构得以改变，从而增强了对腐蚀性含硫气体的吸附。2018 年，Joshi 等[14]测量了 MIL-101(Cr)、MIL-125(Ti)、UiO-66(Zr)及其氨官能化类似物对 H_2S 的吸附量，并且含胺官能团的 MOFs 在 H_2S 吸附能力方面优于其本体。除了功能化之外，Gupta 等[15]合成具有相同比例的 H_2BDC 和 BDC-NH_2 配体的混合配体 Cu-MOF，其对 H_2S 的吸附量最高可达 128.4 mg/g，优于普遍的铜基 MOFs、HKUST-1 和 MOF-199。

合成 MOFs 的数量迅速增加，对每种材料进行实验测试是不现实的。因此，计算筛选成为一种非常有用的方法，可以快速测试所需气体分离的许多结构，以确定有潜力的吸附剂，同时分子模拟也有助于理解复杂的反应过程。例如，在 303 K，1 bar 的条件下，Zhou 等[16]对 182 个 Zr-MOF 进行了分子模拟，以从天然气中吸附 H_2S。结果表明，—CF_3 功能化材料 LIFM-29 具有最高的 H_2S 吸附选择性。同时，由功能化 LIFM-29 和非功能化 LIFM-29 的分子模拟结果可知，非功能化 LIFM-29 对 H_2S 选择性吸附显著降低，这表明—CF_3 基团能促进 MOFs 对 H_2S 的吸附。所有的这些实验和计算工作强调了结构功能化对提高 MOFs 吸附有毒气体能力的重要性。Li 等[17]在微量含硫气体混合物的情况下，通过分子模拟研究了不同官能化 UiO-66(Zr)-XN 材料的 H_2S 和 SO_2 捕集性能。结果显示，UiO-66-$(COOH)_2$ 和 UiO-6-COOH 比其他功能化的 UiO-66(Zr)衍生物具有更强的吸附性能，使用 MOFs[UiO-66(Zr)-(COOH)$_2$] 作为填料时也显著改善了聚合物的渗透性和 H_2S/CH_4 混合气体的分离效果。

通常，H_2S 在吸附过程中会与其他气体组分相互竞争，尤其是工业气体混合物中的 CO_2。Liu 等[18]在 1 bar 和 298 K 的条件下通过动态分离方法研究了 11 个代表性 MOFs 对 H_2S 和 CO_2 的竞争吸附，图 7-1 显示了不同 MOFs 对 H_2S/CO_2 的选择性吸附性能。图 7-1(a)显示 H_2S 被 UiO-66、MIL-101(Cr) 和 Mg-MOF-74 选择性保留，表明 H_2S 的可逆吸附。图 7-1(b)显示，具有开放金属位点(OMS)的 HKUST-1 由于化学吸附而表现出最高的 H_2S/CO_2 选择性，但其在 H_2S 暴露后不稳定。总体而言，考虑到 H_2S 选择性和可逆吸附之间的权衡，UiO-66、MIL-101(Cr) 和 Mg-MOF-74 被认为是有前途的吸附剂。另外，H_2S 通常是处于潮湿的条件下，水分子通过与有毒气体竞争相同的吸附位点而导致低吸附选择性，还会导致 MOFs 结晶性被破坏。含硫的气体可在 H_2O 存在下形成其他有毒气体，如 H_2SO_x，促进 MOFs 结构分解[19]。例如，与 H_2O(约−22.5 kJ/mol)相比，由于 H_2S 的吸附能量较弱(约−16.7 kJ/mol)，在水存在下 MOF-5 对 H_2S 的吸附量减少[20]。因此，现有研究将重点放在疏水性 MOFs 的制备上，以防止 H_2O 对 MOFs 对含硫气体吸附性能的负面影响。2018 年，Qiao 等[21]考虑到不同 MOFs 对 H_2O 的亲和力，从 6013 个 MOFs 中选择了 606 个疏水 MOFs，并计算了其对 H_2S 的吸附量和吸附选择性，发现具有含氮有机连接体(如吡啶和唑)的疏水性 MOFs 是从湿天然气中吸附 H_2S 最有前景的吸附剂。

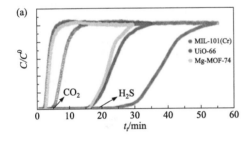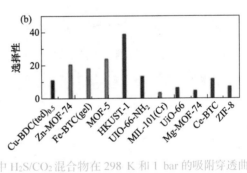

图 7-1 (a)MIL-101(Cr)、UiO-66 和 Mg-MOF-74 中 H_2S/CO_2 混合物在 298 K 和 1 bar 的吸附穿透曲线；(b)11 种 MOFs 对混合 H_2S/CO_2(0.01:0.99)的吸附选择性[18]

MOFs 材料对 H_2S 的选择性催化氧化是另一种有潜力的处理方法。H_2S 可以在催化剂的作用下完全氧化为硫[$H_2S+1/2O_2 \longrightarrow (1/n)S_n+H_2O$]，其不受热力学平衡的限制[22]。Zheng 等[23]制备了具有配位不饱和(CUS)Fe^{2+}/Fe^{3+}位点的多孔 MIL-100(Fe)，在 100~190 ℃下，CUS-MIL-100(Fe) 对 H_2S 的催化转化率接近 100%，S 选择性接近 100%，并表现出良好的热稳定性和选择性。同时，他们通过简单的水热方法制备了经典的氨基功能化铁有机框架 NH_2-MIL-53(Fe)[24]。NH_2-MIL-53(Fe)催化剂在 130~160 ℃的温度范围内具有较高的 H_2S 转化率和接近 100%的 S 选择性，优于 Fe_2O_3 和活性炭。氨基的引入降低了 H_2S 氧化的活化能，并赋予催化剂表面一定的碱性位点。H_2S 在 MOFs 上的催化氧化反应一般遵循 Mars-Van Krevelen 氧化还原机理：以 NH_2-MIL-53(Fe)催化剂为例[24](图 7-2),强 Fe—S 键的形成不明显,H_2S 分子主要吸附在酰胺基上。表面上的氧分子被转化为 O^{2-} 和 O^- 活性物种,表面的 H_2S 与 O^- 反应生成元素 S 和 H_2O[25];以 CUS-MIL-100(Fe)催化剂为例(图 7-3)[23],H_2S 分子扩散到 CUS-MIL-100(Fe)中,并吸附在外孔和内孔的路易斯酸位点(Fe^{2+}/Fe^{3+} CUS)上。在此基础上,H_2S 被 Fe^{3+} 直接氧化形成 S 和 Fe^{2+}。最后,Fe^{2+} 与活性氧物种反应以再生 Fe^{3+} 活性位点并进一步参与氧化反应。同时,H_2S 在路易斯酸位点被吸附和解离,形成 HS^-,然后与吸附的氧相互作用以形成元素硫。

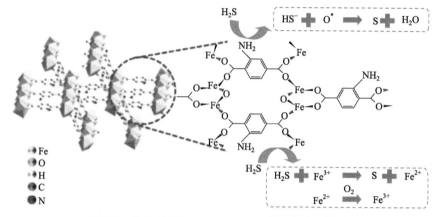

图 7-2　H_2S 在 NH_2-MIL-53(Fe)上的氧化示意图[24]

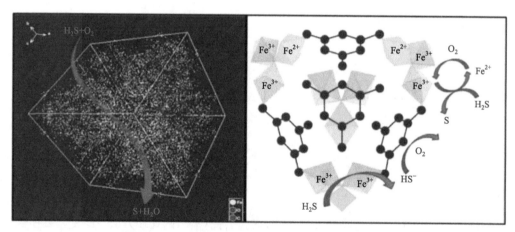

图 7-3　H_2S 在 CUS-MIL-100 上选择性氧化示意图[23]

7.2.2　SO_2

SO_2 是一种无色刺激性气体,具有强烈气味,与 H_2S 类似,可通过呼吸系统和皮肤接触吸收,浓度为 100 ppm 会立即危及生命。有报道称,SO_2 作为一种空气污染物与慢性支气管炎、喉炎和呼吸道感染等呼吸问题引起的死亡率之间存在相关性。根据《世界卫生组织全球空气质量指南》,10 min 内人体暴露的 SO_2 最大值为 500 $\mu g/m^3$(175 ppb),日平均值为 20 $\mu g/m^2$(8 ppb)。除此高风险外,SO_2 具有高水溶性(107 g/L),是酸沉降的主要成分之一。因此,SO_2 一旦释放到大气中,就会溶解在水中,在大气中进一步氧化，形成硫酸(H_2SO_4)。这种化学过程也发生在产生硝酸(HNO_3)的 NO_x 污染物中。这些酸以雾、雨或雪的形式通过降水过程落到地面，严重影响土壤和水体，进而影响森林和作物的生长。高水平的土壤酸度增加了几种重金属的有效性，如铝、汞、铅、锌、铬和镉，它们的活性、迁移率和生物有效性受 pH(4.3~5.1)的密切控制。土壤成分的这些变化不仅影响了将某些重金属纳入其生物过程的植物，还影响了包括人类在内以其为食的生物。因此，开发对 SO_2 具有高吸附能力、选择性和稳定性的处理材料对于减少全球人为污染物排放具有重要意义。

Brandt 等[26]对三种不同的金属-有机框架 MOF-177、NH_2-MIL-125(Ti)和 MIL-160 进行了 SO_2 吸附研究。MOF-177 展现出优异的 SO_2 吸附效率(在 293K 和 1bar 下为 25.7 mmol/g)。NH_2-MIL-125(Ti)和 MIL-160 在低压(< 0.01 bar)下都表现出特别高的 SO_2 吸附效率，可从烟气混合物中去除 500 ppm 以下的残留 SO_2。Tan 等[27]基于不同 MOFs 的功能化、金属类型、不饱和金属位点、混合配体等特征，合成了几种具有不同化学性质的 MOFs，并对其进行了 SO_2 吸附测试，其中 MFM-170 为性能最佳的吸附剂。SO_2 分子一般结合在常见 MOFs(如 MOF-74 系列)中的 OMS 上，也可协同结合在 MFM-170 的多个位点上，以达到吸附量的最佳平衡和吸附的极大可逆性。

其中，MOFs 的不饱和配位金属中心在捕获 SO_2 气体中起着关键作用。尽管 MOFs 中的 OMS 可以提供对有毒气体的高吸收和高选择性，但由于可能形成键，它们会对结构结晶度产生负面影响[27, 28]。2019 年，Smith 等[29]研究了 SO_2 与具有开放 Cu^+ 位点的稳健 MOF(MFM-170)的可逆配位结合，该 MOF 在 1 bar 和 298 K 的条件下表现出 17.5 mmol/g 的 SO_2 吸附量。Yaghi 等[28]选用六种 MOFs，包括 MOF-5、IRMOF-3(NH_2 官能团)、MOF-74(开放锌位点)、MOF-177、MOF-199(开放铜位点)和 IRMOF-62(C_4H_2 官能团)进行 SO_2 捕获实验，结果表明，在 $Zn_2O_2(CO_2)_2$ 簇中具有不饱和锌位点的 MOF-74(632 m^2/g)对 SO_2 的吸附性能最佳(约 194 mg/g)。尽管 MOF-199 的动态吸附能力较低，为 32 mg/g(298 K 和 1 bar)，但其吸附能力仍处于第二位。MOF-74 中的开放金属锌对 SO_2 分子的高反应性，导致颜色变化，表明反应过程为化学吸附。这种不饱和金属位点是一种路易斯酸，具有与 SO_2 气体的碱度特征连接的强相互作用能力[30]。与 MOF-74 和 MOF-199 相比，具有氨基和二乙炔官能度的 IRMOF-3 和 IRMOF-62 分别表现出较低的 SO_2 吸附性能，分别为 6 mg/g 和 1 mg/g。在其他 MOFs 中，两种具有更高比表面积且孔中不具有官能团的 MOFs，即 MOF-177(3875 m^2/g)和 MOF-5(2205 m^2/g)，表现出最低的 SO_2 吸附能力。因此，与具有高比表面积或官能团的 MOFs 相比，具有 OMS 的 MOFs 更能吸收 SO_2 配体(如 NH_2 和 C_4H_2)。

复合 MOFs 材料在改善吸附 SO_2 性能方面也有很大的作用。Feng 等[31]合成了 UiO-66-NH_2 包裹碳纳米管/PTFE 过滤器用于 SO_2 吸附。使用氨官能化的碳纳米管在聚四氟乙烯(PTFE)基材上构建网络框架，其充当多孔 MOFs 纳米颗粒和 PTFE 基材之间的中间层，碳纳米管的加入提高了合成的多功能过滤器的比表面积。UiO-66-NH_2@CNTs/PTFE 由于其大的比表面积获得了优异的 SO_2 吸附能力。当用不同的 Ba 盐浸渍 Cu-BTC 时，Ba/Cu-BTC(Cl^-)样品在低于 673 K 的温度下吸附 SO_2 的能力最高，甚至高于 $BaCO_3/Al_2O_3$/Pt 基材料[32]。

此外，利用缺陷策略吸附 SO_2 也有巨大的潜力。Albelo 等[33]通过将额外框架 Ba^{2+} 阳离子插入缺陷 MOFs，合成了用于 SO_2 吸附的钡改性缺陷吡唑酸镍 MOFs。缺陷 MOFs 和离子交换缺陷 MOFs 的示意路线分别展示在图 7-4 中。吸附实验的结果表明，用 —OH 和—NH_2 对接头进行预合成修饰产生的缺陷位点(1-3@KOH)和离子交换缺陷 MOF(1-3@Ba(OH)$_2$)协同增强了对 SO_2 的捕获能力。对于具有化学吸附路径(不可逆性)的缺陷 MOFs 在穿透循环期间对 SO_2 的吸附能力降低。同时，通过 DFT 计算了 1@Ba(OH)$_2$ 样品对 SO_2 分子吸附的三种过程，如图 7-4 所示。

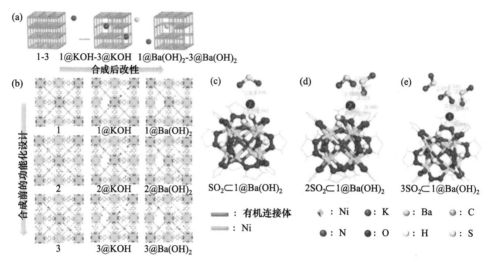

图 7-4 等网状金属-有机框架系列中的缺陷孔工程：(a)从原始框架得到缺失接头缺陷的连续 PSM 示意图；通过离子交换过程引入框架外 Ba^{2+} 离子进入有缺陷的多孔结构；(b)具有 —OH 和 —NH_2 极性标签的有机间隔物的合成前功能化(从上到下显示)，连续的 PSM 从左到右显示；DFT 结构最小化一个 (c)、两个(d)、三个(e)吸附 SO_2 的分子构型[33]

此外，水分也对 MOFs 的 SO_2 吸附性能有明显的影响。Mounfield 等[34]分别在干燥、潮湿和含水环境中研究了 MIL-125(Ti)和 NH_3-MIL-125Ti 对 SO_2 的吸附性能。结果表明，虽然 MIL-125(Ti)在潮湿和含水酸性环境下分解，但 NH_3-MIL-125Ti 在这些条件下是稳定的，在 2.7 bar 下具有高的 SO_2 吸附量(10.3 mmol/g)。由于包括 Cu 或 Zn 的 MOFs 很容易与含硫气体反应形成金属硫化物，导致结构降解[18]，一些研究侧重于这些 MOFs 的功能化以提高其抗硫性，如 Zn-MOF-74、Cu-BTC 和 MOF-5。2017 年，Glomb 等[35]利用尿素将 Zn-MOF 功能化，由于 MOFs 与 SO_2 之间的氢键作用，其在 1 bar 和 293 K 的条件下对 SO_2 的最大吸附量为 10.9 mmol/g。

7.3 MOFs 材料用于含氮气体的脱除

目前，最主要的含氮大气污染物主要指氨(NH_3)和氮氧化物衍生物(NO_x = N_2O，NO，NO_2)。不可再生化石燃料仍然是发电厂和汽车的主要能源，以满足不断增长的能源需求。然而，化石燃料的燃烧主要产生氮氧化物(NO_x)污染物，其可导致酸雨、光化学烟雾、臭氧消耗和富营养化问题。尽管在全球农业、施肥和药物生产中均需要 NH_3，但它也是一种有毒和腐蚀性气体，可对环境和人类健康产生危害。

7.3.1 NO_x

NO_x 的选择性催化还原(SCR)是从废气和工业排放物中去除 NO_x 污染物的有效控制技术。因此，开发高效的 SCR 催化剂是实现高效 NO_x 转化的关键。MOFs 在这个重要的研究领域也发现了其重要的应用价值。

MILs 材料是一种特殊的 MOFs 材料，可用于将铁、铝、镉等三价过渡金属离子与羧酸配体配位，具有非常高的比表面积和良好的热稳定性。Wang 等[36]报道，MIL-100(Fe)在低温下表现出比 V_2O_5-WO_3/TiO_2 催化剂更好的 NO_x 去除效率(图 7-5)。Wang 等[36]在 30000/h 的空速(GHSV)下，使用 MIL-100(Fe)作为 SCR 催化剂在 245~300 ℃下实现了 97%的 NO_x 转化率，而传统的 V_2O_5-WO_3/TiO_2 催化剂在此温度范围内仅实现了 51%~90%的转化率。在 200 ℃时，MIL-100(Fe)催化剂对 NO_x 的转化速率为 $0.74×10^{-6}$ mol NO_x/($g_{cat}·s$)，是传统催化剂的 8 倍。但当反应温度高于 300 ℃时，其催化活性下降。Langmuir-Hinshelwood(L-H)机制在 MIL-100(Fe)上的 SCR 反应中占主导地位，如图 7-6 所示。Wang 等[37]采用浸渍法(IM)合成了包覆纳米 CeO_2 的 MIL-100(Fe)，如图 7-7 所示。得到的 CeO_2/MIL-100(Fe)催化剂具有较高的催化活性，300 ℃下其 NO_x 转化率能达到 90%以上。

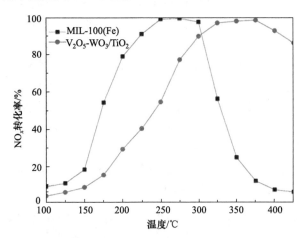

图 7-5 MIL-100(Fe)和 V_2O_5-WO_3/TiO_2 上的 NO_x 转化率(反应条件：500ppm NO，500 ppm NH_3，4% O_2，平衡气 N_2)[36]

$$NH_3(g) \longrightarrow NH_3(a) \longrightarrow NH_4^+(a)$$
$$NO(g) \longrightarrow NO(a) \xrightarrow{O_2} NO_2(g)$$
$$NO_2(a)+NH_4^+(a) \longrightarrow N_2(g)+H_2O(g)$$

图 7-6 SCR 反应的 Langmuir-Hinshelwood 机制[37]

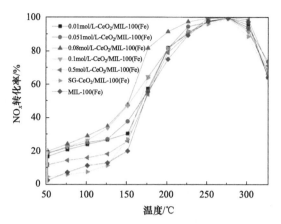

图 7-7　不同催化剂上的 NO_x 转化效率图(反应条件：500 ppm NH_3、500 ppm NO、4% O_2 和平衡气 N_2，GHSV = 30000 h^{-1})[37]

MOF-74 也称为 CPO-27 或 M2，由不同的金属和 2,5-二羟基对苯二甲酸组成。结合的溶剂或水分子可以很容易地通过样品热处理分离以提取不饱和金属位点，已被应用于各类催化反应。Jiang 等[38]通过溶剂热法制备了具有空心球形结构的 Mn-MOF-74 和具有花瓣状结构的 Co-MOF-74(图 7-8)。他们发现 Mn-MOF-74 和 Co-MOF-74 对 NO 具有较高的活化和吸附能力，而 Mn-MOF-74 的转化率在 220 ℃时为 99%，Co-MOF-74 的转化率在 210 ℃时为 70%。特别是 Mn-MOF-74 对低温 SCR 表现出良好的催化活性。然而，Mn-MOF-74 的 NO 转化率随着 H_2O 和 SO_2 的引入而降低，而 SO_2 对 Co-MOF-74 催化性能的影响不大。同时，他们使用水热法成功合成了单相 Co/Mn-MOF-74[39]。图 7-9(a) 为 $Mn_{0.66}Co_{0.34}$-MOF-74 的结构，其主要以接近 2∶1 的比例存在的六个金属离子(Mn^{2+} 和 Co^{2+})通过 C、H 和 O 原子连接在一起，并且每个金属离子与五个氧原子和一个溶剂分子配位。溶剂分子甚至可以通过弱热处理除去，产生不饱和金属位点，其可以作为催化 SCR 反应的路易斯酸位点。对 Co/Mn 原子比对 Co/Mn-MOF-74 结构的影响及其对低温 NH_3-SCR 脱硝的催化活性进行了探究，结果表明，$Mn_{0.66}Co_{0.34}$-MOF-74 具有最好的催化性能，并表现出良好的抗 SO_2 中毒能力[图 7-9(b，c)]。Co 的引入削弱了催化剂表面上 SO_2 的吸附强度，从而产生良好的抗 SO_2 能力。

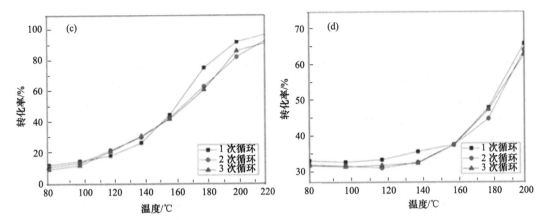

图 7-8 Mn-MOF-74(a)、Co-MOF-74(b)的 SEM 图像；Mn-MOF-74 在 220 ℃(c)和 Co-MOF-74 在 200 ℃(d)时在 SCR 气氛中的 SCR 活性(气体流量：100 mL/min；气体成分：1000 ppm NO，1000 ppm NH_3，2% O_2 和平衡气 Ar)[38]

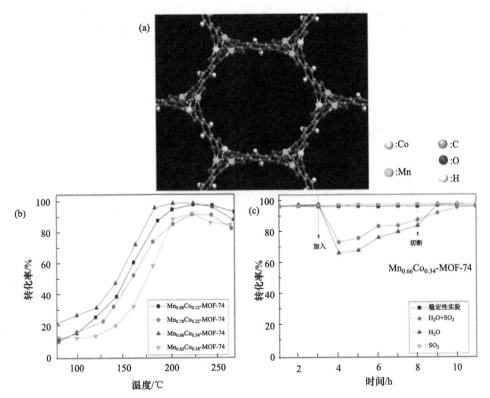

图 7-9 (a)DFT 优化的 $Mn_{0.66}Co_{0.34}$-MOF-74 结构；(b)Mn/Co-MOF-74 样品的低温 SCR 性能(气体流量：100 mL/min；气体成分：NO 500 ppm，NH_3 500 ppm，O_2 5%，空气)；(c)在 200 ℃下对 $Mn_{0.66}Co_{0.34}$-MOF-74 进行 SCR 反应的稳定性实验(反应条件：500 ppm NO，500 ppm NH_3，100 ppm(使用时) SO_2，5 vol%(体积分数，使用时) H_2O，5% O_2 和平衡气 Ar)[39]

M-BTC 是一系列由二价或三价金属与均苯三酸(H_3BTC)自组装而成的 MOFs。它具有桨轮构件，有利于形成三维多孔网络结构，已广泛用于 SCR 领域。Jiang 等[40]用 Cu-BTC(即 HKUST-1)对 NO_x 进行 NH_3-SCR 选择性催化还原。他们发现酸调节的 Cu-BTC 衍生物具有更好的催化性能，在 280 ℃时 NO 转化率最高为 95.5%。Yao 等[41]制备了在 $Cu_3(BTC)_2$ 中 Mn 组成可控制的 Mn@Cu-BTC，并将其应用于 NH_3-SCR 选择性催化还原。与 Cu-BTC 相比，Mn@Cu-BTC 的催化活性在 180 ℃时增加了约 40%，并具有最高的 NO_x 转化率，在 230~260 ℃的温度范围内接近 100%(图 7-10)。Shi 等[42]研究了 $Cu_3(BTC)_2$-MOF(BTC = 1,3,5-苯三羧酸盐)的电化学合成及其作为 NO 的 NH_3-SCR 催化剂的用途。在 20000/h 的 GHSV 下，在 240 ℃活化的 $Cu_3(BTC)_2$ 表现出最好的催化活性，在 220~280 ℃下的 NO 转化率为 90%。Li 等[43]通过水热法获得的 Cu-BTC MOF，在 220~280 ℃的工作温度窗口内实现了完全的 NO 转化率，其优异的催化活性主要是由于 Cu-BTC 中的不饱和 Cu 位点。Tang 等[44]以 Mn 和 Co 基金属有机框架 Mn、Co-BTC 为前驱体，合成了具有蜂窝状结构的 Mn、Co-BTC 衍生催化剂。研究发现，退火温度影响其催化性能，且 Mn、Co-BTC-500 催化剂具有最高的催化性能，在 150~300 ℃的反应温度范围内具有超过 90%的 NO_x 转化率和良好的抗 SO_2 能力(图 7-11)。

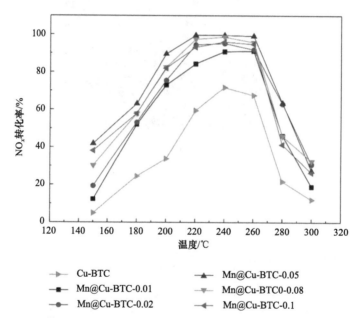

图 7-10 Cu-BTC 和 Mn@Cu-BTC-x 催化剂的 NO_x 转化率与温度的关系(反应条件:500 ppm NO，500 ppm NH_3，5% O_2，N_2 平衡气，GHSV = 30000 h^{-1})[41]

此外，许多 MOFs 催化剂，如 UiO-67 MOFs、CeCAU-24、Cu-SSZ-13 和 Ce-UiO-66 已经开发并应用于 NH_3-SCR 领域。表 7-2 展示了各种 MOFs 催化剂的 NO_x 转化率。

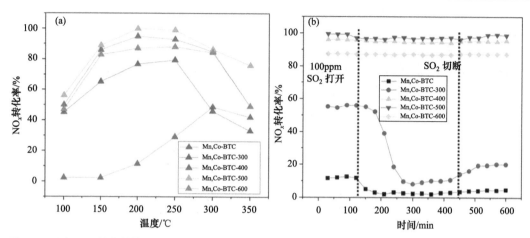

图 7-11 (a)SCR 催化性能；(b)Mn，Co-BTC 和 Mn，Co-BTC-x 的 SO$_2$ 抗性(反应条件：500 ppm NO，500 ppm NH$_3$，5% O$_2$ 和 N$_2$ 平衡，GHSV = 30 000/h)[44]

表 7-2 MOFs 催化剂用于 NH$_3$-SCR 脱除 NO$_x$

序号	催化剂	反应条件	催化性能	抗硫性和耐水性	参考文献
1	MIL-100(Fe)	[NO] = 500 ppm，[O$_2$] = 4 vol%，[NH$_3$] = 500 ppm，[SO$_2$] = 500 ppm(使用时)，[H$_2$O] = 5%(使用时)，N$_2$ 为平衡气，总流量 = 100 mL/min，GHSV = 30000 h^{-1}	100%(260 ℃)	WR = 95%(250 ℃) SR = 90%(250 ℃) WSR = 92%(250 ℃)	[36]
2	MIL-100(Fe-Mn)	[NO] = 500 ppm，[O$_2$] = 5 vol%，[NH$_3$] = 500 ppm，[SO$_2$] = 250 ppm(使用时)，[H$_2$O] = 5%(使用时)，N$_2$ 为平衡气，总流量 = 100 mL/min，GHSV= 15000 h^{-1}	90%(260 ℃)	WSR = 96%(280 ℃)	[45]
3	CeO$_2$/MIL-100(Fe)	[NO] = 500 ppm，[NH$_3$] = 500 ppm，[O$_2$] = 4 vol%，[SO$_2$] = 500 ppm(使用时)，[H$_2$O] = 5%(使用时)，总流量 = 315 mL/min，GHSV 30000 h^{-1}	196~300 ℃之间 NO$_x$ 的转化率为 90%	WR = 95%(250 ℃) SR = 90%(250 ℃) WSR = 92%(250 ℃)	[37]
4	Co-MOF-74(在 300 ℃，N$_2$ 气氛干燥)	[NO] = 1000 ppm，[NH$_3$] = 1000 ppm，[O$_2$] = 2 vol%，总流量 = 100 mL/min，GHSV = 50000 h^{-1}	68%(220 ℃)		[46]
5	Mn-MOF-74	[NO] = [NH$_3$] = 500 ppm，[O$_2$] = 5 vol%，总流量 = 100 mL/min，GHSV = 50000 h^{-1}	220~240 ℃之间 NO 的转化率为 90%~100%		[38]
6	Ni-MOF	[NO] = 500 ppm，[NH$_3$] = 500 ppm，O$_2$ = 5 vol%，总流量 = 100 mL/min，GHSV = 15000 h^{-1}	275~440 ℃之间 NO 的转化率为 92%		[47]
7	Mn$_{0.66}$Co$_{0.34}$-MOF-74	[NO] = 500 ppm，[NH$_3$] = 500 ppm，O$_2$ = 5 vol%，[SO$_2$] = 100 ppm(使用时)，[H$_2$O] = 5%(使用时)，总流量= 100 mL/min，GHSV = 50000 h^{-1}	99.3%(200 ℃)	WR = 67%(200 ℃) SR = 96%(200 ℃) WSR = 74%(200 ℃)	[39]

续表

序号	催化剂	反应条件	催化性能	抗硫性和耐水性	参考文献
8	MnFe-MOF-74	[NO] = 500 ppm,[NH$_3$] = 500 ppm,O$_2$ = 5 vol%,[H$_2$O] = 8%(使用时),总流量 = 100 mL/min,GHSV = 10000 h^{-1}	98%(180 ℃)	WR = 98%(240 ℃)	[48]
9	Cu$^+$/Ni-MOF	[NO] = [NH$_3$] = 500 ppm,[O$_2$] = 5 vol%,总流量(没有说明),GHSV = 30000 h^{-1}	320~400 ℃之间最大浓度的 NO 转化率为 100%		[49]
10	Cu-BTC	[NO] = [NH$_3$] = 500 ppm,[O$_2$] = 5 vol%,总流量 = 100 mL/min,GHSV = 30000 h^{-1}	220~280 ℃之间最大浓度的 NO 转化率为 100%		[42]
12	Mn-MP	[NO] = [NH$_3$] = 500 ppm,[O$_2$] = 5 vol%,[SO$_2$] = 50 ppm(使用时),[H$_2$O] = 5%(使用时),总流量 = 300 mL/min,GHSV = 140000 h^{-1}	100~200 ℃之间最大浓度的 NO 转化率为 97%	WR = 100%(175 ℃) SR = 90%(175 ℃)	[50]
13	Mn-UiO-66	[NO] = 500 ppm,[NH$_3$] = 500 ppm,[O$_2$] = 5 vol%,总流量 = 100 mL/min,GHSV = 50000 h^{-1}	100~290 ℃之间 NO 的转化率为 100%		[51]
14	Ce-UiO-66	[NO] = [NH$_3$] = 500 ppm,[O$_2$] = 10 vol%,总流量 = 30 mL/min,GHSV = 9000 h^{-1}	在 230 ℃最大浓度的 NO 转化率为 78%		[52]
15	MnCe@MOF (Mn-Ce-UiO-67)	[NO] = [NH$_3$] = 500 ppm,[O$_2$] = 5 vol%,[SO$_2$] = 200 ppm(使用时),[H$_2$O] = 3%(使用时),总流量 = 450 mL/min,GHSV = 45000 h^{-1}	200~300 ℃之间 NO 的转化率为 98%		[53]

注:WR,耐 H$_2$O 性;SR,耐 SO$_2$ 性;WSR,耐水性和耐 SO$_2$ 性。

  MOFs 材料还能作为吸附剂捕获含氮氧化物。Li 等[54]发现 MFM-520 在 298 K 和低压(0.01bar)下具有高 NO$_2$ 吸附量(4.2 mmol/g),该研究为 MFM-520 在潮湿条件下回收和转化吸附的 NO$_2$ 提供了一种新的减排技术。当用 MFM-520 浸泡在 NO$_2$ 饱和的水中时,捕获的 NO$_2$ 转化为硝酸(HNO$_3$),如图 7-12 所示。该 MOFs 在加热下可完全再生,并在不损失其 NO$_2$ 吸附能力的情况下重复使用。在图 7-13 中,NO$_2$、SO$_2$、CO$_2$ 和 CH$_4$ 的单组分气体吸附量分别为 4.53 mmol/g、3.39 mmol/g、2.14 mmol/g 和 0.71 mmol/g,而 MFM-520 优先吸附 NO$_2$,表明 MOFs 对 NO$_2$ 选择性吸附具有巨大潜力。目前的研究中已经初步确认了 MOFs 上 NO$_x$ 吸附的两种机制,即化学酸碱相互作用和路易斯酸碱相互作用。前者通过接枝氨基实现(—NH$_2$),而后者由 OMSs 提供。因此,Dietzel 等[55]考察了开放金属位点对材料吸附行为的影响。Azar 等[56]进一步研究了 OMS 对 M-MOF-74(M=Mg、Ti、Fe 和 Zn)上 NO 吸附行为的影响。MOF-74 是由二次构筑单元(SBUs)建立的,呈现出由金属位点和有机配体(2,5-二氧基-1,4-苯二羧酸盐)形成的菱形晶体。每个金属中心与一个 OMS 配位,该 OMS 可以在 NO 吸附中充当活性位点。Jensen 等[57]也提出了一种利用多孔 Ti-MOF-74 框架作为强结合 NO 的吸附剂。

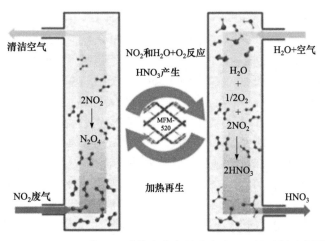

图 7-12　MFM-520 将 NO_2 连续净化和转化为 HNO_3 的过程示意图[54]

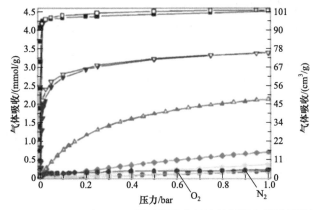

图 7-13　MFM-520 在 298 K 下对单组分气体的吸附和解吸等温线[54]
NO_2(黑色)、SO_2(藏青色)、CO_2(蓝色)、CH_4(粉红色)、CO(青色)、H_2(紫色)、N_2(红色)和 O_2(绿色)

铜基 MOFs 材料在许多领域都是环境友好和经济的材料，其金属位点可用于 NO 的吸附，如 HKUST-1、Cu-MOF-74 和 Cu-MIL-88 中发现了 NO 与其 OMS 的强结合[58]。实验结果表明许多 NO 分子在配位不饱和铜位点上发生很强的不可逆吸附，在不可逆吸附行为中，每个双铜 SBU 约吸附接近一个 NO 分子(2.21 mmol/g)[59, 60]。与其他已报道的吸附剂相比，通过重量吸附法测量在 196 K 和 1a+m 的条件下 Cu-MOF 对 NO 的吸附量为 9 mmol/g[61]。结果表明，HKUST-1 可以通过非热等离子体(NTP)处于激发状态，并通过生成 HKUST-1 的不饱和金属位点(Cu^+/Cu^{2+})来增强表面催化活性。基于这种强相互作用，NO 可以选择性吸附到 Cu^+ 上，甚至通过 Cu^+ 位点进一步还原为 N_2。

由于 NO_2 具有氧化性，部分 MOFs 材料难以完全可逆解吸 NO_2，限制了其再生利用[62]。因此，对此类需求的 MOFs 材料需要具有较大的比表面积和可调节的孔功能，通过形成超分子主体-客体相互作用来稳定客体分子[63]。Peterson 等[64]对 UiO-66 和 UiO-66-NH_2 的 NO_2 吸附性能进行比较研究，发现有机配体在捕获 NO_2 过程起关键作用。气体吸附实验分别在干燥和潮湿(相对湿度为 80%)条件下进行测试，在干燥条件下，UiO-66-NH_2 对 NO_2 的吸附能力显著高于 UiO-66(分别为 20.3 mmol/g 和 8.8 mmol/g)；在潮湿条件下，UiO-66-NH$_2$ 所产生的副产物 NO 含量明显低于 UiO-66。这是因为 UiO-66-NH$_2$ 吸附水蒸气的能力更高，且在孔网络内共吸附的 H$_2$O 可能通过形成超分子相互作用增强其对 NO$_2$ 分子的吸附稳定性，并促进优先形成副产物亚硝酸而减少 NO 的生成。UiO-66-NH$_2$ 对 NO$_2$ 吸附的表征表明，尽管 UiO-66-NH$_2$ 的结晶度保持不变，但吸附质的高反应性会导致与有机配体的一系列副反应，最终导致苯环的后官能化（图 7-14）。因为在吸附 NO$_2$ 时，有机配体发生的主要转化是芳香环硝化和氨基重氮离子的形成，而在无机 SBUs 中，末端—OH 基团则会被 NO$_3^-$ 取代。Peterson 等[64]提供了一种新的 UiO-66 制备工艺，通过移除或替换有机配体生成缺陷位点，所制备的材料与原始 UiO-66 相比，表现出更高的 NO$_2$ 去除能力。此外，目前已经证明基于铝的羧酸酯 MOF(Al-MFM-300) 是一种稳定的 NO$_2$ 吸附剂。这类材料在吸附/脱附循环中具有稳定性，且结晶度不发生变化[65]。对 Al-MFM-300 进行五次 NO$_2$ 循环吸附/脱附后，其结晶度和吸附量均未出现明显下降；NO$_2$ 通过 MOFs 上的五个节点与一个 NO$_2$ 分子的结合，保持结构和孔径稳定，对 Al-MFM-300 的螺旋链起到稳固的作用。加入水分测试的结果表明，由于 H$_2$O 和 NO$_2$ 之间存在竞争吸附，在潮湿环境下 NO$_2$ 的穿透时间比干燥条件下短约 10%[66]。

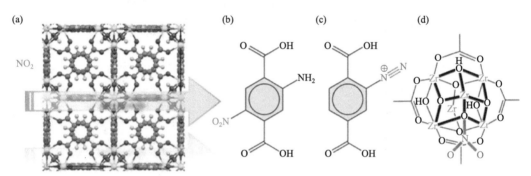

图 7-14 (a) UiO-66 类似物的结构。吸附 NO$_2$ 后苯环的后官能化修饰；(b) 苯环的硝化；(c) 重氮离子的形成；(d) 桥式羟基团的硝化反应[64]

7.3.2 NH$_3$

NH$_3$ 是一种无色、有强烈刺激气味的无机气体。大气中的 NH$_3$ 来源主要是工业生产、建筑施工领域、室内装饰材料等。在大气环境中，NH$_3$ 可参与颗粒物成核而促进生成大气颗粒污染物，也会促进形成无机气溶胶，间接导致霾形成；同时，NH$_3$ 也可通过皮肤、呼吸等进入生物体内，对生物体皮肤组织及呼吸道等产生危害。

相对于传统材料，MOFs 材料对 NH$_3$ 的吸附性能有明显的改进。Yaghi 等[28]将 MOFs（MOF-199、MOF-74、MOF-5、MOF-177、IRMOF-62、IRMOF-3）进行 NH$_3$ 的吸附测试，研究发现，MOF-74 和 MOF-199 的配位不饱和金属位以及 IRMOF-3 的氨基能有效提升对 NH$_3$ 的吸附，材料性能均优于传统活性炭。Glover 等[9]在 NH$_3$ 浓度为 1400 ppm 和 293 K 的实验条件下，用 M-MOF-74 类似物（M = Zn, Mg, Co 和 Ni）吸附 NH$_3$，其中 Mg-MOF-74 对 NH$_3$ 的吸附性能最佳，吸附量约为 7.6 mmol/g。

MOFs 材料吸附 NH$_3$ 的效率主要受到 MOFs 与 NH$_3$ 之间相互作用的影响。吸附质-吸附剂的相互作用包括静电作用、π-π 堆叠和氢键等，其中具有酸碱作用对 MOFs 吸附

NH_3 更有效。有研究报道[67-69]，MOFs 中的 Brønsted 和 Lewis 酸性基团，如—COOH、—SO_3H、—PO_3H_2、—OH 或 OMS 会导致强烈的酸碱相互作用，对 NH_3 吸附产生显著影响。Han 等[70]合成了 M-MFM-300 类似物(M=In，Cr，Fe，V^{III}，V^{IV})并测定了它们在 1 bar 和 273 K 条件下对 NH_3 的吸附量。研究发现，尽管 M-MFM-300(V^{IV})具有最高的 NH_3 吸附量(17.3 mmol/g)，但在重复循环中失去了结晶性。另外，M-MFM-300(M=Cr，Fe，V^{III})在超过 20 次吸附/解吸循环中表现出完全可逆的容量，对 NH_3 的吸附量分别为 14 mmol/g、16.1 mmol/g 和 15.6 mmol/g，其中性能最佳的 MFM-300(V^{IV})对 NH_3 的吸附机理为氧化还原活性中心 V 允许主客体电荷转移，V^{IV} 还原为 V^{III}，NH_3 氧化为 N_2H_4，从而促进 NH_3 吸附。

此外，利用 DFT 计算可揭示 MOFs 材料定量结构-性能关系，指导设计独特结构的 MOFs 来达到特定研究目的。Moghadam 等[71]使用计算机模拟生成了假定的 137953 个 MOFs(hMOFs)数据集，筛选出了 45975 个疏水 MOFs，并计算出在 1 bar 和 298 K 下 hMOFs 的 NH_3 理论吸附量。结果表明，其中有 97 个疏水 MOFs 对 NH_3 吸附量高于 6 mmol/g，并且这些 MOFs 具有窄孔径(5～7.5Å)、低孔隙率(0.6～0.7)和低孔体积(0.5～0.8 cm^3/g)。

7.4 MOFs 材料用于挥发性有机物气体的脱除

挥发性有机化合物(VOCs)是指天然或合成的低沸点有机化合物，在室温下具有较小的分子量和较高的蒸气压，是室内/室外空气中最常见的污染物，包括脂肪族烃或芳香烃及其衍生物，如苯、甲苯、乙苯、二甲苯、醛、酮和氯代烃等。它们主要通过石油化工、燃料燃烧、交通运输、溶剂用途、染料和油漆工业、建筑材料、清洁产品和许多合成化合物等工业活动产生与排放。大气中的 VOCs 对环境和人体都有巨大威胁，不仅会诱导产生其他严重的环境风险，如参与光化学烟雾、雾霾形成等，而且人体长期暴露在含 VOCs 环境中，会对人体多个器官及神经系统等造成危害。

7.4.1 VOCs 的吸附

由于 MOFs 与 VOCs 之间因物理吸附(氢键和 π 络合)和孔隙填充机制而存在较高的相互作用和亲和力，同时 MOFs 材料具有高比表面积、有序孔、大孔体积、热稳定性结构以及对 VOCs 吸附的化学稳定性等特殊性质，因此，目前研究主要集中在 MOFs 材料作为吸附剂从空气中吸附和回收 VOCs。利用新的配体簇比来改性的 M-MIL-101(Cr)，是一种由 Cr^{3+} 和对苯二甲酸组装成的多孔材料，具有 3000～4000 m^2/g 的超高比表面积[72]，且具有优异的结构稳定性，在 N_2 中加热至 573 K 或暴露于沸水和有机溶剂 7 天后都能保持稳定性[73, 74]，这些突出的优势使 MIL-101 成为 VOCs 捕获的有效吸附剂。Chowdhury 等[75]研究发现，在 283 K 和 5.3 bar 条件下，C_3H_8 在 M-MIL-101(Cr)上的吸附量为 13.4 mmol/g，为传统材料硅沸石的 5 倍；在 288 K 和 56.0 mbar 条件下，MIL-101 对苯的吸附能力为 16.5 mmol/g，比大多数传统多孔材料的吸附能力高 2～5 倍。Shafiei 等[76]研究了 M-MIL-101(Cr)对不同 VOCs 的吸附能力，在 77 K 条件下的 M-

MIL-101@Free 的比表面积和孔体积分别为 4293 m^2/g 和 2.43 cm^3/g，这有利于吸附不同分子大小、形状的有机组分。MIL-101 对挥发性有机化合物的吸附机制主要是孔隙填充机制，因此对 VOCs 分子的大小和形状具有选择性，如表 7-3 所示。

表 7-3 VOCs 分子的选择性

VOCs	ρ^a/(g/mL, 25 ℃)	MW^b/(g/mol)	σ^c/nm^2	SP^d/(kPa,25 ℃)	X^e	Y^e	Z^e
丙酮	0.786	58	0.270	30.414	6.600	4.129	5.233
苯	0.876	78	0.305	12.573	6.628	3.277	7.337
甲苯	0.865	92	0.344	3.776	6.625	4.012	8.252
乙苯	0.901	106	0.368	1.320	6.625	5.285	9.361
间二甲苯	0.877	106	0.379	1.117	8.994	3.949	7.315
邻二甲苯	0.858	106	0.375	0.876	7.269	3.834	7.826
对二甲苯	0.861	106	0.380	0.725	6.618	3.810	9.146

注：a，密度；b，分子量；c，分子截面积；d，饱和压力；X^e、Y^e 和 Z^e 分别是分子宽度、厚度和长度。

此外，对于其他 MOFs 材料吸附 VOCs 的性能也有许多研究。Kowsalya 等[77]研究了在常压条件下 MOFs[UiO-66、UiO-66(NH$_2$)、ZIF-67、MOF-199、MOF-5 和 MIL-101(Fe)]对甲苯的吸附能力，它们的平衡吸附量分别为 166 mg/g，252 mg/g，224 mg/g，159 mg/g，32.9 mg/g，98.3 mg/g。Chen 等[78]对 VOCs 在 Bio-MOF-11 上的吸附进行了深入探究，发现 Bio-MOF-11 的饱和吸附量范围为 0.73～3.57 mmol/g，而对不同 VOCs 的吸附量排序为：甲醇>丙酮>苯>甲苯。随着温度从 288 K 升高到 308 K，吸附量发生下降，这与反应温度、VOCs 分子量和分子动力学直径等相关。此外，表 7-4 也给出了其他挥发性有机化合物在不同 MOFs 上的吸附实例及其各自的研究参数。Vikrant 等[79]以活性炭（AC）为对比，研究了在实际条件下（0.1～50 ppm）苯在 MOFs（如 MOF-199 和 UiO-66）上的吸附量，当苯的浓度为 50 ppm 时，MOF-199 的最大吸附量为 94.8 mg/g，略高于 AC 的最大吸附量（93.5 mg/g）。为了提高传统 MOFs 材料的吸附量，许多学者对其进行了复合碳材料改性研究。Barbara 等[80]通过在三维石墨烯的孔中结晶 Al-MOF 合成了高孔隙率的复合三维石墨烯 MOF（MG-MOF），改善了在低压条件下 MOFs 对苯吸附差的缺点，使 MOFs 在较宽的压力范围内对苯都有较好的吸附性能和热稳定性。Li 等[81]采用机械化学法合成的 Cu-BTC@GOs 改善了 Cu-BTC 的吸附性能和水稳定性，在 298K 条件下对甲苯的吸附量达到 9.1 mmol/g，远高于传统活性炭和沸石的吸附能力。

表 7-4 VOCs 在不同 MOFs 上的吸附实例及其各自的研究参数

| VOCs | 吸附剂 | S_{BET}/(m^2/g) | S_w/(mg/m^2) | Q_e/(mg/g) | 实验条件 | | 参考文献 |
					温度/K	参数	
苯	MOF-5	2205	0.91×10^{-3}	2	298	79mL/min，440ppm	[28]
	MIL-101(Cr)	3980	0.32	1291±77	298	0.55±0.05 P/P_0	[82]
	MOF-177	2970	0.27	800±19	298	0.5 P/P_0	[83]

续表

VOCs	吸附剂	S_{BET}/(m²/g)	S_w/(mg/m²)	Q_e/(mg/g)	实验条件		参考文献
					温度/K	参数	
甲苯	MIL-125-NH$_2$	1280	0.25	317	298	0.95 P/P_0	[84]
	ACFC	1604	0.40	634	293	0.80 P/P_0	[85]
	MOF-177	3875	0.025×10^{-3}	1	298	79mL/min，440ppm	[28]
	AC	804.6	0.03	27.5	298	3.6L/h，6000ppm	[86]
	IRMOF-3	1568	0.04	56	298	79mL/min，440ppm	[28]
	MOF-74	632	0.15	96	298		[28]
	MIL-125-NH$_2$	1280	0.34	429	293	0.95 P/P_0	[84]
	MOF-199	1264	0.14	176	298	79mL/min，440ppm	[28]
	IRMOF-62	1814	0.06	109	298		[28]
	MIL-101(Fe)	377	0.26	98.3	298	0.026 P/P_0	[77]
	AC	990	0.11	109	298	0.818 P/P_0	[87]
	MOF-199	1237	0.13	159	298	0.0026 P/P_0	[77]
	Zeolite Y	360	0.13	45	298	0.95 P/P_0	[82]
	MIL-101(Cr)	3980	0.28	1096±142	298	0.55±0.05 P/P_0	[82]
	UiO-66(NH$_2$)	1250	0.20	252	298	0.0026 P/P_0	[77]
	MOF-5	424	0.08	32.9	298	0.0026 P/P_0	[77]
	Zeolite 13X	440	0.04	16	298	0.818 P/P_0	[87]
	AC	805	0.14	59.2	298	60mL/min，6000 ppm	[86]
	UiO-66	1414	0.12	166	298	0.0026 P/P_0	[77]
	MIL-125-NH$_2$	1280	0.23	293	298	0.95 P/P_0	[84]
	MOF-177	2970	0.20	585±40	298	0.5 P/P_0	[83]
对二甲苯	AC	285	0.37	106	298	0.95 P/P_0	[84]
	MIL-101(Cr)	3980	0.27	1067±83	298	0.55±0.05 P/P_0	[82]
	MIL-125-NH$_2$	1280	0.24	301	298	0.95 P/P_0	[84]
	MOF-177	2970	0.08	213±12	298	0.5 P/P_0	[83]
丙酮	MIL-101(Cr)	3980	0.32	1291±71	298	0.55±0.05 P/P_0	[82]
	MIL-125-NH$_2$	1280	0.34	438	293	0.95 P/P_0	[84]
	ACFC	1604	0.37	595	293	0.80 P/P_0	[85]
	MIL-125-NH$_2$	1280	0.28	355	298	0.95 P/P_0	[84]
	MOF-177	2970	0.20	589±22	298	0.5 P/P_0	[83]
2-丙醇	MIL-125-NH$_2$	1280	0.25	321	298	0.95 P/P_0	[84]
	AC	805	0.04	30.3	298	60mL/min，6000 ppm	[86]

7.4.2 VOCs 的催化燃烧

由金属簇和有机连接剂（配体）组成的 MOFs 是一种多功能的前驱体，也是合成多孔纳米材料(如氧化物、碳化物、硫族化合物等)的牺牲模板,可用于制备金属或金属氧化物纳米材料和碳纳米材料,而纳米多孔碳包覆金属或金属氧化物纳米材料的协同效应还能表现出更大的稳定性、金属活性位点分散等优点。同时,由于 MOFs 材料组成可控,形貌可调,且具有丰富的孔隙率,可以合成制备多种 MOFs 衍生材料,其在挥发性有机化合物催化氧化领域具有广泛的应用。

对 MOFs 进行特殊处理可以得到 MOFs 衍生金属氧化物,其中的有机连接剂被分解,留下金属氧化物活性物种,可以用于催化氧化 VOCs。Sun 等[88]以 MOF-74 为前驱体,通过热解的方法制备了 MnO_x-CeO_2 和 MnO_x 催化剂,其对甲苯的氧化催化能力优于采用共沉淀法制备的 MnO_x-CeO_2-CP 和 MnOOH 热分解法制备的 MnO_x-D 催化剂。MnO_x-CeO_2 对甲苯的去除率 T_{50} 和 T_{90} 的温度分别为 210 ℃ 和 220 ℃,表观活化能(E_a)为 82.9 kJ/mol,远低于其他的催化剂。Ce 的引入既可以抑制前驱体在热解的过程中过度收缩,又可以增加催化剂的比表面积和表面 Mn^{4+} 的含量,而表面 Mn^{4+} 对甲苯氧化活性的提高起着至关重要的作用,因此其催化性能得到提高。Chen 等[89]以 Ce-MOF 为原料合成了介孔 CeO_2 催化剂(CeO_2-MOF),研究表明催化剂 CeO_2-MOF/350 (在 350 ℃ 热解)对甲苯的氧化具有较高的催化活性,去除率 T_{10}、T_{50} 和 T_{90} 的温度分别为 180 ℃、211 ℃ 和 223 ℃。在高温区,CeO_2-MOF/350 对甲苯的转化率达到 100%。CeO_2-MOF/350 较好的催化性能与多种因素相关,如具有三维穿透型介孔孔道、比表面积大、平均晶粒尺寸小、Ce^{3+}/Ce^{4+} 相对百分率高、储氧能力强、氧空位浓度高、活性氧含量高、酸性位点多等。甲苯在 CeO_2-MOF/350 上的催化分解机理如图 7-15 所示。Lin 等[90]报道了一种用 Co-BTC MOFs 作为前驱体合成的 Mic-Co_3O_4 纳米颗粒组装的微棒,用于丙烷的氧化,最终产物为 CO_2 和 H_2O。Mic-Co_3O_4 保持了 Co-BTC MOF 的原始形貌,保留的孔隙增强了微棒硬度,阻碍了纳米颗粒生长,从而获得了优异的热稳定性。同时,Co-BTC 前驱体的焙烧可以诱导产生大量的表面 Co^{2+},有利于吸附氧活化,能促进氧迁移,从而实现丙烷的高效氧化。Luo 等[91]采用类似纳米立方体的金属有机框架($Mn_3[Co(CN)_6]_2 \cdot nH_2O$)作为前驱体制备了锰钴混合金属氧化物,用于甲苯氧化(图 7-16)。所得 MOF-Mn_1Co_1 形成了一个有棱角的空心结构,被多孔的纳米颗粒外壳包围,具有均匀的金属分散性,表面富含 Mn^{4+} 和 Co^{3+},使其具有较高的低温催化氧化甲苯活性。同时,MOFs 衍生的碳纳米材料也可

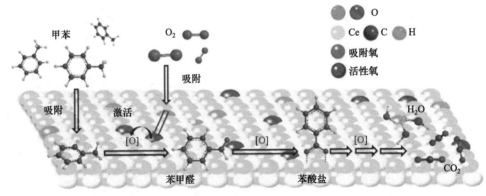

图 7-15 CeO_2-MOF/350 催化降解甲苯的机理[89]

用于高性能催化剂的载体。Wu 等[92]将商品化的 Cu-MOF(HKUST-1)进行碳化和化学刻蚀，获得了一种新型的以三维碳基作为催化剂的载体，该碳基具有层次化孔洞，为活性物质铂纳米颗粒的深度分散提供了条件，从而有利于甲醇高效氧化。表 7-5 介绍了另外一些 MOFs 的衍生纳米材料在 VOCs 领域的应用。

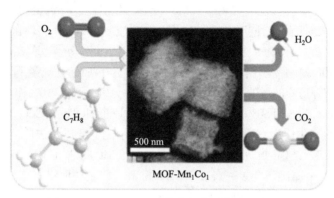

图 7-16　MOF-Mn_1Co_1 催化氧化甲苯的示意图[91]

表 7-5　MOFs 的衍生纳米材料适用于 VOCs 催化氧化

序号	VOCs	材料类型	性能	制备方法	参考文献
1	苯	MnO_2/ZSM-5 沸石	苯完全去除。CO_2 选择性达到 84.7%	在 ZSM-5 上浸渍金属氧化物	[93]
2	乙醇	Pd/SnO_2 NPs 负载到 MOF-衍生碳		微波法	[94]
3	甲苯	Mn_2O_3		热解含锰盐的 MOFs	[95]
4	甲苯	Ag/UiO-66		液相还原法	[96]
5	甲苯	MnO_x-CeO_2-MOF		MOF-74 的原位热解	[88]
6	甲苯	空心多面体纳米笼状 Co_3O_4	在 280 ℃甲苯完全转化	热解 ZIF-67 MOF	[97]
7	二甲苯体系芳香烃	MOFs MIL-101 (Cr)	邻二甲苯、间二甲苯和对二甲苯的平衡容量分别为 175 mg/g、70 mg/g 和 64 mg/g	湿化学法	[98]
8	甲苯和一氧化碳	CuCeZr700	在 140 ℃下 CO 完全氧化；在 310 ℃下甲苯完全氧化	UiO-66 MOFs 在空气中直接分解	[99]

7.5　MOFs 材料用于其他污染气体的脱除

7.5.1　CO

在含碳有害气体中，CO 是一种无色、无臭、无味的气体，化学性质相对稳定。其人为来源主要是矿物燃料燃烧、石油炼制、钢铁冶炼等，排放量大，毒性水平很高。

由于 CO 与金属的强烈相互作用，已有学者研究了 MOFs 与 OMS(如 MOF-74、

HKUST-1、MIL-101 和 MIL-100)对 CO 的吸附性能[28, 100]。Long 等[101]结合实验数据和 DFT 计算探究了 M-MOF-74(M=Mg、Fe、CO、Mn、Ni 和 Zn)上 CO 吸附量与键合形式之间的关系。结果表明，由于 Fe、CO、Ni 在活性金属位点上的 π-络合作用，含有不同金属的 MOFs 对 CO 的吸附性能遵循 Fe>CO>Ni>Mg>Mn>Zn 的顺序。另外，也有研究表明，在 1 bar 和 298 K 条件下，与传统的 CuCl/Zeolite Y 吸附剂相比(2.7 mmol/g)，Fe-MOF-74 具有高达 6 mmol/g 的吸附量[102]。同时，通过使用金属浸渍或添加配体实现官能化也能增加 CO 的优先吸附位点，提高 MOFs 材料的吸附量[103-105]。Evans 等[106]将 Cu^+ 位点浸渍于 Co-MOF-74 和 Ni-MOF-74 上，用来吸附 CO。结果表明，在 CO/N_2 气氛下，铜浸渍后 MOFs 对 CO 的吸附量和等物质的量的 CO/N_2 混合物选择性分别提高了 10%和 93%；在 CO/CO_2 气氛下，分别提高了 14%和 50%，这表明金属浸渍能促进 MOFs 对 CO 的吸附。

此外，CO 的氧化反应在降低汽车尾气排放、净化空气以及去除燃料电池氢气中的 CO 杂质等研究中越来越重要。Xu 等[107]首次提出将 MOFs 基催化剂应用于 CO 催化氧化，利用$[Ni_8L_{12}]^{20-}$金属键建立了一种新 MOFs 材料，并成功地将其应用于 CO 催化氧化领域。随着研究的发展，目前多种 MOFs 已被用于 CO 的催化氧化[108]。Kong 等[109]利用水热法制备了一种中空 Co-Ni 层状双氧化物纳米笼结构催化剂，为 CO 转化提供了大量的活性位点。其中 NiO 与 Co_3O_4 的协同作用使氧空位成为活性位点，CO 转化率在 120 ℃时达到 100%。同时，反应所需的表观活化能仅为 21.45 kJ/mol。Zou 等[110]报道了一种新型 Cu-MOF[Cu(mipt)，mipt = 5-甲基异邻苯二甲酸酯]，其由一维通道壁上配位不饱和 Lewis 酸位点组成，对 CO 氧化成 CO_2 具有较高的催化活性和持久性。Jiang 等[111]将前驱体[$(CH_3)_2$Au(acac)，acac = 乙酰丙酮]加入到 ZIF-8[Zn(MeIM)$_2$，MeIM = 2-甲基咪唑]，然后用 H_2 还原得到 Au@ZIF-8 复合材料，该复合材料对 CO 氧化具有高效的催化性能(图 7-17)。随着载金量的增加，CO 氧化催化活性显著提高。对于 5.0 wt%、

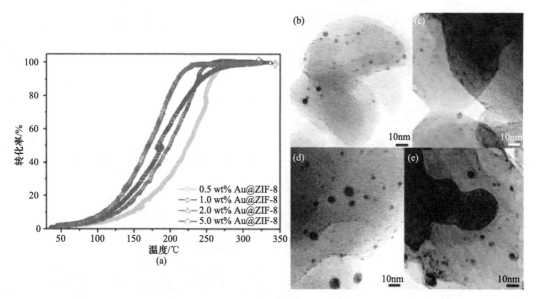

图 7-17 Au@ZIF-8 对 CO 氧化反应的催化性能(a)和 1.0 wt%(b,c)与 5.0 wt%(d,e)Au@ZIF-8 催化反应前(b,d)和催化反应后(c,e)的 TEM 图[111]

2.0 wt%、1.0 wt%和 0.5 wt% AuaZIF-8 样品,半转换温度(T_{50})分别约为 170 ℃、185 ℃、200 ℃ 和 225 ℃。此外,Akita 等[112]首次提出了利用气固界面金属前驱体的共定向还原固定在 MOFs 上的多面体金属纳米晶体(MNCs)结构(图 7-18),该方法通过 CO 与(111)和(100)晶面的择优结合形成了 Pd 四面体和 Pt 立方体,而双金属 PtPd 纳米晶体表现出明显的金属偏析,形成了独特的富 Pt 壳层和富 Pd 核结构。Pt@Pd 核壳晶体也通过一种非常简单的两步种子介导的还原方法固定到 MIL-101 上,这也是仅使用气相还原剂制备核壳金属纳米晶体的第一个例子,所制备的 MNC@MOF 复合材料对 CO 氧化具有显著的催化性能。得到的 M/MIL-101(M = Pt@Pd,PtPd 和 Pt)复合材料在 100 ℃ 时开始表现出 CO 催化氧化活性,150 ℃ 时其活性急剧增加,并分别在 200 ℃、175 ℃ 和 175 ℃ 时 CO 转化率可达到 100%。

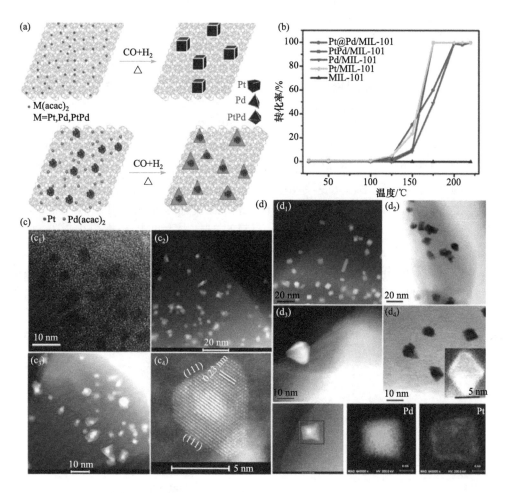

图 7-18 (a) MIL-101 支架上多面体金属纳米晶体的形成示意图及(b)相应的催化性能;(c)TEM(c_1)和 Pt@Pd/MIL-101(c_2~c_4)的 HAADF-STEM 图像;(d)Pt/MIL-101 的 STEM 图像(d_1),Pd/MIL-101(d_2、d_3)和 PtPd/MIL-101(d_4)的 PtPd 纳米晶体及相应的 EDS 图[112]

7.5.2　Hg^0

单质汞(Hg^0)是一种具有高毒性、高生物累积性、长距离迁移性的重金属污染物，化学惰性强、水溶性低，且在大气中具有长期稳定性，停留时间长达数月至一年以上，对人体健康和生态环境造成严重的危害。目前，MOFs 材料也被用于工业上催化和吸附 Hg^0，以降低大气汞污染排放。一方面，MOFs 材料所具有的特殊结构和 Lewis 酸性使其对 Hg^0 的吸附效果比传统材料更强；另一方面，MOFs 由于在促进活性组分分散、提高 Hg^0 吸附和催化性能以及提高氧利用率方面起着重要作用，能够产生理想的催化活性。

Zhang 等[53, 113]研究发现具有热稳定性和化学稳定性的锆基 MOFs(UiO-66 和 UiO-67)对气态 Hg^0 有优异的捕集能力。通过将 $ZrCl_4$ 与 2,5-二巯基-1,4-苯二甲酸反应，在 UiO-66 中引入了巯基(—SH)，发现巯基取代的金属-有机框架能强化对 Hg^0 的吸附能力[114]。Zhao 等[115]将与烟气成分相关的有机官能团(—Br、—NO_2 和—NH_2)成功地接枝到 UiO-66 框架中，发现添加—NH_2 和—NO_2 不利于 UiO-66 框架的热稳定性，而—Br 接枝对其影响不大；但添加—Br 有利于诱导 Hg^0 去除，实验证明 UiO-66-Br 对 Hg^0 的去除率最高。而相对于昂贵的锆元素，铜是具有较高催化活性的常见且廉价的过渡金属。特别是在先前的研究中发现 Cu-MOF 中的不饱和活性 Cu 和 C 都可以作为有效的活性位点，因此 Cu-MOF 显示出了对小分子气体良好的吸附能力[116, 117]。Zhang 等[118]设计了具有富—Cl 官能团的新型 Cu-MOF 用于去除烟气中的 Hg^0。结果表明，富—Cl 的 Cu-MOF 具有良好的结晶性、较大的比表面积和较高的元素分散性；性能研究表明其具有高的 Hg^0 去除效率，即使在纯 N_2 气氛中，其脱除效率也高于 90%；而 O_2、NO 和 HCl 的存在可以提高 Hg^0 的去除效率；此外，Cu-MOFs 材料也表现出良好的抗 SO_2 和水蒸气中毒性能。但在性能研究中发现，烟气成分对 MOFs 材料的 Hg^0 去除性能有显著影响[119]。例如，HCl 在促进汞的去除方面起着重要作用，在无 HCl 时，Cu-BTC 对 Hg^0 的去除能力是有限的；NO 也能促进 Hg^0 的去除；SO_2 对 Hg^0 的去除具有抑制作用，但当 HCl 和 O_2 浓度较高时，SO_2、NO 和 H_2O 的影响不显著。而对于 MIL-101(Cr)，较高的 O_2 含量可明显改善其对 Hg^0 的去除效率[120]。同时，Zhang 等[121]基于密度泛函理论(DFT)建立了汞在 Cu-MOFs 材料表面的吸附曲线和氧化途径，其 Cu-MOFs 材料结构模型如图 7-19 所示。研

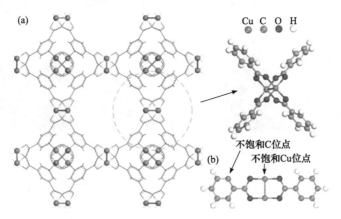

图 7-19　(a) Cu-MOFs 单元；(b) Cu-MOFs 的简化簇模型[121]

究表明，不同汞物种(Hg^0、HgO、HgCl 和 HgBr)的吸附过程主要由化学吸附主导，吸附能量范围为–33.13～–383.99 kJ/mmol，而氧化性汞物种比 Hg^0 具有更高的吸附能。如图 7-20 所示，不饱和 C 位点是比不饱和 Cu 位点更有效的 Hg^0 吸附位点，通过在不饱和 Cu 位点添加卤素比在不饱和 C 位点更有助于 Hg^0 的去除。

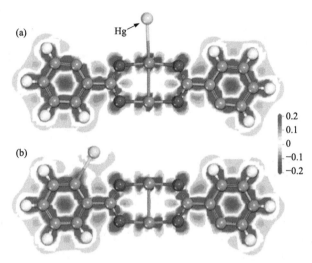

图 7-20　在不饱和 Cu 位(a)和不饱和 C 位(b)上 Hg^0 吸附的稳定构型和电荷密度差图[121]

MOFs 材料具有不饱和且自由配位的金属节点，因此其结构缺陷可能是催化氧化 Hg^0 潜在的活性中心。Yang 等[122]以铁掺杂的 ZIF-8 前驱体为原料，通过调控热解条件制备了具有丰富配位不饱和 Fe_1-N_4 位点的单原子铁修饰氮掺杂碳催化剂(Fe_1-N_4-C)，其结构如图 7-21 所示，在低温和室温下对 Hg^0 和 NO 具有优异的催化活性。Fe_1-N_4-C 中独特的 Fe_1-N_4 位点使 NO 在室温下也能直接转化为 NO_2，同时在高空速条件下($8.5×10^5 h^{-1}$)对 Hg^0 的氧化效率也可以达到 100%。更重要的是，Fe_1-N_4-C 表现出强大的抗硫性，可以选择性地吸附硫氧化物反应物(SO_2、SO_3)。DFT 计算表明，Fe_1-N_4-C 优异的催化性能主要归功于其表面 Fe_1-N_4 活性中心的低势垒、高吸附选择性和强稳定性。Zhou 等[123]以 Co-BDC 作为牺牲模板通过煅烧获得纳米级 Co_3O_4@C 催化剂，其在室温(25 ℃)下可达到近 100%的 Hg^0 去除效率。Co-BDC 上的部分有机配体在煅烧期间被碳化，碳包裹的 Co_3O_4 可以减少金属活性中心的团聚。同时，Co_3O_4@C 在室温下也表现出较强的 SO_2 抗性。Zhang 等[53]通过等体积浸渍法制备了负载 Mn-Ce 的 UiO-67 催化剂(MnCe@MOF)，与传统的 MnCe@ZrO_2 催化剂相比，MnCe@MOF 在低温(<250 ℃)表现出更优异的脱汞活性。MOFs 负载的 Mn-Ce 催化剂的高活性可能归因于以下几点：①具有高比表面积和发达的孔隙结构的 MOFs 载体使活性相在表面高度分散；②MOFs 的特殊结构和表面 Lewis 酸性有利于对 Hg^0 的吸附；③MOFs 载体可提高氧利用率。

Hg^0 在 MOFs 上可能的去除机理如下：①Hg 的吸附。对于苯-溴掺杂的 MOFs，汞首先吸附在 MOFs 的表面上，随后与表面的苯基溴反应。基于电子转移，形成了苯自由基、汞自由基和 Br^-。汞自由基先与 Br^- 结合，再与苯自由基偶联，在 MOFs 表面形成

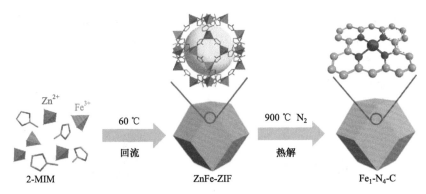

图 7-21　Fe_1-N_4-C 催化剂结构[122]

苯-HgBr 络合物[124]。②Mars-van Krevelen 氧化还原机理(反应物与催化剂晶格氧离子之间的反应)。首先反应物被催化剂的氧空位还原；随后通过解离吸附的氧补充氧空位进行再生。例如，MnCe@MOF 材料的脱汞过程如图 7-22 所示[53]，首先是 Hg^0 吸附在催化剂表面，随后被吸附在氧空位上的化学吸附氧($O_{chem-ads}$)和晶格氧(O_{lat})氧化为 HgO。参与了 Hg^0 氧化而被消耗的 O_{lat} 和 $O_{chem-ads}$ 由化学吸附氧(O_{ads})和物理吸附氧($O_{phy-ads}$)补充。③协同脱除机理(多个活性位点的协同配位完成)。如负载在 MOFs 材料上的金属 Ag、Se[125]和硫醇(—SH)[126]是汞吸附的主要活性位点，通过更高的电荷转移，产生更强的结合力，从而稳定 Hg^0 的存在形式。

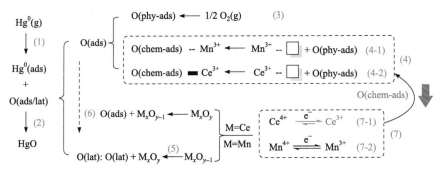

图 7-22　MnCe@MOF 材料催化氧化 Hg^0 的机理图[53]

7.6　展　　望

MOFs 由于其独特的结构和性能，已成为传统多孔材料和固体催化剂的替代品。气体污染物处理效率的提高是由于：①超高比表面积和足够的孔径/形状、用于吸附捕获气体污染物的 MOFs 结构多样性；②MOFs 内丰富的开放金属位点和某些独特功能，用于通过特定相互作用(包括酸碱相互作用、静电相互作用、π-络合物形成、π–π 相互作用、氢键和配位键)对气体污染物进行化学吸附或催化转化。尽管通过合理的设计可制备用于捕获目标有机和无机气体污染物的 MOFs，但其在净化气体污染物方面的实际应用仍存在许多科学问题和挑战。

(1) MOFs 仍存在稳定性低和可回收性差的问题。单金属离子或多核金属簇与多齿有机分子之间的配位键力是较弱的,导致 MOFs 的整个框架由弱配位键支持。MOFs 的节点主要由过渡金属和氧组成,它们对水具有非常高的亲和力,并且在水吸附之后发生水解反应,这会导致结合位点显著减少和 MOFs 框架崩溃。因此,MOFs 的稳定性是阻碍其实际应用的最重要的问题。关键策略是可控地合成具有特殊框架和高抗水蒸气性的 MOFs。建议从以下几个方面提高 MOFs 的稳定性:①增强无机和有机部分之间的配合力并优化配位数;②调节 MOFs 的疏水/亲水性质以赋予 MOFs 耐水性;③在 MOFs 的开放金属位点上接枝官能团以防止 H_2O 吸附并阻碍金属簇水解;④将刚性柱并入 MOFs 中,增强吸附能力和 MOFs 的稳定性。

(2) 对于高毒性气体污染物的选择性吸附仍然是一个持续的挑战。气态污染物种类繁多,包括剧毒污染物到对健康影响未知的污染物,其造成健康问题的原因有很大不同。基于吸附质的极性、尺寸/形状和功能性,需要开发一种合适的建模和模拟方法,不仅可以用于模拟 MOFs 和气体污染物之间的相互作用,还可以用于计算吸附量、焓和扩散常数。这对于目标气体污染物选择性吸附的 MOFs 的合理设计至关重要。

(3) MOFs 的使用成本仍然非常高。作为工业应用的潜在吸附剂,MOFs 吸引了大量研究者的兴趣。然而,仍存在多种问题,如制备原料昂贵、制备通常需要在高反应温度下的有机溶剂中进行、产率低等。这些缺点阻碍了 MOFs 的工业应用。因此,急需寻找廉价的制备材料和高效的合成制备方法来大规模制备 MOFs。

用于从环境中去除气态污染物的 MOFs 基材料的未来发展仍需要更深入的理解,在这一新兴领域仍存在许多挑战。我们相信,在不久的将来,这些具有独特性能的新型 MOFs 材料可以作为市场上可用的传统无机吸附剂或固体催化剂的替代品。

参 考 文 献

[1] Hamon L, Leclerc H, Ghoufi A, et al. Molecular insight into the adsorption of H_2S in the flexible MIL-53(Cr) and rigid MIL-47(V) MOFs: infrared spectroscopy combined to molecular simulations. J Phy Chem C, 2011, 115(5): 2047-2056.

[2] Hamon L, Serre C, Devic T, et al. Comparative study of hydrogen sulfide adsorption in the MIL-53(Al, Cr, Fe), MIL-47(V), MIL-100(Cr), and MIL-101(Cr) metal-organic frameworks at room temperature. J Am Chem Soc, 2009, 131(25): 8775-8777.

[3] Huang Z H, Liu G Q, Kang F Y. Glucose-promoted Zn-based metal-organic framework/graphene oxide composites for hydrogen sulfide removal. ACS Appl Mater Inter, 2012, 4(9): 4942-4947.

[4] Wang X L, Fan H L, Tian Z, et al. Adsorptive removal of sulfur compounds using IRMOF-3 at ambient temperature. Appl Sur Sci, 2014, 289: 107-113.

[5] Wang S H, Fan Y, Jia X Q. Sodium dodecyl sulfate-assisted synthesis of hierarchically porous ZIF-8 particles for removing mercaptan from gasoline. Chem Eng J, 2014, 256: 14-22.

[6] Petit C, Bandosz T J. Exploring the coordination chemistry of MOF-graphite oxide composites and their applications as adsorbents. Dalton T, 2012, 41(14): 4027-4035.

[7] Fernandez C A, Thallapally P K, Motkuri R K, et al. Gas-induced expansion and contraction of a fluorinated metal-organic framework. Cryst Growth Des, 2010, 10(3): 1037-1039.

[8] Thallapally P K, Motkuri R K, Fernandez C A, et al. Prussian blue analogues for CO_2 and SO_2 capture and

separation applications. Inorg Chem, 2010, 49(11): 4909-4915.

[9] Glover T G, Peterson G W, Schindler B J, et al. MOF-74 building unit has a direct impact on toxic gas adsorption. Chem Eng Sci, 2011, 66(2): 163-170.

[10] Yang S H, Liu L F, Sun J L, et al. Irreversible network transformation in a dynamic porous host catalyzed by sulfur dioxide. J Am Chem Soc, 2013, 135(13): 4954-4957.

[11] Arcis-Castillo Z, Munoz-Lara F J, Munoz M C, et al. Reversible chemisorption of sulfur dioxide in a spin crossover porous coordination polymer. Inorg Chem, 2013, 52(21): 12777-12783.

[12] Yang S H, Sun J L, Ramirez-Cuesta A J, et al. Selectivity and direct visualization of carbon dioxide and sulfur dioxide in a decorated porous host. Nat Chem, 2012, 4(11): 887-894.

[13] Pourreza A, Askari S, Rashidi A, et al. Highly efficient SO_3Ag-functionalized MIL-101(Cr) for adsorptive desulfurization of the gas stream: experimental and DFT study. Chem Eng J, 2019, 363: 73-83.

[14] Joshi J N, Zhup G H, Lee J J, et al. Probing metal-organic framework design for adsorptive natural gas purification. Langmuir, 2018, 34(29): 8443-8450.

[15] Gupta N K, Kim S, Bae J, et al. Fabrication of $Cu(BDC)_{0.5}(BDC-NH_2)_{0.5}$ metal-organic framework for superior H_2S removal at room temperature. Chem Eng J, 2021, 411: 128536.

[16] Zhou F X, Zheng B S, Liu D H, et al. Large-Scale structural refinement and screening of zirconium metal-organic frameworks for H_2S/CH_4 separation. ACS Appl Mater Inter, 2019, 11(50): 46984-46992.

[17] Li Z, Liao F, Jiang F, et al. Capture of H_2S and SO_2 from trace sulfur containing gas mixture by functionalized UiO-66(Zr) materials: A molecular simulation study. Fluid Phase Equilibr, 2016, 427: 259-267.

[18] Liu J, Wei Y J, Li P Z, et al. Selective H_2S/CO_2 separation by metal-organic frameworks based on chemical-physical adsorption. J Phy Chem C, 2017, 121(24): 13249-13255.

[19] Liu J J, Fang S, Wang Z X, et al. Hydrolysis of sulfur dioxide in small clusters of sulfuric acid: mechanistic and kinetic study. Enviro Sci Technol, 2015, 49(22): 13112-13120.

[20] Gutiérrez-Sevillano J J, Martin-Calvo A, Dubbeldam D, et al. Adsorption of hydrogen sulphide on metal-organic frameworks. RSC Adv, 2013, 3(34): 14737-14749.

[21] Qiao Z W, Xu Q S, Jiang J W. Computational screening of hydrophobic metal-organic frameworks for the separation of H_2S and CO_2 from natural gas. J Mater Chem A, 2018, 6(39): 18898-18905.

[22] Palma V, Barba D. Low temperature catalytic oxidation of H_2S over V_2O_5/CeO_2 catalysts. Int J Hydrogen Energy, 2014, 39(36): 21524-21530.

[23] Zheng X X, Zhang L Y, Fan Z J, et al. Enhanced catalytic activity over MIL-100(Fe) with coordinatively unsaturated Fe^{2+}/Fe^{3+} sites for selective oxidation of H_2S to sulfur. Chem Eng J, 2019, 374: 793-801.

[24] Zheng X X, Shen L J, Chen X P, et al. Amino-modified Fe-terephthalate metal-organic framework as an efficient catalyst for the selective oxidation of H_2S. Inorg Chem, 2018, 57(16): 10081-10089.

[25] Zhao W T, Zheng X H, Liang S J, et al. Fe-doped γ-Al_2O_3 porous hollow microspheres for enhanced oxidative desulfurization: facile fabrication and reaction mechanism. Green Chem, 2018, 20(20): 4645-4654.

[26] Brandt P, Nuhnen A, Lange M, et al. Metal-organic frameworks with potential application for SO_2 separation and flue gas desulfurization. ACS Appl Mater Inter, 2019, 11(19): 17350-17358.

[27] Tan K, Zuluaga S, Wang H, et al. Interaction of acid gases SO_2 and NO_2 with coordinatively unsaturated metal organic frameworks: M-MOF-74 (M = Zn, Mg, Ni, Co). Chem Mater, 2017, 29(10): 4227-4235.

[28] Britt D, Tranchemontagne D, Yaghi O M. Metal-organic frameworks with high capacity and selectivity for harmful gases. Proc Natl Acad Sci U S A, 2008, 105(33): 11623-11627.

[29] Smith G L, Eyley J E, Han X, et al. Reversible coordinative binding and separation of sulfur dioxide in a

robust metal-organic framework with open copper sites. Nat Mater, 2019, 18(12): 1358-1365.
[30] Allan P K, Wheatley P S, Aldous D, et al. Metal-organic frameworks for the storage and delivery of biologically active hydrogen sulfide. Dalton T, 2012, 41(14): 4060-4066.
[31] Feng S S, Li X Y, Zhao S F, et al. Multifunctional metal organic framework and carbon nanotube-modified filter for combined ultrafine dust capture and SO_2 dynamic adsorption. Environ Sci-Nano, 2018, 5(12): 3023-3031.
[32] Dathe H, Peringer E, Roberts V, et al. Metal organic frameworks based on Cu^{2+} and benzene-1,3,5-tricarboxylate as host for SO_2 trapping agents. C R Chim, 2005, 8: 753-763.
[33] Rodriguez-Albelo L M, Lopez-Maya E, Hamad S, et al. Selective sulfur dioxide adsorption on crystal defect sites on an isoreticular metal organic framework series. Nat Commun, 2017, 8: 14457.
[34] Mounfield W P, Han C, Pang S H, et al. Synergistic effects of water and SO_2 on degradation of MIL-125 in the presence of acid gases. J Phy Chem C, 2016, 120(48): 27230-27240.
[35] Glomb S, Woschko D, Makhloufi G, et al. Metal-organic frameworks with internal urea-functionalized dicarboxylate linkers for SO_2 and NH_3 adsorption. ACS Appl Mater Inter, 2017, 9(42): 37419-37434.
[36] Wang P, Zhao H M, Sun H, et al. Porous metal-organic framework MIL-100(Fe) as an efficient catalyst for the selective catalytic reduction of NO_x with NH_3. RSC Adv, 2014, 4(90): 48912-48919.
[37] Wang P, Sun H, Quan X, et al. Enhanced catalytic activity over MIL-100(Fe) loaded ceria catalysts for the selective catalytic reduction of NO_x with NH_3 at low temperature. J Hazard Mater, 2016, 301: 512-521.
[38] Jiang H X, Wang Q Y, Wang H Q, et al. MOF-74 as an efficient catalyst for the low-temperature selective catalytic reduction of NO_x with NH_3. ACS Appl Mater Inter, 2016, 8(40): 26817-26826.
[39] Jiang H X, Niu Y, Wang Q Y, et al. Single-phase SO_2-resistant to poisoning Co/Mn-MOF-74 catalysts for NH_3-SCR. Catal Commun, 2018, 113: 46-50.
[40] Jiang H X, Wang S T, Wang C X, et al. Selective catalytic reduction of NO_x with NH_3 on Cu-BTC-derived catalysts: influence of modulation and thermal treatment. Catal Surv Asia, 2018, 22(2): 95-104.
[41] Yao Z, Qu D L, Guo Y X, et al. Fabrication and characteristics of Mn@$Cu_3(BTC)_2$ for low-temperature catalytic reduction of NO_x with NH_3. Adv Mater Sci Eng, 2019, 2019: 1-9.
[42] Liu Z Z, Shi Y, Li C Y, et al. Electrochemical synthesis of $Cu_3(BTC)_2$-MOF for selective catalytic reduction of NO with NH_3. Acta Phys Chim Sin, 2015, 31(12): 2366-2374.
[43] Li C Y, Shi Y, Zhang H, et al. Cu-BTC metal-organic framework as a novel catalyst for low temperature selective catalytic reduction (SCR) of NO by NH_3: promotional effect of activation temperature. Integr Ferroelectr, 2016, 172(1): 169-179.
[44] Ko S J, Tang X L, Gao F Y, et al. Selective catalytic reduction of NO_x with NH_3 on Mn, Co-BTC-derived catalysts: influence of thermal treatment temperature. J Solid State Chem, 2022, 307: 122843.
[45] Zhang W, Shi Y, Li C Y, et al. Synthesis of bimetallic MOFs MIL-100(Fe-Mn) as an efficient catalyst for selective catalytic reduction of NO_x with NH_3. Catal Lett, 2016, 146(10): 1956-1964.
[46] Jiang H X, Wang Q Y, Wang H Q, et al. Temperature effect on the morphology and catalytic performance of Co-MOF-74 in low-temperature NH_3-SCR process. Catal Commun, 2016, 80: 24-27.
[47] Sun X Y, Shi Y, Zhang W, et al. A new type Ni-MOF catalyst with high stability for selective catalytic reduction of NO_x with NH_3. Catal Commun, 2018, 114: 104-108.
[48] Yao H Y, Cai S X, Yang B, et al. In situ decorated MOF-derived Mn-Fe oxides on Fe mesh as novel monolithic catalysts for NO_x reduction. New J Chem, 2020, 44(6): 2357-2366.
[49] Li C Y, Shi Y, Yu F Y, et al. Preparation of metal-organic framework Cu^+/Ni-MOF catalyst with enhanced catalytic activity for selective catalytic reduction of NO_x. Ferroelectrics, 2020, 565(1): 26-34.

[50] Chen R Y, Fang X Y, Li Z G, et al. Selective catalytic reduction of NO_x with NH_3 over a novel MOF-derived MnO_x catalyst. Appl Catal A-Gen, 2022, 643: 118754.

[51] Zhang M H, Huang B J, Jiang H X, et al. Metal-organic framework loaded manganese oxides as efficient catalysts for low-temperature selective catalytic reduction of NO with NH_3. Front Chem Sci Eng, 2017, 11(4): 594-602.

[52] Smolders S, Jacobsen J, Stock N, et al. Selective catalytic reduction of NO by cerium-based metal-organic frameworks. Catal Sci Technol, 2020, 10(2): 337-341.

[53] Zhang X, Shen B X, Shen F, et al. The behavior of the manganese-cerium loaded metal-organic framework in elemental mercury and NO removal from flue gas. Chem Eng J, 2017, 326: 551-560.

[54] Li J N, Han X, Zhang X R, et al. Capture of nitrogen dioxide and conversion to nitric acid in a porous metal-organic framework. Nat Chem, 2019, 11(12): 1085-1090.

[55] Dietzel P D C, Blom R, Fjellvag H. Base-induced formation of two magnesium metal-organic framework compounds with a bifunctional tetratopic ligand. Eur J Inorg Chem, 2008(23): 3624-3632.

[56] Azar Y T, Lakmehsari M S, Kazem Manzoorolajdad S M, et al. A DFT screening of magnetic sensing-based adsorption of NO by M-MOF-74 (M= Mg, Ti, Fe and Zn). Mater Chem Phys, 2020, 239: 122105.

[57] Jensen S, Tan K, Feng L, et al. Porous Ti-MOF-74 framework as a strong-binding nitric oxide scavenger. J Am Chem Soc, 2020, 142(39): 16562-16568.

[58] Mollabagher H, Taheri S, Mojtahedi M M, et al. Cu-metal organic frameworks (Cu-MOF) as an environment-friendly and economical catalyst for one pot synthesis of tacrine derivatives. RSC Adv, 2020, 10(4): 1995-2003.

[59] Bordiga S, Regli L, Bonino F, et al. Adsorption properties of HKUST-1 toward hydrogen and other small molecules monitored by IR. Phys Chem Chem Phys, 2007, 9(21): 2676-2685.

[60] Bonino F, Chavan S, Vitillo J G, et al. Local structure of CPO-27-Ni metallorganic framework upon dehydration and coordination of NO. Chem Mater, 2008, 20(15): 4957-4968.

[61] Xiao B, Wheatley P S, Zhao X, et al. High-capacity hydrogen and nitric oxide adsorption and storage in a metal-organic framework. J Am Chem Soc, 2007, 129(5): 1203-1209.

[62] Rezaei F, Rownaghi A A, Monjezi S, et al. SO_x/NO_x removal from flue gas streams by solid adsorbents: a review of current challenges and future directions. Energy & Fuels, 2015, 29(9): 5467-5486.

[63] Li J R, Kuppler R J, Zhou H C. Selective gas adsorption and separation in metal-organic frameworks. Chem Soc Rev, 2009, 38(5): 1477-1504.

[64] Peterson G W, Mahle J J, DeCoste J B, et al. Extraordinary NO_2 removal by the metal-organic framework UiO-66-NH_2. Angew Chem Int Ed, 2016, 55(21): 6235-6238.

[65] Vázquez T J, González E S, Alberto E, et al. MFM-300: from air pollution remediation to toxic gas detection. Polyhedron, 2019, 157: 495-504.

[66] Han X, Godfrey H G W, Briggs L, et al. Reversible adsorption of nitrogen dioxide within a robust porous metal-organic framework. Nature Mater, 2018, 17(8): 691-696.

[67] Rieth A J, Tulchinsky Y, Dinca M. High and reversible ammonia uptake in mesoporous azolate metal organic frameworks with open Mn, Co, and Ni Sites. J Am Chem Soc, 2016, 138(30): 9401-9404.

[68] Chen Y, Shan B H, Yang C Y, et al. Environmentally friendly synthesis of flexible MOFs $M(NA)_2$ (M = Zn, Co, Cu, Cd) with large and regenerable ammonia capacity. J Mater Chem A, 2018, 6(21): 9922-9929.

[69] Petit C, Huang L L, Jagiello J, et al. Toward understanding reactive adsorption of ammonia on Cu-MOF/Graphite oxide nanocomposites. Langmuir, 2011, 27(21): 13043-13051.

[70] Han X, Lu W P, Chen Y L, et al. High ammonia adsorption in MFM-300 materials: dynamics and charge transfer in host-guest binding. J Am Chem Soc, 2021, 143(8): 3153-3161.

[71] Moghadam P Z, Fairen-Jimenez D, Snurr R Q. Efficient identification of hydrophobic MOFs: application in the capture of toxic industrial chemicals. J Mater Chem A, 2016, 4(2): 529-536.

[72] Férey G, Mellot-Draznieks C, Serre C, et al. A chromium terephthalate-based solid with unusually large pore volumes and surface area. Science, 2005, 309(5743): 2040-2042.

[73] Hong D Y, Hwang Y K, Serre C, et al. Porous chromium terephthalate MIL-101 with coordinatively unsaturated sites: surface functionalization, encapsulation, sorption and catalysis. Adv Funct Mater, 2009, 19(10): 1537-1552.

[74] Bhattacharjee S, Chen C, Ahn W S. Chromium terephthalatemetal-organic framework MIL-101: synthesis, functionalization, and applications for adsorption and catalysis. RSC Adv, 2014(4): 52500-52525.

[75] Chowdhury P, Bikkina C, Gumma S. Gas adsorption properties of the chromiumbased metal organic framework MIL-101. J Phy Chem C, 2009, 113: 6616-6621.

[76] Shafiei M, Alivand M S, Rashidi A, et al. Synthesis and adsorption performance of a modified micro-mesoporous MIL-101(Cr) for VOCs removal at ambient conditions. Chem Eng J, 2018, 341: 164-174.

[77] Vellingiri K, Kumar P, Deep A, et al. Metal-organic frameworks for the adsorption of gaseous toluene under ambient temperature and pressure. Chem Eng J, 2017, 307: 1116-1126.

[78] Chen R F, Yao Z X, Han N, et al. Insights into the adsorption of VOCs on a cobalt-adeninate metal-organic framework(Bio-MOF-11). ACS Omega, 2020, 5(25): 15402-15408.

[79] Vikrant K, Na C J, Younis S A, et al. Evidence for superiority of conventional adsorbents in the sorptive removal of gaseous benzene under real-world conditions: test of activated carbon against novel metal-organic frameworks. J Clean Prod, 2019, 235: 1090-1102.

[80] Szczesniak B, Choma J, Jaroniec M. Ultrahigh benzene adsorption capacity of graphene-MOF composite fabricated via MOF crystallization in 3D mesoporous graphene. Micropor Mesopor Mat, 2019, 279: 387-394.

[81] Li Y J, Miao J P, Sun X J, et al. Mechanochemical synthesis of Cu-BTC@GO with enhanced water stability and toluene adsorption capacity. Chem Eng J, 2016, 298: 191-197.

[82] Yang K, Sun Q, Xue F, et al. Adsorption of volatile organic compounds by metal-organic frameworks MIL-101: Influence of molecular size and shape. J Hazard Mater, 2011, 195: 124-131.

[83] Yang K, Xue F, Sun Q, et al. Adsorption of volatile organic compounds by metal-organic frameworks MOF-177. J Environ Chem Eng, 2013, 1(4): 713-718.

[84] Kim B, Lee Y R, Kim H Y, et al. Adsorption of volatile organic compounds over MIL-125-NH_2. Polyhedron, 2018, 154: 343-349.

[85] Ramirez D, Qi S, Rood M J, et al. Equilibrium and heat of adsorption for organic vapors and activated carbons. Environ Sci technol, 2005, 39(15): 5864-5871.

[86] Oh K J, Park D W, Kim S S, et al. Breakthrough data analysis of adsorption of volatile organic compounds on granular activated carbon. Korean J Chem Eng, 2010, 27(2): 632-638.

[87] Wang C M, Chang K S, Chung T W, et al. Adsorption equilibria of aromatic compounds on activated carbon, silica gel, and 13X zeolite. J Chem Eng Data, 2004, 49(3): 527-531.

[88] Sun H, Yu X L, Ma X Y, et al. MnO_x-CeO_2 catalyst derived from metal-organic frameworks for toluene oxidation. Catal Today, 2020, 355: 580-586.

[89] Chen X, Chen X, Yu E Q, et al. *In situ* pyrolysis of Ce-MOF to prepare CeO_2 catalyst with obviously improved catalytic performance for toluene combustion. Chem Eng J, 2018, 344: 469-479.

[90] Lin D, Zheng Y, Feng X, et al. Highly stable Co_3O_4 nanoparticles-assembled microrods derived from MOF for efficient total propane oxidation. J Mater Sci, 2020, 55(12): 5190-5202.

[91] Luo Y, Zheng Y, Zuo J, et al. Insights into the high performance of Mn-Co oxides derived from metal-organic frameworks for total toluene oxidation. J Hazard Mater, 2018, 349: 119-127.

[92] Wu X Q, Zhao J, Wu Y P, et al. Ultrafine Pt nanoparticles and amorphous nickel supported on 3D mesoporous carbon derived from Cu-metal-organic framework for efficient methanol oxidation and nitrophenol reduction. ACS Appl Mater Inter, 2018, 10(15): 12740-12749.

[93] Huang H B, Huang W J, Xu Y, et al. Catalytic oxidation of gaseous benzene with ozone over zeolite-supported metal oxide nanoparticles at room temperature. Catal Today, 2015, 258: 627-633.

[94] Ipadeola A K, Barik R, Ray S C, et al. Bimetallic Pd/SnO_2 nanoparticles on metal organic framework(MOF)-Derived carbon as electrocatalysts for ethanol oxidation. Electrocatalysis, 2019, 10(4): 366-380.

[95] Zhang X D, Lv X T, Bi F K, et al. Highly efficient Mn_2O_3 catalysts derived from Mn-MOFs for toluene oxidation: the influence of MOFs precursors. Mol Catal, 2020, 482: 110701.

[96] Zhang X D, Song L, Bi F K, et al. Catalytic oxidation of toluene using a facile synthesized Ag nanoparticle supported on UiO-66 derivative. J Coll Inter Sci, 2020, 571: 38-47.

[97] Zhao J H, Tang Z C, Dong F, et al. Controlled porous hollow Co_3O_4 polyhedral nanocages derived from metal-organic frameworks(MOFs) for toluene catalytic oxidation. Mol Catal, 2019, 463: 77-86.

[98] Chen L, Zhu D D, Ji G J, et al. Efficient adsorption separation of xylene isomers using a facilely fabricated cyclodextrin-based metal-organic framework. J Chem Technol Biotechnol, 2018, 93(10): 2898-2905.

[99] Wang L, Yin G Y, Yang Y Q, et al. Enhanced CO oxidation and toluene oxidation on CuCeZr catalysts derived from UiO-66 metal organic frameworks. React Kinet Mech Cat, 2019, 128(1): 193-204.

[100] Chowdhury P, Mekala S, Dreisbach F, et al. Adsorption of CO, CO_2 and CH_4 on Cu-BTC and MIL-101 metal organic frameworks: effect of open metal sites and adsorbate polarity. Micropor Mesopor Mat, 2012, 152: 246-252.

[101] Bloch E D, Hudson M R, Mason J A, et al. Reversible CO binding enables tunable CO/H_2 and CO/N_2 separations in metal-organic frameworks with exposed divalent metal cations. J Am Chem Soc, 2014, 136(30): 10752-10761.

[102] Ma J H, Li L, Ren J, et al. CO adsorption on activated carbon-supported Cu-based adsorbent prepared by a facile route. Sep Purif Technol, 2010, 76(1): 89-93.

[103] Regufe M J, Tarnajon J, Ribeiro A M, et al. Syngas purification by porous amino-functionalized titanium terephthalate MIL-125. Energy & Fuels, 2015, 29(7): 4654-4664.

[104] Peng J J, Xian S K, Xiao J, et al. A supported Cu(I)@MIL-100(Fe) adsorbent with high CO adsorption capacity and CO/N_2 selectivity. Chem Eng J, 2015, 270: 282-289.

[105] Wang Y X, Li C, Meng F C, et al. $CuAlCl_4$ doped MIL-101 as a high capacity CO adsorbent with selectivity over N_2. Front Chem Sci Eng, 2014, 8, (3): 340-345.

[106] Evans A, Cummings M, Decarolis D, et al. Optimisation of Cu^+ impregnation of MOF-74 to improve CO/N_2 and CO/CO_2 separations. RSC Adv, 2020, 10(9): 5152-5162.

[107] Zou R Q, Sakurai H, Xu Q. Preparation, adsorption properties, and catalytic activity of 3D porous metal-organic frameworks composed of cubic building blocks and alkali-metal ions. Angewandte Chemie. 2006, 45(16): 2542-2546.

[108] Shen L J, Xu C B, Qi X X, et al. Highly efficient Cu_xO/TiO_2 catalysts: controllable dispersion and isolation of metal active species. Dalton T, 2016, 45(11): 4491-4495.

[109] Kong W P, Li J, Chen Y, et al. ZIF-67-derived hollow nanocages with layered double oxides shell as high-efficiency catalysts for CO oxidation. Appl Sur Sci, 2018, 437: 161-168.

[110] Zou R Q, Sakurai H, Han S, et al. Probing the lewis acid sites and CO catalytic oxidation activity of the porous metal-organic polymer Cu(5-methylisophthalate). J Am Chem Soc, 2007, 129(27): 8402-8403.

[111] Jiang H L, Liu B, Akita T, et al. Au@ZIF-8: CO Oxidation over gold nanoparticles deposited to metal-organic framework. J Am Chem Soc, 2009, 131(32): 11302-11303.

[112] Aijaz A, Akita T, Tsumori N, et al. Metal-organic framework-lmmobilized polyhedral metal nanocrystals: reduction at solid-gas interface, metal segregation, core-shell structure, and high catalytic activity. J Am Chem Soc, 2013, 135(44): 16356-16359.

[113] Zhang X, Shen B X, Zhu S W, et al. UiO-66 and its Br-modified derivates for elemental mercury removal. J Hazard Mater, 2016, 320: 556-563.

[114] Yee K K, Reimer N, Liu J, et al. Effective mercury sorption by thiol-laced metal-organic frameworks: in strong acid and the vapor phase. J Am Chem Soc, 2013, 135(21): 7795-7798.

[115] Zhao S J, Huang W J, Xie J K, et al. Mercury removal from flue gas using UiO-66-type metal-organic frameworks grafted with organic functionalities. Fuel, 2021, 289: 119807.

[116] Li Z Q, Qiu L G, Xu T, et al. Ultrasonic synthesis of the microporous metal-organic framework $Cu_3(BTC)_2$ at ambient temperature and pressure: an efficient and environmentally friendly method. Mater Lett, 2009, 63(1): 78-80.

[117] Khan N A, Hasan Z, Jhung S H. Adsorptive removal of hazardous materials using metal-organic frameworks (MOFs): a review. J Hazard Mater, 2013, 244: 444-456.

[118] Zhang Z, Liu J, Wang Z, et al. Efficient capture of gaseous elemental mercury based on novel copper-based metal-organic frameworks. Fuel, 2021, 289: 119791.

[119] Chen D Y, Zhao S J, Qu Z, et al. Cu-BTC as a novel material for elemental mercury removal from sintering gas. Fuel, 2018, 217: 297-305.

[120] Zhao S J, Mei J, Xu H M, et al. Research of mercury removal from sintering flue gas of iron and steel by the open metal site of Mil-101(Cr). J Hazard Mater, 2018, 351: 301-307.

[121] Zhang Z, Zhou C S, Wu H, et al. Molecular study of heterogeneous mercury conversion mechanism over Cu-MOFs: oxidation pathway and effect of halogen. Fuel, 2021, 290(5): 120030.

[122] Yang W J, Liu X S, Chen X L, et al. A sulfur-tolerant MOF-based single-atom Fe catalyst for efficient oxidation of NO and Hg^0. Adv Mater, 2022, 34(20): 2110123.

[123] Zhou J C, Shen Q C, Yang J, et al. A novel nano-sized Co_3O_4@C catalyst derived from Co-MOF template for efficient Hg^0 removal at low temperatures with outstanding SO_2 resistance. Environ Sci Pollut R, 2021, 28(46): 65487-65498.

[124] Williamson K, Masters K M. Macroscale and Microscale Organic Experiments. Stamford: Cengage Learning, 2016.

[125] Yang J P, Zhu W B, Qu W Q, et al. Selenium functionalized metal-organic framework MIL-101 for efficient and permanent sequestration of mercury. Environ Sci Technol, 2019, 53(4): 2260-2268.

[126] Tran H M, Nguyen L T T, Nguyen T H, et al. Efficient synthesis of a rod-coil conjugated graft copolymer by combination of thiol-maleimide chemistry and MOF-catalyzed photopolymerization. Eur Polym J, 2019, 116: 190-200.

第 8 章 MOFs 及其衍生物在水处理中的应用

8.1 引 言

水是生命生存的重要资源,也是现代社会生产发展的必需品。在过去的几十年中,由于水资源的过度使用、人类活动和人口的快速增长,需水量急剧增加,同时也造成了淡水资源严重短缺。在生产生活中,又产生了大量的含氮磷、重金属和持久性有机污染物等的污水,当工业废水、生活污水、农业回流水及其他未经处理或处理不达标的废物排放至水体中,水体的物理、化学性质和生物群落发生变化,进而引起了水体污染,使得水资源短缺雪上加霜。因此,在淡水资源和能源日渐紧缺的今天,节水、水处理和从污水中回收可用水已成为缓解水资源压力的重要途径[1],利用具有成本效益的技术处理废水对家庭使用、工业和环境至关重要。但是,污水种类、产生量及排放量急剧增加,成分复杂且多变,其中还含有大量难降解的污染物,这给全球水资源带来了巨大的环境压力,同时也为水处理技术的应用提出了难题。基于此,世界各地的科学家们已经开发、实施和改进了多种水处理技术。常用技术有混凝、吸附、离子交换、膜过滤、高级氧化工艺以及生物处理技术[2-11]。同时,基于上述处理过程中的一些创新性的环境功能材料和工程理论也应运而生。

金属有机框架(metal-organic frameworks,MOFs)材料因具备多功能性、巨大的内比表面积、可设计的孔径和化学功能性等特点,已经逐步成为水处理领域的创新材料,具有广阔的应用前景。近几年研究表明,MOFs 自身即可作为一种良好的环境功能材料用于水处理过程。与传统应用于环境领域的多孔材料,如活性炭、沸石、分子筛等材料相比,MOFs 具有诸多优势:①MOFs 的结构、形态、组成和化学性质具有多样性,且其具有多功能性,并且以 MOFs 材料作为基底对其进行修饰和改性不会改变原本的物理化学性质,即 MOFs 可以维持其自身形状和高度有序的孔道结构等;②MOFs 具有巨大的比表面积和较高的孔隙率,这有利于水处理过程中的传质过程,提高液相组分的吸附量,提供较多的作用位点;③MOFs 材料的孔径尺寸可被灵活调整,可以依据不同分子尺寸的污染物进行设计;④MOFs 材料中的弱配位键,使其具备了生物可降解性,降低了环境污染的潜在风险。这些特性赋予了 MOFs 材料在水处理应用中的潜力,具体如图 8-1 所示[12]。

MOFs 虽然具有较大的比表面积和孔道结构等优点,在水处理中表现出了巨大的发展潜力,但是其含有较大的空隙空间和不饱和的金属中心,对污染物的亲和力减弱,使得污染物的去除受阻[13]。同时,MOFs 框架中金属与有机配体连接的作用力为配位键作

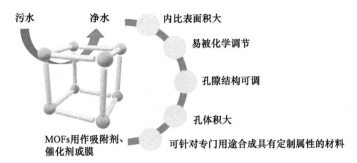

图 8-1　MOFs 材料作为常用水处理材料的优点[12]

用，其稳定性介于氢键和共价键之间，但其配位键较为敏感，且抗氧化能力差，因此在一些实际水处理应用中，各类严苛的反应条件会导致 MOFs 材料结构受到破坏。当 MOFs 结构被破坏时，其内部结构坍塌，限制了液体和底物进入 MOFs 材料的孔道与内部活性位点接触。此外，在长期运行条件下，MOFs 材料的几何结构也会变形，显著降低材料的寿命，这也进一步限制了它们商用的可能性。为了解决这些问题，将 MOFs 材料进行不同手段的处理得到 MOFs 衍生材料，是改善 MOFs 材料稳定性和活性的有效策略。

MOFs 衍生材料可以通过对 MOFs 材料进行官能团修饰、热处理以及添加额外金属/碳源/氮源等热解处理以及与其他材料复合等策略制备得到。与传统 MOFs 材料相比，MOFs 衍生材料不仅具有更高的稳定性、导电性和催化性能，同时还继承了 MOFs 前驱体较高的比表面积、孔隙率以及大量暴露的活性位点等特点。因此，MOFs 衍生材料用于水处理可以作为一种新的处理水污染的思路，可以促进 MOFs 在水处理领域的发展，为人们提供一种全新的视野。

目前，MOFs 及其衍生材料已经逐渐应用于水中金属离子、染料、抗生素、农药和病菌的去除[14-18]，如图 8-2 所示。

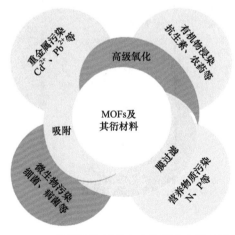

图 8-2　MOFs 及其衍生材料在水处理中主要的应用范围

图 8-3 简要地展示了 MOFs 及其衍生材料在水处理中去除部分污染物的时间轴。

由此可见，MOFs 及其衍生材料发展迅速，MOFs 正深刻地影响着水污染控制技术的更新。

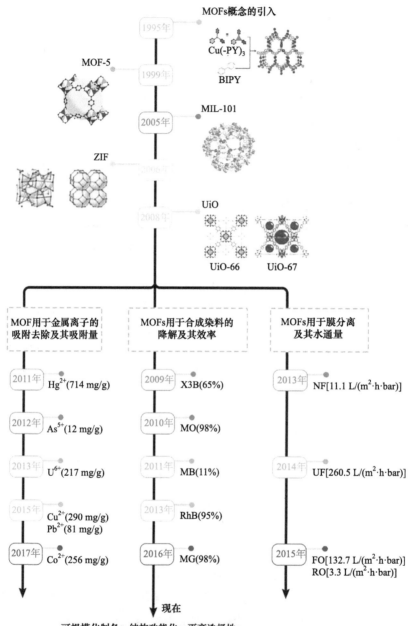

图 8-3　MOFs 及其衍生材料应用于水处理部分方法的时间简介[16]

本章简述了近年来 MOFs 和 MOFs 衍生物在不同污水处理技术中去除不同污染物的应用，包括去除污水中的重金属离子、有机物和其他有害物质的最新研究成果。此外，还简要介绍了吸附、催化降解和膜分离技术去除污水中特定污染物的工作机理和所存在的问题。希望本章的研究能够为新型 MOFs 及其衍生的环境功能材料的制备与应用提供启示和参考。

8.2 适用于水处理的 MOFs 材料

目前 MOFs 材料及其衍生材料在水处理中得到了广泛的应用，相关研究主要集中于 MOFs 结构和表面官能团的调控，以极大地提升 MOFs 及其衍生材料对污染物的去除效能。但是，在水处理过程中，材料的应用场景为液相环境，因此在水处理过程中必须选择在水中仍然可以维持稳定性的 MOFs 材料及其衍生材料[19]。

由于早期 MOFs 材料在水相中的稳定性普遍较差，甚至部分 MOFs 材料，如 MOF-5 等材料的孔道结构在潮湿的空气中会发生坍塌，在水环境中更为明显[20]，这使得 MOFs 材料在水净化领域初期的应用发展缓慢。近年来，一些具有高稳定性甚至是水稳定性的 MOFs 材料及其衍生物的开发，改变了 MOFs 材料在水处理领域落后的颓势。现如今，已经有多种 MOFs 系材料被广泛应用于污水处理，具体如表 8-1 所示。

表 8-1 水处理中常见的 MOFs 材料及其衍生物[17,18,21-28]

种类	晶体构型	特点	应用领域
MILs 系	三维笼状	水热稳定性良好	非均相催化；重金属离子及有机物的吸附去除
ZIFs 系	多面体	水热/热/化学稳定性良好	非均相催化；吸附；化学传感
UiOs 系	面心立方晶体	水/热/化学/机械稳定性良好	非均相催化；吸附；分子感应与检测
HKUST-1	八面体	孔隙率高；水稳定性良好	吸附；非均相催化

MOFs 材料及其衍生物的水稳定性主要是指其在水中的化学稳定性，大多数的 MOFs 材料化学稳定性的主要弱点在于金属与有机框架连接点之间存在可以发生水解产氢离子和氢氧化物/水的节点[29]。其中，在酸性介质中容易发生前者，在碱性介质中易促进后者生成。因为现在没有统一标准方法来评估 MOFs 及其衍生材料在酸、碱或中性溶液中的稳定性，所以许多学者通过 MOFs 及其衍生材料在特定溶液中浸泡前后样品 X 射线衍射（X-ray diffraction，XRD）图来判断。然而，材料浸泡时间和溶液温度也没有统一的标准，因此，不同研究之间的比较也是具有局限性的。近年来，部分学者通过惰性气体吸脱附实验来估算 MOFs 及其衍生材料的比表面积，以此作为辅助测试。通过浸泡前后材料的比表面积损失率和 XRD 图中衍射峰的变化情况来定性分析 MOFs 及其衍生材料部分孔的塌陷非晶化。利用这些评估手段，对具有代表性的 MOFs 及其衍生材料在水溶液中稳定性和 pH 的关系做了总结，如图 8-4 所示。

研究表明，MOFs 及其衍生材料的水稳定性可以通过以下方法提高：①增加分子内或分子间力，如内部氢键或 π 堆积等；②向 MOFs 材料中引入疏水官能团或 F 接头，进而抑制或阻断水的吸附；③使用具有较高氧化态的金属离子作为 MOFs 材料的金属节点，使金属节点和有机基底连接强度更大；④与其他材料进行复合，使所得 MOFs 材料

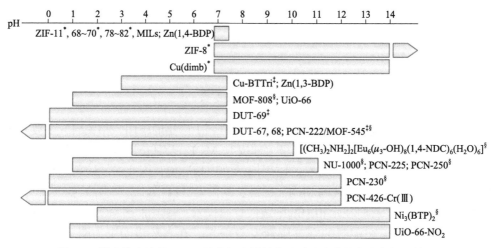

图 8-4　具有代表性的 MOFs 及其衍生材料在酸碱溶液中的水稳定性总结[30]

*尚未报道在酸性水溶液中稳定性的研究；‡尚未报道在碱性水溶液中稳定性的研究；§ 稳定性由 XRD 和气体吸附实验证实

在具有 MOFs 性质的基础上增加附加材料的稳定特性[31]。

8.3　MOFs 及其衍生材料在水处理中的应用

8.3.1　吸附技术

1. 吸附剂技术简介

吸附技术是一种物理化学法水处理技术的一种，是指具有吸附性能的固体物质(称为吸附剂)将表面周围介质(液体或气体)中的分子或者离子(称为吸附质)富集于自身表面的方法，该技术在水处理中应用较为广泛。依照液体中吸附质吸附于吸附剂表面的作用力不同，其可以分为两类：一类是物理吸附，该类吸附是由分子之间的范德华力引起的，该类吸附没有电子转移，所需活化能较小，吸附量较低，其吸附和解吸速率都很快；另一类是化学吸附，该类吸附是由于吸附质分子与吸附剂表面原子反应生成络合物，需要一定的活化能促进反应进行。在吸附法水处理过程中，这两类吸附作用会相伴发生，其中某一种吸附作用发挥主要作用。吸附是一种传质过程，在污水处理时，当吸附剂与含污染物的水体接触时，污水中的某种污染物或多种污染物在不同作用力的驱动下，向吸附剂周围富集，吸附质从液相向吸附剂表面液膜扩散转移，实现吸附质在不同介质的迁移，该过程称为液相扩散或膜外扩散；富集在液膜上的吸附质进一步在膜内移动，该过程称为膜内扩散；当吸附质进一步从液膜向吸附剂表面和/或内部孔道中的吸附活性位点转移时，该过程称为孔道扩散。最后，在多种吸附作用力的驱动下，吸附质与吸附剂表面或内部的活性部位结合，从而实现对污染物的吸附去除，达到水体净化的目的。吸附法仅是实现了污染物的液相分离、转移并富集在吸附剂中，不能将污染物完全消除，但是吸附过程中不会因有毒污染物降解不完全而产生代谢产物，因此吸附法的二次环境风险较小。同时，吸附法具有操作较为简单、不添加额外化学试剂，且去除污染物效率较高等优势,在水处理中有着不可取代的地位。

在吸附水处理技术中,吸附剂是影响处理效率的重要因素,尽管已经有很多天然和人工合成的吸附剂应用于水处理中,但是开发新型高吸附量、低成本和可回收循环利用的吸附剂,仍然是吸附技术研究的重要领域。吸附剂可以分为天然吸附剂和人工合成吸附剂[32],其中,天然吸附剂包括壳聚糖、沸石和活性炭等,它们的价格低廉且易获得,在一定程度上对水中污染物存在良好的吸附性能,但其孔径和比表面积较小、难以精确调整结构、选择性较差等因素都限制了它们的发展;人工合成吸附剂主要包括碳纳米管、石墨烯、金属氧化物和 MOFs 等材料及其衍生物,其具有较高的比表面积,且对污染物具有较强的吸附亲和力,逐渐成为吸附材料的研究重点,受到吸附领域的广泛关注[17, 33, 34]。

MOFs 及其衍生材料不仅具有结构可调控性,还具有更高的稳定性、比表面积、孔隙率以及大量活性位点和丰富的官能团,这些优越的性能使得 MOFs 及其衍生材料在吸附去除多种污染物中具有明显的优势,被认为是去除污染物最有前途的候选材料之一。

2. 重金属污染处理

MOFs 及其衍生材料被广泛应用于污水和受污染自然水体中常规重金属离子的吸附去除,如 Pb^{2+}、Hg^{2+}、As(Ⅲ/Ⅴ)、Cd^{2+}等。Rivera 等[35]以 MOF-5 作为吸附剂去除水体中的 Pb^{2+},MOF-5 可以通过与对苯二甲酸离子及 Pb^{2+}的相互作用使得 Pb^{2+}从水相中被充分捕获,通过 Langmuir 等温模型拟合得到的最大吸附量为 658.5 mg/g。Hakimifar 等[36]利用尿素合成了两种 Zn 框架的 MOFs 材料,用于吸附去除 Pb^{2+},结果表明,合成的两种 MOFs 材料可实现 Pb^{2+}从水溶液中快速去除,5 min 内吸附量均可达到 909 mg/g,这得益于在合成过程中,尿素组分中的含氧原子和氮原子的官能团与 Pb^{2+}之间形成了化学键。进一步地,Afshariazar 等[37]设计了以 N_1, N_2-二(吡啶-4-基)草酰胺改性的 Zn 框架的 MOFs 材料,该材料具有大孔径和高密度的强金属螯合位点,促进了 Pb^{2+}从水相向吸附剂内部的快速迁移,同时实现螯合吸附去除,该吸附剂对 Pb^{2+}的最大吸附能力为 1130 mg/g。Xiong 等[38]以 MOF-74 作为吸附剂,探究了其对低浓度 Hg^{2+}的吸附去除能力,结果表明 MOF-47 对 Hg^{2+}的最大吸附量为 63 mg/g,且该过程为吸热反应,MOF-47 中的羟基官能团可以作为 Hg^{2+}的螯合位点,实现 Hg^{2+}的化学吸附去除。Hakimifar 等[36]以尿素合成的两种 MOFs 材料在去除 Hg^{2+}时同样有优异的性能,两种吸附剂在 15 min 内均可实现 Hg^{2+}快速去除,吸附量约为 476.19 mg/g,其中尿素的引入和吸附剂多孔道的结构均为 Hg^{2+}提供了良好的配位环境。Sun 等[39]以多巴胺处理 Fe-BTC 材料,得到了一种表面生长多巴胺的 MOFs 吸附剂,其对 Hg^{2+}的吸附量高达 1693 mg/g,同时显示出了较高的选择吸附能力,这些出色的性能都得益于多巴胺的引入。Wang 等[40]合成了一种新型 Zr-MOF 吸附材料用于选择性吸附水中的 Hg^{2+}和 Pb^{2+},该吸附剂吸附两种重金属离子的过程符合伪二级动力学模型和 Hill 等温吸附模型,其对两种离子的最大吸附量分别为 1080 mg/g 和 510 mg/g,吸附剂中含硫官能团可以通过静电作用和配位作用实现低浓度 Hg^{2+}和 Pb^{2+}的高效去除。Folens 等[41]利用 Fe_3O_4 对 Cr 基的 MIL-101 进行改性,制备得到了具有高效 As(Ⅲ)和 As(Ⅴ)去除能力的 Fe_3O_4@MIL-101-Cr 吸附剂,其对两种价态的砷的最大吸附量分别为 122 mg/g 和 80 mg/g,其性能明显优于纯 MIL-101-Cr,且在复杂水体中仍可保持较高的吸附效率。Cai 等[42]通过水热法合成了多孔的八面体 MIL-100(Fe)探究其吸附去除 AsO_4^{3-} 的性能，该吸附剂为 AsO_4^{3-} 的捕获提供了合适尺寸的空腔，不饱和 Fe(Ⅲ)也可以很容易与 AsO_4^{3-} 产生强相互作用，从而促进 AsO_4^{3-} 吸附。同时该吸附剂对 AsO_4^{3-} 的最大吸附量可达 110 mg/L，且三次循环吸附-解吸后性能可维持 86%[43]。Sun 等[44]制备了新型 Fe-Co 基 MOF-74 吸附剂用于 As 的吸附去除，该吸附剂吸附砷的过程符合伪二级动力学模型和 Langmuir 等温吸附模型，其可以通过静电作用、羟基和金属-氧基实现砷的快速去除，对 As(Ⅲ)和 As(Ⅴ)的最大吸附量为 266.52 mg/g 和 292.29 mg/g。Roushani 等[45]利用 $TMU-16-NH_2$ 去除水中的 Cd(Ⅱ)，结果表明该吸附剂可通过 $TMU-16-NH_2$ 中的氨基($-NH_2$)与 Cd(Ⅱ)形成配位键实现 Cd(Ⅱ)的快速去除，其吸附 Cd(Ⅱ)的过程为自发的吸热反应，对 Cd(Ⅱ)的最大吸附量为 126.6 mg/g。Nasehi 等[46]合成了纳米吸附材料 $UiO-66-MnFe_2O_4-TiO_2$，其对 Cd(Ⅱ)的最大吸附量高达 783 mg/g，其吸附 Cd(Ⅱ)的过程以化学吸附作用为主，吸附剂中 O—H 官能团与 Cd(Ⅱ)通过螯合作用形成了 O—Cd 键，从而实现了 Cd(Ⅱ)的去除。

重金属离子与 MOFs 及其衍生吸附材料之间的相互作用机制主要分为四类：不饱和位点的配位作用、酸碱相互作用、静电相互作用和氢键作用，具体作用示意图如图 8-5 所示。其中，不饱和位点的配位作用是由于金属离子中出现了 Lewis 酸空位，而 MOFs 中可能具有配位不饱和位点或开放金属位点，这些位点可以与金属离子相结合，实现金属离子的吸附。金属离子与 MOFs 材料之间的酸碱相互作用是因为部分 MOFs 及其衍生物吸附材料中具有酸性或/和碱性位点，可以与重金属离子相互作用，提高对重金属离子的吸附性能，而两者之间的酸碱相互作用依赖于软-硬酸碱理论，即软碱和软酸、硬碱与硬酸易于发生强烈的反应。静电相互作用是水中离子被吸附的最常见的作用机制，吸附剂与金属离子带相反的电荷，可以通过静电作用实现离子全部或部分去除，其中，吸附剂的 Zeta 电位是该作用机制中的一个重要参数，它代表了吸附剂在水溶液中的表面带电情况，可依此来初步判断吸附剂与金属离子之间是否存在静电作用。一般而言，在水相中水分子会争夺氢键位点，因此在重金属吸附过程中，金属离子与吸附剂之间的氢键作用，需通过吸附剂多位点相互作用来实现吸附。

MOFs 及其衍生材料也常用于处理放射性核素 $^{235}U(Ⅵ)$，从而缓解其对环境不可逆的影响。传统 MOFs 材料和 MOFs 衍生材料也可以实现 U(Ⅵ)的有效吸附。Wu 等[48]通过溶剂热法合成了棒状的 MOF-5 吸附剂，该吸附剂在 pH = 5.0，T = 25 ℃的条件下对 U(Ⅵ)的最大吸附能力为 237.0 mg/g，且该吸附剂吸附 U(Ⅵ)离子的过程为吸热反应，其中化学吸附是 U(Ⅵ)被 MOF-5 吸附剂捕获的关键作用机制。进一步地，根据 MOF-5 吸附 U(Ⅵ)前后红外光谱图和 XPS 谱图分析可知，U(Ⅵ)离子是通过与 MOF-5 吸附剂之间的表面络合和静电吸引作用被吸附，吸附剂中大量的含氧官能团(如 C—O，C═O)发挥了重要的作用。Bai 等通过三步合成法合成了一种 MOF/海藻酸钠-聚乙烯亚胺(MOF/SA-PEI，ZIF-67 型)复合吸附剂，其不仅克服了 MOFs 材料容易聚集的问题，还进一步提升了 MOFs 材料在去除 U(Ⅵ)中的应用效果[49]。优化改性后的 MOFs 衍生吸附剂 MOF/SA-PEI 对纯 U(Ⅵ)溶液中 U(Ⅵ)的最大吸附量显著提升到了 657.89 mg/g，且吸

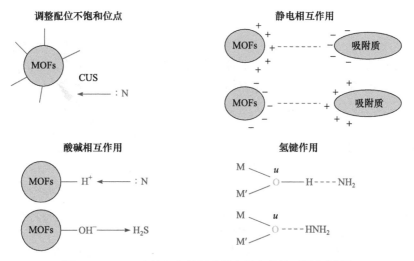

图 8-5　MOFs 及其衍生材料吸附金属离子的不同作用[47]

附剂中大量的氨基和亚氨基官能团位点对 U(Ⅵ)螯合活性较高，因此其具有较高的吸附选择性和较大的吸附量。一般而言，MOFs 及其衍生材料吸附 U(Ⅵ)的作用机制分为两类：静电吸引和表面官能团对 U(Ⅵ)的螯合(络合)作用，具体如图 8-6 所示。

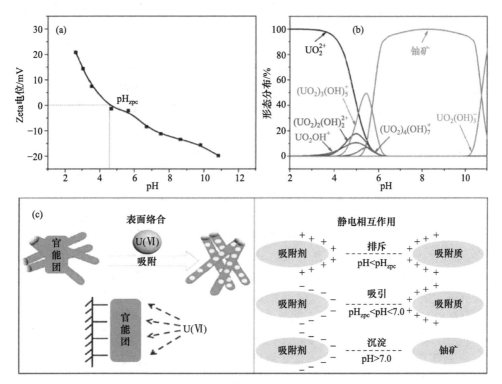

图 8-6　(a)吸附剂的 Zeta 电位(pH_{zpc} 为吸附剂的零点电位)；(b)U(Ⅵ)在不同 pH 下的分布状态；(c)U(Ⅵ)的吸附机理[48]

3. 有机污染处理

污水中常见的有机物主要有染料、抗生素、个人护理用品、内分泌干扰物和农药等，它们可以通过吸附作用被 MOFs 及其衍生物高效地去除。Haque 等[50]利用 MIL-101(Cr)和 MIL-53(Cr)去除水中的甲基橙染料，其中 MIL-101 吸附剂对甲基橙的吸附速率和吸附量较高，这是由于 MIL-101 相较于 MIL-53 具有更高的孔隙率和孔径。进一步地，经过乙二胺接枝反应和质子化反应后，MIL-101 的吸附性能有了巨大的提升，其对甲基橙的最大吸附量为 194 mg/g，这归因于吸附剂表面经质子化后带正电，与呈负电性的甲基橙之间的静电相互作用增强[50]。Bibi 等[51]利用水热法合成了 MIL-125 吸附剂和氨基功能化的 NH_2-MIL-125 吸附剂并用于亚甲蓝的吸附去除，这两种吸附剂对亚甲蓝的最大吸附量高达 321.39 mg/g 和 405.61 mg/g。相较于 MIL-125，氨基功能化的 NH_2-MIL-125 吸附剂对于亚甲蓝染料具有更高的吸附量和选择性，这是由于氨基-NH_2 质子化使得 NH_2-MIL-125 电负性增强，可以与带正电的亚甲蓝形成特殊的静电相互作用，从而实现亚甲蓝的选择性高效去除。Hasan 等[52]利用氨基甲烷磺酸和乙二胺对 MIL-101 中不饱和位点进行调控，生成了具有—SO_3H(酸性)和—NH_2(碱性)基团的 MIL-101 衍生物吸附剂，并探究了其对萘普生和氯贝酸的吸附性能，结果表明改性后吸附剂对两种污染物的吸附量均有明显提高，这是由于吸附剂与污染物之间酸碱相互作用增强，同时可以通过调控 pH 来调控吸附剂表面的电性，进而改善其与污染物之间的静电相互作用。Dang 等[53]以聚乙烯吡咯烷酮为模板试剂合成了锌基 MOFs 材料 Zn-BDC-NH_2，并用于吸附去除姜黄素，所得吸附剂可以通过其表面的—NH_2 与姜黄素中极性官能团的氢键作用实现姜黄素的高效去除，其对姜黄素的最大吸附量为 179.36 mg/g。Roushani 等[54]利用 TMU-16 和 TMU16-NH_2 对刚果红、甲基橙等染料进行吸附去除，实验发现两种材料对阴离子染料的去除过程均为自发的吸热反应过程，其中，TMU16-NH_2 具有较高的吸附量，这是由于两种吸附剂均可以通过静电作用实现染料吸附，而吸附剂中—NH_2 增强了 TMU16-NH_2 与染料之间的氢键作用。Qin 等[55]利用 MIL-101(Cr)和 MIL-100(Fe)吸附去除双酚 A，其中，MIL-101(Cr)吸附双酚 A 的速率和吸附量均优于 MIL-100(Fe)，这是由于 MIL-101(Cr)苯环与双酚 A 之间存在较强的 π-π 相互作用。Zhang 等[56]也利用 MIL-101-NH_2 来吸附去除溶液中的染料，其对刚果红和甲基橙的吸附量分别为 2967.1 mg/g 和 461.7 mg/g，同时可以通过调节吸附剂合成过程中原料比来调控 MIL-101-NH_2 吸附染料的吸附作用力。结果表明染料可通过静电作用、氢键作用和空间位阻等多个作用被 MIL-101-NH_2 吸附去除，同时—NH_2 的引入，增加了 MIL-101-NH_2 与阴离子染料之间的氢键和静电相互作用，促进了染料去除。Zhu 等[57]探究了 UiO-67 去除草甘膦和草铵膦的效能，研究发现 UiO-67 对两种有机磷农药的最大吸附量分别为 537 mg/g 和 360 mg/g，高于大多数文献报道的材料，其优异的吸附性能源于 MOFs 材料上金属节点 Zr-OH 对于草甘膦和草铵膦的强化学相互作用，同时巨大的比表面积和合适的孔道尺寸也促进两种有机磷农药的吸附。

MOFs 及其衍生材料吸附去除有机污染物的主要作用机制包括六类：静电相互作用、框架结构中金属或团簇与有机物之间的相互作用、π-π 堆积、氢键作用、酸碱作用以及疏水作用等，具体如图 8-7 所示。其中，静电相互作用在 MOFs 及其衍生材料吸附有机污染物的过程中是最普遍存在的机理。MOFs 及其衍生材料表面电性受 pH 影响，故可通过调控材料表面的带电特性来选择性吸附有机污染物，进而增强 MOFs 及其衍生材料的吸附能力。而在有机物吸附过程中，基于酸碱相互作用的去除机制发生较少，主要是通过吸附剂表面含酸/碱性官能团与污染物中含碱/酸性官能团之间产生的相互作用。一般而言，MOFs 及其衍生材料在吸附水体中有机污染物的过程中，往往不是一种作用机制起作用，而是多种作用机制相互配合实现污染物去除。

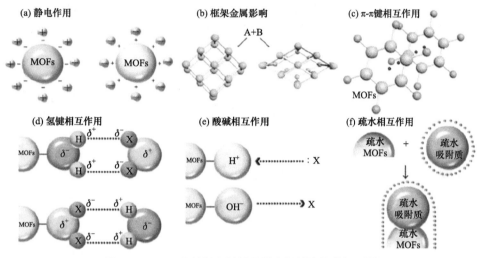

图 8-7　MOFs 及其衍生材料吸附有机污染物的机理[58]

4. 营养物质污染处理

除了重金属离子污染和有机物污染之外，MOFs 及其衍生材料还可以有效去除水中的硝酸盐和磷酸盐等营养盐，有效控制水体富营养化的发生。两种离子的去除机制也主要为配体交换和静电吸引[59]。Kumar 等[60]研发了 Fe(Ⅲ) 连接的三聚酸的 FTA MOFs 吸附剂用于快速去除可溶性营养肥料，该吸附剂对 NO_3^- 和 PO_4^{3-} 的吸附过程为自发的吸热反应，两种营养盐可以通过与吸附剂之间的静电引力和络合作用被捕获，该吸附剂对 NO_3^- 和 PO_4^{3-} 的吸附量可分别达到 55.02 mg/g 和 72.34 mg/g。Yang 等[61]利用自上而下法制备以 MOFs 为模板的 Fe-Ce 双金属复合材料并用于 PO_4^{3-} 的去除。静电作用以及—OH 官能团和 Ce(Ⅲ) 对 PO_4^{3-} 的配位作用使得该吸附剂对 PO_4^{3-} 具有优异的吸附作用，其最大吸附量可达 357 mg/g。Tao 等[62]利用硝酸铁对 MOF-808(Zr) 进行改性，使得 MOF-808 材料具备了额外的 PO_4^{3-} 的吸附位点，所得 Fe 改性的 MOFs 衍生吸附剂具有较宽的 pH 耐受性、更高的 PO_4^{3-} 的选择性。0.5F-MOF-808 主要通过静电吸引以及配体交换实现 PO_4^{3-} 的快速、高容量吸附，其对 PO_4^{3-} 的最大吸附量为 305.5 mg/g。

8.3.2　高级氧化技术

1. 高级氧化技术简介

污水中污染物成分日益复杂，而传统处理技术具有一定的选择性，处理效率低且无法完全将其从环境中去除。因此，在污水处理过程中，亟须开发一种高效且彻底的水处理方法。高级氧化技术(advanced oxidation processes，AOPs)是指利用反应过程中产生的大量强氧化性活性物种实现难降解有机污染物的氧化分解和矿化的新技术。在 AOPs 发展初期，主要是以羟基自由基(·OH)作为主要氧化活性物种，多采用催化剂-氧化剂联用的手段，来提高·OH 的生成量和生成速率，进而加快反应进程，提高污水的处理效率和出水水质。·OH 是最具有活性的氧化物种之一，其氧化还原电位约为 2.8V，常见的有机物可以被其氧化降解[63]，同时，基于·OH 的 AOPs 具有氧化性强、反应速率快、可有效提高污水的可生物降解性、无二次污染等特点，具有很好的应用前景。常见的氧化剂及其氧化还原电位值的对比如表 8-2 所示。

表 8-2　常见氧化剂的氧化还原电位[64]

氧化剂	氧化半反应	氧化电位/V
F_2	$F_2+2H^++2e^- \longrightarrow 2HF$	3.05
$·SO_4^-$	$·SO_4^-+e^- \longrightarrow SO_4^{2-}$	2.5~3.10
$·OH$	$·OH+H^++e^- \longrightarrow H_2O$	2.8
MnO_4^-	$HMnO_4^-+3H^++2e^- \longrightarrow MnO_2(s)+2H_2O$	2.09
O_3	$O_3+2H^++2e^- \Longleftrightarrow O_2+H_2O$	2.07
$S_2O_8^{2-}$	$S_2O_8^{2-}+e^- \longrightarrow 2·SO_4^-$	2.01
HSO_5^-	$HSO_5^-+e^- \longrightarrow ·SO_4^-$	1.82
H_2O_2	$H_2O_2+2H^++2e^- \longrightarrow 2H_2O$	1.78
HClO	$HClO+H^++2e^- \longrightarrow Cl^-+H_2O$	1.63
Cl_2	$Cl_2+2e^- \longrightarrow 2Cl^-$	1.36
O_2	$O_2(g)+2H_2O+4e^- \longrightarrow 4OH^-(aq)$	0.40

随着 AOPs 的发展，其概念和应用也在不断延伸。目前应用较为广泛的 AOPs 主要包括：芬顿(Fenton)/类芬顿(类 Fenton)法、臭氧氧化法、光催化氧化法、电化学氧化法以及过硫酸盐高级氧化法等[65]，它们的主要区别是氧化活性物种生成的种类和机理不同。

1)Fenton/类 Fenton 法

Fenton 反应早在 1894 年被法国科学家 Fenton 首次报道，Fe^{2+} 和 H_2O_2 在酸性条件下可以强烈促进酒石酸氧化[66]。在酸性溶液中，H_2O_2 与 Fe^{2+} 混合后，外层单电子从 Fe^{2+} 转移至 H_2O_2 产生·OH[反应(8-1)]，生成的·OH 随后会攻击溶液中的有机物。

$$Fe^{2+}+H_2O_2 \longrightarrow Fe^{3+}+OH^-+·OH \tag{8-1}$$

然而，在传统 Fenton 反应中，Fenton 试剂用量大且不稳定，反应作用 pH 范围窄(3.0~4.5)，且易残留大量含铁污泥[67]，同时，传统的均相 Fenton 反应无法有效去除草酸或者乙酸，这是由于 Fe^{2+} 会与羧基形成非常稳定的络合物，抑制反应的进行。而类 Fenton 反应过程常用 Fe^{3+}、Cu^{2+}、Co^{2+} 和 Mn^{2+} 等离子来替代 Fe^{2+} 作为 H_2O_2 的活化剂，这些金属离子比 Fe^{2+} 具有更高的有机物去除效率，但是它们仍残存于水溶液中，进一步形成了金属离子污染。同时，H_2O_2 为液体，不易运输和储存，这也限制了其进一步应用。

因此，为克服传统 H_2O_2-AOPs 的缺陷，过硫酸盐、高锰酸钾和臭氧等其他氧化剂被用于替代 H_2O_2。新型催化体系不仅含有 ·OH，还包括了其他活性氧物种(ROS)，如硫酸根自由基($·SO_4^-$)、单线态氧($^1O_2$)、超氧自由基($·O_2^-$)等，它们也可以通过取代反应、加成反应和断键等途径将难降解的物质氧化为低毒性的物质，甚至直接实现有机物的矿化，生成 CO_2 和 H_2O 等低分子无毒物质。

2)臭氧氧化法

臭氧的标准氧化还原电位为 2.07 V，其是一种强氧化剂，在水溶液中可以通过臭氧直接氧化和自由基间接氧化反应实现有机污染物去除。一般而言，臭氧可以与水中带有 —OH、—CH_3、—NH_2 等取代基的苯类污染物以直接亲电取代反应实现污染物的氧化，也可与含有不饱和键的有机污染物以直接偶极加成的方式降解污染物，但是直接氧化的方式效率较低，且反应具有明显的选择性。自由基间接氧化过程一般是臭氧自分解产生 ·OH[反应(8-2)]，进而·OH 攻击有机污染物实现其降解。

$$O_3 + H_2O \longrightarrow 2·OH + O_2 \tag{8-2}$$

但在该方法中，臭氧在水中溶解度较低，寿命较短，从而导致该方法在使用过程中必须不断供给臭氧来氧化污染物，导致该方法的能耗和运行成本较高。在目前技术中，可通过将臭氧与其他技术相结合，如 H_2O_2、UV 或者加入金属离子等，促进臭氧分解，产生更多的 ·OH 来实现催化臭氧氧化。但是外加试剂也会引起成本增加和金属离子污染。

3)硫酸根自由基高级氧化法

基于硫酸根自由基的高级氧化法由于其较高的氧化能力和较宽的适用范围受到了广泛的关注，$·SO_4^-$ 主要通过活化过单硫酸盐(PMS)和过二硫酸盐(PDS)，使过硫酸盐中 O—O 键断裂。相较于 ·OH，$·SO_4^-$ 的氧化还原电位更高、矿化污染物的能力更强，且稳定性高、半衰期更长，同时其还有较宽的 pH 适应性和亲电子性，这些特点都使得 $·SO_4^-$-AOPs 具有良好的应用前景。此外，过硫酸盐还可以通过直接氧化的方式实现有机污染物降解，不涉及自由基，从而实现污染物的选择性氧化。过硫酸盐的活化可以通过紫外线、超声波以及热的形式输入能量，也可通过过渡金属及碳材料实现 O—O 键的断裂或直接的电子转移。过渡金属活化过硫酸盐的方式较为普遍[反应(8-3)和反应(8-4)]，依据过渡金属的形式又可分为均相催化和非均相催化。金属离子均相催化可以与过硫酸盐充分接触，利于传质过程，然而溶解的金属离子容易受到 pH 影响，且难以回收、容易造成二次污染。为避免这些缺点，非均相金属催化剂逐渐被广泛用于活化过硫酸盐降解水中污染物。同时，碳材料也可作为非均相催化剂使用，其可促进过硫酸盐分解生成 $·SO_4^-$，也可通过自身边缘位点与过硫酸盐形成活性中间体，以非自由基的方式氧化污染物。

$$HSO_5^- + metal^{n+} \longrightarrow \cdot SO_4^- + OH^- + metal^{(n+1)+} \tag{8-3}$$

$$S_2O_8^{2-} + metal^{n+} \longrightarrow \cdot SO_4^- + SO_4^{2-} + metal^{(n+1)+} \tag{8-4}$$

但是，在活化过硫酸盐降解有机污染物的过程中，又会产生大量的硫酸根，引起水体中硫酸根含量上升，造成过量的硫酸根污染。

4) 光催化氧化法

在 AOPs 中，非均相光催化氧化法(光催化)已经被广泛研究来降解有机污染物，该方法是通过固体催化剂被不同波长的光激活，从而产生还原性的光生电子(e^-)和氧化型的光生空穴(h^+)，光生电子空穴对迁移至材料表面时，可以与氧气和水分子等反应，生成 · OH 等活性物质，进而实现水中有机污染物降解。光催化对于顽固污染物可以非选择矿化，且不会形成危险的副产物，具有一定的环保优势。

尽管光催化氧化技术在有机污染物降解方面具有良好的应用前景，但是大多数光催化剂存在光吸收范围较窄、光生电子空穴对分离效率较低、光生电子空穴对复合率较高等问题，极大地限制了光催化技术在有机污染物降解过程中的应用。

在 AOPs 中，出于对催化氧化效率、成本以及减少二次污染等考虑，研究者将研究目标转向高效非均相催化剂的研制中。催化剂的活性、稳定性和重复使用性影响了氧化过程的速率和成本。因此，基于 AOPs 的各种催化剂的高活性材料的绿色制备为污水处理提供了一种有前景的策略，但也具有一定的挑战性。MOFs 的出现为催化剂的发展提供了新的机遇，其作为催化剂具有良好的特征，如化学稳定性高、结构良好、孔容大、比表面积高等。同时，衍生自 MOFs 的催化材料具有更适宜的孔隙率、强导电性以及多材料的复合优势，同时 MOFs 也可作为纳米催化剂的支撑基质，减少颗粒之间聚集，确保催化剂、氧化剂和污染物之间充分接触，提高催化活性。因此，MOFs 及其衍生材料已逐步应用于 AOPs 水处理过程之中，并展现出了独特的优势。

2. 有机污染处理

在过去的几年里，MOFs 及其衍生的 Fenton 类催化剂快速发展。迄今，已经报道了各种 MOFs 衍生的 Fenton 类催化剂，包括单种金属(如 Fe、Co、Cu)和含有 MOFs 的多种金属(如 Fe/Co、Fe/Cu)。越来越多的研究表明，基于 MOFs 的类 Fenton 反应将在有机污染物的去除中发挥重要作用。在相关工作中，Lv 等[68]制备了新型 Fe^{II}@MIL-100(Fe)的类 Fenton 催化剂，并研究了其在降解亚甲蓝(MB)过程中的应用，发现引入 Fe(Ⅱ)后，Fe^{II}@MIL-100 带有更强的正电荷，对 MB 的吸附能力较低[图 8-8(a)]，这被认为对催化降解过程产生不利影响[69]。然而，Fe^{II}@MIL-100(Fe)比 MIL-100(Fe)催化剂具有更高的催化能力，可能的机制如图 8-8(b)所示，表明 Fe^{II}@MIL-100 中的 Fe(Ⅱ)和 Fe(Ⅲ)离子对 · OH 的生成具有协同作用[68]。

为了进一步优化催化剂的性能，可以通过最大限度地利用可用的吸附表面剂或者构造特定或有序的形貌以创建简单的底物转移途径来实现。Liu 等[70]采用可控合成方法可靠地定义了 $Fe_3[CO(CN)_6]_2$ 的形貌，其为一种 Fe-Co 普鲁士蓝类似物(Fe-Co PBAs)类别的 MOFs。该项研究所依赖的原理是：生长温度能够影响二次构筑单元(SBUs)在不同晶体方向上的生长速率。当温度在 0~85 ℃之间变化时，结构从微球到微立方体的不

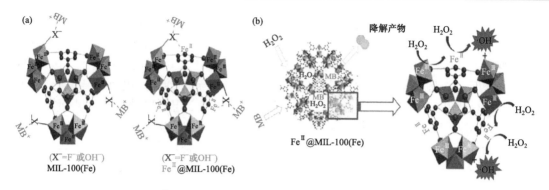

图 8-8 (a)染料亚甲蓝和 Fe^{II}@MIL-100 之间的静电相互作用；(b)Fe^{II}@MIL-100 对 H$_2$O$_2$ 的催化机制[68]

同形态转变[70]。结果表明，微立方体形态可以最有效地降解双酚 A，在仅 6 min 的时间内其对双酚 A 的降解率即可达到 85%[70]。这是由于该形态可将催化剂的优异性能与暴露的(100)面的百分比联系起来，这些(100)面在 Fenton 催化中非常有利于激活过氧化氢生成活性自由基，从而实现有机物快速降解。

除铁基 MOFs 外，其他金属，如 Cu 和 Co 基 MOFs 已被合成并用作非均相 Fenton 类催化剂。由于铜与铁类似，铜基的氧化还原催化剂引起了广泛的关注。2015 年，Lyu 等[71]用水热法合成了铜基 MOFs 并以其作为模板，在热解模板去除后得到了掺杂铜的介孔二氧化硅微球(Cu-MSMs)。表征结果表明，通过 Cu—O—Si 的化学结合，0.91%的铜被嵌入到框架中。Cu-MSMs 催化的 Fenton 工艺对苯妥英(PHT)和苯海拉明(DP)具有良好的降解性能。Fenton 反应中可能发生的相互作用过程如图 8-9 所示。第一步，在 Cu-MSMs 中，通过 Cu(Ⅰ)框架将过氧化氢转化为·OH，Cu(Ⅰ)同步氧化为 Cu(Ⅱ)。生成的·OH 可以引发 PHT 和 DP 分解。更重要的是，所产生的酚类中间体可以吸附在 Cu-MSM 的表面，与框架 Cu(Ⅱ)络合，形成 Cu 配体。

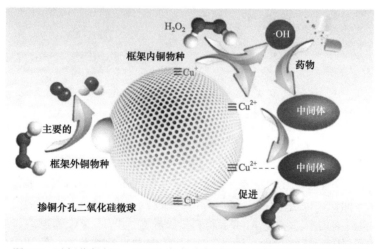

图 8-9 过氧化氢与 Cu-MSMs 框架中铜种之间可能的相互作用过程[71]

MOFs 及其衍生材料在活化过硫酸盐时，可显著增强催化氧化反应的进程。Lin 等[72]首次将纯的 MOFs——ZIF-67(Co)用于活化降解罗丹明 B，该催化剂可以利用其金属节

点中 Co^{2+} 和 Co^{3+} 的循环转化实现 PMS 活化，从而高效去除水中的污染物，同时，其催化性能优于传统 Co 基催化剂，这是由 MOFs 独特的结构促进了变价 Co 的价态快速循环转变。Azhar 等[73]合成了具有强水稳定性的 bio-MOF-11-Co 催化剂并用于活化 PMS 降解水中磺胺氯吡咯嗪和对羟基苯甲酸，结果表明在 30 min 内该催化剂可实现 45 mg/L 浓度有机污染物完全降解。材料中的 Lewis 碱位点提高了电子转移速率，从而提升了 PMS 的活化效率，促进了污染物降解。Li 等[74]发现普鲁士蓝类似物中含有丰富的过渡金属、碳源和氮源，是 MOFs 衍生物的理想模板，在热解前可通过调节普鲁士蓝类似物中 Fe 和 Co 的含量，得到一系列形貌、结构和性能各不相同的 $Fe_xCo_{3-x}O_4$ 纳米笼。其中，Fe 的掺杂量对纳米笼的形貌起到决定性作用，实验证明 $Fe_{0.8}Co_{2.2}O_4$ 去除双酚 A 的效率最高。Mössbauer 光谱和 XPS 等手段证明了位于纳米笼表面的 Co^{2+} 是活化 PMS 产生自由基的主要活性位点。这些由 MOFs 衍生的单/双金属氧化物通常具有磁性，能够很容易地从水体中分离，也利于从水处理过程中回收利用。

MOFs 及其衍生物在活化过硫酸盐方面较大多数传统催化剂材料效率高，这是由于 MOFs 及其衍生材料的高表面积、大的孔隙率和开放的孔隙结构，使得有机污染物和过硫酸盐能够在其表面或内部快速扩散。同时，MOFs 及其衍生材料也可以高效吸附有机污染物，使污染物浓缩后成为反应物的"微型反应器"，而金属位点与过硫酸盐之间又可以通过单电子转移等方式生成大量的自由基或其他氧化活性物种，在"微型反应器"中污染物可以被高效降解，具体作用机理如图 8-10 所示。

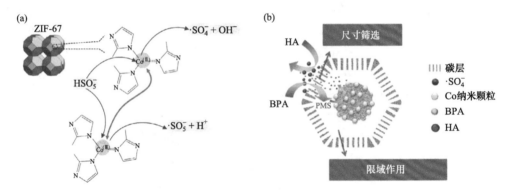

图 8-10 (a)ZIF-67 活化过硫酸盐降解罗丹明 B 的作用机理；(b)MOFs "微型反应器"降解双酚 A 的作用机制[72, 75]

同时，MOFs 及其衍生物是一种新型的光催化剂，其在光照下具有类半导体的性质。MOFs 催化剂的有机配体吸收光后，通过配体-金属电荷转移来促进生成光生电子-空穴对，进而触发非均相催化氧化反应发生。与传统光催化剂相比，MOFs 催化剂具有永久的孔/通道和高比表面积，促进光生电子转移和传质过程，故 MOFs 催化剂已被广泛应用于光催化氧化有机污染物中。常规 MOFs 材料带隙较宽，只对 UV 有感应，因此其实际应用能力较差[76, 77]，因此需要改进 MOFs 结构，拓宽其光响应范围，使其成为可见光光催化剂。Islam 等[78]合成了衍生 MIL-88B(Fe)催化剂，在 BiOI/MIL-88B(Fe)材料中，BiOI 与 MIL-88B(Fe)形成了 Z 型异质结，促进了电荷载流子分离，提高了光生电子转移效率。该催化剂在模拟太阳光照下可实现苯酚、环丙沙星和罗丹明 B 有机污染物高效降解。Pan 等[79]通过高温热解 ZIF-8 制备了系列 ZnO-C 复合材料，结果表明，其可通过光催化有效降解有机染料，且其性能与其含碳量成正相关，这是由于将碳引入 MOFs，可以有效阻止光生电子和空穴复合，从而提供更高的活性位点。此外，碳掺杂可以减小 MOFs 衍生材料导带与费米能级之间的间隙，实现可见光吸收，拓宽了其应用范围[79]。Cao 等[80]将含 Cd 的 MOFs 材料热解，生成了 N 掺杂的 CdS/NC-T 复合材料，该催化剂在可见光下可以有效地降解盐酸四环素。这是由于 CdS 纳米颗粒在碳基底中分布可以促进界面光的吸收和催化反应，同时主客界面上的光生载流子的产生和运输效率也被极大提升[80]。

MOFs 及其衍生物催化材料在光催化中的作用机制主要有两种，一种是催化剂配体-金属电荷转移机制，另一种是 MOFs 及其衍生材料在吸收 UV 和/或可见光时激发了内部的金属-氧团簇[81]。当光催化体系中加入 H_2O_2 时，体系中又会出现协同催化效应，一方面，催化剂表面的金属节点与 H_2O_2 之间发生类 Fenton 反应生成·OH，另一方面，H_2O_2 捕获光激发的 MOFs 催化剂中的光生电子生成·OH，抑制了电子-空穴重组[82-84]，进而促进污染物分解。此外，光生空穴也可直接实现污染物氧化降解。具体作用机理如图 8-11 所示。

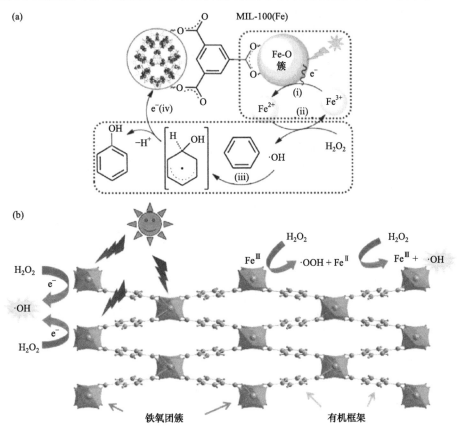

图 8-11 MIL-100(Fe) (a) 和 MIL-53(Fe) (b) 在可见光下活化 H_2O_2 的机制[82,84]

8.3.3 膜处理技术

1. 膜处理技术简介

膜处理法也称为膜析法，该方法是利用天然或人工合成的某种特定半透膜以外界能量或化学位差作为推动力对水溶液中某些物质进行分离、分级、提纯和富集的方法的总称。膜处理技术分离范围可达到分子级，且不需要发生相变。同时，该技术可以在进水端浓缩某些不能通过膜的组分，并进行截留提取，优于传统的膜过滤技术。膜处理技术可以在常温下运行，凭借其绿色高效的优势，逐渐发展成为提升水质的优选技术。目前主要有渗析法、电渗析法、反渗透法和超滤法。渗析法是依靠分子的自然扩散来实现物质分离，而电渗析法是依赖电力驱动实现膜两侧物质分离。反渗透法和超滤法则是利用外加压力使物质透过膜，实现其分离。膜处理技术虽然是一种常用的水处理手段，但是其与吸附法类似，并没有改变分离物质的性质。因此，近年来不少科研人员将目光转向了膜改性或多功能膜的研制，使水体在通过膜表面时，不仅可以实现污染物分离，同时还可以实现污染物形态转变甚至是控制膜污染。

自 2010 年开始，研究者广泛关注 MOFs 基膜，这是因为其具有高渗透性、选择性和（光）催化活性和抗菌性等特点[85]。一般而言，MOFs 不适用于作为膜的单一建筑材料，这是由于 MOFs 在高结晶度中会产生脆性，这限制了其在膜技术中的应用[86]。因此，MOFs 膜通常生长在支撑材料上，即聚合物或无机材料，在降低生产成本的同时提高机械性能[87]。研究人员大量探索的另一种策略是将聚合物膜与 MOFs 作为填充物混合，以产生混合膜或混合基质膜，该方法易于制备、可控制产物孔隙，并可以大规模生产，具备应用于水处理过程的优势。

2. 重金属污染处理

MOFs 及其衍生材料在重金属离子吸附领域已被广泛应用于研究，但是通常为粉末状，在实际水处理应用中难以回收利用。将 MOFs 等材料负载于膜表面，当含重金属离子的废水流经膜时，重金属离子可被原位吸附去除，同时膜也可方便回收再利用。如图 8-12(a)所示，Liu 等[88]通过将不同的聚合物（聚氨酯和聚丙烯腈）与 UiO-66 结合，制备了一系列 MOFs 纤维膜。所制备的 MOFs 膜保持了对钯（Pd）和铂（Pt）的同等吸收速率，

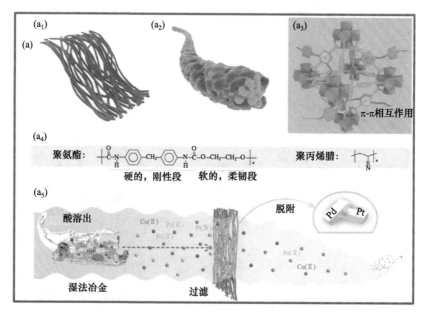

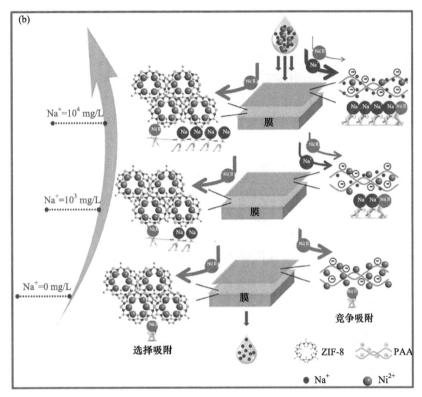

图 8-12 (a₁)MOFs 纤维膜；(a₂)单纤维、(a₃)MOFs 框架和聚合物链之间的 π-π 相互作用；(a₄)聚氨酯和聚丙烯腈的化学结构；(a₅)湿法冶金过程中 Pd 和 Pt 的回收；(b)不同盐度废水中 Ni(Ⅱ)在 PAA/ZIF-8/PVDF 杂化膜上的吸附去除机理[88, 89]

即使在强酸性溶液中也表现出良好的循环性能和选择性。由于 ZIF 具有优越的热稳定性和化学稳定性，Li 等[89]制备了一种新型的 PAA/ZIF-8/PVDF 杂交膜，即使在高盐水系统中，该膜也表现出良好的 Ni(Ⅱ)去除能力，其可实现高达 219.09 mg/g 的吸附量。如图 8-12(b)所示，Ni(Ⅱ)的去除是利用 ZIF-8 纳米材料中 Ni(Ⅱ)与羟基之间的特殊氢键作用以及与 PAA 中羧基的静电相互作用。Yuan 等[90]通过二次生长的方法在氧化铝材料上开发了一种纯 ZIF-300 膜用于去除废水中的 Cu^{2+}，结果表明，合成的 ZIF-300 膜具有良好的尺寸识别性能和水稳定性，对 Cu^{2+} 的排斥率为 99.21%，水渗透率为 39.2 L/(m²·h·bar)。

3. 有机污染处理

一些研究表明，基于 MOFs 的混合基质膜技术在染料过滤中具有较高的性能[91, 92]。Mahdavi 等[93]利用非溶剂诱导相转化技术在聚砜膜中引入了 MIL-53(Al)，得到了 PSU-MIL-53(Al)复合膜。该膜对多种染料，如活性红、直接黄、甲基绿和结晶紫等均有排斥反应。结果表明，PSU-MIL-53(Al)复合膜具有 MIL-53(Al)纳米颗粒的孔径小、亲水性好和水稳定性好等特点，获得了高通量和优异的染料截留性能，其对活性红、甲基绿、直接黄、结晶紫和甲基蓝的分离性能分别为 99.8%、99.5%、99.2%、98.8%和 97.1%，水通量可达 4.8 LMH。Yang 等在聚乙烯亚胺(PEI)底物上用聚丙烯腈(PAN)底物制备了杂化膜[图 8-13(a)][94]。结果表明，在 PAN 底物中加入 ZIF-8/PEI 可制备得到 556 nm 的无缺陷膜表面，通过增加 PEI 浓度和反应时间可降低水渗透性。同时，所得复合膜对不同染料的排斥反应为甲基蓝(99.6%)>刚果红(99.2%)>酸性红(94.4%)>甲基橙(81.2%)，改善了甲基蓝的排斥反应[图 8-13(b)]。长期过滤稳定性证明，ZIF-8/PEI 混合膜在腐殖酸溶液和牛血清蛋白的循环过滤实验中均保持稳定，通量回收率较高[图 8-13(c)]。

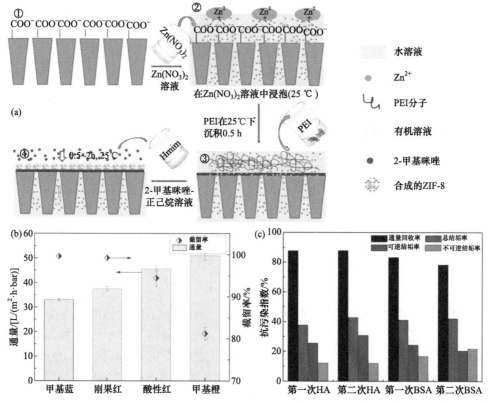

图 8-13　(a)ZIF-8/PEI 复合膜制备工艺示意图；(b)ZIF-8/PEI 复合膜对不同染料(100 mg/L)的纳滤去除性能；(c)以 1 g/L 腐殖酸或牛血清蛋白水溶液为原料液时 ZIF-8/PEI 复合膜的防污指标[94]

在膜处理过程中，水中的颗粒沉积在膜表面使得膜孔径变小或堵塞，引起膜分离特性变差，造成了膜污染。因此，在水处理过程中需要对膜表面的污染物进行去除，一种方法为反冲洗，其可去除表面附着不紧密、易分离的污染物；另一种有效的方法是将膜表面引入光降解特性，在外加光源的条件下可实现膜表面污染物的光催化降解。在这种方法中，需要用光催化剂材料进行膜修饰，得到光催化膜。如前文所述，MOFs 及其衍生材料显示出良好的光催化性能。因此，在膜中引入 MOFs 催化剂来创建光催化膜实现污染物的原位去除具有广阔的应用前景。Li 等[95]合成了一种纳米纤维的 MOF 膜，并测量了其对甲基橙(MO)和甲醛(FA)的光催化活性。该研究将聚丙烯酸(PAA)、聚乙烯醇(PVA)、磷钨酸(PW_{12})和 UiO-66 结合，制备得到了 PAA-PVA/PW_{12}@UiO-66 纳米纤维膜[图 8-14(a)]，其具有较高的光催化活性和良好的稳定性。在光照下，由于电子通过 PAA-PVA/PW$_{12}$@UiO-66 膜从 FA 转移到 MO，实现了 MO 和 FA 在水溶液中同时光降解[图 8-14(b)]。同时，PAA-PVA/PW$_{12}$@UiO-66 膜在每个处理循环后不需要再分离，这使得其与粉状 MOFs 光催化剂相比，再利用过程更加方便、快速。因此，PAA-PVA/PW$_{12}$@UiO-66 NFM 在光催化去除废水中的有机污染物方面表现出了巨大的潜力。

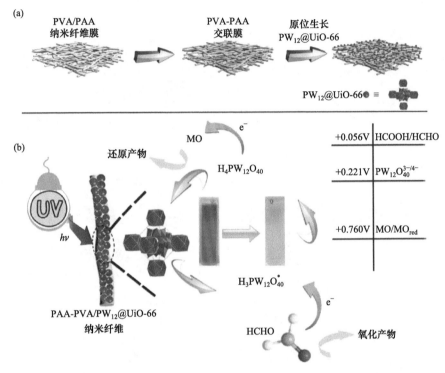

图 8-14 (a) PAA-PVA/PW$_{12}$@UiO-66 NFM 的制备工艺；(b) PAA-PVA/PW$_{12}$@UiO-66 NFM 同时降解 MO 和 FA 的可能的光催化机理[95]

4. 微生物污染处理

MOFs 复合膜不仅可以用来改性提高基膜的分离能力和抗有机污染能力，同时还可以杀死水中的有害细菌，提高自身抗菌活性。利用 ZIF-8 和氧化石墨烯(graphene oxide，GO)杂化的纳米片改性纳滤膜可得到具有抗菌活性膜片[96]，其有效抗菌活性为 84.4%。首次推测了 ZIF-8/GO 膜的抗菌机制，这是由于氧化石墨烯和 ZIF-8 的协同作用以及 ZIF-8 中 Zn^{2+} 的逐渐释放，如图 8-15 所示，因此 ZIF-8 基纳米复合膜作为多功能抗菌药物具有广阔的应用前景。

Wang 等[97]通过对聚砜(polysulfone，PS)膜表面涂覆聚多巴胺(polydopamine，PDA)并负载 MOFs，合成了一种改性的聚砜膜(ZIF-8/PDA/PS，图 8-16)以增强正渗透膜处理过程中的抗菌能力。原始 PDA/PS 膜对大肠杆菌(*E. coli*)的抑菌率约为 64%，而随着 ZIF-8 涂层的引入，ZIF-8/PDA/PS 复合膜的抑菌效率提高至将近 99%。这些结果可以

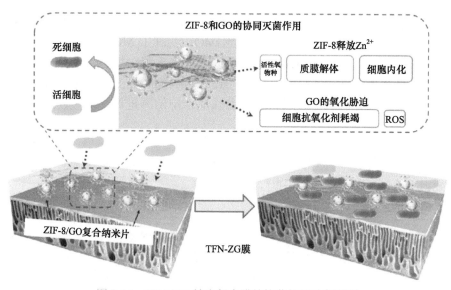

图 8-15　ZIF-8/GO 纳米复合膜的抗菌机理示意图[96]

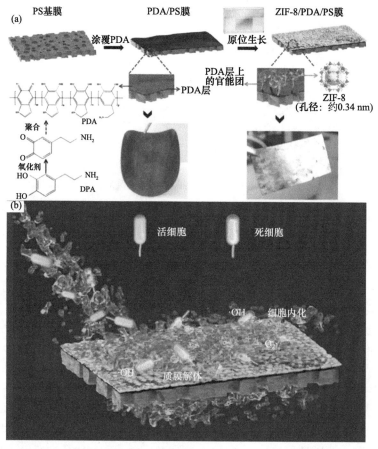

图 8-16　(a) ZIF-8/PDA/PS 复合膜原位生长合成示意图；(b) ZIF-8/PDA/PS 膜的抗菌机理示意图[97]

通过 Zn^{2+} 释放、脂质体破坏以及 Zn—O 和 Zn—N 键产生大量活性氧化自由基来解释，从而促进了大肠杆菌死亡[图 8-16(b)]。此外，在 PDA/PS 载体上涂覆 ZIF-8 层后，膜水通量从 6.2 L/m^2 增加到了 9.6 L/m^2，增加了 55%，这归因于 MOFs 和 PDA 涂层的协同作用。

8.4 MOFs 及其衍生材料在水处理应用中的毒性与缓解

尽管 MOFs 及其衍生材料在水处理技术中具有良好的应用前景，但其为金属和有机物配合而成的，需对它的潜在毒性进行评估。

MOFs 及其衍生材料的潜在毒性主要来源于其合成中使用的金属离子、有机配体和有机溶剂。在水处理过程中，MOFs 中金属离子和有机配体可能会由于强水动力学、水流冲刷以及过酸的条件等而发生溶出，造成水体二次污染，特别是对于未成形状的粉末状 MOFs。同时，纳米大小的 MOFs 也被证明对人类和生物体有害，纳米尺寸的 MOFs 的衍生材料具有穿透生命体生物屏障的能力，100 nm 的 MOFs 可以穿过细胞膜，40 nm 以下的 MOFs 可以进入细胞核，35 nm 以下的 MOFs 甚至可以穿透血脑屏障[98]，给生命体细胞带来直接的影响。同时，MOFs 在水中具有化学和生物降解的潜力，这可能进一步导致可溶性有毒重金属和有机物泄漏。除了化学和/或生物分解造成的风险外，离子交换也可能导致二次水污染，MOFs 及其衍生材料中有毒离子被水中污染物置换到溶液中，如二甲胺阳离子和硝酸盐离子[99]，造成水中污染物种类转变。

因此，在水处理应用中应消除潜在风险或将这些风险最小化。解决方案之一是将 MOFs 及其衍生物以复合膜或静电纺丝 MOFs/聚合物纳米纤维的形式，将其塑造成 MOFs/聚合物复合材料。MOFs 颗粒在柔性聚合物上的附着能力更强，从而减小了 MOFs 中有毒物质的释放[100]。因此，除了对聚合物进行预改性外，还需要高度关注 MOFs 的设计过程，以提高 MOFs 与聚合物之间的相容性。另一解决方案是要降低化学成分引起的毒性，在材料设计初期尽量将低毒性金属和生物相容性配体作为优先选择。由于钙和镁都是人体必需的元素，它们可能适用于 MOFs 的生产和应用。然而，用钙和镁或两者制备的 MOFs 在水中通常不太稳定。其他低毒性的金属，如钛、锆和铁常用于生物医学应用，研究表明，这些类型的 MOFs 毒性低或无毒性，更适合用于水中[101, 102]。部分报道表明，一些纳米级的 MOFs 可能在生物介质中可降解，纳米级 Fe 基 MOFs(MIL-88A、MIL-88B 和 MIL-100)可以在人体内降解为无毒化合物[103]，因此，在设计时可以优先考虑低毒性、生命体可降解的金属作为 MOFs 中的节点。具有中等毒性的金属，如锌和铝这类金属也可以考虑应用，而应避免使用镉和铬等剧毒金属，这类离子即使其浓度很低，也具有严重的毒性。与阳离子类似，氨基酸、碱基、有机酸等配体具有较低的毒性，并具有良好的生物相容性。因此，在 MOFs 的设计和制造中也应优先考虑它们。

8.5　MOFs 材料应用于水处理的挑战和前景

本章以 MOFs 的特点和机理为基础，重点介绍了其作为吸附剂材料、催化剂和膜的最新研究进展。这三种废水处理机制都是基于 MOFs 本身的优越性。总的来说，利用 MOFs 及其衍生材料来处理废水是一项新的突破，利用 MOFs 较多的性能优势，如大比表面积和高多孔结构、适应性特征和丰富的活性位点变化，创造不同的水处理技术方法。此外，还对 MOFs 进行功能化或与其他材料结合，以提高 MOFs 的性能或弥补其弱点。与传统的吸附剂、催化剂或膜相比，MOFs 或 MOFs 衍生的纳米材料在废水处理中表现出更优异的性能。

但是，MOFs 及其衍生材料生产成本较高，需要大量的能源，这成为 MOFs 大规模甚至工业规模生产的瓶颈。因此，只有少量的 MOFs 产品具有商业竞争力。因此，需进一步探索改进先进、简洁和低能耗的合成方法，制备结构和成分可控的 MOFs 系列材料。同时，MOFs 材料呈粉末状，在水处理过程中难以回收重新利用，且多数 MOFs 材料在水相中稳定性较差，在水处理过程中易分解，这也极大地限制了 MOFs 材料在工业中的广泛应用。因此，后续可以将研究视角落在 MOFs 及其衍生材料转化为宏观材料来克服这些限制的方法上，包括直接混合、原位生长或在聚合物、棉花、泡沫或其他多孔基质上沉积 MOFs 及其衍生物，使其成为大尺寸水处理功能材料。为了扩大 MOFs 的适用性，还应提高其在酸性或碱性条件下的水稳定性和化学稳定性，以保持其形态和结构的稳定性。

此外，目前大多数研究都是在实验室环境下处理合成的 MOFs 样品，且 MOFs 及其衍生材料的各种性质总是在相对较高的污染物浓度下进行测量的。但在实际废水中，污染物的浓度相对较低，且在污染物去除过程中，存在竞争物质干扰的问题。因此，实验结果与实际应用有很大差异。所以，除了在模拟静态条件下去除污染物的过程外，还需要在动态测试和放大实验中提高得到的 MOFs 材料的连续吸附或催化能力，使其能够同时处理多种污染物。

同时，目前对 MOFs 及其复合材料和衍生物的作用机理还缺乏准确、全面的认识，但这对制备高比表面积、高活性位点、低成本的吸附剂或催化剂具有重要意义，未来的研究需要采用更先进的表征工具和理论手段，以全面揭示可能的化学机理。更重要的是，需要阐明 MOFs 系列材料的结构与性能之间的关系，MOFs 用于废水处理过程中时具有协同特性，即吸附、催化降解和膜分离，而这三种特性是相互关联的，所以探索 MOFs 系列材料在水处理过程中的吸附、催化、分离机理也将成为重要的研究方向。另外，还应该采取更科学和综合的方法来评估水稳定的 MOFs 及其复合材料和衍生物的性能，污染物去除的 pH 依赖性，以及基于动力学和热力学研究的竞争组分的选择性。

尽管存在诸多问题和挑战，但 MOFs 材料在该领域的应用前景非常广阔，其实际应用指日可待。

参 考 文 献

[1] Li R Y, Wang Z S, Yuan Z Y, et al. A comprehensive review on water stable metal-organic frameworks for large-scale preparation and applications in water quality management based on surveys made since. Crit Rev Env Sci Tec, 2021: 1-34.

[2] Gan Y, Zhang L, Zhang S. The suitability of titanium salts in coagulation removal of micropollutants and in alleviation of membrane fouling. Water Res, 2021, 205: 117692.

[3] Ji C, Wu D, Lu J, et al. Temperature regulated adsorption and desorption of heavy metals to A-MIL-121: mechanisms and the role of exchangeable protons. Water Res, 2021, 189: 116599.

[4] Kundu K, Melsbach A, Heckel B, et al. Linking increased isotope fractionation at low concentrations to enzyme activity regulation: 4-Cl phenol degradation by *Arthrobacter chlorophenolicus* A6. Environ Sci Technol, 2022, 56(5): 3021-3032.

[5] Liu C, Zhang M, Gao H, et al. Cyclic coupling of photocatalysis and adsorption for completely safe removal of N-nitrosamines in water. Water Res, 2021, 209: 117904.

[6] Liu X, Ding S, Wang P, et al. Simultaneous mitigation of disinfection by-product formation and odor compounds by peroxide/Fe(Ⅱ)-based process: combination of oxidation and coagulation. Water Res, 2021, 201: 117327.

[7] Liu Z, Bentel M J, Yu Y, et al. Near-quantitative defluorination of perfluorinated and fluorotelomer carboxylates and sulfonates with integrated oxidation and reduction. Environ Sci Technol, 2021, 55(10): 7052-7062.

[8] Trainer E L, Ginder-Vogel M, Remucal C K. Selective reactivity and oxidation of dissolved organic matter by manganese oxides. Environ Sci Technol, 2021, 55(17): 12084-12094.

[9] Wang Y, Ye G, Chen H, et al. Functionalized metal-organic framework as a new platform for efficient and selective removal of cadmium(ii) from aqueous solution. J Mater Chem A, 2015, 3(29): 15292-15298.

[10] Zhang H, Quan X, Chen S, et al. Electrokinetic enhancement of water flux and ion rejection through graphene oxide/carbon nanotube membrane. Environ Sci Technol, 2020, 54(23): 15433-15441.

[11] Zhang X, Gu J, Liu Y. Necessity of direct energy and ammonium recovery for carbon neutral municipal wastewater reclamation in an innovative anaerobic MBR-biochar adsorption-reverse osmosis process. Water Res, 2022, 211: 118058.

[12] Wibowo A, Marsudi M A, Pramono E, et al. Recent improvement srategies on metal-organic frameworks as adsorbent, catalyst, and membrane for wastewater treatment. Molecules, 2021, 26(17): 5261.

[13] 刘艳凤. 金属-有机框架配合物催化氧化芳烃制备酚的研究. 天津: 天津大学, 2016.

[14] Chai Y, Zhang Y, Wang L, et al. In situ one-pot construction of MOF/hydrogel composite beads with enhanced wastewater treatment performance. Sep Purif Technol, 2022, 295: 121225.

[15] Lu S, Liu L, Demissie H, et al. Design and application of metal-organic frameworks and derivatives as heterogeneous Fenton-like catalysts for organic wastewater treatment: a review. Environ Int, 2021, 146: 106273.

[16] Yang F, Du M, Yin K, et al. Applications of metal-organic frameworks in water treatment: a review. Small, 2022, 18(11): e2105715.

[17] Kumar S, Jain S, Nehra M, et al. Green synthesis of metal-organic frameworks: a state-of-the-art review of potential environmental and medical applications. Coordin Chem Rev, 2020, 420: 213407.

[18] Zhou S, Zhu J, Wang Z, et al. Defective MOFs-based electrocatalytic self-cleaning membrane for wastewater reclamation: enhanced antibiotics removal, membrane fouling control and mechanisms. Water

Res, 2022, 220: 118635.
[19] 张晋维, 李平, 张馨凝, 等. 水稳定性金属有机框架材料的水吸附性质与应用. 化学学报, 2020, 78(7): 597-612.
[20] Ming Y, Purewal J, Yang J, et al. Kinetic stability of MOF-5 in humid environments: impact of powder densification, humidity level, and exposure time. Langmuir, 2015, 31(17): 4988-4995.
[21] Goyal P, Paruthi A, Menon D, et al. Fe doped bimetallic HKUST-1 MOF with enhanced water stability for trapping Pb(Ⅱ) with high adsorption capacity. Chem Eng J, 2022, 430: 133088.
[22] Wu Y, Li X, Zhao H, et al. Core-shell structured Cu_2O@HKUST-1 heterojunction photocatalyst with robust stability for highly efficient tetracycline hydrochloride degradation under visible light. Chem Eng J, 2021, 426: 131255.
[23] Zhao L, Azhar M R, Li X, et al. Adsorption of cerium(Ⅲ) by HKUST-1 metal-organic framework from aqueous solution. J Colloid Interf Sci, 2019, 542: 421-428.
[24] Jing F, Liang R, Xiong J, et al. MIL-68(Fe) as an efficient visible-light-driven photocatalyst for the treatment of a simulated waste-water contain Cr(Ⅵ) and malachite green. Appl Catal B: Environ, 2017, 206: 9-15.
[25] Liu M, Huang Q, Li L, et al. Cerium-doped MIL-101-NH2(Fe) as superior adsorbent for simultaneous capture of phosphate and As(Ⅴ) from Yangzonghai coastal spring water. J Hazard Mater, 2022, 423: 126981.
[26] Mo Z, Tai D, Zhang H, et al. A comprehensive review on the adsorption of heavy metals by zeolite imidazole framework(ZIF-8) based nanocomposite in water. Chem Eng J, 2022, 443: 136320.
[27] Peng H, Xiong W, Yang Z, et al. Facile fabrication of three-dimensional hierarchical porous ZIF-L/gelatin aerogel: highly efficient adsorbent with excellent recyclability towards antibiotics. Chem Eng J, 2021, 426: 130798.
[28] Ahmadijokani F, Molavi H, Rezakazemi M, et al. UiO-66 metal-organic frameworks in water treatment: a critical review. Prog Mater Sci, 2022, 125: 100904.
[29] Burtch N C, Jasuja H, Walton K S. Water stability and adsorption in metal-organic frameworks. Chem Rev, 2014, 114(20): 10575-10612.
[30] Howarth A J, Liu Y, Li P, et al. Chemical, thermal and mechanical stabilities of metal-organic frameworks. Nat Rev Mater, 2016, 1(3): 15018.
[31] Wang X, Long H, Li L, et al. Efficiently selective extraction of iron(Ⅲ) in an aluminum-based metal-organic framework with native N adsorption sites. Appl Organomet Chem, 2022, 36(7): e6758.
[32] Pan J, Gao B, Song W, et al. Modified biogas residues as an eco-friendly and easily-recoverable biosorbent for nitrate and phosphate removals from surface water. J Hazard Mater, 2020, 382: 121073.
[33] Jiang D, Chen M, Wang H, et al. The application of different typological and structural MOFs-based materials for the dyes adsorption. Coordin Chem Rev, 2019, 380: 471-483.
[34] Soni S, Bajpai P K, Mittal J, et al. Utilisation of cobalt doped Iron based MOF for enhanced removal and recovery of methylene blue dye from waste water. J Mol Liq, 2020, 314: 113642.
[35] Rivera J M, Rincón S, Ben Youssef C, et al. Highly efficient adsorption of aqueous Pb(Ⅱ) with mesoporous metal-organic framework-5: an equilibrium and kinetic study. J Nanomater, 2016, 2016: 1-9.
[36] Hakimifar A, Morsali A. Urea-based metal-organic frameworks as high and fast adsorbent for Hg^{2+} and Pb^{2+} removal from water. Inorg Chem, 2019, 58(1): 180-187.
[37] Afshariazar F, Morsali A, Wang J, et al. Highest and fastest removal rate of Pb(Ⅱ) ions through rational functionalized decoration of a metal-organic framework cavity. Chemistry, 2020, 26(6): 1355-1362.
[38] Xiong Y Y, Li J Q, Gong L L, et al. Using MOF-74 for Hg^{2+} removal from ultra-low concentration

aqueous solution. J Solid State Chem, 2017, 246: 16-22.

[39] Sun D T, Peng L, Reeder W S, et al. Rapid, selective heavy metal removal from water by a metal-organic framework/polydopamine composite. ACS Cent Sci, 2018, 4(3): 349-356.

[40] Wang C, Lin G, Xi Y, et al. Development of mercaptosuccinic anchored MOF through one-step preparation to enhance adsorption capacity and selectivity for Hg(Ⅱ) and Pb(Ⅱ). J Mol Liq, 2020, 317: 113896.

[41] Folens K, Leus K, Nicomel N R, et al. Fe_3O_4@MIL-101-A selective and regenerable adsorbent for the removal of as species from water. Eur J Inorg Chem, 2016, 2016(27): 4395-4401.

[42] Yao Y, Wang C, Na J, et al. Macroscopic MOF architectures: Effective strategies for practical application in water treatment. Small, 2022, 18(8): e2104387.

[43] Cai J, Wang X, Zhou Y, et al. Selective adsorption of arsenate and the reversible structure transformation of the mesoporous metal-organic framework MIL-100(Fe). Phys Chem Chem Phys, 2016, 18(16): 10864-10867.

[44] Sun J, Zhang X, Zhang A, et al. Preparation of Fe-Co based MOF-74 and its effective adsorption of arsenic from aqueous solution. J Environ Sci, 2019, 80: 197-207.

[45] Roushani M, Saedi Z, Baghelani Y M. Removal of cadmium ions from aqueous solutions using TMU-16-NH_2 metal organic framework. Environ Nanotechnol, Monit Manag, 2017, 7: 89-96.

[46] Nasehi P, Mahmoudi B, Abbaspour S F, et al. Cadmium adsorption using novel $MnFe_2O_4$-TiO_2-UiO-66 magnetic nanoparticles and condition optimization using a response surface methodology. RSC Adv, 2019, 9(35): 20087-20099.

[47] Abdollahi N, Moussavi G, Giannakis S. A review of heavy metals' removal from aqueous matrices by Metal-Organic Frameworks(MOFs): state-of-the art and recent advances. J Environ Chem Eng, 2022, 10(3): 107394.

[48] Wu Y, Pang H, Yao W, et al. Synthesis of rod-like metal-organic framework(MOF-5)nanomaterial for efficient removal of U(Ⅵ): batch experiments and spectroscopy study. Sci Bull, 2018, 63(13): 831-839.

[49] Bai Z, Liu Q, Zhang H, et al. Anti-biofouling and water-stable balanced charged metal organic framework-based polyelectrolyte hydrogels for extracting uranium from seawater. ACS Appl Mater Inter, 2020, 12(15): 18012-18022.

[50] Haque E, Lee J E, Jang I T, et al. Adsorptive removal of methyl orange from aqueous solution with metal-organic frameworks, porous chromium-benzenedicarboxylates. J Hazard Mater, 2010, 181(1-3): 535-542.

[51] Bibi R, Wei L, Shen Q, et al. Effect of amino functionality on the uptake of cationic dye by titanium-based metal organic frameworks. J Chem Eng Data, 2017, 62(5): 1615-1622.

[52] Hasan Z, Choi E J, Jhung S H. Adsorption of naproxen and clofibric acid over a metal-organic framework MIL-101 functionalized with acidic and basic groups. Chem Eng J, 2013, 219: 537-544.

[53] Dang Y T, Dang M H D, Mai N X D, et al. Room temperature synthesis of biocompatible nano Zn-MOF for the rapid and selective adsorption of curcumin. J Sci: Adva Mater Dev, 2020, 5(4): 560-565.

[54] Roushani M, Saedi Z, Musa beygi T. Anionic dyes removal from aqueous solution using TMU-16 and TMU-16-NH_2 as isoreticular nanoporous metal organic frameworks. J Taiwan Inst Chem E, 2016, 66: 164-171.

[55] Qin F X, Jia S Y, Liu Y, et al. Adsorptive removal of bisphenol a from aqueous solution using metal-organic frameworks. Desalin Water Treat, 2014, 1(10): 1-10.

[56] Zhang W, Zhang R Z, Yin Y, et al. Superior selective adsorption of anionic organic dyes by MIL-101 analogs: regulation of adsorption driving forces by free amino groups in pore channels. J Mol Liq, 2020, 302: 112616.

[57] Zhu X, Li B, Yang J, et al. Effective adsorption and enhanced removal of organophosphorus pesticides from aqueous solution by Zr-based MOFs of UiO-67. ACS Appl Mater Inter, 2015, 7(1): 223-231.

[58] 杨照贤. 金属有机框架材料在水处理中的应用研究. 长春: 长春理工大学, 2021.

[59] Zhang P, He M, Huo S, et al. Recent progress in metal-based composites toward adsorptive removal of phosphate: mechanisms, behaviors, and prospects. Chem Eng J, 2022, 446: 137081.

[60] Kumar I A, Jeyaseelan A, Ansar S, et al. A facile synthesis of 2D iron bridged trimesic acid based MOFs for superior nitrate and phosphate retention. J Environ Chem Eng, 2022, 10(2): 107233.

[61] Yang S, Wang Q, Zhao H, et al. Bottom-up synthesis of MOF-derived magnetic Fe-Ce bimetal oxide with ultrahigh phosphate adsorption performance. Chem Eng J, 2022, 448: 137627.

[62] Tao Y, Yang B, Wang F, et al. Green synthesis of MOF-808 with modulation of particle sizes and defects for efficient phosphate sequestration. Sep Purif Technol, 2022, 300: 121825.

[63] Sun S, Shan C, Yang Z, et al. Self-enhanced selective oxidation of phosphonate into phosphate by $Cu(II)/H_2O_2$: performance, mechanism, and validation. Environ Sci Technol, 2022, 56(1): 634-641.

[64] 高廷耀, 顾国维, 周琪. 水污染控制工程. 4版. 北京: 高等教育出版社, 2014.

[65] 何菁菁. MOFs衍生Fe-N共掺杂多孔碳活化过一硫酸盐降解有机污染物的性能与机理. 杭州: 浙江大学, 2021.

[66] Cheng M, Lai C, Liu Y, et al. Metal-organic frameworks for highly efficient heterogeneous Fenton-like catalysis. Coord Chem Rev, 2018, 368: 80-92.

[67] Oh W D, Dong Z, Lim T T. Generation of sulfate radical through heterogeneous catalysis for organic contaminants removal: current development, challenges and prospects. Appl Catal B: Environ, 2016, 194: 169-201.

[68] Lv H, Zhao H, Cao T, et al. Efficient degradation of high concentration azo-dye wastewater by heterogeneous Fenton process with iron-based metal-organic framework. J Mol Catal A: Chemi, 2015, 400: 81-89.

[69] Wang M, Fang G, Liu P, et al. $Fe_3O_4@\beta$-CD nanocomposite as heterogeneous Fenton-like catalyst for enhanced degradation of 4-chlorophenol(4-CP). Appl Catal B: Environ, 2016, 188: 113-122.

[70] Liu J, Li X, Liu B, et al. Shape-controlled synthesis of metal-organic frameworks with adjustable Fenton-like catalytic activity. ACS Appl Mater Inter, 2018, 10(44): 38051-38056.

[71] Lyu L, Zhang L, Hu C. Enhanced Fenton-like degradation of pharmaceuticals over framework copper species in copper-doped mesoporous silica microspheres. Chem Eng J, 2015, 274: 298-306.

[72] Lin K Y A, Chang H A. Zeolitic imidazole framework-67(ZIF-67) as a heterogeneous catalyst to activate peroxymonosulfate for degradation of rhodamine B in water. J Taiwan Inst Chem E, 2015, 53: 40-45.

[73] Azhar M R, Vijay P, Tade M O, et al. Submicron sized water-stable metal organic framework(bio-MOF-11) for catalytic degradation of pharmaceuticals and personal care products. Chemosphere, 2018, 196: 105-114.

[74] Li X, Wang Z, Zhang B, et al. $Fe_xCo_3-O_4$ nanocages derived from nanoscale metal-organic frameworks for removal of bisphenol a by activation of peroxymonosulfate. Appl Catal B: Environ, 2016, 181: 788-799.

[75] Zhang M, Xiao C, Yan X, et al. Efficient removal of organic pollutants by metal-organic framework derived Co/C yolk-shell nanoreactors: size-exclusion and confinement effect. Environ Scie Technol, 2020, 54(16): 10289-10300.

[76] Wang C, Liu X, Demir N K, et al. Applications of water stable metal-organic frameworks. Chem Soc Rev, 2016, 45(18): 5107-5134.

[77] Wang C C, Du X D, Li J, et al. Photocatalytic Cr(VI) reduction in metal-organic frameworks: a mini-

review. Appl Catal B: Environ, 2016, 193: 198-216.

[78] Islam M J, Kim H K, Reddy D A, et al. Hierarchical BiOI nanostructures supported on a metal organic framework as efficient photocatalysts for degradation of organic pollutants in water. Dalton T, 2017, 46(18): 6013-6023.

[79] Pan L, Muhammad T, Ma L, et al. MOF-derived C-doped ZnO prepared via a two-step calcination for efficient photocatalysis. Appl Catal B: Environ, 2016, 189: 181-191.

[80] Cao H L, Cai F Y, Yu K, et al. Photocatalytic degradation of tetracycline antibiotics over CdS/nitrogen-doped-carbon composites derived from in situ carbonization of metal-organic frameworks. ACS Sustain Chem Eng, 2019, 7(12): 10847-10854.

[81] Sharma V K, Feng M. Water depollution using metal-organic frameworks-catalyzed advanced oxidation processes: a review. J Hazard Mater, 2019, 372: 3-16.

[82] Wang D, Wang M, Li Z. Fe-based metal-organic frameworks for highly selective photocatalytic benzene hydroxylation to phenol. ACS Catal, 2015, 5(11): 6852-6857.

[83] Qin L, Li Z, Xu Z, et al. Organic-acid-directed assembly of iron-carbon oxides nanoparticles on coordinatively unsaturated metal sites of MIL-101 for green photochemical oxidatio. Appl Catal B: Environ, 2015, 179: 500-508.

[84] Ai L, Zhang C, Li L, et al. Iron terephthalate metal-organic framework: Revealing the effective activation of hydrogen peroxide for the degradation of organic dye under visible light irradiation. Appl Catal B: Environ, 2014, 148-149: 191-200.

[85] Sinha R S, Singh B H, Dangayach R, et al. Recent developments in nanomaterials-modified membranes for improved membrane distillation performance. Membranes (Basel), 2020, 10(140): 10070140.

[86] Kujawa J, Al-Gharabli S, Muzioł T M, et al. Crystalline porous frameworks as nano-enhancers for membrane liquid separation-Recent developments. Coord Chem Rev, 2021, 440: 126359.

[87] Biemmi E, Scherb C, Bein T. Oriented growth of the metal organic framework $Cu_3(BTC)_2(H_2O)_3 \cdot xH_2O$ tunable with functionalized self-assembled monolayers. J Am Chem Soc, 2007, 129(26): 8054-8055.

[88] Liu Y, Lin S, Liu Y, et al. Super-Stable, highly efficient, and recyclable fibrous metal-organic framework membranes for precious metal recovery from strong acidic solutions. Small, 2019, 15(10): 1805242.

[89] Li T, Zhang W, Zhai S, et al. Efficient removal of nickel(Ⅱ) from high salinity wastewater by a novel PAA/ZIF-8/PVDF hybrid ultrafiltration membrane. Water Res, 2018, 143: 87-98.

[90] Yuan J, Hung W S, Zhu H, et al. Fabrication of ZIF-300 membrane and its application for efficient removal of heavy metal ions from wastewater. J Membrane Sci, 2019, 572: 20-27.

[91] Wang K, Qin Y, Quan S, et al. Development of highly permeable polyelectrolytes(PEs)/UiO-66 nanofiltration membranes for dye removal. Chem Eng Res Des, 2019, 147: 222-231.

[92] Zhou S, Gao J, Zhu J, et al. Self-cleaning, antibacterial mixed matrix membranes enabled by photocatalyst Ti-MOFs for efficient dye removal. J Membrane Sci, 2020, 610: 126359.

[93] Mahdavi H, Karami M, Heidari A A, et al. Preparation of mixed matrix membranes made up of polysulfone and MIL-53(Al) nanoparticles as promising membranes for separation of aqueous dye solutions. Sep Purif Technol, 2021, 274: 119033.

[94] Yang L, Wang Z, Zhang J. Zeolite imidazolate framework hybrid nanofiltration(NF) membranes with enhanced permselectivity for dye removal. J Membrane Sci, 2017, 532: 76-86.

[95] Li T, Zhang Z, Liu L, et al. A stable metal-organic framework nanofibrous membrane as photocatalyst for simultaneous removal of methyl orange and formaldehyde from aqueous solution. Colloid Surface A, 2021, 617: 126359.

[96] Li X, Liu Y, Wang J, et al. Metal-organic frameworks based membranes for liquid separation. Chem Soc

Rev, 2017, 46(23): 7124-7144.
[97] Wang X P, Hou J, Chen F S, et al. In-situ growth of metal-organic framework film on a polydopamine-modified flexible substrate for antibacterial and forward osmosis membranes. Sep Purif Technol, 2020, 236: 116239.
[98] Furtado D, Bjornmalm M, Ayton S, et al. Overcoming the blood-brain barrier: the role of nanomaterials in treating neurological diseases. Adva Mater, 2018, 30(46): 1801362.
[99] Kumar P, Pournara A, Kim K H, et al. Metal-organic frameworks: challenges and opportunities for ion-exchange/sorption applications. Prog Mater Sci, 2017, 86: 25-74.
[100] Dou Y, Zhang W, Kaiser A. Electrospinning of metal-organic frameworks for energy and environmental applications. Adv Sci, 2020, 7(3): 1902590.
[101] Yang J, Yang Y W. Metal-organic frameworks for biomedical applications. Small, 2020, 16(10): 1906846.
[102] Abánades Lázaro I, Forgan R S. Application of zirconium MOFs in drug delivery and biomedicine. Coord Chem Rev, 2019, 380: 230-259.
[103] Baati T, Njim L, Neffati F, et al. In depth analysis of the in vivo toxicity of nanoparticles of porous iron(iii) metal-organic frameworks. Chem Sci, 2013, 4(4): 1597-1607.

第9章

MOFs 及其衍生物在海水资源提取中的应用

9.1 引 言

在世界人口不断增长和经济持续发展的情况下,人们对能源的需求也在不断增加[1]。同时,陆地资源勘探的不确定性也加重了能源供应的不稳定性。为了解决这一问题,人们正在寻求一些新的能源来源。海洋能源是一种新型的可再生能源,具有巨大的潜力。海洋作为地球上最大的生态系统之一,占地球面积的 70%左右,其中储藏着丰富的自然资源,可以缓解能源供应压力,从而增加能源的供应安全性[2]。海洋资源的开发和利用可为经济发展提供新动力,促进地区经济增长,改善人民生活水平。海洋资源的开发和利用不仅可以实现环境保护,还可以促进海洋生态的平衡自然演化,带动生态环境的改善和优化。海洋资源的开发和利用对于人类的经济、社会、生态、文化以及民生等各个方面都有着深远的影响。海水中的金属元素十分丰富,包括铁、铝、铜、锌、铅、镁、锂、铀等,这些金属元素在航空、航海、造船、电子、能源等领域有广泛的应用。虽然这些元素浓度比较低,但是海水体积巨大,总体储量十分可观,潜在价值非常高。海水中的金属元素在未来的新能源和科技领域有着广阔的应用前景。

MOFs 是一类由金属离子或团簇与有机配体构成的规则结晶网络结构的无机-有机杂化聚合物。自 1995 年以来,具有永久孔结构的 MOFs 材料已被报道[3]。MOFs 结构主要利用配位键将有机配体与无机单元结合在一起,其中无机单元主要是金属离子或金属团簇,有机配体则主要是羧化物、磷酸盐、磺酸盐及一些杂环化合物[4-6]。MOFs 材料有很多优点:①具有多孔性和大比表面积。MOFs 材料的孔径大小直接受有机官能团长度的影响,可以通过选择不同的有机配体来调控获得具有不同孔径大小的 MOFs 材料。②具有结构和功能多样性 MOFs 材料中心金属离子和配体的可变性造就了其结构和功能的多样性。③具有不饱和金属位点。MOFs 材料中暴露的金属位点可与带有氨基和羧基的物质进行配对,从而使 MOFs 材料更易于改性,此外含有不饱和金属位点的 MOFs 材料还可作为催化剂加速反应进行[7-9]。综上,MOFs 材料自身具有大量孔结构、大比表面积、高孔隙率、不饱和金属配位点、较好的化学稳定性和热稳定性等特点。因此,MOFs 作为离子筛分材料及吸附催化材料用于海水资源提取具有广阔应用前景。

本章以海水中铀、锂资源提取为例,简述了近年来在 MOFs 基吸附材料在海水提铀及 MOFs 膜在海水提锂方面的应用,希望本章的研究能够为 MOFs 基吸附及 MOFs 基膜材料的制备及其海水资源提取应用提供启示和参考。

9.2 MOFs 在海水提铀中的应用

能源是现代社会必不可少的基础产业,是一切经济活动和社会发展的重要基石[10]。然而,随着人类对能源的需求不断增长、传统能源的储备和开采逐渐减少以及环境问题日益严重,能源问题已成为全球性的难题。为满足国家能源需求,核能作为一种新型清洁能源,已经在核能发电、国防、工农业等领域占有重要地位[11]。目前我国大力推动核能,在建装机容量位居全球第一,但是 80%以上的核燃料都依赖于进口,导致我国核能发展仍有一定的局限[12]。铀资源是核工业持续发展的基础资源,是我国核能发展的战略资源。然而,在核能不断发展的背景下,铀燃料的保障问题日益突显。我国已探明的铀资源储量约 20 万 t,但由于我国是人口大国,铀资源相对贫乏,同时我国陆矿铀的开采成本相对较高,处理 1000t 铀矿石仅能得到 1t 铀,同时产生 3000t 废水[13]。据国际原子能机构和经济合作与发展组织下属核能机构公布的报告,目前全球已探明的铀矿资源只够人类使用一个世纪左右[14]。为保障核能的持续发展,对非常规铀资源的开发具有重要的战略意义。我们应该持续不断地探索各种途径,深入开发并利用现有的铀资源,并在此基础上,积极开展非常规铀资源的研究与开发,以满足我国核能发展的需求。

全球海水中含有大约 45 亿 t 铀资源,是陆地岩石含铀总量的 1000 倍,足以满足人类使用数千万年[15]。此外每年还有大量金属铀通过河水进入海水中,在高流动性的海水中快速达到浓度平衡,可以实现异地取用,因此海水中的铀资源属于一种共享资源[16]。如果能够开发出稳定、高效、廉价且可重复利用的海水提铀方法,海水中的铀将成为一种"取之不尽"的能源,足以支持人类能源的可持续发展。而且海水中铀的提取相对于陆地开采来说对环境更加友好,能够在获取大量铀资源的同时几乎不会对环境造成污染。因此,海水提铀被视为最富挑战性、最具潜力的核燃料资源研发项目之一,*Nature* 在 2016 年将其评为"改变世界的七个化学分离技术"之一[17]。随着我国对未来能源发展的定位和对海洋资源开发利用的重视,海水提铀的重要作用受到国内越来越多的关注。发展海水提铀对于保障我国核能的可持续发展和推进我国海洋资源综合利用具有重要且长远的战略意义。

目前从海水中提取铀资源仍面临着许多挑战。海水的 pH 在 7.8~8.3,其中的铀主要以三碳酸铀酰离子$[UO_2(CO_3)_3]^{4-}$的形式存在,需要材料在该 pH 范围内才能高效地提取铀[18]。此外,海水中铀的浓度很低,仅有 3.3μg/L 左右,极大地增加了富集提取难度。同时,海水中的共存离子、微生物等均会干扰铀的提取,降低提取效率[19]。目前研究人员已经开发了多种多样的海水提铀方法,如吸附法、溶剂萃取分离法、化学沉淀法、催化还原法和离子交换法等[20-23],综合提铀速率、材料稳定性、铀酰离子选择性、经济因素和可行性等多方面考虑,吸附法最适于应用在海水提铀中,而吸附法的核心是选择和制备性能优良的吸附材料。

MOFs 是一类十分有潜力的多孔吸附材料,具有可调的结构、开放的金属活性位点和可设计的功能,可以通过调控来制备高效铀吸附 MOFs 材料,在海水提铀中具有巨大的潜力。本节将按照 ZIFs、MILs 和 UiOs 系列分别进行总结阐述(图 9-1)。

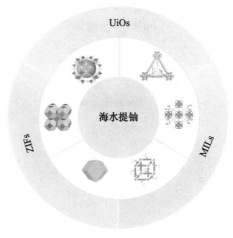

图 9-1　MOFs 海水提铀材料分类示意图

9.2.1　ZIFs 系列

ZIFs 系列材料是一类具有沸石拓扑结构的 MOFs,是由 Yaghi 课题组基于 Zn(Ⅱ)或 Co(Ⅱ)和咪唑配体首次合成的[24]。ZIFs 材料具有优异的水稳定性,主要是因为其孔隙中缺乏亲水基团以及孔隙太小,水分子无法通过[25]。此外,ZIFs 材料具有优异的特性,包括高孔隙率、易于合成、商业和工程优势以及易于与其他材料结合。同时,ZIFs 材料也具有优异的抗生物污染特性,在复合材料的制备中具有独特的优势。其中在海水提铀中应用最为广泛的代表材料包括 ZIF-67、ZIF-8 和 ZIF-90[26, 27]。

1. 单纯的 ZIFs 材料

ZIF-67 是一种金属有机框架材料,具有高度有序的晶体结构和大孔径。近年来,ZIF-67 作为从海水中高效回收铀的新材料备受关注。在 pH 为 4 时,ZIF-67 对铀的最高吸附量高达 1638.8 mg/g(图 9-2)[28]。ZIF-67 表现出优异的特异性和选择性,在竞争离子存在的情况下仍可高效去除铀(去除率>80%)。此外,该材料经过多次循环使用,洗脱效率仍在 90%以上,具有良好的可再生性。研究表明,ZIF-67 的高吸附量和较高的选择性可以归因于大量存在的 Co—OH 官能团,它们提供了 ZIF-67 与 U(Ⅵ)强烈结合的能力。FT-IR 光谱表明,铀酰离子是 U(Ⅵ)在 ZIF-67 上的主要吸附形式。此外,XPS 分析还证实了存在铀酰离子与 Co-O-U 结构,并且 O 1s、H_2O 和 Co 的峰值发生变化。ZIF-67 是一种有着高效回收海水中铀的有潜力的材料,但它在低浓度下表现出的吸附效率有待改进。此外,为了实现从海水中可持续回收铀,未来需要将其投入大规模的生产和应用。ZIF-67 为寻找更好的铀吸附材料提供了新思路,并成为一种极具研究和应用潜力的吸附剂。

ZIF-8 是一种以锌离子为中心离子,2-甲基咪唑为配体合成的 MOFs。Yang 等制备了 ZIF-8 和两种尺寸相近、结构不同的空心 ZIF-8 (HZIF-8, 图 9-3)[29]。以 ZIF-67

为模板，通过溶剂热法刻蚀 ZIF-67，制备了一种类型的 HZIF-8（HZIF-8D）。另一种 HZIF-8（HZIF-8I）是通过界面合成法得到的。传统 ZIF-8 的吸附量为 498 mg/g，而 HZIF-8D 和 HZIF-8I 的吸附量分别可以达到 578 mg/g 和 658 mg/g。这是因为与传统的 ZIF-8 相比，HZIF-8D 和 HZIF-8I 的中空结构提供了更多的活性位点，从而导致吸附速度更快，吸附量更高。

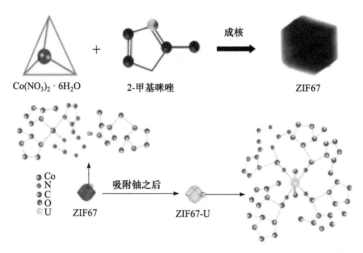

图 9-2　ZIF-67 的合成路线及吸附 U(Ⅵ) 的示意图[28]

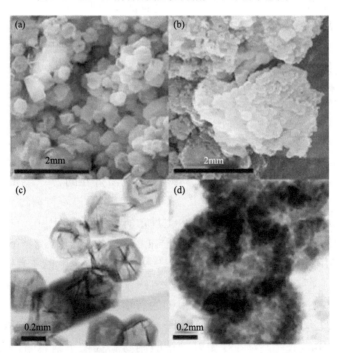

图 9-3　(a)HZIF-8D 和(b)HZIF-8I 的 SEM 图像；(c)HZIF-8D 和(d)HZIF-8I 的 TEM 图像[29]

2. ZIFs 材料的修饰

为了使 ZIFs 材料更适合于海水提铀，常常需要对材料进行选择性、抑菌性以及稳定性方面的提升。

铀吸附材料选择性的提升往往是通过引入偕胺肟基、膦酸基团、氨基和羧基等基团。ZIF-90 的咪唑配体中含有一个醛基，易于被改性，因此国内外学者研究了多种醛基肟化的方法。Knoevenagel 缩合反应是一种将具有活性的亚甲基化合物与醛或酮缩合，然后脱水得到 α,β-不饱和化合物的反应。Liu 等通过将 ZIF-90 的醛基与丙二腈进行 Knoevenagel 缩合反应引入氰化物基团，然后进行偕胺肟化成功地制备了偕胺肟功能化的多孔材料[ZIF-90-AO，图 9-4(a)][30]。偕胺肟基团的引入使得该材料增加了更多的铀吸附活性位点，ZIF-90-AO 相较于单独的 ZIF-90 吸附量大约提高了 1.6 倍，达到了 382.3 mg/g。在有其他 9 种金属离子共存的溶液中，ZIF-90-AO 也对 U(VI) 展现出优异的选择性。同时，该课题组也将合成的 ZIF-90 中的醛基与二氨基马来腈中的—NH_2 基团进行亚胺化反应，制备了 ZIF-90-D。最后，通过氨基肟化反应合成了含偕胺肟基的 ZIF-90(ZIF-90-A)，ZIF-90-A 对 U(VI) 的吸附量达到了 490.2 mg/g[31]。此外，该团队利用盐酸羟胺对 ZIF-90 进行修饰，得到肟化的 ZIF-90 [ZIF-90-OM，图 9-4(b)][32]。当有相同浓度的多种竞争离子共存时，在 pH = 4.5、5.0 和 5.5 条件下，ZIF-90-OM 在混合溶液中对铀酰离子的去除率分别达到 75%、82% 和 79%，而对其他金属离子的去除率均小于 5%。该材料对 U(VI)

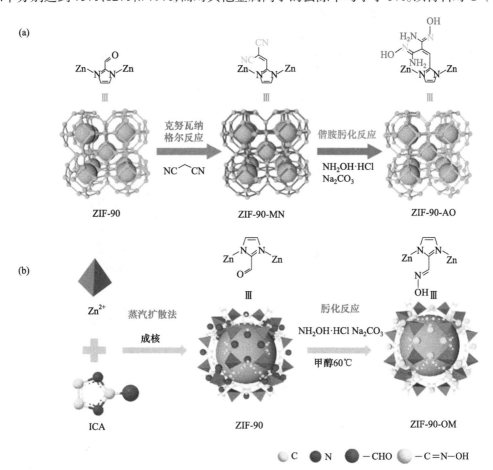

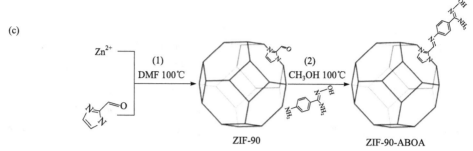

图 9-4　ZIF-90 不同的肟化思路：(a)ZIF-90-AO；(b)ZIF-90-OM；(c)ZIF-90-ABOA[30, 32, 33]

表现出优异的选择性，这主要是由于肟基对铀具有极高的亲和力。Pan 等采用席夫碱反应对 ZIF-90 进行了 4-氨基苯甲酰胺肟改性，得到了偕胺肟功能化的 ZIF-90 [ZIF-90-ABOA，图 9-4(c)]，在多种竞争离子共存时，ZIF-90-ABOA 通过偕胺肟基与铀酰离子的络合作用，对铀展现出极高的选择性[33]。

相较于 ZIF-90，以 2-甲基咪唑为配体的 ZIF-67 和 ZIF-8 对配体进行改性的难度较大，因此，常常与含有偕胺肟基团的材料进行复合。Chi 团队首先将聚丙烯腈(PAN)氨基肟化得到聚偕胺肟(PAO)。如图 9-5 所示，采用溶剂诱导相分离法制备稳定的球形材料，然后原位生长 ZIF-8 纳米晶，合成 ZIF-8/PAO 复合微球材料(ZIF-8/PAO)[34]。ZIF-8/PAO 具有较高的比表面积(386 m^2/g)和丰富的孔隙结构。在吸附实验中，ZIF-8/PAO 在 pH = 4 时对 U(Ⅵ)吸附效果最高，吸附量为 803 mg/g。此外，ZIF-8/PAO 对 U(Ⅵ)展现出良好的选择性，在 3 μg/L 的低浓度下对 U(Ⅵ)的吸附率可达 99%。

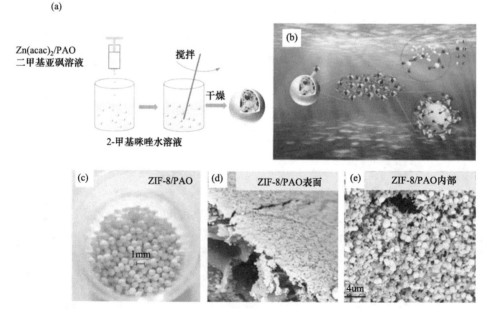

图 9-5　(a)ZIF-8/PAO 的制备方案；(b)ZIF-8/PAO 与 U(Ⅵ)的结合机理；(c)样品照片；(d)表面形貌；(e)内部形貌[34]

Pang 等通过在静电纺聚丙烯腈(PAN)纤维上原位生长 MOF 颗粒，再经偕胺肟化改性，成功合成了一种新型的有机-无机杂化吸附剂(AOPAN/ZIF，图 9-6)[35]。咪唑和偕胺肟提供的 N 原子协同提高了纤维的吸附性能，使其能够更广泛地应用于核废水和海水中捕获 U(VI)。实验结果表明，在 pH 为 4 的 U(VI)溶液中，AOPAN/ZIF 纤维的吸附量高达 498.4 mg/g。在偕胺肟化后，选择性提高了 2 倍。

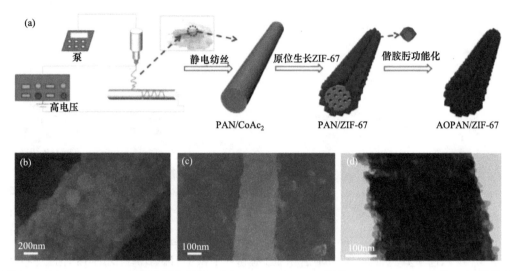

图 9-6　(a) AOPAN/ZIF 合成路线示意图；(b) PAN/ZIF 的 SEM 图像；(c) AOPAN/ZIF 的 SEM 图像和 (d) TEM 图像[35]

除了偕胺肟基外，膦酸基团也被广泛应用于选择性的提升。Sun 等利用超声辅助的合成方法，在羟基磷灰石(HAP)的表面修饰中引入 U(VI)结合的官能基团，并成功制备了一种新型的 HAP/ZIF-67 纳米复合材料(图 9-7)。ZIF-67 中含有丰富的 Co-OH 和 —C=N— 结合基团，而纳米级 HAP 中含有 Ca-OH 和 PO_4^{3-}，两者之间的协同作用使得 HAP/ZIF-67 材料具有更高的 U(VI)吸附能力，达到 453.1 mg/g，分别是原始 HAP 和 ZIF-67 的 2.55 倍和 1.78 倍。此外，该材料对 U(VI)表现出很高的选择性，对实际废水中的 U(VI)去除率可达 97.29%[36]。Wang 等在保持 ZIF-8 框架特性的基础上，经过 Fe 掺杂、热活化和磷酸化等一系列操作，制备了 Fe-ZIF-8-PO4-300 铀吸附材料，其最大饱和吸附量达到了 691.83 mg/g，可以高效选择地吸附去除水中的 U(VI)[37]。

ZIFs 是一类具有出色生物抑菌性能的金属有机框架材料，作为一种新型抗菌材料已经被广泛研究，可以被应用于医疗设备、食品包装和水处理等多个领域[38,39]。ZIFs 的抗菌机制主要有两种：一种是通过释放金属(如锌、钴等)离子，在细胞壁和膜上形成孔洞，伤害细菌生长所必需的酶、蛋白质和 DNA 等，引起其死亡；另一种是利用 ZIFs 的有机配体与细胞膜的金属离子部分共享细胞膜的正电荷，从而导致细胞因电荷失调而死亡。总之，ZIFs 的抑菌性能在未来将有着广泛的应用前景。

Liu 等采用最小抑菌浓度(MIC)试验评价 ZIF-90 和 ZIF-90-OM 的抑菌活性[32]。ZIF-90 和 ZIF-90-OM 表现出相似的抗菌活性，ZIF-90 对革兰氏阴性大肠杆菌和革兰氏阳性金黄色葡萄球菌的 MIC 值分别为 120 µg/mL 和 60 µg/mL，ZIF-90-OM 对两种细菌的 MIC 值

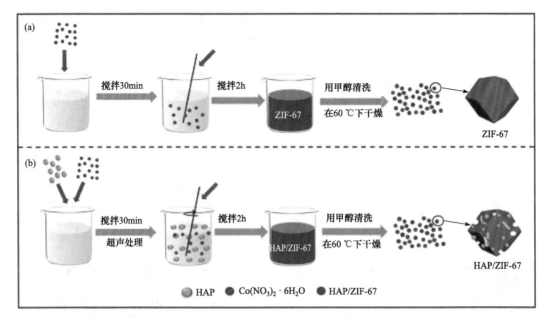

图 9-7 (a)ZIF-67 和(b)HAP/ZIF-67 的制备方案[36]

均为 60 μg/mL，表明两种样品均具有良好的抑菌活性。ZIF-8 除了可以释放 Zn^{2+} 进行抑菌外，还可以通过其光催化产生的活性自由基起到杀菌消毒的作用。ZIF-8 作为一种光催化抑菌材料，已经被证明可以在阳光下进行全面消毒[40]。此外，ZIFs 也与其他抑菌材料进行复合来协同提高其抑菌性能。Wang 等在壳聚糖-氧化石墨烯泡沫基底上原位生长掺杂 ZIF-8 的银离子，制备了具有防污性能的壳聚糖-氧化石墨烯/ZIF-8 复合吸附材料(GCZ8A)[41]。对 GCZ8A 进行菱形藻 *Nitzschia algae* 的抗生物污垢分析，结果表明，空白时 ZIF-8 的藻类浓度稳定，7 天内藻类数量保持在接近 98%的高水平，说明 ZIF-8 仅表现出轻微的细胞死亡效应。对于纯壳聚糖(CS)，藻类细胞浓度接近 50%。然而，添加氧化石墨烯后，GC 泡沫中的藻类浓度增加到 80%，这表明交联的活性位点或中和的表面电位降低了壳聚糖的抑制作用。随着 ZIF-8 的生长，藻类浓度提高到 84%，证实了 GCZ8 在一定程度上防止了 *Nitzschia* 引起的生物污染。值得注意的是，GCZ8A 复合材料具有较高的细胞死亡率(约 70%)，并且由于银离子与部分 GC 聚合物底物的共同作用而产生明显的抑制作用。此外，防止海洋生物在吸附剂表面的定植也是生物污染的关键因素。利用其独特的荧光进一步测定了 *Nitzschia* 细胞的活力。在图 9-8 中，纯 CS 上几乎没有观察到活细胞，在 7 天后，GC 和 GCZ8 复合材料表面附着的活细胞数量显著增加。而在 GCZ8A 复合材料表面观察到罕见的活细胞，进一步证实了 GCZ8A 复合材料不仅能杀死藻类细胞，而且由于银离子和部分壳聚糖的作用，还能抑制细胞黏附。值得注意的是，结果表明 GCZ8A 泡沫能够在海洋环境中提供优越的防污性能。

3. ZIFs 复合材料

由于粉末状的 ZIFs 材料在实际应用中从水体中回收分离都具有一定的难度，ZIFs 材料也经常与凝胶和膜等材料复合，提高其稳定性及再生性。Ye 等通过使用生物激发聚多巴胺(PDA)介导的反扩散合成策略开发一种新型膜支撑的一维 MOF 中空上层结构阵列，

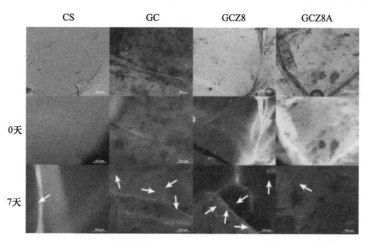

图 9-8 CS、GC、GCZ8 和 GCZ8A 在藻液中培养 0d 和 7 d 后的自然光和荧光图像,比例尺均为 100 μm[41]

其在流动模式下可以高效地分离铀[42]。首先利用 PDA 化学修饰聚碳酸酯蚀刻膜(PCTM)圆柱孔通道的内表面,从而调控 ZIF-8 晶体的非均质成核和界面生长。在膜基质中嵌入了具有明确一维通道的 ZIF-8 中空上层结构。然后,这些膜支撑的 MOF 空心上层结构首次用作集成色谱微柱阵列,用于有效地从水溶液中捕获铀(图 9-9)。结果表明,PCTM 负载的 ZIF-8 上部结构在传统批处理模式和快速流动模式下均表现出优异的铀吸附能力。此外,该膜也方便回收,提高了 ZIF-8 的稳定性,有利于大规模应用。

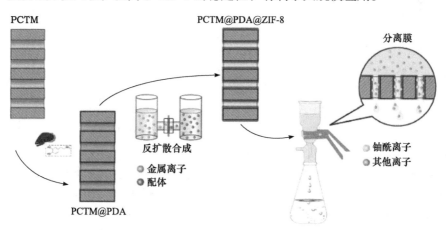

图 9-9 PDA 介导聚碳酸酯蚀刻膜负载的 1D ZIF-8 中空上层结构阵列的制备说明[42]

9.2.2 MILs 系列

MIL-101 具有超大的孔体积和比表面积,自 2005 年首次报道以来,一直是 MILs 系列中备受关注的明星 MOFs。其独特的孔结构、大的比表面积和良好的水稳定性也使 MIL-101 成为 MILs 中应用最广泛的铀吸附材料。由于原始的 MIL-101 缺乏对铀酰离子十分亲和的活性位点,其吸附量较低,仅有 20 mg/g[43]。因此 MILs 铀吸附材料主要是对 MIL-101 进行优化。

1. MILs 材料的修饰

为了提高 MIL-101 对铀酰离子的结合能力，研究人员在其配体中引入了偕胺肟基、膦酸基团和氨基等基团进行改性。Dong 等通过氯甲基化 MIL-101(Cr) 与二氨基马来腈(DAMN) 的反应以及氨基肟化反应，成功制备了新型偕胺肟功能化多孔材料(MIL-101-AO，图 9-10)[44]。由于偕胺肟基与铀的螯合作用以及较大的比表面积，MIL-101-AO 对 U(Ⅵ) 具有优良的选择性吸附能力(586 mg/g)。MIL-101-AO 在人工海水中对 U(Ⅵ) 的选择性吸附比其他共存金属离子强，去除率达 96%。

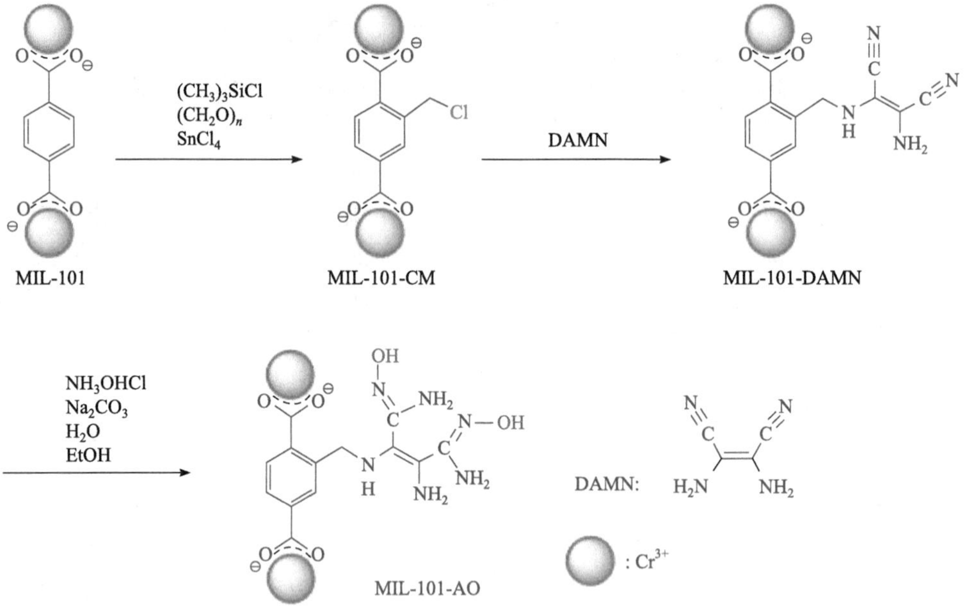

图 9-10 偕胺肟功能化 MIL-101-AO 的合成路线[44]

膦酸基团也被广泛应用于 MILs 改性，Florek 等利用氨基甲酰甲基膦氧化物(CMPO) 对 MIL-101(Cr) 功能化得到吸附材料 MIL-101(Cr)-CMPO，在间歇条件和动态(柱)设置下进行铀吸附实验，MIL-101(Cr)-CMPO 都表现出快速的吸附动力学[45]。Xiao 团队制备了具有磷酸基团的 MIL-101(Cr)-PMIDA 金属有机框架(图 9-11)，用于吸附 U(Ⅵ)。该材料在水溶液中表现出优异的选择性去除 U(Ⅵ) 的性能。吸附热力学和动力学研究表明，吸附为自发吸附($\Delta G < 0$)和放热吸附($\Delta H > 0$)，符合伪二级动力学模型($R^2 > 0.99$)[46]。

Liu 等在 MIL-101 中引入氨基，分别合成了 MIL-101-NH$_2$、MIL-101-ED(ED =乙二胺)和 MIL-101-DETA (DETA =二乙烯三胺)[43]。它们对 U(Ⅵ) 的吸附量大小依次为 MIL-101-DETA > MIL-101-ED > MIL-101-NH$_2$ > MIL-101，其中 MIL-101-DETA 在 pH 约 5.5 下的吸附量最高，为 350 mg/g。这项工作有望为开发耐酸 MOFs 提供一种简便的方法，使其能够高效和选择性地从水溶液中提取铀。Li 等基于氨基衍生 MIL-101(MIL-101(Cr)-NH$_2$，MOF-1，图 9-12)的可扩展后合成策略，在相应的中间叠氮化物材料(MIL-101(Cr)-N$_3$，MOF-2)上使用 Cu(Ⅰ)催化，通过"点击化学"很容易地得到所需的功能化 MOF[MIL-101(Cr)-三唑-COOH, MOF-3][47]。接枝独立羧酸单元的功能化 MIL-101

可以高效提取水溶液中的 U(Ⅵ)，是一种具有实际应用前景的吸附材料。

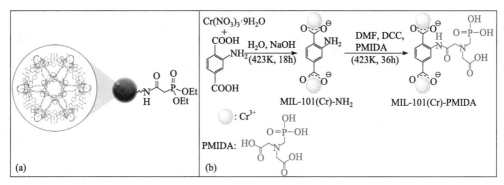

图 9-11　(a) MIL-101(Cr)-CMPO 与放大的 MIL-101 笼状结构；(b) MIL-101(Cr)-PMIDA 的合成方法[45,46]

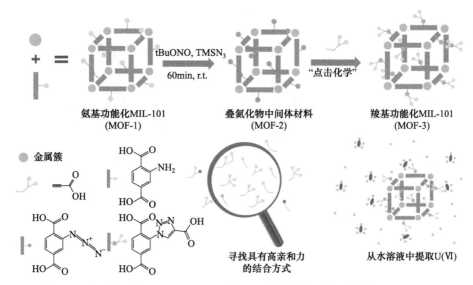

图 9-12　基于氨基衍生 MIL-101 的可扩展后合成策略对铀的有效提取 U(Ⅵ)[47]

除了引入一种选择性铀吸附基团外，也可以引入多种基团进行协同吸附。Meng 等通过苯乙烯马来酸酐(SMA)的表面引发 ATRP 将其接枝到氯甲基化 MIL-101 上得到 MIL-101-SMA[48]。MIL-101-SMA 与氨基乙腈通过氨解反应在 SMA 链上引入丁腈基团，并在相邻位置生成羧基。随后，氨基肟化反应将腈基转化为偕胺肟基，得到同时含有羧基和偕胺肟基的聚合物链 MIL-101-SMA-AO。偕胺肟基和羧基的协同作用增强了 MIL-101 的吸附量和选择性。在多种竞争离子存在的情况下，MIL-101-SMA-AO 对铀展现出优异的选择性(图 9-13)。另外，模拟海水实验也证实了 MIL-101-SMA-AO 在海水提铀中的应用前景。

2. MILs 复合材料

调节 MIL-101 的金属节点、与其他材料复合也是提高 MIL-101 铀吸附性能的重要策略。Han 等以 Fe(Ⅲ)为金属节点，2-氨基苯-1,4-二羧酸为配体，设计并制备了氧化石墨烯/Fe 基金属-有机框架夹层复合材料[GO-MIL-101(Fe)][49]。通过调节氧化石墨烯纳米片

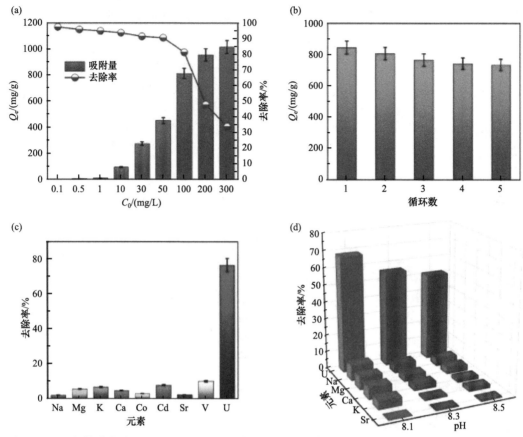

图 9-13　(a) 初始浓度对 MIL-101-SMA-AO 吸附 U(Ⅵ) 的影响；(b) MIL-101-SMA-AO 对 U(Ⅵ) 的循环吸附；(c) 其存离子影响下 MIL-101-SMA-AO 对 U(Ⅵ) 的去除率；(d) 不同 pH 下 MIL-101-SMA-AO 对模拟海水中 U(Ⅵ) 去除率的影响[48]

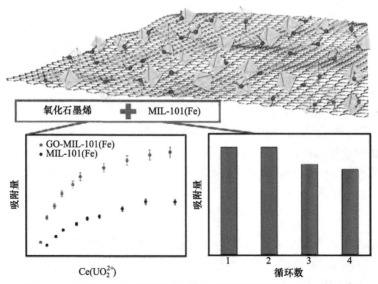

图 9-14　GO-MIL-101(Fe) 复合物的示意图及其吸附、再生性能[49]

的添加量，可以获得尺寸和密度可调的 MIL-101(Fe) 八面体复合材料。实验结果表明，氧化石墨烯与 MIL-101(Fe) 八面体的协同作用优化了吸附性能，图 9-14。这也为设计能充分发挥组分功能的新型吸附剂奠定了基础。

Zhang 团队采用溶剂热合成技术合成了 MIL-68/氧化石墨烯(MIL-68/GO) 复合材料。MIL-68/GO 复合材料在模拟海水中也表现出良好的吸附性能。在 U(Ⅵ) 浓度为 3 μg/L 且多种金属离子共存时，U(Ⅵ) 的分布系数(K_d)值为 2.29×10^4 mL/g，其具有优异的选择性[50]。Zhu 团队采用溶剂热法构建了金属/共价有机框架二元纳米复合材料[NH$_2$-MIL-125(Ti)@TpPa-1]用于吸附去除铀（图 9-15）。核壳 NH$_2$-MIL-125(Ti)@TpPa-1 具有更稳定的多层孔隙结构和丰富的活性官能团，此外 NH$_2$-MIL-125(Ti)@TpPa-1 对铀的去除速率快，吸附量高(536.73 mg/g)。其对 U(Ⅵ) 的吸附机理为与含氮/含氧官能团的螯合和静电吸引[51]。

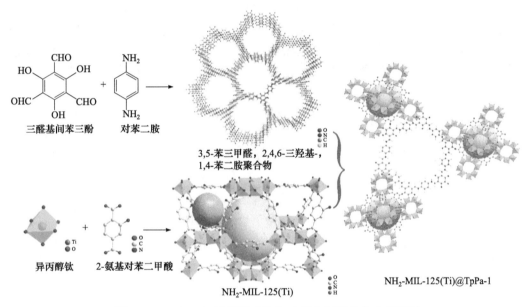

图 9-15　NH$_2$-MIL-125(Ti)@TpPa-1 复合材料的合成方案[51]

9.2.3　UiOs 系列

UiOs 系列是一种基于[Zr$_6$O$_4$(OH)$_4$(CO$_2$)$_{12}$]二级结构单元的微孔 MOFs 材料。由于其无机建筑砖的坚固结构，UiOs 系列 MOFs 具有高水稳定性，在海水资源提取中显示出巨大的潜力。其中 UiO-66，UiO-67 和 UiO-68 是 UiO 家族中的代表性成员。在 UiOs 家族中，UiO-66 是铀提取领域研究最广泛的 MOF。UiO-66 中的多孔结构和活性位点显示出优化其铀捕获能力的潜力。下面重点介绍 UiO-66 基铀吸附剂在功能化设计、复合材料制造以及光催化还原辅助吸附三个方面的性能改进策略。

1. 单纯的 UiOs 材料及其改性材料

UiO-66 一般是利用氯化锆和对苯二甲酸在 *N,N*-二甲基甲酰胺中进行溶剂热反应合成的。Yuan 等通过简单的溶剂热的方法成功合成了 UiO-66 材料，该吸附材料对 U(Ⅵ) 的吸附量达到了 109.9 mg/g，同时具有快速的动力学，因此具有一定的应用潜力[52]。

UiO-66-NH$_2$ 的合成方法与 UiO-66 十分类似，其配体为 2-氨基对苯二甲酸，也是与氯化锆在 N,N-二甲基甲酰胺中溶剂热反应合成的。UiO-66-NH$_2$ 因具有氨基，易于修饰而成为 UiO-66 基 MOFs 功能化的常用成员。Chen 团队研究设计、合成并表征了一种金属有机框架 UiO-66-NH$_2$，采用溶剂热法将水杨醛(Sal)和 2,4-二羟基苯甲醛(MHBA)经后处理接枝到 UiO-66-NH$_2$ 上，得到功能化材料 UiO-66-Sal 和 UiO-66-MHBA[53]。结果表明，在相同的实验条件下，两种羟基苯甲醛功能化的 UiO-66-NH$_2$ 对 U(Ⅵ)的吸附量均高于未功能化的 UiO-66-NH$_2$。结果表明，三种吸附剂对 U(Ⅵ)的吸附等温线均符合 Langmuir 模型，表明其吸附为单层化学吸附。当存在 Ca^{2+}、Cd^{2+}、Co^{2+}、K^+、Mg^{2+}、Sr^{2+} 等干扰离子时，羟基苯甲醛功能化的 UiO-66-NH$_2$ 仍具有良好的选择性。Wang 课题组采用合成后修饰法制备了首个偕胺肟附加金属有机框架 UiO-66-AO，用于海水中铀的快速高效提取(图 9-16)。UiO-66-AO 在 120 min 内可去除渤海海水中 94.8%的铀酰离子，在 10 min 内可去除含有 500 ppb 铀的渤海海水中 99%的铀酰离子，在实际海水中样品的铀酰吸附量为 2.68 mg/g。研究者通过对铀吸附样品的扩展 X 射线吸收精细结构(EXAFS)分析进一步探讨了优越吸附能力的来源，表明多个偕胺肟配体能够螯合 U(Ⅵ)离子，形成六方双棱锥配位几何结构[54]。

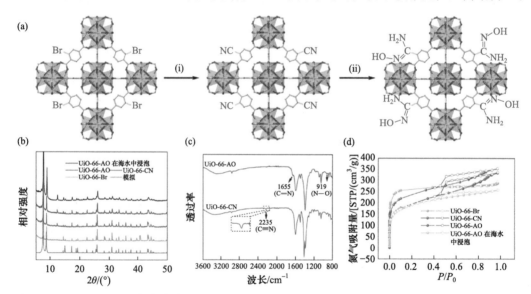

图 9-16　(a) UiO-66-AO 的合成路线：(i) CuCN, N-甲基吡咯烷酮，170 ℃微波 20 min；(ii) NH$_2$OH·HCl, CH$_3$CH$_2$OH, 回流 24 h；(b) UiO-66-Br、UiO-66-CN、UiO-66-AO、UiO-66-AO 在渤海海水中浸泡 24h 及 UiO-66 的粉末 XRD 图；(c) UiO-66-CN 和 UiO-66-AO 的傅里叶变换红外光谱；(d) UiO-66-Br、UiO-66-CN、UiO-66-AO 和 UiO-66-AO 在渤海海水中浸泡 24h 后的氮气吸附等温线曲线[54]

如图 9-17 所示，Ma 等以 2-氰对苯二甲酸为有机配体合成了 UiO-66-NH-(CN)，该配体的形貌为八面体，可以很好地控制该配体的形貌。他们还通过氨基肟化法制备了 UiO-66-NH-(AO)。该材料保持了良好的八面体结构，对 U 具有良好的吸附性能，在 1500 min 内达到吸附平衡，根据 Langmuir 模型计算 U 的吸附量为 134.1 mg/g。在高浓度的钒(Ⅴ)、铁(Fe)、镁(Mg)、钙(Ca)和锆(Zr)存在下，其对 U 也有极好的选择性。在 8 天内测定了天然海水对 U 的吸附量为 5.2 mg/g[55]。

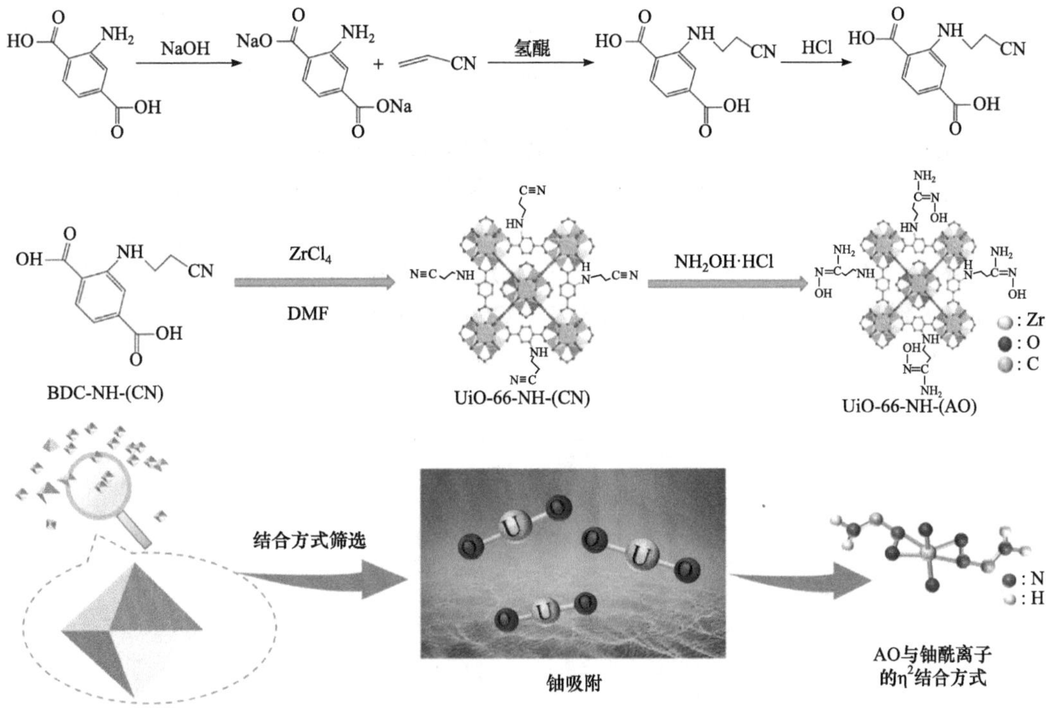

图 9-17　UiO-66-NH-(CN) 和 UiO-66-NH-(AO) 的合成路线及铀吸附机制[55]

2. UiOs 复合材料

UiO-66 也被广泛应用于复合材料制备中，可以提高其铀吸附性能。Yin 等通过交联法将不同浓度的 UiO-66-NH$_2$ 晶体修饰在多胺和偕胺肟基功能化的 PANF，制得复合材料 UN-PA-AO-PANFs 以提取 U(Ⅵ)（图 9-18）。结果表明，PA-AO-PANF 与 UiO-66-NH$_2$ 晶体的结合使得 UN-PA-AO-PANFs 具有优异的分离能力、较大的比表面积、良好的稳定性和丰富的表面官能团，从而具有良好的选择性和增强的吸附性能。得到的 UN-PA-AO-PANFs

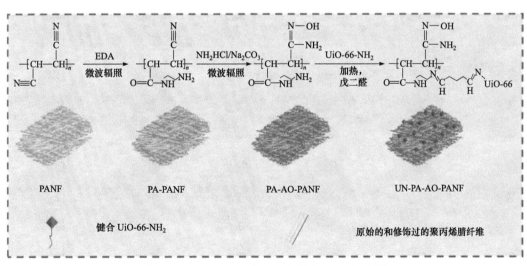

图 9-18　UN-PA-AO-PANFs 的制备过程示意图[56]

对U(Ⅵ)的最大吸收能力为441.8 mg/g，平衡吸收时间为30 min。经过10次吸附-解吸循环后，UN-PA-AO-PANFs对U(Ⅵ)仍具有优异的吸附能力，同时其结构也得到了很好的保留[56]。

Wang等通过脱氯反应合成了羧化氧化石墨烯(GO-COOH)，使其产生更多的活性位点来与UiO-66配位。随后采用快速共价交联方法合成了GO-COOH/UiO-66复合材料(图9-19)。结果表明，GO-COOH/UiO-66对U(Ⅵ)的吸附更接近于伪二阶模型和Langmuir模型。此外，GO-COOH的引入没有改变UiO-66的吸附性能，还提供了更多的活性位点，使其吸附量在pH = 8时达到1002 mg/g。GO-COOH/UiO-66的独特吸附能力主要归因于U(Ⅵ)与GO-COOH/UiO-66的螯合和少量离子交换。该复合材料作为一种新型的独立式吸附材料对水体中U(Ⅵ)的富集回收具有很大的潜力[57]。

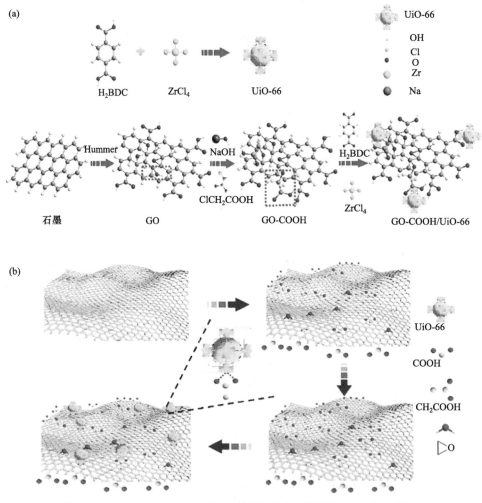

图9-19　GO-COOH/UiO-66复合材料的(a)合成路线和(b)合成示意图[57]

Wang等利用超声法将PAN粉末与氯化锆、对苯二甲酸、乙酸溶解于DMF中。水热反应后收集UiO-66@PAN产物，将其偕胺肟化，可得到UiO-66@PAO材料。该材料兼具 UiO-66 的多孔结构,可以提供丰富的活性位点。同时协同偕胺肟基一同提高其选择性能。与未改性的 UiO-66 相比,UiO-66@PAO 在溶液中具有更好的稳定性,可以均匀分散在膜中,这种 UiO-66@PAO 膜可以方便、连续地进行铀吸附提取(图 9-20)。结果表明,在 32 ppm 的模拟海水中,该膜在 24h 内对铀吸附量就达到了 579 mg/g。最重要的是,该 UiO-66@PAO 膜在海水中重复使用 50 次后仍能去除 80.6%的铀酰离子。该研究为设计和制备海水中铀的高效回收材料提供了思路[58]。

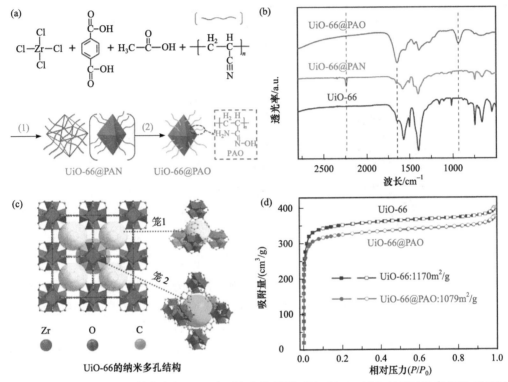

图 9-20 (a)UiO-66@PAO 的合成和 MOF 表面变化的说明;(b)UiO-66、UiO-66@PAN 和 UiO-66@PAO 的 FT-IR 光谱;(c)UiO-66 的三维纳米结构;(d)N_2 吸附-解吸等温线[58]

Xie 等采用共沉淀法合成了一种具有功能化金属有机框架的纳米级零价铁的复合材料(nZVI/UiO-66),用于高效去除水溶液中的 U(Ⅵ)[59]。在初始 U(Ⅵ)浓度为 80 mg/L,pH = 6 的条件下,nZVI/UiO-66 对 U(Ⅵ)的吸附量即可达到 404.86 mg/g。实验结果表明,nZVI 的引入并没有改变 UiO-66 的结构。吸附过程符合拟二级动力学和 Freundlich 等温模型。nZVI/UiO-66 可以回收使用,在使用 5 个循环后,吸附率仍可保持在 80%左右。Wang 团队利用海藻酸钙和水热碳共同固定 UiO-66,制备了新型水凝胶材料 cUiO-66/CA。在 308.15 K 和 pH = 4 条件下,cUiO-66/CA 对铀的最大吸附量达到了 337.77 mg/g。对其吸附机理进行探究,结果表明,cUiO-66/CA 对铀的吸附过程可能有两种:①Ca^{2+}和 UO_2^{2+}离子交换过程;②UO_2^{2+}与羟基和羧基离子配位形成配合物[60]。

3. 吸附与光催化协同

在海水中,铀主要以六价铀的形态存在。因此,光催化材料能够将可溶性六价铀还原至微溶性四价铀，目前常被用于协同吸附，逐渐被应用于回收海水中的铀资源[61-63]。UiO-66 因为具有规则的形态、高稳定性和可见光响应特性，适合稳定分散具有光催化性能的纳米材料。Yu 团队将具有优良孔隙率的 UiO-66-NO_2 作为光敏剂和载体与 S-NZVI 复合，制备了 S-NZVI/UiO-66（图 9-21）。该材料提取铀的过程中，通过物理吸附、静电吸引和络合以及还原的机制协同提取铀。与 S-NZVI（434 mg/g）和 UiO-66-NO_2（267 mg/g）相比，S-NZVI/UiO-66 对 U(Ⅵ) 的去除能力更强，可以达到 895 mg/g。此外，S-NZVI/UiO-66 在不同的 pH、共存离子和水环境中都具有优异的铀提取能力[64]。

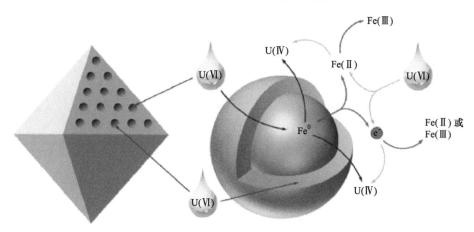

图 9-21　S-NZVI/UiO-66 对 U(Ⅵ) 的作用机制[64]

Wang 课题组为了提高 MOFs 的光催化活性和吸附能力，采用配体辅助冰封光催化还原的方法制备了原子分散的 Cu 单原子 UiO-66-NH_2 光催化剂（Cu SA@UiO-66-NH_2，图 9-22）[65]。Cu SA@UiO-66-NH_2 催化剂表现出优异的抗菌能力，并提高了吸附 U(Ⅵ) 到不溶性 U(Ⅳ) 的光还原转化效率，从而使天然海水中铀的吸附量达到 9.16 mg/g。该研究为通过设计单原子介导的 MOF 光催化剂来提高铀的吸收提供了新的思路。

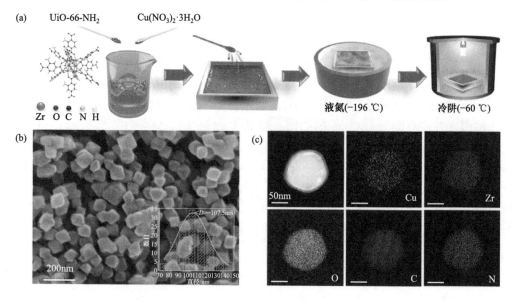

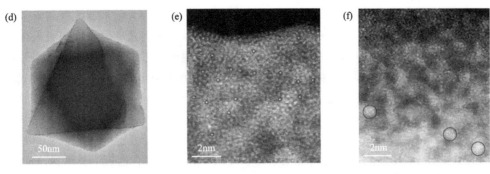

图 9-22 (a) 冰态光催化还原合成 Cu SA@UiO-66-NH₂ 工艺示意图; (b) SEM 图像, 插图显示了 137 个 Cu SA@UiO-66-NH₂ 纳米颗粒的尺寸分布的统计直方图; (c) STEM-EDS 图像; (d) HR-TEM 图像; (e) Cu SA@UiO-66-NH₂ 的高角度环状暗场成像图; (f) Cu 簇@UiO-66-NH₂ 的高角度环状暗场成像图[65]

该课题组还提出了一种简单的一锅合成路线,将光响应 Ni(Ⅱ)中心卟啉[TCPP(Ni)]配体结合到 UiO-66-NH₂ 中,可以同时保持晶体结构和超高的化学稳定性。TCPP(Ni) 不仅提供了强的可见光捕获,而且还改善了从激发配体到 Zr-oxo 簇的电荷转移。混合连接体策略促进了可溶 U(Ⅵ)的光还原到不溶 U(Ⅳ)的铀固定化(图 9-23)。优化后的 TCPP(Ni)/ UiO-66-NH₂ 材料通过络合和光还原相结合,在天然海水中浸泡 25 天后可达到(8.95±0.39)mg U/g Ads 的高铀吸附量,并具有良好的抗菌能力[66]。

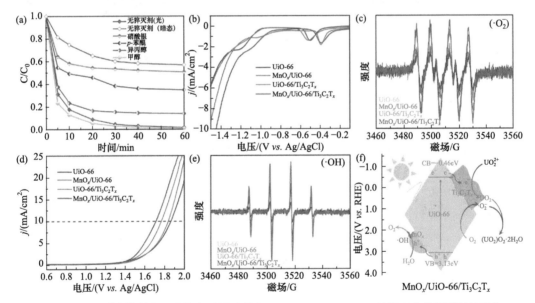

图 9-23 (a) 不同清除剂在 U(Ⅵ)光还原过程中 MnOₓ/UiO-66/Ti₃C₂Tₓ 的反应曲线随时间的变化; (b) U(Ⅵ)还原的 LSV 曲线; (c) ·O₂ 的 EPR 谱; (d) 水氧化的 LSV 曲线; (e) 通过 UiO-66、MnOₓ/UiO-66、UiO-66/Ti₃C₂Tₓ 和 MnOₓ/UiO-66/Ti₃C₂Tₓ 的 ·OH 自由基的 EPR 谱; (f) 光照射下 MnOₓ/UiO-66/Ti₃C₂Tₓ 上无牺牲剂光还原 U(Ⅵ)的反应过程示意图

Zhu 团队成功制备了一种基于 UiO-66 的异质结构光催化剂(MnOₓ/UiO-66/Ti₃C₂Tₓ),该催化剂是具有空间分离的双助催化剂(MnOₓ 纳米颗粒和 Ti₃C₂Tₓ MXene 纳米片),可在

不使用牺牲剂的情况下高效光还原 U(Ⅵ)。作为共催化剂，MnO_x 纳米颗粒有利于空穴捕获，而 $Ti_3C_2T_x$ MXene 纳米片则倾向于收集电子。光生成的空穴和电子分别流入和流出光催化剂，实现了 MnO_x/UiO-66/$Ti_3C_2T_x$ 去除 U(Ⅵ)所需的高效电荷分离。MnO_x/UiO-66/$Ti_3C_2T_x$ 对 U(Ⅵ)溶液的去除率达到 98.4%，反应速率常数为 0.0948 min^{-1}。机理研究表明，光电子从 UiO-66 的导带转移到 $Ti_3C_2T_x$ MXene 上，使 U(Ⅵ)还原生成·O_2^-，从而形成稳定的 $(UO_2)O_2·2H_2O$ 晶相。同时利用 MnO_x 纳米颗粒在 MnO_x/UiO-66/$Ti_3C_2T_x$ 中提取光生成的孔洞实现氧化水[67]。

目前，已经有许多 MOFs 材料应用于海水提铀中，部分性能总结于表 9-1。MOFs 在海水提铀过程中的化学稳定性是一个仍然需要解决的问题，因此开发在高酸性/碱性条件下稳定性更高的 MOFs 基吸附剂是解决这一问题的关键。在存在多个竞争金属离子及微生物污染时，MOFs 对铀的吸附选择性及抑菌抗污性能具有十分重要的实际应用价值，需要进一步研究并提高。此外，许多 MOFs 基材料是粉末，这限制了它们的实际应用。制备 MOFs 基单体材料，如膜、气凝胶和纤维材料等提高加工性能，有利于其应用于真实废水和海水中。同时深入探索 MOFs 基材料的稳定性、选择性、动力学和结构活性关系，会促进 MOFs 在从水溶液中提取铀方面的应用。

表 9-1　不同 MOFs 材料对 U(Ⅵ)的吸附性能及机理总结

MOFs	吸附量/(mg/g)	pH	平衡时间/min	机理	参考文献
Fe_3O_4@ZIF-8	523.5	3	120	配位，氢键	[68]
Fe_3O_4/ZIF-8	539.7	5	30	静电，络合	[69]
Fe@ZIF-8	277.77	4.5	1440	配位，还原	[70]
ZIF-8/PAN	530.3	3	120	络合	[71]
PPy/ZIF-8	534	3.5	90	配位	[72]
MIL-101-NH_2	90	5.5	120	配位	[43]
MIL-101-ship	27.99	4	375	螯合	[73]
MIL-101-TEPA 60%	350	4.5	30	—	[74]
MIL-101-DAMN	601	8	150	—	[75]
Functionalized MIL-101	28	4	360	—	[76]
MIL-101(Cr)-triazole-COOH	314	7	120	配位	[77]
MIL-101-OA	321	8	20	螯合	[78]
MIL-101-AO	586	7	350	螯合	[44]
UiO-66-20D	350	5	60	—	[79]
UiO-66-NH_2	114.9	5.5	240	—	[52]
UiO-66-AO	232.8	5	120	配位	[80]
UiO-66-3C4N	380	8	480	配位	[81]
GO-COOH/UiO-66	188.3	8	240	螯合，离子交换	[57]

续表

MOFs	吸附量/(mg/g)	pH	平衡时间/min	机理	参考文献
NH_2-UiO-66/g-C_3N_4	195.5	5	300	内层配位	[82]
SCU-19	557.56	4	—	络合，还原	[83]
UCY-13	984	3	2	配位	[84]
PCN-222-PA	401.6	4.5	30	配位	[85]
HKUST-1	787.4	6	120	配位，静电作用	[86]

9.3 MOFs 在海水提锂中的应用

锂是一种独特的材料，被认为是新型的绿色材料，具有极强的电化学活性和延展性能[87]。它已被广泛应用于电池、原子能、航天、玻璃、陶瓷、冶金、润滑剂、制药和化学试剂等领域[88-91]。自然界中的锂资源主要存储于锂矿石、盐湖卤水和海水中[92]。但随着全球市场的快速扩张，陆地上的锂资源已经无法满足我们的需求，而海洋中锂的总量是陆地上锂储量的近 3000 倍，如果能高效地从海洋中提取锂资源，那么锂资源短缺问题将能得到彻底解决，因此海水中锂资源成为未来的研究热点[93]。但是海水中锂的浓度非常低，仅为 0.17 mg/L，此外由于镁、锂的化学性质十分相似，实现高效镁锂分离也是海水提锂的一项重要挑战。

目前，针对海水提锂的方法很多，但实现工业化大规模应用的主要还是沉淀法[94,95]，但该方法大多能耗高、试剂耗量大、成本高。此外，吸附法、萃取法及膜分离的方法也被应用于锂资源提取[96-100]。在这些分离方法中，膜分离法具有众多优势，如无需化学试剂、环保、能够连续操作、能源消耗相对较低等。在过去十年中，研究人员已经开发出多种回收锂的功能性薄膜，并衍生出膜蒸馏法、纳滤法、膜吸附法、电渗析法和电解还原法等多种提锂方法，其特点总结于表 9-2 中。尽管膜分离技术在技术层面是可行的，但目前仍面临锂分离效率低和膜使用寿命短等限制，其应用还需要进一步研究和改进。

表 9-2 基于膜的海水提锂技术

方法	原理	技术成熟度	锂提取效率	优点	缺点
纳滤膜	空间位阻与 Donnan 排斥	规模全面	Li^+ 与 Mg^{2+} 的分离系数为 2.6～10.4，在 MOFs 基膜上可达到 1815	绿色低碳	膜污染投资高，运行成本高
支撑液膜	浸渍到膜中的溶剂对离子的选择性输送	实验室阶段	回收率 >95%	吸附量大，选择性高，占地面积小	有机溶剂泄漏，必须用化学试剂解吸
离子印迹膜	通过螯合作用对离子进行选择性吸附	实验室阶段	Li^+ 对 Na^+、K^+、Ca^{2+}、Mg^{2+} 的分离系数为 4～51，吸附量为 4～50 mg/g	选择性高	吸附量低，必须使用化学试剂解吸
离子筛分膜	通过插层作用对离子的选择性吸附	实验室阶段	Li^+ 对 Na^+、K^+、Ca^{2+}、Mg^{2+} 的分离系数为 99～5312，吸附量为 10.3～27.8 mg/g	吸附量大，选择性高，化学稳定性好	无机颗粒泄漏，必须用化学试剂解吸

续表

方法	原理	技术成熟度	锂提取效率	优点	缺点
膜蒸馏结晶	疏水膜上产生的蒸汽压力梯度	半工业规模	回收率>73%	可以利用不同的能源同时生产淡水和盐	由污垢和盐分离引起的膜润湿是关键问题
选择性电渗析	电位差作为离子运动的驱动力	半工业规模	回收率>95%	对单价离子选择性高,生态友好	膜污染的能量成本随盐度的增加而增加
电容去离子渗透交换膜	静电吸附	实验室阶段	回收率>83%	高效环保	解吸效率低

近年来,利用金属有机框架(MOFs)基膜的分离工艺从溶液中提取 Li^+ 取得了较好的效果。因为 MOFs 可以提供埃级的多孔结构,同时可以调节框架与离子之间的主客体化学性质。ZIF-8、UiO-66 和 HKUST-1 等 MOFs 的几何形状和孔径随晶体结构类型的不同而变化,特别是在亚纳米尺度下,可以通过选择不同的配体来精确控制其孔径。MOFs 的电荷类型和电荷密度也会显著影响 MOFs 与离子之间的主客体相互作用,从而导致不同的离子选择性。可以通过与配体的连接来引入官能团或者利用功能分子/聚合物填充框架的空腔来控制 MOFs 对 Li^+ 的选择性。因此基于 MOFs 的锂选择性膜在海水提锂中具有巨大的发展潜力。目前,MOFs 材料提锂膜主要可分为多晶 MOFs 膜、MOFs 混合基质膜、MOFs 通道膜。

9.3.1　多晶 MOFs 膜

多晶 MOFs 膜(PMOFs)膜是指在多孔载体上(如纳米多孔陶瓷、阳极氧化铝、聚合物膜)具有连续选择性 MOFs 层的膜[101]。其制备方法主要包括溶剂热法、二次生长法、反扩散合成法和气相沉积法[102-104]。随着对多孔基板上 MOFs 结晶控制的知识和技术能力不断提高,大规模制备 PMOFs 膜的目标也越来越接近。在 PMOFs 膜中多孔支撑层主要是为膜提供机械强度,而 MOFs 层可以实现其选择性。2018 年,Zhang 等在 AAO 基质上构建了超薄(<500 nm)的 ZIF-8 膜,揭示了 MOFs 亚纳米孔隙中离子运输的脱水-再水合机制(图 9-24)[105]。施加 20 mV 电场作为离子输运的驱动力,离子输运比可由离子电导率计算得到。当离子通过孔径为 100 nm 的裸 AAO 时,离子传输速率顺序为 $Li^+ < Na^+ < K^+ < Rb^+$,而当离子通过 ZIF-8 膜时,离子传输速率顺序为 $Li^+ > Na^+ > K^+ > Rb^+$。产生差异的原因主要是部分脱水[图 9-24(d)],水化离子通过 ZIF-8 内的孔隙大小为 3.4Å,小于水合离子的直径,但大于脱水离子直径。离子在进入 ZIF-8 框架时部分脱水,然后在离开时再水化,类似于生物离子通道中的过程。Mg^{2+} 比 Li^+ 具有更大的直径(完全脱水时为 1.30 Å,水化时为 8.56 Å)和更高的水化能,因此对 Mg^{2+} 的脱水和通过 ZIF-8 通道跃迁具有更高的屏障。这种能量势垒导致 Li^+/Mg^{2+} 的选择性为 45.6。

除了调控 MOFs 框架内的孔径外,MOFs 框架与离子之间的相互作用也显著影响 PMOFs 膜的选择性。在 MOFs 框架中引入官能团是提高离子与 MOFs 结合亲和力的有效途径,目前最常用的两种策略分别为:①用功能分子/聚合物填充框架的空腔;②在配体中

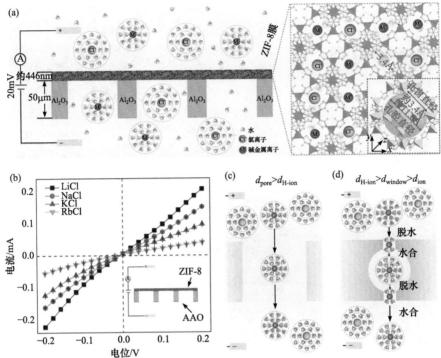

图 9-24 (a)离子通过 ZIF-8/GO/AAO 膜的示意图,该膜具有约 3.4Å 孔窗用于离子选择性和约 11.6Å 孔腔用于离子快速传输(未按比例绘制);附图为 ZIF-8 的晶体结构;(b)电场作用下 ZIF-8/GO/AAO 膜中碱金属离子输运的 I-V 曲线;(c)当孔的直径大于水合离子的直径时,水合离子直接通过孔;(d)当孔径小于水合离子的直径但大于脱水离子的直径时,水合离子必须部分脱水才能进入孔内[105]

d_{pore}:孔径;d_{H-ion}:氢离子直径;d_{window}:孔窗直径

引入特定官能团。Gao 等通过原位约束转化工艺将聚磺苯乙烯(PSS)填充在 HKUST-1 金属有机框架内构筑 PMOFs 膜 PSS@HKUST-1(图 9-25)[106]。所得膜 PSS@HKUST-1 具有独特的锚定三维磺酸盐网络,在 25 ℃时 Li^+ 电导率为 $5.53×10^{-4}$ S/cm,在 70 ℃时为 $1.89×10^{-3}$ S/cm,Li^+ 通量为 6.75 mol/(m^2·h),比原始的 HKUST-1 膜高 5 个量级。由于不同的筛分效果以及 Li^+、Na^+、K^+ 和 Mg^{2+} 对磺酸基的亲和力差异,PSS@HKUST-1 膜对 Li^+/Na^+、Li^+/K^+、Li^+/Mg^{2+} 的理想选择性分别为 78、99 和 10296,实际二元离子选择性分别为 35、67 和 1815[106]。

在 MOF 配体中引入官能团是提高对 Li^+ 选择性的另一种策略。锆基 MOFs 因具有优异的水稳定性和配体的多样性而成为 PMOFs 膜中一类重要的离子分离候选材料。通过对配体的修饰可以合成多种 UiO-66 型 MOFs,如 UiO-66-NH_2、UiO-66-COOH、UiO-66-$(COOH)_2$ 和 UiO-66-NO_2 等[107]。Hou 团队对聚对苯二甲酸乙二醇酯(PET)纳米通道基底的表面化学性质进行了化学修饰,以增强 PET 纳米通道壁与 UiO-66-$(COOH)_2$ MOF 晶体之间的结合。进一步研究 PET 纳米通道的尺寸、形状和通道密度对选择性的影响,发现与以往的 PMOFs 膜相比,经乙二胺(EDA)功能化的柱状 PET-UiO-66-$(COOH)_2$ 膜具有高达 3077 倍的 Li^+/Mg^{2+} 选择性。同时也制备了具有 $10^6 cm^{-2}$ 通道密度的圆柱形 EDA 功能化多通道 UiO-66-$(COOH)_2$ 膜,实现了 50 倍的 Li^+/Mg^{2+} 选择性,并将 Li^+ 电导率提高了 6 个数量级[108]。

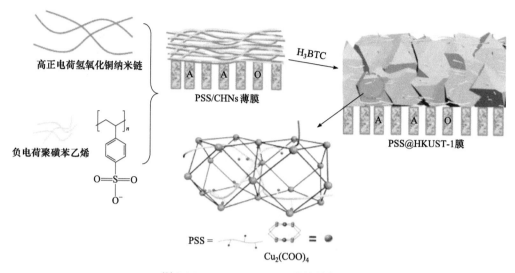

图 9-25　PSS@HKUST-1 膜的制备[106]

CHNs：氢氧化铜纳米链；AAO：阳极氧化铝；灰条为阳极氧化铝氧化膜

9.3.2　MOFs 混合基质膜

MOFs 混合基质膜（MOFs MMM）是将 MOFs 颗粒作为多孔填料，与聚合物基体混合铸膜以提高聚合物基体的选择性[109]。与 PMOFs 膜相比，MOFs MMM 膜可以通过浇铸聚合物和 MOFs 颗粒的前驱体溶液或通过界面聚合来制备，使其十分适合工业规模化生产。同时 MOFs 颗粒的合成和膜制备的过程是分离开来的，因此对 MOFs 颗粒的合成条件有更高的包容性。此外，MOFs MMM 通常具有高机械强度的柔韧性，可以轧制成螺旋缠绕的膜单元。

Zhang 课题组利用聚氯乙烯基质和六种金属有机框架（MOFs@PVC）制备了杂化膜（图 9-26），用于分离溶液中的 Li^+ 和 Mg^{2+}。结果表明，MOF 的小孔径和磺化有利于分离 Li^+ 和 Mg^{2+}。其中，UiO-66-SO_3H@PVC 在 6 种 MOF 膜中表现出最高的选择性（$Li^+/Mg^{2+}>4$）。UiO-66-SO_3H 的孔径不是最小的，但具有最高的 Li^+/Mg^{2+} 选择性，表明 Mg^{2+} 与磺酸基之间存在强相互作用，可以在弱碱性环境中提供负电荷。Li^+ 和 Mg^{2+} 与功能化 MOFs 相互作用的差异导致了膜上的选择性运输。这种 MOFs@PVC MMM 膜在盐水溶液中表现出低肿胀或收缩，并且膜的选择性在 48 天内保持稳定。

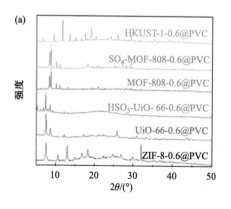
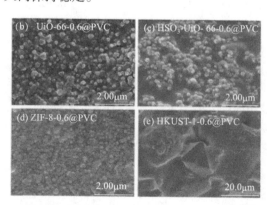

图 9-26　不同 MOFs@PVC 膜的(a)X 射线衍射图和(b~m)SEM 图像[109]

9.3.3　MOFs 通道膜

与 PMOFs 膜和 MMM 膜不同的是,人们发现了一种新型膜——MOF 通道膜(MOFC)。MOFC 膜具有超高选择性的离子通道,对于离子分离是非常理想的。作为一个全新的领域,目前 MOFC 膜的制备方法只有界面合成法或溶剂热法。MOFC 膜的性能受 MOFs 本身的特性(如孔径、MOFs 与离子之间的亲和力)、各种缺陷(MOFs 晶体之间以及 MOFs 与聚合物通道界面处)以及聚合物纳米通道的特征(形状、尺寸、通道密度等)控制。MOFC 膜为离子通过 MOFs 的基础研究提供了一个新的平台。2019 年,Wang 等首次开发了 MOFC 膜(图 9-27),基于锆基金属有机框架 UiO-66-X [X = H, NH_2, $N^+(CH_3)_3$]合成单纳米通道膜[110]。这些 MOFs 由纳米大小的空腔组成,由亚 1nm 大小的窗口连接,并且沿着通道具有特定的 F-结合位点,具有生物 F-通道的一些特征。这种 MOFC 膜既具有聚合物膜的柔韧性,又具有 MOFs 的高选择性和高渗透性,避免了由于屏障聚合物不膨胀、不渗透而在 MMMs 中产生的膨胀效应。

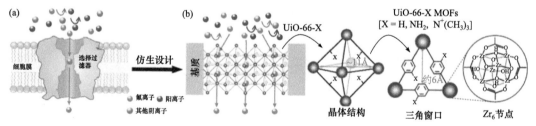

图 9-27　(a)F 传导合成 MOFs 通道的仿生设计:一个生物氟离子通道的示意图,该通道具有一个埃级的区域作为氟选择性过滤器,以及一个纳米级的前厅和出口,用于选择性的、超快的氟输运;(b)生物激发人工锆基 UiO-66-X [X = H, NH_2, $N^+(CH_3)_3$]MOFs 通道的原理图,具有亚 1nm 的晶体孔,用于选择性和超快的 F- 传输。亚 1nm MOF 通道由用于离子筛分的埃级三角窗口(直径约 6 Å)和用于超快离子传导的纳米级八面体腔(直径约 11 Å)组成[110]

Wang 团队设计开发了一种具有异质结构和表面化学的基于金属有机框架的亚纳米通道(MOFSNC,图 9-28)。非对称结构的 MOFSNC 可以在亚纳米到纳米的通道方向上快速传输 K^+、Na^+ 和 Li^+,其电导率比 Ca^{2+} 和 Mg^{2+} 高 3 个数量级,相当于一价/二价离子

的选择性为 10^3。此外，通过改变 pH 从 3 到 8，离子选择性可以进一步调整到 $10^2 \sim 10^4$ 倍。理论模拟表明，离子-羧基相互作用大大降低了单价阳离子通过 MOFSNC 的能量势垒，从而可以实现高效的锂镁分离。

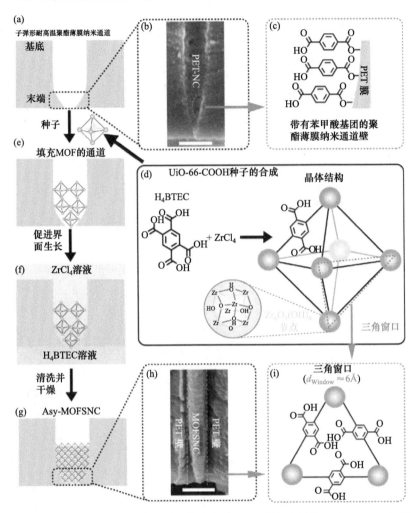

图 9-28　(a) 单个子弹形 NC 嵌入具有窄尖端和宽基底的 PET 膜的示意图；(b) PET-NC 尖端区域的 SEM 图像；(c) PET-NC 壁上的苯甲酸基团；(d) UiO-66-(COOH)$_2$ 纳米颗粒种子的合成；(e) MOF 纳米颗粒在 PET-NC 中的播种；(f) 促进 UiO-66-(COOH)$_2$ 晶体界面生长成 PET-NC；(g) Asy- UiO-66-(COOH)$_2$-SNC 膜示意图；(h) 局部 UiO-66-(COOH)$_2$-SNC 的 SEM 图像；(i) 三角窗口结构图

迄今，研究表明实验室中的 MOF 膜具有优异的选择性并能对水溶液中的 Li^+/Mg^{2+} 进行高效分离（表 9-3），有潜力扩大工业中的锂提取。然而，这些膜在真实水体中的耐久性仍需要进一步测试。为了实现这个目标需要进一步研究水合离子与 MOFs 及支撑层、共混基质聚合物官能团之间的相互作用并优化其溶解度和扩散性。同时需要考虑官能团对框架选择性和导电性的影响[106]，并系统地研究纳米通道的形状和表面化学对 MOFC 膜的质量输运、门控、整流和传感性能的影响。通过计算模拟预测和指导膜设计来促进

MOFs 基膜在实际离子分离中的应用。

表 9-3 可用于镁锂分离的 MOFs 膜研究总结

膜名称	孔径大小/Å	官能团	电荷类型	膜类型	Li^+/Mg^{2+}	参考文献
ZIF-8	3.4	—	中性	PMOF	3.87	[111]
ZIF-8-PSS	3.4	SO_3^-	带负电荷	PMOF	4913	[106]
UiO-66-SO$_3$H	6	SO_3^-	带负电荷	PMOF	1.88	[112]
HKUST-1-PSS	9	SO_3^-	带负电荷	PMOF	1815	[106]
ZIF-8@PVC	3.4	—	中性	MMM	2.02	[113]
UiO-66@PVC	6	—	—	MMM	1.30	[113]
UiO-66-SO$_3$H@PVC	6	SO_3^-	带负电荷	MMM	4.79	[113]
UiO-66 (Zr/Ti)-NH$_2$@Polyamide	6	—	—	MMM	11.38	[114]
HKUST-1@PVC	9	—	中性	MMM	1.27	[113]
MOF-808-SO$_4$@PVC	12	—OSO$_2$O—	—	MMM	1.06	[113]
MOF-808@PVC	12.9	—	中性	MMM	0.79	[113]
UiO-66-(COOH)$_2$	6	COOH/COO$^-$	带负电荷	MOFC	1590	[115]
UiO-66-COOH	6	COOH/COO$^-$	带负电荷	MOFC	约 200	[116]

9.4 展　　望

本章以铀资源和锂资源为例，重点介绍了不同系列 MOFs 吸附材料及不同种类 MOFs 膜分别在海水提铀及海水提锂应用中的最新研究进展。总的来说，MOFs 材料具有许多独特的性能优势，其超大的表面积、丰富的孔隙结构、易调控等特性使其能够以多种形式应用于海水资源提取中。

针对海水提铀 MOFs 吸附材料，目前其吸附机理主要包括配位作用、离子交换、静电相互作用、氢键作用和还原机制。目前的 MOFs 材料已经可以实现高选择性和高吸附量，但仍存在一些不足：①MOFs 材料的水稳定性仍需要提高，以适应海水吸附，同时应提高其对真实海水应用中吸附操作的连续性并扩大规模。②已报道的 MOFs 合成方法大多是有机合成的溶剂热法，在合成过程中产生的废弃溶剂对环境的影响以及材料的产率应该被考虑。因此，开发环境友好的水相或无溶剂合成方法是必要的。③考虑到海水中的共存离子和微生物等，还需要进一步提高 MOFs 材料对铀酰离子的选择性以及对其他共存物质的抗干扰性能。④不同的 MOFs 基吸附材料，包括原始 MOFs、MOFs 复合材料和 MOFs 衍生物，其对铀的吸附机理不同且复杂，还需要进一步系统地揭示。⑤MOFs 的孔结构及功能基团对其吸附性能的影响至关重要，调控孔道及功能化是未来 MOFs 基吸附材料的重点研究方向。

针对海水提锂 MOFs 膜，目前的研究已表明 MOFs 膜可以提供埃级的多孔结构，特别是在亚纳米尺度下，可以通过选择不同的配体来精确控制其孔径，实现高效选择性镁锂分离。但 MOFs 膜在海水提锂方面仍有很大的提升空间：①对于单纯粒子成核的初始机制需要继续探索和解释，以获得更合适的机制，同时进一步注重提高 PMOF 膜的稳定性，开发具有高孔隙率的柔性自支撑材料来作为 PMOF 膜的支撑层。同时为了使 PMOF 膜的性能最大化，需要探索和改进将 MOF 与聚合物无缝结合的方式和机制。②对于 MOFs MMM 膜而言， MOFs 作为填料如何在共混过程中保持其原有晶型结构，最大化应用其分离性能是非常重要的问题。需要进一步提高 MOFs 的稳定性，并探究其与共混物质的作用机制。③对于 MOFC 膜，需要进一步明确 MOFs 晶体的生长过程和孔径结构调控机制。④随着表征技术的不断改进和发展，需要更多地应用新型表征技术，如原位表征技术来探索材料形成机制，并研究了膜分离镁锂、膜污染和膜阻力的潜在机理。⑤需要进一步提高膜的水稳定性，如何在酸碱环境、高温环境和复杂的有机溶剂体系中保持 MOFs 膜的长期稳定性是需要进一步研究和探讨的。另外，任何研究成果都需要从实验室扩展到大规模生产，并且对社会和环境都是友好的。因此，我们需要开发低成本的合成方法，并考虑 MOFs 的回收利用。

MOFs 吸附材料及膜材料在海水提铀和提锂的应用中展现出巨大潜力，同时也为海水中其他资源的提取提供了理论参考，具有一定的指导意义和广阔的拓展空间。尽管 MOF 材料在海水资源提取过程中还存在诸多问题和挑战，但相信在国内外研究人员的不懈努力下，MOFs 材料将在海水资源提取中具有更光明的应用前景。

参 考 文 献

[1] Chu S, Majumdar A. Opportunities and challenges for a sustainable energy future. Nature, 2012, 488(7411): 294-303.

[2] Wang Z, Lu H, Sun C. The relationship between marine resources development and marine economic growth in china. Econ Geogr, 2017, 37(11): 117-126.

[3] Yaghi O M, Li G, Li H. Selective binding and removal of guests in a microporous metal-organic framework. Nature, 1995, 378(6558): 703-706.

[4] Wang Y Q, Zhao L L, Ma J Z, et al. Confined interface transformation of metal-organic frameworks for highly efficient oxygen evolution reactions. Energy Environ Sci, 2022, 15(9): 3830-3841.

[5] Xu X T, Eguchi M, Asakura Y, et al. Metal-organic framework derivatives for promoted capacitive deionization of oxygenated saline water. Energy Environ Sci, 2023, 16(5): 1815-1820.

[6] Macreadie L K, Idrees K B, Smoljan C S, et al. Expanding linker dimensionality in metal-organic frameworks for sub-angstrom ngstrom pore control for separation applications. Angew Chem Int Ed, 2023, 62: e202304094.

[7] Fonseca J, Meng L X, Imaz I, et al. Self-assembly of colloidal metal-organic framework (MOF) particles. Chem Soc Rev, 2023, 52(7): 2528-2543.

[8] Sun K, Qian Y Y, Jiang H L. Metal-organic frameworks for photocatalytic water splitting and CO_2 reduction. Angew Chem Int Ed, 2023, 62(15): e202217565.

[9] Cheng Y D, Datta S J, Zhou S, et al. Advances in metal-organic framework-based membranes. Chem Soc Rev, 2022, 51(19): 8300-8350.

[10] Xie Y, Liu Z, Geng Y, et al. Uranium extraction from seawater: material design, emerging technologies and marine engineering. Chem Soc Rev, 2023, 52(1): 97-162.

[11] Ma F, Gui Y, Liu P, et al. Functional fibrous materials-based adsorbents for uranium adsorption and environmental remediation. Chem Eng J, 2020, 390: 124597.

[12] 中华人民共和国国民经济和社会发展第十四个五年规划和 2035 年远景目标纲要. 中国政府网. 2023. https://www.gov.cn/xinwen/2021-03/13/content_5592681.htm.

[13] Li H, Wen J. Wang X. Research advances on extracting uranium from seawater in China. Chin Sci Bull, 2018, 63(5/6): 481-494.

[14] Abney C W, Mayes R T, Saito T, et al. Materials for the recovery of uranium from seawater. Chem Rev, 2017, 117(23): 13935-14013.

[15] Hao M, Xie Y, Liu X, et al. Modulating uranium extraction performance of multivariate covalent organic frameworks through donor-acceptor linkers and amidoxime nanotraps. JACS Au, 2023, 3(1): 239-251.

[16] Li L, Wen J, Hu S, et al. Research progress of anti-biofouling materials for uranium extraction from seawater. Radioanal Nucl Chem, 2022, 44(3): 299-312.

[17] Sholl D S, Lively R P. Seven chemical separations to change the world. Nature, 2016, 532(7600): 435-437.

[18] Liu Z, Xie Y, Wang Y, et al. Recent advances in sorbent materials for uranium extraction from seawater. J Tsinghua Univ, 2021, 61(4): 279-301.

[19] Xu X, Zhang H, Ao J, et al. 3D hierarchical porous amidoxime fibers speed up uranium extraction from seawater. Energy Environ Sci, 2019, 12(6): 1979-1988.

[20] Luo W, Xiao G, Tian F, et al. Engineering robust metal-phenolic network membranes for uranium extraction from seawater. Energy Environ Sci, 2019, 12(2): 607-614.

[21] Lin L, Liu T, Qie Y, et al. Electrocatalytic removal of low-concentration uranium using TiO_2 nanotube arrays/Ti mesh electrodes. Environ Sci Technol, 2022, 56(18): 13327-13337.

[22] Yang L, Xiao H, Qian Y, et al. Bioinspired hierarchical porous membrane for efficient uranium extraction from seawater. Nat Sustain, 2021, 5(1): 71-80.

[23] Liu Z, Lan Y, Jia J, et al. Multi-scale computer-aided design and photo-controlled macromolecular synthesis boosting uranium harvesting from seawater. Nat Commun, 2022, 13(1): 3918.

[24] Park K S, Ni Z, Côté A P, et al. Exceptional chemical and thermal stability of zeolitic imidazolate frameworks. Proc. Natl Acad Sci USA, 2006, 103(27): 10186-10191.

[25] Yao J, Wang H. Zeolitic imidazolate framework composite membranes and thin films: synthesis and applications. Coord Chem Rev, 2014, 43(13): 4470-4493.

[26] Yang W, Pan Q, Song S, et al. Metal-organic framework-based materials for the recovery of uranium from aqueous solutions. Inorg Chem Front, 2019, 6(8): 1924-1937.

[27] Xiong J, Fan Y, Luo F. Grafting functional groups in metal-organic frameworks for U(Ⅵ) sorption from aqueous solutions. Dalton Trans, 2020, 49(36): 12536-12545.

[28] Su S Z, Che R, Liu Q, et al. Zeolitic imidazolate framework-67: a promising candidate for recovery of uranium(Ⅵ) from seawater. Colloid Surface A, 2018, 547: 73-80.

[29] Ma Y, Dou W X, Yang W T, et al. Enhanced uranium extraction from aqueous solution using hollow ZIF-8. J Radioanal Nucl Chem, 2021, 329(2): 1011-1017.

[30] Mei D, Liu L, Li H, et al. Efficient uranium adsorbent with antimicrobial function constructed by grafting amidoxime groups on ZIF-90 via malononitrile intermediate. J Hazard Mater, 2022, 422: 126872.

[31] Sang K, Mei D, Wang Y, et al. Amidoxime-functionalized zeolitic imidazolate frameworks with antimicrobial property for the removal of U(Ⅵ) from wastewater. J Environ Chem Eng, 2022, 10(5): 108344.

[32] Mei D, Li H, Liu L, et al. Efficient uranium adsorbent with antimicrobial function: oxime functionalized

ZIF-90. Chem Eng J, 2021, 425: 130468.

[33] Qin X, Yang W, Yang W, et al. Covalent modification of ZIF-90 for uranium adsorption from seawater. Microporous Mesoporous Mater, 2021, 323: 111231.

[34] Zeng Y, Liu S, Xu J, et al. ZIF-8 *in-situ* growth on amidoximerized polyacrylonitrile beads for uranium sequestration in wastewater and seawater. J Environ Chem Eng, 2021, 9(6): 106490.

[35] Li W, Liu Y Y, Bai Y, et al. Anchoring ZIF-67 particles on amidoximerized polyacrylonitrile fibers for radionuclide sequestration in wastewater and seawater. J Hazard Mater, 2020, 395: 122692.

[36] Xuan K, Wang J, Gong Z, et al. Hydroxyapatite modified ZIF-67 composite with abundant binding groups for the highly efficient and selective elimination of uranium(Ⅵ) from wastewater. J Hazard Mater, 2022, 426: 127834.

[37] Pei J, Chen Z, Wang Y, et al. Preparation of phosphorylated iron-doped ZIF-8 and their adsorption application for U(Ⅵ). J Solid State Chem, 2022, 305: 122650.

[38] Cai Y, Guan J, Wang W, et al. pH and light-responsive polycaprolactone/curcumin@ZIF-8 composite films with enhanced antibacterial activity. J Food Sci, 2021, 86(8): 3550-3562.

[39] Zheng X H, Zhang Y, Zou L H, et al. Robust ZIF-8/alginate fibers for the durable and highly effective antibacterial textiles. Colloids Surf B, 2020, 193: 111127.

[40] Cai X, Gao L, Wang J, et al. MOF-Integrated hierarchical composite fiber for efficient daytime radiative cooling and antibacterial protective textiles. ACS Appl Mater Interfaces, 2023, 15(6): 8537-8545.

[41] Guo X, Yang H, Liu Q, et al. A chitosan-graphene oxide/ZIF foam with anti-biofouling ability for uranium recovery from seawater. Chem Eng J, 2020, 382: 122850.

[42] Yu B, Ye G, Chen J, et al. Membrane-supported 1D MOF hollow superstructure array prepared by polydopamine-regulated contra-diffusion synthesis for uranium entrapment. Environ Pollut, 2019, 253: 39-48.

[43] Bai Z Q, Yuan L Y, Zhu L, et al. Introduction of amino groups into acid-resistant MOFs for enhanced U(Ⅵ) sorption. J Mater Chem A, 2015, 3(2): 525-534.

[44] Liu L, Fang Y, Meng Y, et al. Efficient adsorbent for recovering uranium from seawater prepared by grafting amidoxime groups on chloromethylated MIL-101(Cr) via diaminomaleonitrile intermediate. Desalination, 2020, 478: 114300.

[45] de Decker J, Rochette J, de Clercq J, et al. Carbamoylmethylphosphine oxide-functionalized MIL-101(Cr) as highly selective uranium adsorbent. Anal Chem, 2017, 89(11): 5678-5682.

[46] Fu X, Liu J, Ren Z, et al. Introduction of phosphate groups into metal-organic frameworks to synthesize MIL-101(Cr)-PMIDA for selective adsorption of U(Ⅵ). J Radioanal Nucl Chem, 2022, 331(2): 889-902.

[47] Li L, Ma W, Shen S, et al. A combined experimental and theoretical study on the extraction of uranium by amino-derived metal-organic frameworks through post-synthetic strategy. ACS Appl Mater Interfaces, 2016, 8(45): 31032-31041.

[48] Meng Y, Wang Y, Liu L, et al. MOF modified with copolymers containing carboxyl and amidoxime groups and high efficiency U(Ⅵ) extraction from seawater. Sep Purif Technol, 2022, 291: 120946.

[49] Han B, Zhang E. Cheng G. Facile preparation of graphene oxide-MIL-101(Fe) composite for the efficient capture of uranium. Appl Sci, 2018, 8(11): 2270.

[50] Zhu J, Zhang H, Liu Q, et al. Metal-organic frameworks(MIL-68) decorated graphene oxide for highly efficient enrichment of uranium. J Taiwan Inst Chem Eng, 2019, 99: 45-52.

[51] Zhong X, Liu Y, Liang W, et al. Construction of core-shell MOFs@COF hybrids as a platform for the removal of UO_2^{2+} and Eu^{3+} ions from solution. ACS Appl Mater Inter, 2021, 13(11): 13883-13895.

[52] Luo B, Yuan L, Chai Z, et al. U(Ⅵ) capture from aqueous solution by highly porous and stable MOFs: UiO-66 and its amine derivative. J Radioanal Nucl Chem, 2016, 307(1): 269-276.

[53] Du Z, Li B, Jiang C, et al. Sorption of U(Ⅵ) on Schiff-base functionalized metal-organic frameworks UiO-66-NH$_2$. J Radioanal Nucl Chem, 2021, 327(2): 811-819.

[54] Chen L, Bai Z, Zhu L, et al. Ultrafast and efficient extraction of uranium from seawater using an amidoxime appended metal-organic framework. ACS Appl Mater Inter, 2017, 9(38): 32446-32451.

[55] Ma L, Gao J, Huang C, et al. UiO-66-NH-(AO) MOFs with a new ligand BDC-NH-(CN) for efficient extraction of uranium from seawater. ACS Appl Mater Inter, 2021, 13(48): 57831-57840.

[56] Zhang G, Fan H, Zhou R, et al. Decorating UiO-66-NH$_2$ crystals on recyclable fiber bearing polyamine and amidoxime bifunctional groups via cross-linking method with good stability for highly efficient capture of U(Ⅵ) from aqueous solution. J Hazard Mater, 2022, 424: 127273.

[57] Yang P, Liu Q, Liu J, et al. Interfacial growth of a metal-organic framework (UiO-66) on functionalized graphene oxide (GO) as a suitable seawater adsorbent for extraction of uranium(Ⅵ). J Mater Chem A, 2017, 5(34): 17933-17942.

[58] Wang J W, Sun Y, Zhao X M, et al. A poly(amidoxime)-modified MOF macroporous membrane for high-efficient uranium extraction from seawater. E-Polymers, 2022, 22(1): 399-410.

[59] Yang F, Xie S, Wang G, et al. Investigation of a modified metal-organic framework UiO-66 with nanoscale zero-valent iron for removal of uranium(Ⅵ) from aqueous solution. Environ Sci Pollut Res, 2020, 27(16): 20246-20258.

[60] Wen S, Wang H, Xin Q, et al. Selective adsorption of uranium(Ⅵ) from wastewater using a UiO-66/calcium alginate/hydrothermal carbon composite material. Carbohydr Polym, 2023, 315: 120970.

[61] Liu S, Wang Z, Lu Y X, et al. Sunlight-induced uranium extraction with triazine-based carbon nitride as both photocatalyst and adsorbent. Appl Catal B, 2021, 282: 119523.

[62] Cui W R, Li F F, Xu R H, et al. Regenerable covalent organic frameworks for photo-enhanced uranium adsorption from seawater. Angew Chem Int Ed, 2020, 59(40): 17684-17690.

[63] Hui L, Zhai F W, Gui D X, et al. Powerful uranium extraction strategy with combined ligand complexation and photocatalytic reduction by postsynthetically modified photoactive metal-organic frameworks. Appl Catal B, 2019, 254: 47-54.

[64] Zhang D, Tang H, Zhao B, et al. Immobilization of uranium by S-NZVI and UiO-66-NO$_2$ composite through combined adsorption and reduction. J Clean Prod, 2023, 390: 136149.

[65] Liu T, Gu A, Wei T, et al. Ligand-assistant iced photocatalytic reduction to synthesize atomically dispersed Cu implanted metal-organic frameworks for photo-enhanced uranium extraction from seawater. Small, 2023, 19: 2208002.

[66] Chen M, Liu T, Tang S, et al. Mixed-linker strategy toward enhanced photoreduction-assisted uranium recovery from wastewater and seawater. Chem Eng J, 2022, 446: 137264.

[67] Yu K, Tang L, Cao X, et al. Semiconducting metal-organic frameworks decorated with spatially separated dual cocatalysts for efficient uranium(Ⅵ) photoreduction. Adv Funct Mater, 2022, 32(20): 2200315.

[68] Min X, Yang W, Hui Y, et al. Fe$_3$O$_4$@ZIF-8: a magnetic nanocomposite for highly efficient UO$_2^{2+}$ adsorption and selective UO$_2^{2+}$/Ln^{3+} separation. Chem Commun, 2017, 53(30): 4199-4202.

[69] Wu Y, Li B, Wang X, et al. Magnetic metal-organic frameworks (Fe$_3$O$_4$@ZIF-8) composites for U(Ⅵ) and Eu(Ⅲ) elimination: simultaneously achieve favorable stability and functionality. Chem Eng J, 2019, 378: 122105.

[70] Zhang X, Liu Y, Jiao Y, et al. Enhanced selectively removal uranyl ions from aqueous solution by Fe@ZIF-8. Microporous Mesoporous Mater, 2019, 277: 52-59.

[71] Wang C, Zheng T, Luo R, et al. In situ growth of ZIF-8 on PAN fibrous filters for highly efficient U(VI) removal. ACS Appl Mater Interfaces, 2018, 10(28): 24164-24171.

[72] Li J, Wu Z, Duan Q, et al. Decoration of ZIF-8 on polypyrrole nanotubes for highly efficient and selective capture of U(VI). J Clean Prod, 2018, 204: 896-905.

[73] de Decker J, Folens K, de Clercq J, et al. Ship-in-a-bottle CMPO in MIL-101(Cr) for selective uranium recovery from aqueous streams through adsorption. J Hazard Mater, 2017, 335: 1-9.

[74] Mei D, Liu L, Yan B. Adsorption of uranium(VI) by metal-organic frameworks and covalent-organic frameworks from water. Coord Chem Rev, 2023, 475: 214917.

[75] Zhang J, Zhang H, Liu Q, et al. Diaminomaleonitrile functionalized double-shelled hollow MIL-101 (Cr) for selective removal of uranium from simulated seawater. Chem Eng J, 2019, 368: 951-958.

[76] de Decker J, Rochette J, de Clercq J, et al. Carbamoylmethylphosphine oxide-functionalized MIL-101(Cr) as highly selective uranium adsorbent. Anal Chem, 2017, 89 11: 5678-5682.

[77] Li L, Ma W, Shen S, et al. A combined experimental and theoretical study on the extraction of uranium by amino-derived metal-organic frameworks through post-synthetic strategy. ACS Appl Mater Interfaces, 2016, 8(45): 31032-31041.

[78] Wu H, Chi F, Zhang S, et al. Control of pore chemistry in metal-organic frameworks for selective uranium extraction from seawater. Microporous Mesoporous Mater, 2019, 288: 109567.

[79] Yin C, Liu Q, Chen R, et al. Defect-induced method for preparing hierarchical porous Zr-MOF materials for ultrafast and large-scale extraction of uranium from modified artificial seawater. Ind Eng Chem Res, 2019, 58(3): 1159-1166.

[80] Gao Q, Wang M, Zhao J, et al. Fabrication of amidoxime-appended UiO-66 for the efficient and rapid removal of U(VI) from aqueous solution. Microporous Mesoporous Mater, 2022, 329: 111511.

[81] Yuan Y, Feng S, Feng L, et al. A bio-inspired nano-pocket spatial structure for targeting uranyl capture. Angew Chem Int Ed, 2020, 59(11): 4262-4268.

[82] Su Z, Zhang B, Cheng X, et al. Ultra-small UiO-66-NH$_2$ nanoparticles immobilized on g-C$_3$N$_4$ nanosheets for enhanced catalytic activity. Green Energy Environ, 2022, 7(3): 512-518.

[83] Zhang H, Liu W, Li A, et al. Three mechanisms in one material: uranium capture by a polyoxometalate-organic framework through combined complexation, chemical reduction, and photocatalytic reduction. Angew Chem Int Ed, 2019, 58(45): 16110-16114.

[84] Panagiotou N, Liatsou I, Pournara A, et al. Water-stable 2D Zr MOFs with exceptional UO_2^{2+} sorption capability. J Mater Chem A, 2020, 8(4): 1849-1857.

[85] Peng Y, Zhang Y, Tan Q, et al. Bioinspired construction of uranium ion trap with abundant phosphate functional groups. ACS Appl Mater Interfaces, 2021, 13(23): 27049-27056.

[86] Feng Y, Jiang H, Li S, et al. Metal-organic frameworks HKUST-1 for liquid-phase adsorption of uranium. Colloid Surfaces A, 2013, 431: 87-92.

[87] Su T, Guo M, Liu Z, et al. Comprehensive review of global lithium resources. J Salt Lake Res, 2019, 27(3): 104-111.

[88] Fang R P, Chen K, Yin L C, et al. The regulating role of carbon nanotubes and graphene in lithium-ion and lithium-sulfur batteries. Adv Mater, 2019, 31(9): 1800863.

[89] Swornowski P J. Destruction mechanism of the internal structure in lithium-ion batteries used in aviation industry. Energy, 2017, 122: 779-786.

[90] Gault B. Poplawsky J D. Correlating advanced microscopies reveals atomic-scale mechanisms limiting lithium-ion battery lifetime. Nat Commun, 2021, 12(1): 3740.

[91] Wang Y, Zu C, He K, et al. Study on lithium-ion conducting glass-ceramics. Mater Rev, 2010, 24(5):

121-125.

[92] Ding T, Zheng M P, Peng S P, et al. Lithium extraction from salt lakes with different hydrochemical types in the Tibet Plateau. Geosci Front, 2023, 14(20):101485.

[93] Hou J, Zhang H, Thornton A W, et al. Lithium extraction by emerging metal-organic framework-based membranes. Adv Funct Mater, 2021, 31(46): 2105991.

[94] Liu X H, Zhong M L, Chen X Y, et al. Separating lithium and magnesium in brine by aluminum-based materials. Hydrometallurgy, 2018, 176: 73-77.

[95] Heo K, Lee J S, Kim H S, et al. Ionic conductor-LiNi$_{0.8}$Co$_{0.1}$Mn$_{0.1}$O$_2$ composite synthesized by simultaneous co-precipitation for use in lithium ion batteries. J Electrochem Soc, 2018, 165(13): A2955-A2960.

[96] Prabhakaran P K, Deschamps J. Doping activated carbon incorporated composite MIL-101 using lithium: impact on hydrogen uptake. J Mater Chem A, 2015, 3(13): 7014-7021.

[97] Li X W, Chao Y H, Chen L L, et al. Taming wettability of lithium ion sieve via different TiO$_2$ precursors for effective Li recovery from aqueous lithium resources. Chem Eng J, 2020, 392: 123731.

[98] Marthi R, Asgar H, Gadikota G, et al. On the structure and lithium adsorption mechanism of layered H2TiO3. ACS Appl Mater Interfaces, 2021, 13(7): 8361-8369.

[99] Luo G, Li X, Chen L, et al. Electrochemical lithium ion pumps for lithium recovery: A systematic review and influencing factors analysis. Desalination, 2023, 548: 116228.

[100] Zhang L C, Li L J, Rui H M, et al. Lithium recovery from effluent of spent lithium battery recycling process using solvent extraction. J Hazard Mater, 2020, 398: 122840.

[101] Eum K, Rownaghi A, Choi D, et al. Fluidic processing of high-performance ZIF-8 membranes on polymeric hollow fibers: mechanistic insights and microstructure control. Adv Funct Mater, 2016, 26(28): 5011-5018.

[102] Zhou S, Shekhah O, Jia J T, et al. Electrochemical synthesis of continuous metal-organic framework membranes for separation of hydrocarbons. Nat. Energy, 2021, 6(9): 882-891.

[103] Brown A J, Johnson J R, Lydon M E, et al. Continuous polycrystalline zeolitic imidazolate framework-90 membranes on polymeric hollow fibers. Angew Chem Int Ed, 2012, 51(42): 10615-10618.

[104] Wang Y H, Fin H, Ma Q, et al. A MOF glass membrane for gas separation. Angew Chem Int Ed, 2020, 59(11): 4365-4369.

[105] Zhang H, Hou J, Hu Y, et al. Ultrafast selective transport of alkali metal ions in metal organic frameworks with subnanometer pores. Sci Adv, 4(2): eaaq0066.

[106] Guo Y, Ying Y, Mao Y, et al. Polystyrene sulfonate threaded through a metal-organic framework membrane for fast and selective lithium-ion separation. Angew Chem Int Ed, 2016, 55(48): 15120-15124.

[107] Hua W, Zhang T, Wang M, et al. Hierarchically structural PAN/UiO-66-(COOH)$_2$ nanofibrous membranes for effective recovery of Terbium(Ⅲ) and Europium(Ⅲ) ions and their photoluminescence performances. Chem Eng J, 2019, 370: 729-741.

[108] Hou J, Zhang H, Lu J, et al. Influence of surface chemistry and channel shapes on the lithium-ion separation in metal-organic-framework-nanochannel membranes. J Membr Sci, 2023, 674: 121511.

[109] Zhang C, Mu Y, Zhang W, et al. PVC-based hybrid membranes containing metal-organic frameworks for Li$^+$/Mg^{2+} separation. J Membr Sci, 2020, 596: 117724.

[110] Li X, Zhang H, Wang P, et al. Fast and selective fluoride ion conduction in sub-1-nanometer metal-organic framework channels. Nat Commun, 2019, 10(1): 2490.

[111] Lu J, Zhang H, Hou J, et al. Efficient metal ion sieving in rectifying subnanochannels enabled by

metal-organic frameworks. Nat Mater, 2020, 19(7): 767-774.

[112] Mohammad M, Lisiecki M, Liang K, et al. Metal-phenolic network and metal-organic framework composite membrane for lithium ion extraction. Appl Mater Today, 2020, 21: 100884.

[113] Xu T, Shehzad M A, Wang X, et al. Engineering leaf-like UiO-66-SO$_3$H membranes for selective transport of cations. Nanomicro Lett, 2020, 12(1): 51.

[114] Zhang C Y, Mu Y X, Zhang W, et al. PVC-based hybrid membranes containing metal-organic frameworks for Li$^+$/Mg^{2+} separation. J Membr Sci, 2020, 596: 117724.

[115] Xu T T, Sheng F M, Wu B, et al. Ti-exchanged UiO-66-NH$_2$-containing polyamide membranes with remarkable cation permselectivity. J Membr Sci, 2020, 615: 118608.

[116] Lu J, Zhang H, Hou J, et al. Efficient metal ion sieving in rectifying subnanochannels enabled by metal-organic frameworks. Nat Mater, 2020, 19(7): 767-774.